2024
全国一级注册建筑师资格考试辅导教材

建筑材料与构造
（知识题）精讲精练

土注公社　**组编**

王晨军　刘　勇　**主编**

中国电力出版社
CHINA ELECTRIC POWER PRESS

内 容 提 要

本书根据全国一级注册建筑师资格考试新大纲与2023年考试真题，对《建筑材料与构造（知识题）》进行了梳理。全书分为建筑材料和建筑构造两大部分，其中，建筑材料包括建筑材料的基本性质、气硬性胶凝材料、水泥、混凝土、建筑砂浆、墙体与屋面材料、金属材料、木材、建筑塑料与胶粘剂、防水材料、绝热材料与吸声材料、装饰材料共十二章内容；建筑构造包括建筑防水与建筑防火、基础与地下室、楼地面与路面构造、建筑交通系统、墙体构造、屋顶、门窗、建筑幕墙、建筑装饰装修构造、变形缝构造、老年人建筑与无障碍设计、建筑工业化与绿色建筑共十二章内容。本书通过思维导图、考情分析、考点精讲、典型习题的复习架构帮助考生更好备考。另外，本书配有电子版题库，考生可根据复习进度按章节扫码学习。

本书可供参加全国一级注册建筑师资格考试的考生使用。

图书在版编目（CIP）数据

建筑材料与构造（知识题）精讲精练/土注公社组编；王晨军，刘勇主编. —北京：中国电力出版社，2024.2

2024全国一级注册建筑师资格考试辅导教材

ISBN 978-7-5198-8521-2

Ⅰ.①建… Ⅱ.①土… ②王… ③刘… Ⅲ.①建筑材料—资格考试—自学参考资料②建筑构造—资格考试—自学参考资料 Ⅳ.①TU5②TU22

中国国家版本馆CIP数据核字（2024）第008147号

出版发行：中国电力出版社
地　　址：北京市东城区北京站西街19号（邮政编码100005）
网　　址：http://www.cepp.sgcc.com.cn
责任编辑：未翠霞（010—63412611）
责任校对：黄　蓓　常燕昆
装帧设计：张俊霞
责任印制：杨晓东

印　　刷：三河市航远印刷有限公司
版　　次：2024年2月第一版
印　　次：2024年2月北京第一次印刷
开　　本：787毫米×1092毫米　16开本
印　　张：29
字　　数：724千字
定　　价：96.00元

版权专有　侵权必究

本书如有印装质量问题，我社营销中心负责退换

前　　言

一、本书编写的依据、目的

为加强新时期建筑师队伍建设，推动注册建筑师执业资格考试改革，2021 年住房和城乡建设部职业资格注册中心发布了注册考试新大纲文件，将原来九门科目合并成六门科目，这是自 2002 年修改大纲之后新的一次重大调整。自 1995 年 11 月首次在全国进行注册建筑师考试以来，至今已经进行了 26 次（1996 年、2002 年、2015 年、2016 年各停考一次，2022 年考试两次），2023 年第一次举行新大纲（六门）考试。

2002 年版大纲中的《建筑设计（知识题）》《建筑材料与构造（知识题）》《建筑经济施工与设计业务管理（知识题）》《建筑方案设计（作图题）》4 个科目保持不变；2002 年版大纲中的《设计前期与场地设计（知识题）》《场地设计（作图题）》2 个科目整合为 2021 年版新大纲的《设计前期与场地设计（知识题）》科目；2002 年版大纲中的《建筑结构（知识题）》《建筑物理与建筑设备（知识题）》《建筑技术设计（作图题）》3 个科目整合为 2021 年版新大纲的《建筑结构、建筑物理与设备（知识题）》科目。

为了能更好帮助考生备考 2024 年考试，土注公社一级注册建筑师备考教研组《建筑材料与构造（知识题）》进行了梳理，以新大纲为本，结合现行规范和标准以及考试参考书目进行编写。

二、考试大纲变化分析

2023 年试卷共 75 题，总分 75 分，合格 45 分。第 1～35 题为建筑材料部分试题，36～75 题为建筑构造部分试题。考试大纲变化分析见表 1。

表 1　　　　　　　　　　　考试大纲变化分析

考试内容	2021 年版	2002 年版	两版大纲对比解读
建筑材料	了解建筑材料的基本分类；了解各类建筑材料的物理化学性能、**材料规格**、使用范围；掌握常用建筑材料耐久性、**适应性、安全性、环保性**等方面的要求	了解建筑材料的基本分类；了解常用材料（含新型建材）的物理化学性能、材料规格、使用范围及其检验、检测方法；了解绿色建材的性能及评价标准	弱化建筑材料本身的物理化学性能，**强调在建筑具体场景中的使用及如何选用**，强调材料的耐久适用及安全、环保等性能
建筑构造	掌握建筑常用构造的原理与方法，能根据建筑使用功能技术性能、维护维修及品质要求，**正确选用材料和部品**，**合理采用构造与连接方式**，了解建筑新技术、新材料在建筑构造中的应用及相关工艺的要求	掌握一般建筑构造的原理与方法，能正确选用材料，合理解决其构造与连接；了解建筑新技术、新材料的构造节点及其对工艺技术精度的要求	弱化具体某建筑位置建筑构造的做法，**强调考生是否可以正确选用材料和部品**

三、试卷分值分布说明

2023 年的试题相比 2022 年两次考试的试题，试题难度适中、考点分布变化不大，但试题数量从 90 题变为 75 题，试题更具有综合性，考试的容错比例降低了，考生需要更加认真地全面复习。需要特别提到，建筑构造试题**基本上都可以在具体的规范中找到原文出处**，考生需要认真复习相关规范。

四、本书的使用说明

书的每章前面给出了思维导图和考情分析,以帮助考生对整个章节建立系统框架。考生在复习过程中要有的放矢,第一遍复习时要找到整个章节中知识点之间的联系,第二遍复习时要抓重要的知识点复习,以提高复习效率。

本书将重要的知识点与考点浓缩进每章下面的小节中,关键词都用彩色字体区分,方便考生在复习的过程中抓到重点。正文中将2019年以来的真题考点都进行了标注,例如,【2020】表示此知识点在2020年出过题。考生在复习完考点精讲后,可以通过考点后面的典型习题来自我检测。

需要特别提到的是,本文中对于常考考点的考试频率以★的数量来表述,★越多表示考点出现的频率越高。

考点后的典型习题大多选自近几年的考试真题,并标注了真题的年份和题号,如[2021-10]表示2021年的第10题,[2022(5)-20]表示2022年5月考试真题的第20题。

另外,因近年很多通用规范颁布实施,把相关强制性条文集中到一本规范中,对于原规范中的强制性条文全部废止。但有些条文在新规范中无替代性条文,只是废止其强制性,为了保证考点的完整性,保留相关废止条文,在条文号后统一加上标▲,以示提醒。

同时,考生可通过微信公众号搜索"土注公社",从公众号页面右下角"土注题库"进入免费历年真题题库学习。

五、各章节编写分工

第一章	建筑材料的基本性质	邓枝绿、李馨
第二章	气硬性胶凝材料	邓枝绿、李馨
第三章	水泥	黄汉杰、薛婧
第四章	混凝土	黄汉杰、李馨
第五章	建筑砂浆	邓枝绿、李馨
第六章	墙体与屋面材料	黄汉杰、李馨
第七章	金属材料	白宇泓、王晨军
第八章	木材	白宇泓、王晨军
第九章	建筑塑料与胶粘剂	白宇泓、薛婧
第十章	防水材料	白宇泓、薛婧
第十一章	绝热材料与吸声材料	白宇泓、王晨军
第十二章	装饰材料	白宇泓、王晨军
第十三章	建筑防水与建筑防火	刘勇、王晨军
第十四章	基础与地下室	刘勇、王晨军
第十五章	楼地面与路面构造	刘勇、王晨军
第十六章	建筑交通系统	刘勇、柯代源
第十七章	墙体构造	刘勇、薛婧
第十八章	屋顶	刘勇、王晨军
第十九章	门窗	刘勇、钟水永
第二十章	建筑幕墙	沈振中、钟水永

第二十一章　建筑装饰装修构造　　　　刘勇、王晨军
第二十二章　变形缝构造　　　　　　　沈振中、钟水永
第二十三章　老年人建筑与无障碍设计　沈振中、薛婧
第二十四章　建筑工业化与绿色建筑　　沈振中、柯代源

　　本书出版后，希望能够与考生积极互动，从而继续更新优化。因为编者能力有限，难免有错误，欢迎各位批评指正，编者也会通过文末二维码进入交流微信群勘误。

　　预祝各位考生取得好成绩，考试顺利通过。

土注公社｜一级注册建筑师备考教研组

2024 年 1 月于厦门

备考复习
交流微信群

免费规范
讲解视频

目　　录

前言

A　建　筑　材　料

第一章　建筑材料的基本性质 ······ 2
第一节　建筑材料的组成、结构与构造 ······ 3
考点 1：建筑材料的组成【★★★★★】······ 3
考点 2：建筑材料的结构和构造【★】······ 4
第二节　建筑材料的物理性质 ······ 6
考点 3：材料的密度、表观密度与堆积密度【★】······ 6
考点 4：材料的密实度与孔隙率【★★★★】······ 8
考点 5：材料的填充率与空隙率【★】······ 10
第三节　建筑材料的力学性质 ······ 10
考点 6：材料的强度【★】······ 10
考点 7：材料的弹性与塑性【★】······ 11
考点 8：材料的脆性与韧性【★】······ 12
考点 9：材料的硬度与耐磨性【★★】······ 13
第四节　建筑材料与水有关的性质 ······ 13
考点 10：材料的亲水性和憎水性 ······ 13
考点 11：材料的吸水性和吸湿性【★★】······ 14
考点 12：材料的耐水性、抗渗性及抗冻性【★★】······ 15
第五节　建筑材料的耐久性 ······ 16
考点 13：材料的耐久性 ······ 16
第六节　建筑材料的热工性 ······ 16
考点 14：材料的导热性和热容量【★★】······ 16
第七节　绿色建筑材料 ······ 18
考点 15：绿色建筑材料的概念与分类【★★】······ 18
考点 16：绿色建筑材料相关规定【★★】······ 19
考点 17：绿色建筑的定义与评价【★★★】······ 20

第二章　气硬性胶凝材料 ······ 23
第一节　基础知识 ······ 23
考点 1：基本概念【★★★】······ 23
第二节　常用的气硬性胶凝材料 ······ 24
考点 2：石灰【★★★】······ 24

        考点 3：建筑石膏【★★★★★】 ··· 26

        考点 4：水玻璃【★★】 ·· 28

        考点 5：菱苦土 ·· 29

第三章　水泥 ··· 30

    第一节　水泥及其分类 ·· 31

        考点 1：水泥的硬化【★★★】 ·· 31

        考点 2：水泥的分类【★★★】 ·· 31

    第二节　硅酸盐水泥 ·· 32

        考点 3：硅酸盐水泥的组成和分类【★★★】 ···································· 32

        考点 4：硅酸盐水泥的水化和凝结硬化【★】 ·································· 33

        考点 5：硅酸盐水泥的技术性质【★★★★】 ···································· 33

        考点 6：硅酸盐水泥石的侵蚀与防止措施【★】 ······························· 35

        考点 7：硅酸盐水泥的特性、应用和存放【★★】 ···························· 35

        考点 8：通用水泥的质量等级【★★】 ··· 36

    第三节　掺混合材料的硅酸盐水泥 ··· 36

        考点 9：混合材料【★】 ·· 36

        考点 10：普通硅酸盐水泥【★★★】 ··· 36

        考点 11：四种掺加活性混合材料较多的硅酸盐水泥【★★】 ············ 37

    第四节　通用硅酸盐水泥的选用 ··· 38

        考点 12：六种通用硅酸盐水泥的性能特点【★★★】 ······················· 38

        考点 13：常用水泥的选用【★★★★★】 ·· 38

    第五节　铝酸盐水泥 ·· 39

        考点 14：铝酸盐水泥的分类和组成【★】 ······································· 39

        考点 15：铝酸盐水泥的技术性质【★】 ·· 40

        考点 16：铝酸盐水泥的特征与应用【★★】 ···································· 40

    第六节　其他品种水泥 ·· 40

        考点 17：白色和彩色硅酸盐水泥【★】 ·· 40

        考点 18：快硬硅酸盐水泥【★】 ·· 41

        考点 19：膨胀水泥及自应力水泥【★】 ·· 41

        考点 20：道路硅酸盐水泥 ·· 41

        考点 21：砌筑水泥 ··· 41

第四章　混凝土 ·· 42

    第一节　混凝土及其分类 ··· 43

        考点 1：混凝土的优缺点【★】 ·· 43

        考点 2：混凝土的分类【★】 ··· 43

    第二节　普通混凝土的组成材料及技术要求 ·· 43

        考点 3：普通混凝土的组成材料及其作用【★】 ······························ 43

        考点 4：水泥的选择【★】 ·· 44

    考点 5：细骨料【★★★】·· 44

    考点 6：粗骨料【★★】·· 45

    考点 7：水【★★★★】·· 45

    考点 8：外加剂【★★】·· 46

    考点 9：矿物掺合料【★】·· 46

  第三节 普通混凝土的主要性质·· 47

    考点 10：混凝土拌和物的和易性【★★★★★】························ 47

    考点 11：混凝土强度【★★★】·· 49

    考点 12：混凝土的变形性能【★】·· 50

    考点 13：混凝土的耐久性【★★★】···································· 51

  第四节 其他品种混凝土·· 52

    考点 14：轻混凝土【★★★★】·· 52

    考点 15：聚合物混凝土【★★】·· 54

    考点 16：耐热混凝土·· 54

    考点 17：耐酸混凝土【★★】·· 55

    考点 18：纤维混凝土·· 55

第五章 建筑砂浆·· 56

  第一节 砂浆的组成与分类·· 56

    考点 1：砂浆的组成·· 56

    考点 2：砂浆的分类【★】·· 57

  第二节 砌筑砂浆·· 58

    考点 3：砌筑砂浆的技术性质【★★】·································· 58

  第三节 抹面、装饰和特种砂浆·· 59

    考点 4：抹面砂浆【★】·· 59

    考点 5：装饰砂浆【★】·· 60

    考点 6：特种砂浆【★】·· 61

第六章 墙体与屋面材料·· 62

  第一节 烧结类·· 62

    考点 1：烧结砖【★】·· 62

    考点 2：烧结普通砖【★】·· 63

    考点 3：烧结多孔砖和多孔砌块【★】·································· 63

    考点 4：烧结空心砖和空心砌块【★】·································· 64

  第二节 非烧结类·· 64

    考点 5：蒸养（压）砖【★★】·· 64

    考点 6：非烧结类砌块【★★★】·· 65

    考点 7：砌块的选用【★★★】·· 69

  第三节 墙板·· 70

    考点 8：墙板的类型及应用【★★】······································ 70

	第四节　瓦	72
	考点9：粘土瓦、小青瓦、琉璃瓦【★】	72
	第五节　石材	72
	考点10：天然石材的分类、性能及加工【★★★】	72
	考点11：花岗石【★★★】	75
	考点12：大理石【★★★】	76
	考点13：砂岩石【★★】	77

第七章	金属材料	78
	第一节　铁碳合金的基本类型及分类	79
	考点1：铁碳合金的基本类型和定义【★★】	79
	考点2：钢材的分类（按化学成分）	80
	考点3：钢材中的晶体组织及化学成分【★★★】	80
	考点4：按其他方式分类	81
	第二节　钢材的力学性能	82
	考点5：钢材的抗拉性能【★★】	82
	考点6：钢材的其他力学性能【★】	83
	考点7：钢材的优缺点	84
	第三节　钢材的加工	84
	考点8：钢材的加工处理【★★★】	84
	第四节　建筑钢材	85
	考点9：建筑钢材的分类【★★★】	85
	考点10：常用建筑钢材【★★★】	87
	考点11：建筑钢材的防锈【★★】	89
	考点12：建筑钢材的防火【★★】	91
	第五节　其他金属材料	92
	考点13：装饰金属【★★★★★】	92

第八章	木材	96
	第一节　木材的基础知识	96
	考点1：木材的优缺点【★】	96
	考点2：木材的构造【★】	97
	第二节　木材的物理性质	98
	考点3：吸湿性【★】	98
	考点4：湿胀干缩	98
	考点5：强度【★★★】	99
	第三节　木材的加工处理	100
	考点6：木材的干燥	100
	考点7：木材的防腐【★★★】	100
	考点8：木材的防火	101

        第四节　木材的应用···102
            考点9：种类与规格【★】···102
            考点10：人造板材【★★★】··102
            考点11：木质地板【★】···104
第九章　建筑塑料与胶粘剂··105
    第一节　高分子化合物···105
        考点1：高分子化合物的基本知识【★★】··105
    第二节　塑料···107
        考点2：塑料的特性【★】···107
        考点3：塑料的组成【★★★】···108
        考点4：热塑性塑料与热固性塑料【★】··108
        考点5：常用建筑塑料制品【★★】···111
    第三节　胶粘剂··114
        考点6：胶粘剂的定义与组成【★】···114
        考点7：胶粘剂的分类【★】··114
        考点8：常用的胶粘剂【★】··115
第十章　防水材料··117
    第一节　沥青材料基础知识··117
        考点1：防水材料基本分类··117
        考点2：沥青【★★】···118
        考点3：改性石油沥青···119
    第二节　建筑防水材料···120
        考点4：沥青类防水材料【★★】··120
        考点5：高聚物改性沥青类防水材料【★★】··122
        考点6：合成高分子类防水材料··123
        考点7：无机防水涂料【★】··125
        考点8：密封材料【★★★】··125
第十一章　绝热材料与吸声材料··128
    第一节　绝热材料··128
        考点1：绝热材料的评价指标及影响因素··128
        考点2：无机绝热材料【★★★】··128
        考点3：有机绝热材料【★★★】··131
    第二节　吸声材料··133
        考点4：吸声材料的评价指标及影响因素【★★】······································133
        考点5：吸声材料与吸声结构【★★★★】···134
第十二章　装饰材料··136
    第一节　装饰材料的基础知识··136
        考点1：装饰材料的定义与分类··136

第二节　无机装饰材料 …………………………………………………… 137
　　　　考点 2：装饰陶瓷【★★★】 …………………………………………… 137
　　　　考点 3：建筑玻璃【★★】 ……………………………………………… 139

　　第三节　有机装饰材料 …………………………………………………… 144
　　　　考点 4：装饰涂料【★★★★★】 ……………………………………… 144
　　　　考点 5：织物【★】 ……………………………………………………… 147

B　建 筑 构 造

第十三章　建筑防水与建筑防火 ………………………………………… 150
　　第一节　建筑构造的基本组成 …………………………………………… 151
　　　　考点 1：建筑构造的基本组成 ………………………………………… 151
　　第二节　《建筑与市政工程防水通用规范》(GB 55030—2022) 相关规定 … 152
　　　　考点 2：一般规定【★★】 ……………………………………………… 152
　　　　考点 3：明挖法地下工程【★★】 ……………………………………… 153
　　　　考点 4：建筑屋面工程【★★】 ………………………………………… 154
　　　　考点 5：建筑外墙工程【★★】 ………………………………………… 156
　　　　考点 6：建筑室内工程【★★】 ………………………………………… 157
　　第三节　《建筑防火通用规范》(GB 55037—2022) 相关规定 …………… 158
　　　　考点 7：一般规定 ……………………………………………………… 158
　　　　考点 8：民用建筑【★★★★】 ………………………………………… 159
　　　　考点 9：防火墙【★★】 ………………………………………………… 160
　　　　考点 10：防火隔墙与幕墙【★★】 …………………………………… 160
　　　　考点 11：竖井、管线防火和防火封堵【★】 ………………………… 161
　　　　考点 12：防火门、防火窗、防火卷帘和防火玻璃墙【★★★】 …… 161
　　第四节　《建筑设计防火规范》(GB 50016—2014，2018 年版) 相关规定 … 163
　　　　考点 13：耐火等级【★★★★★】 …………………………………… 163
　　　　考点 14：建筑构造【★★★】 ………………………………………… 164
　　　　考点 15：基本材料耐火极限值举例及总结【★★★★★】 ………… 167
　　第五节　《汽车库、修车库、停车场设计防火规范》(GB 50067—2014)
　　　　　　相关规定 ………………………………………………………… 168
　　　　考点 16：汽车库、修车库、停车场建筑构造防火要求【★】 ……… 168
　　第六节　《建筑内部装修设计防火规范》(GB 50222—2017) 相关规定 … 169
　　　　考点 17：建筑内部装修材料的分类和分级【★★】 ………………… 169
　　　　考点 18：特别场所的防火要求【★★★★】 ………………………… 170
　　　　考点 19：民用建筑防火要求【★★★★】 …………………………… 171

第十四章　基础与地下室 ………………………………………………… 175
　　第一节　基础 ……………………………………………………………… 176
　　　　考点 1：基础的分类——按照基础的材料和受力划分 ……………… 176

考点 2：基础的分类——按照构造形式划分【★】 ·· 176
第二节　地下室 ·· 177
考点 3：地下室的分类 ·· 177
考点 4：地下室的防潮【★★★】 ··· 178
考点 5：地下室防水等级与要求 ·· 180
考点 6：地下室构造案例【★★★★】 ·· 182
考点 7：防水混凝土结构【★★★】 ··· 184
考点 8：水泥砂浆防水层【★★】 ·· 186
考点 9：卷材防水层【★★★】 ··· 187
考点 10：涂料防水层【★★】 ·· 190
考点 11：地下室顶板防水【★★★】 ··· 191
考点 12：变形缝【★★★】 ··· 193
考点 13：后浇带【★★】 ·· 194
考点 14：地下工程混凝土结构细部构造防水【★★★★】 ·································· 195

第十五章　楼地面与路面构造 ·· 201
第一节　建筑地面构造 ·· 201
考点 1：地面的构造组成【★★】 ·· 201
考点 2：常用地面基本规定与做法【★★★】 ·· 203
考点 3：特殊功能地面做法【★★★★】 ··· 205
考点 4：地面各构造层次要求【★★★】 ··· 209
考点 5：常用地面构造【★★★】 ·· 212
第二节　路面构造 ·· 216
考点 6：一般道路规定【★★★】 ·· 216
考点 7：透水路面构造【★★★★】 ··· 218

第十六章　建筑交通系统 ··· 223
第一节　楼梯 ·· 223
考点 1：楼梯的基本概念与结构组成 ··· 223
考点 2：楼梯间的类型 ·· 225
考点 3：楼梯的尺寸要点 ··· 229
考点 4：防护栏杆【★★】 ·· 233
第二节　台阶、坡道与扶梯 ·· 235
考点 5：台阶 ·· 235
考点 6：坡道 ·· 235
考点 7：自动扶梯和自动人行道 ·· 235
第三节　电梯 ·· 236
考点 8：普通电梯【★★★】 ··· 236
考点 9：消防电梯 ·· 238

第十七章　墙体构造 ·· 239
第一节　墙体的分类 ··· 240

　　　　考点1：墙体的分类 ··· 240
　　　　考点2：蒸压加气混凝土墙【★★】 ·· 242
　　　　考点3：石膏砌块墙【★★】 ·· 243
　　　　考点4：混凝土砌块墙【★★】 ··· 243
　第二节　墙体的防火要求 ·· 244
　　　　考点5：防火规范对保温材料应用的规定【★★★】 ·························· 244
　　　　考点6：防火隔离带的应用【★★★】 ··· 247
　第三节　墙体的节能要求 ·· 250
　　　　考点7：外墙外保温【★★】 ··· 250
　　　　考点8：外墙内保温 ·· 255
　　　　考点9：岩棉薄抹灰外墙外保温【★★】 ······································· 256
　　　　考点10：保温防火复合板【★】 ··· 259
　　　　考点11：集热蓄热墙 ··· 262
　第四节　墙体的抗震要求 ·· 263
　　　　考点12：砌体抗震的一般规定 ·· 263
　第五节　墙体的声学要求 ·· 266
　　　　考点13：墙体的隔声要求【★★】 ··· 266
　第六节　墙体的防水 ··· 270
　　　　考点14：勒脚 ··· 270
　　　　考点15：散水与明沟 ··· 271
　　　　考点16：踢脚与墙裙 ··· 274
　　　　考点17：窗台 ··· 274
　第七节　隔断墙的构造 ·· 275
　　　　考点18：块材类隔墙【★★★】 ··· 275
　　　　考点19：板材类隔墙【★★★】 ··· 276
　　　　考点20：骨架类隔墙 ··· 277
　　　　考点21：建筑轻质条板隔墙【★★★★★】 ··································· 280
　　　　考点22：隔断墙底部构造【★】 ··· 283

第十八章　屋顶 ··· 285
　第一节　平屋顶构造 ··· 286
　　　　考点1：屋面基本构造层次（自上而下）【★★】 ····························· 286
　　　　考点2：防水层【★★】 ··· 286
　　　　考点3：保温层【★★★】 ··· 290
　　　　考点4：排汽构造 ··· 291
　　　　考点5：隔汽层【★★】 ··· 292
　　　　考点6：找坡层 ·· 294
　　　　考点7：找平层 ·· 294
　　　　考点8：隔离层【★★】 ··· 295
　　　　考点9：保护层 ·· 296

  考点 10：接缝密封防水设计 ··· 297
  考点 11：倒置式保温平屋面 ··· 298
  考点 12：平屋顶综合案例【★★★】··· 300
  考点 13：种植隔热屋面的构造【★★★★★】··· 302
  考点 14：蓄水隔热屋面 ··· 306
  考点 15：架空隔热屋面 ··· 306
  考点 16：屋面的排水设计 ··· 307
  考点 17：屋顶凸出物的处理 ··· 309
 第二节 坡屋顶构造 ·· 310
  考点 18：坡屋面设计 ··· 310
  考点 19：瓦屋面设计 ··· 315
  考点 20：瓦屋面构造分析 ··· 317
  考点 21：金属板屋面设计【★★★】··· 318
 第三节 玻璃采光顶 ·· 322
  考点 22：玻璃采光顶 ··· 322
 第四节 太阳能光伏系统 ·· 324
  考点 23：太阳能光伏系统【★★★】··· 324

第十九章 门窗 ··· 327
 第一节 门窗的基础知识 ·· 328
  考点 1：门窗的设计要求 ··· 328
  考点 2：门窗的材料 ··· 329
 第二节 门窗的设计 ·· 330
  考点 3：门窗的类型 ··· 330
  考点 4：窗台与凸窗 ··· 331
  考点 5：门窗与排烟 ··· 333
  考点 6：门窗的模数 ··· 334
  考点 7：门窗的开启、选择与布置【★★★】······································· 335
  考点 8：窗的构造设计【★★★★】··· 338
  考点 9：门窗玻璃 ··· 339
 第三节 门窗的安装与构造 ·· 340
  考点 10：门窗的五金件 ··· 340
  考点 11：高档塑料、铝合金、木内门五金件配置、性能特点及适用范围 ··· 343
  考点 12：门窗的安装 ··· 345
 第四节 建筑遮阳 ·· 348
  考点 13：建筑遮阳形式选择 ··· 348
 第五节 特殊门窗 ·· 349
  考点 14：防火门窗的构造 ··· 349
  考点 15：甲级、乙级、丙级防火门窗的选择 ····································· 352
  考点 16：保温门窗 ··· 355

  考点17：隔声门窗 ··· 355
  考点18：防火卷帘【★★】 ·· 356

第二十章 建筑幕墙 ··· 358
 第一节 建筑幕墙的定义与分类 ··· 358
  考点1：幕墙的定义 ··· 358
  考点2：幕墙的分类【★★★】 ··· 359
 第二节 建筑幕墙的设计 ·· 361
  考点3：玻璃幕墙的材料 ··· 361
  考点4：玻璃幕墙的设计 ··· 363
  考点5：玻璃幕墙的防火检验【★★★★】 ···································· 365
  考点6：玻璃幕墙的节能设计 ·· 368
  考点7：框支承玻璃幕墙构造【★★★★】 ···································· 368
  考点8：全玻璃幕墙的构造 ··· 369
  考点9：点支承玻璃幕墙的构造 ·· 370
  考点10：双层幕墙的构造【★★★★】 ··· 371
  考点11：金属幕墙的构造【★★★】 ·· 372
  考点12：石材幕墙的构造【★★★】 ·· 374
  考点13：人造板材幕墙的构造【★★★★】 ··································· 375
  考点14：光电幕墙、光电采光顶【★★】 ···································· 376
 第三节 构造案例分析 ·· 377
  考点15：干挂石材幕墙案例分析【★★】 ···································· 377
  考点16：玻璃幕墙构造案例分析【★★】 ···································· 379

第二十一章 建筑装饰装修构造 ·· 383
 第一节 装饰装修工程做法 ·· 383
  考点1：抹灰工程 ·· 383
  考点2：玻璃工程 ·· 385
  考点3：吊顶工程 ·· 389
  考点4：饰面板（砖）工程 ·· 393
  考点5：涂饰工程 ·· 396
  考点6：裱糊工程 ·· 397
  考点7：GRG挂板构造 ·· 397
  考点8：玻璃砖隔墙构造 ··· 398
 第二节 住宅室内装饰装修及防水要求 ·· 400
  考点9：住宅室内防水工程要求 ·· 400

第二十二章 变形缝构造 ·· 404
 第一节 变形缝的概述和设置要求 ·· 404
  考点1：变形缝的概述 ··· 404
  考点2：变形缝的设置要求 ·· 406

第二节　变形缝构造要求 · 408
- 考点3：防空地下室中变形缝的要求 · 408
- 考点4：地下工程变形缝构造【★★】· 408
- 考点5：墙体变形缝构造【★★】· 410
- 考点6：地面与路面变形缝构造【★★★★★】· 411
- 考点7：屋面变形缝构造【★★★】· 413
- 考点8：变形缝处饰面装修构造【★★】· 414

第三节　建筑变形缝装置 · 415
- 考点9：建筑变形缝装置【★★★★★】· 415
- 考点10：建筑变形缝案例分析 · 417

第二十三章　老年人建筑与无障碍设计 · 419

第一节　老年人照料设施建筑 · 419
- 考点1：老年人照料设施建筑设计 · 419
- 考点2：老年人照料设施建筑的无障碍设计 · 420
- 考点3：老年人照料设施建筑的防火设计 · 420

第二节　建筑物的无障碍设计 · 421
- 考点4：无障碍通行设施【★★】· 421
- 考点5：无障碍服务设施【★★★】· 428

第二十四章　建筑工业化与绿色建筑 · 430

第一节　建筑工业化 · 430
- 考点1：《建筑模数协调标准》(GB/T 50002—2013)相关规定 · 430
- 考点2：《装配式混凝土建筑技术标准》(GB/T 51231—2016)相关规定 · 431
- 考点3：《装配式混凝土结构技术规程》(JGJ 1—2014)相关规定 · 434
- 考点4：《装配式住宅建筑设计标准》(JGJ/T 398—2017)相关规定 · 436
- 考点5：《预制混凝土外挂墙板应用技术标准》(JGJ/T 458—2018)相关规定 · 437
- 考点6：《装配式内装修技术标准》(JGJ/T 491—2021)相关规定 · 439

第二节　绿色建筑评价 · 441
- 考点7：《绿色建筑评价标准》(GB/T 50378—2019)相关规定 · 441

参考标准、规范、规程 · 445

参考文献 · 447

A 建筑材料

第一章　建筑材料的基本性质
第二章　气硬性胶凝材料
第三章　水泥
第四章　混凝土
第五章　建筑砂浆
第六章　墙体与屋面材料
第七章　金属材料
第八章　木材
第九章　建筑塑料与胶粘剂
第十章　防水材料
第十一章　绝热材料与吸声材料
第十二章　装饰材料

第一章 建筑材料的基本性质

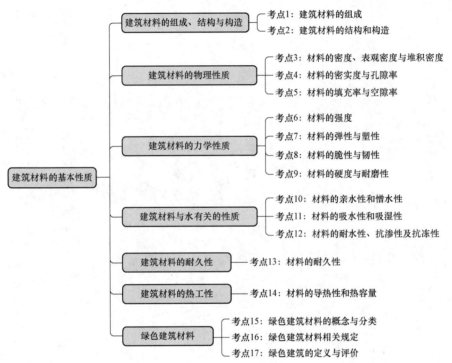

章　节	近五年考试分数统计					
	2023年	2022年12月	2022年5月	2021年	2020年	2019年
第一节　建筑材料的组成、结构与构造	1	0	0	1	2	2
第二节　建筑材料的物理性质	2	0	1	1	0	0
第三节　建筑材料的力学性质	0	0	1	0	0	2
第四节　建筑材料与水有关的性质	1	0	1	0	1	0
第五节　建筑材料的耐久性	0	0	0	0	0	0
第六节　建筑材料的热工性	1	0	0	0	0	1
第七节　绿色建筑材料	2	2	2	0	0	0
总　计	7	2	5	2	3	5

第一节 建筑材料的组成、结构与构造

考点1：建筑材料的组成【★★★★★】

基本概念	材料的组成指材料的化学组成与矿物组成。 1. 化学组成：构成材料的化学元素与化合物。例如钢材的化学组成主要是 Fe、C、Si 等。 2. 矿物组成：构成材料的矿物种类和数量。例如花岗岩的矿物组成主要是长石、石英等
分类	1. 根据材料的来源，可分两类：天然材料和人造材料。 2. 根据材料的**组成物质种类及化学组成**，可分为三类：**无机材料、有机材料和复合材料**。 各建筑材料的分类见表 1-1。【2022（5）、2021、2020、2019、2018、2017】

表 1-1　　　　　　　　按化学组成分类的建筑材料

建筑材料分类			实例
无机材料	金属材料	黑色金属	钢、锰、铬、铁、不锈钢
		有色金属	铝、铜及**合金钢**
	非金属材料	天然石材	砂、石及石材制品（蛭石）
		烧土制品	砖、瓦、**陶瓷**
		玻璃及熔融制品	玻璃、玻璃棉、矿棉
		胶凝材料	石灰、石膏、**水泥、水玻璃**
		混凝土	**普通混凝土**、轻骨料混凝土、混合砂浆
		砂浆	砌筑砂浆、抹面砂浆
		其他硅酸盐制品	石棉、硅酸盐砌块
有机材料	植物材料		**木材**、竹材
	沥青材料		**石油沥青**、煤沥青、沥青制品
	合成高分子材料		**塑料、有机涂料、胶粘剂、合成橡胶**
复合材料	无机非金属材料与有机材料复合		玻璃纤维增强塑料、沥青混凝土
	金属材料与无机非金属材料复合		钢纤维增强混凝土、钢筋混凝土
	金属材料与有机材料复合		轻质金属夹芯板、**铝塑板**

典型习题

1-1 [2021-1] 下列选项中，属于有机材料的是（　　）。
A. 混凝土　　　　B. 合金钢　　　　C. 塑料地板　　　　D. 铝塑板

答案：C

解析：混凝土为无机非金属材料，合金钢为无机金属材料，塑料地板为有机材料，铝塑板为金属材料与有机材料复合而成。

1-2 [2020-1] 下列选项中，属于无机材料的是（　　）。

A. 竹板　　　　　B. 混凝土　　　　　C. 塑料板　　　　　D. 铝塑板

答案：B

解析：竹板为有机材料，混凝土为无机非金属材料，塑料板为有机材料，铝塑板为金属材料与有机材料复合而成。

考点2：建筑材料的结构和构造【★】

结构分类	建筑材料的结构按尺度可分三个层次：宏观结构、细观结构和微观结构
宏观结构	材料按其**孔隙特征**可分为三类：致密结构、微孔结构、多孔结构，见表1-2。 **表1-2　　　　按孔隙特征划分宏观结构** | 结构 | 特点 | 实例 | |---|---|---| | 致密结构 | 具有无可吸水的孔隙的结构 | 致密石材、玻璃、塑料、橡胶 | | 微孔结构 | 具有细微孔隙的结构 | 石膏制品、低温烧结粘土制品 | | 多孔结构 | 具有粗大孔隙的结构 | 加气混凝土、泡沫混凝土及人造轻质多孔材料 | 材料按其**组织构造特征**可分为四类：堆聚结构、纤维结构、层状结构和散粒结构，见表1-3。 **表1-3　　　　按组织构造特征划分宏观结构** | 结构 | 特点 | 实例 | |---|---|---| | 堆聚结构 | 由集料与具有胶凝性或粘结性物质胶结而成的结构 | 混凝土、砂浆、沥青混合料 | | 纤维结构 | 由天然或人工合成纤维物质构成的结构 | 木材、玻璃钢、岩棉 | | 层状结构 | 由天然形成或人工粘结等方法将材料叠合而成的双层或多层材料 | 胶合板、纸面石膏板、复合墙板 | | 散粒结构 | 由松散粒状物质所形成的结构 | 混凝土集料、粉煤灰、膨胀珍珠岩 |
微观结构	微观结构指材料在原子、离子、分子层次上的组成形式。按微观结构材料，可分为**晶体**和**非晶体**两类。晶体与非晶体之间在一定条件下可以相互转化。例如，把石英晶体熔化并迅速冷却，可以得到非晶体的石英玻璃，如图1-1所示。

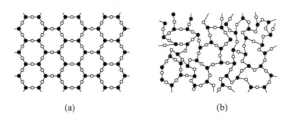

图 1-1 晶体与非晶体的原子排列示意图
(a) 晶体（周期性有序排列）；(b) 非晶体（无序排列）

1. 晶体：指晶体以其内部原子、离子、分子在空间内以三维**周期性的规则**排列为其最基本的结构特征而形成的晶格结构。晶体按结构粒子和作用力的不同，可分为四类：原子晶体、离子晶体、分子晶体和金属晶体，见表 1-4。

表 1-4　　　　　　　　　晶体的类型及实例

类型	特点	实例
原子晶体	中性原子以共价键结合而成的晶体	石英
离子晶体	正负离子按一定比例通过离子键结合而成的晶体	$CaCl_2$ 表示氯化钙晶体中 Ca^{2+} 离子与 Cl^- 离子个数比为 1:2
分子晶体	分子间通过分子间作用力（范德华力）结合而成的晶体	苯、乙酸、乙醇
金属晶体	以金属阳离子为晶格，由金属阳离子与自由电子间的金属键结合而成的晶体	镁、铝、铁

（编者注：晶格为组成晶体的原子、离子或分子在晶体内部的分布所呈现出的排列规律的空间格架。）

2. 非晶体：内部原子或分子的排列呈现杂乱无章的分布状态的固体物质。非晶体的主要形式有**玻璃体和胶体**，见表 1-5。【2023】

表 1-5　　　　　　　　　非晶体的形式及实例

非晶体的形式			实例
玻璃体：无定形体，为具有一定化学成分的物质，经高温熔融后快速冷却，使质点排列无序而得到的固体			玻璃、矿棉、**岩棉**、粒化高炉矿渣
胶体：以胶粒分散在连续相介质中而形成的分散体系	按照分散剂状态不同	气溶胶	烟、雾、尘
		液溶胶	$Fe(OH)_3$ 胶体、牙膏
		固溶胶	有色玻璃、水晶、泡沫塑料
	按分散质的不同	粒子胶体	土壤
		分子胶体	蛋白质胶体

微观结构

典型习题

1-3 [2023-3] 岩棉的微观结构是（　　）。
A. 胶体　　　　　　　　　　B. 金属晶体
C. 玻璃体　　　　　　　　　D. 分子晶体
答案：C
解析：玻璃体为无定形体，为具有一定化学成分的物质，经高温熔融后快速冷却，使质点排列无序而得到的固体。无固定熔点，化学活性较高，各向同性。如建筑用玻璃、火山灰、矿棉、岩棉、粒化高炉矿渣。

第二节　建筑材料的物理性质

考点3：材料的密度、表观密度与堆积密度【★】

密度	1. 密度的定义：材料在**绝对密实状态下**，单位体积的质量。 2. 密度的计算公式： $$\rho=\frac{m}{V}$$ 式中　ρ——材料的密度，g/cm^3； 　　　m——材料在干燥状态下的质量，g； 　　　V——材料在绝对密实状态下的体积（不含孔隙的体积），cm^3。 3. 在测定有孔隙材料（如砖、石）的密度时，需先把材料磨成细粉，干燥后用排液法测定材料绝对密实的体积。 4. 工程上经常用到**比重**的概念，比重又称相对密度，是用材料的质量与同体积水（4℃）的质量的比值表示，无单位，其值与材料密度相同（g/cm^3）
表观密度	1. 表观密度的定义：材料在**自然状态下**，单位体积（含材料实体及闭口孔隙体积）的质量。 2. 表观密度的计算公式： $$\rho_0=\frac{m}{V_0}$$ 式中　ρ_0——材料的表观密度，g/cm^3 或 kg/m^3； 　　　m——材料在自然状态下的质量，g 或 kg； 　　　V_0——材料在自然状态下的体积（含材料实体及闭口孔隙，不含开口孔隙），cm^3 或 m^3。 注：孔隙指固体颗粒内部或表面的缺口。孔隙具有两种类型：一类包含在固体颗粒内部的，呈封闭状态的，称闭口孔隙；另一类包含在表面与外界连通的，呈开口状态的，称开口孔隙，如图1-2所示。 3. 材料的表观密度与含水情况有关，应注明含水情况。根据含水量的不同分为三种： 　　1) 气干状态下的表观密度：长期在空气中存放的干燥状态下的表观密度；

表观密度	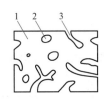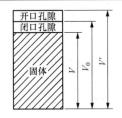

图1-2 自然状态下的体积示意图
1—固体；2—闭口孔隙；3—开口孔隙

2）干表观密度：材料在烘干状态下的表观密度；
3）湿表观密度：材料在潮湿状态下的表观密度；
通常材料的表观密度是指在气干状态下的表观密度。
4. 工程上经常用到**容重**的概念，**表观密度**原称**容重**，但容重也称体积密度，指材料在自然状态下的体积，包括材料实体及其开口与闭口孔隙条件下的单位体积的质量比。即为 $\rho' = m/V'$ 【2023，2018】 |
| 堆积密度 | 1. 堆积密度的定义：散粒材料（粉状或粒状材料）在规定装填条件下单位体积的质量，如图1-3所示。

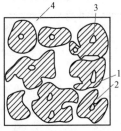

图1-3 材料的堆积体积
1—固体物质；2—开口孔隙；3—闭口孔隙；4—散粒材料之间的空隙

2. 堆积密度的计算公式：

$$\rho'_0 = \frac{m}{V'_0}$$

式中 ρ'_0——材料的堆积密度，kg/m^3；
m——材料的质量，kg；
V'_0——材料在堆积状态下的体积（包含材料固体质量体积、材料内部的孔隙体积和散粒材料之间的空隙体积），m^3。

空隙指颗粒与颗粒之间没有完全紧密堆积，存在着的间隙。
堆积密度受容器大小、填充方式等因素的影响。测定时，通常是从一定的高度让试料通过一漏斗定量自由落下（图1-4）。松散充填后的密度称为疏充填堆积密度。密实充填后的密度称为密充填堆积密度

图1-4 堆积密度测定器 |

常用建筑材料的密度、表观密度、堆积密度及孔隙率,按材料的密度从轻到重排序见表1-6。【2023】

表1-6　　常用建筑材料的密度、表观密度、堆积密度及孔隙率

（按密度从轻到重排序）

材料名称	密度 /(g/cm³)	表观密度 /(kg/m³)	堆积密度 /(kg/m³)	孔隙率 /(%)
木材	1.55	400～800	—	55～75
烧结普通砖	2.50～2.70	1600～1800	—	20～40
普通混凝土	2.60	2100～2600	—	5～20
石灰岩	2.60	1800～2600	—	0.6～1.5
砂	2.60	—	1450～1650	—
大理石	2.60～2.80	2500～2700	—	0.5～2.0
花岗岩	2.60～2.90	2500～2800	—	0.5～1.0
水泥	2.80～3.20	—	1200～1300	—
钢材	7.85	7850	—	—

（"有关数据"列）

典型习题

1-4 [2023-5] 以下四种材料中,材料中密度最大的是(　　)。
A. 砂　　　　　　　　　　B. 水泥
C. 大理石　　　　　　　　D. 普通粘土砖
答案：B
解析：砂的密度为2.60g/cm³；水泥的密度为2.80～3.20g/cm³；大理石的密度为2.60～2.80g/cm³；普通粘土砖的密度为2.50～1.70g/cm³。

1-5 [2023-6] 在以下四个选项中,容重指的是(　　)。
A. 密度　　　　　　　　　B. 密实度
C. 表观密度　　　　　　　D. 堆积密度
答案：C
解析：工程上经常用到容重的概念,表观密度原称容重,但容重也称体积密度,指材料在自然状态下的体积,包括材料实体及其开口与闭口孔隙条件下的单位体积的质量比。

考点4：材料的密实度与孔隙率【★★★★】

密实度

1. 密实度的定义：材料的体积内被固体物质充实的程度。【2022（5）】
2. 密实度的计算公式：

$$D = \frac{V}{V_0} \times 100\% \text{ 或 } D = \frac{\rho_0}{\rho} \times 100\%$$

式中　D——密实度

孔隙率	\	1. 孔隙率的定义：材料的孔隙体积在自然状态下占总体积比例。【2020】 2. 孔隙率的计算公式： $$P=\frac{V_0-V}{V_0}\times 100\% \text{ 或 } P=\left(1-\frac{\rho_0}{\rho}\right)\times 100\%$$ 式中　P——孔隙率。 3. 孔隙率的大小直接反映了材料的致密程度。 4. 孔隙率的大小及孔隙特征与材料的性质都有密切关系，孔隙率增大对材料性质的影响见表1-7。【2021，2017】 表1-7　孔隙率增大对材料性质的影响 | 孔隙率增大对材质性能的影响		原因
劣势	表观密度越小	材料的孔隙体积增加，含空气多，单位体积的质量减少
	强度越低	孔隙率增加会导致实际材料体积的减少，从而减少材料的承重能力，如混凝土的孔隙率越大，其强度就越低
	抗渗性越差	具有较大孔隙率且为开口连通大孔的亲水性材料抵抗压力水或油等液体渗透的性质低
	吸水性、吸湿性越大	孔隙率较大具有开口连通孔的亲水性材料在水中能吸收水分的性质强
	抗冻性越差	开口孔隙越多，密实度越低则其抗冻性越差
优势	导热性越小	由于空气的导热系数小，当孔隙率大，含空气多，其导热系数小，导热性越小
	绝热性越好	孔隙率越大，导热性越小，绝热性越好
	吸音性较好	孔隙率增大形成越多微小而相互连通的孔洞，反射越少，吸音性能越好 |
关系		1. 密实度＋孔隙率＝1 2. 材料的孔隙率高，则表示密实程度小

典型习题

1-6 [2022 (5)-5] 材料体积内固体物质充实程度的是（　　）。
A. 密度　　　　B. 密实度　　　　C. 表观密度　　　　D. 堆积密度
答案：B
解析：密实度是指材料的体积内被固体物质充实的程度。密度是指材料在绝对密实状态下，单位体积的质量。表观密度是指材料在自然状态下，单位体积（含材料实体及闭口孔隙体积）的质量。堆积密度是指散粒材料（粉状或粒状材料）在规定装填条件下单位体积的质量。

1-7 [2021-2] 关于孔隙率的说法，正确的是（　　）。

A. 一般孔隙率越大，材料的密度越大
B. 一般孔隙率越大，材料的强度越高
C. 一般孔隙率越大，材料的保温性能越差
D. 一般孔隙率越大，材料的吸声性能越高

答案：D

解析：孔隙率是指孔隙体积占自然状态体积的百分率。密度是指材料在绝对密实状态下，单位体积的质量。不包括材料内部孔隙，所以密度大小与孔隙率无关。孔隙率越大，材料的强度越低，导热性越差，保温性能越高，吸声能力越好。故选项 D 正确。

考点 5：材料的填充率与空隙率【★】

填充率	1. 填充率的定义：散粒材料在某堆积体积中其颗粒所填充的程度。 2. 填充率的计算公式： $$D' = \frac{V}{V'_0} \times 100\% \quad 或 \quad D' = \frac{\rho'_0}{\rho_0} \times 100\%$$ 式中 D'——填充率
空隙率	1. 空隙率的定义：散粒材料在某堆积体积中，颗粒之间的空隙体积占总体积比例。 2. 空隙率的计算公式： $$P' = \frac{V'_0 - V_0}{V'_0} \times 100\% \quad 或 \quad P' = \left(1 - \frac{\rho'_0}{\rho_0}\right) \times 100\%$$ 式中 P'——空隙率。 3. 空隙率的大小直接反映了散粒材料的颗粒之间相互填充的致密程度。 4. 孔隙率可作为控制混凝土砂石的集配及计算混凝土砂率的依据
之间关系	1. 填充率＋空隙率＝1（注意：和"密实度＋孔隙率＝1"区别对比）。 2. 散粒材料的空隙率高，则表示颗粒之间的填充程度小

典型习题

1-8 [2017-7] 在混凝土中，可作为控制砂石级配及计算砂率的依据是（　　）。
A. 密实度　　　B. 孔隙率　　　C. 填充率　　　D. 空隙率

答案：D

解析：空隙率是指散粒材料堆积后，空隙体积占堆积体积的百分率。空隙率大小反映了散粒材料的颗粒互相填充的致密程度。可作为控制混凝土砂石级配及计算砂率的依据。

第三节　建筑材料的力学性质

考点 6：材料的强度【★】

定义	强度是指材料在力（荷载）作用下，抵抗破坏的能力。通常用**破坏性试验**来测试材料的强度【2019】

强度等级	根据外力作用方式不同，材料会受到抗压强度、抗拉强度、抗剪强度、抗弯强度等。材料所受外力如图1-5所示： 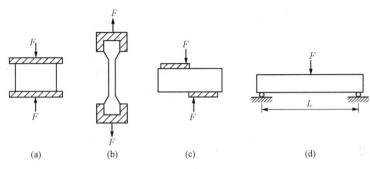 图1-5 材料所受外力示意图 (a) 抗压；(b) 抗拉；(c) 抗剪；(d) 抗弯 不同种类的材料，强度不同。建筑材料根据其极限强度的大小来划分若干不同的强度等级： 1) 砖、石、水泥、混凝土等材料，抗压强度高，抗拉强度及抗弯强度较低，故按**抗压强度划分强度等级**。多用于结构的承压部分。 2) 木材的强度等级是以抗弯强度划分。 3) 钢材的强度等级（型号）按抗拉强度划分

1-9 [2019-4] 通常用破坏性试验来测试材料的哪项力学性质？（　　）
A. 硬度　　　　　B. 强度　　　　　C. 耐候性　　　　　D. 耐磨性
答案：B
解析：强度是指材料在力（荷载）作用下，抵抗破坏的能力。通常用破坏性试验来测试材料的强度。

考点7：材料的弹性与塑性【★】

弹性	1. 弹性的定义：材料在外力作用下发生变形，当外力解除后，**材料能完全恢复到变形前形状**的性质。【2022（5）】 2. 弹性变形的定义：当外力去除后变形完全消失，材料能够完全恢复原来的形状和尺寸的性质。弹性变形属于可逆变形。 3. 材料的弹性变形与外力荷载成正比
塑性	1. 塑性的定义：材料在外力作用下发生变形，当外力超过某一数值，**即使外力解除，材料仍保持变形后的形状尺寸且不产生裂缝**的性质。 2. 塑性变形的定义：在外力去除后，弹性变形部分消失，不能恢复而保留下来的那部分变形。塑性变形属于不可逆变形

弹塑性变形	实际上纯弹性变形的材料是没有的，通常一些材料在受力不大时，表现为弹性变形，而当外力达一定值时，则呈现塑性变形，如低碳钢就是典型的这种材料。另外许多材料在受力时，弹性变形和塑性变形同时发生，这种材料当外力取消后，弹性变形会恢复，而塑性变形不能消失。混凝土就是这类弹塑性材料的代表，其变形曲线如图1-6所示。图中 ab 为可恢复的弹性变形	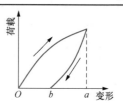 图1-6 弹塑性材料的变形曲线

1-10 [2022（5）-6] 外力作用消失变形消失，恢复原来形状的性质是（　　）。
A. 弹性　　　　B. 塑性　　　　C. 韧性　　　　D. 脆性
答案：A
解析：材料在外力作用下产生变形，当外力除去后变形随即消失，完全恢复原来形状的性质称为弹性。材料在外力作用下，当应力超过一定限值时产生显著变形，且不产生裂缝或发生断裂，外力取消后，仍保持变形后的形状和尺寸的性质称为塑性。当外力达到一定限度后，材料突然破坏，且破坏时无明显的塑性变形，材料的这种性质称为脆性。在冲击、振动荷载作用下，材料能够吸收较大的能量，不发生破坏的性质，称为韧性（亦称冲击韧性）。

考点8：材料的脆性与韧性【★】

脆性	1. 脆性的定义：材料受到外力作用，当外力达到一定限度时，材料发生无先兆的突然破坏，且破坏时无明显塑性变形的性质。 2. 脆性材料力学性能的特点是抗压强度远大于抗拉强度，破坏时的极限应变值极小。脆性材料抗动荷载或冲击能力很差。砖、石材、陶瓷、**玻璃**、**混凝土**、**铸铁**等都是脆性材料。 3. 脆性材料主要用于承受压力
韧性	1. 韧性的定义：在冲击或震动荷载作用下，材料可吸收较大的能量产生一定的变形而不破坏的性质。 2. 材料的韧性越好，则发生脆性断裂的可能性越小。**建筑钢材（软钢）**、**木材**、**塑料**等是较典型的韧性材料。 3. 在土建工程中，对于要求承受冲击荷载和有抗震要求的结构，如吊车梁、桥梁、路面等所用的材料，均应具有较高的韧性

1-11 [2018-6] 以下材料中不属于脆性材料的是（　　）。
A. 混凝土　　　B. 铸铁　　　C. 建筑钢　　　D. 玻璃
答案：C

解析：木材、钢材属于韧性材料。材料受外力作用，当外力达到一定数值时，材料发生突然破坏，且破坏时无明显的塑性变形，这种性质称为脆性，具有这种性质的材料称脆性材料。脆性材料的抗压强度比抗拉强度大很多；各种非金属材料，如混凝土、石材等属于脆性材料；铸铁也属于脆性材料；脆性材料适合作承压构件。

考点9：材料的硬度与耐磨性【★★】

硬度	1. 硬度的定义：是指材料表面抵抗硬物压入或刻划的能力。 2. 硬度不是一个单纯的物理量，而是反映材料的弹性、塑性、强度和韧性等的一种综合性能指标。硬度是衡量材料**软硬程度**的一个性能指标。【2019】 3. 根据试验方法和适用范围不同将硬度分为**划痕硬度、压入硬度和回跳硬度**
耐磨性	1. 耐磨性的定义：材料抵抗机械磨损的能力。以材料在规定摩擦条件下的磨损率或磨损度的倒数来表示。 2. 硬度大的材料，耐磨性较强。具有良好耐磨性的材料包括钢、陶瓷、高分子材料等。 3. 材料耐磨性能通常与材料的组成成分、**硬度、强度、韧性、密度、内部构造**等因素有关【2019，2018】

典型习题

1-12 [2019-7] 材料的耐磨性（用磨损率表示）通常与下列哪项无关？（　　）
A. 强度　　　　　　　　　　B. 硬度
C. 外部湿度　　　　　　　　D. 内部构造
答案：C
解析：材料耐磨性是材料表面抵抗磨损的能力，材料耐磨性用磨损率表示。材料的耐磨性与硬度、强度及内部构造有关。一般材料的强度越高，硬度越大，内部构造越致密，材料的耐磨性越好。

第四节　建筑材料与水有关的性质

考点10：材料的亲水性和憎水性

亲水性	1. 亲水性的定义：材料在空气中与水接触时能被水润湿的性质。 2. 亲水材料：大多数建筑材料均是亲水材料，如石料、砖、混凝土、钢材等
憎水性	1. 憎水性的定义：材料在空气中与水接触时不能被水润湿的性质。 2. 憎水材料：不能被水润湿的材料，如沥青、石蜡等。 3. 憎水材料在施工中可用作防水材料，并用于亲水性材料的表面处理，以降低其吸水性，提高材料的防水防潮性能

考点 11：材料的吸水性和吸湿性【★★】

吸水性

1. 吸水性的定义：材料在水中能吸收水分的性质。吸水性的大小用**吸水率**表达。
2. 吸水率的定义：物体在正常大气压下吸水程度的物理量，用百分率来表示。工程材料一般采用**质量吸水率**【2020】，计算公式：

$$W_m = \frac{m_1 - m}{m} \times 100\%$$

式中 W_m——质量吸水率，%；
　　m——材料在干燥状态下的质量，g；
　　m_1——材料在吸水饱和状态下的质量，g。

3. 材料的吸水性不仅取决于材料的亲水性与憎水性，也与其**孔隙率的大小和孔隙特征**有关。
   1) 具有细微而连通孔隙的材料，其吸水率大；
   2) 具有粗大开口孔隙的材料，其吸水率较小；
   3) 具有封闭孔隙的材料，水分难以渗入。
4. 由于孔隙结构不同，材料的吸水率不同，见表 1-8。

表 1-8　　　　　　　　　不同材料的吸水率

材料	吸水率
花岗石	0.5%～0.7%
混凝土	2%～3%
粘土砖	8%～20%
木材或其他轻质材料	>100%

吸湿性

1. 吸湿性的定义：材料在潮湿空气中能吸收水分的能力。吸湿性的大小用**含水率**表达。
2. 含水率：物体中所含水分与物体总重之比。含水率的计算公式：

$$W = \frac{m_{湿} - m}{m} \times 100\%$$

式中 W——含水率，%；
　　m——材料在干燥状态下的质量，g；
　　$m_{湿}$——材料在吸收空气中水分后的质量，g。

3. 材料与空气湿度达到平衡时的含水率成为平衡含水率。
4. 吸湿性对材料的性能有一定影响：
   1) 木材吸收空气中的水分后，导致体积膨胀，降低强度；
   2) 绝热材料吸收水分后，导热性能提高，绝热性能降低

典型习题

1-13 [2020-2] 下列材料的物理性质与质量有关的是（　　）。
A. 孔隙率　　　B. 吸水率　　　C. 软化系数　　　D. 弹性模量
答案：A
解析：材料与质量有关的性质：密度、表观密度、堆积密度、孔隙率、空隙率与密实度、填充率材料与水有关的性质：亲水性与憎水性、吸水性与吸湿性、耐水性、抗渗性、抗冻性。

选项 A 孔隙率影响材料质量，选项 B 吸水率的计算用到质量，但其作为性质与质量无关。

考点 12：材料的耐水性、抗渗性及抗冻性【★★】

耐水性	1. 耐水性的定义：材料抵抗水破坏的能力。材料的耐水性通常用**软化系数**来表示。【2023】 2. 软化系数的定义：耐水性的一个表示参数，用 K 表示。软化系数的计算公式： $$K=\frac{f}{F}$$ 式中　K——材料的软化系数； 　　　f——材料在吸水饱和状态下的抗压强度，MPa； 　　　F——材料在干燥状态下的抗压强度，MPa。 3. 由于材料吸水后，其内部质点之间的结合力被削弱，导致材料强度均有不同程度的下降。软化系数越大，说明材料抵抗水破坏的能力越强，其耐水性越强。 4. 软化系数的数值介于 0～1 之间，**其值越大**，表明材料抵抗水破坏的能力越强，其耐水性越强。 5. 软化系数是选择耐水材料的重要依据，不同材料的软化系数见表 1-9。通常认为**软化系数大于 0.85 的材料是耐水材料**。 表 1-9　　　　　　　　不同材料的软化系数 | 材料 | 软化系数 | |---|---| | 长期处于水中或潮湿环境的重要建筑物或构筑物 | ＞0.85 | | 用于受潮湿较轻或次要结构的材料 | ＞0.75 |
抗渗性	1. 抗渗性的定义：材料在压力水作用下抵抗水渗透的性能。材料的抗渗性用**渗透系数**或**抗渗等级**来表示。 2. 渗透系数越小，表明材料渗透的水量越少，抗渗性越好。 3. 影响抗渗性的因素： 1) 材料亲水性和憎水性。通常憎水性材料其抗渗性优于亲水性材料。【2022（5）】 2) 材料的密实度。密实度高的材料其抗渗性也较高。 3) 材料的**孔隙率及孔隙特征**。**孔隙率较大**且为开口**连通大孔**的材料，其抗渗性较差
抗冻性	1. 抗冻性的定义：材料在含水饱和状态下，能经受多次冻融循环作用而不破坏，强度也不显著降低的性质。材料的抗冻性常用抗冻等级表示。 2. 材料吸水后，在负温作用条件下，水在材料毛细孔内冻结成冰，体积膨胀所产生的冻胀压力造成材料的内应力，会使材料遭到局部破坏。随着冻融循环的反复，材料的破坏作用逐步加剧，这种破坏称为冻融破坏。 3. 影响抗冻性的因素： 1) 材料的强度。强度越高则其抗冻性越好。 2) 材料的耐水性。耐水性越好则其抗冻性也越好。 3) 材料的吸水性。吸水性越大则其抗冻性越差。 4) 材料的密实度。密实度越高则其抗冻性越好。 5) 材料的**孔隙率及孔隙特征**。**孔隙率较大**且为开口**连通大孔**的材料，其抗冻性较差

典型习题

1-14 [2023-4] 软化系数反映的是（ ）。
A. 吸水性　　　B. 耐水性　　　C. 吸湿性　　　D. 抗渗性
答案：B
解析：材料的耐水性通常用软化系数来表示。

1-15 [2022（5）-2] 关于材料抗渗性说法，错误的是（ ）。
A. 孔隙率越大，抗渗性越差　　　B. 封闭孔隙，抗渗性越好
C. 毛细血管亲水性对抗渗性无影响　　　D. 毛细血管憎水性对抗渗性无影响
答案：D
解析：材料的抗渗性好坏与其孔隙率及孔隙特征有关。开口大孔，水易渗入，材料的抗渗性差；微细连通孔也易渗入水，材料的抗渗性差；闭口孔水不易渗入，即使孔隙率较大，材料的抗渗性也较好。

第五节　建筑材料的耐久性

考点13：材料的耐久性

定义	材料在使用过程中能抵抗周围各种介质的侵蚀而不被破坏，也不易失去其原有性能的性质
分类	按材料所受的破坏作用分类： 1. 物理作用：包括材料的干湿变化、温度变化及冻融变化等。 2. 化学作用：包括酸、碱、盐类等物质的水溶液及气体对材料的侵蚀作用。 3. 生物作用：是昆虫、菌类等对材料的蛀蚀、腐朽等破坏作用
措施	1. 减轻大气或周围介质对材料的破坏作用，如降低环境温度。 2. 提高材料本身对外界作用的抵抗性，如提高材料的密实度。 3. 在表面增加保护层等，如覆面抹灰

第六节　建筑材料的热工性

考点14：材料的导热性和热容量【★★】

导热性	1. 导热性的定义：当材料两侧存在温度差时，热量通过材料从温度高的一侧向温度低的一侧传导的性质。材料的导热性用**导热系数**表示。 2. 导热系数：单位时间内，每单位厚度（1m）的材料，通过单位面积（1m²）传递的热量值。 3. 材料的**导热系数越小**，**导热性越差**，材料越不易导热，故保温绝热性能越好。工程上常把**导热系数小于 0.23W/(m·K) 的材料称为绝热材料**。常用的无机绝热材料与有机绝热材料具体实例见表1-10【2023，2019】。

	表1-10	常用的无机绝热材料与有机绝热材料	
	绝热材料	实例	
	无机绝热材料	主要有石棉及其制品、矿渣棉及其制品、**膨胀蛭石及其制品**、**膨胀珍珠岩及其制品**、泡沫混凝土、加气混凝土、微孔硅酸钙、**泡沫玻璃**	
	有机绝热材料	泡沫塑料	聚苯乙烯泡沫塑料、硬质聚氯乙烯泡沫塑料、硬质聚氨酯泡沫塑料、脲醛泡沫塑料
		软木板	栓皮栎或黄菠萝树皮制成
		木丝板	木材下脚料刨成木丝与水玻璃溶液及水泥结合而制成
		玻璃绝热材料	中空玻璃、热反射玻璃、吸热玻璃、窗用绝热薄膜

导热性

4. 影响导热性的因素:
1) **材料的组成**。一般来说，固体的热导率比液体的大，而液体的又要比气体的大。
2) **材料的含水情况**。受潮或受冻后，导热系数会大大提高。因为水或冰的导热系数比空气高很多。
3) **材料的孔隙率**。孔隙率越大，含空气越多，表观密度越小，导热系数越小。
4) **材料的孔隙特征**。开口连通大孔的材料，由于增加对流传热，导热系数反而提高。
5. 不同物质导热系数各不相同。工程上，常用建筑材料的导热系数见表1-11。

表1-11　　　　　　　　　　常用建筑材料的导热系数

材料	导热系数/[W/(m·K)]	比热容/[J/(kg·K)]
铜	370	0.38
钢	55	0.46
花岗石	**2.9**	0.80
冰	**2.20**	2.05
普通混凝土	**1.8**	0.88
水	0.59	4.19
普通粘土砖	0.55	0.84
松木（横纹）	**0.15**	1.63
绝热用纤维板	0.05	1.46
玻璃棉板	0.04	0.88
泡沫塑料	0.03	1.30
密闭空气	**0.023**	1.00

材料的热容量

1. 热容量的定义：材料受热时吸收热量或冷却时放出热量的性质。热容量的大小用**比热容**表示。
2. 比热容：单位数量（质量或容积）的物质温度升高（或降低）1℃所吸收（或放出）的热量。
3. 比热容是材料的一种特性，和密度一样，大小与材料的种类、状态有关；与材料的质量、体积、温度、密度、吸放热、形状等无关。不同种类的物质比热容一般不同，比热容大的材料吸热能力强，比热容小的材料吸热能力弱。
4. 热容量大的材料，对于保持室内温度稳定性有良好作用。冬季房屋内采暖后，热容量值大的材料，本身吸入储存较多的热量，当短期停止供暖后，它会放出吸入的热量，使室内温度变化不致太快

1-16 [2023-31] 下列四个选项中，属于有机绝热材料的是（　　）。
A. 泡沫玻璃　　　B. 泡沫塑料　　　C. 膨胀蛭石　　　D. 膨胀珍珠岩
答案：B
解析：有机绝热材料：泡沫塑料（聚苯乙烯 XPS 闭合发泡）、多孔板等。

1-17 [2019-5] 下列四个选项中，哪项不是绝热材料？（　　）
A. 石棉　　　　　B. 石膏板　　　　C. 泡沫玻璃板　　D. 加气混凝土板
答案：B
解析：无机绝热材料主要有石棉及其制品、矿渣棉及其制品、膨胀蛭石及其制品、膨胀珍珠岩及其制品、泡沫混凝土、加气混凝土、微孔硅酸钙、泡沫玻璃。有机绝热材料主要有泡沫塑料（聚苯乙烯泡沫塑料、硬质聚氯乙烯泡沫塑料、硬质聚氨酯泡沫塑料、脲醛泡沫塑料）、软木板（栓皮栎或黄菠萝树皮制成）、木丝板（木材下脚料刨成木丝与水玻璃溶液及水泥结合而制成）、软质纤维板、毛毡、轻质钙塑版、蜂窝板、玻璃绝热材料（中空玻璃、热反射玻璃、吸热玻璃、双层玻璃、窗用绝热薄膜）。石膏板常于室内的墙或天花板，不做绝热材料使用。

第七节　绿色建筑材料

考点15：绿色建筑材料的概念与分类【★★】

概念	1. 绿色建筑材料的定义：采用清洁生产技术，不用或少用天然资源和能源，大量使用工农业或城市固态废弃物生产的无毒害、无污染、无放射性，达到使用周期后可回收利用，有利于环境保护和人体健康的建筑材料。 2. 绿色建筑材料在全寿命期内可减少对资源的消耗、减轻对生态环境的影响，具有节能、减排、安全、健康、便利和可循环特征的建材产品。 3. 绿色建筑建材的基本特征： 　1）生产所用原料**应减少使用天然资源**，大量使用垃圾、废液等废弃物。在原材料的采集过程中不会对环境或生态造成破坏。【2023，2022（5）】 　2）采用低能耗制造工艺和无污染环境的生产技术。生产过程中产生的废水、废渣、废弃符合环境保护的要求。 　3）在产品配制或生产过程中，功能齐备，卫生安全，不产生有害气体与有害放射性物质。 　4）产品可循环或回收利用，无污染环境的废弃物
绿色建筑材料品种	1. 生态友好型混凝土：可以降低环境负荷的混凝土，如再生混凝土、吸声混凝土、植被混凝土、透水性混凝土。 2. 生态水泥：一种由可再生资源制成的水泥，具有较低的能耗，环境污染少。 3. 新型玻璃：以高新技术改造，提升玻璃技术，通过表面改性、深加工制作的新品种玻璃，如保温节能玻璃、新型热反射玻璃、隔声隔热玻璃、泡沫玻璃

典型习题

1-18 [2023-33] 绿色建材的生产应减少使用的是（　　）。
A. 废弃混凝土　　B. 煤和石油　　C. 农作物秸秆　　D. 工业废渣
答案：B
解析：绿色建材生产所用原料尽可能少用天然资源，大量使用尾渣、垃圾、废液等废弃物。煤和石油属于不可再生的天然资源。

1-19 [2022(5)-40] 绿色建筑生产应减少使用（　　）。
A. 清洁生产技术　　B. 天然的资源　　C. 废弃泡沫塑料　　D. 农业废弃材料
答案：B
解析：绿色建材生产所用原料尽可能少用天然资源，大量使用尾渣、垃圾、废液等废弃物。

考点16：绿色建筑材料相关规定【★★】

绿色乡土材料	1. 绿色乡土材料的定义：使用各种天然材料，如土、竹、木、树皮等制造的材料，合理利用绿色乡土材料的结构和构造，发挥其物理上的特性，充分展现了天然材料的质感和色泽的美，呈现出良好视觉效果。 2. 绿色乡土建筑材料的合理运用在使建筑绿色节能的同时也能够获得一定的地域特性。 3. 绿色乡土建筑材料的种类有麦秸板、石膏蔗渣板、稻壳制品（稻壳板、稻壳轻质混凝土、稻壳水泥、稻壳放水材料、稻壳绝热耐火砖、稻壳涂料） 4. 粘土砖因占用耕地而被禁用
植物材料	1. 水泥木丝板：用水泥作为交联剂，木丝作为纤维增强材料，加入部分添加剂所组成的并经过压制而成的板材。 2. 植物纤维增强塑料复合材料：以植物纤维为增强材料，可生物降解塑料作为基材，制备而成的绿色复合材料
其他绿色材料	1. 可再利用材料：在不改变所回收物质形态的前提下进行材料的直接再利用，或经过再组合、再修复后再利用的材料。 2. 可再循环材料：对无法进行再利用的材料通过改变物质形态，生成另一种材料，实现多次循环利用的材料。 3. 其他绿色材料及其代表性材料见表1-12。

表 1-12　　其他绿色材料

其他绿色材料	代表材料
可再循环材料	钢材、铝合金型材、**玻璃**、石膏制品、**木材**【2022（12）】
可再利用材料	**砌块**、砖石、管材、板材、木制品、**钢材**、钢筋
利废材料	利用建筑**废弃物**再生骨料；使用工业废弃物、农作物秸秆
速生的材料及其制品	从栽种到收获周期不到10年的材料，包括**木**、**竹**等
本地的建筑材料	500km以内生产的建筑材料重量占建筑材料总重量的比例应大于60%
无需外加饰面层的材料	**清水混凝土**、清水砌块、饰面石膏板
预拌材料	现浇混凝土应采用预拌混凝土，建筑砂浆应采用**预拌砂浆**
高强材料	混凝土：①400MPa级及以上强度等级钢筋；②竖向承重结构C50。 钢结构：①Q345及以上高强钢材；②**螺栓连接**

典型习题

1-20 [2022（12）-40] 下列材料可再生且环境效益最好的是（ ）。
A. 钢材　　　　B. 铝材　　　　C. 混凝土　　　　D. 木材
答案：D
解析：木材是可再循环材料，可再生且环境效益最好。

考点 17：绿色建筑的定义与评价【★★★】

概念	《绿色建筑评价标准》（GB/T 50378—2019）2.0.1 绿色建筑：在**全寿命期**内，节约资源、保护环境、减少污染，为人们提供健康、适用、高效的使用空间，最大限度地实现人与自然和谐共生的高质量建筑
评价与等级划分	《绿色建筑评价标准》（GB/T 50378—2019）相关规定。 3.2.1　绿色建筑评价指标体系应由**安全耐久、健康舒适、生活便利、资源节约、环境宜居** 5 类指标组成，且每类指标均包括控制项和评分项；评价指标体系还统一设置加分项。 3.2.4　绿色建筑评价的分值设定应符合表 3.2.4（表 1-13）的规定。 表 1-13　　　　绿色建筑评价分值 |	控制项基础分值（Q_0）	评价指标评分项满分值					提高与创新加分项满分值（Q_A）
---	---	---	---	---	---	---	---
		安全耐久（Q_1）	健康舒适（Q_2）	生活便利（Q_3）	资源节约（Q_4）	环境宜居（Q_5）	
预评价分值	400	100	100	100	100	100	100
评价分值	400	100	100	100	100	100	100	 3.2.5　绿色建筑评价的总得分应按下式进行计算： $$Q=(Q_0+Q_1+Q_2+Q_3+Q_4+Q_5+Q_A)/10$$ 式中　Q——总得分； 　　　Q_0——控制项基础分值，当满足所有控制项的要求时取 400 分； 　　　$Q_1\sim Q_5$——分别为评价指标体系 5 类指标（安全耐久、健康舒适、生活便利、资源节约、环境宜居）评分项得分； 　　　Q_A——提高与创新加分项得分。 3.2.6　绿色建筑划分应为**基本级、一星级、二星级、三星级** 4 个等级
节材与绿色建材	《绿色建筑评价标准》（GB/T 50378—2019）7.2.15　合理选用建筑结构材料与构件，评价总分值为 10 分，并按下列规则评分：【2022（5）】 1　混凝土结构，按下列规则分别评分并累计： 　1) 400MPa 级及以上强度等级钢筋应用比例达到 85%，得 5 分； 　2) 混凝土竖向承重结构采用强度等级**不小于 C50** 混凝土用量占竖向承重结构中混凝土总量的比例达到 50%，得 5 分。

续表

节材与绿色建材	2 钢结构，按下列规则分别评分并累计： 1）**Q345 及以上高强钢材用量**占钢材总量的比例达到 50%，得 3 分；达到 70%，得 4 分； 2）**螺栓连接**等非**现场焊接节点**占现场全部连接、拼接节点的数量比例达到 50%，得 4 分； 3）采用施工时**免支撑**的楼屋面板，得 2 分。 3 混合结构：对其混凝土结构部分、钢结构部分，分别按本条第 1 款、第 2 款进行评价，得分取各项得分的平均值
绿色建筑评价指标	根据《绿色产品评价 防水与密封材料》(GB/T 35609—2017) 4.3，评价指标要求整理表格如下： 绿色建筑材料评价指标分为一级指标和二级指标，见表 1-14【2023】 表 1-14　　　　　　　　绿色建筑材料评价指标 | 一级指标 | 二级指标 | |---|---| | 资源属性 | 新鲜水消耗量 | | 能源属性 | 单位产品综合能耗 | | 环境属性 | 总悬浮颗粒物浓度 | | | 空气中粉尘容许浓度 | | | 产品废水排放量 | | 品质属性 | 沥青软化点 | | | 耐久性能 | | | 耐水性能 | | | 有害物质 | | | 固体含量 | | | 紫外线处理后剪切强度变化率 | | | 23℃拉伸粘结强度性能标准值 | | | 质量损失率 |
场地规划与室外环境	《民用建筑绿色设计规范》(JGJ/T 229—2010) 5.4.4 场地设计时，宜采取下列措施改善室外热环境：【2023（12）】 1 种植高大乔木为停车场、人行道和广场等提供遮阳； 2 建筑物表面宜为浅色，地面材料的反射率宜为 0.3～0.5，屋面材料的反射率宜为 0.3～0.6； 3 采用立体绿化、复层绿化，合理进行植物配置，设置渗水地面，优化水景设计； 4 室外活动场地、道路铺装材料的选择除应满足场地功能要求外，宜选择透水性铺装材料及透水铺装构造

	续表
围护结构	《民用建筑绿色设计规范》(JGJ/T 229—2010) 相关规定。 6.5.4 外墙设计可采用下列保温隔热措施： 　1 采用自身保温性能好的外墙材料； 　2 夏热冬冷地区和夏热冬暖地区外墙采用**浅色饰面材料**或**热反射型涂料**； 　3 有条件时外墙设置通风间层； 　4 夏热冬冷地区及夏热冬暖地区东、西向外墙采取遮阳隔热措施。 6.5.5 严寒、寒冷地区与夏热冬冷地区的外窗设计应符合下列要求： 　1 宜避免大量设置凸窗和屋顶天窗； 　2 外窗或幕墙与外墙之间缝隙应采用**高效保温材料**填充并用**密封材料**嵌缝； 　3 采用外墙保温时，窗洞口周边墙面应作保温处理，凸窗的上下及侧向非透明墙体应作保温处理； 　4 金属窗和幕墙型材宜采取隔断热桥措施
工业化建筑产品应用	《民用建筑绿色设计规范》(JGJ/T 229—2010) 相关规定。 6.8.1 建筑设计宜遵循模数协调的原则，住宅、旅馆、学校等建筑宜进行**标准化设计**。 6.8.2 建筑宜采用工业化建筑体系或工业化部品，可选择下列构件或部品： 　1 预制混凝土构件、钢结构构件等工业化生产程度较高的构件； 　2 整体厨卫、单元式幕墙、装配式隔墙、多功能复合墙体、成品栏杆、雨篷等建筑部品

典型习题

1-21 [2023-35] 下列选项中，不属于绿色建筑一级评价指标的是（　　）。
A. 资源属性　　B. 耐水属性　　C. 环境属性　　D. 能源属性
答案： B
解析： 根据《绿色产品评价　防水与密封材料》(GB/T 35609—2017) 第 4.3 条，属于一级指标的是资源属性、能源属性、环境属性、品质属性。

1-22 [2022(12)-39] 符合绿色设计标准室外地面材料的反射率为（　　）。
A. 0.6～0.8　　B. 0.4～0.6　　C. 0.3～0.5　　D. 0.1～0.2
答案： C
解析： 根据《民用建筑绿色设计规范》(JGJ/T 229—2010) 5.4.4，建筑物表面宜为浅色，地面材料的反射率宜为 0.3～0.5，屋面材料的反射率宜为 0.3～0.6。

1-23 [2022(5)-39] 绿色建筑评价中，采用下列哪种做法不节材？（　　）
A. C30 混凝土　　B. 400MPa 钢筋　　C. Q345 钢材　　D. 钢筋混凝土结构
答案： A
解析： 根据《绿色建筑评价标准》(GB/T 50378—2019) 7.2.15，合理选用建筑结构材料与构件，评价总分：400MPa 级及以上强度等级钢筋应用比例达到 85%，得 5 分；混凝土竖向承重结构采用强度等级不小于 C50 混凝土用量占竖向承重结构中混凝土总量的比例达到 50%，得 5 分。Q345 及以上高强钢材用量占钢材总量的比例达到 50%，得 3 分；达到 70%，得 4 分。

第二章 气硬性胶凝材料

思维导图

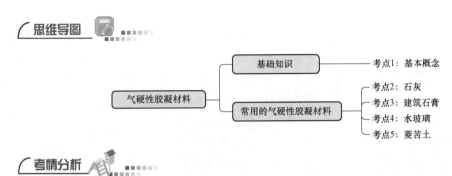

考情分析

章 节	近五年考试分数统计					
	2023年	2022年12月	2022年5月	2021年	2020年	2019年
第一节 基础知识	1	1	1	0	0	0
第二节 常用的气硬性胶凝材料	1	2	3	1	2	1
总 计	2	3	4	1	2	1

第一节 基 础 知 识

考点1：基本概念【★★★】

基本概念	胶凝材料按成分可分为两大类：**有机胶凝材料和无机胶凝材料**，见表2-1。 1. 有机胶凝材料：是指以**天然或人工合成高分子化合物**为基本组成的一类胶凝材料。 2. 无机胶凝材料：是以**无机化合物**为基本成分的一类胶凝材料。按硬化条件不同，又可分为气硬性胶凝材料、水硬性胶凝材料。 　1）气硬性胶凝材料：只能在空气中硬化，也只能在空气中保持和发展其强度的胶凝材料。 　2）水硬性胶凝材料：不仅能在空气中，而且能更好地在水中硬化，保持并继续发展其强度的胶凝材料。

表2-1　　　　常用胶凝材料的实例与应用【2023，2022（12）】

胶凝材料		实例	适用
无机胶凝材料	气硬性胶凝材料	建筑石膏、石灰、水玻璃、菱苦土	地上干燥环境
	水硬性胶凝材料	各种水泥	地上、地下或水中
有机胶凝材料		沥青、树脂、橡胶	

典型习题

2-1 [2023-1] 不属于胶凝材料的是（ ）。
A. 石灰　　　　　B. 石膏　　　　　C. 菱苦土　　　　　D. 橡胶

答案： D

解析： 胶凝材料按成分可分为两大类：有机胶凝材料和无机胶凝材料。无机胶凝材料按硬化条件不同，又可分为气硬性胶凝材料和水硬性胶凝材料。其中气硬性胶凝材料的包括建筑石膏、石灰、水玻璃、菱苦土，适用于地上干燥环境；水硬性胶凝材料包括各种水泥，适用于地上干燥环境地上、地下或水中；有机胶凝材料包括沥青、树脂、橡胶。

2-2 [2022（12）-2] 下列选项中，不属于气硬性材料的是（ ）。
A. 建筑水玻璃　　　　　　　　　B. 建筑石灰
C. 硅酸盐水泥　　　　　　　　　D. 建筑石膏

答案： C

解析： 石灰、石膏、水玻璃、菱苦土是气硬性材料，水泥是水硬性胶凝材料。

第二节　常用的气硬性胶凝材料

考点2：石灰　【★★★】

基本概念	1. 石灰的定义：将碳酸钙为主要成分的天然岩石，经煅烧而成的一种建筑材料。 2. 生产石灰的原料：石灰石、白云质石灰岩、贝壳等。 3. 常用的石灰产品有：磨细生石灰、消石灰粉和石灰膏。 4. 石灰的优点：原料分布广、成本低廉、使用方便、强度压缩性大。 5. 各类石灰的变化进程： 石灰石 $CaCO_3$ —煅烧分解→ 生石灰 CaO —加水消解→ 熟石灰或消石灰 $Ca(OH)_2$
煅烧	1. 石灰石经过煅烧分解，生成生石灰。其反应式为： $$CaCO_3 \xrightarrow{900℃} CaO + CO_2 \uparrow$$ 2. 为了加速石灰的分解，煅烧过程中温度常提高至 1000～1100℃。由于石灰石原料的尺寸大或煅烧时窑中温度分布不匀等原因，石灰中常含有欠火石灰和过火石灰。【2020】 　1）温度不足形成欠火生石灰，欠火石灰中的碳酸钙未完全分解，使用时缺乏粘结力。 　2）温度过高形成过火生石灰，过火石灰结构密实，表面常包覆一层熔融物，熟化很慢。 3. 生石灰按**氧化镁**的含量分为两类：①氧化镁含量≤5%时，称为钙质石灰；②氧化镁含量>5%时，称为镁质石灰。【2020】 4. 生石灰的传统用法有一系列缺点，如熟化时间长，有时熟化不完全，硬化速度慢，硬化后强度低等。若将生石灰磨细制成生石灰粉可不通过"消解"，而直接加水使用。**生石灰粉的熟化和硬化过程几乎同时进行，具有硬化快，强度大，石灰利用率高等优点**【2023】

	续表
熟化	1. 在使用时，将生石灰加水后消解为熟石灰或消石灰的过程，称为石灰的"熟化"也称为"消解"。其反应式为：$$CaO+H_2O \longrightarrow Ca(OH)_2+64.9kJ$$ 2. 石灰的熟化为放热反应，熟化时体积增大1～2.5倍
硬化	1. 石灰的硬化由两个同时进行的过程： 1) 结晶作用：游离水分蒸发，氢氧化钙逐渐从饱和溶液中结晶。 2) 碳化作用：氢氧化钙与空气中的二氧化碳化合生成碳酸钙结晶，释出水分被蒸发。 2. 石灰浆在硬化过程中，大量水分蒸发，产生较大收缩，会出现开裂，通常需**掺加砂、纸筋、麻刀等填充或增强材料**，以防止收缩开裂。同时也能加速内部水分的蒸发和二氧化碳的透入，有利于石灰硬化
技术指标	1. 建筑生石灰、生石灰粉、消石灰粉均按其技术指标分为**优等品、一等品和合格品**三个等级。 2. 建筑消石灰粉按用途，**优等品、一等品适用于饰面层和中间涂层；合格品仅用于砌筑**
应用	1. 配制石灰砂浆（图2-1），用于砌筑和抹灰工程。 2. 配制石灰乳，用于粉刷墙面的涂料。 3. 配制石灰土（石灰和粘土）和三合土（**石灰＋粘土＋砂石或炉渣、碎砖**等），用于墙体、建筑物的地基基础和各种垫层等。 4. 生产硅酸盐制品（图2-2），用于制作墙板、灰砂砖和隔热保温制品等。 5. 生产碳化石灰板（图2-3），用于建筑物的隔墙、顶棚、吸声板等。 注：①石灰砂浆：由石灰膏和砂子按一定比例搅拌而成的砂浆。②石灰乳：在氧化钙中加水生成的氢氧化钙的悬浊液，呈膏状固体或糊状流体。③四合土：三合土加少量低标号水泥所形成的。④硅酸盐制品：含硅、钙原料和集料经加水搅拌、成型，在水热条件下硬化而制成的建筑制品。⑤碳化石灰板：以磨细生石灰为主要原料，掺加少量玻璃纤维或植物纤维，与水拌和，经成型、干燥，以二氧化碳碳化而成的一种人造板材

图2-1 石灰砂浆

图2-2 硅酸盐制品

图2-3 碳化石灰板

典型习题

2-3 ［2023-19］熟化和硬化几乎同时进行的是（ ）。
A. 生石灰 B. 石灰石 C. 生石灰粉 D. 消石灰
答案：C
解析：生石灰的传统用法有一系列缺点，如熟化时间长，有时熟化不完全，硬化速度慢，硬化后强度低等。若将生石灰磨细制成生石灰粉可不通过"消解"，而直接加水使用,生石灰粉的熟化和硬化过程几乎同时进行,具有硬化快、强度大、石灰利用率高等优点。

2-4 [2022(5)-4] 相对花岗岩来说,石灰石的特性正确的是( )。

A. 吸水率低　　　　　　　　　　B. 耐磨性好
C. 密度大　　　　　　　　　　　D. 强度压缩性大

答案:D

解析:石灰石和花岗岩相比,吸水率高,耐磨性差、密度小、强度压缩性小。

考点3:建筑石膏【★★★★★】

基本概念	1. 石膏的定义:是一种由石膏矿石经过加工制成的粉末状材料,主要成分是天然二水石膏(化学式:$CaSO_4 \cdot 2H_2O$)。 2. 建筑石膏:天然二水石膏经煅烧后变成半水石膏,将其磨细,即为建筑石膏。建筑石膏常用作室内抹灰、粉刷、建筑装饰制品和石膏板。其反应式为: $$CaSO_4 \cdot 2H_2O \xrightarrow{107\sim170℃} CaSO_4 \cdot \frac{1}{2}H_2O + 1\frac{1}{2}H_2O$$ 石膏的生产流程如图2-4所示。 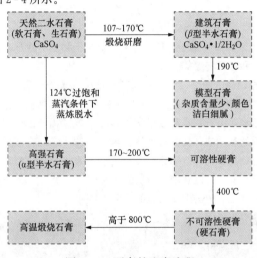 图2-4 石膏的生产流程
水化凝结硬化	1. 建筑石膏的水化:建筑石膏加水拌和后,与水发生水化反应生成二水硫酸钙的过程。其反应式为: $$CaSO_4 \cdot \frac{1}{2}H_2O + 1\frac{1}{2}H_2O = CaSO_4 \cdot 2H_2O$$ 2. 建筑石膏的凝结:在水化过程中,随着浆体中的自由水分因水化和蒸发而逐渐减少,二水石膏胶体微粒数量不断增加,浆体变稠度,失去可塑性的过程。 3. 建筑石膏的硬化:在凝结过程之后,胶体微粒逐渐凝聚成为晶体并逐渐长大,共生和相互交错,使浆体产生强度,并不断增长,直至完全干燥的过程

性能	1. 建筑石膏为**白色粉末，密度约为 2.60～2.75g/cm³**，松散堆积密度为 800～1000kg/m³，紧密堆积密度为 1250～1450kg/m³。 2. 凝结硬化时间短，便于使用。【2021】 3. 凝结硬化后不会出现体积收缩产生裂缝，反而略有膨胀（膨胀量1%），尺寸精确，**表面和棱角光滑饱满**，一种较好的室内饰面材料。【2022（5）】 4. 建筑石膏按**抗折强度、抗压强度、细度**和**凝结时间**等技术要求将建筑石膏分为三个等级：优等品、一等品、合格品。 5. 由于石膏制品的**孔隙率大**(孔隙率可达50%～60%)，导热系数小，吸声性强，吸湿性大，可调节室内的温度和湿度，但**强度不高**。【2022（5），2021】 6. 石膏制品加工方便，生产工艺简单，生产周期短，成本低廉。但由于**建筑石膏工艺复杂，价格比石灰高**。【2022（5）】 7. **建筑石膏抗火性能能好**，因为建筑石膏含有大量结晶水，在遇火灾时，二水石膏中的结晶水蒸发，吸收热量，使得温度上升缓慢，有效阻止火焰蔓延，并且无有害气体产生。【2022（5）】 8. 建筑石膏的缺点是**硬化后吸水性强**，在潮湿条件下，将导致强度下降。因此建筑石膏在运输及贮存时应注意防潮，一般贮存3个月后，强度将降低30%左右，超过3个月应重新进行质量检验，以确定其等级。【2022（5）】 9. **石膏可以延缓水泥凝结时间。**【2022（5）】 10. 吸水饱和的石膏制品受冻后，会因孔隙中的水结冰而开裂崩溃，因此**抗冻性差**【2021】
分类与标记	1. 建筑石膏的分类： ①按原材料种类分为三类，类别与代号见表2-2。 表2-2　　　　　建 筑 石 膏 分 类 | 类别 | 天然建筑石膏 | 脱硫建筑石膏 | 磷建筑石膏 | |---|---|---|---| | 代号 | N | S | P | ②按 2h 强度（抗折）分为三个等级：3.0、2.0、1.6。【2023】 2. 建筑石膏的标记：按产品名称、代号、等级级标准编号的顺序标记。示例：等级为2.0的天然建筑石膏标记如下：建筑石膏 N2.0 GB/T 9776—2008
应用	1. 制成石膏抹灰材料、各种墙体材料； 2. 制作各种石膏装饰板（图2-5）与多孔石膏制品（图2-6），如微孔石膏、泡沫石膏； 3. 制作各种石膏浮雕花饰、雕饰制品（图2-7）；  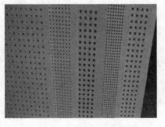  图 2-5　石膏装饰板　　图 2-6　多孔石膏制品　　图 2-7　石膏浮雕花饰

典型习题

2-5 [2023-20] 关于建筑石膏标号 3GB9776 中"3"表示（　　）。

A. 抗折强度　　　　B. 抗压强度　　　　C. 初凝时间　　　　D. 终凝时间

答案：A

解析：《建筑石膏标准》（GB/T 9776—2008）第 4.1.2 节按 2h 强度（抗折）分为 3.0、2.0、1.6 三个等级。

2-6 [2022（12）-24] 关于建筑石膏制品的说法，错误的是（　　）。

A. 尺寸精确　　　　B. 抗火性好　　　　C. 方便加工　　　　D. 吸水率低

答案：D

解析：建筑石膏在硬化过程中体积膨胀约 1%，这一性质使石膏制品尺寸精确，表面和棱角光滑饱满，干燥时也不开裂，所以可不加填充料而单独使用。这种性质对制作形状复杂的装饰制件甚为有利。石膏制品抗火性好。因石膏中含有大量结晶水，当制品遇火时，首先是结晶水脱水，水分蒸发而阻止火焰蔓延，使温度上升缓慢，起到防火作用。石膏制品能锯、钉、刨、钻，机械加工方便。石膏原料来源广，生产工艺简单，能耗少，生产周期短，成本不高。建筑石膏的缺点是吸水性强，吸水后强度显著下降，耐水性差，制品易变形翘曲。若吸水后受冻，制品易遭破坏。

考点4：水玻璃【★★】

基本概念	1. 水玻璃的定义：一种**具有水溶性**，由碱金属氧化物和二氧化硅组合而成的无机硅酸盐材料，俗称泡花碱。建筑上常用的有：硅酸钠水玻璃（$Na_2O \cdot nSiO_2$）、硅酸钾水玻璃（$K_2O \cdot nSiO_2$）。【2019】 2. 水玻璃的主要原料：石英砂、纯碱或含硫酸钠的原料。水玻璃常态如图 2-8 所示
性能	1. 水玻璃有良好的粘结能力，硬化时析出的硅酸凝胶能有效的堵塞毛细孔隙而防止水渗透。 2. 水玻璃不燃烧，在高温下硅酸凝胶干燥得更加强烈，强度并不降低，甚至有所增加。 3. **水玻璃具有高度的耐酸性能**，能抵抗大多数无机酸和有机酸的作用【2021】
应用	1. 喷涂在建筑材料表面（图 2-9），如天然石材、混凝土、硅酸盐建筑制品等，能提高材料的密实度、强度和抗风化能力。注意：石膏制品不能用水玻璃溶液喷涂，因水玻璃和石膏会产生化学反应，生成体积膨胀的硫酸钠使材料破坏。 2. **加速水泥凝结**，用以配制防水剂，与水泥浆调和，用于堵塞细缝或漏洞（图 2-10）。因其凝结过速，不宜配制水泥防水砂浆或防水混凝土。【2019】 3. **配制耐酸性、耐热性砂浆或混凝土【2022（5）】**

图 2-8　水玻璃常态　　　图 2-9　喷涂在建筑材料表面　　　图 2-10　堵塞细缝

典型习题

2-7 [2022（5）-9] 耐酸混凝土选用哪种胶凝材料？（   ）
A. 水泥　　　　　　B. 水玻璃　　　　　　C. 石灰　　　　　　D. 聚合物
答案：B
解析：水玻璃可用于配制耐酸砂浆和混凝土及耐热砂浆和混凝土。

2-8 [2021-6] 关于水玻璃的说法正确的是（   ）。
A. 粘结力弱　　　　B. 耐酸性强　　　　　C. 耐热性差　　　　D. 耐水性好
答案：B
解析：水玻璃（俗称泡花碱）是一种能溶于水的碱金属硅酸盐。水玻璃粘结力强，强度高，具有良好的耐酸性和耐热性，但是耐水性和耐碱性差。选项B正确。

考点5：菱苦土

基本概念	1. 菱苦土的定义：一种细粉状的气硬性胶结材料，主要成分是氧化镁，为白色或浅黄色无定形粉末状。 2. 按化学成分和物理性质分为三个等级：**优等品、一等品**和合格品。 3. 菱苦土不能用水拌和，可用氯化镁、硫酸镁、氯化铁等盐类溶液作拌和剂。其中以氯化镁为最好，拌和后凝结快，硬化后强度高，称为氯镁水泥。但该制品吸湿性大，抗水性差，吸湿后容易变形。 4. 菱苦土碱性较弱，对有机物无腐蚀性。 5. 菱苦土硬化过程中体积**稍有膨胀**而不产生收缩裂缝
应用	1. 制成菱苦土地面（图2-11）。 2. 制作多种造木丝板（图2-12）、刨花板（图2-13），常用作内墙板、天花板、门窗框等。 3. 菱苦土只能用于干燥环境中，**不适合用于防潮、遇水和受酸类侵蚀的地方**    图2-11 菱苦土地面　　图2-12 菱苦土地面造木丝板　　图2-13 菱苦土地面造刨花板

第三章 水 泥

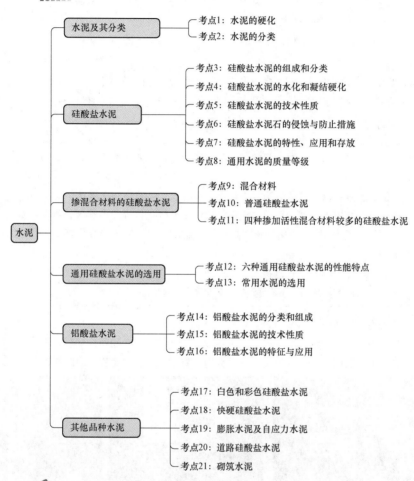

考情分析

章　节	近五年考试分数统计					
	2023年	2022年12月	2022年5月	2021年	2020年	2019年
第一节　水泥及其分类	0	1	0	1	0	1
第二节　硅酸盐水泥	1	1	0	1	0	2
第三节　掺混合材料的硅酸盐水泥	0	0	1	0	0	0
第四节　通用硅酸盐水泥的选用	1	1	1	1	1	1

续表

章 节	近五年考试分数统计					
	2023年	2022年12月	2022年5月	2021年	2020年	2019年
第五节 铝酸盐水泥	0	0	0	0	0	0
第六节 其他品种水泥	0	0	0	0	0	0
合 计	2	3	2	3	1	4

第一节 水 泥 及 其 分 类

考点1：水泥的硬化【★★★】

形态	粉末状物质
硬化过程	水泥与水混合后，经过相应的物理和化学反应，由可塑性浆体变为坚硬的石状体，并将散粒状材料胶结成为整体
硬化条件	在空气中和水中均可硬化
材料性质	水硬性胶凝材料【2022（12），2019】

考点2：水泥的分类【★★★】

按水泥熟料矿物分类	硅酸盐类水泥（建筑工程中应用最广泛）	
	铝酸盐类水泥	
	硫酸盐类水泥	
按用途和性能分类	通用水泥【2021】	硅酸盐水泥（P·Ⅰ、P·Ⅱ）
		普通硅酸盐水泥（P·O，简称普通水泥）
		矿渣硅酸盐水泥（P·S，简称矿渣水泥）
		粉煤灰硅酸盐水泥（P·F，简称粉煤灰水泥）
		火山灰质硅酸盐水泥（P·P，简称火山灰水泥）
		复合硅酸盐水泥（P·C，简称复合水泥）
	专用水泥	砌筑水泥、道路水泥、大坝水泥
	特种水泥	快硬硅酸盐水泥、白色/彩色硅酸盐水泥、膨胀水泥、特快硬水泥

3-1 [2021-10] 下列选项中，属于硅酸盐系列水泥的通用水泥是（ ）。
A. 普通硅酸盐水泥　　　　　　　　B. 油井水泥

C. 硅酸盐膨胀水泥　　　　　　　　　　D. 低碱水泥

答案：A

解析：六大通用水泥：硅酸盐水泥、普通水泥、矿渣水泥、火山灰水泥、粉煤灰水泥、复合水泥。

第二节　硅酸盐水泥

考点3：硅酸盐水泥的组成和分类【★★★】

组成成分	凡由**硅酸盐水泥熟料**、0～5%**石灰石或粒化高炉矿渣**、**适量石膏**磨细制成的水硬性胶凝材料，称为硅酸盐水泥	
硅酸盐水泥分类	Ⅰ型硅酸盐水泥（P·Ⅰ）	不掺加石灰石或粒化高炉矿渣
	Ⅱ型硅酸盐水泥（P·Ⅱ）	掺加不超过水泥重量5%石灰石或粒化高炉矿渣混合材料
石膏的作用	**适量的石膏可延缓水泥凝结**【2022（12）】	
水泥熟料矿物组成及特性	组成	硅酸盐水泥的水泥熟料矿物组成见表3-1。 **表3-1　硅酸盐水泥的水泥熟料矿物组成** 	熟料矿物名称	简写
---	---
硅酸三钙 $3CaO \cdot SiO_2$	C_3S
硅酸二钙 $2CaO \cdot SiO_2$	C_2S
铝酸三钙 $3CaO \cdot Al_2O_3$	C_3A
铁铝酸四钙 $4CaO \cdot Al_2O_3 \cdot Fe_2O_3$	C_4AF	 除上表所列矿物之外，还有少量游离氧化钙和游离氧化镁等。
	特性	硅酸盐水泥的四种主要水泥熟料矿物单独与水作用的特性详见表3-2。 **表3-2　硅酸盐水泥的水泥熟料矿物特性** | 熟料矿物名称	性能		
---	---	---	---
	强度	凝结硬化速度	水化放热量
硅酸三钙	高	快	大
硅酸二钙	早期低、后期高	慢	小
铝酸三钙	最低	最快	最大
铁铝酸四钙	中	快	中	 由表3-2可知，提高**硅酸三钙**的含量，可以获得**快硬高强水泥**；降低**铝酸三钙和硅酸三钙**的含量，提高**硅酸二钙**的含量，可制造水化热低的**低热水泥**

典型习题

3-2 [2022（12）-11] 熟料磨细时，加入下列哪种材料可以延缓水泥凝结时间？（　　）

A. 3%左右石膏　　　　B. 3%左右熟石灰　　　　C. 2%细砂　　　　D. 2%生石灰

答案：A

解析：适量的石膏可延缓水泥凝结。

考点4：硅酸盐水泥的水化和凝结硬化【★】

水化	过程		水泥加水后，熟料矿物与水发生的水解或水化作用，形成水化产物并放热
	水化产物	凝胶	**水化硅酸钙**，含量约占70%
			水化铁酸钙
		晶体	氢氧化钙，含量约占20%
			水化铝酸钙，含量约占7%，对水泥石的强度和其他性质起决定性作用
			水化硫铝酸钙，含量约占7%
凝结	水泥加水搅拌后，成为可塑性的水泥浆料，然后逐渐变稠**失去可塑性，但尚不具有强度**的过程		
硬化	水泥浆料强度逐渐提高，**变为坚硬的石状体（即水泥石）**的过程		
水泥石	由凝胶与晶体（即水化产物）、空隙（毛细孔和凝胶孔）、水（自由水和吸附水）和未水化的水泥熟料颗粒组成		

考点5：硅酸盐水泥的技术性质【★★★★★】

十项技术要求			不溶物、氧化镁、SO_3、烧失量、碱含量、氯离子含量、细度、凝结时间、体积安定性、强度。【2021】 其中，**细度**、**凝结时间**、**体积安定性**和**强度**是影响水泥性质的主要指标
细度	定义		指的是水泥的粗细程度
	影响作用		水泥颗粒**越细**，与水接触的表面积越大，则水化速度**越快**，强度**越高**；但硬化收缩**较大**，投资成本也**较高**。 若水泥颗粒**过粗**，水泥活性的发挥**较差**，导致强度**较低**
	标准［依据《通用硅酸盐水泥》（GB 175—2020）］	比表面积法	硅酸盐水泥的细度用**比表面积**（m^2/kg）表示，标准为$300m^2/kg$（含）～$400m^2/kg$
		筛析法	普通硅酸盐水泥、矿渣水泥、火山灰水泥、粉煤灰水泥和复合水泥的细度用**筛余百分数**表示，标准为$45\mu m$方孔筛筛余不少于5%
凝结时间	初凝时间		水泥加水拌和起至标准稠度水泥净浆**开始失去可塑性**所需的时间
	终凝时间		水泥加水拌和起至标准稠度水泥净浆**完全失去可塑性并开始产生强度**所需的时间
	凝结时间		以标准稠度的水泥净浆，在规定温度和湿度环境下的凝结时间，用**标准维卡仪**测定
	标准规定		硅酸盐水泥初凝时间不得早于**45min**，终凝时间不得迟于**6.5h**； 其他通用硅酸盐水泥的终凝时间不得迟于**10h**

续表

体积安定性	定义	指的是水泥在硬化过程中**体积均匀变化的性能**
	体积安定性不良	若在水泥完全硬化后，产生不均匀的体积变化，即体积安定性不良，会导致构建产生裂缝，降低建筑的安全质量，故体积安定性不良的水泥**严禁在工程中使用**
	体积安定性不良的原因	一般是由于熟料中所含游离**氧化钙**或游离**氧化镁**过多，或是掺入的**石膏**过量导致的【2023】
	检验方法	(1) **沸煮法**：检查游离氧化钙所起的水泥体积安定性不良； (2) **压蒸法**：检查游离氧化镁所起的水泥体积安定性不良； (3) 石膏引起的水泥体积安定性不良需要长期在常温水中才能发现
	标准规定	(1) 水泥熟料中游离氧化镁含量不得超过5.0%； (2) 水泥中三氧化硫含量不得超过3.5%
强度	定义	水泥的强度是水泥性能的重要技术指标，采用**胶砂法**测定
	强度的检验	水泥与标准砂按照1∶3的质量比例混合，用0.5的水灰比，按规定的方法制成40mm×40mm×160mm的试件，在标准温度（20℃±1℃）的水中进行养护后进行**抗压强度**和**抗折强度**的试验，测定3d和28d龄期的强度
	强度等级标准	根据测定结果，采用**胶砂强度**，将各类水泥的强度等级划分见表3-3。 **表3-3　　各类硅酸盐水泥的强度等级划分** {见下表}

水泥品种	等级强度
硅酸盐水泥	42.5、42.5R、52.5、52.5R、62.5、62.5R
普通水泥	42.5、42.5R、52.5、52.5R
矿渣、粉煤灰、火山灰水泥	32.5、32.5R、42.5、42.5R、52.5、52.5R
复合水泥	42.5、42.5R、52.5、52.5R

注：R表示早强型水泥

典型习题

3-3 [2023-11] 下列哪种材料，会影响水泥体积安定性？（　　）
A. 氧化钙　　B. 氧化钠　　C. 氧化锌　　D. 氧化铁
答案：A
解析：水泥安定性不良的原因一般是由于熟料中所含游离氧化钙或游离氧化镁过多，或是掺入的石膏过量导致的。

3-4 [2021-7] 下列选项中，硅酸盐水泥化学指标不包括（　　）。
A. 三氧化硫　　B. 氯离子　　C. 氧化镁　　D. 水化热
答案：D
解析：硅酸盐水泥的十项技术要求为不溶物、氧化镁、SO_3、烧失量、细度、凝结时间、安定性、强度、碱含量、氯离子含量，其中氧化镁、SO_3、碱含量为化学指标。

考点6：硅酸盐水泥石的侵蚀与防止措施【★】

侵蚀	硅酸盐水泥在硬化后，在通常使用条件下有着较好的耐久性，但是在某些侵蚀性液体（如一定的酸碱条件下）或气体的作用下，水泥石会逐渐受到腐蚀，导致强度降低，这种现象称为水泥的侵蚀
产生侵蚀的根本原因	水泥石本身的组成成分中含有会引起腐蚀的氢氧化钙和水化铝酸钙；或者水泥石本身不够密实，存在毛细孔通道，导致侵蚀介质易于进入其内部
防止侵蚀的措施	（1）根据侵蚀环境的特点，合理**选择适当的水泥品种**； （2）**提高水泥石的密实度**，减少侵蚀介质的渗入，如降低水灰比等； （3）如果侵蚀作用较强，可在混凝土或砂浆表面**增加耐腐蚀性强且不透水的保护层**，如使用耐酸石材、耐酸陶瓷、沥青等

考点7：硅酸盐水泥的特性、应用和存放【★★】

特性及应用	硅酸盐水泥的强度及应用见表3-4。 表3-4　　　　　硅酸盐水泥的强度及应用 | 特性 | 应用 | |---|---| | 强度高 | 常用于重要结构中的高强度混凝土、钢筋混凝土和预应力混凝土工程 | | 凝结硬化快，抗冻性好 | 适用于要求凝结快、早期强度高、冬季施工及严寒地区遭受反复冻融的工程 | | 耐侵蚀性差 | 不宜用于受流动的软水和有水压作用的工程，也不宜用于受海水和矿物水作用的工程 | | 水化放热量大 | 不宜用于厚大体积混凝土工程 | | 耐热性差 | 不适用于有耐热、耐高温要求的混凝土工程 | | 耐磨性好 | 适用于道路、地面等对耐磨性要求较高的混凝土工程 |
存放	（1）水泥应按不同的品种、强度等级及出厂日期分别存放，并加以标志； （2）散装水泥应分库存放；袋装水泥一般堆放高度不应超过**10袋**，平均每平方米堆放**1吨**，并应考虑**先存先用**。 （3）水泥的贮存不宜过久，在一般贮存条件下，存放3个月后，水泥强度约降低10%~20%。 （4）通用硅酸盐水泥的贮存期为**3个月**；快硬水泥贮存期尽量不超过**1个月**【2019】

典型习题

3-5 [2019-8] 我国水泥产品有效存放期为自水泥出场之日起，不超过（　　）。
A. 6个月　　　　　B. 5个月　　　　　C. 4个月　　　　　D. 3个月
答案：D
解析：通用硅酸盐水泥的贮存期一般为3个月。

考点 8：通用水泥的质量等级【★★】

水泥质量的判断依据	产品标准和实物质量	
质量等级划分【2019】	优等品	水泥产品标准必须达到国际先进水平，且水泥实物质量水平与国外同类产品相比达到近5年的先进水平
	一等品	水泥产品标准必须达到国际一般水平，且水泥实物质量水平达到国际同类产品的一般水平
	合格品	按照我国现行水泥产品标准组织生产，水泥实物质量水平必须达到现行产品标准的要求

3-6 ［2019-6］我国水泥产品质量水平划分为三个等级，正确的是（　　）。
A．甲等、乙等、丙等　　　　　　　　B．一级品、二级品、三级品
C．上类、中类、下类　　　　　　　　D．优等品、一等品和合格品
答案：D
解析：根据相关标准规范，我国水泥产品质量划分为三个等级：优等品、一等品和合格品。

第三节　掺混合材料的硅酸盐水泥

考点 9：混合材料【★】

分类	水泥混合材料按照性能不同可分为活性混合材料和非活性混合材料两大类
活性混合材料	常用的活性混合材料有粒化高炉矿渣、火山灰质混合材料和粉煤灰
非活性混合材料	磨细的石英砂、石灰石、慢冷矿渣及各种废渣等属于非活性混合材料

考点 10：普通硅酸盐水泥【★★★】

组成成分	由硅酸盐水泥熟料、6%～20%混合材料、适量石膏磨细制成的水硬性胶凝材料，称为普通硅酸盐水泥（简称为普通水泥），代号为P·O
基本性能【2022（5）】	因普通硅酸盐水泥掺混合材料量少，故其基本性能与硅酸盐水泥基本相同，但与同强度等级的硅酸盐水泥相比，又存在以下几点差异： （1）硬化速度稍慢； （2）早期强度稍低； （3）水化热量稍少； （4）抗冻性和耐磨性稍差
应用	广泛应用于各种混凝土工程或钢筋混凝土工程，但因其与硅酸盐水泥存在水化放热量大的特点，因此不适宜用于大体积混凝土工程

3-7 ［2022（5）-10］普通硅酸盐水泥与同强度等级硅酸盐水泥相比，下列说法正确的是（　　）。

A. 早期硬化强度较快
B. 抗冻性较强
C. 3天抗压强度较高
D. 耐磨性较差

答案：D

解析：与同强度等级的硅酸盐水泥相比，普通硅酸盐水泥硬化速度稍慢；早期强度稍低；水化热量稍少；抗冻性和耐磨性稍差，故选项D正确。

考点11：四种掺加活性混合材料较多的硅酸盐水泥【★★】

矿渣硅酸盐水泥	组成成分	由硅酸盐水泥熟料和粒化高炉矿渣（掺加量质量占比为20%~70%）、适量石膏磨细制成的水硬性胶凝材料，称为矿渣硅酸盐水泥（简称为**矿渣水泥**），代号为P·S	
	分类	A型矿渣水泥（P·S·A）	20%＜矿渣掺量≤50%
		B型矿渣水泥（P·S·B）	50%＜矿渣掺量≤70%
	材料替换	矿渣水泥允许石灰石、窑灰、粉煤灰和火山灰质混合材料中的一种材料代替矿渣，代替数量不超过水泥重量的8%，替代后水泥中粒化高炉矿渣不得少于20%	
火山灰质硅酸盐水泥	组成成分	由硅酸盐水泥熟料和火山灰质混合材料（掺加量质量占比为20%~50%）、适量石膏磨细制成的水硬性胶凝材料，称为火山灰质硅酸盐水泥（简称为**火山灰水泥**），代号为P·P	
粉煤灰硅酸盐水泥	组成成分	由硅酸盐水泥熟料和粉煤灰（掺加量质量占比为20%~40%）、适量石膏磨细制成的水硬性胶凝材料，称为粉煤灰硅酸盐水泥（简称为**粉煤灰水泥**），代号为P·F	
复合硅酸盐水泥	组成成分	由硅酸盐水泥熟料、两种及两种以上规定的混合材料（掺加量占水泥质量的20%~50%）、适量石膏磨细制成的水硬性胶凝材料，称为复合硅酸盐水泥（简称为**复合水泥**），代号为P·C	
共同特性		矿渣水泥、火山灰水泥、粉煤灰水泥和复合水泥的共同特性有：①早期强度低但后期强度增长较快；②水化热较低但放热速度慢；③抗软水侵蚀和硫酸盐侵蚀能力较强；④抗冻性、耐磨性和抗碳化性较差	
各自特性	矿渣水泥	（1）耐热性较强；（2）保水性较差；（3）需水性较大；（4）抗渗性较差	
	火山灰水泥	（1）保水性好；（2）抗渗性好；（3）硬化干缩显著	
	粉煤灰水泥	（1）干缩性小；（2）抗裂性好；（3）流动性较好；（4）配制的混凝土拌和物和易性较好	

第四节　通用硅酸盐水泥的选用

考点 12：六种通用硅酸盐水泥的性能特点【★★★】

水泥品种	性能特点	
硅酸盐水泥	①凝结硬化**快**，早期强度**高**；②水化热**大**；③抗冻性**好**；④耐软水性与耐腐蚀性**差**；⑤耐磨性**好**；⑥抗碳化能力强	
普通水泥	①早期强度**较高**；②水化热**较大**；③抗冻性**较好**；④耐软水性与耐腐蚀性**较差**；⑤耐磨性**较好**；⑥抗碳化能力**较强**	
矿渣水泥	①早期强度**高**，后期强度增长**快**；②水化热小；③抗冻性差；④耐软水性与耐硫酸盐侵蚀**较好**；⑤抗碳化能力差	⑥耐热性和耐磨性较好
火山灰水泥		⑥干缩性**大**；⑦抗渗性**较好**
粉煤灰水泥		⑥流动性**较好**；⑦干缩性**较小**；⑧抗裂性**较好**
复合水泥		其他性能以掺入混合材料为准

考点 13：常用水泥的选用【★★★★★】

	混凝土工程特点或所处环境条件	硅酸盐水泥	普通硅酸盐水泥	矿渣硅酸盐水泥	火山灰硅酸盐水泥	粉煤灰硅酸盐水泥	复合硅酸盐水泥	备注
普通混凝土	在普通气候环境中的混凝土		●	■	■	■	■	
	在干燥环境中的混凝土		●	■	▲	▲		
	在高湿度环境中或永远处在水下的混凝土		■	●	■	■	■	
	厚大体积的混凝土	▲	■	●	●	●	●	不宜采用快硬硅酸盐水泥
有特殊要求的混凝土	要求快硬的混凝土	●	■	▲	▲	▲	▲	也可优先采用快硬硅酸盐水泥
	高强（大于C40级）的混凝土	●	■	■	▲	▲		
	严寒地区的露天混凝土，寒冷地区的处在水位升降范围内的混凝土		●	■	▲	▲		
	严寒地区处在水位升降范围内的混凝土		●	▲	▲	▲	▲	
	有抗渗性要求的混凝土		●					
	有耐磨性要求的混凝土	●	●	■	▲	▲		

注：1. 蒸汽养护时用的水泥品种，宜根据具体条件通过试验确定。
　　2. "●"为优先选用；"■"为可以选用；"▲"为不宜选用。

典型习题

3-8 [2023-8] 关于防水混凝土材料的说法，错误的是（　　）。
A. 可用普通硅酸盐水泥
B. 不宜选用硅酸盐水泥
C. 石子粒径良好
D. 宜选用中粗砂

答案：B

解析：防水混凝土宜选用硅酸盐水泥和普通硅酸盐水泥。

3-9 [2022（12）-36] 受冻融作用的防水混凝土应优先采用下列哪一种水泥？（　　）
A. 普通硅酸盐水泥
B. 火山灰硅酸盐水泥
C. 粉煤灰硅酸盐水泥
D. 矿渣硅酸盐水泥

答案：A

解析：受冻融作用的防水混凝土应优先采用普通硅酸盐水泥。

3-10 [2022（5）-11] 相对于普通水泥，优先选用硅酸盐水泥的是（　　）。
A. 高强混凝土
B. 抗渗混凝土
C. 严寒地区露天混凝土
D. 厚大体积混凝土

答案：A

解析：硅酸盐水泥早期强度和后期强度均较高，相对于普通水泥，更适用于高强混凝土工程。

3-11 [2020-12] 下列关于水泥的选项，严寒地区露天环境下混凝土选择（　　）。
A. 火山灰水泥
B. 硅酸盐水泥
C. 矿渣水泥
D. 粉煤灰水泥

答案：C

解析：严寒地区的露天混凝土，优先选用普通硅酸盐水泥，可以使用矿渣硅酸盐水泥。

第五节　铝酸盐水泥

考点14：铝酸盐水泥的分类和组成【★】

定义	以铝矾土和石灰石为主要原料，经煅烧（至烧结或熔融状态），得到以铝酸钙为主、氧化铝含量不大于50%的熟料，磨制的水硬性胶凝材料称为铝酸盐水泥（又称**高铝水泥**）
主要矿物组成	铝酸盐水泥的主要矿物组成有： (1) **铝酸一钙**($CaO \cdot Al_2O_3$，简写 CA)，含量约为70%； (2) **二铝酸一钙**($CaO \cdot 2Al_2O_3$，简写 CA_2)； (3) 少量的**硅酸二钙**($2CaO \cdot SiO_2$，简写 C_2S)； (4) 其他的铝酸盐
水化特点	(1) 铝酸一钙具有很高的水硬活性，凝结不快，但硬化速度很快，是铝酸盐水泥强度的主要来源； (2) 铝酸盐水泥**初期强度增长快**，后期强度增加不明显

39

考点 15：铝酸盐水泥的技术性质【★】

细度	比表面积不小于 300m²/kg 或 0.045mm 筛余不大于 20%
凝结时间	(1) CA-50、CA-70、CA-80 的胶砂初凝时间不得早于 30min，终凝时间不得迟于 6h； (2) CA-60 的胶砂初凝时间不得早于 60min，终凝时间不得迟于 18h
强度	使用**胶砂法**测量抗压强度和抗折强度

考点 16：铝酸盐水泥的特征与应用【★★】

铝酸盐水泥的特征及相应的应用范围见表 3-5。

表 3-5　　　　　铝酸盐水泥的特征及相应的应用

	特征	应用
特征与应用	长期强度会**降低**	不宜用于**长期承重**的结构和处于**高温高湿**环境的工程中，**严禁**使用于一般的混凝土工程
	凝结速度**较快**，早期强度增加快	宜用于**紧急抢修工程和要求早期强度高的特殊工程**
	水化热大，放热速度快	不宜用于**大体积**混凝土工程，适用于**冬期施工**的混凝土工程
	硬化时最适宜温度为 15℃ 左右，原则上不超过 25℃	不适用于**高温**季节施工，不适合采用**蒸汽养护**
	耐热性好	可制成 1300~1400℃ 的**耐热混凝土**
	耐硫酸盐侵蚀性强，耐酸性好，耐碱性差	不得用于接触性碱性溶液的工程
	与硅酸盐水泥或石灰反应会导致闪凝和开裂，甚至破坏	施工时不得与**硅酸盐水泥**和**石灰**混合，也不可与未硬化的硅酸盐水泥接触

第六节　其他品种水泥

考点 17：白色和彩色硅酸盐水泥【★】

白色硅酸盐水泥		以适当成分的生料烧至部分熔融，得到以硅酸钙为主要成分、**氧化铁含量很小**的白色硅酸盐水泥熟料，加入适量石膏，共同磨细制成的水硬性胶凝材料称为白色硅酸盐水泥，简称白水泥
技术要求	细度	45μm 方孔筛筛余不大于 30%
	凝结时间	初凝时间不得早于 45min，终凝时间不得迟于 12h
	白度	按照白度可分为 1 级和 2 级，代号分别为 P·W-1 和 P·W-2
	强度	按照强度分为 32.5 级、42.5 级和 52.5 级
	放射性	内照射指数不大于 1.0；外照射指数不大于 1.0

续表

彩色硅酸盐水泥的生产方式	（1）用白色硅酸盐水泥熟料、石膏和耐碱矿物颜料共同磨细而成； （2）在白色硅酸盐水泥的生料中加入少量**金属氧化物**直接烧制成彩色水泥熟料，然后加入适量石膏磨细而成

考点 18：快硬硅酸盐水泥【★】

定义	以硅酸盐水泥熟料和适量石膏磨细制成的，以 3d 抗压强度表示强度等级的水硬性胶凝材料，称为快硬硅酸盐水泥（简称快硬水泥）
提高水泥早期强度的措施	1. 提高熟料中**铝酸三钙**与**硅酸三钙**的含量（铝酸三钙与硅酸三钙是熟料中硬化速度最快的成分） 2. 适当增加石膏的掺量； 3. 提高水泥的粉末程度
应用	快硬硅酸盐水泥的使用已较为广泛，主要适用于**要求早期强度高、紧急抢修**的工程，抗冲击及抗震性工程，冬季施工等，必要时可用于制作混凝土及预应力混凝土预制构件
存放	快硬硅酸盐水泥存放过程中需要注意防潮，贮存期一般不大于1个月

考点 19：膨胀水泥及自应力水泥【★】

制作方式	硅酸盐型	由硅酸盐水泥、高铝水泥和石膏按一定比例共同磨细或分别粉磨再经混匀而成，凝结速度较慢
	铝酸盐型	以高铝水泥熟料和二水石膏磨细而成，凝结速度较快
自应力	\multicolumn{2}{l}{预先具有压应力是依靠水泥本身的水化反应而产生的，称为**自应力**。 以自应力值（MPa）表示所产生压应力的大小。自应力值大于2MPa的称为自应力水泥，膨胀水泥的自应力值一般为0.5MPa左右}
应用	\multicolumn{2}{l}{1. 膨胀水泥适用于补偿收缩混凝土与防渗混凝土；可以填灌混凝土结构或构件的接缝，结构的加固与修补等。 2. 自应力水泥适用于制造自应力钢筋混凝土压力管及配件}

考点 20：道路硅酸盐水泥

定义	由道路硅酸盐水泥熟料，0~10%活性混合材料和适量石膏磨细制成的水硬性胶凝材料，称为道路硅酸盐水泥（简称道路水泥），代号为 P·R
特性	道路水泥具有良好的**抗干缩性和耐磨性**
应用	道路水泥主要用于公路路面、机场跑道等工程结构，也可用于要求较高的工厂地面和停车场等工程

考点 21：砌筑水泥

定义	由硅酸盐水泥熟料加入规定的混合材料和适量石膏磨细制成的水硬性胶凝材料
特性	砌筑水泥最大的特点是有良好的保水性
应用	砌筑水泥主要用于配制**砌筑砂浆和抹面砂浆**

第四章 混 凝 土

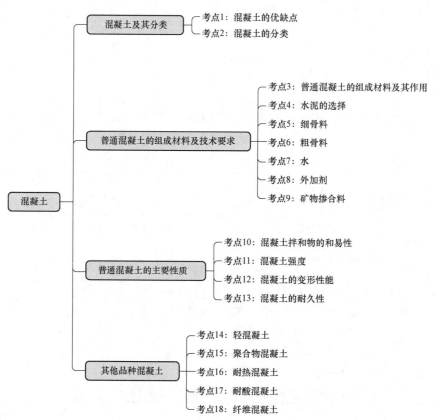

章　节	近五年考试分数统计					
	2023年	2022年12月	2022年5月	2021年	2020年	2019年
第一节　混凝土及其分类	0	0	0	0	0	0
第二节　普通混凝土的组成材料及技术要求	0	0	0	2	1	2
第三节　普通混凝土的主要性质	1	0	0	1	2	1
第四节　其他品种混凝土	0	0	2	1	1	1
合　计	1	0	2	4	4	4

第一节 混凝土及其分类

考点1：混凝土的优缺点【★】

组成	混凝土是由**胶凝材料、水和粗、细骨料**按适当比例配合、拌制成拌和物，再经一定时间硬化而成的人造石材
优点	1. 凝结前具有良好的可塑性； 2. 因钢筋受拉而混凝土受压，**两者膨胀系数一致**，均为 1.0×10^{-5}℃故与钢筋有牢固的粘结力； 3. 经硬化后具有良好的抗压强度与耐久性； 4. 组成材料中砂、石占比达80%，符合就地取材和经济的原则
缺点	1. 自重大； 2. **抗拉强度低**； 3. 受拉时变形能力小，容易开裂

考点2：混凝土的分类【★】

按表观密度分类	重混凝土	表观密度大于2600kg/m³，具有不透 x 射线和 γ 射线的性能
	普通混凝土	表观密度为1950～2500kg/m³，在建筑工程中使用最广，用量最大
	轻混凝土	表观密度不大于1900kg/m³，多用于有保温绝热要求的墙体或屋面等部位

第二节 普通混凝土的组成材料及技术要求

考点3：普通混凝土的组成材料及其作用【★】

组成	普通混凝土（简称为混凝土）是由水泥、砂、石和水所组成，同时为改善混凝土的某些性能还常加入适量的外加剂和掺合料，如图4-1所示

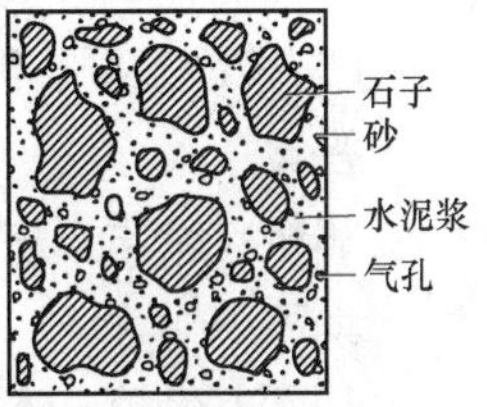

图4-1 混凝土结构

作用	1. 在混凝土中，**砂和石起骨架作用，称为骨料**；**水泥与水形成水泥浆**，水泥浆包裹在骨料表面并填充其空隙。 2. 在混凝土硬化前，水泥浆起**润滑**作用，赋予拌和物一定和易性，方便施工。 3. 在混凝土硬化后，水泥浆起**胶粘剂**作用，将骨料胶结成一个坚实的整体

考点 4：水泥的选择【★】

品种		采用何种水泥，应根据混凝土工程特点和所处的环境条件决定，可以参照本书第三节考点 13 常用水泥的选用
强度等级	选择原则	水泥强度等级的选择应与混凝土的设计强度等级相适应。原则上是配制高强度等级的混凝土，选用高强度等级水泥；配制低强度等级的混凝土，选用低强度等级水泥
	特殊情况	1. 如必须用**高强度**等级水泥配制**低强度**等级混凝土，则需要少量的水泥即可达到混凝土强度要求，同时，应掺入一定数量的**掺和料**(如粉煤灰等)。 2. 如必须用**低强度**等级水泥配制**高强度**等级混凝土，则需要更多的水泥用量才可满足强度要求，同时，可通过掺加各种**减水剂**，降低水灰比来提高强度

考点 5：细骨料【★★★】

细骨料		细骨料是粒径小于 4.75mm 的骨料，包含天然砂和机制砂。天然砂包括河砂、湖砂、山砂和淡化海砂。因河砂干净，所以在配制混凝土时最常用【2020】
有害杂质【2021】		1. 泥[Ⅰ类砂的含泥量（按质量计）不大于1.0%，Ⅱ类砂为不大于3.0%，Ⅲ类砂为不大于5.0%]、云母、轻物质等，减缓水泥的凝结，会降低混凝土强度； 2. 硫化物和硫酸盐、氯盐对水泥有腐蚀作用
颗粒形状及表面特征	山砂	山砂的颗粒多具有棱角，表面粗糙，与水泥粘结力较好，用山砂配制的混凝土强度较高，但拌和物的流动性较差【2019】
	河砂	河砂的颗粒多呈圆形，表面光滑，与水泥的粘结力较差，用来拌制混凝土，混凝土的强度则较低，但拌和物的流动性较好

典型习题

4-1 [2021-11] 关于砂中含有有机物对混凝土会影响（　　）。
A. 减缓水泥的凝结   B. 影响混凝土的抗冻
C. 导致混凝土的开裂   D. 影响混凝土的抗渗
答案：A
解析：砂中含有有机物会妨碍水泥与砂的粘结，减缓水泥的凝结，会降低混凝土强度，因此选项 A 正确。

4-2 [2020-14] 建筑工程中细石混凝土一般细骨料采用（　　）。
A. 河砂   B. 混合砂   C. 山砂   D. 海砂
答案：A
解析：砂可分为天然砂和人工砂两类。天然砂包括河砂、湖砂、山砂和淡化海砂。人工砂是经除土处理的机制砂、混合砂的统称。因河砂干净，又符合有关标准的要求，所以在配制混凝土时最常用。

4-3 [2019-10] 天然砂是由岩石风化等长期自然条件作用而成的，如果要求砂粒与水泥间胶结力强，最佳选用下列哪种砂子？（　　）

A. 山砂　　　　　B. 河砂　　　　　C. 湖砂　　　　　D. 海砂
答案：A
解析：山砂的颗粒多具有棱角，表面粗糙，与水泥粘结力较好，用山砂配制的混凝土强度较高，但拌和物的流动性较差。

考点6：粗骨料【★★】

粗骨料	粗骨料是粒径大于4.75mm的骨料，普通混凝土常用的粗骨料有碎石和卵石
有害杂质	含有泥、泥块、硫酸盐、硫化物和有机杂质，其危害作用与在细骨料中的相同
表面特征	1. 碎石具有棱角，表面粗糙，与水泥粘结较好 2. 卵石多为圆形，表面光滑，与水泥的粘结较差 3. 在水泥用量和水用量相同的情况下，碎石拌制的混凝土强度较高，而卵石拌制的混凝土则流动性较好
颗粒形状	粗骨料的颗粒形状最好是小立方体或者球体

考点7：水【★★★★】

拌和用水	混凝土拌和用水按水源可分为饮用水、地表水、地下水、海水以及经适当处理或处置后的工业废水；宜优先采用符合国家标准的**饮用水**【2019】 海水中含有硫酸盐、镁盐和氯化物，对水泥石有**侵蚀作用**，对钢筋也会造成**锈蚀**，因此不得用于拌制钢筋混凝土和预应力混凝土【2021】
质量要求	1. 不得影响混凝土的和易性及凝结； 2. 不得有损于混凝土强度发展； 3. 不得降低混凝土的耐久性、加快钢筋腐蚀； 4. 不得污染混凝土表面

典型习题

4-4 [2021-12] 下列关于混凝土拌和用水的说法，错误的是（　　）。
A. 生活用水　　　　　　　　　　B. 用海水拌装饰用混凝土
C. 用海水拌素混凝土　　　　　　D. 要控制氯离子含量
答案：B
解析：海水中含有硫酸盐、镁盐和氯化物，对水泥石有侵蚀作用，对钢筋也会造成锈蚀，因此不得用于拌制钢筋混凝土和预应力混凝土，但可以用来拌制大体积的素混凝土。

4-5 [2019-11] 下列哪种水源，是混凝土拌制和养护的最佳水源？（　　）
A. 江湖水源　　　　　　　　　　B. 海洋水源
C. 饮用水源　　　　　　　　　　D. 雨雪水源
答案：C
解析：混凝土拌和用水宜优先采用符合国家标准的饮用水。

考点8：外加剂【★★】

减水剂	使用效果（原理见图4-2）	1. 维持用水量、水灰比不变的条件下，可增大混凝土拌和物的**流动性**； 2. 在维持拌和物流动性、水泥用量不变的条件下，可减少用水量，从而降低了水灰比，可提高混凝土**强度**； 3. 改善了混凝土的孔结构，提高密实度，从而提高混凝土的**耐久性** 图4-2 减水剂作业示意图 （a）未加减水剂时水泥颗粒成凝聚结构；（b）加入减水剂后水泥颗粒成分散状态 1—水泥颗粒；2—游离水
	常用减水剂	**木质素磺酸盐系**、多环芳香族磺酸盐系、聚羟酸减水剂等
早强剂	使用情形	加速混凝土早期强度发展的外加剂称为早强剂。主要用于**冬季施工**或**紧急抢修**的混凝土工程
	常用早强剂	**氯盐类**、**硫酸盐类**、三乙醇胺及它们组成的复合早强剂
引气剂	使用效果	搅拌混凝土过程中能引入大量均匀分布的、稳定而封闭的微小气泡的外加剂称为引气剂。引气剂可改善混凝土拌和物的和易性，提高混凝土的**抗渗性**和**抗冻性**，提高混凝土的抗裂性，但会引起**混凝土强度的降低**
	常用引气剂	**松香类引气剂**、木质素磺酸盐类引气剂
缓凝剂	使用效果	能延长混凝土凝结时间而不显著降低混凝土后期强度的外加剂称为缓凝剂
	常用缓凝剂	**糖类**及其碳水化合物、轻基羧酸盐、多元醇及其衍生物等**有机缓凝剂**； 磷酸盐、锌盐、硫酸铁、硫酸铜、氟硅酸盐等**无机缓凝剂**
速凝剂	使用效果	能使混凝土迅速凝结硬化的外加剂称为速凝剂。广泛用于**喷射混凝土**、注浆止水混凝土和抢修补强混凝土工程
	常用速凝剂	铝氧熟料加碳酸盐系速凝剂、硫铝酸盐系速凝剂、水玻璃系速凝剂

考点9：矿物掺合料【★】

掺合料	为节约水泥、改善混凝土性能，在拌制混凝土时掺入的矿物粉状材料称为掺合料。常用的有粉煤灰、硅粉、磨细矿渣粉、烧粘土、天然火山灰质材料及磨细自燃煤矸石
粉煤灰	粉煤灰**活性较低**，具有增大混凝土流动性、减少泌水、改善和易性的作用，提高混凝土的密实度，从而提高混凝土的耐久性，同时还可降低水化热、抑制碱—骨料反应。粉煤灰是应用最普遍的矿物掺合料
硅粉	硅粉具**有很好的活性**，可以改善混凝土拌和物的粘聚性和保水性，提高混凝土强度

第三节 普通混凝土的主要性质

考点 10：混凝土拌和物的和易性【★★★★★】

概念	和易性是指混凝土拌和物易于施工操作（拌和、运输、浇灌、捣实）并能获得质量均匀、成型密实混凝土的性能	
内容	包括有**流动性、粘聚性和保水性**等三方面的含义【2020，2019】	
影响和易性的主要因素	水泥浆的数量	单位体积拌和物在水灰比一致的情况下，如果水泥浆越多，则拌和物的流动性越大
	水泥浆的稠度	水泥浆的稠度是由水灰比所决定的，在水泥用量一致的情况下，水灰比越小，水泥浆就越稠，混凝土拌和物的流动性也越小
	砂率	当采用合理砂率时，在用水量和水泥用量一定的情况下，能使混凝土拌和物获得最大的流动性且能保持良好的粘聚性和保水性
	水泥品种和骨料的性质	用矿渣水泥和某些火山灰水泥时，拌和物的坍落度一般较用普通水泥时更小，而且矿渣水泥将使拌和物的泌水性显著增加。 一般情况下，卵石拌制的混凝土拌和物比碎石拌制的流动性好，河砂拌制的混凝土拌和物比山砂拌制的流动性好，骨料级配好的混凝土拌和物的流动性也好
	外加剂	在拌制混凝土时，加入很少量的减水剂能使混凝土拌和物在不增加水泥用量的条件下，获得更好的和易性，增大流动性和改善粘聚性、降低泌水性，并且还能提高混凝土的耐久性
	时间和温度	混凝土拌和物拌制后，随时间的延长而逐渐变得干稠，流动性减小；拌和物的和易性也受温度的影响，随着环境温度的升高，水分蒸发及水泥水化反应加快，拌和物的流动性变差
改善和易性的措施	1. **尽可能降低砂率**。采用合理砂率，有利于提高混凝土的质量和节约水泥。 2. **改善砂、石（特别是石子）的级配**。 3. **尽量采用较粗的砂、石**。 4. 当混凝土拌和物坍落度太小时，维持水灰比不变，**适当增加水泥和水的用量**或者加入外加剂（减水剂、引气剂等）；当拌和物坍落度太大时，但粘聚性良好时，可保持砂率不变，**适当增加砂、石**	
稠度指标	**稠度**是表征混凝土拌和物流动性的指标，可用**坍落度、维勃稠度**或**扩展度**表示	
坍落度	1. 坍落度是混凝土拌和物在自重作用下坍落的高度。其测定方式如图 4-3 所示。 2. 坍落度试验方法宜用于骨料最大公称粒径不大于40mm、坍落度不小于10mm的混凝土拌和物坍落度的测定，适用于**流动性较大的混凝土拌和物**。 3. 坍落度越大，混凝土拌和物的流动性越好	图 4-3 坍落度的测定

续表

坍落度等级划分	混凝土拌和物按照坍落度划分等级见表4-1：【2023】 表 4-1　混凝土拌和物的坍落度等级划分 | 等级	坍落度/mm | |---|---| | S1（低塑性） | 10～40 | | S2（塑性） | 50～90 | | S3（流动性） | 100～150 | | S4（流动性） | 160～210 | | S5（大流动性） | ≥220 | 注：干硬性的坍落度接近于0
坍落度的选择	1. 选择混凝土拌和物的坍落度，要根据**构件截面大小**、**钢筋疏密**和**捣实方法**来确定。 2. 当构件截面尺寸较小或钢筋较密，或采用人工插捣时，坍落度可选择大些。 3. 构件截面尺寸较大，或钢筋较疏，或采用振动器振捣时，坍落度可选择小些
维勃稠度	1. 维勃稠度（其测定方式见图4-4）试验方法宜用于骨料最大公称粒径不大于40mm，维勃稠度在5～30s的混凝土拌和物维勃稠度的测定，适用于**干硬性**的混凝土拌和物。 2. 维勃稠度越大，混凝土拌和物的流动性越差 图 4-4　维勃稠度测定 1—喂料斗；2—透明圆盘；3—振动台
扩展度	1. 扩展度试验方法宜用于骨料最大公称粒径不大于40mm、坍落度不小于160mm混凝土扩展度的测定。适用于**泵送高强混凝土和自密实混凝土**。 2. 扩展度越大，混凝土拌和物的流动性越好

典型习题

4-6 [2023-2] 下列混凝土中，拌和物坍落度为10～90mm的是（　　）。
A. 大流动性混凝土　　B. 流动性混凝土　　C. 塑性混凝土　　D. 干硬性混凝土
答案： C
解析： 坍落度为10～40mm的是低塑时为性混凝土，坍落度为50～90mm的是塑性混凝土，因此选项C复合题意。

4-7 [2020-9] 混凝土拌和物的工作性（和易性）不包括哪个性能？（　　）

A. 流动性　　　　　B. 粘聚性　　　　　C. 稳定性　　　　　D. 保水性

答案：C

解析：和易性是一项综合的技术性质，包括有流动性、粘聚性和保水性等三方面的含义。

考点 11：混凝土强度【★★★】

混凝土立方体抗压强度	标准值	混凝土立方体抗压强度标准值系指按标准方法制作和养护的边长为 150mm 的立方体试件，在 28d 龄期，用标准试验方法测得的强度总体分布中具有不低于 95% 保证率的抗压强度值，以 $f_{cu,k}$ 表示
	强度等级划分	混凝土强度等级是按混凝土立方体抗压标准强度来划分的。混凝土强度等级采用符号 C 与立方体抗压强度标准值（以 MPa 计）表示。【2021】 普通混凝土划分为下列强度等级：C10、C15、C20、C25、C30、C35、C40、C45、C50、C55、C60、C65、C70、C75、C80、C85、C90、C95 和 C100 等十九个等级
影响混凝土强度的因素	水泥强度等级和水灰比	1. 水泥强度等级和水灰比是决定混凝土强度的主要因素。 2. 在配合比相同的条件下，所用的水泥强度等级越高，制成的混凝土强度也越高。当用同一种水泥（品种及强度等级相同）时，混凝土的强度主要决定于水灰比。 3. 在水泥强度等级相同的情况下，水灰比越小，水泥石的强度越高，与骨料粘结力也越大，混凝土的强度也越高，如图 4-5 所示。 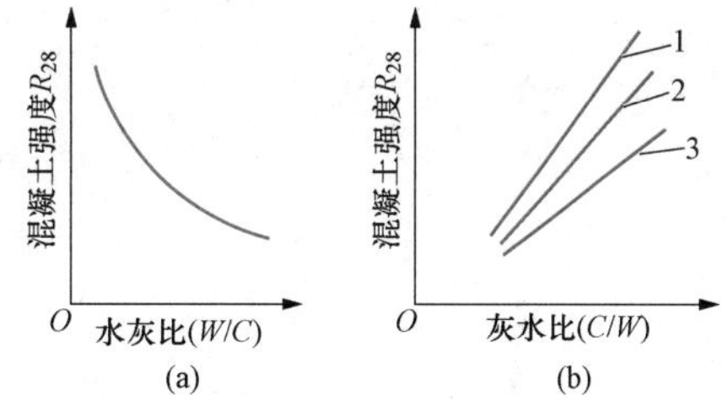 图 4-5 混凝土强度曲线图 1—高标号水泥；2—中标号水泥；3—低标号水泥
	养护的温度和湿度	1. 混凝土所处的环境温度和湿度是影响混凝土强度的重要因素，都是通过对水泥水化过程所产生的影响而起作用的。 2. 在冬期施工中应特别注意保持必要的温度
	龄期	在正常养护条件下，混凝土的强度随着龄期的增加而增长。在 7~14d 时，强度增长较快，28d 后增长缓慢，但龄期延续很久其强度仍有所增长

续表

提高混凝土强度的措施	采用高强度等级的水泥	提高水泥的强度等级可有效提高混凝土的强度，可采用早强水泥，或在混凝土中掺入早强剂，均可提高混凝土早期强变
	降低水灰比	为减少混凝土拌和物中的游离水分，提高混凝土的密实度和强度，可采用较小的水灰比，用水量小的干硬性混凝土，或在混凝土中掺入减水剂
	湿热养护	（1）蒸汽养护：将混凝土放在温度低于100℃的常压蒸汽中进行养护，一般混凝土经过16～20d 的蒸汽养护后，其强度即可达到正常条件下养护28d 强度的70%～80%。 （2）蒸压养护：将混凝土构件放在175℃的温度及 8 个大气压的压蒸锅内进行养护，在此条件下，水泥水化时析出的氢氧化钙，不仅能与活性的氧化硅结合，而且也能与结晶状态的氧化硅相结合，生成含水硅酸盐结晶，使水泥的水化和硬化加快，从而大大提高混凝土的强度
	采用机械搅拌和振捣	机械搅拌比人工拌和能使混凝土拌和物更均匀，利用振捣器捣实时，能提高混凝土拌和物的流动性，提高了混凝土的密实度，从而大大提高了混凝土强度
	掺加外加剂	掺加外加剂是提高混凝土强度的有效方法之一，减水剂和早强剂都对混凝土强度的发展起到明显的作用

典型习题

4-8 ［2021-8］混凝土的主要性质是（　　）。

A. 抗剪　　　　　B. 抗拉　　　　　C. 抗压　　　　　D. 疲劳

答案：C

解析：混凝土强度等级是按混凝土立方体抗压标准强度来划分的，因此其最主要的性质应为抗压。

考点 12：混凝土的变形性能【★】

自收缩	混凝土初凝后因胶凝材料继续水化而引起干燥，从而造成混凝土宏观体积的减少，这种现象称为混凝土的自收缩
化学收缩	化学收缩是由于水泥的水化引起的收缩。大部分硅酸盐水泥浆完全水化后，理论上的体积减缩7%～9%
干缩变形	1. 混凝土处于未饱和空气中，由于水分散失而引起的体积收缩，称为混凝土的干燥收缩（干缩）。 2. 水泥的组成和细度、水灰比、骨料和养护条件等是影响混凝土干缩的因素，其中骨料是最重要的因素

续表

温度变形	1. 混凝土与其他材料一样具有热胀冷缩的性质，混凝土随温度升降发生的膨胀、收缩变形称为混凝土的温度变形。 2. 对大体积混凝土工程，可采用低热水泥，减少水泥用量，采取人工降温等措施减少混凝土发热量
徐变	1. 混凝土在长期荷载作用下，沿着作用力方向的变形会随时间不断增长，即荷载不变而变形仍随时间增大，一般要延续2~3年才逐渐趋于稳定，这种在长期荷载作用下产生的变形，通常称为徐变。 2. 当变形稳定后卸掉荷载，一部分变形可瞬时恢复，一部分变形在一段时间内逐渐恢复，称为**徐变恢复**，大部分不可恢复的永久变形，称为**残余变形**。 3. 混凝土的徐变能消除钢筋混凝土内的应力集中，使应力较均匀地重新分布；对大体积混凝土，能消除一部分由于温度变形所产生的破坏应力。对预应力钢筋混凝土结构中，混凝土的徐变将使钢筋的预加应力受到损失

考点13：混凝土的耐久性【★★★】

耐久性		把混凝土抵抗外界环境介质作用并长期保持其良好的使用性能和外观完整性，从而维持混凝土结构的安全、正常使用的能力称为耐久性。 混凝土耐久性能主要包括抗渗、抗冻、抗侵蚀、抗碳化性和抗碱－骨料反应等性能【2020】
抗渗性	概念	抗渗性是指混凝土抵抗水、油等液体在压力作用下渗透的性能。 混凝土的抗渗性主要与其**密实度及内部孔隙的大小和构造**有关
	影响因素	影响混凝土抗渗性的因素有水灰比、水泥品种、骨料的最大粒径、养护方法、龄期、外加剂及掺合料等
	提高措施	提高混凝土抗渗性的措施是增大混凝土的密实度和改变混凝土中的孔隙结构，减小连通孔隙
抗冻性	概念	混凝土的抗冻性是指混凝土在水饱和状态下，经受多次冻融循环作用，能保持强度和外观完整性的能力
	影响因素	混凝土的密实度、孔隙构造和数量、孔隙的充水程度是决定抗冻性的重要因素
	提高措施	提高混凝土抗冻性的最有效方法是**采用加入引气剂**（如松香热聚物等）、减水剂和防冻剂的混凝土或密实混凝土
抗侵蚀性	概念	混凝土抵抗环境中各种侵蚀性介质侵蚀的能力称为抗侵蚀性。 抗侵蚀性的主要取决于**混凝土中水泥石**的**抗侵蚀能力**
	影响因素	混凝土的抗侵蚀性与所用水泥的品种、混凝土的密实程度和孔隙特征有关
	提高措施	提高混凝土抗侵蚀性的措施，主要是合理选择水泥品种、降低水灰比、提高混凝土的密实度和改善孔结构

续表

抗碳化性	碳化作用	混凝土的碳化作用是二氧化碳与水泥石中的氢氧化钙作用,生成碳酸钙和水。碳化过程是二氧化碳由表及里向混凝土内部逐渐扩散的过程
	提高措施	为提高混凝土的抗碳化性,一般可通过**提高混凝土的密实度**或增加混凝土中氢氧化钙的含量等措施
抗碱—骨料反应	碱—骨料反应	混凝土中的碱性氧化物(Na_2O、K_2O)与骨料中的活性二氧化硅或活性碳酸盐发生的化学反应称为碱—骨料反应
	抑制碱—骨料反应的措施	(1)条件许可时选择**非活性骨料**; (2)严格控制混凝土中**碱**的含量; (3)掺入**活性混合材料**(如硅灰等),对碱骨料反应有明显的抑制效果
提高混凝土耐久性的措施		1. 合理选择水泥品种; 2. 适当控制混凝土的**水灰比**及**水泥用量**; 3. 选用质量较好的**砂、石骨料**; 4. 掺用引气剂或减水剂

典型习题

4-9 [2020-10] 下列关于评定混凝土的耐久性中,哪项不是其特性?( )

A. 抗碳化性   B. 抗腐蚀性   C. 抗渗性   D. 抗压性

答案: D

解析: 混凝土耐久性能主要包括抗渗、抗冻、抗侵蚀、抗碳化性和抗碱—骨料反应等性能。抗压性是用来表征混凝土强度。

第四节 其他品种混凝土

考点14:轻混凝土【★★★★】

概念	表观密度不大于$1950kg/m^3$的混凝土称为轻混凝土		
分类	轻混凝土分为**轻骨料混凝土**、**多孔混凝土**和**大孔混凝土**【2020】		
轻骨料混凝土	概念	以轻骨料作为粗骨料、表观密度不大于$1950kg/m^3$的混凝土称为轻骨料混凝土(又称轻集料混凝土)	
	分类	按骨料的划分	**全轻混凝土**——用轻砂做细骨料配制的轻骨料混凝土
			砂轻混凝土——用普通砂或普通砂中掺入部分轻砂做细骨料配制的轻骨料混凝土
			大孔轻骨料混凝土——用轻粗骨料、水泥、矿物掺合物、外加剂和水配制的无砂或少砂混凝土
		按用途的划分	结构轻骨料混凝土——表观密度$1400kg/m^3$以上
			结构保温轻骨料混凝土——表观密度$800\sim1400kg/m^3$
			保温轻骨料混凝土——表观密度$800kg/m^3$以下

		续表
轻骨料混凝土	轻骨料 定义	轻骨料一般指多孔的人造陶粒、工业废渣煤渣、炉渣、膨胀矿渣、天然的浮石、凝灰岩等堆积密度不超过1000kg/m的粗骨料，以及粒径不大于5mm堆积密度不超过1100kg/m³的轻砂
	按原材料的不同分类	天然轻骨料，如浮石、火山渣等
		工业废料轻骨料，如粉煤灰陶粒、膨胀矿渣等
		人造轻骨料，如粘土陶粒、页岩陶粒、膨胀珍珠岩等
	性能	弹性模量低，刚度较差，但抗震性能好
多孔混凝土	概念	在水泥料浆中均匀分布大量封闭气孔或开口毛细孔而不用粗粒骨料的轻质混凝土称为多孔混凝土。在建筑中应用较多的是加气混凝土和泡沫混凝土
	分类 加气混凝土	以硅质材料（砂、粉煤灰及含硅尾矿等）和钙质材料（水泥、石灰）为主要材料，掺入发气剂（**铝粉**），通过配料、搅拌、浇筑、预养、切割、蒸压、养护等工艺制成的轻质多孔硅酸盐制品。【2022（5），2019】其表观密度越大，其孔隙率越小，密实度越大，强度越高，保温性能越差，抗渗性越好【2021】
	泡沫混凝土	由水泥浆和稳定的泡沫拌匀后硬化而成。常用**松香胶泡沫剂**【2019】
大孔混凝土	概念	大孔混凝土是以粒径相近的**粗骨料**、**水泥**和水配制而成的一种轻混凝土，又称无砂混凝土
	性能	大孔混凝土的水泥浆用量少，强度较低，但保温性能较好

典型习题

4-10 [2022（5）-7] 以下哪个不是加气混凝土的主要材料？（　　）
A. 水泥　　　　　B. 粗砂　　　　　C. 石灰　　　　　D. 铝粉
答案：B
解析：加气混凝土是以硅质材料（砂、粉煤灰及含硅尾矿等）和钙质材料（水泥、石灰）为主要材料，掺入发气剂（铝粉），通过配料、搅拌、浇筑、预养、切割、蒸压、养护等工艺制成的轻质多孔硅酸盐制品。因此粗砂不是加气混凝土的主要材料。

4-11 [2021-9] 关于加气混凝土的说法，正确的是（　　）。
A. 表观密度越大，孔隙率越大　　　　B. 表观密度越小，强度越大
C. 表观密度越小，保温性能越好　　　D. 表观密度越大，抗渗性能越差
答案：C
解析：加气混凝土表观密度越大，其孔隙率越小，密实度越大，强度越高，保温性能越差，抗渗性越好。所以，表观密度越小，孔隙率越大，保温性能越好。因此选项C正确。

4-12 [2020-11] 轻集料混凝土不包括下列哪一项？（　　）

A. 轻骨料混凝土　　　B. 加气混凝土　　　C. 细石混凝土　　　D. 大孔混凝土

答案： C

解析： 轻混凝土分为轻骨料混凝土、多孔混凝土和大孔混凝土。

考点 15：聚合物混凝土【★★】

分类	聚合物混凝土是一种有机和无机复合的新型材料。 按其组成及制作工艺可分为：**聚合物浸渍混凝土（PIC）、聚合物水泥混凝土（PCC）、聚合物混凝土(PC)**
聚合物浸渍混凝土（PIC）	把已硬化的混凝土作基材，烘干后，浸泡在有机单体或聚合物（甲基丙烯酸甲酯、苯乙烯、醋酸乙烯等）中，使混凝土原有孔隙和裂缝被有机单体或聚合物填充，使聚合物和混凝土形成坚硬的整体
聚合物水泥混凝土（PCC）	通常是在加水搅拌水泥混凝土时掺入一定量的有机聚合物（如环氧树脂、聚酯树脂或合成橡胶乳液，以及少量消泡剂、促进剂等辅助外加剂），经成型固化而成
聚合物混凝土（PC）	以合成树脂作为胶凝材料的混凝土。其强度高，抗渗性好，抗冲击性好，耐腐蚀性好，但成本较高（也称塑料混凝土）
性能	聚合物混凝土具有高强、低渗、耐腐蚀的性能，同时其耐磨、抗冲击性好
应用	聚合物混凝土常用于强度要求高的特殊结构的混凝土工程，如高压输气管、高压输液管、高压容器等混凝土工程【2017】

4-13 [2017-14] 制作运输液体的混凝土管道及高压容器，应采用（　　）。

A. 普通混凝土　　　　　　　B. 合成树脂混凝土
C. 聚合物水泥混凝土　　　　D. 聚合物浸渍混凝土

答案： C

解析： 聚合物混凝土常用于强度要求高的特殊结构的混凝土工程，如高压输气管、高压输液管、高压容器等混凝土工程。聚合物浸渍混凝土是将已经硬化的混凝土干燥后浸入有机单体或聚合物中，使液态有机单体或聚合物渗入混凝土的孔隙或裂缝中，并在其中聚合成坚硬的聚合物，使混凝土和聚合物成为整体。这种混凝土致密度高，几乎不渗透，抗压强度高达 200MPa，因此更适合制作运输液体的混凝土管道及高压容器。

考点 16：耐热混凝土

概念	耐热混凝土通常指长期经受高温（900℃以上）作用，并能在高温下保持所需物理力学性能的特种混凝土，又称耐火混凝土
应用	耐热混凝土主要应用在烟囱、工业窑炉
配制方式	耐热混凝土可用**矿渣水泥、铝酸盐水泥和水玻璃**等胶凝材料配制

考点17：耐酸混凝土【★★】

配制方式	耐酸混凝土一般用**水玻璃**作胶凝材料，**氟硅酸钠**作促凝剂，与耐酸粉料（耐酸率不小于93%）和耐酸骨料等配制而成【2022（5）】
适用范围	耐酸混凝土可用于贮油器、输油管、耐酸地坪及耐酸器材等。 耐酸混凝土不耐氢氟酸、热磷酸（300℃以上）、高级脂肪酸和油酸的侵蚀
施工要求	水玻璃耐酸混凝土要求在10℃以上的温暖而干燥的环境中硬化

4-14 ［2022（5）-9］耐酸混凝土选用哪种胶凝材料？（　　）
A. 水泥　　　　　B. 水玻璃　　　　　C. 石灰　　　　　D. 聚合物
答案：B
解析：耐酸混凝土一般用水玻璃作胶凝材料，氟硅酸钠作促凝剂，与耐酸粉料（耐酸率不小于93%）和耐酸骨料等配制而成。

考点18：纤维混凝土

概念		纤维混凝土是在传统混凝土中掺入碳纤维、钢纤维、有机纤维等各种纤维材料而成
性能		掺入纤维材料可提高混凝土的**抗拉强度**、**降低其脆性**
分类	钢纤维混凝土	可用于飞机跑道、高速公路路面、断面较薄的轻薄结构及压力管道等混凝土工程
	聚丙烯纤维混凝土	在建筑工程、水利工程、预制混凝土制品和预拌混凝土均有应用

第五章 建 筑 砂 浆

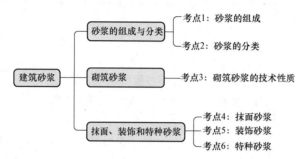

章 节	近五年考试分数统计					
	2023年	2022年12月	2022年5月	2021年	2020年	2019年
第一节：砂浆的组成与分类	0	0	0	0	0	0
第二节：砌筑砂浆	0	2	0	0	0	0
第三节：抹面、装饰和特种砂浆	2	0	1	0	0	0
总 计	2	2	1	0	0	0

第一节 砂浆的组成与分类

考点1：砂浆的组成

基本概念	1. 砂浆的定义：由一定比例的胶凝材料和细集料，加水及掺加料或外加剂，拌和而成的一种建筑材料。建筑上砌砖使用的粘结物质。 砂浆＝胶凝材料＋细集料＋水＋（掺加料、外加剂） 2. 砂浆各组成材料的作用见表5-1 表5-1　　　　　　　砂浆的组成材料		
	组成材料	在砂浆中的作用	实例
	胶凝材料	胶结作用	水泥、石灰等
	细集料	骨架和填充作用	人工砂、山砂、炉渣、石渣等
	掺加料（无机材料）	改善砂浆和易性	石灰膏、粉煤灰、沸石粉等
	外加剂（少量）	改善砂浆的工作性能	增塑剂、早强剂、防水剂等

续表

应用	1. 砂浆在建筑工程中起粘结、衬垫和传递应力的作用。 2. 砂浆的用途：砌筑砌体、建筑抹面、材料的粘结、装饰、嵌缝、防水等

考点 2：砂浆的分类【★】

按胶凝材料不同	按胶凝材料的不同，分为：水泥砂浆、混合砂浆、石灰砂浆、聚合物砂浆等	
	水泥砂浆	1. 水泥砂浆是由水泥、细骨料和水，即水泥＋砂＋水，根据一定比例配制而成的砂浆。 2. 通常所说的 1∶3 水泥砂浆是用 1 重量水泥和 3 重量砂配合。 3. **水泥砂浆和易性较差、保水性也较差，但凝结硬化较快。【2017】** 4. **水泥砂浆的强度等级比砌块低。** 5. 水泥砂浆不得抹在石灰砂浆层上。罩面石膏灰不能抹在水泥砂浆层上
	混合砂浆	1. 混合砂浆指的是由水泥、石灰膏、砂子按一定比例配制而成的混合型砂。 2. 混合砂浆由于加入了石灰膏，**改善了砂浆的和易性，保水性能好，凝结硬化较慢**，便于施工操作，节约水泥，有利于砌体密实度和工效的提高。但强度有所下降，防水、防潮能力差，一般用于±0.000 以上不防潮的部位
	石灰砂浆	1. 石灰砂浆是由石灰膏和砂子按一定比例搅拌而成的砂浆，完全靠石灰的气硬而获得强度。 2. 石灰砂浆仅用于强度要求低且干燥的环境中。石灰砂浆成本比较低
	聚合物砂浆	1. 聚合物砂浆是由水泥、骨料以及可以分散在水中的有机聚合物，按一定比例搅拌而成的砂浆。聚合物可以是由一种单体聚合而成的均聚物，也可以由两种或更多的单聚体聚合而成的共聚物。 2. 聚合物砂浆防水抗渗效果好、抗腐蚀能力强、耐高湿、耐老化、抗冻性好、粘结强度高。 3. 聚合物砂浆适用于不受振动和具有一定刚度的混凝土或砖石砌体工程，**修补工程、防护工程**等。不适用于屋顶
按功能和用途不同	按功能和用途不同，分为：砌筑砂浆、抹面砂浆、装饰砂浆、防水砂浆、特种砂浆等	
	砌筑砂浆	1. 水泥标号应为砂浆强度的 4～5 倍。 2. 砂浆的强度等级不应大于砌块强度等级

5-1 [2017-5] 关于砌筑水泥砂浆的以下说法，错误的是（　　）。

A. 和易性好　　　　　　　　　　B. 强度等级比砌块低
C. 硬化快　　　　　　　　　　　D. 保水性差

答案：A

解析：砌筑水泥砂浆与混合砂浆相比和易性较差，保水性也较差，凝结硬化较快，强度一般比砌块等级低。

第二节 砌 筑 砂 浆

考点 3：砌筑砂浆的技术性质【★★】

基本概念	砌筑砂浆是将砖、石、砌块等块材经砌筑成为砌体的砂浆。 砌筑砂浆起粘结、协调变形和传递荷载作用，**砌筑砂浆是砌体的重要组成部分**		
性能要求	1. 砂浆应具有良好的和易性，容易抹成均匀的薄层，与底层材料粘结，利于施工，保证质量。 2. 砂浆应具有良好的粘结力，有利于砌块与砂浆之间的粘结。 3. 硬化后的砂浆应具有一定的强度，以保证砌体的结构性能。 4. 硬化后的砂浆还应具有耐久性		
技术性质	1. 砌筑砂浆的技术性能包括三个方面：和易性、强度等级、耐久性，具体砌筑砂浆见表 5-2。		
	表 5-2　　　　　　　　　砌筑砂浆的技术性质		
	技术性能		判定
	和易性	流动性：砂浆在自重或外力作用下产生流动的性能	用稠度来表示	砌筑砂浆的稠度主要由砌体种类、施工条件和天气条件确定。按砌体种类的不同，沉入度的选择为：【2022（12）】 ①砌砖砂浆的沉入度宜为 7~10cm； ②砌石砂浆的沉入度宜为 5~7cm

表格（续）：

技术性能		判定
和易性	保水性：砂浆保存水分的能力	用分层度来评定	砌筑砂浆的分层度在 10~20mm 之间为宜，不得大于 30mm。分层度大于 30mm 的砂浆，容易产生离析，不便于施工；分层度接近于零的砂浆，容易发生干缩裂缝。分层度越大，表明砂浆保水性越差
强度等级		边长 70.7mm 的立方体试件按标准条件养护 28d 后测得抗压强度平均值确定	1. 砌筑砂浆的强度等级分 M5.0、M7.5、M10、M15、M20、M25、M30 共 7 个等级。 2. 室内地坪以下及潮湿环境，应为水泥砂浆、预拌砂浆或专用砌筑砂浆
耐久性		良好的粘结力、较小的收缩变形以及抗冻性	

2. 砌筑砂浆的稠度用**稠度测定仪**的圆锥体沉入砂浆深度的毫米数作为指标。
3. 砌筑砂浆的分层度试验：将配制好的砂浆在稠度测定仪上测得其沉入度，经 30min 后，去掉上面 20cm 厚的砂浆，剩余底层 10cm 砂浆重新拌和后，再测定其沉入度，前后两次沉入度之差就是砂浆分层度。
4. 为改善砂浆保水性，常掺入石灰膏、粉煤灰或微沫剂、塑化剂等。
5. 影响砂浆强度的因素主要是**水泥强度**与**水泥用量**。

5-2 [2022（12）-6] 用砂浆稠度仪测定的砌砖砂浆沉入度宜为（　　）。
A. 11～13cm　　　　B. 10～12cm　　　　C. 7～10cm　　　　D. 5～7cm
答案：C
解析：砌筑砂浆的稠度主要由砌体种类（吸水性）、施工条件和天气条件确定。砌砖砂浆的沉入度宜为7～10cm，砌石（包括混凝土块、板）砂浆宜为5～7cm，当天气干热时取高值，湿冷时可取低值。

5-3 [2022（12）-13] 室内地坪以下普通砖砌体砌筑砂浆强度最低等级为（　　）。
A. M10　　　　B. M7.5　　　　C. M5.0　　　　D. M2.5
答案：A
解析：室内地坪以下及潮湿环境，普通砖砌体砌筑砂浆强度等级不应低于M10。

第三节　抹面、装饰和特种砂浆

考点4：抹面砂浆【★】

抹面砂浆

1. 抹面砂浆的定义：涂抹在建筑物或建筑构件表面，具有保护基层和满足使用要求的砂浆。
2. 抹面砂浆的性能要求：
   ①对抹面砂浆要求具有良好的和易性，易于抹成均匀平整的薄层，便于施工。
   ②应有较高的粘结力，砂浆层应能与底面粘结牢固，长期不致开裂或脱落。
   ③处于潮湿环境或易受外力作用部位（如地面和墙裙等），应具有较高的耐水性和强度。
3. 抹面砂浆的特点：
   ①抹面层不承受荷载；
   ②抹面层与基底层要有足够的粘结强度，使其在施工中或长期自重和环境作用下不脱落、不开裂；
   ③抹面层多为薄层，并分层涂抹，面层要求平整、光洁、细致、美观；
   ④多用于干燥环境，大面积暴露在空气中。
4. 抹面砂浆的组成一般为两层或三层：**面层砂浆**、**中层砂浆（可省略）**、**底层砂浆**。由于各层的功能不同，每层所选的砂浆性能也不同，见表5-3。【2023】

表5-3　　　　　　　　　　抹面砂浆各组成的性能及应用

组成	性能	应用
面层砂浆	使墙面达到平整、光洁的表面效果	混合砂浆、麻刀石灰浆、纸筋石灰浆等
中层砂浆（可省略）	找平	混合砂浆、石灰砂浆等
底层砂浆	使砂浆与基层能牢固地粘结，应有良好的保水性	用于砖墙时，采用石灰砂浆；用于混凝土墙、梁、柱等，采用混合砂浆；有防水、防潮要求时，采用水泥砂浆

抹灰砂浆强度	抹灰砂浆应符合下列规定： 1. 相关应用标准应给出抹灰砂浆的抗压强度等级及粘结强度最低限值和收缩率指标； 2. 内墙抹灰砂浆的强度等级不应小于M5.0，粘结强度不应小于0.15MPa； 3. 外墙抹灰砂浆宜采用防裂砂浆；采暖地区砂浆强度等级不应小于M10，非采暖地区砂浆强度等级不应小于M7.5；蒸压加气混凝土砂浆强度等级宜为Ma5.0； 4. 地下室及潮湿环境应采用具有防水性能的水泥砂浆或预拌防水砂浆； 5. 墙体宜采用薄层抹灰砂浆

典型习题

5-4 [2023-12] 砖墙底层抹灰使用的砂浆是（　　）。
A. 混合砂浆　　　　　　　　B. 石灰砂浆
C. 麻刀石灰砂浆　　　　　　D. 纸筋石灰砂浆
答案：B
解析：抹面砂浆的组成一般为两层或三层：面层砂浆、中层砂浆（可省略）、底层砂浆。由于各层的功能不同，每层所选的砂浆性能也不同。底层砂浆使砂浆与基层能牢固地粘结，应有良好的保水性，应选用石灰砂浆。

考点5：装饰砂浆【★】

装饰砂浆	装饰砂浆的定义：经各种加工处理而获得特殊的饰面形式，以满足审美需要的一种表面装饰用砂浆
	装饰砂浆饰面可分为两类：灰浆类饰面和石碴类饰面。 (1) 灰浆类饰面：通过水泥砂浆的着色或水泥砂浆表面形态的艺术加工，获得一定色彩、线条、纹理质感的表面装饰。如拉毛、白水泥、彩色水泥等； (2) 石碴类饰面：在水泥砂浆中掺入各种彩色石碴作骨料，配制成水泥石碴浆抹于墙体基层表面，然后用各类工艺做法除去表面水泥浆皮，呈现出石碴颜色及其质感的饰面。外墙面的装饰砂浆有如下工艺做法：**拉毛、水刷石、干粘石、斩假石、假面砖、水磨石**。【2022 (5)】

典型习题

5-5 [2022 (5)-8] 下列选项中，斩假石属于（　　）。
A. 混凝土　　　B. 合成石材　　　C. 抹面砂浆　　　D. 装饰砂浆
答案：D
解析：外墙面的装饰砂浆有如下工艺做法：拉毛、水刷石、干粘石、斩假石、假面砖、水磨石。

考点 6：特种砂浆 【★】

	1. 主要适用于绝热、吸声、耐腐蚀、防辐射等特殊要求的砂浆。 2. 按使用部位的性能不同，选用相应的特种砂浆，见表 5-4。			
	表 5-4 特种砂浆的选择			
	名称	组成	性能	应用
特种砂浆	绝热砂浆	采用水泥、石灰和石膏等胶凝材料与膨胀珍珠岩或膨胀蛭石、陶砂等轻质多孔骨料按一定比例配合制成的砂浆	轻质、保温隔热、吸声	屋顶隔热层、隔热墙壁以及供热管道隔热层
	吸声砂浆	由轻质多孔骨料（如珍珠岩、膨胀藻土、珍珠岩、硅酸盐）和粘合剂（如水泥、石膏等）组成的具有吸声性能的砂浆	由于其组成中含有大量的孔隙，能够吸收、消散声波，达到降噪的效果。多孔骨料的孔隙率越大，吸声效果越好	室内墙壁和顶棚的吸声
	耐酸砂浆	添加适量的水玻璃（硅酸钠）与氟硅酸钠拌制而成的砂浆	具有良好的耐腐蚀、防水、绝缘等性能和较高的粘结强度	耐酸地面、耐酸容器防护、防酸雨腐蚀的建筑外墙装饰
	防辐射砂浆	防辐射砂浆有以下两种： 1. 重晶石砂浆。用水泥、重晶石粉、重晶石砂加水制成。对 X、γ 射线能起阻隔作用。 2. 加硼水泥砂浆。往砂浆中掺加一定数量的硼化物（如硼砂、硼酸、碳化硼等）制成，具有抗中子辐射性能	抗穿透性辐射能力高、密度高、匀质性、结构强度、导热率高、热膨胀系数低；干燥收缩小、耐火性强，同时具有防水性能和耐碱腐蚀特	射线防护工程
	膨胀砂浆	由膨胀水泥、细骨料和水，根据需要配成的砂浆。其中，膨胀水泥是由硅酸盐水泥熟料与适量石膏和膨胀剂共同磨细制成	膨胀水泥砂浆在硬化过程中体积不会发生收缩，还略有膨胀，可以解决由于收缩带来的不利后果	加固结构、浇筑机器底座或固结地脚螺栓，并可用于接缝及修补工程。但禁止在有硫酸盐侵蚀的水中工程中使用
防水砂浆	1. 防水砂浆的定义：一种用于制作防水层的高抗渗性砂浆。 2. 防水砂浆一种**刚性防水材料**。具有良好的耐候性，耐久性，抗渗性，密实性和极高的粘接力以及极强的防水防腐效果。 3. 防水砂浆适用于不受震动和具有一定刚度的混凝土或砖石砌体的表面			

典型习题

5-6 [2023-9] 水泥浆加硼砂的作用是（　　）。
A. 防水　　　　　B. 防热　　　　　C. 防腐蚀　　　　　D. 防辐射
答案：D
解析：防辐射砂浆有以下两种：①重晶石砂浆。用水泥、重晶石粉、重晶石砂加水制成。对 X、γ 射线能起阻隔作用。②加硼水泥砂浆。往砂浆中掺加一定数量的硼化物（如硼砂、硼酸、碳化硼等）制成，具有抗中子辐射性能。

第六章 墙体与屋面材料

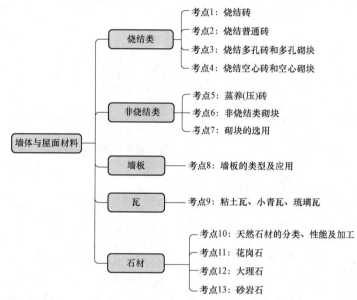

考情分析

章 节	近五年考试分数统计					
	2023年	2022年12月	2022年5月	2021年	2020年	2019年
第一节 烧结类	0	0	0	0	0	0
第二节 非烧结类	1	1	0	1	1	1
第三节 墙板	0	0	0	0	0	0
第四节 瓦	0	0	0	0	0	0
第五节 石材	1	3	0	2	2	1
合 计	2	4	0	3	3	2

第一节 烧 结 类

考点1：烧结砖【★】

砖的分类	砖按生产工艺分为两种，一种是通过焙烧工艺制得的，称为烧结砖，另一类是通过蒸养（压）工艺制得的，称为蒸养（压）砖

续表

烧结砖	烧结砖的颜色主要取决于铁的氧化物含量和火焰的性质。若砖坯在氧化气氛中烧成后,再经浇水闷窑,使砖内的红色高价氧化铁还原成青色的低价氧化铁,即制得**青砖**。若砖坯在氧化气氛中焙烧,铁被充分氧化,因氧化铁呈红色,则制得**红砖**

考点2：烧结普通砖【★】

概念	烧结普通砖由煤矸石、页岩、粉煤灰或粘土为主要原料，经过焙烧而成的实心砖。 烧结普通砖的表观密度为 1600~1800kg/m³，**无孔或孔隙率不大于15%**，吸水率 8%~16%，导热系数 0.55W/(m·K)。碳化系数不应小于 0.85，软化系数不应小于 0.85
分类	按主要原料分为粘土砖（N）、页岩砖（Y）、煤矸石砖（M）、粉煤灰砖（F）、建筑渣土砖（Z）、淤泥砖（U）、污泥砖（W）、固体废弃物砖（G）
规格尺寸	砖的外形为直角六面体，其公称尺寸为：**长 240mm、宽 115mm、高 53mm**
强度等级	砖的强度等级分为**五级**：MU30、MU25、MU20、MU15、MU10
抗风化性能	1. 抗风化性能指砖在受到温度、干湿、冻融等气候综合作用下，抵抗破坏的能力。抗风化性能是烧结普通砖重要的耐久性之一。 2. 烧结普通砖的抗风化性能通常以其抗冻性、吸水率和饱和系数等指标判别。用于严重风化区中的黑龙江、吉林、辽宁、内蒙古、新疆等地区的烧结普通砖，应进行冻融试验
特点	烧结普通砖具有较高的强度，又因多孔结构而具有良好的绝热性、透气性和稳定性。粘土砖还具有良好的耐久性，加之原料广泛、生产工艺简单，因而它是应用历史最久、使用范围最广的建筑材料之一
禁用	因毁田取土，我国对实心粘土砖的生产和使用已有限制。在不少大城市已明文规定**禁止使用粘土砖**，并采用由其他新型墙体材料逐步代替普通粘土砖
应用	烧结普通砖在建筑工程中主要用于作墙体材料，**其中优等品可用于清水墙建筑，一等品和合格品用于混水墙建筑，中等泛霜的砖不能用于潮湿部位**。烧结普通砖也可用于砌筑柱、拱、窑炉、烟囱、沟道及基础等，在砌体中配置适当的钢筋或钢丝网，可代替钢筋混凝土柱、梁等

考点3：烧结多孔砖和多孔砌块【★】

概念	多孔砖（图 6-1）常用于承重部位，**孔洞率大于或等于15%**，孔的尺寸小但数量多 图 6-1 烧结多孔砖
特点	多孔砖为大面有孔洞的砖，使用时孔洞垂直于承压面，表观密度为 1400kg/m³ 左右

续表

强度等级	根据抗压强度分为 MU30、MU25、MU20、MU15、MU10 **五个强度等级**
产品标记	砖和砌块的产品标记按产品名称、**品种**、**规格**、**强度等级**、**密度等级**和标准编号顺序编写。示例：规格尺寸 290mm×140mm×90mm、强度等级 MU25、密度 1200 级的粘土烧结多孔砖，其标记为：烧结多孔砖 N 290×140×90 MU25 1200 GB 13544—2011
应用	1. 烧结多孔砖常用于砌筑**六层以下的承重墙**。 2. 适用于建筑物承重部位，也是地面以下或防潮层以下的基础、临时建筑等适用的建筑材料

考点 4：烧结空心砖和空心砌块【★】

概念	空心砖（图 6-2）常用于非承重部位，**孔洞率大于或等于 35%**，孔的尺寸大但数量少 290×290×150　　290×290×115 图 6-2 多孔砖的不同尺寸
特点	烧结空心砖为顶面有孔洞的砖，表观密度在 800～1100kg/m³ 之间，使用时孔洞平行于受力面
冻融试验	严重风化区中的黑龙江、吉林、辽宁、内蒙古、新疆地区的砖必须进行冻融试验，冻融试验后，每块砖样不允许出现裂纹、分层、掉皮、缺棱、掉角等冻坏现象；冻后裂纹长度不大于外观质量要求
强度等级	按抗压强度分为 MU10.0、MU7.5、MU5.0、MU3.5 **四个强度等级**
产品标记	空心砖和空心砌块的产品标记按产品名称、**类别**、**规格**（长度×宽度×高度）、**密度等级**、**强度等级**和标准编号顺序编写。 示例：规格尺寸 290mm×190mm×90mm 密度等级 800、强度等级 MU7.5 的页岩空心砖，其标记为：烧结空心砖 Y（290×190×90）800MU7.5GB 13545—2014
应用	空心砖自重轻，强度较低，多用于**非承重墙**，如多层建筑内隔墙或框架结构的填充墙等

第二节　非　烧　结　类

考点 5：蒸养（压）砖【★★】

组成及分类	蒸养（压）砖是以**石灰**和**含硅**原料（砂、粉煤灰、炉渣、矿渣、煤矸石等）加水拌和，经成型、蒸养（压）而制成的硅酸盐制品。目前使用的主要有粉煤灰砖、灰砂砖和炉渣砖

续表

应用		1. 蒸养（压）砖在蒸养（压）养护条件下，存在因未完全反应碳化而成的碳酸钙，因此蒸养（压）砖**不得用在长时间经受 200℃ 及以上的高温、急冷急热、有酸性介质侵蚀的建筑部位**。 2. 对易受冻融和干湿交替作用的建筑部位，如勒脚、窗台、封檐、女儿墙等，宜用水泥砂浆或其他胶结材料保护
蒸压灰砂实心砖和实心砌块	组成	灰砂砖是用**石灰**和**天然砂**，经混合搅拌、陈化、轮辗、加压成型、蒸养而制得的墙体材料
	强度等级	按抗压强度分为 MU30、MU25、MU20、MU15 和 MU10 **五个强度等级**
	应用	1. 与烧结砖比较，**隔声和蓄热性能较好**，适用于多层混合结构建筑的承重墙体和其他构筑物。 2. 不得用于长期温度 200℃ 以上、流水冲刷以及受急冷急热和有酸性介质侵蚀的建筑部位
粉煤灰砖	组成	粉煤灰砖是以粉煤灰和石灰为主要原料，掺入适量的石膏和炉渣，加水混合制成的坯料，经陈化、轮辗、加压成型，再经常压或高压蒸养而制成的一种墙体材料
	强度等级	按抗压强度分为 MU30、MU25、MU20、MU15 和 MU10 五个强度等级
	应用	粉煤灰砖常用于工业与民用建筑的**墙体和基础**等部位，当用于**基础或易受干湿变化和冻融作用的部位**时，其强度等级应大于等于MU15（备注：蒸压粉煤灰砖是一种有潜在活性的水硬性材料，在潮湿环境中强度不降反升，故在地面以下或防潮层以下的砌体，宜优先选用）
炉渣砖	组成	炉渣砖原名煤渣砖，是利用工业废弃的炉渣作为主要原料，加入一定量的石灰、石母作胶粘剂和激发剂，经混合、压制成型、蒸养或蒸压养护而成的实心砖
	强度等级	按抗压强度分为 MU25、MU20、MU15 **三个强度等级**
	应用	通常用于建筑物的**内墙**和非承重外墙

考点 6：非烧结类砌块【★★★】

砌块分类	按空心率划分	实心砌块
		空心砌块——空心率为 35%～50%
	按尺寸划分	**大型砌块**——高度大于 980mm
		中型砌块——高度为 380～800mm
		小型砌块——高度为 115～380mm
	按原材料划分	硅酸盐砌块
		混凝土砌块
		加气混凝土砌块
		轻骨料混凝土砌块

续表

普通混凝土小型空心砌块	组成		普通混凝土小型空心砌块是由水泥、水、砂、石，按一定比例配合，经搅拌、成型和养护而成的小型砌块
	分类	按空心率划分	空心砌块：空心率不小于25%，代号为H
			实心砌块：空心率小于25%，代号为S
		按是否承重划分	承重结构用砌块：简称承重砌块，代号为L
			非承重结构用砌块：简称非承重砌块，代号为N
	规格尺寸		1. 外形为直角六面体，长度尺寸（mm）为390，宽度尺寸（mm）为290、240、140、120、90，高度尺寸（mm）为190、140、90。 2. 承重砌块最小外壁厚不应小于30mm，最小肋厚不应小于25mm；空心率不应大于47%
	防火性能		1. 对防火要求高的砌块建筑或其局部，宜采用增加墙体抹灰或松散材料灌实孔洞的方法，或采取其他附加防火措施。 2. 当190mm厚砌块墙体双面抹混合砂浆各20mm厚时，其耐火极限可提高到2.5h。 3. 如果在190mm厚砌块墙体孔洞内填砂石、页岩粒或矿渣时，其耐火极限可大于4.0h。
	强度等级		强度等级按砌块的抗压强度等级，见表6-1。

表6-1　　　　　　砌块的强度等级

砌块种类	承重砌块	非承重砌块
空心砌块	MU7.5、MU10.0、MU15.0、MU20.0、MU25.0	MU7.5、MU10.0、MU15.0、MU20.0、MU25.0
实心砌块	MU15.0、MU20.0、MU25.0、MU30.0、MU35.0、MU40.0	MU10.0、MU15.0、MU20.0

轻集料混凝土小型空心砌块	组成	轻集料混凝土小型空心砌块是用轻集料混凝土制成的小型空心砌块。以水泥、轻集料、水为主要原材料，必要时加入普通砂、掺合料和外加剂，按一定比例（重量比）计量配料、搅拌、成型、养护而成的混凝土小型空心砌块
	特点	轻集料混凝土小型空心砌块具有**质轻高强、热工性能好、抗震性能好、利废**等特点，被广泛应用于建筑结构的内外墙体材料，尤其是**热工性能要求较高的**围护结构上
	强度等级	砌块强度等级分为五级：MU2.5、MU3.5、MU5.0、MU7.5、MU10.0

续表

粉煤灰混凝土小型空心砌块	组成	以粉煤灰、水泥、集料、水为主要组分（也可加入外加剂等）制成的混凝土小型空心砌块，称为砌块粉煤灰混凝土小型空心砌块，代号为 FHB
	运用	根据粉煤灰的不同级别掺入适量的水泥或石灰，应用专用外加剂激化粉煤灰内在的活性元素，制成粉煤灰混凝土小型空心砌块制品，具有粉煤灰（渣）掺量高、耐久性好、产品成本低等特点，可用于民用建筑的承重、非承重墙
	强度等级	按砌块抗压强度分为 MU3.5、MU5、MU7.5、MU10、MU15 和 MU20 六个等级
粉煤灰砌块	组成	以粉煤灰、石灰、石膏、骨料为原料，加水拌和，振动成型，蒸汽养护而制成的密实砌块，称为粉煤灰砌块，代号为 FB
	强度等级	按砌块抗压强度分为 10 级和 13 级
蒸压加气混凝土砌块	组成	以硅质材料和钙质材料为主要原材料，掺加发气剂（铝粉）及其他调节材料，通过配料浇注、发气静停、切割、蒸压养护等工艺制成的多孔轻质硅酸盐建筑制品，称为蒸压加气混凝土砌块，代号为 ACB【2019】
	分类	按尺寸偏差分为Ⅰ型和Ⅱ型。Ⅰ型适用于薄灰缝砌筑，Ⅱ型适用于厚灰缝砌筑
	规格尺寸	蒸压加气混凝土砌块常用的规格尺寸见表 6-2 表 6-2 　　　　常 用 规 格 尺 寸 　　　　（mm） | 长度 L	宽度 B	高度 H
600	100、120、125、150、180、200、240、250、300	200、240、250、300	
	强度等级	按抗压强度分为 A1.5、A2.0、A2.5、A3.5、**A5.0**、A7.5、A10.0 **七个级别**。其中，强度级别 A1.5 和 A2.0 适用于建筑保温
	干密度	按干密度分为 B03、B04、B05、B06、B07、B08 六个级别。其中，密度级别 B03 和 B04 适用于建筑保温
	特点	加气混凝土砌块具有**质轻**、**隔声**、**耐火**、**表观密度小**、**保温性能好**及**可锯可刨可加工**等优点，除在建筑物中用作非承重墙体的隔墙外，还可以用于屋面保温
	饰面处理	1. 加气混凝土墙面应做饰面。外饰面应对冻融交替、干湿循环和磕碰磨损等起有效的保护作用。饰面材料与基层应粘结良好，不得空鼓开裂。 2. 加气混凝土墙面抹灰前，应在其表面用**专用砂浆**或有效的**专用界面处理剂**进行基面处理，封闭气孔后方可抹底灰。 3. 加气混凝土外墙的底层，应采用与加气混凝土强度**等级接近的砂浆抹灰**，以避免抹灰开裂，室内表面宜采用粉刷石膏抹灰。表面抹灰应逐层过渡、逐层加强的原则。 4. 在墙体易于磕碰磨损部位，应做**塑料**或钢板网护角

		续表
石膏砌块	组成	以建筑石膏为主要原料，经料浆拌和、浇筑成型、自然干燥或烘干制成的石膏制品。在生产中还可以加入各种轻集料、填充料、纤维增强材料等辅助原料，也可加入发泡剂，也有用高强石膏粉或部分水泥代替建筑石膏，并掺加粉煤灰生产石膏砌块
	选用要点	1. 空气湿度较大的场所，应选用防潮石膏砌块。 2. 墙体下部应设置与墙体同宽度、高度≥200mm现浇混凝土或砖砌条基，厨房、卫生间等有防水要求的房间应采用现浇混凝土条基。 3. 门窗洞口四周200mm范围内的石膏砌体应采用细石混凝土填实，或加设与墙同厚度、宽度100mm的钢筋混凝土边框。 4. 石膏砌块墙一般无须抹灰，砌块砌筑时，上下缝为错缝排列，转角、丁字墙等连接部位应上下搭接咬砌，墙体砌筑采用粘结浆
材料图示	几种典型砌体如图6-3所示。 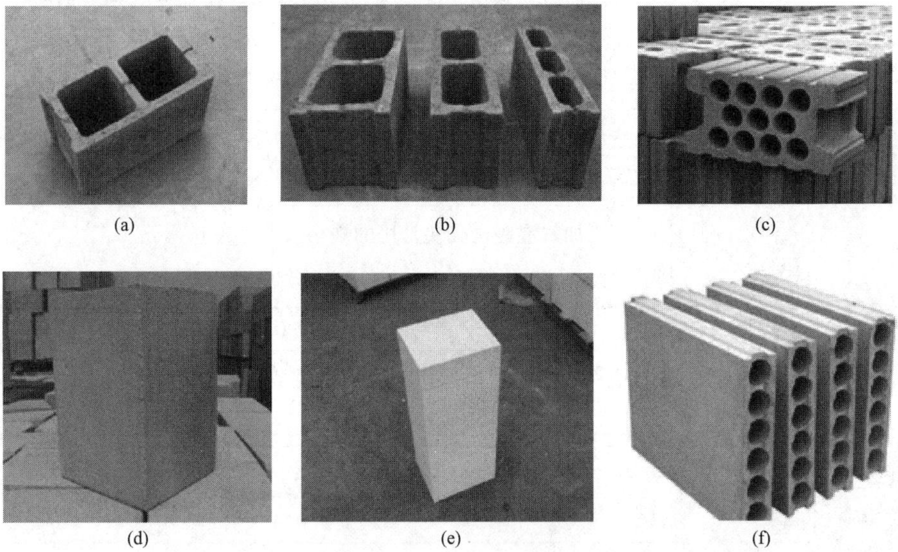 (a)　(b)　(c) (d)　(e)　(f) 图6-3　几种典型砌体 (a) 普通混凝土小型空心砌块；(b) 轻集料混凝土小型空心砌块；(c) 粉煤灰混凝土小型空心砌块；(d) 粉煤灰砌块；(e) 蒸压加气混凝土砌块；(f) 石膏砌块	

典型习题

6-1 [2019-15] 下列材料中，蒸压混凝土砌块的主要原材料中不包括（　　）。
A. 水泥、砂子　　B. 石灰、矿渣　　C. 铝粉、粉煤灰　　D. 石膏、粘土
答案：D
解析：以硅质材料和钙质材料为主要原材料，掺加发气剂（铝粉）及其他调节材料，通过配料浇注、发气静停、切割、蒸压养护等工艺制成的多孔轻质硅酸盐建筑制品，称为蒸压加气混凝土砌块，代号为ACB。

考点7：砌块的选用【★★★】

填充墙	砌块选择	《砌体结构通用规范》（GB 55007—2021）3.2.9 下列部位或环境中的填充墙不应使用轻骨料混凝土小型空心砌块或蒸压加气混凝土砌块砌体：【2021，2020】 1 建（构）筑物**防潮层以下**墙体； 2 **长期浸水或化学侵蚀环境**； 3 砌体表面温度**高于80℃**的部位； 4 长期处于有**振动**源环境的墙体
	强度等级要求	《砌体结构通用规范》（GB 55007—2021）3.2.8 填充墙的块材最低强度等级，应符合下列规定： 1 内墙空心砖、轻骨料混凝土砌块、混凝土空心砌块应为MU3.5，外墙应为MU5； 2 内墙蒸压加气混凝土砌块应为A2.5，外墙应为A3.5【2022（12）】
承重墙体		《砌体结构通用规范》（GB 55007—2021）相关规定。 3.2.4 对处于环境类别1类和2类的承重砌体，所用块体材料的最低强度等级应符合表3.2.4的规定；对配筋砌块砌体抗震墙，表3.2.4中1类和2类环境的普通、轻骨料混凝土砌块强度等级为MU10；安全等级为一级或设计工作年限大于50年的结构，表3.2.4（表6-3）中材料强度等级应至少提高一个等级

表6-3　　1类、2类环境下块体材料最低强度等级

环境类别	烧结砖	混凝土砖	普通、轻骨料混凝土砌块	蒸压普通砖	蒸压加气混凝土砌块
1	MU10	MU15	MU7.5	MU15	A5.0
2	MU15	MU20	MU7.5	MU20	—

放射性限量	依据《民用建筑工程室内环境污染控制标准》（GB 50325—2020）相关规定。 3.1.3 当民用建筑工程使用**加气混凝土制品和空心率（孔洞率）大于25%**的空心砖、空心砌块等建筑主体材料时，其放射性限量应符合表表3.1.3（表6-4）的规定【2023】

表6-4　加气混凝土制品和空心率（孔洞率）大于25%的建筑主体材料放射性限量

测定项目	限量
表面氡析出率/[Bq/(m²·s)]	≤0.015
内照射指数 I_{Ra}	≤1.0
外照射指数 I_γ	≤1.3

典型习题

6-2[2023-7]加气混凝土制品中，应该控制限量的物质是（　　）。
A. 苯　　　　　B. 氡　　　　　C. VOC　　　　　D. 游离甲醛
答案：B
解析：参见《民用建筑工程室内环境污染控制标准》（GB 50325—2020）3.1.3。

6-3[2022（12）-22]用于自承重外墙时，蒸压加气混凝土砌块的强度等级最小值为（　　）。

A. A2.5　　　　　　B. A3.5　　　　　　C. A5.0　　　　　　D. A7.5

答案：B

解析：依据《砌体结构通用规范》(GB 55007—2021)第3.2.8条规定，填充墙的块材最低强度等级，应符合内墙蒸压加气混凝土砌块应为A2.5，外墙应为A3.5。

6-4 [2020-22] 加气混凝土砌块不能用于以下哪个选项的场所？（　　）

A. 低层建筑承重墙　　B. 高湿场所　　　　C. 抗震建筑　　　　D. 框架填充墙

答案：B

解析：参见《砌体结构通用规范》(GB 55007—2021) 3.2.9。

第三节　墙　板

考点8：墙板的类型及应用【★★】

石膏板	分类	石膏板可分为纸面石膏板、装饰石膏板和石膏空心条板等
	燃烧性能	(1) 石膏板的燃烧性能等级为A级； (2) 纸面石膏板和纤维石膏板的燃烧性能等级为B_1级
	特点及应用	质轻、强度高、隔热、隔声、防火性能好，主要用于非承重内隔墙
		普通纸面石膏板适用于住宅、写字楼等公共建筑及工业建筑的"干区"，当有防火等级要求时，则应采用耐火纸面石膏板；耐水纸面石膏板适用于建筑的"湿区"，如浴室、厨房、洗衣房等
		纤维石膏板的防火、防潮、抗冲击、保温、隔声等性能均优于纸面石膏板，可广泛用于非承重内隔墙、贴面墙和吊顶等。 纤维石膏板隔墙的防潮措施：①隔墙下端应做混凝土墙垫，如隔墙与地面直接接触，则应采用防水密封膏密封缝隙，厚度应≥10mm。②用于卫生间等潮湿房间的隔墙，隔墙下端做防水层，高度≥350mm；墙面应做防潮处理
碳化石灰板	组成	以磨细生石灰为主要原料，掺加少量玻璃纤维或植物纤维，与水拌和，经成型、干燥，以二氧化碳碳化而成的人造板材
	特点及应用	具有质轻、防火、隔声和耐水等特性，常用于非承重内隔墙
玻璃纤维增强水泥空心轻质墙板	组成	玻璃纤维增强水泥(GRC)空心轻质墙板是采用低碱水泥为胶结材料，以耐碱玻璃纤维为增强材料，以珍珠岩、陶粒等轻质无机复合材料为轻集料，并掺加起泡剂和防水剂制成的空心条板
	特点及应用	具有轻质、高强、防火、隔声、保温等特点，主要用于非承重内隔墙
钢丝网水泥夹芯板	组成	以钢丝制成不同的三维空间结构，掺有发泡聚苯乙烯和岩棉等保温材料的轻质复合墙板
	商用名称	GY板、泰柏板

续表

其他轻质复合墙板	组成	由外层与芯材组成。外层为**高强度轻质薄板**,如彩色镀锌钢板、铝合金板、不锈钢板、水泥板、木质装饰板等。芯材一般采用轻质**绝热材料**,如**阻燃型发泡聚乙烯**、**发泡聚氨酯**等
	外层	外层为**高强度轻质薄板**,如彩色镀锌钢板、铝合金板、不锈钢板、水泥板、木质装饰板、塑料装饰板等
	芯材	芯材一般采用轻质**绝热材料**,如**阻燃型发泡聚乙烯**、**发泡聚氨酯**、岩棉和**玻璃棉**等
	板厚的选择	1. 条板墙体厚度应满足建筑**防火**、**隔声**、**保温**等功能要求。 2. 单层条板墙体用做分户墙时,其厚度不宜小于 120mm;用做户内分室隔墙时,其厚度不宜小于 90mm。由条板组成的双层条板墙体用分户墙或隔声要求较高的隔墙时,单块条板的厚度不宜小于 60mm
	构造要点	1. 双层条板隔墙的两板间可为空气层或填入吸声、保温材料等功能材料。条板隔墙安装**长度超过** 6m,应采取加强防裂措施,但在抗震设防地区,条板隔墙安装长度超过 6m 时,应设置构造柱,并采取加固、防裂处理措施。 2. 条板隔墙上需要吊挂重物和设备时,**不得单点固定**,应在设计时考虑加固措施,两点的间距大于 300mm。 3. 条板隔墙用于厨房、卫生间及有防潮、防水要求的环境时应设计**防潮**、**防水**的构造措施。凡附设水池、水箱、洗手盆等设施的墙体,墙面应做防水处理,高度**不宜低于 1.8m**。 4. 石膏条板(防水型)隔墙及其他有防水要求的条板隔墙用于潮湿环境时,下端应做 C20 细石混凝土条形墙垫,墙垫高度不应小于 100mm,并应做泛水处理。防潮墙垫可用细石混凝土现浇,不宜采用预制墙垫
	材料图示	几种典型墙板如图 6-4 所示。 (a)　　　　　　(b)　　　　　　(c) 图 6-4　几种典型墙板 (a) 纸面石膏板;(b) 玻璃纤维增强水泥空心轻质墙板;(c) 钢丝网水泥夹芯板

典型习题

6-5 [2018-33] 石膏空心条板的燃烧性能为(　　)。

A. 不燃　　　　　B. 难燃　　　　　C. 可燃　　　　　D. 易燃

答案：A

解析：根据《建筑内部装修设计防火规范》（GB 50222—2017），石膏板燃烧性能等级为 A 级，即为不燃材料。

第四节　瓦

考点 9：粘土瓦、小青瓦、琉璃瓦【★】

粘土瓦	组成	粘土瓦是以粘土为原料，经成型、干燥、焙烧而成
	分类	按颜色分	分为红瓦、青瓦两种
		按形状分	分为平瓦、脊瓦、小瓦等。平瓦用于坡度较大的屋面，脊瓦用于屋脊。$1m^2$ 的屋面需要15张平瓦
小青瓦	组成	以粘土为原料焙烧而成，又称土瓦、蝴蝶瓦、和合瓦、水青瓦
琉璃瓦	组成	以难熔粘土为原料，在素烧的瓦坯表面涂以琉璃釉料后再经焙烧而成的制品
	分类	根据《清式营造则例》，琉璃瓦可分为二样、三样、四样，至九样共八种型号；其中常用的型号有五样、六样、七样三种
材料图示	几种典型瓦片如图 6-5 所示。

图 6-5　几种典型瓦片
(a) 粘土瓦；(b) 小青瓦；(c) 琉璃瓦 | |

第五节　石　　材

考点 10：天然石材的分类、性能及加工【★★★】

定义	天然石材是从天然岩体中开采出来，经加工成块状或板状材料的总称。天然岩石根据生成条件，可分为**岩浆岩**（即**火成岩**，如花岗石、正长岩、玄武岩、辉绿岩等）、**沉积岩**（即水成岩，如砂岩、页岩、石灰岩、石膏等）以及**变质岩**（如大理岩、片麻岩、石英岩等），其各种岩石之间的转换如图 6-6 所示。几种常见的**天然岩石**如图 6-7 所示。

定义	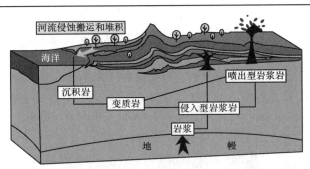 图6-6 岩浆岩、沉积岩与变质岩的转换  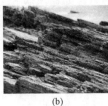  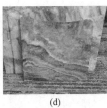 (a) (b) (c) (d) 图6-7 几种常见的天然岩石 (a) 花岗岩；(b) 页岩；(c) 石灰岩；(d) 大理岩		
分类	按形成条件划分	岩浆岩（火成岩）	由地壳内部熔融岩浆上升冷却而成。根据冷却条件不同又分为深成岩（如**花岗岩**、正长岩、辉长岩等）、喷出岩（如玄武岩、辉绿岩、安山岩等）及火山岩（如火山凝灰岩）三类【2022（12）】
		沉积岩（水成岩）	由原来的母岩风化后，经过搬运、沉积和再造岩作用而形成的岩石。沉积岩可分为机械沉积岩（如页岩、砂岩、砾岩等）、化学沉积岩（如石膏、白云岩、菱镁矿等）及生物沉积岩（如石灰岩、白垩）三类
		变质岩	由原生的火成岩或沉积岩经过地质上的变质作用而形成的岩石。一般沉积岩由于在变质时受到高温、高压和重结晶的作用，形成的变质岩更为坚密，例如由石灰岩或白云岩变质而成的**大理岩**，由砂岩变质而成的**石英岩**，由页岩变质而成的**板岩**
	按化学组成及致密程度划分	**耐酸岩石**	主要成分是二氧化硅，其含量不低于55%
		耐碱岩石	耐碱能力取决于CaO和MgO，其含量越多，越耐碱
技术性能	密度		各类岩石密度相差不大，橄榄石的密度为3.2~3.5g/cm²，黑云母为2.9g/cm²，方解石为2.9g/cm²，石英为2.9g/cm²
	抗压强度		石材的抗压强度是用边长50mm的立方体试件，在水饱和状态下，测得的抗压强度平均值表示。 按抗压平均强度值划分为9个等级：MU100、MU80、MU60、MU50、MU40、MU30、MU20、MU15、MU10
	耐久性		天然石材的耐久性主要与其抗风化能力有关系，其中硅酸盐类石材的耐久性最好。一般情况下，**花岗岩**的耐久年限为75~200年，**大理石**为40~100年，板石为15~30年，石灰石为20~40年【2022（12）】

续表

加工制品	分类	天然石材制品有毛石(图6-8)、**料石**(可分为毛料石、粗料石、半细料石及细料石等，见图6-9)、**板材**(图6-10)**以及颗粒状石料**4大类。颗粒状石(图6-11)料包括碎石、卵石及石渣。石渣规格俗称有大二分（粒径约20mm）、一分半（粒径约15mm）、大八厘（粒径约8mm）、中八厘（粒径约6mm）、小八厘（粒径约4mm）以及米粒石（粒径2～4mm） 
		图6-8 毛石 
		图6-9 料石 　　图6-10 板材 　　图6-11 颗粒状石料
	毛石	毛石是在采石场爆破后直接得到的形状不规则的石块。毛石依其平整程度又分为乱毛石与平毛石两类。乱毛石为形状不规则的毛石；平毛石指形状虽不规则，但大致有两个平行面的石块
	料石	人工或机械开采出较规则的**六面体**石块，经人工略加凿琢而成的称为料石。依其表面加工的平整程度分为毛料石（一般不加工或稍加修整）、粗料石（表面凹凸深度要求不大于20mm）、半细料石（表面凹凸深度要求不大于10mm）和细料石（表面凹凸深度要求不大于2mm）四种【2020】
	板材	用致密岩石凿平或锯解而成的厚度不大的石材称为板材。每1立方米荒料所生产的板材成品的平方米数为石材的出材率，以厚度为20mm的板材计，目前我国石材加工厂的出材率为11%～21%。【2022（12）】 板材常用规格为厚10～20mm。 饰面板材根据板材尺寸偏差、平面度、角度、外观质量、镜面光泽度分为**优等品、一等品、合格品**三个等级【2020】
	颗粒状石料	包括碎石、卵石（即砾石）和石渣（即石米、米石、米粒石）
材料图示		几种典型石材如图6-12所示。 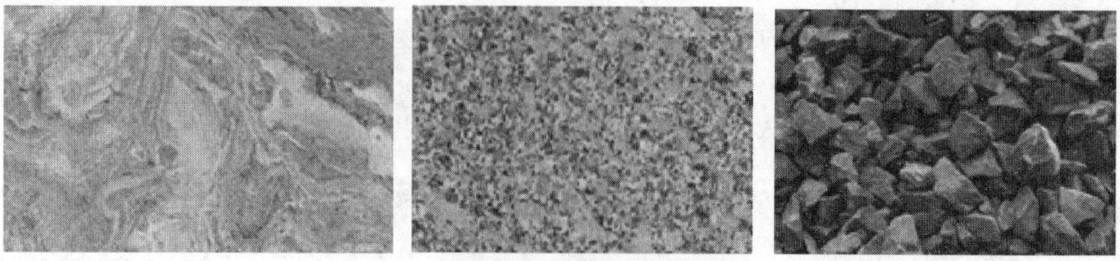 (a)　　(b)　　(c) 图6-12 几种典型石材 (a) 大理石；(b) 花岗岩；(c) 石灰石

放射性	I_{Ra}与I_r定义	I_{Ra}为内照射指数，是指建筑材料中天然放射性核素镭-226的放射性比活度与标准中规定的限量值之比值。I_r为外照射指数，是指建筑材料中天然放射性核素镭-226、钍-232和钾-40的放射性比活度分别与其各单独存在时标准规定的限量值之比值的和
	A类	装饰装修材料中天然放射性核素镭-226、钍-232、钾-40的放射性比活度同时满足$I_{Ra}\leqslant 1.0$和$I_r\leqslant 1.3$要求的为A类装饰装修材料。A类装饰装修材料的产销和使用范围不受限制
	B类	不满足A类装饰装修材料要求但同时满足$I_{Ra}\leqslant 1.3$和$I_r\leqslant 1.9$要求的为B类装饰装修材料。B类装饰装修材料不可用于Ⅰ类民用建筑的内饰面，但可用于类民用建筑、工业建筑内饰面及其他一切建筑的外饰面
	C类	不满足A、B类装饰装修材料要求但满足$I_r\leqslant 2.8$要求的为C类装饰装修材料。C类装饰装修材料只可用于建筑物的外饰面及室外其他用途

典型习题

6-6 [2022（12）-8] 下列选项中，属于深成岩的是（　　）。
A. 花岗岩　　　　　B. 玄武岩　　　　　C. 安山岩　　　　　D. 辉绿岩
答案：A
解析：建筑上常用的深成岩有花岗岩、正长岩、闪长岩、辉长岩等。

6-7 [2022（12）-12] 以20mm厚度的板材为例，我国石材加工厂出材率为（　　）。
A. 5%～10%　　　B. 11%～21%　　　C. 22%～31%　　　D. 32%～41%
答案：B
解析：每立方米荒料所生产的板材成品的平方米数为石材的出材率，以厚度为20mm的板材计，目前我国石材加工厂的出材率为11%～21%。

6-8 [2022（12）-14] 天然石材耐久年限从小到大的是（　　）。
A. 板石－石灰石－大理石－花岗岩　　　B. 石灰石－大理石－花岗岩－板石
C. 大理石－板石－石灰石－花岗岩　　　D. 石灰石－板石－花岗岩－大理石
答案：A
解析：花岗岩耐久年限75～200年，石灰石20～40年，砂岩20～200年，大理石40～100年。耐久年限最长的为花岗岩，最短为石灰石。板石的耐久年限有多种，代表性20～40年。

考点11：花岗石【★★★】

组成成分	花岗石是典型的火成岩，其矿物组成主要为长石、石英及云母等。其化学成分随产地不同而有所区别，但各种花岗石的SiO_2含量均很高，一般为65%～75%

续表

性能特点 【2023，2021】	花岗石板材**质地坚硬**密实，抗压强度高，具有**优异的耐磨性**及良好的化学稳定性，不易风化变质，耐久性好，属于**酸性岩石**(但不耐氢氟酸和氟硅酸)。 由于花岗石中含有石英，在高温下会发生晶型转变，产生体积膨胀，因此，花岗石的**耐火性差**

典型习题

6-9 [2023-10] 下列关于花岗石的特性表述，错误的是（　　）。
A. 密度大　　　　　　　　　　　B. 抗压强度大
C. 抗火性能好　　　　　　　　　D. 耐腐蚀
答案：C
解析：由于花岗石中含有石英，在高温下会发生晶型转变，产生体积膨胀，因此，花岗石的耐火性差。

6-10 [2021-3] 关于花岗石板材，说法正确的（　　）。
A. 属于酸性硬石材　　　　　　　B. 质地坚硬不耐磨
C. 构造密实强度低　　　　　　　D. 密度大吸水率高
答案：A
解析：花岗石是酸性石材，耐磨性好，强度高，吸水性差。

考点12：大理石【★★★】

组成成分	大理石属变质岩，由石灰岩或白云岩变质而成，主要矿物成分为**方解石**或**白云石**，是**碳酸盐类岩石（即碱性岩石）**【2019】
产地	大理石是以云南大理命名的，大理因盛产大理石而名扬中外。此外，我国大理石产地还有山东、四川、安徽、江苏、浙江、北京、辽宁、广东、福建、湖北等省市【2019】
性能特点	（1）大理石主要化学成分为碳酸钙，易被酸性介质侵蚀，故除个别品种（如汉白玉和艾叶青）外一般**不宜用作室外装饰**。 （2）大理石板材具有吸水率小，耐磨性好以及耐久等优点，但其硬度一般，属于**中硬石材**。 （3）建筑上大理石主要以板材的形式用作室内墙面、柱面、地面、楼梯踏步及花饰雕刻。大理石板材厚度一般等于或小于20mm【2021】

典型习题

6-11 [2021-4] 天然大理石通用厚度是（　　）。
A. 10mm　　　　B. 12mm　　　　C. 15mm　　　　D. 20mm
答案：D
解析：大理石板材厚度一般等于或小于20mm。

6-12 [2019-12] 关于大理石的说法,正确的是（　　）。
A. 产地仅限云南大理,故以此命名　　　　B. 由石灰石或白云岩变质而成
C. 耐酸性好,可用于室内外装饰　　　　　D. 耐碱性差,耐磨性能好于花岗岩
答案：B
解析：大理石属变质岩,由石灰石或白云岩变质而成,主要矿物成分为方解石或白云石,是碳酸盐类岩石（即碱性岩石）。大理石是以云南大理命名的,大理因盛产大理石而名扬中外。此外,我国大理石产地还有山东、四川、安徽、江苏、浙江、北京、辽宁、广东、福建、湖北等省市。大理石主要化学成分为碳酸钙,易被酸性介质侵蚀,故除个别品种（如汉白玉和艾叶青）外一般不宜用作室外装饰。

考点13：砂岩石【★★】

组成成分	砂岩是母岩碎屑沉积物被天然胶结物胶结而成,其主要成分是**石英**,有时也含少量长石、方解石、白云石及云母等	
分类（根据胶结物的不同划分）	由氧化硅胶结而成的硅质砂岩	呈淡灰色或白色,密实、耐久、耐酸,性能接近于花岗岩,可用于**纪念性建筑及耐酸工程**
	由碳酸钙胶结而成的钙质砂岩	呈白或灰色,是砂岩中最常用的一种,有一定的强度,易于加工,但质地较软,不耐酸性介质的侵蚀
	由氧化铁胶结而成的铁质砂岩	呈红色,性能稍差,但胶结密实者,仍可用于一般建筑工程
	由粘土胶结而成的粘土质砂岩	呈灰黄色,性能较差,易风化,长期受水作用会软化,甚至松散,在建筑中一般不用

6-13 [2018-11] 纪念性建筑所采用的耐酸砂岩,其主要成分是（　　）。
A. 钙质　　　　B. 硅质　　　　C. 铁砂　　　　D. 镁质
答案：B
解析：由氧化硅胶结而成的硅质砂岩呈淡灰色或白色,密实、耐久、耐酸,性能接近于花岗岩,可用于纪念性建筑及耐酸工程。

第七章 金属材料

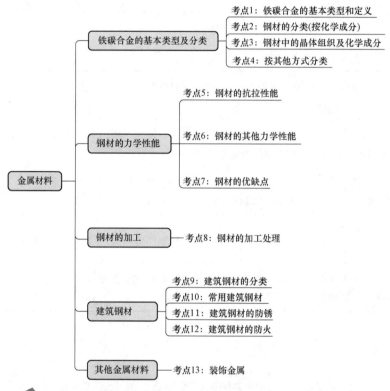

章 节	近五年考试分数统计					
	2023年	2022年12月	2022年5月	2021年	2020年	2019年
第一节 铁碳合金的基本类型及分类	1	1	1	1	1	0
第二节 钢材的力学性能	0	0	0	0	3	0
第三节 钢材的加工	1	0	1	0	0	0
第四节 建筑钢材	0	2	1	3	1	2
第五节 其他金属材料	1	1	2	4	2	3
总 计	3	4	5	8	7	5

第一节 铁碳合金的基本类型及分类

考点1：铁碳合金的基本类型和定义【★★】

生铁	1. **含碳量大于2%的铁碳合金称为生铁。** 2. 铸铁是生铁二次加工的产品，铸铁中，除铁Fe外各元素含量：C含量2.4%～4.0%，Si含量0.6%～3.0%，Mn含量0.2%～1.2%，P含量0.1%～1.2%，S含量0.08%～0.15%。性脆，无塑性，抗压强度较高，但抗拉和抗弯强度不高，**通常不宜用作建筑的结构材料，尤其是屋架结构件**【2022（5）】 3. 用途：①建筑配件如铸铁水管、上下水道及其连接件等盖板；②装修材料如门、窗及某些建筑小品；③建筑设备如铸铁制作暖气片及各种零部件。 4. 生铁的种类。 (1) 白口铁：C含量约2.5%，S含量1%以下。断面呈白色，质硬且脆，不易进行机械加工。主要用于炼钢。 (2) 灰口铁：含碳量约3%，含硅约2%。断面呈深灰色。质较软，可进行切削加工。热时容易流动，铸造性能好。较耐磨。强度及延展性差。主要用于铸造【2023】	
钢材	**含碳量在0.02%～2%的铁碳合金**，通过压力加工制成所需要的各种形状和尺寸的材料	
熟铁	含碳量约在0.02%以下，又叫锻铁、纯铁。熟铁质地很软，塑性好，延展性好，强度和硬度均较低，容易锻造和焊接	
根据元素含量对钢材分类	碳素钢	根据含碳量可将碳素钢三种： ①低碳钢——含碳小于0.25%； ②中碳钢——含碳量0.25%～0.60%； ③高碳钢——含碳大于0.60%
	低合金钢	根据合金元素总量可将合金钢分为三种： ①低合金钢——合金元素总量小于5%； ②中合金钢——合金元素总量为5%～10%； ③高合金钢——合金元素总量大于10%

典型习题

7-1 [2023-17] 下列关于灰口生铁的说法中，错误的是（   ）。
A. 易于铸造　　　B. 不易切削加工　　　C. 成本较低　　　D. 工业用途广泛
答案：B
解析：灰口铸铁，不易变形，容易切削加工，易于铸造，成本较低。工业用途广泛。

7-2 [2022（5）-18] 下列四个选项，铸铁除铁元素外，含量最多的是（   ）。
A. 锰　　　　　　B. 硫　　　　　　　C. 硅　　　　　　　D. 碳
答案：D

解析：铸铁的成分范围大致为：C 含量 2.4%～4.0%，Si 含量 0.6%～3.0%，Mn 含量 0.2%～1.2%，P 含量 0.1%～1.2%，S 含量 0.08%～0.15%，其余为铁元素。

考点 2：钢材的分类（按化学成分）

建筑钢材	常用的钢筋、钢丝、型钢及预应力锚具等，基本上都是碳素结构钢和低合金高强度结构钢等钢种，经热轧或再进行冷加工强化及热处理等工艺加工而成的	
钢材分类	碳素结构钢	工程结构件常用钢。碳素结构钢具有良好的塑性及各种加工性能，且冶炼方便，成本较低。其在恶劣的条件下，如冲击、温度大幅度变化或超载时，具有良好的安全性。然而，相对低合金钢来说，碳素结构钢的强度较低，不能满足一些特殊的性能要求
	低合金钢高强度结构钢	1. 在碳素结构钢的基础上加入**总量小于 5% 的合金元素（如硅、锰、钒等）**，即得低合金高强度结构钢。 2. 低合金高强度结构钢强度较高，耐腐蚀、耐低温性、抗冲击韧性及使用寿命等综合性能良好，焊接性及冷加工性能好，易于加工和施工
	优质的碳素结构钢	1. 优质碳素结构钢的特点是生产过程中对硫、磷等有害杂质控制较严（S 含量小于 0.035%，P 含量小于 0.035%），其性能主要取决于含碳量。 2. 根据其含锰量的不同，可分为普通含锰量（Mn 含量 0.25%～0.8%）和较高含锰量（Mn 含量 0.7%～1.2%）。 3. 此类钢一般多轧（锻）制成圆、方、扁等型材、板材和无缝钢管。优质碳素结构钢可用于重要结构的钢铸件、碳素钢丝及钢绞线等，用来制造制造一般结构及机械结构零、部件以及建筑结构件和输送流体用管道。根据使用要求，有时需热处理（正火或调质）后使用

考点 3：钢材中的晶体组织及化学成分【★★★】

碳	1. 钢的 C 含量小于或等于 0.8% 时，**随着含碳量增加，塑性和韧性降低，焊接性能、耐腐蚀性下降，钢材的强度和硬度提高**；钢的 C 含量大于 1.0% 时，钢材的强度反而下降；【2022(12)】 2. 建筑结构用的钢材，一般为含碳量小于 0.25% 的低碳钢及含碳量小于 0.52% 的低合金钢
硅	当 Si 含量小于 1% 时，此时大部分 Si 溶于铁素体中，使铁素体得以强化。因此 Si 含量的增加可以显著提高钢材的强度及硬度，且对塑性及韧性无显著影响
锰	Mn 可起脱氧去硫作用，Mn 原子溶于铁素体中使其强化，而且还将珠光体细化，故可有效消减因硫引起的热脆性，还可显著改善耐腐及耐磨性，增强钢材的强度及硬度
硫	1. 建筑钢材要求含硫量低于 0.005%。 2. 硫引发热脆性，使其在热加工过程中易断裂，导致钢材的热加工性和可焊性的不足，同时还会降低钢材的冲击韧性、疲劳强度和耐腐蚀性

续表

磷	1. 建筑钢材要求含磷量低于0.045%。 2. 虽然磷可以提高钢材的强度、硬度、耐磨性和耐腐蚀性，但是磷能引起冷脆性，使钢材在低温下的冲击韧性大为降低。磷还能使钢材的焊接性和冷弯性能变差【2023】
氧	在室温下，钢中氧含量的增加使钢的延伸率显著降低。随氧含量的增加，钢的抗冲击性能下降，脆性转变温度很快升高。同时，氧在钢中与其他元素形成氧化物夹杂，对钢的塑性、韧性和疲劳强度均有不利的影响
其他化学成分	氮对钢材性质的影响与碳、磷相似，在有铝、钒等的配合下，氮可作为低合金钢的合金元素

7-3 [2023-18] 钢材中下列哪种元素稍多会显著下降塑性韧性？（　　）

　　A. 硅　　　　　　B. 锰　　　　　　C. 磷　　　　　　D. 碳

答案：C

解析：磷会引发冷脆性，造成塑性、韧性显著下降。

7-4 [2022(12)-19] 增加含碳量，会提高钢材的哪种性质？（　　）

　　A. 屈服强度　　　B. 冲击韧性　　　C. 伸长率　　　　D. 加工性能

答案：A

解析：当含碳量小于或等于0.8%时，随着含碳量的增加，钢材的强度和硬度提高，塑性和韧性降低，焊接性能、耐腐蚀性也随之下降。

考点4：按其他方式分类

按脱氧程度	按钢材在冶炼过程中的脱氧程度可将钢材分为**沸腾钢（F）、半镇静钢（b）、镇静钢（Z）及特殊镇静钢（TZ）**。 （1）**沸腾钢**成材率高，但钢内残存许多小气泡，同时偏析也较严重，在钢结构中多用于承受静载的结构。 （2）**镇静钢**是在生产过程中加入足够数量的强脱氧剂（硅、铝），使钢水脱氧良好，在凝固时不产生磷氧原子气体，钢水保持平静。镇静钢成分比较均匀，组织比较致密，轧成的钢材具有良好的综合机械性能，在国民经济各部门得到最为广泛的应用。 （3）脱氧程度介于镇静钢和沸腾钢之间的钢，叫做**半镇静钢**。半镇静钢的性能介于镇静钢和沸腾钢之间
按有害杂质	按钢材中**有害杂质（主要为硫和磷）**的含量，钢材可分为**普通钢、优质钢和高级优质钢**
按用途	按用途，钢材可分为结构钢、工具钢和特殊性能钢

7-5 [2020-6] 钢按照主要质量等级分为（　　）。

A. 甲级，乙级，丙级　　　　　　　　B. 结构用钢，工具钢，特殊性能钢
C. 低碳钢，中碳钢，高碳钢　　　　　D. 普通钢，优质钢，高级优质钢

答案：D

解析：选项 B 是按照功能分类，选项 C 是含碳量分类，选项 D 是按照质量等级分类。

第二节　钢材的力学性能

考点 5：钢材的抗拉性能【★★】

低碳钢的屈服点	低碳钢中，钢材试件在拉伸过程中的应力－应变曲线可分为四个阶段，即弹性阶段（OB 段）、屈服阶段（BC 段）、强化阶段（CD 段）和颈缩阶段（DE 段），如图 7-1 所示。试件被拉伸进入塑性变形屈服段 BC，屈服下限 C 所对应的应力 σ_s 称为屈服强度或屈服点。设计中一般采用 σ_s 作为强度取值的依据
高碳钢与屈服点	对于中碳钢或高碳钢（硬钢）说，屈服现象并不明显，其应力－应变曲线与低碳钢的明显不同，如图 7-2 所示。其抗拉强度高，塑性变形小，屈服现象不明显。对这类钢材难以测得屈服点，故规范规定以产生 0.2% 残余变形时的应力值作为名义屈服点，以 $\sigma_{0.2}$ 表示。 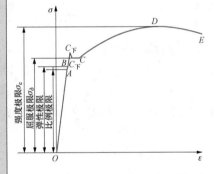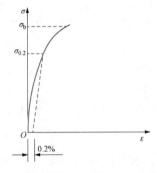 图 7-1　低碳钢受拉的应力-应变曲线　　图 7-2　中碳钢或高碳钢受拉的应力-应变曲线
抗拉强度	在低碳钢的应力-应变曲线中，曲线最高点对应的应力 σ_b 称为抗拉强度。一般情况下，设计会以屈强比 σ_s/σ_b 作为参考。通常钢材的屈强比为 0.6～0.75。**在一定范围内，屈强比小则表明钢材在超过屈服点工作时，可靠性较高，较为安全【2020】**
伸长率	伸长率是表示钢材塑性的一种指标。为钢材试件拉断后的伸长值占钢材原标距长度的百分率 $\left(\dfrac{L_1-L_0}{L_0}\times 100\%\right)$，反映了钢材的塑性变形能力，伸长率越大，钢材塑性越好，实验如图 7-3 所示	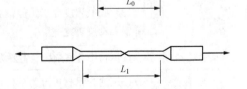 图 7-3　伸长率实验示意图 L_1—拉断后的标距长度（mm）； L_0—拉断前的标距长度（mm）

典型习题

7-6 ［2020-19］下列关于钢材的屈强比说法，错误的是（　　）。
A. 为屈服强度与抗拉强度的比值　　　　B. 屈强比大小为 0.6～0.75
C. 屈强比越大，结构的安全性越高　　　D. 屈强比越大，钢材的利用率越高
答案：C
解析：屈强比是指屈服点（屈服强度）与抗拉强度的比值，屈强比太高则结构为脆性破坏，脆性破坏在土木里是严禁的，安全性低。屈强比可以看作是衡量钢材强度储备的一个系数。

考点6：钢材的其他力学性能【★】

冲击韧性	以破坏试件时每单位面积上所消耗的能量作为材料的冲击韧性指标——冲击韧性 $α_k$。对于**重要的钢结构及使用时承受动荷载作用的构件，特别是处在低温条件下**，要求钢材具有一定的冲击韧性，如图 7-4（a）所示
耐疲劳性	材料在交变应力作用下，在远低于抗拉强度时突然发生断裂，这种现象称为疲劳破坏。钢材在交变应力作用下，在规定的周期基数内不发生脆断所承受的最大应力值为疲劳极限。 疲劳破坏经常是突然发生的，往往会造成严重的工程质量事故，在实际工程设计和施工中应给予足够的重视
硬度	硬度指钢材表面局部体积抵抗硬物压入而产生塑性变形的能力，通常用**布氏硬度 HB**（试件单位压痕面积上所承受的荷载）、**洛氏硬度**（压头压入钢材试件中的深度）等的量值来表征，如图 7-4（b）所示。 钢材的 HB 值与抗拉强度之间有较好的正相关关系；**材料的硬度越高，塑性变形抵抗能力越强，硬度值也越大**。故可以通过测定钢材的 HB 值，推算钢材的抗拉强度值
冷弯性能	冷弯性能为钢材在常温下承受弯曲而不开裂的性能，是建筑钢材的意向重要的工艺性能。冷弯性能指标以试件被弯曲的角度（90°，180°）及弯心直径 d 与试件厚度（或直径）a 的比值（d/a）来表示。试验时所采用的弯曲角度越大，弯心直径对试件厚度（或直径）的比值越小，表明对钢材的冷弯性能要求越高。冷弯试验后，试件弯曲处未发生裂纹、裂断或起层现象为合格。实验示意图如图 7-4（c）所示
实验示意图	（a）　　　　（b）　　　　（c） 图 7-4　钢材主要力学性能实验图 （a）钢材冲击；（b）布氏硬度；（c）钢材冷弯 1—试件；2—冲锤；3—支座

7-7 [2020-18] 下列哪项不是建筑钢材的力学性能?(　　)

A. 抗拉性能　　　　B. 焊接性能　　　　C. 冲击韧性　　　　D. 耐疲劳性

答案：B

解析：建筑钢材的力学性能包括抗拉性能、冲击韧性、耐疲劳性、硬度。建筑钢材的工艺性能包括冷弯性能、焊接性能。

考点7：钢材的优缺点

优点	①强度高：强度高表现为抗拉、抗压、抗弯及抗剪强度都很高。在钢筋混凝土中，能弥补混凝土抗拉、抗弯、抗剪和抗裂性能较低的缺点。 ②塑性好：常温下钢材能接受较大的塑性变形。钢材能接受冷弯、冷拉、冷拔、冷轧、冷冲压等各种冷加工。冷加工能改变钢材的断面尺寸和形状，并改变钢材的性能。 ③品质均匀、性能可靠：钢材性能的利用效率比其他非金属材料为高。钢材的韧性高，能经受冲击作用；能进行切削、冲压、热轧和锻造；通过热处理方法，可在相当大的程度上改变或控制钢材的性能
缺点	①钢材耐腐蚀性差。②钢材耐热但不耐火。③保温效果差。④易产生扭曲。⑤特有的冷桥问题

第三节　钢材的加工

考点8：钢材的加工处理【★★★】

冷加工和时效处理	钢材经冷拉、冷拔、冷轧等冷加工后、性能会发生显著改变，表现为**强度提高，塑性减小，变硬，变脆**，这种现象称为"冷加工硬化"。 经冷加工的钢材，经历一定的时间后，实际的应力应变曲线是 $dcfg$ 线，与原 dce 线相比，屈服点和强度极限又有提高，而塑性进一步减小，如图 7-5 所示。这种性能随时间变化的特性。称之为钢的"时效硬化"。"时效硬化"效应是随着时间而发展的，时间愈长，效应愈显著。 在建筑施工中，通常对钢筋和钢丝采取的冷加工措施是**冷拉（强度明显提高）和冷拔（强度大幅度的提高）**	图 7-5　冷加工下的钢材应力-应变曲线
热处理	热处理是按照一定的制度和方法对钢材进行加热和冷却的一种处理方法。热处理能达到改善钢材机械性能的目的。方法有**退火、正火、淬火、回火**
退火	退火指将钢材加热到723℃以上，在退火炉中保温后冷却的热处理方法。退火可以降低硬度、提高塑性和韧性的目的

	续表
正火	正火是指将钢材加热到723℃以上，然后在空气中冷却。钢材经正火处理，与退火处理相比较，**钢材的强度和硬度提高，但塑性减小**
淬火	淬火是指将钢材加热到723℃以上，然后在水中或油中淬冷。淬火后钢材的**硬度大大提高，但塑性和韧性显著降低**【2023】
回火	回火是指淬火后的钢材在低于723℃以下的温度范围内重新加热，保温一定时间，然后冷却到室温的热处理工艺。加热温度越高，回火后钢材的硬度降低越多，塑性和韧性恢复越好【2022（5）】

典型习题

7-8 [2023-15] 钢材经过下列哪种热处理后，硬度大大提高，塑性韧性显著下降？（　　）
A. 淬火　　　　B. 退火　　　　C. 正火　　　　D. 回火
答案：A
解析：淬火是指钢材加热后，随即浸入淬冷介质（水或油）中快速冷却。硬度大大提高、塑性和韧性显著下降。

7-9 [2022（5）-14] 钢材在经过以下哪种热处理，强度，韧性，塑性均提高？（　　）
A. 淬火　　　　B. 回火　　　　C. 退火　　　　D. 回火
答案：B
解析：在淬火后，随即采取高温回火，称为调质处理。经过调质处理的钢材，其强度、塑性和韧性等性能都有所改善。

第四节　建 筑 钢 材

考点9：建筑钢材的分类【★★★】

碳素结构钢		碳素结构钢的牌号由屈服点字母、屈服点数值、质量等级符号与脱氧方法符号组成，如图7-6所示【2022（5）】 脱氧程度符号，F代表沸腾钢 b代表半镇静钢，Z代表镇静钢 TZ代表特殊镇静钢(Z，TZ符号予以省略) 质量等级代号分A、B、C、D四级 钢材屈服点数值 钢材屈服点代号，以"屈"字首字母汉语拼音"Q"标识 图7-6　碳素结构钢的牌号
	屈服点	以最常用Q235为例，Q为"屈"首字母，235表示碳素结构钢为屈服点为235MPa
	质量等级	碳素结构钢质量等级由低到高分别为A、B、C、D
	脱氧符号	F表示沸腾钢；b表示半镇静钢；Z表示镇静钢；TZ表示特殊镇静钢，镇静钢可不标符号，即Z和TZ都可不标
	常用碳素结构钢种类	在建筑工程中，**Q235是常用的钢材种类**【2020】 Q235－AF表示屈服点为235MPa的A级沸腾钢

低合金高强度结构钢	牌号组成	低合金高强度结构钢的牌号由代表屈服字母 Q、规定的最小上屈服强度数值、交货状态代号、质量等级符号（B、C、D、E、F）四个部分组成
	热轧钢	热轧钢的牌号包括：Q355、Q390、Q420、Q460
	正火、正火轧制钢	正火、正火轧制钢的牌号包括：Q355N、Q390N、Q420N、Q460N
	热机械轧制	热机械轧制钢的牌号包括：Q355M、Q390M、Q420M、Q460M、Q500M、Q550M、Q620M、Q690M
钢筋进场要求		钢筋进场时，要检查**钢筋牌号**、**规格**、尺寸等偏差情况，还需要观察钢筋是否锈蚀，表面是否有油污等外观【2020】 复验的力学项目主要有以下内容：**实测钢筋屈服强度，钢筋抗拉强度，钢筋伸长率。** 力学性能实验从每批钢筋中任选两根钢筋，每根取两个试样分别进行拉伸实验（包括屈服点、抗拉强度和伸长率）和冷弯实验

典型习题

7-10 [2022（5）-16] 下列关于碳素结构钢 Q235-A·F 的说法，错误的是（　　）。

A. Q 是屈服点　　　　　　　　　B. 235 是屈服点值

C. A 指低碳钢　　　　　　　　　D. F 指沸腾钢

答案：C

解析：Q235-A·F 就是屈服强度为 235MPa，质量等级为 A 级的普通碳素结构沸腾钢。质量等级代号分为 A、B、C、D 四级。

7-11 [2020-17] 建筑工程中应用最广的碳素结构钢是（　　）。

A. Q195　　　　B. Q215　　　　C. Q235　　　　D. Q255

答案：C

解析：《钢结构设计标准》推荐，Q235 是应用最广的碳素结构钢。

7-12 [2020-7] 下列四个选项中，施工进场钢筋力学复验包括（　　）。

A. 冲击实验　　　　　　　　　　B. 拉伸实验

C. 耐火实验　　　　　　　　　　D. 耐腐实验

答案：B

解析：钢筋进场时，要检查钢筋牌号、规格、尺寸等偏差情况，还需要观察钢筋是否锈蚀，表面是否有油污等外观，这个都能拿仪器直接测或者观察出来。复验的力学项目主要有实测钢筋屈服强度、钢筋抗拉强度和钢筋伸长率。力学性能实验从每批钢筋中任选两根钢筋，每根取两个试样分别进行拉伸实验（包括屈服点、抗拉强度和伸长率）和冷弯实验。

考点 10：常用建筑钢材【★★★】

钢筋	热轧钢筋	热轧钢筋分为热轧光圆钢筋和热轧带肋钢筋，是**一般钢筋混凝土结构中应用最多的一种钢材**。热轧光圆钢筋指经热轧成型，横截面通常为圆形，表面光滑的产品钢筋；热轧带肋钢筋指表面带肋的混凝土结构用钢材
	冷拉热轧钢筋	将热轧钢筋在常温下拉伸至超过屈服点（小于抗拉强度）的某一应力，然后卸荷即得冷拉钢筋，冷拉可使屈服点提高17%～27%，但伸长率降低。冷拉钢筋分为四个等级，冷拉Ⅰ级钢筋适用于钢筋混凝土结构中的受拉钢筋，冷拉Ⅱ、Ⅲ、Ⅳ级钢筋可用作预应力混凝土结构中的预应力筋，但在负温及冲击或重复荷载下易脆断
	冷拔低碳钢丝	将直径为6.6～8mm的Q235热轧盘条，通过截面小于钢筋截面的拔丝模，经一次或多次拔制，即得冷拔低碳钢丝。冷拔可提高屈服强度40%～60%。材质硬脆，属硬钢类钢丝。其级别可分为甲级及乙级，甲级为预应力钢丝；乙级为非预应力钢丝，用于焊接或绑扎骨架、网片或箍筋
	冷轧带肋钢筋	冷轧带肋钢筋由热轧圆盘条经冷轧而成，其表面带有沿长度均匀分布的三面或两面月牙横肋。 冷轧带肋钢筋是采用冷加工方式强化的产品，具有强度高、塑性好、握裹力强、质量稳定等优点
	热处理钢筋	热处理钢筋是钢厂将热轧中碳低合金钢筋经淬火和回火调质热处理而成。强度显著提高，韧性提高，而塑性降低不大，综合性能较好；**使用时不能用电焊切割，不能焊接；可用于预应力混凝土工程中**
	钢丝及钢绞线	钢丝及钢绞线是用优质碳素结构钢经冷加工、再回火、冷轧或绞捻等加工而成，又称优质碳素钢丝及钢绞线。 **钢丝与钢绞线适用于大荷载、大跨度及曲线配筋的预应力混凝土结构**
	冷轧扭钢筋	采用直径为6.5～10mm的低碳热轧盘条钢筋，经冷轧扁和冷扭转而成的具有一定螺距的钢筋。冷轧扭钢筋屈服强度高，与混凝土的握裹力大，因此无需预应力和弯钩即可用于普通混凝土工程，可节约钢材30%；可用于预应力及承重荷载较大的建筑部位，如梁、柱等
型钢和钢板	热轧型钢	有角钢、工字钢、槽钢、T型钢、H型钢等，主要用于钢结构中【2019】

		续表
	冷弯薄壁型钢	冷弯型钢：冷弯型钢采用普通碳素结构钢、优质碳素结构钢、低合金结构钢板或钢带冷弯制成。**所以冷弯型钢不采用热轧钢板。**【2021】 用2~6mm的薄钢板冷弯或模压而成，有角钢、槽钢等开口薄壁型钢及方形、矩形等空心薄壁型钢。主要用于轻型钢结构
型钢和钢板	钢板和压型钢板	主要用碳素结构钢经热轧或冷轧而成。热轧钢板按厚度分为中厚板（厚度≥4mm）和薄板（厚度为0.35~4mm）；冷轧钢板只有薄板（厚度为0.2~4mm）一种。 薄钢板经冷压或冷轧成波形、双曲形等形状，称为压型钢板。压型钢板可用有机涂层薄钢板（即彩色钢板）、镀锌薄钢板（俗称白铁皮）等制成，**压型钢板**质量轻、强度高、抗震性能好，主要用于**围护结构、楼板、屋面等**【2021】
	钢板类型	钢板：强度高，价格便宜，**不可焊**，用量大。 不锈钢板：强度高，耐腐蚀性优良，硬度大，可焊接。 铝合金板：强度较高，柔性较好，耐腐蚀性好，**线膨胀系数较大，可焊接**。 铜合金板：耐腐蚀性好，质软，独特的铜绿表面
		镀锌钢板：最大优点是优良的耐蚀性、涂漆性、装饰性以及良好的成形性。一般广泛用于建筑、家电、车船、容器制造业、机电业等
		不锈钢板：不锈钢板和耐酸钢板的总称。不锈钢可表面抛光，可用化学法制成彩色不锈钢，可抛光、冷压成型。常用于建筑的幕墙、屋顶、顶棚、电梯门脸及室内装饰部位
		镀铝锌钢板：铝锌合金钢板具有良好的耐热性，可以承受超过300℃的高温，与镀铝钢板的抗高温氧化性很类似，经常应用于烟囱管、烤箱、照明器和日光灯罩。镀铝锌钢板的热反射率很高，是镀锌钢板的两倍，人们经常用它来作隔热的材料
		碳素钢板：①碳素结构钢热轧薄钢板，常用于汽车、航空工业及其他部门。②优质碳素结构钢热轧厚钢板和宽钢带用于各种机械结构件。**因不具备耐腐蚀和重量原因，不适合做金属吊顶**【2019】
几种常用的建筑钢材（图7-7）	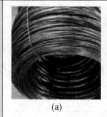   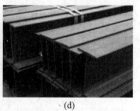 (a) (b) (c) (d) 图7-7 几种常用的建筑钢材 (a) 热轧光圆钢筋；(b) 热轧带肋钢筋；(c) 压型钢板；(d) 工字钢	

典型习题

7-13 [2022（12）-18] 下列关于常用压型钢板的说法，正确的是（　　）。
A. 钢板，不可焊
B. 铝合金板，强度较低
C. 锌合金板，表观质感差
D. 铜合金板，耐腐蚀能力弱

答案：A

解析：钢板：最小使用厚度0.6mm，强度高，价格便宜，不可焊，用量大；不锈钢板：最小使用厚度0.5mm，强度高，耐腐蚀性优良，硬度大，可焊接；铝合金板：最小使用厚度0.9mm，强度较高，柔性较好，耐腐蚀性好，线膨胀系数较大，可焊接；锌合金板（钛锌板）：最小使用厚度屋面0.7mm，墙体0.8mm。强度较低，耐腐蚀性好，线膨胀系数较大，表面需干燥，表观质感独特；铜合金板：最小使用厚度0.6mm，耐腐蚀性好，质软，独特的铜绿表面。

7-14 [2021-15] 下列四个选项中，冷弯型钢不能用（　　）。
A. 普通低碳结构钢　B. 低合金结构钢　C. 优质低碳结构钢　D. 热轧钢板

答案：D

解析：冷弯型钢采用普通碳素结构钢、优质碳素结构钢、低合金结构钢板或钢带冷弯制成。所以冷弯型钢不采用热轧钢板。

7-15 [2021-16] 下列关于压型钢板的说法，正确的是（　　）。
A. 质量重
B. 可用于楼板
C. 强度低
D. 抗震性能差

答案：B

解析：压型钢板质量轻、强度高、抗震性能好，主要用于围护结构、楼板、屋面等。

考点11：建筑钢材的防锈【★★】

钢材锈蚀	钢铁表面在一定的外部介质条件下，由于化学和电化学作用会造成锈蚀。锈蚀的形成机理是相当复杂的，一般说，钢铁表面的锈蚀主要因电化学作用而引起。凡钢铁本身含杂质多，表面不平、经冷加工，存在内应力，有外部电解质作用，均会加剧锈蚀。 **锈蚀是钢铁材料的一大缺点**，为此必须加强保护，以延长材料的使用年限，使建筑物、构件和设备能长期正常工作
钢结构的防锈	防锈的方法很多、常用表面覆盖法，如油漆覆盖、金属覆盖（镀锌、镀锡等）、塑料覆盖等。**油漆覆盖是最常用的钢铁防锈方法**，但漆膜易老化变质，日久后失去保护作用、需要经常刷新。【2019】 低合金钢由于本身成分上的原因、防锈性能优于碳素结构钢

常用底漆	红丹漆	红丹漆是由红丹防锈颜料与干性油混合而成的油漆。红丹呈碱性，能与酸性侵蚀性介质起中和作用，红丹还具有较强的氧化性，能使钢材表面氧化成均匀的薄膜，与内层紧密结合，起到强烈的表面钝化作用，故其防锈效果好。该漆附着力好，防锈性能及耐水性强

续表

常用底漆	铁红环氧底漆	铁红环氧底漆是以中分子环氧树脂、铁红防锈颜料、助剂和溶剂等组成漆料，配以胺固化剂的双组分自干涂料；其防锈功能突出，漆膜硬度高，高温附着力强，机械性能好
	锌铬黄漆	锌铬黄漆是以环氧树脂、锌铬黄等防锈颜料、助剂配成漆基，以混合胺树脂为固化剂的油漆；锌铬黄呈碱性，能与金属结合，使表面钝化，具有优良的防锈功能，且能抵抗海水的侵蚀
	沥青清漆	是以煤焦油沥青以及煤焦油为主要原料，加入稀释剂、改性剂、催干剂等有机溶剂组成；广泛用于水下钢结构和水泥构件的防腐、防渗漏，以及地下管道的内外壁防腐
	环氧富锌漆	是以环氧树脂、锌粉为主要原料，加入增稠剂、填料、助剂、溶剂等组成的特种涂料产品；具有阴极保护作用，防锈能力强，适于用作储罐、集装箱、钢结构、钢管、海洋平台、船舶、海港设施以及恶劣防腐蚀环境的底涂层
钢筋防锈		处于混凝土中的钢筋，由于处在碱性介质中，如**混凝土密实度良好**，施工质量合格，有足够厚度的保护层，在一般使用条件下，不会引起钢筋的锈蚀。 混凝土保护层**碳化后，由于碱度降低（中性化）**，会失去对钢筋的保护作用。 在混凝土中**掺加氯盐会显著加剧钢筋的锈蚀**。在多孔的加气混凝土中，所配钢筋必须在事先涂敷专门的除锈涂料（如重铬酸盐）【2022（12）】
不锈钢		不锈钢属于一种高合金钢。在铁碳合金的基础上含有较高含量的铬、镍等合金元素。不锈钢表面可抛光，在大气及有侵蚀作用的环境中，能保持不锈。 **铬是不锈钢的主要构成元素**，其量占不锈钢总量的10%~30%，在结构构件中具有很高的强度及耐熔性，是不锈钢抗腐蚀性好的主要原因之一。 镍也是不锈钢里的重要元素之一，对不锈钢的抗腐蚀性有很大的贡献，以及提高不锈钢的延展性，提高不锈钢的强度、加工拉伸性能，其成分范围一般在2%~14%

7-16 ［2022（12）-20］下列混凝土配筋的防锈措施，错误的是（　　）。

A. 限制氯盐外加剂的使用　　　　　　B. 降低混凝土的密实度
C. 掺加防锈剂　　　　　　　　　　　D. 限制水灰比和水泥用量

答案：B

解析：配筋防锈应提高混凝土的密实度。

考点 12：建筑钢材的防火【★★】

钢材耐火	钢的强度在高温时，情况会发生很大的变化。裸露的未作处理的钢结构，耐火极限仅 15min 左右，在温升 500℃的环境下，强度迅速降低，甚至会垮塌	
防火	钢结构防火的主要方法是**涂敷防火隔热涂层**	
按防火机理分	膨胀型钢结构防火涂料	膨胀型钢结构防火涂料：膨胀型防火涂料是以天然或人工合成的树脂为基料，添加发泡剂等防火组分构成防火体系。受火作用时，形成均匀、致密的蜂窝状碳质泡沫层，这种泡沫层不仅有较好的隔绝氧气的作用，而且有非常好的隔热效果。涂层在高温时膨胀发泡，形成耐火隔热保护层的钢结构防火涂料。干燥时间（表干）12h
	非膨胀型钢结构防火涂料	非膨胀型钢结构防火涂料：非膨胀型防火涂料基本上是以无机盐类制成胶粘剂，掺入石棉、硼化物等无机盐，也有用含卤素的热塑性树脂掺入卤化物和氧化锑等等加工制成。 涂层在高温时不膨胀发泡，其自身成为耐火隔热保护层的钢结构防火涂料。干燥时间（表干）小于或等于 24h
	技术规定	《建筑钢结构防火技术规范》(GB 51249—2017) 相关规定。 4.1.3　钢结构采用喷涂防火涂料保护时，应符合下列规定： 1 室内隐蔽构件，宜选用非膨胀型防火涂料；【2020】 2 设计耐火极限大于 1.50h 的构件，不宜选用膨胀型防火涂料；【2022(12)】 3 室外、半室外钢结构采用膨胀型防火涂料时，应选用符合环境对其性能要求的产品； 4 非膨胀型防火涂料涂层的厚度不应小于 10mm； 5 防火涂料与防腐涂料应相容、匹配
按涂层厚度分	超薄型钢结构防火涂料	涂层厚度在 3mm（含 3mm）以内，装饰效果好，高温时膨胀发泡，耐火极限一般在 2h 以内的钢结构防火涂料，属于膨胀型钢结构防火涂料。一般应用在耐火极限要求在 2h 以内的钢结构上
	薄涂型钢结构防火涂料	涂层厚度大于 3mm 且小于或等于 7mm，有一定的装饰效果，高温时膨胀发泡，耐火极限在 2h 以内的钢结构防火涂料。薄涂型防火涂料属于膨胀型防火涂料，即遇火时膨胀发泡，形成致密均匀的泡沫层隔热防火。一般应用在耐火极限要求在 2h 以内的钢结构上。 防火涂料的防火性能只有在**涂刷于建筑物 24 小时风干后，才能起到防火阻燃**作用。实验证明，膨胀性防火涂料分多次涂刷，燃烧时至少能两次以上起泡，大大增强了耐燃性和阻燃性【2021】

续表

按涂层厚度分	厚涂型钢结构防火涂料	涂层厚度大于7mm且小于或等于45mm，呈粒状面密度小，热导率低，耐火极限在2h以上的钢结构防火涂料，属于非膨胀型钢结构防火涂料。这类防火涂料用合适的无机胶结料（如水玻璃、耐火水泥等），再配以无机轻质绝热骨料（如膨胀珍珠岩、膨胀蛭石等）等制成。由于厚涂型防火涂料的成分为无机材料，因此其防火性能稳定，长期使用效果好，但其涂料组分的颗粒较大，涂层外观不平整，装饰效果较差，适用于**耐火极限要求在2h以上的隐蔽钢结构工程、高层全钢结构及多层厂房钢结构**

典型习题

7-17 [2022（12）-27] 以下关于钢结构膨胀防火涂料使用，正确的是（   ）。
A. 宜用于室内隐蔽式结构　　　　　　B. 与材料使用环境要素无关
C. 不能用于室外构件　　　　　　　　D. 不宜用于耐火极限大于1.5h的构件
答案： D
解析： 室内隐蔽构件，宜选用非膨胀型防火涂料，选项A错误；室外、半室外钢结构采用膨胀型防火涂料时，应选用符合环境对其性能要求的产品，选项B、C错误；设计耐火极限大于1.50h的构件，不宜选用膨胀型防火涂料，选项D正确。

7-18 [2021-32] 下列关于薄涂型防火涂料的说法，错误的是（   ）。
A. 属于膨胀性防火涂料　　　　　　　B. 受火时形成泡沫层隔热阻火
C. 涂刷24h风干后才能防火阻燃　　　 D. 涂刷遍数与耐燃阻燃性质无关
答案： D
解析： 防火涂料的防火性能只有在涂刷于建筑物24h风干后，才能起到防火阻燃作用。实验证明，膨胀性防火涂料分多次涂刷，燃烧时至少能两次以上起泡，大大增强了耐燃性和阻燃性。

7-19 [2020-26] 下列关于防火涂料的下列说法，错误的是（   ）。
A. 防火涂料分为有机型和无机型
B. 非膨胀型防火涂料只使用在不可燃基材上
C. 非膨胀性防火涂料施工后需要24h后才起到防火作用
D. 膨胀型防火涂料可用于隐蔽工程
答案： D
解析： 隐蔽工程是指建筑物、构筑物、在施工期间将建筑材料或构配件埋于物体之中后被覆盖外表看不见的实物。如房屋基础、钢筋、水电构配件、设备基础等分部分项工程。膨胀型防火材料需要空间膨胀，故不能使用在隐蔽工程中，选项D错误。

第五节　其他金属材料

考点13：装饰金属【★★★★★】

不锈钢	不锈钢是指含**铬**12%以上、具有耐腐蚀性能的高合金钢；此外，还含有**镍**、**钛**等合金元素。不锈钢具有良好的耐腐蚀性，表面光泽度高，还可以采用化学氧化法着色【2019】

续表

彩色钢板及彩钢夹芯板		彩色钢板是在冷轧板或镀锌板表面涂敷各种耐腐蚀涂层或烤漆而成，耐污染性、耐热性能、耐低温性能均较好，色彩鲜艳
		彩钢夹芯板是一种有机－无机复合材料，不仅能够很好的阻燃隔音而且环保高效。芯材包括：①聚苯夹芯板（即 EPS 夹芯板）；②挤塑聚苯乙烯夹芯板（即 XPS 夹芯板）；③硬质聚氨酯夹芯板（PU 夹芯板）；④聚酯夹芯板（即 PIR 夹芯板）；⑤酚醛夹芯板（即 PF 夹芯板）；⑥岩棉夹芯板（即 RW 夹芯板）。【2020】 注：聚氯乙烯热稳定差，且会释放有毒的氯化氢气体，不适合作为芯材
铜及铜合金		纯铜为紫色，也称为紫铜或红铜，延展性极好，可压延成薄片（紫铜片）和线材，是良好的止水材料和电的传导材料。黄铜为铜锌合金，为含锌 40% 的铜锌合金，因为黄铜的颜色接近金色，所以**黄铜粉俗称金粉**，用于调制装饰涂料，代替"贴金"。**青铜为铜锡合金**。铜合金主要用于各种装饰板、卫生洁具等【2023，2022（5）】
铝及铝合金	铝	纯铝的密度为 $2.7g/cm^3$，仅为钢的 1/3。铝的性质活泼，在空气中能与氧结合形成致密坚固的 Al_2O_3。薄膜虽然极薄，但能保护下层铝金属不再继续氧化，因此，铝在大气中有良好的抗蚀能力。 **铝粉（俗称银粉）**，主要用于调制各种装饰材料和金属**防锈**涂料。铝粉也可用作**加气混凝土的发气剂**（或称加气剂）【2019】
	铝合金	纯铝的强度极低，通常在 Al 中加入 Mg、Cu、Zn、Si 等元素组成合金。在建筑装饰工程中，大量采用**铝合金门窗**、铝合金柜台、货架及**铝合金装饰板**，铝合金吊顶、扶手、屋顶等
	铝合金的表面处理	阳极氧化：在铝及铝合金表面镀一层致密的氧化铝，以防止其进一步氧化
		电泳喷涂：俗称镀漆。电泳漆膜丰满、均匀、平整、光滑，漆膜的硬度、附着力、耐腐蚀性、抗冲击性能以及渗透性能均较好；但是电泳喷涂设备复杂，投资高，耗电量大
		粉末喷涂：用喷粉设备把粉末喷涂到工件的表面，在静电作用下，粉末会均匀地吸附于工件表面，形成粉状的涂层。粉状涂层再经过高温烘烤、流平固化，变成效果各异的最终涂层
		氟碳漆喷涂：以氟树脂为主要成膜物质，由于氟树脂引入的氟元素电负性大，碳氟键能强，具有特别优越的耐候性、耐热性、耐低温性、耐化学药品性，而且具有独特的不粘性和低摩擦性
	常用铝合金装饰制品	铝塑板（图 7-8） 1）铝塑板是由经过表面处理并用涂层烤漆合金板材作为表面，用 PE 塑料作为芯层，高分子粘结膜经过一系列工艺加工复合而成的。 2）**特性：有较好的装饰性以及较强的耐候、耐腐蚀、耐撞击、防火、防潮、隔声、隔热、抗震、质轻、易加工成型、易搬运安装等特性，但铝合金的强度低，不易焊接**。【2021，2020】 3）用途：作为幕墙、内外墙，应用于商场、会议室等的装饰外，还可用作柜台、家具的面层，以及车辆的内外壁等

续表

铝及铝合金	常用铝合金装饰制品	铝蜂窝板（图7-9） 1）铝蜂窝板是表面采用**环氧氟碳**处理的铝合金板材，中间是铝蜂窝，通过胶粘剂或胶膜采用专用复合冷压工艺或热压技术制成。 2）特性：抗高风压、减振、隔热、隔声、保温、耐腐蚀、阻燃和比强度高等优良性能。相互连接的铝蜂窝芯如同无数个工字钢，芯层分布、固定在整个板面内，使板块更加稳定，其**抗风压性能**大大超过铝塑板和铝单板，并具有**不易变形**，表面平整度好的特点。 3）用途：已被广泛应用于**高层建筑的外墙装饰**。具有相同刚度的铝蜂窝板重量仅为铝单板的1/5，钢板的1/10；即使铝蜂窝板的分格尺寸很大，也能达到极高的平整度，是**建筑幕墙的首选轻质材料**。此外铝蜂窝板也可被用作隔墙、隔断、吊顶等室内装饰材料，车船装饰材料，以及航天材料
		泡沫铝（图7-10） 1）泡沫铝是在纯铝或铝合金中加入添加剂后，经过发泡工艺制成，同时具有金属和气泡的特征。 2）特性：它密度小、吸收冲击能力强、**耐高温**、防火性能强、抗腐蚀、隔声降噪、导热系数低、电磁屏蔽性高、耐候性强，是一种新型**可再生**、回收的多孔轻质材料，孔隙率最大可达98%
		铝蜂窝穿孔吸音吊顶板（图7-11） 1）铝蜂窝穿孔吸音吊顶板的构造结构为穿孔铝合金面板与穿孔背板，依靠优质胶粘剂与铝蜂窝芯直接粘结成铝蜂窝夹层结构，铝蜂窝芯与面板及背板之间贴了一层吸音布。由于蜂窝铝板内的蜂窝芯被分隔成众多封闭小室，使声波受到阻碍，故提高了吸声系数（可达0.9以上），同时提高了板材的自身强度。 2）铝蜂窝穿孔吸音吊顶板适合用作地铁、影剧院、电台、电视台、纺织厂和噪声超标准的厂房，以及**体育馆等大型公共建筑的吸声墙板和吊顶板**等
		    图7-8 铝塑板　　图7-9 铝蜂窝板　　图7-10 泡沫铝　　图7-11 铝蜂窝穿孔吸音板
铅		铅是一种柔软的**低熔点**（327℃）金属，密度11.3g/cm³，抗拉强度很低（0~200MPa），**延展加工性能好**。由于铅的熔点低，便于熔铸，易于锤击成型，常用作钢铁管道接口的嵌缝密封材料。 铅能**经受浓度80%的热硫酸和浓度92%的冷硫酸**侵蚀，所以铅板和铅管是工业上常用的耐腐蚀材料。 铅板是射线的屏蔽材料，能**防止X射线和γ射线的穿透**，常用于医院、实验室和工业建筑中的X射线和γ射线操作室的屏蔽。【2022（5）】

典型习题

7-20 [2023-16] 下列关于金属材料的说法，错误的是（　　）。
A. 紫铜片是纯铜 B. 黄铜粉俗称金粉
C. 铝粉俗称银粉 D. 青铜是铜锌合金

答案：D

解析：青铜是铜锡合金。

7-21 [2022（5）-17] 下列四个选项中，装饰材料里的金粉指（　　）。
A. 纯金粉　　　B. 纯铜粉　　　C. 黄铜粉　　　D. 青铜粉

答案：C

解析：纯铜为紫色，也称为紫铜或红铜。黄铜为铜锌合金，因为黄铜的颜色接近金色，所以黄铜粉俗称金粉，用于调制装饰涂料，代替"贴金"。

7-22 [2022（5）-15] 下列关于铅性能特点的说法，错误的是（　　）。
A. 塑性好　　　B. 韧性差　　　C. 耐腐蚀　　　D. 防辐射

答案：B

解析：铅是一种柔软的低熔点金属，抗拉强度很低，延展加工性能极好，塑性韧性好。铅板和铅管是工业上常用的耐腐蚀材料，能经受浓度80%的热硫酸和浓度92%的冷硫酸的侵蚀。铅板是射线的屏蔽材料，能防止 χ 射线和 γ 射线的穿透，常用于医院、实验室和工业建筑中的 χ、γ 射线操作室和屏蔽。

7-23 [2022（12）-21] 下列四个选项中，黄铜的成分是（　　）。
A. 含锌40%的铜锌合金 B. 含锡低于10%的铜锡合金
C. 含镍为15%的铜镍合金 D. 比重为2.8克的纯铜

答案：A

解析：纯铜的延展性极好，可压延成薄片（紫铜片）和线材，是良好的止水材料和电的传导材料。在各种铜合金中，最常用的是黄铜（铜锌合金）和青铜（铜锡合金），铜合金的特点是强度较高，耐磨，耐蚀。黄铜粉（俗称金粉）常用于调制装饰涂料，代替"贴金"。

7-24 [2021-17] 下列关于铝合金的说法，正确的是（　　）。
A. 延性差　　　B. 不可用于屋面板　　　C. 强度低　　　D. 不可用于扶手

答案：C

解析：铝合金延性好，硬度低，可以用于扶手和屋面板。

第八章 木 材

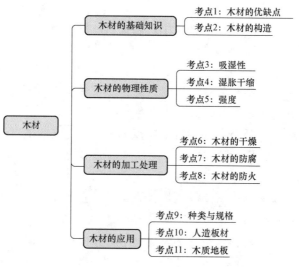

考情分析

章 节	近五年考试分数统计					
	2023年	2022年12月	2022年5月	2021年	2020年	2019年
第一节 木材的基础知识	0	1	0	0	0	0
第二节 木材的物理性质	1	0	2	0	1	0
第三节 木材的加工处理	1	0	1	0	1	1
第四节 木材的应用	1	0	0	1	1	0
总 计	3	1	3	1	3	1

第一节 木材的基础知识

考点1：木材的优缺点【★】

概述	我国现存**最早**的木结构建筑是山西应县释迦塔（应县木塔）。保存至今已达千年之久的山西佛光寺正殿、山西应县木塔等都集中反映了我国古代建筑工程中应用木材的水平
	木材与水泥、钢材并列为土木工程中的三大材料
	木材是建筑材料中可再生且环境效益最好的

优点	1. 轻质高强，对热、声和电的传导性能低； 2. 有很好的弹性和塑性、能承受冲击和振动等作用； 3. 在干燥环境或长期置于水中均有很好的耐久性； 4. **与钢材、混凝土比，木材可再生且环境效益好**
缺点	1. 构造不均匀性，各向异性，易吸湿吸水从而导致木材的物理、力学性能变化； 2. 长期处于干湿交替环境中，其耐久性变差； 3. 易燃、易腐、天然疵病较多等
分类	木材分为**针叶树、阔叶树**两大类
针叶林	针叶树又称为**软木树**，其树干通直高大，纹理平顺，表观密度和胀缩变形小，易加工，多数质地较软；其在建筑工程中多用作承重构件。 常用的有红松、白松、樟子松、马尾松（注意：干燥时有翘裂倾向，不耐腐，易受白蚁侵害。受力一般，常做小屋架及临时建筑等，不宜用作门窗）及杉木等。 **（备注速记口诀：松、杉、柏都是针叶树）**
阔叶林	阔叶树又称**硬木树**，强度较高，适用于室内装修、制作家具等。常用的有水曲柳、桦木、锻木、榆木、麻栎、黄菠萝（又叫黄柏）及柚木、樟木、榉木等；其中**榆木、黄菠萝及柚木**等多用作高级木装修等

典型习题

8-1 ［2022（12）-40］下列材料中，可再生且环境效益最好的是（ ）。

A. 钢材　　　　　　B. 铝材　　　　　　C. 混凝土　　　　　　D. 木材

答案：D

解析：木材可再生且环境效益最好。

考点 2：木材的构造 【★】

木材的构造及生物组织	从木材的三个切面（横切面、径切面和弦切面）可看到，木材是由树皮、木质部和髓心等部分组成，如图 8-1 所示。木质部是木材的主体。髓心在树干中心，质地松软，强度低，易腐朽，易开裂，对材质要求高的用材，不得带有髓心。在横切面上深浅相间的同心环称为年轮。年轮由春材（早材）和秋材（晚材）两部分组成	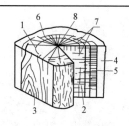 图 8-1 木材的构造 1—横切面；2—径切面；3—弦切面； 4—树皮；5—木质部；6—年轮； 7—髓线；8—髓心

97

续表

秋材（晚材）	从夏季到秋季形成的材称为秋材，也有说法为夏材。秋材则其放射方向成扁平形，细胞壁较厚，材质致密
春材（早材）	春材生长于春夏季，春材的横切面各细胞大致为等径的多角形，细胞壁薄。其表观颜色较浅、组织疏松，材质较软，强度低，但干缩率小

第二节 木材的物理性质

考点3：吸湿性【★】

木材中的水	木材中水分的重量与干燥木材重量的比率称为木材的含水率（％）。木材中的水分可分为存在于细胞和细胞间隙中的自由水（毛细管水）及存在于细胞壁内纤维之间的吸附水
纤维饱和点	当木材中仅有细胞壁内充满水，达到饱和状态，而细胞腔及细胞间隙中无自由水时，称为纤维饱和点。木材纤维饱和点一般为25％～35％，它是含水率是否影响强度和胀缩性能的转折点
平衡含水率	干燥的木材能从周围的空气中吸收水分的性质，称为吸湿性。反之，就是潮湿的木材能在干燥的空气中失去水分。当木材的含水率与周围空气相对湿度达成平衡时，称为木材的平衡含水率。木材平衡含水率随着使用环境的温度、湿度而变化。木材在使用过程中，为避免发生含水率的大幅度变化，而引起干缩、开裂，宜在加工之前，将木材干燥至较低的含水率
青材的含水率	现伐木材（青材）的含水率一般大于纤维饱和点，常在35％以上；风干木材含水率约为15％～25％；室干材含水率约为8％～15％；窑干材含水率则小于11％

考点4：湿胀干缩

原理	当木材从潮湿状态干燥至纤维饱和点时，木材的尺寸基本不变，仅表观密度减小。当干燥至纤维饱和点以下时，细胞壁中的吸附水开始蒸发，木材发生收缩。反之，干燥的木材吸湿，将发生体积膨胀，直到含水率达纤维饱和点为止，此后木材含水量继续增加、体积基本上不再变化
变形差异性	由于木材构造的不均匀性，在不同方向的干缩值不同。顺纹方向干缩最小，为0.1％～0.35％，径向干缩较大，为3％～6％；弦向干缩最大，为6％～12％（均为最大干缩率值）。因此，湿材干燥后，其截面尺寸和形状会发生明显的变化，如图8-2所示。干缩对木材使用有很大影响，它会使木材产生裂缝或翘曲变形，以致引起木结构的结合松弛或凸起，装修部件的破坏等

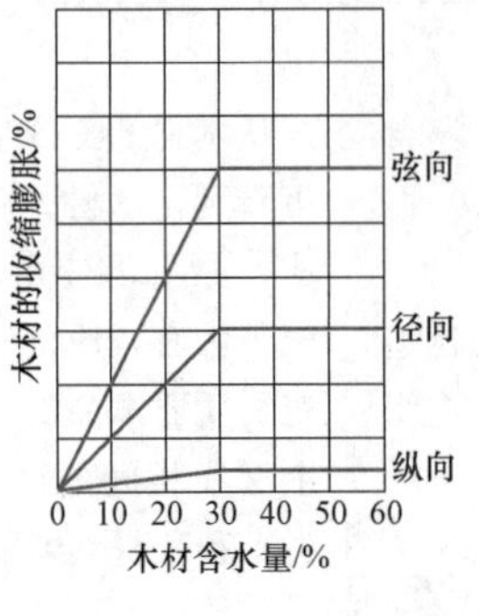

图8-2 含水率对木材胀缩的影响

考点 5：强度【★★★】

各强度大小关系	理论上：顺拉＞抗弯＞顺压＞横剪＞横压≈顺剪≈横拉。具体木材各种强度大小关系见表 8-1【2023，2022（5）】						
	表 8-1　　　　　　　　木材各种强度大小关系						
	抗压		抗拉		抗弯	抗剪	
	顺纹	横纹	顺纹	横纹		顺纹	横纹
	1	1/10～1/3	2～3	1/20～1/3	3/2～2	1/7～1/3	1/2～1

影响木材强度的主要因素	含水率	当木材含水率在纤维饱和点以上时，木材的强度等性能基本稳定，不随含水率的变化而变化。含水率对木材的顺纹抗压及抗弯强度影响较大，而对顺纹抗拉强度几乎无影响。 因为含水率会影响木材的强度，所以在测定木材强度时，需要规定木材的含水率
	时间	木材的长期负荷强度一般为极限强度的 50%～60%
	温度	环境温度**长期超过** 50℃ 时，**不应使用木结构**。原因是强度会因木材的缓慢炭化而明显下降【2022（5）】
	缺陷	木材的缺陷有斜纹、裂纹、木节、腐朽及虫害等。这些缺点会使木材失去某些力学特性，其中缺陷使木材顺纹抗拉强度降低最为显著，而对顺纹抗压强度影响较小。在实测木材强度时，顺纹抗拉强度低于理论值，且低于顺纹抗压强度，最终使木结构设计中的实际强度排序为：抗弯强度最大，其次是顺纹抗压强度、顺纹抗拉强度

典型习题

8-2 ［2023-13］下列木材顺纹强度从高到低的顺序，正确的是（　　）。
A. 抗拉＞抗弯＞抗压＞抗剪　　　　　　B. 抗拉＞抗压＞抗弯＞抗剪
C. 抗拉＞抗弯＞抗压＞抗剪　　　　　　D. 抗拉＞抗压＞抗剪＞抗弯
答案：A
解析：参见表 8-1。

8-3 ［2022（5）-13］以下材料不能在 50℃ 以上温度使用的是（　　）。
A. 钢结构　　　　　　　　　　　　　　B. 木结构
C. 砖砌体结构　　　　　　　　　　　　D. 混凝土结构
答案：B
解析：木材使用时的环境温度长期超过 50℃ 时，强度会因木材的缓慢炭化而明显下降，所以在这种环境下不应使用木结构。

8-4 ［2022（5）-12］下列关于木材力学性能说法，以下哪项描述正确？（　　）
A. 顺纹抗拉强度小于横纹抗拉强度　　　B. 顺纹抗压强度小于横纹抗压强度
C. 顺纹抗弯强度大于顺纹抗压强度　　　D. 顺纹剪切强度大于横纹剪断强度
答案：C

解析：木材在强度方面也表现为各向异性，木材强度有顺纹强度和横纹强度之分。从理论上讲，在不考虑木材的各种缺陷影响的前提下，同一木材，以顺纹抗拉强度为最大；抗弯强度、顺纹抗压、横纹抗剪强度依次递减；横纹抗拉强度、横纹抗压强度比顺纹小得多。

第三节 木材的加工处理

考点 6：木材的干燥

原理	为使木材在使用过程中，保持其原有的尺寸和形状，避免发生变形、翘曲和开裂，并防止腐朽、虫蛀，保证正常使用，木材在加工、使用前必须进行干燥处理
自然干燥法	自然干燥法不需要特殊设备，干燥后木材的质量较好，但干燥时间长，占用场地大，只能干到风干状态
人工干燥法	采用人工干燥法，时间短，可干至窑干状态，但如干燥不当，会因收缩不匀而引起开裂

考点 7：木材的防腐【★★★】

防腐剂法	原理		在空气中，在适当的温度（25～30℃）和湿度（含水率为35％～50％）等条件下，菌类、昆虫易于在木材中繁殖、寄生，破坏木质，严重影响使用
	制作工艺		1. 涂刷法：使用刷子将防腐剂涂刷在锯材、层压胶合板、胶合板等板材表面的方法。 2. 喷洒法：使用专用喷雾器，将防腐剂喷洒在锯材、胶合板等板材表面的方法。 3. 注入法：防腐效果好。主要包括加热－冷却法和加压处理法
	常用防腐剂类型		1. 水溶性防腐剂 主要有**氟化钠、氯化锌硼砂、亚砷酸钠**等，这类防腐剂主要用于室内木构件的防腐。【2023，2020】 2. 油剂防腐剂 主要有杂酚油、杂酚油－煤焦油混合液等。这类防腐剂毒杀效力强，毒性持久，但有刺激性臭味，处理后木材表面呈黑色，故多用于室外、地下或水下木构件。 3. 复合防腐剂 主要品种有**硼酚合剂**、氟铬酚合剂、氟硼酚合剂等。这类防腐剂对菌、虫毒性大，对人、畜毒性小，药效持久，因此应用日益扩大。【2020（12）】
	室内防腐剂规定		根据《建筑环境通用规范》（GB 55016—2021）5.3.5，室内装饰装修中所使用的木地板及其他木质材料，严禁采用沥青、**煤焦油类防腐**、防潮处理剂（**煤焦油为室外常用防腐剂**）【2020（5）】

结构预防法	结构预防法是指在设计和建造建筑物时，通过创造良好的通风条件、在木材和其他材料之间用防潮物衬垫、不将支座节点或其他任何构件封闭在墙内、木地板下设置通风洞、木屋顶采用山墙通风、设置老虎窗控制等使结构构件不受潮
加压防腐处理胶合木	加压法木材的真空加压处理主要分为满细胞法、空细胞法和半限注法，处理工艺如图8-3所示。防腐处理工艺的改进大都基于基本的压力处理方法，如真空加压交替法（OPM）、频压法（APM）、改良空细胞法（MSU）等。真空加压交替法主要用于**处理难处理的木材**，频压法用于**处理生材或部分风干**的木材。改良空细胞法在半空细胞法的基础上增加了蒸汽后处理，目的是**加速防腐剂和木材之间的反应**  图8-3　加压防腐处理胶合木

典型习题

8-5 [2023-29] 下列材料中，用于室内木构件防腐的是（　　）。
A. 煤焦油　　　　　　　　B. 蒽油
C. 氯化锌　　　　　　　　D. 氟砷沥青
答案：C
解析：室内木材防腐可选用水溶性防腐剂，包括氯化锌、氟化钠、铜铬合剂、硼氟酚合剂、硫酸铜。室外、地下或水下木材防腐可选用油剂防腐剂，包括杂酚油（克里苏油）、杂酚油—煤焦油混合液。另外，室内装饰装修中所使用的木地板及其他木质材料，严禁采用沥青、煤焦油类防腐、防潮处理剂。

8-6 [2022（12）-37] 硼酚合剂、林丹五氯酚合剂常用于木材的（　　）。
A. 防火　　　　　　　　　B. 防水
C. 防腐　　　　　　　　　D. 防晒
答案：C
解析：硼酚合剂：不腐蚀金属，不影响油漆，但因药剂中有五氯氢钠，毒性较大。用于一般木构件、木基层的防腐防虫，并有一定的防白蚁作用。

考点8：木材的防火

木材防火的常用方法	木材的防火处理，通常是将防火涂料刷于木材表面，也可把木材放入防火涂料槽内浸渍。 根据胶结性质，防火涂料分油质防火涂料，氯乙烯防火涂料、硅酸盐防火涂料和可赛银（酪素）防火涂料。前两种防火涂料能抗水，可用于露天结构上；后两种防火涂料抗水性差，用于不直接受潮湿作用的木构件上

第四节 木材的应用

考点 9：种类与规格【★】

木材加工使用前处理	木材使用前需要的处理有：【2019】 ①**干燥**：目的是防止木材腐蚀、虫蛀、翘曲与开裂，保持其尺寸及形状的稳定性。 ②**防腐**：木材的腐朽主要由木腐菌引起的，木腐菌在木材中生存与繁殖，必须具备水分、空气和温度三个条件；此外，木材还会受到白蚁、天牛等昆虫的蛀蚀。 ③**防火**：木材是易燃物质，使用前需做好阻燃、防火处理
分类	按加工程度和用途的不同，木材可分为原条、原木、锯材三种
原条	除去皮、根、树梢的木料，但尚未按一定尺寸加工成规定直径和长度的材料，主要用途是建筑工程的脚手架、建筑用材、家具等
原木	已经除去皮、根、树梢的木料，并已按一定尺寸加工成规定直径和长度的材料，主要用途：①直接使用的原木。用于建筑工程（如屋架、椽等）、桩木等；②加工原木。用于胶合板、造船、车辆、机械模型及一般加工用材等
锯材	已经加工锯解成材的木料，凡宽度为厚度三倍或三倍以上的，称为板材，不是三倍的称为枋材。 主要用途：建筑工程、桥梁、家具、造船、车辆、包装箱板等

典型习题

8-7 [2019-16] 下列哪项操作不是木材在加工使用前必须的处理？（　　）
A. 锯解、切材　　　B. 充分干燥　　　C. 防腐、防虫　　　D. 阻燃、防火
答案：A
解析：木材使用前需要的处理有：干燥（目的是防止木材腐蚀、虫蛀、翘曲与开裂，保持其尺寸及形状的稳定性，便于作进一步的防腐与防火处理）；防腐（木材的腐朽主要由木腐菌引起的，木腐菌在木材中生存与繁殖，必须具备水分、空气和温度三个条件；此外，木材还会受到白蚁、天牛等昆虫的蛀蚀）；防火（木材是易燃物质，使用前需做好阻燃、防火处理）。选项 A 中木材可以以原木、原条的形式进行利用，不是必须的处理。

考点 10：人造板材【★★★】

胶合板	胶合板是利用原木，沿年轮旋切成大张薄片，经干燥、涂胶，按纹理交错重叠，在热压机上加压制成。胶合板有 3、5、7 等多层（一般为 3～13 层，层数为奇数，常用的是三合板和五合板。胶合板克服了木材各向异性的缺点，材质均匀，**强度高，幅面大，平整易于加工，干湿变形小，不易开裂翘曲**，板面具有美丽的花纹，装饰性好。【2021，2020】
纤维板	将板皮、刨花、树枝等废料经破碎、浸泡、研磨成木浆，加入胶粘剂，再经热压成型、干燥处理等工序制成。因成型时温度和压力的不同，纤维板分硬质、半硬质和软质三种。 纤维板不但在构造上是匀质的，而且完全避免了木节、裂缝、腐朽、虫眼等缺陷，它的胀缩性小，不翘曲，不开裂，各向强度一致，并有一定的绝热性。纤维板可代替木板，**用于室内墙面、顶棚、门心板、家具等。软质纤维板多用作绝热、吸声材料**

续表

刨花板 木丝板 木屑板	是利用刨花碎片刨制的木丝、木屑等,经过干燥加粘合剂拌和后,经压制而成的板材。这种板材常用于建筑装饰工程,**如隔断板、顶棚、屋面板、封檐板、绝热板以及制作家具等**
薄木贴面板	薄木贴面板由色木、桦木的木段,经水蒸软化后旋切成薄片,与坚韧的薄纸胶合而成,多加工成卷状。用树根可制得"鸟眼"花纹,装饰性好,**可压贴在胶合板或其他板材表面,作墙、门和橱柜的面板**
软木壁纸	软木壁纸是由软木纸与基纸复合而成。软木纸是以栓皮(软木的树皮)为原料,经粉碎、筛选和风选的颗粒加胶粘剂后,在一定压力和温度下胶合而成。它保持了原软木的材质,隔声与吸声效果好。**软木壁纸特别适用于室内墙面和顶棚的装修**
强化木地板	强化木地板是由高度耐磨的表面层,用厚度为8mm的高密度木质纤维板作基层及用平衡纸作底层复合制成。它是一种绿色环保、美观耐用的地面装饰材料耐磨、防潮,可在平整的地面上拼装,而无需胶粘;平整光洁,不用上光打蜡、易于清洁维护。 强化木地板做成四边具有凹凸的企口,以便拼装咬合。**多用于家居、商务会所等的地面装修**
实木装饰板	外观质量要求见表8-2。

表8-2　　　　　实木地板的外观质量要求

名称	优等品	等品	合格品
活节	直径≤5; 长度≤500mm,≤2个 长度>500mm,≤4个	5mm<直径≤15mm 长度<500mm,≤2个 长度>500mm,≤4个	直径≤20mm; 个数不限
死节	不许有	直径≤2mm 长度≤500mm,≤1个 长度>500mm≤3个	直径≤4mm; 个数≤5个
蛀孔	不许有	直径≤0.5mm; 个数≤5个	直径≤2mm; 个数≤5个
树脂囊	不许有		长度≤5mm; 宽度≤1mm; 个数≤2条
髓斑	不许有	不限	
腐朽	不许有		
缺棱	不许有		
裂纹	不许有		长度≤5mm; 宽度≤1mm; 个数≤2条

典型习题

8-8 [2023-14] 实木装饰板优等品允许限量出现的表面缺陷是（　　）。
A. 虫眼　　　　　B. 活节　　　　　C. 髓斑　　　　　D. 钝棱
答案： B
解析： 参见考点10中的表8-2。

8-9 [2021-14] 下列关于胶合板下列说法，正确的是（　　）。
A. 易开裂　　　　B. 篇幅大　　　　C. 易翘曲　　　　D. 强度低
答案： B
解析： 参见考点10中"胶合板"的相关内容。

8-10 [2020-15] 下列关于胶合板的说法，错误的是（　　）。
A. 强度高　　　　B. 易翘曲　　　　C. 吸湿性小　　　　D. 材质均匀
答案： B
解析： 参见考点10中"胶合板"的相关内容。

考点11：木质地板【★】

实木地板	实木地板用天然材料木材，从上到下由一整块木板，经机械设备加工而成的。保持木材的性能，脚感舒适，弹性真实，具有绝缘性，对电、热的传导性极小
实木复合木地板	以多层实木胶合板为基材，在其基础上覆贴一定厚度的珍贵薄片单板为面板，通过热压而成，再用机械设备加工成的地板。 实木复合地板特点是地板结构纵横交叉，不仅克服了实木地板易变形、纯实木不稳定的特性，而且还具有**良好的调节室内温度和湿度的能力**；面层又具有天然木纹，地板幅面尺寸可大可小，而且铺装简便
强化木地板	强化木地板是一种新型的强化复合木地板，通过表面层、基层、底层复合而成。表面层高度耐磨，有不同木纹、颜色的装饰层，基层通常为**厚度为8mm的高密度木质纤维板**，底层为平衡纸。强化木地板做成四边具有凹凸的企口，以便拼装咬合
软木类木地板	软木地板：用栓皮栎经加工并施加胶粘剂制成的地板块，然后用胶粘剂粘贴在水泥地面或木地板等地板基材表面的地板 软木复合地板：在软木地板的软木基层和平衡底层间增加地板基材用纤维板，纤维板开有企口，拼装后直接放在水泥地面、木地板或龙骨等地板基材表面，主要用于**安静、舒适、环境质量要求较高**的高档房间，如住宅（尤其是卧室）、老年人房间及幼儿园、图书馆、播音室、录音室、博物馆等场所

第九章　建筑塑料与胶粘剂

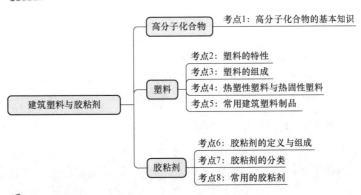

考情分析

章　节	近五年考试分数统计					
	2023年	2022年12月	2022年5月	2021年	2020年	2019年
第一节　高分子化合物	0	3	0	0	0	0
第二节　塑料	1	0	5	1	2	2
第三节　胶粘剂	1	0	0	0	0	0
总　计	2	3	5	1	2	2

第一节　高分子化合物

考点1：高分子化合物的基本知识【★★】

定义		以石油、煤、天然气、水、空气及食盐等为原料制得的低分子化合物单体（如氯乙烯、乙烯等），经合成反应得到合成高分子化合物，也称为聚合物
按聚合物用途分类	依据	**塑料、合成橡胶、合成纤维被称为三大合成高分子材料。** 根据弹性模量不同划分，橡胶为 $105\sim106$ MPa，塑料为 $107\sim108$ MPa，纤维为 $109\sim1010$ MPa
	塑料	塑料是常温下处于玻璃态的各种高分子，变形能力介于橡胶和纤维之间，刚性大，难变形。 塑料是主要品种有聚氯乙烯、聚乙烯、聚甲基丙烯酸甲酯（有机玻璃）等

续表

按聚合物用途分类	橡胶	**橡胶包括天然橡胶和合成橡胶。** 主要品种有乙丙橡胶、丁苯橡胶、丁基橡胶等
		橡胶老化主要有两种表现：【2022（12）】 第一种，**橡胶制品变硬，出现裂痕**。这是由于橡胶老化后产生自由基，自由基之间再重新聚合，相当于交联密度大大增加了，所以变硬了，并且物理性能下降，出现龟裂。变硬和龟裂是这种老化的典型特点。 第二种，**橡胶制品变软**，表面发粘。这是由于橡胶制品的分子链在老化过程中断裂，类似于降解作用。表面发粘是这种老化的特点
	纤维	**纤维又可分为天然纤维和化学纤维。** 纤维主要品种有锦纶（尼龙、聚己内酰胺）、涤纶［聚对苯二甲酸乙二（醇）酯］、腈纶、丙纶等、维尼纶（合成棉花、**聚乙烯醇缩甲醛**）【2022（12）】
		几种常见的高分子化合物如图9-1所示。 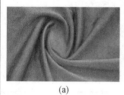    　(a)　　　　　　(b)　　　　　　(c)　　　　　　(d) 图9-1　几种常见的高分子化合物 （a）锦纶；（b）涤纶；（c）橡胶制品；（d）塑料制品
根据塑料的热熔性分类	热塑性聚合物塑料	热塑性聚合物是线型结构或带支链的高分子聚合物，**受热时可以软化和流动，可以反复多次塑化成型**，次品和废品可以回收利用，再加工成产品。这类聚合物有聚氯乙烯、聚苯乙烯、聚丙烯及聚甲基丙烯酸甲酯（有机玻璃）等。**热塑性塑料可以再生利用**
	热固性聚合物塑料	热固性聚合物是体型结构聚合物，一经成型便发生固化，不能再加热软化，不能反复加工成型，因此，次品和废品没有回收利用的价值。塑料的共同特点是**较好的机械强度**（尤其是体形结构的高分子），可**作结构材料使用**。这里聚合物有酚醛树脂（电木）、不饱和树脂、聚硅树脂等

 典型习题

9-1 ［2022（12）-1］下列四个选项中，属于合成高分子材料的是（　　）。
A. 聚合物混凝土　　　B. 塑料　　　　　　C. 木丝板　　　　　　D. 调和漆
答案：B
解析：三大合成高分子材料：塑料、合成橡胶和合成纤维。

9-2 ［2022（12）-26］下列四个选项中，（　　）不是橡胶的老化现象。
A. 发霉　　　　　　　B. 发粘　　　　　　C. 变硬　　　　　　D. 龟裂
答案：A

解析： 参见考点 1 中"橡胶"的相关内容。

9-3 [2022（12）-28] 下列对于高分子化合物名称描述，错误的是（　　）。

A. 聚乙烯醇缩甲醛——维尼纶

B. 聚对苯二甲酸乙二（醇）酯——涤纶

C. 聚甲基丙烯酸甲酯——电木

D. 聚己内酰胺——锦纶

答案： C

解析： 聚甲基丙烯酸甲酯为有机玻璃，电木是酚醛塑料。

第二节　塑　　料

考点 2：塑料的特性【★】

物理性质	1. 密度低，一般为 0.9～2.2g/cm³，低于混凝土和钢材。泡沫塑料的密度更低，为 0.1g/cm³ 以下。 2. **比强度高**，超过钢材和铝
优点	1. 塑料是电的不良导体，是**一种良好的绝缘材料**。 2. 导热系数一般为 0.02～0.8W/(m·K)，是一种良好的保温隔热材料。 3. 耐腐蚀性好，对酸、碱、盐有较高的抵抗性，**耐酸碱**。【2019】 4. 加工方便，装饰可塑性高
缺点	1. 塑料的缺点是**弹性模量低、刚度差**。 2. 大多数塑料的耐热性差，热塑性塑料的耐热温度为 60～120℃，热固性塑料的耐热温度稍高，也仅为 150℃ 左右。 3. 多数塑料**可燃**，不耐火，并且燃烧时伴随大量有毒烟雾。 4. 塑料容易老化，即在各种物理化学因素作用下，高聚物发生降解，导致制品发粘变软，丧失机械强度失去弹性

典型习题

9-4 [2019-24] 下列四个选项中，塑料的优点是（　　）。

A. 耐老化　　　　　　　　　　B. 耐火

C. 耐酸碱　　　　　　　　　　D. 弹性模量小

答案： C

解析： 建筑塑料的优点是密度小、比强度大（玻璃钢的比强度超过钢材）、耐化学腐蚀、隔声、绝缘、绝热、抗震、装饰性好等；同时，建筑塑料的缺点是耐老化性差、耐热性差、不耐火、易燃、弹性模量小、刚度差等。

考点3：塑料的组成【★★★】

塑料组成	塑料是以合成树脂为主要原料，在一定温度和压力下塑制成型的一种合成高分子材料，所以塑料的主要成分是合成树脂、填充料和助剂等
合成树脂	合成树脂起胶结作用，是塑料的基本组成材料，**塑料的主要性质取决于合成树脂的种类、性质和数量**。【2023，2022】 按生产时化学反应的不同，合成树脂分为聚合树脂（如聚乙烯、聚氯乙烯、聚苯乙烯等）和缩聚树脂（如酚醛、环氧、聚酯等）。按受热时性能变化的不同，又分为**热塑性树脂和热固性树脂**
填充料	在塑料中掺加填料可提高其强度、硬度和耐热性，并降低塑料的成本。常见的无机填料可用云母、滑石粉、石灰岩粉、石棉、玻璃纤维等；有机填料可用废棉、木粉、纸屑等
增塑剂	在塑料中掺加增塑剂，可提高流动性和可塑性，有利于塑料的加工塑制，并使制品柔软、减小硬度和脆性。用的增塑剂有樟脑、邻苯二甲酸二丁酯、邻苯二甲酸二辛酯、石油磺酸苯酯等
固化剂	在塑料中掺加固化剂能在室温或加热条件下促进或调节固化反应。常用的固化剂有胺类、有机过氧化物等
其他	除了以上助剂，塑料中掺加各种不同的助剂，如阻燃剂、发泡剂、润滑剂等，用以改造塑料的性能或外观

典型习题

9-5[2023-23] 大多数塑料的基本材料是（　　）。
A. 合成树脂　　　　B. 硅藻土　　　　C. 环氧树脂　　　　D. 磷酸三苯脂
答案：A
解析：大多数塑料的基本材料是合成树脂，起胶粘剂的作用。

9-6[2022（5）-21] 塑料的主要性质取决于哪种材料的性质？（　　）
A. 填充剂　　　　B. 固化剂　　　　C. 增塑剂　　　　D. 合成树脂
答案：D
解析：合成树脂是用人工合成的高分子聚合物，在塑料中起胶粘剂作用。塑料的性质主要取决于合成树脂的种类、性质和数量。

考点4：热塑性塑料与热固性塑料【★】

热塑性塑料	聚乙烯（PE）	1. 特性：柔韧性好，介电性能和耐化学腐蚀性能优良，但刚性差，燃烧时少烟 2. 用途：**铝塑板**【2020】、防水材料、给水排水管、绝缘材料等
	聚氯乙烯（PVC）	1. 特性：耐化学腐蚀性和电绝缘性优良，力学性能较好，具有难燃性，具有自熄性、但耐热性差，使用温度（＜60℃）低。 2. 用途：有软质、硬质、轻质发泡制品，如塑料地板、吊顶板、装饰板、**塑钢门窗**等

续表

热塑性塑料	聚苯乙烯（PS）	1. 特性：有一定的机械强度，电绝缘性能好，耐辐射，成型工艺性好，但脆性大，耐冲击性和耐热性差，抗溶剂性较差，一般使用温度 65～95℃，**但聚苯乙烯泡沫塑料可以耐－200℃的低温。**【2019】 2. 用途：主要以泡沫塑料形式作为隔热材料等
	聚丙烯（PP）	1. 特性：耐腐蚀性能优良，力学性能和刚性超过聚乙烯，耐疲劳性好，可在 100～120℃使用，但收缩率较大，低温脆性大。 2. 用途：管材、**卫生洁具**等
	聚碳酸酯（PC）	1. 特性：无色透明，透光性好，抗冲击性好，可耐紫外线辐射。 2. 用途：用作采光顶（**阳光板**）【2019】、门窗玻璃、银行和公共场所等的防护窗等
	聚四氟乙烯（PTFE）	1. 特性：氟树脂，俗称"塑料王"，耐高温达 250℃，耐低温到－196℃，具有不燃性，耐腐蚀，高润滑不粘性强，耐候性好，是塑料中最佳的老化寿命。 2. 用途：可制成管、板、薄膜，用作耐高低湿材料、耐腐蚀材料。还用作防水透气膜，也可制成水分散液，用于绝缘涂层、防粘涂层等
	乙烯-四氟乙烯共聚物（ETFE）	1. 特性：抗拉强度、抗撕裂强度虽然较高，但远低于 PVC、PTFE 膜材，透光率高，可大于 95%。有极好的抗老化能力，使用年限在 25 年以上。当采用充气式时，要有相应的机械设备和电器设备，使用过程中维护费用偏高。 2. 用途：可用作屋顶结构【2020】 膜结构的膜材应根据建筑功能、膜结构所处环境和使用年限、膜结构承受的荷载以及建筑物防火要求选用以下不同类别的膜材：【2022】 G 类，在玻璃纤维织物基材表面涂覆聚合物连续层的涂层织物。 P 类，在聚酯纤维织物基材表面涂覆聚合物连续层并附加面层的涂层织物。 E 类，由乙烯和四氟乙烯共聚物制成的 ETFE 薄膜
	其他	聚偏二氯乙烯（PVDC）、聚甲基丙烯酸甲酯（即有机玻璃，PM-MA）、丙烯腈-丁二烯-苯乙烯共聚物（ABS）

几种常用的热塑性塑料如图 9-2 所示。

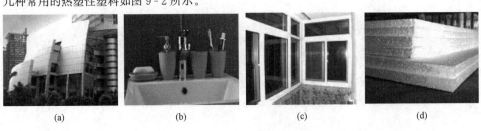

图 9-2 几种常用的热塑性塑料（一）
（a）聚乙烯 PE-铝塑板；（b）聚丙烯 PP-卫生洁具；（c）聚氯乙烯 PVC-塑钢窗；（d）聚苯乙烯泡沫塑料 PS

续表

热塑性塑料		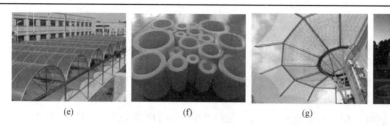 (e) (f) (g) (h) 图9-2 几种常用的热塑性塑料（二） (e) 聚碳酸酯PC-阳光板；(f) 聚四氟乙烯；(g)(h) ETFE膜结构
热固性塑料	酚醛树脂 （PF）	1. 特性：电绝缘性能和力学性能良好，耐水性、耐酸性和耐烧蚀性能都很好。酚醛塑料坚固耐用、不易变形，使用温度为120℃。 2. 用途：**生产各种层压板、玻璃钢制品、涂料和胶粘剂等**
	聚氨酯 （PUR）	1. 特性：强度高，耐化学腐蚀性能优良，耐热、耐油、耐溶剂性好，粘接性和弹性优良，**聚氨酯固化温度为-5℃以上**，相对环氧树脂类(5℃)、丙烯酸树脂(5℃)、乙烯基酯(0℃)而言，固化温度可达最低。 2. 用途：主要以泡沫塑料形式作为隔热材料及优质涂料、胶粘剂、防水涂料和弹性嵌缝材料等
	环氧树脂 （EP）	1. 特性：粘接性和力学性能优良，耐化学药品性（尤其是耐碱性）良好，电绝缘性能好，固化收缩率低，使用温度180～200℃，环氧树脂的固化温度为5℃以上。 2. 用途：主要用于**生产玻璃钢、胶粘剂和涂料等产品**
	不饱和聚酯树脂 （UP）	1. 特性：可在低压下固化成型，用玻璃纤维增强后具有优良的力学性能，良好的耐化学腐蚀性和电绝缘性能，但固化收缩率较大。 2. 用途：**主要用于玻璃钢、涂料和聚酯装饰板、人造石材等**
	有机硅 （Si）	1. 特性：优异的热氧化稳定性，电绝缘性好 2. 用途：主要作为绝缘漆；还用作耐热、耐候的防腐涂料，金属保护涂料，建筑工程防水、防潮涂料脱模剂，粘合剂
	其他	脲醛（UF）、不饱和聚酯、聚酯（PET）、聚酰胺（即尼龙，PA）、三聚氰胺甲醛树脂（MF）等

几种常见的热固性塑料如图9-3所示。

(a) (b) (c) (d)

图9-3 几种常见的热固性塑料
(a) 酚醛树脂PF-玻璃钢管；(b) 环氧树脂EP-胶粘剂；
(c) 不饱和聚酯树脂UP-人造石材；(d) 聚氨酯PUR-防水涂料

典型习题

9-7 [2022（5）-22] 下列属于热塑性塑料的是（　　）。
A. 环氧树脂　　　　B. 聚苯乙烯　　　　C. 聚酰胺　　　　D. 聚氨酯
答案：B
解析：已用于建筑工程的热塑性塑料有：聚氯乙烯、聚乙烯、聚丙烯、聚苯乙烯、聚醋酸乙烯（PVAC）、聚偏二氯乙烯（PVDC）、聚甲基丙烯酸甲酯（即有机玻璃，PM-MA）、丙烯腈-丁二烯—苯乙烯共聚物（ABS）、聚碳酸酯（PC）等；已用于建筑工程的热固性塑料有：酚醛、脲醛（UF）、环氧、不饱和聚酯、聚酯（PET）、聚氨酯、有机硅（Si）、聚酰胺（即尼龙，PA）、三聚氰胺甲醛树脂（密胺树脂，MF）等。

9-8 [2022（5）-29] 关于膜结构膜材，错误的是（　　）。
A. 应根据功能、环境、使用年限、荷载及防火要求选用
B. G类为玻璃纤维织物基材表面涂覆聚合物连续层的涂层织物
C. E类为四氟乙烯制成的ETFE薄膜
D. P类为聚酯纤维织物基材表面涂覆聚合物连续层并附加面层的涂层织物
答案：C
解析：E类，由乙烯和四氟乙烯共聚物制成的ETFE薄膜。

9-9 [2022（5）-32] 关于挤塑聚苯乙烯板的说法，错误的是（　　）。
A. 连续开孔发泡
B. 低线性膨胀率
C. 防腐蚀性能优
D. 可燃材料
答案：A
解析：挤塑板是经有特殊工艺连续挤出发泡成型的材料，其表面形成的硬膜均匀平整，内部完全闭孔发泡连续均匀，呈蜂窝状结构，因此具有高抗压、轻质、不吸水、不透气耐磨、不降解的特性。

考点5：常用建筑塑料制品【★★】

塑料门窗	塑料门窗可分为全塑门窗、复合门窗和聚氨酯门窗，但以全塑门窗为主。**塑料门窗的主要原料为聚氯乙烯（PVC）树脂**，加入适量添加剂，按适当的配比混合，经挤出机形成各种型材。型材经过加工，组装成建筑物的门窗。【2021】 塑料门窗与其他门窗相比，具有**耐水、耐腐蚀、气密性、水密性、绝热性、隔声性、耐燃性、尺寸稳定性、装饰性好**等特点，而且不需粉刷油漆，维修保养方便，同时还能显著节能
塑料管材	塑料管材分为硬管与软管。按主要原料可分为聚氯乙烯管、聚乙烯管、聚丙烯管、ABS管、聚丁烯管、玻璃钢管等。在众多的塑料管材中，主要是由聚氯乙烯树脂为主要原料，加入适量添加剂，按适当配比混合，经过注射机或挤出机而成型，俗称PVC塑料管。塑料管材的品种有建筑排水管、雨水管、给水管、波纹管、电线穿线管、燃气管等

续表

塑料地板	聚氯乙烯塑料地板	按质地可分为半硬质与软质。半硬质塑料地板具有成本低，尺寸稳定，耐热性、耐磨性、装饰性好，容易粘贴等特点；软质塑料地板的弹性好，行走舒适，并有一定的绝热、吸声等优点
		按产品结构可分为单层与多层复合。单层塑料地板多为低发泡地板，厚度在3~4mm，表面可压成凹凸花纹，耐磨防滑，缺点是地板弹性、绝热性、吸声性较差；多层复合塑料地板一般分上、中、下三层，上层为耐磨耐久的面层，中层为弹性发泡层，下层为填料较多的基层，复合地板具有弹性、脚感舒适、绝热、吸声等特性
		PVC地板是一种**轻体地面装饰材料**，也称为"轻体地材"。应用场景比如家庭、医院、学校、办公楼、公共场所等各种场所。以**聚氯乙烯**及其共聚树脂为主要原料，加入填料、增塑剂、稳定剂、着色剂等辅料，经涂敷工艺或经压延、挤出或挤压工艺生产而成【2018】
	无缝塑料地板	此外，还有无缝塑料地面（亦叫塑料涂布地面），它的特点是无缝，易于清洗、耐腐蚀、防漏、抗渗性优良、施工简便等，适用于现浇地面、旧地面翻修、实验室、医院等有侵蚀作用的地面
	抗静电塑料地板	抗静电塑料地板具有质轻、耐磨、耐腐蚀、防火、抗静电等特性，适用于计算机房、邮电部门、空调要求较高及有抗静电要求的建筑物地面
	几种常用的塑料地板如图9-4所示。 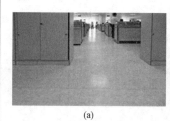 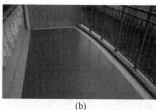 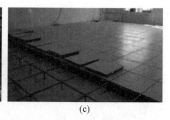 　　　(a)　　　　　　　　　(b)　　　　　　　　　(c) 图9-4　几种常见的塑料地板 (a) 聚氯乙烯塑料地板；(b) 塑料涂布地面；(c) 抗静电塑料地板	
弹性地材	弹性地板包括：PVC地板、橡胶地板、亚麻地板、运动地板、软木地板，各适用范围见表9-1。	

表9-1　不同材质弹性地材的适用范围

使用区域		适用范围	适用产品
健康环境	医院	住院楼、门诊诊室、手术室	PVC地板
	养老院	室内	PVC地板、亚麻地板
	疗养院	室内	PVC地板、亚麻地板
	实验、化验室	室内	PVC地板

续表

使用区域		适用范围	适用产品
弹性地材	教育环境		
	学校	教室、走道、食堂	PVC地板、亚麻地板、橡胶地板
	图书馆	阅览室、走道	亚麻地板
	博物馆	展厅、报告厅	亚麻地板
	文化艺术中心	展厅、报告厅	亚麻地板、橡胶地板
	办公环境		
	行政楼	办公室、走道	亚麻地板
	商业办公大厦	房间	亚麻地板、橡胶地板
	对外办公中心	公共区域、办公区域（非高人流）	橡胶地板
	零售业		
	专卖店	展示区	PVC地板
	超市	售货区	PVC地板
	轻工业环境	厂房（非重载）、办公室	PVC地板
	机场	航站楼公共区	橡胶地板

弹性地材不适用于室外环境，也不适用于经常受到重度荷载或对地面有严重刮擦的区域，如物流中心、大型仓库、公共建筑的入口处和公路、铁路运输车站等

其他塑料制品	塑料饰面板	塑料饰面板可分为硬质、半硬质与软质。表面可印木纹、石纹和各种图案，也可以结合装饰纸、玻璃纤维布和铝箔制作各种造型。此类板材具有质轻、绝热、吸声、耐水、装饰性好等特点，常用作内墙或吊顶的装饰材料
	玻璃纤维增强塑料	玻璃纤维增强塑料（俗称玻璃钢）具有**质轻、耐水、强度高、耐化学腐蚀、装饰性**好等特点，适用于作采光或装饰性板材，能制成不同色彩、断面和用途的采光板，是目前高品质的屋面采光材料，此板尤其适用于大跨度的钢结构工程
	塑料薄膜	塑料薄膜耐水，耐腐蚀，伸长率大，并能与胶合板、纤维板、石膏板、玻璃纤维布等粘结、复合。塑料薄膜除用作室内装饰材料外，尚可作防水材料、混凝土施工养护等用。 用合成纤维织物加强的薄膜，是充气房屋的主要建筑材料，它具有**质轻、不透气、绝热**、运输安装方便等特点，适用于展览厅、体育馆及各种临时建筑
	化纤地毯	化纤地毯采用丙纶、腈纶为纤维材料，经簇绒法或机织法制成面层，再用麻布作底层，加工成化纤地毯。其质感、色彩、图案丰富多彩，耐磨又富有弹性，脚感舒适，酷似羊毛地毯。适用于宾馆、饭店、办公室等公共建筑物地面

典型习题

9-10 [2020-27] 以下四个选项中，塑钢门窗的原料是（　　）。
A. PE　　　　　　B. PVC　　　　　　C. PP　　　　　　D. PS
答案：B

解析： 塑钢门窗是由塑料和金属材料复合而成，既具有钢门窗的刚度，又具有塑料门窗的保温性和密封性。常用的塑钢门窗是硬质聚氯乙烯（PVC）塑钢门窗。由于PVC导热系数为0.163W/(m·K)，而且塑钢门窗型材结构中的内腔被隔成数个密闭的小空间，故保温效果很好。

第三节 胶粘剂

考点6：胶粘剂的定义与组成【★】

定义		能直接将两种材料牢固地粘结在一起的物质通称胶粘剂（又称粘合剂、粘接剂或粘结剂等）。胶粘剂用于防水工程、新旧混凝土接缝、室内外装饰工程粘结，以及结构补强加固等
组成	粘结料	粘结料又称粘料，是胶粘剂具有粘结特性的必要成分，【2023】决定了胶粘剂的性能和用途。常用的粘结料有天然高分子化合物（如淀粉、动物的皮胶等）、合成高分子化合物（如环氧树脂等）、无机化合物（如水玻璃等）三类
	溶剂	溶剂主要用来溶解粘结料，调节胶粘剂的粘度，增加胶粘剂的涂敷浸润性，使之便于施工，常用的溶剂有二甲苯、丁醇和水等
	固化剂与催化剂	固化剂又称氧化剂，它能使线型分子形成网状的体型结构，从而使胶粘剂固化。加入催化剂是为了加速高分子化合物的硬化过程
	填料	填料可改善胶粘剂的机械性能、温度稳定性和粘度，减少收缩，并可降低胶粘剂的制作成本；但是加入填料会增加胶粘剂的脆性。常用的填料有石英粉、氧化铝粉、金属粉等

典型习题

9-11 [2023-24] 以下四个选项中，胶粘剂的主要性质由（ ）决定。
A. 改性剂　　　　　B. 固化剂　　　　　C. 填料　　　　　D. 粘料
答案： D
解析： 胶粘剂的主要性质由粘料决定。

考点7：胶粘剂的分类【★】

按固化方式分类	胶粘剂可分为**溶剂挥发型、化学反应型和热熔型**三类
按主要成分分类	1. 无机类：硅酸盐及磷酸盐等。 2. 有机类：天然类与合成高分子类 天然类有葡萄糖衍生物（如淀粉等）、氨基酸衍生物（如骨胶、鱼胶等）、天然树脂类（如松香、虫胶等）和沥青类。 合成高分子类包括合成树脂类（如热固性的环氧树脂、酚醛树脂和热塑性的聚醋酸乙烯、丙烯酸酯等）和合成橡胶类（如丁苯橡胶、氯丁橡胶、聚氨酯橡胶、硅橡胶、聚硫橡胶等）

续表

按外观分类	按外观可分为液态、膏状和固态三类
按强度特性分类	结构胶：结构胶对强度、耐热、耐油和耐水等有较高要求，适用于金属的结构胶，其室温剪切强度要求为10～30MPa，结构胶粘剂的有：环氧树脂类、**聚氨酯类**、有机硅类、聚酰亚胺类等热固性胶粘剂，聚丙烯酸酯类、聚甲基丙烯酸酯类等热塑性胶粘剂，还有如酚醛－环氧型、酚醛－丁腈橡胶型等改性的多组分胶粘剂【2021】
	非结构胶：不承受荷载，只起定位作用。属非结构胶粘剂的有：动（植）物胶等天然胶粘剂酚醛树脂类、脲醛树脂类、聚酯树脂类、呋喃树脂类等热固性胶粘剂，聚酰胺类、聚醋酸乙烯酯类、聚乙烯醇缩醛类、过氯乙烯树脂类等热塑性胶粘剂
	次结构胶：其性能介于结构胶和非结构胶之间

9-12 (2021-22) 下列属于结构胶的是（　　）。
A. 聚乙烯醇　　　B. 聚氨酯类　　　C. 醋酸乙烯　　　D. 过氯乙烯
答案：B
解析：参见考点7中"结构胶"的相关内容。

考点8：常用的胶粘剂【★】

热塑性树脂胶粘剂	聚醋酸乙烯乳胶	1. 特性：粘结力好，常温固化快，稳定性好，耐水性、耐热性差。 2. 用途：俗称白胶水。粘结各种非金属材料、玻璃、陶瓷、塑料、木材等
	聚乙烯醇缩甲醛胶粘剂	1. 特性：108胶粘结强度高，抗老化，成本低，但会释放甲醛等有害气体。 2. 用途：粘贴塑胶壁纸、瓷砖等；加入水泥砂浆中可改善砂浆性能，也可配成地面涂料
	聚乙烯醇胶粘剂	1. 特性：水溶性聚合物，耐热性、耐水性差。 2. 用途：适合粘结木材、纸张、织物等，可与热固性胶粘剂并用
聚氨酯胶粘剂	环氧树脂胶粘剂	1. 特性：万能胶，固化速度快，粘结强度高，耐水、耐冷热冲击性能好、使用方便。 2. 用途：适用于混凝土、砖石、玻璃、木材、橡胶、金属等多种材料的自身粘结与相互粘结。适用于各种材料的快速粘结、固定和修补
	酚醛树脂胶粘剂	1. 特性：粘结力强，柔韧性好，耐疲劳性强。 2. 用途：粘结各种金属、塑料和其他非金属材料
	聚氨酯胶粘剂	1. 特性：粘结力较强；胶膜柔软，良好的耐低温性与耐冲击性，耐热性差，耐溶剂。 2. 用途：适于粘结软质材料和热膨胀系数相差较大的两种材料

续表

合成橡胶胶粘剂	丁腈橡胶胶粘剂	1. 特性：弹性及耐候性良好；耐疲劳、耐油、耐溶剂性好，耐热、有良好的混溶性；粘结力弱，**成膜缓慢**。【2022（5）】 2. 用途：适用于耐油部件中橡胶与橡胶，橡胶与金属、织物等的粘结，尤其适用于粘结软质聚氯乙烯材料
	氯丁橡胶胶粘剂	1. 特性：粘结力强、内聚强度高、耐热耐油性好，但贮存稳定性差。 2. 用途：用于结构的粘结或不同材料的粘结，如橡胶、木材、陶瓷、金属等不同材料
	聚硫橡胶胶粘剂	1. 特性：弹性好、粘结力强、耐油、耐老化性好。 2. 用途：常作密封胶及用于路面、地坪、混凝土的修补、表面密封和防滑；常用于**海港、码头及水下建筑物的密封**
	硅橡胶胶粘剂	1. 特性：良好的耐紫外线、耐老化性、耐热、耐腐蚀性好，粘结力强，可防水。 2. 用途：用于金属、陶瓷、混凝土以及部分塑料的粘结；尤其适用于门窗玻璃的安装以及隧道、地铁等地下建筑中瓷砖、岩石接缝间的密封

9-13 ［2022（5）-25］下列关于丁腈橡胶胶粘剂的说法，正确的是（   ）。

A. 混溶性差　　　　B. 成膜缓慢　　　　C. 耐候性差　　　　D. 粘结性好

答案：B

解析：丁腈橡胶胶粘剂弹性及耐候性良好，耐疲劳、耐油、耐溶剂性好，耐热，有良好的混溶性；粘结力弱，成膜缓慢。

第十章 防 水 材 料

思维导图

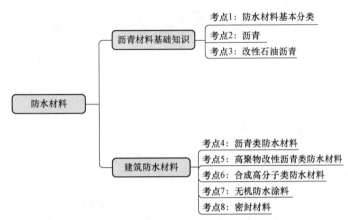

考情分析

章 节	近五年考试分数统计					
	2023年	2022年12月	2022年5月	2021年	2020年	2019年
第一节 沥青材料基础知识	0	0	2	0	0	1
第二节 建筑防水材料	2	1	1	1	1	1
总 计	2	1	3	1	1	2

第一节 沥青材料基础知识

考点1：防水材料基本分类

防水材料		主要包括**沥青基防水材料**、**高聚物改性沥青基防水材料**，以及**合成高分子防水材料**三大类，此外还有无机防水涂料（水泥基类）
按防水形式分类	防水卷材	防水卷材包括沥青防水卷材、高聚物改性沥青防水卷材和合成高分子防水卷材三大类
	防水涂料	将防水涂料涂布在基体表面，经溶剂或水分挥发，或各组分间的化学反应，形成具有一定弹性的连续薄膜；使基体表面与水隔绝，并能抵抗一定的水压力，从而起到防水和防潮作用。 防水涂料包括**无机防水涂料**和**有机防水涂料**。有机防水涂料分为沥青防水涂料、高聚物改性沥青防水涂料和合成高分子防水涂料三大类
	密封材料	密封材料是指嵌填于建筑物的接缝、门窗框四周、玻璃镶嵌部位等处，起到水密、气密作用的材料。 密封材料按外观形状分为不定型密封材料（如**密封膏**）与定型密封材料（如**密封条、止水带、密封带**等）

续表

按防水形式分类	几种常用的防水材料如图10-1所示。 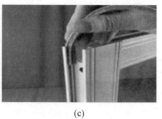 　　　(a)　　　　　　　　　(b)　　　　　　　　　(c) 图10-1　几种常用的防水材料 (a)防水卷材；(b)防水涂料；(c)密封材料

考点2：沥青【★★】

定义		沥青是一种褐色或黑褐色的**有机胶凝材料**。广泛地应用在建筑、公路、桥梁等工程中，主要用于生产防水材料和铺筑沥青路面、机场道面等
分类	地沥青	地沥青来源于石油系统，或天然存在，或经人工提炼而成。地壳中的石油在各种自然因素作用下，经过轻质油分蒸发、氧化和缩聚作用，最后形成的天然产物，称"**天然沥青**"
	焦油沥青	焦油沥青为用**各种有机物**（如煤、页岩、木材等）干馏加工得到的焦油，经再加工得到的产品。焦油沥青按其焦油获得的有机物名称而命名，如**煤干馏所得的煤焦油**，经再加工得到的沥青为煤沥青；其他还有木沥青、页岩沥青等
石油沥青	定义	石油沥青为石油经提炼和加工后所得的副产品
	组丛及特性	从使用的角度出发，将其中的化学成分及物理力学成分相近者划分为若干组，这些组称为"**组丛**"或"**组分**"。石油沥青的"**组丛**"及其主要特性如下： ①**油分**：油分常温下为淡黄色液体，赋予沥青以流动性。 ②**树脂**：树脂常温下为黄色到黑褐色的半固体，赋予沥青以粘性与塑性。 ③**地沥青质**：地沥青质也称地沥青，常温下为黑色固体，是决定沥青热稳定性与粘性的主要组分
	物理性质	通常来说，建筑石油沥青针入度大（粘性较大），软化点较高（**耐热性较好**），但延伸度较小（塑性较小）
		当油分和树脂较多时，沥青的**流动性**、**塑性**较好，开裂后有一定的自行愈合能力，但**温度稳定性较差**； 当油分和树脂含量较少，而地沥青质较多时，沥青的粘性和**温度稳定性较高**，但是**流动性和塑性较差**
	技术指标	粘结性：石油沥青的粘性反映沥青内部**阻碍相对流动的特性**。当地沥青质含量较高，有适量树脂，油分含量较少时，则粘性较大。粘稠石油沥青的粘性用针入度表示，如图10-2(a)所示。**针入度越小，表明沥青的粘度越大，粘性越好**【2022（5）】 塑性：指沥青在外力作用下产生变形而不破坏，除去外力后，仍能保持**变形后的形状不变的性质**，反映沥青开裂后的自愈能力。石油沥青的塑性用延度来表示，如图10-2(b)所示。**延度越大，塑性越好**

118

石油沥青	技术指标	温度敏感性：温度稳定性、耐热性，反映了沥青的粘性和塑性随温度升降的变化的性能。石油沥青的温度敏感性用软化点表征，一般采用<u>环球法</u>测定，如图10-2（c）所示。<u>软化点高表示沥青的耐热性或温度稳定性好，即温度敏感性小</u> 大气稳定性：也称抗老化性或耐久性，是指石油沥青<u>抵抗各种自然因素影响的能力</u>。沥青老化是因为油分和树脂逐渐减少，地沥青质逐渐增加，沥青变硬、变脆
	实验示意图	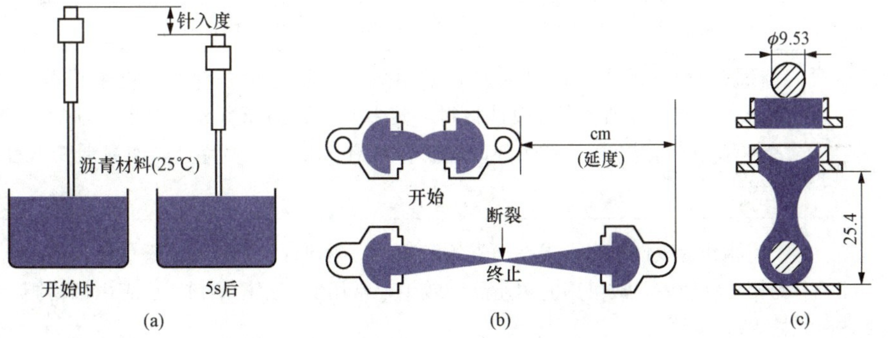 图10-2 实验示意图 （a）针入度测定；（b）延度测定；（c）软化点测定
煤沥青	定义	煤沥青是煤焦厂或煤气厂的副产品，烟煤干馏时得到煤焦油，煤焦油有高温和低温两种，多用高温煤焦油，煤焦油分馏加工提取各种油类（其中重油为常用的木材防腐油）后所剩残渣即为煤沥青
	分类	根据蒸馏程度的不同，划分为低温、中温、高温煤沥青三类。<u>建筑工程中多使用低温煤沥青</u>
	物理性质	与石油沥青相比，煤沥青<u>塑性较差</u>，受力时易开裂，温度稳定性及大气稳定性均较差。但与矿料的表面粘附性较好，<u>防腐性较好</u>。所以<u>煤沥青更常用作防腐材料</u>

典型习题

10-1 [2022（5）-30] 下列关于建筑石油沥青的说法，正确的是（　　）。

A. 延伸度较大　　　　　　　　　　　　B. 耐热度较好
C. 用在地下室防水工程时，要求软化点高　　D. 用在屋面防水工程时，要求软化点低

答案：B

解析：建筑石油沥青针入度大（粘性较大），软化点较高（耐热性较好），但延伸度较小（塑性较小）。用在地下室防水工程时，要求软化点低，用在屋面防水工程时，要求软化点高。

考点3：改性石油沥青

石油改性需求	在石油沥青中加入某些填充料（<u>合成橡胶、合成树脂及矿物填充料等</u>）改性材料，得到改性石油沥青，或进而生产各种防水制品。已提升沥青在<u>塑性、大气稳定性、低温抗裂性</u>等性能要求

续表

矿物填充料	在石油沥青中加入矿物填充料（粉状如滑石粉，纤维状如石棉绒），可提高沥青的粘性和耐热性，减少沥青对温度的敏感性
合成橡胶	合成橡胶是指以**石油、天然气和煤**作为主要原料，人工合成的高弹性聚合物。合成橡胶能在−50～150℃温度范围内保持显著的**高弹性能**。此外，合成橡胶还具有良好的扯断强度、撕裂强度、耐疲劳强度、不透水性、不透气性、耐酸碱性及电绝缘性等
	分为**热塑性橡胶**（如热塑性丁苯橡胶）和**硫化型橡胶**（如合成橡胶）
	橡胶是沥青的重要改性材料，常用氯丁橡胶、丁基橡胶。再生橡胶与**耐热型丁苯橡胶（SBS）**等作为石油沥青的改性材料，其中 SBS 是对沥青改性效果最好的高聚物。橡胶与沥青之间有较好的混溶性，并可使改性沥青具有橡胶的许多优点，如**高温变形性小**，**低温柔韧性好**等
合成树脂	树脂作为改性材料可提高沥青的耐寒性、耐热性、粘性及不透气性。但由于树脂与石油沥青的相溶性较差，故可用的树脂品种较少，常用的有聚乙烯树脂、聚丙烯树脂、酚醛树脂及天然松香等
	另外，由于树脂与橡胶之间有较好的相溶性，故也可**同时加入树脂与橡胶**来改善石油沥青的性质，使改性沥青兼具树脂与橡胶的优点与特性

第二节 建筑防水材料

考点 4：沥青类防水材料【★★】

防水卷材	物理性质	沥青防水卷材必须具备良好的**耐水性**、**温度稳定性**、**强度**、**延展性**、**抗断裂性**、**柔韧性及大气稳定性**等性质
	油毡	石油沥青纸胎油毡，简称油毡，是防水卷材中出现最早的品种。油毡是用低软化点的沥青浸渍原纸，以高软化点沥青涂盖两面，再涂刷或撒布隔离材料（粉状或片状）而制成的纸胎防水卷材。油毡的防水性能较差，耐久年限低，一般只能用作多层防水，如图 10-3（a）所示
	其他胎体油毡	为了克服纸胎的抗拉能力低、易腐烂、耐久性差的缺点，通过改进胎体材料，使沥青防水卷材的性能得到改善；如玻璃布沥青油毡、玻璃纤维沥青油毡。这些油毡的抗拉强度高、柔韧性、延展性、抗裂性和耐久性均较好。需注意的是，在施工过程中，**石油沥青油毡要用石油沥青胶粘结**
	沥青再生胶油毡	无胎防水卷材，由再生橡胶、10 号石油沥青及碳酸钙填充料，经混炼、压延而成。沥青再生胶油毡具有较好的弹性、不透水性、低温柔韧性、热稳定性，以及较高的抗拉强度。这些优点使之适用于**水工**、**桥梁**、**地下建筑物管道**等重要防水工程，以及建筑物**变形缝**的防水处理，如图 10-3（b）所示

续表

防水涂料	物理性质	沥青防水涂料的成膜物质是石油沥青，一般分为**溶剂型和水乳型**
		溶剂型防水涂料是将石油沥青直接溶解在汽油等有机溶剂后制得的溶液。沥青溶液施工后所形成的涂膜很薄，一般不单独作为防水涂料使用，只用作沥青类油毡施工时的基层处理剂
		水乳型沥青防水涂料是将石油沥青分散于含有乳化剂的水中形成的水分散体
	冷底子油	**冷底子油**是一种**沥青涂料**，将建筑石油沥青（30%～40%）与汽油或其他有机溶剂（60%～70%）相溶合而成，属于**常温下的沥青溶液**。其粘度小，渗透性好，如图10-3（c）所示
		在常温下将冷底子油刷涂或喷到混凝土、砂浆或木材等材料表面后，冷底子油即逐渐渗入毛细孔中；待溶剂挥发后，便形成一层牢固的**沥青膜**，使在其上做的防水层与基层得以牢固粘贴。施工中要求基面洁净、干燥，水泥砂浆找平层的含水率≤10%
	乳化沥青	乳化沥青是一种**冷施工**的防水涂料，是沥青微粒（粒径1μm）分散在有乳化剂的水中而成的乳胶体。乳化剂可分为阴离子乳化剂（如肥皂、洗衣粉等）、阳离子乳化剂（如双甲基十八烷溴胺等）、非离子乳化剂（如石灰膏、膨润土等）等，如图10-3（d）所示

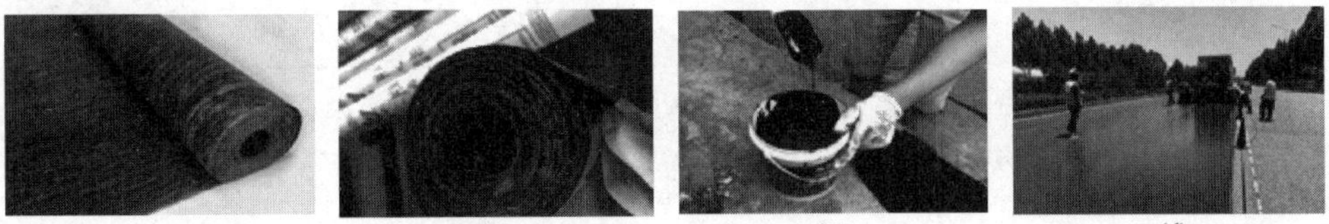

图 10-3 几种常用的防水材料
（a）油毡；（b）沥青再生胶油毡；（c）冷底子油；（d）乳化沥青

典型习题

10-2 [2018-22] 建筑中常用的冷底子油，是一种（　　）。

A. 沥青涂料　　　　B. 沥青胶　　　　C. 防水涂料　　　　D. 嵌缝材料

答案： A

解析： 冷底子油是指将沥青稀释溶解在煤油、轻柴油或汽油中制成，涂刷在水泥砂浆或混凝土基层面作打底用。它多在常温下用于防水工程底层，故称冷底子油。冷底子油粘度小，具有良好的流动性。涂刷在混凝土、砂浆木材等基面上，能很快渗入基层孔隙中，待溶剂挥发后，便与基面牢固结合。

考点5：高聚物改性沥青类防水材料【★★】

防水卷材	物理性质	聚合物改性沥青防水卷材是以合成高分子聚合物为涂盖层，纤维织物或纤维毡为胎本，片状或薄膜材料为覆面材料制成的防水卷材。高聚物改性沥青防水卷材的优点包括**高温不流淌、低温不脆裂、拉伸强度高和延伸率较大**。 **聚酯毡**由于有较好的抗撕裂强度，耐刺穿性和延伸率均高，制成卷材后其主要性能均优于玻纤胎卷材【2022（5）】
	SBS改性沥青防水卷材	SBS改性沥青防水卷材属弹性体沥青防水卷材，以**玻纤毡、聚酯毡**等增强材料为**胎体**，以丁苯橡胶（SBS）**改性沥青为浸渍涂盖层**，表面带有砂粒或覆盖聚乙烯（PE）膜
		SBS改性沥青油毡的延伸率高，对结构变形有很好的适应性，具有较强的耐热性、低温柔韧性，弹性及耐疲劳性好，**适用于寒冷地区和结构变形频繁的建筑**
	APP改性沥青防水卷材	APP改性沥青防水卷材属于**塑性体改性沥青**防水卷材，以玻纤毡或聚酯毡为胎体，以无规聚丙烯（APP）改性沥青为涂盖层，上面撒上隔离材料，下层覆盖聚乙烯薄膜或撒布细砂制成的防水卷材
		该类卷材具有良好的弹塑性、耐热性、耐紫外线照射，**特别适合用作紫外线辐射强烈及炎热地区的屋面防水**
防水涂料	物理性质	沥青防水涂料通过适当的高聚物改性可以显著提高其柔韧性、流动性、气密性、耐化学腐蚀性
	SBS改性沥青防水涂料	SBS改性沥青防水涂料是一种水乳型弹性沥青防水涂料。该涂料具**有低温柔韧性好、抗裂性好、粘结性能优良、耐老化性能好**等优点，可冷施工
		SBS改性沥青防水涂料适用于**复杂基层**的防水及防潮施工，如卫生间、地下室、厨房等，特别适用于寒冷地区的防水施工
	水乳型再生橡胶改性沥青防水涂料	该涂料以水为分散剂，具有无毒、无味、不燃等优点。可在常温下冷施工，并可在稍潮湿、无积水的表面施工。涂膜具有一定的柔韧性和耐久性

典型习题

10-3［2023-27］下列关于高聚物改性沥青防水卷材说法，正确的是（　　）。
A. 聚酯毡胎体卷材性能最优　　　　B. 属于低档防水材料
C. 比传统沥青耐热度低　　　　　　D. 防腐性能较差
答案：A
解析：胎体主要以玻璃布、玻璃纤维毡、化纤毡、聚酯毡、金属箔等为材料。聚酯毡由于有较好的抗撕裂强度，耐刺穿性和延伸率均高，制成卷材后其主要性能均优于玻纤胎卷材。

考点6：合成高分子类防水材料

防水卷材	物理性质	合成高分子防水卷材（图10-4）主要有以**合成橡胶、合成树脂**或这两者的共混体为基料的防水卷材。这类防水卷材具有强度高、延伸率大，弹性及耐高、低温特性好等特点
	三元乙丙橡胶防水卷材	三元乙丙防水卷材是以三元乙丙橡胶为主体制成的**无胎卷材**，具有良好的耐候性、耐臭氧性、耐酸碱腐蚀性、耐热性和耐寒性；卷材热熔法铺设如图10-5所示
		抗拉强度高达7.0MPa以上，延伸率超过450%，可在－60～120℃的温度内使用
		寿命可长达20年以上，是目前**耐老化性最好**的一种卷材。主要缺点是遇到机油时将产生溶胀
		三元乙丙橡胶防水卷材可用于各种工程的室内外防水和防水修缮，是**屋面、地下室和水池防水工程**的首选材料
	聚氯乙烯防水卷材	聚氯乙烯防水卷材是以聚氯乙烯树脂为主要成分的**无胎卷材**
		聚氯乙烯防水卷材的抗拉强度和伸长率高，对基层伸缩、开裂、变形的适应性强；低温柔韧性好，可在较**低温度**下施工和应用；具有良好的尺寸稳定性与耐腐蚀性；卷材的搭接除了可用胶粘剂外，还可以用热空气焊接的方法，接缝处较严密
		聚氯乙烯防水卷材更适用于**刚性层下的防水层及旧建筑混凝土构件屋面的修缮工程**，以及有一定**耐腐蚀**要求的室内地面工程的防水、防渗工程等
	氯丁橡胶防水卷材	氯丁橡胶防水卷材以氯丁橡胶为主要原料制成的，其性能与三元乙丙橡胶卷材相似，但多项指标稍差些，尤其是耐低温性能。广泛用于**地下室、屋面、桥面、蓄水池等防水层**
	丁基橡胶防水卷材	丁基橡胶防水卷材是以丁基橡胶为主体制成的，具有抗老化、耐臭氧，以及气密性好等特点；此外，它还具有耐热、耐酸碱等性能
		丁基橡胶防水卷材的最大特点是耐低温性能好，特别适用于**严寒地区的防水工程及冷库的防水工程**

图10-4 防水卷材    图10-5 防水卷材热熔法铺设

续表

防水涂料	物理性质	合成高分子防水涂料是以合成橡胶或合成树脂为主要成膜物质，加入其他辅料而配制而成的防水涂料
	聚氨酯涂膜防水涂料	聚氨酯涂膜防水涂料涂膜固化时无体积收缩，可形成较厚的防水涂膜。具有弹性高，延伸率大，耐高低温性好，耐油，耐化学药品，耐老化等优点。但施工时需准确称量拌和，且有一定的毒性和可燃性。 聚氨酯涂膜防水涂料广泛应用于**屋面**、**地下工程**、**卫生间**、**游泳池**等的**防水**，也可用于室内隔水层及接缝密封，还可用作**金属管道**、**防腐地坪**、**防腐池的防腐处理**等
	硅橡胶防水涂料	兼有涂膜防水材料和渗透防水材料两者的优良特性。具有良好的防水性、抗渗透性、成膜性、弹性、粘结性、耐水性和耐高低温性；**适应基层变形能力强**，可渗入基底，与基层牢固粘结，成膜速度快；可在潮湿基层上施工，无毒、无味、不燃，可配制成各种颜色。 硅橡胶防水涂料适用于**地下工程**、**屋面等的防水**、**防渗及渗漏修补工程**，也是冷**藏库优良的隔汽材料**，但价格较高
	聚氯乙烯防水涂料	聚氯乙烯防水涂料是以聚氯乙烯和煤焦油为基料配制而成的水乳型防水涂料，施工时一般要**铺设玻纤布**、**聚酯无纺布**等胎体进行增强处理。该类防水涂料弹塑性好、耐寒、耐化学腐蚀、耐老化，可在潮湿的基层上冷施工。聚氯乙烯防水涂料可用于**各种一般工程的防水**、**防渗及金属管道的防腐工程**
防水透气膜		**建筑**行业，防水透气膜又称防水透汽膜。分为标准防水透气膜、坡屋顶防水透气膜、坡屋顶通用防水透气膜。 根据《建筑外墙防水工程技术规程》（JGJ/T 235—2011）5.2.2，墙体有外保温外墙且采用幕墙饰面时，设在找平层上的防水层宜采用聚合物水泥防水砂浆、普通防水砂浆、聚合物水泥防水涂料、聚合物乳液涂料或聚氨酯防水涂料；当外墙保温选用矿物棉保温材料时，**防水层宜采用防水透气膜**
实例		几种常用的合成高分子防水材料如图 10-6 所示。  图 10-6 几种常用的合成高分子类防水材料 （a）聚氨酯涂膜防水涂料；（b）硅橡胶防水涂料；（c）建筑防水透气膜

 典型习题

10-4 [2021-31] 幕墙系统采用矿物棉外保温材料时，外墙整体防水材料应采用( )。
A. 聚合物防水砂浆　　　　　　　　B. 聚氨酯防水砂浆
C. 防水隔气膜　　　　　　　　　　D. 防水透气膜
答案：D
解析：参见考点6中"建筑防水透气膜"的相关内容。

考点7：无机防水涂料【★】

物理性质	无机防水涂料宜用于结构主体的背水面，在背水面施工，解决大量地下室渗漏问题。无机防水涂料有掺外加剂的水泥基防水涂料、水泥基渗透结晶型防水涂料等
水泥基渗透结晶型防水涂料	水泥基渗透结晶型防水涂料是以**特种水泥、石英砂**等为基料，渗入多种活性化学物质制成的粉状刚性防水材料，与水作用后，材料中含有的活性化学物质通过载体水向混凝土内部渗透，在混凝土中形成不溶于水的结晶体，堵塞毛细孔道，从而使混凝土致密、防水
	水泥基渗透结晶防水材料无害、无味、无污染，可安全用于**饮水工程**；具有**防腐、耐老化**等特性，可与水拌和，刷涂或喷涂于混凝土表面【2022（5）】

 典型习题

10-5 [2022（5）-31] 下列关于渗透型水泥基结晶型防水材料，说法正确的是（　　）。
A. 属于柔性防水涂料　　　　　　　B. 不具备自动修复功能
C. 可接触饮用水混凝土工程　　　　D. 涂料受磨损后会影响防水效果
答案：C
解析：水泥基渗透结晶防水材料无害、无味、无污染，可安全用于饮水工程；具有防腐、耐老化等特性，可与水拌和，刷涂或喷涂于混凝土表面。

考点8：密封材料【★★★】

不定型密封材料	沥青嵌缝油膏	沥青嵌缝油膏作防水层的嵌缝材料，是一种**冷用膏状**材料。是以石油沥青为基料，加入改性材料、稀释剂（如松节油等）及填充剂（石棉绒、滑石粉等）混合而成，主要用在屋面或墙面等处。施工时应注意基层表面的清洁与干燥；用冷底子油打底并干燥后，再用油膏嵌缝
	沥青胶	**沥青胶即玛琋脂**，为沥青与矿质填充料的均匀混合物。填充料可为粉状（如滑石粉、石灰石粉），也可为纤维状（如石棉屑、木纤维等）【2023】
	聚氨酯密封膏	**聚氨酯密封膏是性能绝佳**。具有较高的弹性、粘结力与防水性，良好的耐油性、耐久性及耐磨性。与混凝土的粘结好，且不需打底，故可用于屋面或墙面的水平与垂直接缝，公路及机场跑道的**接缝**；此外还可用于玻璃与金属材料的嵌缝以及游泳池工程等

续表

不定型密封材料	硅酮密封膏	硅酮密封膏具有优异的耐热、耐寒性和良好的耐候性，分为F类和G类两类。F类为建筑接缝用，**G类为镶嵌玻璃用**
	聚氯乙烯嵌缝接缝膏	聚氯乙烯嵌缝接缝膏以煤焦油和聚氯乙烯树脂粉为基料，配以增塑剂、稳定剂及填充材料在140℃下塑化而成的**热施工防水材料**。具有良好的粘结性、防水性、弹塑性，还有良好的耐热、耐寒、耐腐蚀和耐老化性。适用于屋面嵌缝，也可用于输供水系统及大型墙板嵌缝
	丙烯酸类密封膏	丙烯酸密封膏通常为水乳型，有良好的抗紫外线性能及延伸性能，但耐水性不好
	硅橡胶密封材料	硅橡胶具有良好的抗紫外线、耐老化、耐腐蚀性。**硅橡胶耐低温性能良好**，一般在−55℃下仍能工作，引入苯基后，可达−73℃。硅橡胶的**耐热性也非常突出**，在180℃下可长期工作，在高于200℃的环境中也能承受数周或更长时间并保持弹性，瞬时可耐300℃以上的高温【2019】
	聚硫橡胶密封材料	聚硫橡胶具有较好的韧性，可用作**耐受较大压力的容器**的密封材料，也可**用于水下密封**【2020】
	硫化橡胶密封材料	硫化橡胶是指硫化过的橡胶，硫化后形成空间立体结构，具有较高的弹性、耐热性、拉伸强度以及**在有机溶剂中的不溶解性**等
定型密封材料	止水带	止水带是处理建筑物或地下构筑物接缝用的定型防水材料，分为： ①**橡胶止水带**：以橡胶为主要原料制成，具有良好的弹性、耐老化性和抗撕裂性，适应变形能力强，适用于地下构筑物、贮水池、游泳池、屋面及其他建筑物和构筑物的变形接缝防水。 ②**塑料止水带**：由聚氯乙烯树脂为主加工而成，耐久性好，用于地下防水工程，隧道、涵洞、沟渠等的变形接缝防水。 ③**钢带橡胶组合止水带**：是由可伸缩橡胶和两边配有镀锌钢带所组成的复合体，主要依靠中间的橡胶段在混凝土变形接缝之间被压缩或拉伸而起到密封止水作用，克服了橡胶止水带与混凝土的粘结力差的缺点，提高止水效果
	遇水膨胀止水材料	①**遇水膨胀橡胶**：既具有橡胶制品特性，又有遇水自行膨胀止水的功能，分为制品型和腻子型。制品型产品适用于各种预制构件接缝防水；腻子型适用于现浇混凝土施工缝，还适用于混凝土裂缝漏水治理。 ②**BW型止水带**：一种断面为四方形的条状自粘型遇水膨胀型止水带，依靠自身的粘性直接粘贴在混凝土施工接缝面，遇水逐渐膨胀，一方面堵塞毛细孔隙，另一方面与混凝土界面的接触更加紧密。 ③**彩色自粘型橡胶密封带**：适用于各种管道接缝的密封，如水槽、卫生洁具与墙面等接缝密封，金属门窗、玻璃、陶瓷等材料的接缝或裂缝的密封

实例	两种常用的定型密封材料如图 10-7 所示。 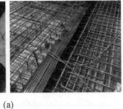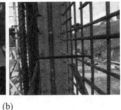 　　　　　　(a)　　　　　　　　　　　　　　(b) 图 10-7　两种常用的定型密封材料 （a）橡胶止水带；（b）遇水膨胀止水条

10-6 [2023-27] 下列关于沥青胶玛蹄脂的说法，正确的是（　　）。

A. 是树脂改性沥青　　　　　　　　B. 只能热用
C. 可以粘贴卷材　　　　　　　　　D. 不能用于补漏

答案：C

解析：沥青胶玛蹄脂是矿质改性沥青，可以常温和加热使用，可以粘贴卷材，可以用于补漏。

10-7 [2020-13] 下列选项材料中，可用于水下密封的是（　　）。

A. 聚乙烯醇　　　B. 环氧树脂　　　C. 聚硫橡胶　　　D. 酚醛树脂

答案：C

解析：聚硫橡胶具有较好的韧性，可用作耐受较大压力的容器的密封材料，也可用于水下密封。

第十一章 绝热材料与吸声材料

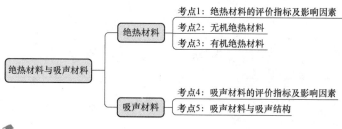

考情分析

章节	近五年考试分数统计					
	2023年	2022年12月	2022年5月	2021年	2020年	2019年
第一节 绝热材料	2	4	1	2	1	0
第二节 吸声材料	0	0	1	2	1	1
总　计	2	4	2	4	2	1

第一节　绝　热　材　料

考点1：绝热材料的评价指标及影响因素

定义		导热系数小于0.23W/(m·K)的材料称为绝热材料
影响因素	材料构造和表观密度	材料的表观密度越小，孔隙率越大，导热系数越小。 孔隙率相同时，孔隙尺寸越大，导热系数越大；连通孔隙比封闭孔隙的导热系数大
	湿度和温度	受潮后，导热系数增大
	热流方向	热流平行于纤维延伸方向时，热流受到阻力小；热流垂直于纤维方向时，热流受到阻力大

考点2：无机绝热材料【★★★】

纤维材料	矿渣棉及其制品	矿棉：玄武岩、高炉矿渣熔融体，具有不燃、吸声、耐火、吸水性大、弹性小，导热系数小于0.052W/(m·K)，最高使用温度约为600℃
		矿棉毡：将熔化沥青喷在纤维表面。经加压面成导热系数0.048～0.052W/(m·K)，最高使用温度250℃

续表

纤维材料	矿渣棉及其制品	矿棉板（图11-1）：以酚醛树脂粘结而成。导热系数小于或等于0.046W/(m·K)。 岩棉板（图11-2）是由熔融火成岩喷吹的纤维一层层堆积，通过施加胶粘剂固化成形而制成的制品，其纤维层平行于板的表面。 岩棉条（图11-3）是将岩棉板按一定的间距切割后翻转90°使用，岩棉条内纤维层的方向垂直于岩棉条的表面，其拉伸强度主要是纤维自身的强度。 因此岩棉条的强度远高于岩棉板的强度，通常岩棉条的强度是岩棉板强度的10倍以上。对应于**岩棉条和岩棉板这样两种纤维层方向不同，强度不同**的保温材料，就形成了两种不同的外保温系统的构造做法和相应的应用技术【2020】    图11-1 矿棉板　　图11-2 岩棉板　　图11-3 岩棉条
	石棉及其制品	石棉的主要特点是便于松解、纤维柔软，具有绝热、耐火、耐热、耐酸碱、隔声等特性。 石棉纤维能引起石棉肺、胸膜间皮瘤等疾病，**许多国家选择了全面禁止使用这种危险性物质**，例如，石棉瓦（图11-4）属于禁止的
	玻璃棉及其制品	将玻璃熔化后从流口流出的同时，用压缩空气喷吹形成乱向玻璃纤维，也称玻璃棉 玻璃棉及其制品（图11-5）**憎水性好，导热系数小，0.041～0.035W/(m·K)，不燃无毒。化学稳定性强。**【2023】 最高使用温度：采用普通有碱玻璃为350℃，采用无碱玻璃时为600℃。玻璃棉除可用作围护结构及管道绝热外，还可用于低温保冷工程
	泡沫石棉	与其他保温材料相比，泡沫石棉表观密度小、材质轻、施工简便、保温效果好。其绝热性能优于其他几种常用的保温材料，制作和使用过程无污染、无粉尘危害，不像膨胀珍珠岩、膨胀蛭石散料那样随风飞扬，也不像岩矿棉、玻璃纤维那样带来刺痒，给施工人员和环境带来不便 泡沫石棉（图11-6）还具有良好的抗震性能，有弹性、柔软，宜用于各种异形外壳的包覆，使用温度范围较广，低温不脆硬，高温时不散发烟雾或毒气。吸声效果好，**还可用作建筑吸声材料**    图11-4 石棉瓦　　图11-5 玻璃棉　　图11-6 泡沫石棉

		续表
松散颗粒材料	膨胀蛭石及其制品	蛭石是一种天然矿物（含水的铁、镁硅铝酸盐），在850℃～1000℃的温度下煅烧时，体积急剧膨胀，单片的颗粒体积能膨胀5～20倍，故名膨胀蛭石。膨胀蛭石的主要特性是：热导率为0.046～0.070W/(m·K)，可在100～1100℃温度下使用，不腐，但**吸水性较大**【2021】
		膨胀蛭石可以是松散状，铺设于墙壁、楼板、屋面等间层中，作为绝热、隔声之用。使用时应注意防潮，以免吸水后影响绝热效果
	膨胀珠岩及其制品	膨胀珍珠岩是珍珠岩在煅烧时体积膨胀，冷却后形成一种多孔结构的颗粒，即膨胀珍珠岩。其热导率为0.025～0.048W/(m·K)，耐热温度为800℃
		膨胀珍珠岩是一种白色或灰白色的颗粒，呈蜂窝泡沫状，是一种**高效能的绝热材料，具有表观密度小，导热系数低，化学稳定性好，防火能力强，吸湿能力小**【2023】
		膨胀珍珠岩制品是以膨胀珍珠岩为主，配合适量胶凝材料（水泥、水玻璃、磷酸盐、沥青等），经过拌和、成型，或养护，或干燥后而成的具有一定形状的板、块、管壳等制品
无机多孔制品	混凝土	多孔混凝土主要有泡沫混凝土和加气混凝土。泡沫混凝土的导热系数0.082～0.186W/(m·K)，**加气混凝土的导热系数约为0.093～0.164W/(m·K)**
	泡沫玻璃	用玻璃粉和发泡剂配成的混合料经煅烧而得到的多孔材料称为**泡沫玻璃**。泡沫玻璃的导热系数为0.058～0.128W/(m·K)，最高使用温度为300～400℃（采用普通玻璃）、800～1000℃（采用无碱玻璃）
		泡沫玻璃可用来砌筑墙体，也可用于冷藏设备的保温，或用作漂浮、过滤材料
	微孔硅酸钙制品	微孔硅酸钙是以石英砂、普通硅石或活性高的硅藻土以及石灰为原料经过水热合成的绝热材料。**具有防火、隔音、隔热、轻质、高强、收缩率小、吸水性大等特点且稳定性好、不老化、防虫蛀**，可用钉、锯、刨、粘等方法施工【2022（12）】
保温砂浆		以膨胀珍珠岩、膨胀蛭石、膨胀玻化微珠等为细集料，与胶凝材料，或掺加某些功能材料配制而成的干拌混合物
		保温砂浆导热系数0.070～0.085W/(m·K)。膨胀玻化微珠表面玻化封闭，呈不规则球状，内部为多孔的空腔结构。保温砂浆主要用于**建筑物墙体的绝热**，也可用于**屋面及楼地面的保温隔热**

11-1 ［2023-30］下列关于膨胀珍珠岩的说法，正确的是（　　）。
A. 表观密度大　　　B. 吸湿性能强　　　C. 防火性能差　　　D. 导热系数小
答案：D
解析：膨胀珍珠岩的表观密度小，导热系数低，化学稳定性好，防火能力强，吸湿能力小。
11-2 ［2023-32］下列关于玻璃棉及其制品的说法，错误的是（　　）。

A. 憎水性差　　　　B. 导热系数小　　　　C. 不燃无毒　　　　D. 化学稳定性强

答案：A

解析：玻璃棉及其制品憎水性好，导热系数小，不燃无毒。化学稳定性强。

11-3 [2022（12）-35] 下列关于微孔硅酸钙材料说法，正确的是（　　）。

A. 不可锯刨　　　　B. 隔音性差　　　　C. 吸水性好　　　　D. 防火性差

答案：C

解析：具有防火（选项 D 错误）、隔音（选项 B 错误）、隔热、轻质、高强、收缩率小等特点且稳定性好、不老化、防虫蛀，可用钉、锯、刨、粘等方法施工（选项 A 错误），吸水性大（选项 C 正确）。

11-4 [2022（12）-37] 下列关于泡沫石棉材料，说法正确的是（　　）。

A. 吸声效果好　　　　B. 低温脆硬　　　　C. 高温散发烟雾　　　　D. 表观密度大

答案：A

解析：与其他保温材料相比，泡沫石棉表观密度小（选项 D 错误）、材质轻、施工简便、保温效果好。具有良好的抗震性能，有弹性、柔软，宜用于各种异形外壳的包覆，使用温度范围较广，低温不脆硬（选项 B 错误），高温时不散发烟雾或毒气（选项 C 错误）。吸声效果好，还可用作建筑吸声材料（选项 A 正确）。

考点3：有机绝热材料【★★★】

泡沫塑料	泡沫塑料是以合成树脂为基料，加入发泡剂、催化剂、稳定剂等辅助材料，经加热发泡而制成的一种高效能绝热材料。我国目前生产的有聚苯乙烯、聚氨酯及脲醛等泡沫塑料。【2023】 聚苯乙烯泡沫塑料的吸水性小，耐低温，耐酸碱，且有一定的弹性，不燃，耐油等特点
	挤塑板（图11-7）是以**聚苯乙烯树脂**辅以聚合物在加热混合的同时，注入催化剂，而后挤塑压出**连续性闭孔发泡的硬质泡沫塑料板**，其内部为独立的**密闭式气泡结构**，是一种具有高抗压、**吸水率低**、防潮、不透气、质轻、耐腐蚀、超抗老化（长期使用几乎无老化）、导热系数低等优异性能的环保型**保温材料【2022（12）】**  图11-7 挤塑聚苯乙烯板
	硬质聚氨酯泡沫塑料是塑料中重量最轻者，**但吸水性强，强度低**
软木板	是用栓皮栎或黄菠萝的树皮为原料，经碾碎后热压而成。软木板热导率小，吸水性小，防腐和防水性好，是一种优良的吸声、防振材料。**软木板热导率为 0.046～0.070W/(m·K)**。 软木板是一种高级绝热材料，由于价格昂贵，**只用于冷藏库和某些重要的工程**
木丝板	木丝板是以木材下脚料刨成均匀的木丝，加入水玻璃溶液与普通水泥混合，经铺模、冷压成型、干燥、养护而制成。根据压实程度，可分为保温用木丝板和构造用木丝板两种
软质纤维板	软质纤维板是由板皮、刨花、树枝等废料经破碎、浸泡、研磨成木浆，再经热压成型、干燥处理而成。绝热用软质纤维板热导系数约为 0.05W/(m·K)。 软质纤维板用于**一般民用建筑的墙面和屋面的绝热**。也是一种常用的**吸声材料**

续表

轻质钙塑板	轻质钙塑板是由轻质碳酸钙和高压聚乙烯，加入适量发泡剂、交联剂、润滑剂及颜料等，经混炼、热压加工成板材。这种板材热导率约为 0.046W/(m·K)，使用温度为 80℃以下。**由于轻质钙塑板具有绝热和防水性能，可用于屋面的绝热。**轻质钙塑板也是一种良好的室内装修材料
蜂窝板	蜂窝板（图 11-8）是由两块较薄的面板，牢固地粘结在较厚的蜂窝芯材两面而制成的板材，也称蜂窝夹层结构。 蜂窝芯材常用牛皮纸、玻纤布或铝片、经加工，成为六角形的空腹，浸渍酚醛、聚酯等合成树脂而成。面板为浸渍过树脂的牛皮纸、玻纤布或未经浸渍的胶合板、纤维板、石膏板等  图 11-8 蜂窝板
	蜂窝板质轻，热导率小，具有足够的强度。按材质的不同，可制得轻质、高强的结构用板材，也可制成绝热、隔声性能良好的非结构用板材。**如果芯材以轻质的泡沫塑料代替，而绝热性能更佳**
泡沫橡胶绝热制品	泡沫橡塑绝热制品（图 11-9）是以天然或合成橡胶和有机高分子材料为基材，添加如抗老化剂、阻燃剂、稳定剂、硫化剂等，经混炼、挤出、发泡和冷却定型、加工而成的具有闭孔结构的柔性绝热制品  图 11-9 泡沫橡胶板
	泡沫橡塑绝热制品导热系数 0.034～0.041W/(m·K)。泡沫橡塑绝热制品通常加工成板材或管壳，用于墙面保温或管道的绝热。柔性泡沫橡塑制品的使用温度为 -40～105℃

典型习题

11-5 [2023-31] 下列建筑材料中，属于有机绝热材料的是（　　）。
A. 泡沫玻璃　　　　B. 泡沫塑料　　　　C. 膨胀蛭石　　　　D. 膨胀珍珠岩
答案：B
解析：有机绝热材料：泡沫塑料（聚苯乙烯 XPS 闭合发泡）、多孔板等。

11-6 [2022(12)-32] 下列关于挤塑聚苯乙烯板的说法，错误的是（　　）。
A. 连续开孔发泡　　B. 低线性膨胀率　　C. 防腐蚀性能优　　D. 可燃材料
答案：A
解析：挤塑板是经有特殊工艺连续挤出发泡成型的材料，其表面形成的硬膜均匀平整，内部完全闭孔发泡连续均匀，呈蜂窝状结构，因此具有高抗压、轻质、不吸水、不透气耐磨、不降解的特性。

第二节 吸 声 材 料

考点4：吸声材料的评价指标及影响因素【★★】

吸声系数		吸声材料的吸声性能以吸声系数α表示。声波入射到构件上，一部分被吸收，一部分被反射，一部分透射。吸声系数α等于被材料吸收的声能（包括透射声能在内）与入射到材料的总声能之比，用下式表示：$$\alpha=\frac{E_a+E_t}{E}=\frac{E-E_r}{E}=1-r$$ 式中　E——入射到材料的总声能，J； 　　　E_a——材料吸收的声能，J； 　　　E_t——透过材料的声能，J； 　　　E_r——被材料反射的声能，J； 　　　r——反射系数，$r=\frac{E_r}{E}$ 吸声系数与声波的频率和入射方向有关，通常取125、250、500、1000、2000、4000Hz六个频率的平均吸声系数作为吸声性能的指标，**凡六个频率的平均吸声系数$\alpha>0.2$的材料称为吸声材料**
影响吸声系数	频率	吸声材料多数为疏松多孔材料，其吸声系数一般从低频到高频逐渐增大，故对高频和中频声音吸收效果好。若用多孔板罩面，则仍以吸收高频声音为主，穿孔板的孔隙率一般不宜小于20%
	入射方向	当门窗开启时，吸声系数相当于1。悬挂的空间吸声体，因有效吸声面积大于计算面积，故吸声系数大于1
	多孔材料的厚度	增加多孔材料的厚度，可提高低频声的吸声效果，但对高频声没有多大影响。吸声材料装修时，周边固定在龙骨上，安装在离墙面5~15mm处，材料背后空气层的作用相当于增加了材料的厚度
	多孔材料的表观密度与孔隙率	材料表观密度和构造的影响多孔材料表观密度增加，能使低频吸声效果提高，但高频吸声性能下降。**材料孔隙率高、孔隙细小，吸声性能较好**，孔隙大，效果较差。多孔吸声材料应为开口孔，**材料内部开放连通的孔隙越多，吸声性能越好**；材料孔隙为单独的封闭孔隙，则**吸声效果降低**【2022（5），2021】

典型习题

11-7 [2022（5）-36] 同一种多孔吸声材料，正确的是（　　）。
A. 孔隙细小，对吸声不利　　　　　　　B. 厚度增加，对低频吸声不利
C. 封闭微孔，对吸声有利　　　　　　　D. 细小开口孔，对吸声有利
答案：D
解析：材料的孔隙越多，越细小，吸声效果越好。多孔吸声材料应为开口孔，材料内部开放连通的孔隙越多，吸声性能越好；若材料的孔隙为单独的封闭孔隙，则吸声效果降低。

11-8 [2021-35] 多孔吸声材料表观密度的变化对吸声效果的影响，下列说法正确的是（　　）。

A. 表观密度增加，低频吸声性能提高　　B. 表观密度增加，高频吸声性能不变
C. 表观密度减少，低频吸声性能提高　　D. 表观密度减少，高频吸声性能下降

答案：A

解析：材料的表观密度增加，表明其孔隙率降低。材料的孔隙率降低时，对低频的吸声效果增加，对高频、中频声的吸声效果下降。所以，表观密度增加，低频吸声效果提高。

考点5：吸声材料与吸声结构【★★★★】

吸声材料与吸声结构类型	多孔性吸声材料	材料内部具有大量程相贯通的微孔或间隙，如图11-10所示；当入射声波激发微孔内的空气产生振动，使声能转化为热能，从而导致声波衰减，它**具有良好的中、高频吸声性能**；增加材料厚度或在材料背后留有**空腔**，可改善材料的**低、中频吸声性能**；材料表面应尽量不用粉刷、油漆，以免降低吸声性能（但可用透声罩面板进行保护）	 图11-10　多孔吸声材料
	薄板振动吸声结构	当声波入射到薄板（或膜）结构时，薄板在声波交变压力激发下振动，使板发生弯曲变形（其边缘被嵌固），出现板的内摩擦损耗，将机械能变为热能；在共振频率时，消耗声能最大，**主要吸收低频声**，如图11-11所示	 图11-11　薄板振动吸声结构
	共振吸声结构	共振腔吸声结构具有封闭的空腔和较小的开口，很像个瓶子。当瓶腔内空气受到外力激荡，会按一定的频率振动，这就是共振吸声器。每个单独的共振器都有一个共振频率，在其共振频率附近，由于颈部空气分子在声波的作用下像活塞一样进行往复运动，因摩擦而消耗声能。若在腔口蒙一层细布或疏松的棉絮，可以加宽和提高共振频率范围的吸声量。为了获得较宽频带的吸声性能，常采用组合共振腔吸声结构或穿孔板组合共振腔吸声结构，如图11-12所示	 图11-12　共振吸声结构
	穿孔板组合共振吸声结构	**单个共振器**是一个密闭的、通过一个小的开口与外部大气相通的容器，**具有中高吸声特性**：在各种薄板上穿孔并在板后设置空气层，相当于许多单个共振器的并联组合，必要时在空腔中加层多孔吸声材料，即组成穿孔板共振吸声结构，可获得较宽频带的吸声性能；当入射声被激发孔颈中空气分子振动，由于颈壁和空气分子间的摩擦消耗声能，而产生吸声效果，如图11-13所示	 图11-13　穿孔板组合吸声结构

续表

吸声材料与吸声结构类型	柔性吸声材料	具有密闭气孔和一定弹性的材料,如聚氯乙烯泡沫塑料,表面仍为多孔材料,但具有密闭气孔,声波引起的空气振动不易直接传递至材料内部,只能相应地产生振动,在振动过程中由于克服材料内部的摩擦而消耗了声能,引起声波衰减。**这种材料的吸声特性是在一定的频率范围内出现一个或多个吸收频率**
	悬挂空间吸声体	悬挂于空间吸声体,由于声波与吸声材料的两个或两个以上的表面接触,增加了有效的吸声面积,产生边缘效应,加上声波的衍射作用,大大提高实际的吸声效果。实际使用时,可根据不同的使用地点和要求,设计成各种形式的悬挂在顶棚下的空间吸声体,如图11-14(a)所示。空间吸声体有平板形、球形、圆锥形、棱锥形等多种形式
	帘幕吸声体	帘幕吸声体是用具有通气性能的纺织品,安装在离墙面或窗洞一定距离处,如图11-14(b)所示背后设置空气层。这种吸声体对中、高频都有一定的吸声效果。帘幕的吸声效果尚与材料种类有关。帘幕吸声体安装、拆卸方便,兼具装饰作用,应用价值较高  图11-14 特殊吸声结构 (a)空间吸声体;(b)帘幕体
吸声"四防"		吸声材料为多孔材料,气孔为开口孔,且互相连通。吸声材料强度较低且容易吸湿,所以安装时应注意,防止碰坏,且应考虑胀缩影响;此外,还要防火、防腐和防蛀。所以,吸声材料设置的综合"四防"应为**防撞坏、防吸湿、防火燃、防腐蚀**【2019】

典型习题

11-9 [2020-34] 中高频噪声的吸声降噪一般采用以下什么材料?( )
A. 多孔材料加空腔　　　　　　　　B. 吸声玻璃棉多孔材料
C. 20～50mm厚成品吸声板　　　　D. 穿孔板共振吸声结构
答案: B
解析: 多孔性吸声材料是比较常用的一种吸声材料,它具有良好的中、高频吸声性能。多孔加空腔,增加低频吸收,薄板是低频,穿孔板共振是中频。

11-10 [2019-36] 关于吸声材料设置的综合"四防",正确的是( )。
A. 防高温、防寒冬、防老化、防受潮　　B. 防撞坏、防吸湿、防火燃、防腐蚀
C. 防超厚、防脱落、防变形、防拆盗　　D. 防共振、防绝缘、防污染、防虫蛀
答案: B
解析: 吸声材料为多孔材料,气孔为开口孔,且互相连通。吸声材料强度较低且容易吸湿,所以安装时应注意,防止碰坏,且应考虑胀缩影响;此外,还要防火、防腐和防蛀。所以,吸声材料设置的综合"四防"应为防撞坏、防吸湿、防火燃、防腐蚀。

第十二章 装饰材料

思维导图

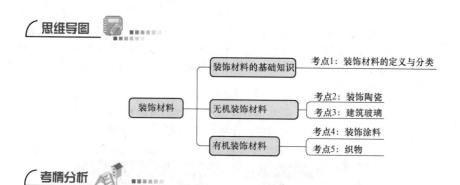

考情分析

章　节	近五年考试分数统计					
	2023 年	2022 年 12 月	2022 年 5 月	2021 年	2020 年	2019 年
第一节　装饰材料的基础知识	0	0	0	0	0	0
第二节　无机装饰材料	0	0	4	2	4	3
第三节　有机装饰材料	1	1	2	4	2	3
总　计	1	1	6	6	6	6

第一节　装饰材料的基础知识

考点 1：装饰材料的定义与分类

定义		建筑装饰材料一般是指主体结构工程完成后，进行室内外墙面、顶棚、地面上铺设或者涂刷的材料，主要起装饰作用，同时可以满足一定的功能需求，比如保护主体结构、吸声、调节湿度等
按材质分类	无机装饰材料	金属类：如不锈钢、彩钢、铝合金型材等； 非金属类：石材、陶瓷、玻璃、石膏、水泥等
	有机装饰材料	木材、塑料、有机涂料、纤维织物等
	有机—无机复合材料	人造大理石、彩色涂层钢板、铝塑板等
按材料在建筑物的装饰部位分类	外墙装饰材料	常用的有天然石材（如花岗岩）、人造石材、外墙面砖、陶瓷锦砖、玻璃制品（如玻璃马赛克、彩色吸热玻璃等）、白色和彩色水泥装饰混凝土、玻璃幕墙、铝合金门窗、装饰板、石渣类墙面（如刷石、粘石、磨石等）、外墙涂料等
	内墙装饰材料	内墙装饰材料常用的有天然石材（如大理石、花岗石等）、人造石材、壁纸与墙布、织物类（如挂毯、装饰布等）、玻璃制品等

续表

按材料在建筑物的装饰部位分类	地面装饰材料	地面装饰材料常用的有木地板、天然石材（如花岗石）、人造石材、塑料地板、地毯（如羊毛地毯、化纤地毯、混纺地毯等）、陶瓷地砖、陶瓷锦砖、地面涂料等
	顶棚装饰材料	顶棚装饰材料常用的有塑料吊顶板、铝合金吊顶板、石膏板（如浮雕装饰石膏板、纸面石膏板、嵌装式装饰石膏板等）、壁纸装饰天花板、矿棉装饰吸声板、膨胀珍珠岩装饰吸声板等
	屋面装饰材料	屋面装饰材料，如聚氨酯防水涂料、玻璃、玻璃砖、陶瓷、彩色涂层钢板、阳光板、玻璃钢板等

第二节 无机装饰材料

考点2：装饰陶瓷【★★★】

定义与分类	陶瓷是陶器和瓷器的总称。通常陶瓷制品可以分为**陶质制品、瓷质制品及炻质制品**
	陶质制品通常具有一定的吸水率，断面粗糙无光，不透明，敲之声音沙哑
	瓷质制品的坯体致密，基本上不吸水，有一定的半透明性，敲之声音清脆，通常均施有釉层。瓷质制品分为粗瓷和细瓷
	炻质制品则是介于陶质制品与瓷质制品之间的一类制品，国外称为炻器，也称为半瓷。**炻质砖吸水率高。【2022（5）】**炻器按其坯体的细密性、均匀性以及粗糙程度分为粗炻器和细炻器。**建筑装饰工程中用的外墙砖、地砖等均属于粗炻器**
内墙面砖	内墙面砖一般都上釉，又称瓷砖（图12-1）、瓷片或釉面砖。内墙面砖按形状分为通用砖和异形配件砖；按釉面色彩分为单色、花色和图案砖  图12-1 瓷砖（釉面砖）
	釉面砖表面光滑、色泽柔和典雅、防火、防潮、耐酸碱腐蚀、易于清洁，主要用于厨房、浴室、卫生间、实验室、医院等场所的室内墙面或台面的装饰
	因釉面砖的坯体吸水率高、抗冻性差、强度低，所以只能用于**室内墙面**
外墙砖	外墙面砖包括彩釉砖、无釉外墙砖、劈离砖等。 根据《外墙饰面砖工程施工及验收规程》（JGJ 126—2015），在Ⅰ/Ⅵ/Ⅶ区不应大于3%，在Ⅱ区吸收率不应大于6%，在Ⅲ/Ⅳ/Ⅴ和冰冻期一个月以上的地区不宜大于6%【2021】

续表

陶瓷砖	1）吸水率≤0.5%的超低吸水率瓷质砖，虽然破坏强度、断裂模数和抗冻性能提高，但用在外墙时施工困难，且成本会增加，通常**外墙砖吸水率≤3%**即可满足使用要求。 2）距地面较高的外墙贴铺，应避免使用质地厚重的挤压法成型的陶瓷砖（干挂法除外）。 3）外墙饰面砖**宜采用背面有燕尾槽**的产品。【2020】 4）外墙饰面砖的使用建筑高度，采用满贴法施工时，外墙砖单块面积大于 10 000mm² 时，下面若无裙房或平台承接，严寒和寒冷地区建筑高度不宜大于 20m，夏热冬冷、夏热冬暖和气候温和地区不宜大于 40m。 5）室外地砖多选用无釉砖，特别是质地厚重、破坏强度高的挤出成型陶瓷砖。 6）满粘法外墙饰面砖工程，找平层材料的抗拉强度不应低于外墙饰面砖粘贴的粘贴强度；面砖接缝的宽度应**大于或等于 5mm**，缝宽不宜大于 3mm。**不宜采用密缝，可采用平缝**【2020】
墙地砖	指用于地面和室外墙面的陶瓷装饰制品。陶瓷墙地砖有无釉的、彩釉的、仿天然石材的瓷质地砖、劈离砖（图 12-2）、麻面砖（图 12-3）和广场麻石砖等   图 12-2 劈离砖　　　　图 12-3 麻面砖
玻化砖	玻化砖是瓷质抛光砖的俗称，是以通体砖为坯体，表面经过研磨抛光而成的一种光亮的砖，色彩典雅，属于通体砖的一种，是一种无釉面砖。玻化砖吸水率很低，质地坚硬，耐腐蚀、抗污性强，抗冻性好
彩釉砖	**彩釉墙地砖**是一种表面施釉的陶瓷制品，坯体较为密实，强度较高，吸水率不大于 10%。在经常接触水的场所，使用釉面地砖要慎重，以防滑倒摔伤人【2020】
彩胎砖	**彩胎砖是一种本色无釉、瓷质饰面砖，俗称通体砖**。采用仿天然花岗石或大理石的彩色颗粒土原料，混合配料，压制成多彩坯体后，经高温一次烧成
	彩胎砖富有花岗石或大理石的纹理，图案细腻柔和，质地同花岗石一样坚硬、耐腐蚀。彩胎砖包括以下几种： 1）麻面砖：压制成表面凹凸不平的麻面坯体，经烧制而成，酷似人工修凿过的天然岩石面。 2）磨光彩胎砖：又称同质砖，表面晶莹润泽，高雅朴素，耐久性强。 3）抛光砖：又称玻化砖，是瓷质抛光砖的俗称，是以通体砖为坯体，表面经过研磨抛光而成的一种光亮的砖，色彩典雅，属于通体砖的一种，是一种**无釉面砖**。玻化砖吸水率很低，**质地坚硬，耐腐蚀、抗污性强，抗冻性好** 4）劈离砖：陶瓷劈离砖是因焙烧双联砖后可得两块产品而得名，也属于瓷质砖；劈离砖与砂浆附着力强，耐酸碱性好，耐寒性好

续表

陶瓷锦砖	陶瓷锦砖，又称陶瓷马赛克或纸皮砖、纸皮石等（图12-4），可用作内、外墙体及地面装饰。反贴在牛皮纸上贴好的锦砖称为一"联"，每联尺寸一般长、宽各约305.5mm。单块砖边长不大于50mm  图12-4 陶瓷锦砖
	每40联为一箱，每箱可铺贴面积约为3.7m²。陶瓷锦砖要求吸水率不大于0.2%，耐急冷急热性试验不开裂，与铺贴纸结合牢固、不脱落。脱纸时间不大于40min。使用温度为－20～100℃。

典型习题

12-1［2022（5）-27］下面四个选项中，哪种陶瓷砖的吸水率高？（　　）
　　A. 瓷质砖　　　　　B. 炻质砖　　　　　C. 炻瓷砖　　　　　D. 细炻砖
答案： B
解析： 根据烧结程度，坯体可分成瓷质，炻质和陶质三大类。瓷质制品的坯体致密，基本上不吸水，炻质砖吸水率最高。

12-2［2021-27］外墙装饰全瓷面砖吸水率不应大于（　　）。
　　A.3%　　　　　　B.5%　　　　　　C.8%　　　　　　D.10%
答案： A
解析： 根据《外墙饰面砖工程施工及验收规程》（JGJ 126—2015），在Ⅰ/Ⅵ/Ⅶ区不应大于3%，在Ⅱ区吸收率不应大于6%，在Ⅲ/Ⅳ/Ⅴ和冰冻期一个月以上的地区不宜大于6%。

12-3［2020-28］下面四个选项中，常用于外墙的瓷砖为（　　）。
　　A. 釉面砖　　　　　B. 陶瓷锦砖　　　　　C. 卫生瓷砖　　　　　D. 彩釉砖
答案： D
解析： 外墙面砖包括彩釉砖、无釉外墙砖、劈离砖等。

考点3：建筑玻璃【★★】

定义	玻璃是以**石英砂**、**纯碱**、**长石及石灰石**为原料，在1500～1600℃熔融形成的玻璃液在金属锡液表面急冷制成，也称为**浮法玻璃**。这种制作玻璃的方法是20世纪50年代由**英国**皮尔顿玻璃公司的阿士达·皮尔金顿爵士发明的。 玻璃具有透光、透视、隔声、绝热及饰作用，化学稳定性好、耐酸（氢氟酸除外）性强。玻璃的缺点是性脆、耐急冷急热性差，碱液、氢氟酸会溶蚀玻璃。 建筑玻璃按照用途与性能分为平板玻璃、安全玻璃、绝热玻璃和其他玻璃制品等几类

续表

平板玻璃	普通平板玻璃	特点：透明度好、板面平整
		用途：用于建筑门窗
	磨砂玻璃	特点：表面粗糙，使光产生漫射，有透光不透视的特点
		用途：用于卫生间、浴室的门窗，**安装毛面朝向室内**
	压花玻璃	**特点：折射光线不规则，透光不规则，兼具使用和装饰（图12-5）**
		用途：宾馆、办公楼、会议室的门窗，安装花纹朝向室内
	着色玻璃	着色玻璃是一种既能显著地吸收阳光中的热射线，而又保持良好透明度的**节能装饰性玻璃**。有色玻璃可有效吸收太阳的辐射热，产生"冷室效应"，达到蔽热节能的效果。是透过的阳光变得柔和，避免眩光。能有效地吸收太阳的紫外线，有效地防止对室内物品的褪色和变质作用【2020】
		工艺过程：经特殊处理，背面出现全息或其他光栅
	激光玻璃	特点：光照时会出现绚丽色彩，且可随照射及观察角度的不同，显现不同的变化，形成梦幻般的视觉氛围（图12-6）
		用途：宾馆、商业与娱乐建筑等的内外墙、屏风、装饰画、灯饰等
安全玻璃	定义	根据《全国民用建筑工程设计技术措施规划·建筑·景观》（2009年版）规定，安全玻璃是指符合现行国家标准的**钢化玻璃、夹层玻璃及由钢化玻璃或夹层玻璃**组合加工而成的其他玻璃制品，如安全中空玻璃等。**单片半钢化玻璃、单片夹丝玻璃不属于安全玻璃**
	钢化玻璃	钢化玻璃分为**物理钢化玻璃和化学钢化玻璃**
		物理钢化玻璃又称为**淬火钢化玻璃，也是建筑中常用的预应力玻璃**。一旦局部发生破损，玻璃被破碎成无数小块，这些小的碎片没有尖锐棱角，不易伤人（图12-7）【2018】
		化学钢化玻璃是通过改变玻璃的表面的化学组成来提高玻璃的强度，化学钢化效果更好，不容易自爆，可以钢化薄玻璃，但是**处理时间长，价格高**
	夹层玻璃	夹层玻璃（图12-8）是在两片或多片平板玻璃中嵌夹透明塑料薄片，经加热压粘而成的复合玻璃。**夹层玻璃透明度好**，抗冲击强度高，具有耐热、耐火、耐寒等性能，夹层玻璃破碎后不散落。主要用于汽车、飞机的挡风玻璃和有特殊要求的门窗、厂房的天窗及一些水下工程等
		夹层玻璃不能切割，需要选用定型产品或按尺寸定制
		《建筑玻璃应用技术规程》（JGJ 113—2015），9.1.2 地板玻璃必须采用**夹层玻璃**，点支承地板玻璃必须采用**钢化夹层玻璃**。钢化玻璃必须进行均质处理

图12-5 压花玻璃 　图12-6 激光玻璃 　图12-7 钢化玻璃的破碎 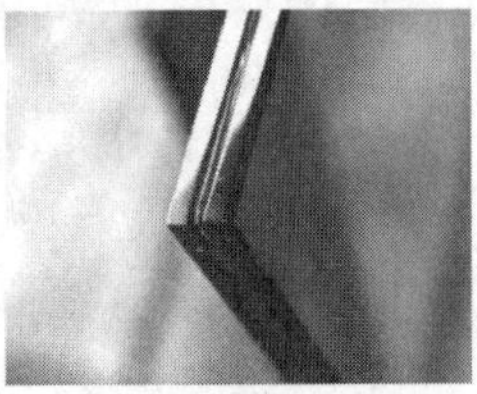　图12-8 夹层玻璃

续表

非安全玻璃	半钢化玻璃	半钢化玻璃是介于普通平板玻璃和钢化玻璃之间的一个品种。它兼有钢化玻璃强度高的优点，其强度高于普通玻璃；同时又避免了钢化玻璃平整度差、易自爆、一旦破坏即整体粉碎等缺点。**半钢化玻璃不属于安全玻璃**，不能用于天窗和有可能发生人体撞击的场合
	夹丝玻璃	夹丝玻璃（图12-9）又称钢丝玻璃、**防火玻璃**。它的制作方法是将预先编好的钢丝网压入软化的玻璃中制成的，其优点是较普通玻璃强度高。夹丝玻璃遭受冲击或温度剧变时，丝网使其破而不缺，裂而不散，避免带棱角的小块碎片飞出伤人；如遇到火灾，夹丝玻璃受热炸裂时，仍能保持固定形态，从而起到隔绝火势的作用。由于玻璃割破还有铁丝网阻挡，所以夹丝玻璃还具有防盗性能。 然而，**夹丝玻璃不属于安全玻璃。【2020，2019】**。因为夹丝玻璃的线网表面是经过特殊处理的，一般不易生锈，但切口部分处于无处理状态，所以遇水会生锈；生锈严重时，体积膨胀，切口处可能产生裂化，降低边缘强度，从而造成热断裂现象
绝热玻璃		绝热玻璃是指能控制热量传递，有效保持室内温度的玻璃。绝热包括保温和隔热两方面的要求。绝热玻璃的类型有热反射镀膜玻璃、Low-E玻璃（图12-10）、吸热玻璃、中空玻璃、玻璃空心砖（图12-11）等
其他玻璃制品		玻璃锦砖又称玻璃马赛克（图12-12），是由乳浊状半透明玻璃质材料制成的小尺寸玻璃制品，拼贴于纸上成联。玻璃锦砖具有色彩丰富、美观大方、化学稳定性好、热稳定性好、耐风化、易洗涤等优点。主要适用于宾馆、医院、办公楼、住宅等建筑的外墙和内墙饰面。     图12-9 夹丝玻璃　图12-10 Low-E玻璃　图12-11 玻璃空心砖　图12-12 玻璃马赛克
防火玻璃		分类： 1. 按结构分为复合防火玻璃（FFB）和单片防火玻璃（DEB）。 1）复合防火玻璃（FFB）：由两层以上玻璃复合而成或由一层玻璃和有机材料复合而成，并满足相应耐火等级要求的特种玻璃。复合防火玻璃（FFB）包括防火防弹玻璃、防火夹层玻璃（又分为复合防火玻璃和灌注型防火玻璃）、薄涂型防火玻璃、防火夹丝玻璃（又分为防火夹丝夹层玻璃和夹丝玻璃）及防火中空玻璃。 2）单片防火玻璃（DFB）：由单片玻璃构成，并满足相应耐火等级要求的特种玻璃。 2. 按耐火性能分为隔热型防火玻璃（A类）和非隔热型防火玻璃（C类）。 1）隔热型防火玻璃（A类）：耐火性能同时满足耐火完整性，耐火隔热性要求的玻璃。 2）非隔热型防火玻璃（C类）：耐火性能仅满足耐火完整性要求的玻璃。 3. 按耐火极限分为五个等级：0.50h、1.00h、1.50h、2.00h、3.00h

续表

	各种防火玻璃的特点及使用范围见表 12-1		
	表 12-1	各种防火玻璃的特点及使用范围	
	种类	功能特点	使用范围
防火玻璃	复合型防火玻璃	耐候性较差，在室外光照射下，易起泡、玻璃厚度较灌注型薄	用在室内防火门、玻璃门、窗、隔断、隔墙等。不宜用在室外光照处如幕墙、窗等
	灌注型防火玻璃	耐候性较差，在室外光照射下，易起泡	
	薄涂型防火玻璃	较少使用	
	防火中空玻璃	隔声降噪、隔热保温，至少有三层玻璃，厚度较厚	玻璃门、窗、隔断、隔墙等
	防火夹丝夹层玻璃	同时具有夹丝玻璃和防火夹层玻璃的优点，整体抗冲击强度提高，能与电加热和安全报警系统相连接。主要缺点是透光度欠佳	
	单片防火玻璃（DFB）	耐候性好，长久不变色，透光率高，强度是普通玻璃的 6～12 倍，轻便、厚度小，便于安装	建筑外墙用的幕墙或门窗玻璃，也可作为室内的防火隔断等

U型玻璃	1. U型玻璃（也称槽形璃）是用先压延后成型方法生产的一种新型墙体型材玻璃。其横截面呈U形，竖向呈条幅型，采用插入法垂直、水平或斜向安装，具有独特的建筑、装饰效果。 2. U型玻璃应用于工业与民用建筑非承重的内外墙、隔断、窗及屋面等。 3. U型玻璃按颜色分为有色的和无色的；按表面状态分为平滑的和带花纹的；按强度分无夹丝网的和有夹丝网的；按品种分有夹丝、无夹丝、钢化和夹胶。 4. 主要指标：【2020】 ①传热系数：6mm 厚单排安装时 5.0W/(m²·K)，双排安装时 2.4W/(m²·K)。 ②隔声能力：6mm 厚单排安装时 27dB，双排安装时 38dB。 ③耐火极限：6mm 厚单排安装时 0.75h
中空玻璃	根据要求选用各种不同性能的玻璃原片，如透明浮法玻璃、压花玻璃、彩色玻璃、防阳光玻璃、镜面反射玻璃、夹丝玻璃、钢化玻璃等与边框经胶接、焊接或熔结而制成 中空玻璃的玻璃与玻璃之间留有一定的空腔，使其具有**优良的保温、隔热、隔声等性能**。 1）光学性能、根据所选用的玻璃原片，中空玻璃具有各种不同的光学性能；可见光透过率范围 10%～80%；光反射率范围 25%～80%；总透过率范围 25%～50%。 2）绝热性能中空玻璃具有优良的绝热性能。在某些条件下，其绝热性可优于混凝土墙。采用中空玻璃窗与采用普通单层窗相比，能达到明显的节能效果

续表

热反射玻璃	热反射玻璃也称镀膜玻璃（图12-13），具有较高的热反射性能，而又能保持良好透光性的平板玻璃。 由于热反射玻璃具有良好的保温、隔热性能，建筑工程中多用来制成中空玻璃或夹层玻璃窗。**这种玻璃幕墙比一砖厚两面抹灰的砖墙保温性能还好**	 图12-13 热反射玻璃
	热反射玻璃具有如下特点： 1) 对太阳辐射热有较高的反射能力。普通平板玻璃的辐射反射率为7%～8%、热反射玻璃则达30%左右。 2) **镀金属膜的热反射玻璃，具有单向透像的特性**	
吸热玻璃	能吸收大量红外线辐射能而又保持良好可见光透过率的平板玻璃称为吸热玻璃。吸热玻璃的生产是在普通钠－钙硅酸盐玻璃中引入有着色作用的氧化物，如氧化铁、氧化镍以及硒等，使玻璃着色而具有较高的吸热性能；或在玻璃表面喷涂氧化锡、氧化铁、氧化钴等着色氧化物薄膜而制成	
	吸热玻璃的特点是： 1) 吸收太阳的辐射热，吸热玻璃的颜色和厚度不同，对太阳的辐射热吸收程度也不同。 2) 吸收太阳的可见光、吸热玻璃比普通玻璃吸收可见光要多得多。吸热玻璃能使刺目的阳光变得柔和，起到良好的反眩作用。 3) 吸收太阳的紫外线，它除了能吸收红外线外，还可以显著减少由于紫外线的透射而对人体与物体造成的损害，以及防止紫外线导致的室内家具、书籍等的褪色和变质。吸热玻璃原理如图12-14所示	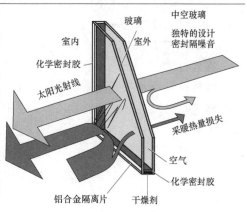 图12-14 吸热玻璃的原理
阳光控制膜玻璃	阳光控制镀膜玻璃通过膜层，改变其光学性能，对波长范围300～2500nm的太阳光具有选择性反射和吸收作用。这种玻璃具有良好的隔热性能。在保证室内采光柔和的条件下，可有效地屏蔽进入室内的太阳辐射能。可以避免暖房效应，减少室内降温空调的能源消耗，并具有**单向透视性**，阳光控制镀膜玻璃的镀膜层具有单向透视性，故又称为单反玻璃。 阳光控制镀膜玻璃可用作建筑门窗玻璃、幕墙玻璃，还可用于制作**高性能中空玻璃**(图12-15)。具有良好的节能和装饰效果，很多现代的高档建筑都选用镀膜玻璃做幕墙，但在使用时应注意，不恰当或使用面积过大会造成光污染，影响环境的和谐。单面镀膜玻璃在安装时，**应将膜层面向室内**，以提高膜层的使用寿命和取得节能的最大效果【2022（12）】	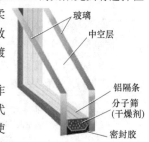 图12-15 中空玻璃构造

典型习题

12-4 [2022（12）-28] 关于单面阳光控制镀膜玻璃，正确的是（   ）。
A. 可增加暖房效应　　　　　　　　　B. 具有双向透视性
C. 不会形成光污染　　　　　　　　　D. 镀膜层应面向室内
答案： D
解析： 参见考点 4 中"阳光控制镀膜玻璃"的相关内容。

12-5 [2022（5）-26] 下列关于夹层玻璃的说法，正确的是（   ）。
A. 不能切割　　　　　　　　　　　　B. 透明度差
C. 玻璃层数最多 3 层　　　　　　　　D. 不可用作楼梯栏板
答案： A
解析： 夹层玻璃不能切割，需要选用定型产品或按尺寸定制，选项 A 正确；夹层玻璃的透明度好，选项 B 错误；夹层玻璃的层数有 2、3、5、7 层，最多可达 9 层，选项 C 错误；设有立柱和扶手，栏板玻璃作为镶嵌面板安装在护栏系统中，栏板玻璃应使用符合规定，选项 D 错误。

12-6 [2020-29] 下面四个选项中，属于安全玻璃的是（   ）。
A. 浮法玻璃　　　　　　　　　　　　B. 夹层玻璃
C. 单片夹丝玻璃　　　　　　　　　　D. 热增强玻璃
答案： B
解析： 安全玻璃是指符合现行国家标准的钢化玻璃、夹层玻璃及由钢化玻璃或夹层玻璃组合加工而成的其他玻璃制品，如安全中空玻璃等。单片半钢化玻璃、单片夹丝玻璃不属于安全玻璃。

第三节　有机装饰材料

考点 4：装饰涂料【★★★★★】

组成	主要成膜物质	树脂有天然树脂（虫胶、松香和天然沥青）、合成树脂（酚醛树脂、醇酸树脂、环氧树脂、硝酸纤维）
	次要成膜物质	次要成膜物质包括着色颜料（各种无机或有机颜料，如钛白粉、铁黑、铁红等）和体质颜料（即填料）：滑石粉、碳酸钙粉
	辅助成膜物质	辅助成膜物质有溶剂和助剂。溶剂是挥发性有机溶剂（如松香水、香蕉水、汽油、苯、乙醇）和水；助剂包括催干剂、增塑剂、固化剂等
油漆	天然漆	优点：漆膜坚韧、耐久性、耐酸性、耐水性和耐热性均较好，光泽度高。 缺点：漆膜色深、不耐阳光直射、施工时有使人皮肤过敏的毒性等
	清漆	清漆是一种透明油漆，常用于木器上可显示底色和花纹。主要有油清漆、醇酸清漆等
	色漆	与清漆相对，色漆因加入颜料而呈现某种颜色，从而具有遮盖力，色漆品种包括调和漆、磁漆、底漆、防锈漆等

续表

油漆	磁漆	磁漆（瓷漆）是在清漆中加入无机颜料而成，因漆膜光亮、坚硬，酷似瓷（磁）器，故名。磁漆色泽丰富，附着力强，常用的有醇酸磁漆、酚醛磁漆等品种
	调和漆	调和漆是在熟干性油中加入颜料、溶剂、催干剂等调和而成，**油性调和漆中不含树脂**。调和漆质地均匀，漆膜耐蚀、耐晒、耐久性好。常用调和漆有油性调和漆、磁性调和漆等品种
	硝基漆	硝基漆的主要成分为硝酸纤维素，是以精制短棉绒为原料，用硝酸、硫酸的混合酸进行酯化，**硝基漆不属于树脂类油漆**
	聚氨酯漆	**聚氨酯漆即聚氨基甲酸酯漆。它漆膜强韧，光泽丰满，附着力强，耐水耐磨、耐腐蚀性**。被广泛用于高级木器家具，也可用于金属表面。其缺点主要有遇潮起泡，漆膜粉化等问题，与聚酯漆一样，它同样存在着变黄的问题
		水性聚氨酯木器漆不仅仅具有环保性，而且同时具备高固含、丰满度佳，对各种素材表面有良好的附着性，漆膜坚韧硬度较高，可达铅笔测试 H～2H 的硬度，具有高度的耐磨性及耐撞击性，并且涂膜受热不会软化，耐热点极高，鲜度持续很优良。是目前水可稀释的最现代化、性能优异的环保型的木器涂料【2022（5）】
	防腐漆	在建筑工程中，常用酯胶漆、环氧漆、沥青漆等作为耐酸、**防腐漆**，用于化工防腐蚀工程。 有机硅耐高温防腐漆由有机硅树脂、**超细锌粉、特种耐高温抗腐蚀颜料、填料助剂、固化剂、有机溶剂**等组成，可常温自干，具有、耐候性、耐腐蚀等优良性能，并具有电绝缘性
有机涂料	溶剂型涂料	溶剂型涂料由合成树脂、有机溶剂、颜料、填料等制成。漆膜细腻而坚韧，有较好的耐水性、耐候性及气密性；但易燃，溶剂挥发后对人体有害。常用的有过氯乙烯外墙（地面）涂料、氯化橡胶外墙涂料、聚氨酯系外墙涂料、丙烯酸酯外墙涂料、苯乙烯焦油外墙涂料及聚乙烯醇缩丁醛外墙涂料
	水溶性涂料	水溶性涂料以水溶性树脂、水、颜料、填料制成。由于耐水性和耐候性差，一般只适用于室内装饰
		水性内墙涂料，是以水溶性合成树脂为主要成膜物质，以水为稀释剂，加入适量的颜料，填料及辅助材料，经研磨而成的涂料。这类涂料的水溶性树脂可直接溶于水中，与水形成单相的溶液，透气性好，无毒、无味、不燃、不污染环境，是一类绿色建材
	乳液型涂料	乳胶漆是将合成树脂以 0.1～0.5μm 的细微粒子分散于有乳化剂的水中构成乳液，以乳液为主要成膜物质，并加入适量颜料、填料和辅助原料共同研磨而成的涂料。 该涂料以水为分散介质，无易燃溶剂，施工方便，**可在潮湿基层上施工**，耐候性、**透气性好**。但必须在10℃以上气温施工，以免影响涂料质量【2022（12）】

续表

常用装饰涂料	苯丙乳液涂料	是以苯乙烯、甲基丙烯酸甲酯、丙烯酸丁酯共聚乳液配制而成。涂料的耐水性、耐污染性、大气稳定性及抗冻性均较好。**苯丙乳液涂料无毒、是不燃、有一定的透气性，常用作住宅内墙涂料**【2019】
	乙—丙涂料	乙—丙涂料由醋酸乙烯和一种或几种丙烯酸酯单体借助非离子型乳化剂和无机过氧化物引发剂的作用，在一定温度下进行共聚反应制得乙丙共聚乳胶液。将这种乳液作为成膜物质，掺入颜料、填料、助剂、防霉剂等，经分散、混合后制成的乳胶漆。有良好的光稳定性和耐候性。抗冻性、耐水性、耐污染性良好。因此，可作为**外墙涂料用于室外**【2020】
	丙烯酸酯外墙涂料	丙烯酸酯外墙涂料是以热塑性丙烯酸酯合成树脂为主要成膜物质。该涂料耐候性良好，长期光照日晒、雨淋不易变色、粉化、脱落，与墙面结合牢度好，可在严寒季节施工，都能很好干燥成膜。但**耐沾污性较差**，因此常利用其与其他树脂能良好相混溶的特点，将聚氨酯、聚酯或有机硅对其改性制得丙烯酸酯复合型耐沾污性外墙涂料，综合性能大大改善，得到广泛应用【2023】
	有机硅树脂涂料	元素有机涂料是由元素有机聚合物为主要成膜物质的涂料总称，包括有机硅、有机钛、有机氟、有机铝等。元素有机涂料是介于有机高分子和无机化合物之间的一种化合物，具有特殊的热稳定性、绝缘性；耐高温性、耐候性等特点
相关技术规范		根据《民用建筑工程室内环境污染控制标准》(GB 50325—2020)规定，民用建筑工程室内装修时，严禁使用苯、工业苯、石油苯、重质苯及混苯含苯稀释剂和溶剂；民用建筑工程室内装修时，不应采用聚乙烯醇水玻璃内墙涂料、聚乙烯醇缩甲醛内墙涂料和树脂以硝化纤维素为主、溶剂以二甲苯为主的水包油型多彩内墙涂料
		《民用建筑工程室内环境污染控制标准》(GB 50325—2020) 4.3.4 民用建筑室内装饰装修时，不应采用聚乙烯醇水玻璃内墙涂料、聚乙烯醇缩甲醛内墙涂料和树脂以硝化纤维素为主、溶剂以**二甲苯为主的水包油型多彩内墙涂料**

典型习题

12-7 [2023-26] 下列关于丙烯酸酯涂料的说法，错误的是（　　）。
A. 耐沾污性好　　　B. 保色性好　　　C. 耐老化性好　　　D. 附着力好
答案：A
解析：参见考点7中"丙烯酸酯外墙涂料"的相关内容。

12-8 [2022(12)-10] 下列关于乳胶漆的说法，错误的是（　　）。
A. 以有机溶剂为稀释剂　　　　　　B. 可以在潮湿基层上施工
C. 透气性好　　　　　　　　　　　D. 必须在10℃以上气温施工
答案：A
解析：参见考点7中"乳液型涂料"的相关内容。

12-9 [2022(5)-24] 下列关于聚氨酯木器漆的特性，正确的是（　　）。

A. 耐腐蚀性好　　　　　B. 附着力差　　　　　C. 保色效果好　　　　　D. 耐磨性差

答案：A

解析：聚氨酯木器漆的特点是漆膜强韧，光泽丰满，附着力强（选项B错误），耐水耐磨（选项D错误）、耐腐蚀性。（选项A正确）被广泛用于高级木器家具，也可用于金属表面。其缺点主要有遇潮起泡，漆膜粉化等问题，与聚酯漆一样，它同样存在着变黄的问题。（选项C错误）

考点5：织物【★】

定义	常见的织物装饰材料有纤维、地毯等	
纤维	羊毛	羊毛弹性好、不易变形、不易污染、易于染色，制品保温性好，属于高级纤维材料。主要用于生产高级地毯，但使用时应注意防蛀。
	聚丙烯腈纤维（腈纶）	聚丙烯腈纤维（腈纶）：腈纶有"合成羊毛"之称，比羊毛轻，柔软保暖，弹性好，耐酸碱腐蚀，耐晒性最好；但耐磨性很差，易起静电（图12-16）
	聚酰胺纤维（尼龙、锦纶）	**聚酰胺纤维**（尼龙、锦纶）：聚酰胺纤维坚固柔韧，**耐磨性最好**，不怕虫蛀、不发霉、不易吸湿、**易于清洁**；但其弹性差，易吸尘，耐热、耐光性能不好，是人造纤维中综合性能最好的（图12-17）
	聚丙烯纤维（丙纶）	聚丙烯纤维质轻，弹性好，耐磨性好，耐酸碱性及耐湿性好，易于清洁，阻燃性好；但抗静电性差（图12-18）
	聚酯纤维（涤纶）	聚酯纤维不易皱缩，耐晒，耐磨性较好，仅次于锦纶，尤其在湿润状态下同干燥时一样耐磨；但纤维染色较困难（图12-19）

图12-16 腈纶　　图12-17 锦纶　　图12-18 丙纶　　图12-19 涤纶

	各种纤维性能比较见表12-2。				
对比	表12-2　　　　各种纤维性能比较				
	特性	丙纶	腈纶	涤纶	尼龙
	弹性恢复率（%）	40	65	68	97
	耐磨性	很差	很差	差	好
	抗污染性	很好	差	差	好
	抗静电性	好	好	好	极好
	抗化学试剂性能	差	差	差	好
	阻燃性	很差	极差	极差	很好
	防霉、防蛀	很好	很好	很好	极好
地毯	地毯具有隔热、保温、隔声、防滑和减轻碰撞等作用。地毯按照材质可分为纯毛地毯、混纺地毯、化纤地毯、塑料地毯、橡胶地毯等。此外，地毯的性能取决于所用纤维的特性				

典型习题

12-10 [2021-28] 下面四个选项中，织物性锦纶装饰材料的主要成分为（　　）。
A. 聚酯纤维　　　　　　　　　　　　B. 聚酰胺纤维
C. 聚丙烯纤维　　　　　　　　　　　D. 聚丙烯腈纤维

答案：B

解析：聚丙烯腈纤维为腈纶，聚丙烯纤维为丙纶，聚酯纤维为涤纶，聚酰胺纤维为锦纶。所以织物性锦纶装饰材料的主要成分为聚酰胺纤维。

12-11 [2019-32] 下面四个选项中，用于重要公共建筑人流密集的出入口地毯宜用（　　）。
A. 涤纶　　　　　B. 锦纶　　　　　C. 腈纶　　　　　D. 丙纶

答案：B

解析：丙纶纤维地毯手感略硬，回弹性、抗静电性较差，阳光照射下老化较快，但耐磨耐碱及耐湿性较羊毛地毯好，耐燃性较好。腈纶地毯的抗静电性、染色性优于丙纶涤纶，纤维兼具丙纶和腈纶的优点，但是价格高于这两种纤维。锦轮（尼龙纤维）手感极似羊毛，耐磨而富弹性，不怕日晒，不易老化，耐磨、耐菌、耐虫性能均优于其他化纤地毯，抗静电性能极好，易于清洗。综合比较锦纶（尼龙）不怕日晒不易老化耐磨、耐菌、耐虫性能、最适合人流密集的公共建筑入口。

建筑构造

第十三章　建筑防水与建筑防火
第十四章　基础与地下室
第十五章　楼地面与路面构造
第十六章　建筑交通系统
第十七章　墙体构造
第十八章　屋顶
第十九章　门窗
第二十章　建筑幕墙
第二十一章　建筑装饰装修构造
第二十二章　变形缝构造
第二十三章　老年人建筑与无障碍设计
第二十四章　建筑工业化与绿色建筑

第十三章 建筑防水与建筑防火

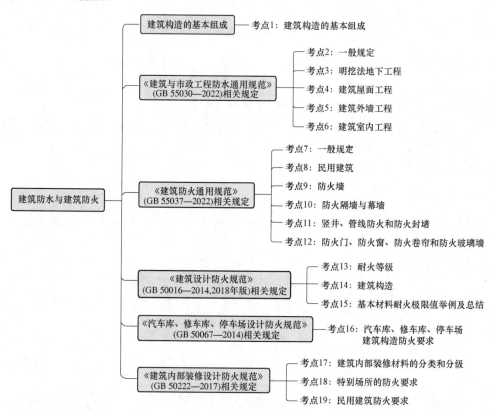

章 节	近五年考试分数统计					
	2023 年	2022 年 12 月	2022 年 5 月	2021 年	2020 年	2019 年
第一节 建筑构造的基本组成	0	0	0	0	0	0
第二节 《建筑与市政工程防水通用规范》(GB 55030—2022) 相关规定	0	0	0	0	0	0
第三节 《建筑防火通用规范》(GB 55037—2022) 相关规定	0	0	0	0	0	0
第四节 《建筑设计防火规范》(GB 50016—2014，2018 年版) 相关规定	1	4	0	2	7	2
第五节 《汽车库、修车库、停车场设计防火规范》(GB 50067—2014) 相关规定	0	0	0	0	1	0

续表

章 节	近五年考试分数统计					
	2023年	2022年12月	2022年5月	2021年	2020年	2019年
第六节 《建筑内部装修设计防火规范》(GB 50222—2017)相关规定	0	1	0	1	2	1
总 计	1	5	0	3	10	3

注：1. 注意《建筑防火通用规范》（GB 55037—2022）和《建筑设计防火规范》（GB 50016—2014，2018年版）的衔接，很多《建筑设计防火规范》（GB 50016—2014，2018年版）中被《建筑防火通用规范》（GB 55037—2022）删除其强制性的条文，因没有相关新条文替代，在实际工程中仍执行，另外，《建筑防火通用规范》（GB 55037—2022）是重要的新规范，故没有往年相关真题，但复习中需特别关注。

2. 注意《建筑与市政工程防水通用规范》（GB 55030—2022）与原《屋面工程技术规范》（GB 50345—2012）、《地下工程防水技术规范》（GB 50108—2008）等的衔接，涉及有规范冲突的部分以《建筑与市政工程防水通用规范》（GB 55030—2022）为准，但因为没有配套图集，例如，三级防水的具体做法没有相关参考，因此对考生复习加大难度，故需要密切注意备考当年出台的相关防水文件。《建筑与市政工程防水通用规范》（GB 55030—2022）是重要的新规范，故没有往年相关真题，但复习中需特别关注。

3. 本章节的考点属于综合理解性，切勿死记硬背，特别是防火相关章节的部分，要找其规律。

第一节　建筑构造的基本组成

考点1：建筑构造的基本组成

建筑物实体是一个复杂的、动态的大系统，由**结构支承系统、围护和分隔系统以及设备系统**组成，如图13-1所示。建筑物实体的构造组成通常包括**水平建筑构件**（地坪、楼板、屋顶等）、**竖向建筑构件**（基础、墙和柱、门窗等），以及解决上下层**交通联系构件**（楼梯、电梯、台阶等）等基本构件。另外，还有阳台、雨篷、台阶、散水等附属构件。

建筑物的构成系统

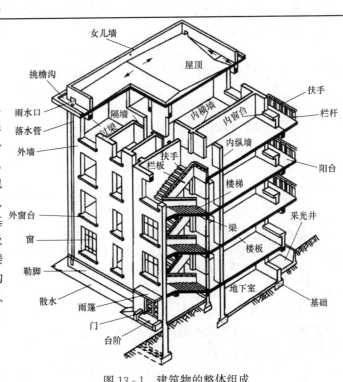

图13-1　建筑物的整体组成

续表

结构支承系统	结构支承系统是建筑物的结构受力以及保证结构稳定的系统。结构支承系统是不可变动的部分，构件布局合理，有足够的强度和刚度，并方便力的传递，使结构变形控制在规范允许的范围内。 围护和分隔系统是建筑物中起围合和分隔空间的界面作用的系统，考虑安装时与其周边构件连接的可能性及稳定问题
设备系统	设备系统如电力、电信、照明、给排水、供暖、通风、空调、消防等系统。需要建筑提供主要设备的安置空间，有些管道可能需要穿越主体结构或是其他构件，会形成相应的附加荷载，需要提供支承

第二节 《建筑与市政工程防水通用规范》（GB 55030—2022）相关规定

考点 2：一般规定【★★】

专项防水	4.1.1 工程防水应进行**专项防水设计**
一道防水层	4.1.2 下列构造层不应作为一道防水层： 1 混凝土屋面板； 2 塑料排水板； 3 不具备防水功能的装饰瓦和不搭接瓦； 4 注浆加固
种植屋面	4.1.3 种植屋面和地下建（构）筑物种植顶板工程防水等级应为**一级**，并应至少设置一道具有**耐根穿刺**性能的防水层，其上应设置保护层
有害作用	4.1.4 相邻材料间及其施工工艺不应产生有害的物理和化学作用
迎水面主体结构	4.1.5 地下工程迎水面主体结构应采用**防水混凝土**，并应符合下列规定： 1 防水混凝土应满足抗渗等级要求； 2 防水混凝土结构厚度不应小于250mm； 3 防水混凝土的裂缝宽度不应大于结构允许限值，并不应贯通； 4 寒冷地区抗冻设防段防水混凝土抗渗等级不应低于P10
腐蚀性地下工程	4.1.6 受中等及以上腐蚀性介质作用的地下工程应符合下列规定 1 防水混凝土强度等级不应低于C35； 2 防水混凝土设计抗渗等级不应低于P8； 3 迎水面主体结构应采用**耐侵蚀性**防水混凝土，外设防水层应满足**耐腐蚀**要求

	续表
排水设施	4.1.7 排水设施应具备汇集、流径、排放等功能。地下工程集水坑和排水沟应做防水处理，排水沟的纵向坡度不应小于0.2%
防水节点构造	4.1.8 防水节点构造设计应符合下列规定： 1 附加防水层采用防水涂料时，应设置**胎体增强材料**； 2 结构变形缝设置的橡胶止水带应满足结构允许的最大变形量； 3 穿墙管设置防水套管时，防水套管与穿墙管之间应密封

13-1 [模拟题] 以下选项关于地下工程迎水面主体结构防水做法，错误的是（　　）。
A. 应采用防水混凝土　　　　　　　　B. 结构厚度不应小于200mm
C. 裂缝宽度不应大于结构允许限值　　D. 抗渗等级不应低于P10
答案：B
解析：根据《建筑与市政工程防水通用规范》（GB 55030—2022）4.1.5，防水混凝土结构厚度不应小于250mm。

考点3：明挖法地下工程【★★】

	4.2.1 明挖法地下工程现浇混凝土结构防水做法应符合下列规定： 1 主体结构防水做法应符合表4.2.1（表13-1）的规定。				
主体结构防水	表13-1　　　　　　　　　主体结构防水做法				
	防水等级	防水做法	防水混凝土	外设防水层	
				防水卷材	防水涂料	水泥基防水材料
	一级	不应少于3道	为1道，应选	不少于2道；防水卷材或防水涂料不应少于1道		
	二级	不应少于2道	为1道，应选	不少于1道；任选		
	三级	不应少于1道	为1道，应选	—		
	2 叠合式结构的侧墙等工程部位，外设防水层应采用水泥基防水材料				
最低抗渗等级	4.2.3 明挖法地下工程防水混凝土的最低抗渗等级应符合表4.2.3（表13-2）的规定。			
	表13-2　　　明挖法地下工程防水混凝土最低抗渗等级			
	防水等级	市政工程现浇混凝土结构	建筑工程现浇混凝土结构	装配式衬砌
	一级	P8	P8	P10
	二级	P6	P8	P10
	三级	P6	P6	P8

续表

接缝防水设防措施

4.2.4 明挖法地下工程结构接缝的防水设防措施应符合表4.2.4（表13-3）的规定。

表13-3　明挖法地下工程结构接缝的防水设防措施

施工缝					变形缝					后浇带					诱导缝			
混凝土界面处理剂或外涂型水泥基渗透结晶型防水材料	预埋注浆管	遇水膨胀止水条或止水胶	中埋式止水带	外贴式止水带	**中埋式中孔型橡胶止水带**	外贴式中孔型止水带	可卸式止水带	密封嵌缝材料	外贴防水卷材或外涂防水涂料	**补偿收缩混凝土**	预埋注浆管	中埋式止水带	遇水膨胀止水条或止水胶	外贴式止水带	**中埋式中孔型橡胶止水带**	密封嵌缝材料	外贴式止水带	外贴防水卷材或外涂防水涂料
不应少于2种					**应选**	不应少于2种				**应选**	不应少于1种				**应选**	不应少于1种		

设防范围

4.2.7 附建式全地下或半地下工程的防水设防范围应高出室外地坪，其超出的高度不应小于300mm

顶板防水

4.2.8 民用建筑地下室顶板防水设计应符合下列规定：

1 应将覆土中积水排至周边土体或建筑排水系统；

2 与地上建筑相邻的部位应设置泛水，且高出覆土或场地不应小于500mm

典型习题

13-2［模拟题］明挖法地下工程结构变形缝应选择下列哪种防水设防措施？（　　）

A. 中埋式中孔型橡胶止水带　　B. 补偿收缩混凝土

C. 遇水膨胀止水条　　D. 预埋注浆管

答案： A

解析： 参见表13-3。

考点4：建筑屋面工程【★★】

防水做法

4.4.1 建筑屋面工程的防水做法应符合下列规定：

1 **平屋面**工程的防水做法应符合表4.4.1-1（表13-4）的规定。

表13-4　平屋面工程的防水做法

防水等级	防水做法	防水层	
		防水卷材	防水涂料
一级	**不应少于3道**	**卷材防水层不应少于1道**	
二级	不应少于2道	卷材防水层不应少于1道	
三级	不应少于1道	任选	

续表

防水做法	2 **瓦屋面**工程的防水做法**应**符合表4.4.1-2（表13-5）的规定。 表13-5　　　　　　　　**瓦屋面工程的防水做法** 	防水等级	防水做法	防水层	
---	---	---	---
		金属板	防水卷材
一级	不应少于2道	为1道，应选	不应少于1道；厚度不应小于1.5mm
二级	不应少于2道	为1道，应选	不应少于1道
三级	不应少于1道	为1道，应选	— | 3 **金属屋面**工程的防水做法应符合表4.4.1-3（表13-6）的规定。全焊接金属板屋面应视为一级防水等级的防水做法。 表13-6　　　　　　　　**金属屋面工程防水做法** | 防水等级	防水做法	防水层		
---	---	---	---	---
		屋面瓦	防水卷材	防水涂料
一级	**不应少于3道**	为1道，应选	**卷材防水层不应少于1道**	
二级	不应少于2道	为1道，应选	不应少于1道；任选	
三级	不应少于1道	为1道，应选	—		 4 当在屋面金属板基层上采用聚氯乙烯防水卷材（PVC）、热塑性聚烯烃防水卷材（TPO）、三元乙丙防水卷材（EPDM）等外露型防水卷材单层使用时，防水卷材的厚度，一级防水不应小于1.8mm，二级防水不应小于1.5mm，三级防水不应小于1.2mm
排（蓄）水层	4.4.2 种植屋面工程的排（蓄）水层应结合屋面排水系统设计，**不应作为耐根穿刺防水层使用**，并应设置将雨水排向屋面排水系统的有组织排水通道
屋面排水坡度	4.4.3 屋面排水坡度应根据**屋顶结构形式、屋面基层类别、防水构造形式、材料性能及使用环境**等条件确定，并应符合下列规定 1 屋面排水坡度应符合表4.4.3（表13-7）的规定。 表13-7　　　　　　　　**屋　面　排　水　坡　度** 	屋面类型		屋面排水坡度/（%）
---	---	---
平屋面		≥2
瓦屋面	块瓦	≥30
	波形瓦	≥20
	沥青瓦	≥20
	金属瓦	≥20
金属屋面	压型金属板、金属夹芯板	≥5
	单层防水卷材金属屋面	≥2
种植屋面		≥2
玻璃采光顶		≥5	 2 当屋面采用结构找坡时，其坡度不应小于3%。 3 混凝土屋面檐沟、天沟的纵向坡度不应小于1%

续表

防水构造设计	4.4.5 屋面工程防水构造设计应符合下列规定： 1 当设备放置在防水层上时，应设**附加层**。 2 天沟、檐沟、天窗、雨水管和伸出屋面的管井管道等部位泛水处的防水层应设附加层或进行多重防水处理。 3 屋面雨水天沟、檐沟不应跨越变形缝，屋面变形缝泛水处的防水层应设附加层，防水层应铺贴或涂刷至变形缝挡墙顶面。高低跨变形缝在立墙泛水处，应采用有足够变形能力的材料和构造作密封处理
保护层	4.4.6 非外露防水材料暴露使用时应设有**保护层**
加强固定措施	4.4.7 瓦屋面、金属屋面和种植屋面等应根据工程所在地的基本风压、地震设防烈度和屋面坡度等条件，采取抗风揭和抗滑落的加强固定措施
防水等级一致	4.4.8 屋面天沟和封闭阳台外露顶板等处的工程防水等级应与建筑屋面防水等级**一致**
材料搭接	4.4.9 混凝土结构屋面防水卷材采用水泥基材料搭接粘结时，防水层长边不应大于45m

典型习题

13-3 [模拟题] 以下四个屋面类型排水中，坡度要求最小的是（　　）。
A. 波形瓦屋面　　　B. 沥青瓦屋面　　　C. 压型金属板屋面　　　D. 种植屋面
答案：D
解析：参见表13-7。

考点5：建筑外墙工程【★★】

整体防水设计	4.5.1 建筑外墙防水应根据工程所在地区的工程防水使用环境类别进行整体防水设计。建筑外墙门窗洞口、雨篷、阳台、女儿墙、室外挑檐、变形缝、穿墙套管和预埋件等节点应采取防水构造措施，并应根据工程防水等级设置墙面防水层
节点防水做法	4.5.2 墙面防水层做法应符合下列规定： 1 防水等级为一级的框架填充或砌体结构外墙，应设置2道及以上防水层。防水等级为二级的框架填充或砌体结构外墙，应设置1道及以上防水层。当采用2道防水时，应设置1道**防水砂浆**，及1道**防水涂料**或其他防水材料。 2 防水等级为一级的现浇混凝土外墙、装配式混凝土外墙板应设置1道及以上防水层。 3 封闭式幕墙应达到**一级**防水要求。 4.5.3 门窗洞口节点构造防水和门窗性能应符合下列规定： 1 门窗框与墙体间连接处的缝隙应采用防水密封材料嵌填和密封； 2 门窗洞口上楣应设置**滴水线**； 3 门窗性能和安装质量应满足水密性要求；

整体防水设计	4 窗台处应设置**排水板和滴水线**等排水构造措施，排水坡度不应小于5%。 4.5.4 雨篷、阳台、室外挑板等防水做法应符合下列规定： 1 雨篷应设置外排水，坡度不应小于1%，且外口下沿应做**滴水线**。雨篷与外墙交接处的防水层应连续，且防水层应沿外口<u>**下翻至滴水线**</u>。 2 开敞式外廊和阳台的楼面应设防水层，阳台坡向水落口的排水坡度不应小于1%，并应通过雨水立管接入排水系统，水落口周边应留槽嵌填密封材料。阳台外口下沿应做滴水线。 3 室外挑板与墙体连接处应采取防雨水倒灌措施和节点构造防水措施。 4.5.5 外墙变形缝、穿墙管道、预埋件等节点防水做法应符合下列规定： 1 变形缝部位应采取防水加强措施。当采用增设卷材附加层措施时，卷材两端应满粘于墙体，满粘的宽度不应小于150mm，并应钉压固定，卷材收头应采用密封材料密封。 2 穿墙管道应采取避免雨水流入措施和内外防水密封措施。 3 外墙预埋件和预制部件四周应采用防水密封材料连续封闭
加强措施	4.5.6 使用环境为Ⅰ类且强风频发地区的建筑外墙门窗洞口、雨篷、阳台、穿墙管道、变形缝等处的节点构造应采取**加强措施**

典型习题

13－4 ［模拟题］下列关于雨篷防水做法，错误的是（　　）。
A．设置外排水，坡度不应小于2%　　　B．外口下沿应做滴水线
C．雨篷与外墙交接处的防水层应连续　　D．防水层应沿外口下翻至滴水线
答案：A
解析：根据《建筑与市政工程防水通用规范》5.4.5，雨篷应设置外排水，坡度不应小于1%。

考点6：建筑室内工程【★★】

	4.6.1 室内楼地面防水做法应符合表4.6.1（表13－8）的规定。				
防水做法	表13－8　　　　　　　　　室内楼地面防水做法				
	防水等级	防水做法	防水层		
			防水卷材	防水涂料	水泥基防水材料
	一级	不应少于2道	防水涂料或防水卷材不应少于1道		
	二级	不应少于1道	任选		
防水层	4.6.2 室内墙面防水层不应少于1道				
排水坡	4.6.3 有防水要求的楼地面应设排水坡，并应坡向地漏或排水设施，排水坡度不应小于1.0%。				
交接处	4.6.4 用水空间与非用水空间楼地面交接处应有防止水流入非用水房间的措施。淋浴区墙面防水层翻起高度不应小于2000mm，且不低于淋浴喷淋口高度。盥洗池盆等用水处墙面防水层翻起高度不应小于1200mm。墙面其他部位泛水翻起高度不应小于250mm				

续表

顶棚	4.6.5 潮湿空间的顶棚应设置防潮层或采用防潮材料	
防水构造	4.6.6 室内工程的防水构造设计应符合下列规定： 1 地漏的管道根部应采取密封防水措施； 2 穿过楼板或墙体的管道套管与管道间应采用防水密封材料嵌填压实； 3 穿过楼板的防水套管应高出装饰层完成面，且高度不应小于20mm	
跨越变形缝	4.6.7 室内需进行防水设防的区域**不应跨越变形缝**等可能出现较大变形的部位	
整体装配式	4.6.8 采用整体装配式卫浴间的结构楼地面应采取**防排水措施**	

典型习题

13-5 [模拟题] 淋浴区墙面防水层翻起高度不应小于（   ），且不低于淋浴喷淋口高度。

A．1200mm B．1800mm C．2000mm D．2200mm

答案：C

解析：根据《建筑与市政工程防水通用规范》4.6.4，不应小于2000mm。

第三节 《建筑防火通用规范》(GB 55037—2022) 相关规定

考点7：一般规定

地下	5.1.2 地下、半地下建筑（室）的耐火等级应为**一级**
耐火极限	5.1.3 建筑高度**大于100m**的工业与民用建筑楼板的耐火极限不应低于**2.00h**。一级耐火等级工业与民用建筑的上人平屋顶，屋面板的耐火极限不应低于1.50h；二级耐火等级工业与民用建筑的上人平屋顶，屋面板的耐火极限不应低于1.00h
耐火性能	5.1.1 建筑的耐火等级或工程结构的耐火性能，应与其火灾危险性、建筑高度、使用功能和重要性、火灾扑救难度等相适应 5.1.4 建筑中承重的下列结构或构件应根据设计耐火极限和受力情况等进行耐火性能验算和防火保护设计，或采用耐火试验验证其耐火性能： 1 金属结构或构件； 2 木结构或构件； 3 组合结构或构件； 4 钢筋混凝土结构或构件

	续表
汽车库	5.1.5 下列汽车库的耐火等级应为一级： 1 Ⅰ类汽车库、Ⅰ类修车库； 2 甲、乙类物品运输车的汽车库或修车库； 3 其他高层汽车库。 5.1.6 电动汽车充电站建筑、Ⅱ类汽车库、Ⅱ类修车库、变电站的耐火等级不应低于二级
裙房	5.1.7 裙房的耐火等级不应低于高层建筑主体的耐火等级。除可采用木结构的建筑外，其他建筑的耐火等级应符合本章的规定

典型习题

13-6[模拟题] 以下选项中，耐火等级最高的是（　　）。

A. 电动汽车充电站建筑　　　　　　B. Ⅱ类汽车库

C. 变电站　　　　　　　　　　　　D. 乙类物品运输车的汽车库

答案： D

解析： 根据《建筑防火通用规范》5.1.5，选项 A、B、C 均为不低于二级，选项 D 不低于一级。

考点 8：民用建筑【★★★★★】

一级	5.3.1 下列民用建筑的耐火等级应为一级： 1 一类高层民用建筑； 2 二层和二层半式、多层式民用机场航站楼； 3 A类广播电影电视建筑； 4 四级生物安全实验室
二级	5.3.2 下列民用建筑的耐火等级不应低于二级： 1 二类高层民用建筑； 2 一层和一层半式民用机场航站楼； 3 总建筑面积大于1500m² 的单、多层人员密集场所； 4 B类广播电影电视建筑； 5 一级普通消防站、二级普通消防站、特勤消防站、战勤保障消防站； 6 设置洁净手术部的建筑、三级生物安全实验室； 7 用于灾时避难的建筑
三级	5.3.3 除本规范第5.3.1条、第5.3.2条规定的建筑外，下列民用建筑的耐火等级不应低于三级： 1 城市和镇中心区内的民用建筑； 2 老年人照料设施、教学建筑、医疗建筑

> 典型习题

13-7 [模拟题] 下列民用建筑的耐火等级中,不属于一级的是(   )。
A. 一类高层民用建筑
B. 一级普通消防站
C. A类广播电影电视建筑
D. 四级生物安全实验室。

答案: B

解析: 根据《建筑防火通用规范》5.3.1和5.3.2,可知选项B正确。

考点9:防火墙【★★】

基本要求	6.1.1 防火墙**应直接**设置在建筑的基础或具有相应耐火性能的框架、梁等承重结构上,并应从楼地面基层隔断至结构梁、楼板或屋面板的底面。防火墙与建筑外墙、屋顶相交处,防火墙上的门、窗等开口,应采取**防止火灾蔓延至防火墙另一侧的措施**
	6.1.2 防火墙任一侧的建筑结构或构件以及物体受火作用发生破坏或倒塌并作用到防火墙时,防火墙应仍能阻止火灾蔓延至防火墙的另一侧
耐火极限	6.1.3 防火墙的耐火极限不应低于3.00h。甲、乙类厂房和甲、乙、丙类仓库内的防火墙,耐火极限不应低于4.00h

> 典型习题

13-8 [模拟题] 甲、乙类厂房和甲、乙、丙类仓库内的防火墙,耐火极限不应低于(   )。
A. 1.0h   B. 2.0h   C. 3.0h   D. 4.0h

答案: D

解析: 根据《建筑防火通用规范》6.1.3,不应低于40h。

考点10:防火隔墙与幕墙【★★】

防火隔墙	6.2.1 防火隔墙应**从楼地面基层隔断至梁、楼板或屋面板的底面基层**,防火隔墙上的门、窗等开口应采取防止火灾蔓延至防火隔墙另一侧的措施。
	6.2.2 住宅分户墙、住宅单元之间的墙体、防火隔墙与建筑外墙、楼板、屋顶相交处,**应采取防止火灾蔓延至另一侧的防火封堵措施。**
	6.2.3 **建筑外墙上、下层开口之间应采取防止火灾沿外墙开口蔓延至建筑其他楼层内的措施**。在建筑外墙上水平或竖向相邻开口之间用于防止火灾蔓延的墙体、隔板或防火挑檐等实体分隔结构,其耐火性能均不应低于该建筑外墙的耐火性能要求。住宅建筑外墙上相邻套房开口之间的水平距离或防火措施应满足防止火灾通过相邻开口蔓延的要求
幕墙	6.2.4 建筑幕墙应在每层楼板外沿处采取防止火灾通过**幕墙空腔**等构造竖向蔓延的措施

考点 11：竖井、管线防火和防火封堵【★】

电梯井	6.3.1 电梯井应独立设置，电梯井内不应敷设或穿过可燃气体或甲、乙、丙类液体管道及与电梯运行无关的电线或电缆等。**电梯层门的耐火完整性不应低于2.00h**
竖井、管道井	6.3.2 电气竖井、管道井、排烟或通风道、垃圾井等竖井应分别独立设置，井壁的耐火极限均**不应低于1.00h**。 6.3.3 除通风管道井、送风管道井、排烟管道井、必须通风的燃气管道竖井及其他有特殊要求的竖井可不在层间的楼板处分隔外，其他竖井应在**每层楼板处**采取防火分隔措施，且防火分隔组件的耐火性能不应低于楼板的耐火性能。 6.3.4 电气线路和各类管道穿过防火墙、防火隔墙、竖井井壁、建筑变形缝处和楼板处的孔隙应采取防火封堵措施。防火封堵组件的耐火性能**不应低于防火分隔部位**的耐火性能要求
通风与空气调节管道	6.3.5 通风和空气调节系统的管道、防烟与排烟系统的管道穿过防火墙、防火隔墙、楼板、建筑变形缝处，建筑内未按防火分区独立设置的通风和空气调节系统中的竖向风管与每层水平风管交接的水平管段处，均应采取防止火灾通过管道蔓延至其他防火分隔区域的措施

13-9 [模拟题] 下列关于电梯井的设计，错误的是（ ）。
A. 电梯井应独立设置
B. 电梯井内不应敷设可燃气体管道
C. 电梯井穿过丙类液体管道，应采用相关措施减少其影响
D. 电梯层门的耐火完整性不应低于2.00h
答案：C
解析：根据《建筑防火通用规范》6.3.1，电梯井内不应敷设或穿过可燃气体或甲、乙、丙类液体管道及与电梯运行无关的电线或电缆等。

考点 12：防火门、防火窗、防火卷帘和防火玻璃墙【★★★】

基本性能	6.4.1 防火门、防火窗应具有自动关闭的功能，在关闭后应具有烟密闭的性能。宿舍的居室、老年人照料设施的老年人居室、旅馆建筑的客房开向公共内走廊或封闭式外走廊的疏散门，应在关闭后**具有烟密闭的性能**。宿舍的居室、旅馆建筑的客房的疏散门，应具有**自动关闭**的功能
甲级防火门窗	6.4.2 下列部位的门应为**甲级防火门**： 1 设置在防火墙上的门、疏散走道在防火分区处设置的门； 2 设置在耐火极限要求不低于3.00h的防火隔墙上的门； 3 电梯间、疏散楼梯间与汽车库连通的门； 4 室内开向避难走道前室的门、避难间的疏散门； 5 多层乙类仓库和地下、半地下及多、高层丙类仓库中从库房通向疏散走道或疏散楼梯间的门

	续表
甲级防火门窗	6.4.3 除建筑直通室外和屋面的门可采用普通门外，下列部位的门的耐火性能不应低于乙级防火门的要求，且其中建筑高度**大于100m**的建筑相应部位的门应为**甲级**防火门： 　1 甲、乙类厂房，多层丙类厂房，人员密集的公共建筑和其他高层工业与民用建筑中封闭楼梯间的门； 　2 防烟楼梯间及其前室的门； 　3 消防电梯前室或合用前室的门； 　4 前室开向避难走道的门； 　5 地下、半地下及多、高层丁类仓库中从库房通向疏散走道或疏散楼梯的门； 　6 歌舞娱乐放映游艺场所中的房间疏散门； 　7 从室内通向室外疏散楼梯的疏散门； 　8 设置在耐火极限要求不低于2.00h的防火墙上的门。 6.4.4 电气竖井、管道井、排烟道、排气道、垃圾道等竖向井壁上的检查门，应符合下列规定： 　1 对于埋深大于10m的地下建筑或地下工程，应为**甲级防火门**； 　2 对于建筑高度大于100m的建筑，应为**甲级防火门**； 　3 对于层间无防火分隔的竖井和住宅建筑的合用前室，门的耐火性能**不应低于乙级防火门**的要求； 　4 对于其他建筑，门的耐火性能**不应低于丙级防火门**的要求，当竖井在楼层处无水平防火分隔时，门的耐火性能不应低于乙级防火门的要求。 6.4.5 平时使用的人民防空工程中代替**甲级防火门**的防护门、防护密闭门、密闭门，耐火性能不应低于**甲级防火门**的要求，且不应用于平时使用的公共场所的疏散出口处。 6.4.6 设置在防火墙和要求耐火极限**不低于3.00h**的防火隔墙上的窗应为**甲级防火窗**
乙级防火窗	6.4.7 下列部位的窗的耐火性能**不应低于乙级防火窗**的要求： 　1 歌舞娱乐放映游艺场所中房间开向走道的窗； 　2 设置在避难间或避难层中避难区对应外墙上的窗； 　3 其他要求耐火极限不低于2.00h的防火隔墙上的窗
防火分隔	6.4.8 用于防火分隔的防火卷帘应符合下列规定： 　1 应具有在火灾时**不需要依靠电源等外部动力源而依靠自重自行关闭**的功能； 　2 耐火性能不应低于防火分隔部位的耐火性能要求； 　3 应在关闭后具有烟密闭的性能； 　4 在同一防火分隔区域的界限处采用多樘防火卷帘分隔时，应具有**同步降落封闭开口**的功能

13-10 ［模拟题］下列选项中，需要设置甲级防火窗的是（　　）。

A. 耐火极限不低于3.00h的防火隔墙上的窗

B. 歌舞娱乐放映游艺场所中房间开向走道的窗

C. 设置在避难间或避难层中避难区对应外墙上的窗
D. 耐火极限不低于2.00h的防火隔墙上的窗

答案： A

解析： 根据《建筑防火通用规范》（GB 55037—2022）6.4.6和6.4.8可知，选项A正确。

第四节 《建筑设计防火规范》（GB 50016—2014，2018年版）相关规定

考点13：耐火等级【★★★★★】

5.1.2 民用建筑的耐火等级可分为一、二、三、四级，见表5.1.2（表13-9）。

表13-9 不同耐火等级建筑相应构件的燃烧性能和耐火极限 （h）

构件名称		耐火等级			
		一级	二级	三级	四级
墙	防火墙	**不燃性** 3.00	不燃性 3.00	不燃性 3.00	不燃性 3.00
	承重墙	**不燃性** 3.00	不燃性 2.50	不燃性 2.00	难燃性 0.50
	非承重外墙	**不燃性** 1.00	不燃性 1.00	不燃性 0.50	可燃性
	楼梯间和前室的墙电梯井的墙 住宅建筑单元之间的墙和分户墙	**不燃性** 2.00	不燃性 2.00	不燃性 1.50	难燃性 0.50
	疏散走道两侧的隔墙	**不燃性** 1.00	不燃性 1.00	不燃性 0.50	难燃性 0.25
	房间隔墙	**不燃性** 0.75	不燃性 0.50	难燃性 0.50	难燃性 0.25
	柱	**不燃性** 3.00	不燃性 2.50	不燃性 2.00	难燃性 0.50
	梁	**不燃性** 2.00	不燃性 1.50	不燃性 1.00	难燃性 0.50
	楼板	**不燃性** 1.50	不燃性 1.00	不燃性 0.50	可燃性
	屋顶承重构件	**不燃性** 1.50	不燃性 1.00	可燃性	可燃性
	疏散楼梯	**不燃性** 1.50	不燃性 1.00	不燃性 0.50	可燃性
	吊顶（包括吊顶搁栅）	**不燃性** 0.25	难燃性 0.25	难燃性 0.15	可燃性

注：1. 对于表13-9，切勿死记硬背，首先重点关注各个构件的一级的燃烧性能和耐火极限，（二级、三级、四级基本不考），可以通过耐火极限的小时数归类排序。

2. 从表13-9中可以得出大致的规律：竖向构件一般强于水平构件，以一级耐火为例，柱子和墙均为3.00h，而梁是2.00h，楼板1.50h。

3. 考试中两种考法，一种是直接给出某构件问其一级燃烧性能和耐火极限是多少，另外一种是给出四种构件让考生比较

耐火等级

屋面

5.1.5 一、二级耐火等级建筑的屋面板应采用**不燃**材料。屋面防水层宜采用**不燃**、**难燃**材料，当采用可燃防水材料且铺设在可燃、难燃保温材料上时，防水材料或可燃、难燃保温材料应**不燃**材料采用作防护层

隔墙	5.1.6 二级耐火等级建筑内采用难燃性墙体的房间隔墙，其耐火极限不应低于0.75h；当房间的建筑面积不大于100m²时，房间隔墙可采用耐火极限不低于0.50h的**难燃性**墙体或耐火极限**不低于0.30h**的**不燃烧体墙体**。二级耐火等级多层住宅建筑内采用预应力钢筋混凝土的楼板，其耐火极限不应低于0.75h（图13-2） 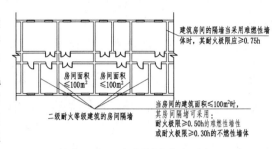 图13-2 房内隔墙防火要求
吊顶	5.1.8 二级耐火等级建筑内采用不燃材料的吊顶，**其耐火极限不限**。三级耐火等级的医疗建筑、中小学校的教学建筑、老年人照料设施及托儿所、幼儿园的儿童用房和儿童游乐厅等儿童活动场所的吊顶，应采用**不燃**材料；当采用难燃材料时，其耐火极限不应低于0.25h。二、三级耐火等级建筑内门厅、走道的吊顶应采用**不燃**材料

考点14：建筑构造【★★★】

防火墙	6.1.3 建筑外墙为难燃性或可燃性墙体时，防火墙应凸出墙的外表面0.4m以上，且防火墙两侧的外墙均应为宽度均不小于2.0m的不燃性墙体，其耐火极限不应低于外墙的耐火极限。建筑外墙为不燃性墙体时，防火墙可不凸出墙的外表面，紧靠防火墙两侧的门、窗、洞口之间最近边缘的水平距离不应小于2.0m；采取设置乙级防火窗等防止火灾水平蔓延的措施时，该距离不限（图13-3） 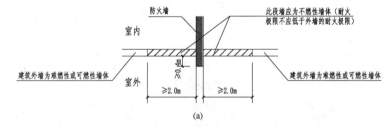 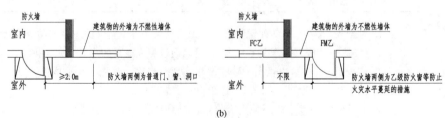 图13-3 防火墙平面示意图 （a）外墙为难燃性或可燃性墙体时，防火墙凸出墙外表面的规定； （b）外墙为不燃性墙体时，防火墙不凸出墙外表面的规定

防火墙	6.1.4 建筑内的防火墙不宜设置在转角处，确需设置时，内转角两侧墙上的门、窗、洞口之间最近边缘的水平距离不应小于4.0m；采取设置乙级防火窗等防止火灾水平蔓延的措施时，该距离不限（图13-4）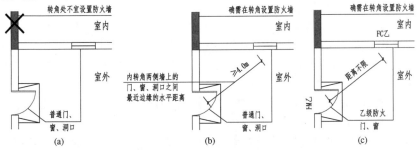图13-4 转角处防火墙的设置 设置不可开启窗扇的乙级防火窗、火灾时可自动关闭的乙级防火窗、防火卷帘或防火分隔水幕等，均可视为能防止火灾水平蔓延的措施
避难走道	6.4.14 避难走道的设置应符合下列规定：【2021】 1 避难走道防火隔墙的耐火极限不应低于3.00h，楼板的耐火极限不应低于1.50h。 4 避难走道内部装修材料的燃烧性能应为A级。 5 防火分区至避难走道入口处应设置防烟前室，前室的使用面积不应小于6.0m²，开向前室的门应采用**甲级防火门**，前室开向避难走道的门应采用**乙级防火门**（图13-5）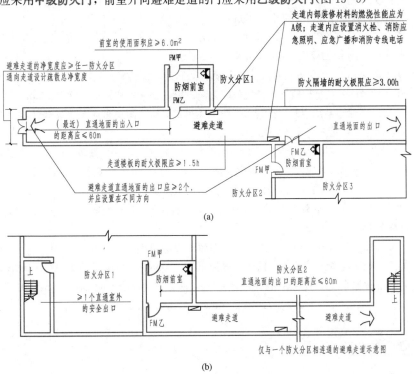图13-5 避难走道的设置 注：1. 避难走道内设置的明装消火栓等突出物，不应影响避难走道的有效疏散宽度； 2. 图13-5（b）中的未标注的要求同图13-5（a）

续表

防火门	6.5.1 防火门的设置应符合下列规定： 1 设置在建筑内经常有人通行处的防火门宜采用**常开防火门**。常开防火门应能在火灾时**自行关闭**，并应具有信号反馈的功能； 2 除允许设置常开防火门的位置外，其他位置的防火门均应采用**常闭防火门**。**常闭防火门**应在其明显位置设置"**保持防火门关闭**"等提示标识； 3 除管井检修门和住宅的户门外，防火门应具有**自行关闭**功能。双扇防火门应具有按顺序自行关闭的功能； 5 设置在建筑变形缝附近时，防火门应设置在**楼层较多**的一侧，并应保证防火门开启时门扇不跨越**变形缝**； 6.5.3 防火分隔部位设置防火卷帘时，应符合下列规定：除中庭外，当防火分隔部位的宽度不大于30m时，防火卷帘的宽度不应**大于10m**；当防火分隔部位的宽度大于30m时，防火卷帘的宽度不应大于该部位宽度的1/3，且不应大于20m
内、外保温系统	6.7.1 建筑的内、外保温系统，宜采用燃烧性能为**A级**的保温材料，**不宜采用**B_2**级**保温材料，**严禁采用**B_3**级保温材料**；设置保温系统的基层墙体或屋面板的耐火极限应符合本规范的有关规定。 6.7.3 建筑外墙采用保温材料与两侧墙体构成无空腔复合保温结构体时，该结构体的耐火极限应符合本规范的有关规定；当保温材料的燃烧性能为B_1、B_2级时，保温材料两侧的墙体应采用不燃材料且厚度均不应小于50mm。 6.7.7 除本规范第6.7.3条规定的情况外，当建筑的外墙外保温系统按本节规定采用燃烧性能为B_1、B_2级的保温材料时，应符合下列规定： 1 除采用B_1级保温材料且建筑高度不大于24m的公共建筑或采用B_1级保温材料且建筑高度不大于27m的住宅建筑外，建筑外墙上门、窗的耐火完整性不应低于0.50h；【2021】 2 应在保温系统中每层设置水平防火隔离带。防火隔离带应采用燃烧性能为**A级**的材料，防火隔离带的高度不应小于300mm。 6.7.8 建筑的外墙外保温系统应采用不燃材料在其表面设置防护层，防护层应将保温材料完全包覆。除本规范第6.7.3条规定的情况外，当按本节规定采用B_1、B_2级保温材料时，防护层厚度首层不应小于15mm，其他层不应小于5mm。 6.7.9 建筑外墙外保温系统与基层墙体、装饰层之间的空腔，应在每层楼板处采用**防火封堵材料**封堵。 6.7.10 建筑的屋面外保温系统，当屋面板的耐火极限不低于1.00h时，保温材料的燃烧性能不应低于B_2级；当屋面板的耐火极限低于1.00h时，不应低于B_1级。采用B_1、B_2级保温材料的外保温系统应采用不燃材料作防护层，防护层的厚度不应小于10mm【2019】

典型习题

13-11 [2021-84] 关于避难走道设置的具体要求，下列哪条不符合规范？（　　）

A. 避难走道防火隔墙的耐火极限不应低于3.00h

B. 避难走道楼板的耐火极限不应低于1.50h

C. 避难走道内部装修材料的燃烧性能应为 A 级

D. 防火分区开向避难走道前室的门应为乙级防火门

答案：D

解析：参见《建筑设计防火规范》（GB 50016—2014，2018 年版）6.4.14。

考点 15：基本材料耐火极限值举例及总结【★★★★★】

基本材料	耐火极限	基本材料	耐火极限
非承重加气混凝土砌块墙 100mm	6.0h	轻钢龙骨双面水泥硅酸钙板（埃特板）	2.1h
承重加气混凝土砌块墙 100mm	2.0h	120mm 厚钢筋混凝土大板墙	2.6h
240 厚多孔粘土砖墙	5.50h	纤维增强硅酸钙板轻质复合隔板 100mm	2.0h
普通混凝土承重空心砌块 330mm×290mm 墙体	4.0h	水泥纤维加压板墙体 100mm	2.0h
轻骨料（陶粒）混凝土砌块 330mm×240mm 墙体	2.92h	聚苯乙烯夹芯双面抹灰板（泰柏板）100mm	1.3h
120mm 厚 C20 钢筋混凝土大板墙	2.6h	轻钢龙骨双面双层纸面石膏板 100mm	1.25h

注：1. 规范中这部分知识切勿死记硬背，规范后的表格数据非常多，一定要找规律，在考前记忆几个重要耐火极限值作为锚点来比较。

2. 考题会出现两种类型的考题，第一种考题：给出具体的某种材料问其耐火极限值，这种题目的解题思路是通过考生记忆的某几种典型的材料，找其相似的值进行答题。上述表格仅列举一部分典型材料，考生自行增添其他重要的。第二种考题：给出四种材料进行对比耐火极限值大小。一般原则如下：

①一般情况下质量重的材料＞质量轻的材料，例如：120mm 厚钢筋混凝土大板墙（2.60h）＞120mm 砖墙（2.50h）。

②一般情况下非预应力构件＞预应力构件，例如：非预应力圆孔板（0.90～1.50h）＞预应力圆孔板（0.40～0.85h）。

③同一种厚度的同一材料，在承重构件时＜非承重构件时，例如：100mm 厚的加气混凝土砌块墙，在承重构件时（2.00h）＜在非承重构件时（6.00h）。

④同一材料的保护层厚度越厚，耐火极限值越高，例如：100mm 现浇的整体式梁板，保护层 15mm（2.00h）＜保护层 30mm（2.15h）。

⑤关于轻钢龙骨纸面石膏板隔墙，如果采用双层石膏板或在中空层中填矿棉等防火材料，其**耐火极限值会提高**。

13-12 [2023-54] 以下选项中，满足耐火极限 1.0h 的轻质隔断是（   ）。

A. 12mm＋75mm（50mm 玻璃棉）＋12mm 纸面石膏板

B. 12mm＋75mm（空）＋12mm 纸面石膏板

C. 12mm＋75mm（50mm 岩棉，容重 100kg/m²）＋12mm 单层石膏板

D. 12mm＋75mm（空）＋12mm 单层石膏板

答案：C

解析：《建筑设计防火规范》（GB 50016—2014，2018 年版）附表 1 各类非木结构构件

的燃烧性能和耐火极限，选项 A 为 0.5h，选项 B 为 0.52h，选项 C 为 1.2h，选项 D 为 0.5h。

13-13 [2020-62] 如图 13-6 所示，54m 住宅建筑中墙体构造，应为下列选项的哪一种？（　　）

A. 防火分区之间的墙
B. 楼梯间和前室之间的墙
C. 分户墙和单元之间的墙
D. 疏散走道

答案：D

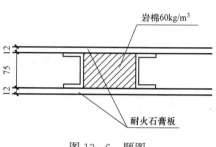

图 13-6　题图

解析：《建筑设计防火规范》（GB 50016—2014，2018 年版）。

附表 1 各类非木结构构件的燃烧性能和耐火极限，表中 11 栏 12mm＋75mm（填 50mm 岩棉）＋12mm 的轻钢龙骨两面钉防火石膏板，板内掺玻璃纤维（岩棉容重为 60kg/m³）不燃性、耐火极限 1.2h 的墙体。54m 住宅为二类高层，其耐火等级为二级，该墙体可做疏散走道两侧的墙。

13-14 [2020-63] 以下选项中，耐火极限值为最大的是（　　）。

A. 60mm 厚普通粘土砖墙（不含粉刷）　　B. 100mm 厚水泥纤维加压板墙
C. 120mm 厚轻集料混凝土条板隔墙　　　D. 90mm 厚增强石膏板隔墙

答案：D

解析：《建筑设计防火规范》（GB 50016—2014，2018 年版）附表 1 各类非木结构构件的燃烧性能和耐火极限，选项 A 不燃烧性 1.5h；选项 B 不燃性 2.0h；C 选项不燃性 2.0h；D 选项不燃性 2.5h。

第五节　《汽车库、修车库、停车场设计防火规范》（GB 50067—2014）相关规定

考点 16：汽车库、修车库、停车场建筑构造防火要求【★】

防火墙、防火隔墙和防火卷帘	5.2.2　当汽车库、修车库的屋面板为不燃材料且耐火极限不低于 0.50h 时，防火墙、防火隔墙可砌至屋面基层的底部。 5.2.3　三级耐火等级汽车库、修车库的防火墙、防火隔墙应截断其屋顶结构，并应高出其不燃性屋面且不应小于 0.4m；高出可燃性或难燃性屋面不应小于 0.5m。 5.2.4　防火墙不宜设在汽车库、修车库的内转角处。当设在转角处时，内转角处两侧墙上的门、窗、洞口之间的水平距离不应小于 4m。防火墙两侧的门、窗、洞口之间最近边缘的水平距离不应小于 2m。当防火墙两侧设置固定乙级防火窗时，可不受距离的限制。 5.2.5　可燃气体和甲、乙类液体管道严禁穿过防火墙，防火墙内不应设置排气道。防火墙或防火隔墙上不应设置通风孔道，也不宜穿过其他管道（线）；当管道（线）穿过防火墙或防火隔墙时，应采用防火封堵材料将孔洞周围的空隙紧密填塞。 5.2.6　防火墙或防火隔墙上不宜开设门、窗、洞口，当必须开设时，应设置甲级防火门、窗或耐火极限不低于 3.00h 的防火卷帘

续表

电梯井、管道井和其他防火构造	5.3.3 除敞开式汽车库、斜楼板式汽车库以外，其他汽车库内的汽车坡道两侧应用防火墙与停车区隔开，坡道的出入口应采用水幕、防火卷帘或甲级防火门等停车区隔开；但当汽车库和汽车坡道上均设置自动灭火系统时，坡道的出入口可不设置水幕、防火卷帘或甲级防火门
安全疏散和救援设施	6.0.4 除室内无车道且无人员停留的机械式汽车库外，建筑高度大于32m的汽车库应设置消防电梯 6.0.5 室外疏散楼梯可采用金属楼梯，并应符合下列规定： 1 倾斜角度不应大于45°，栏杆扶手的高度不应小于1.1m； 2 每层楼梯平台应采用耐火极限不低于1.00h的不燃材料制作； 3 在室外楼梯周围2m范围内的墙面上，不应开设除疏散门外的其他门、窗、洞口； 4 通向室外楼梯的门应采用乙级防火门

第六节 《建筑内部装修设计防火规范》（GB 50222—2017）相关规定

考点17：建筑内部装修材料的分类和分级【★★】

分类	3.0.1 装修材料按其使用部位和功能，可划分为顶棚装修材料、墙面装修材料、地面装修材料、隔断装修材料、固定家具、装饰织物、其他装修装饰材料七类。 注：其他装修装饰材料系指楼梯扶手、挂镜线、踢脚板、窗帘盒、暖气罩等
分级	3.0.2 装修材料按其燃烧性能应划分为四级，并应符合表3.0.2（表13-10）的规定。 表13-10　　　　　装修材料燃烧性能等级 | 等级	装修材料燃烧性能
A	不燃性
B_1	难燃性
B_2	可燃性
B_3	易燃性 | 3.0.4 安装在金属龙骨上燃烧性能达到B_1级的纸面石膏板、矿棉吸声板，可作为A级装修材料使用。 3.0.5 单位面积质量小于300g/m²的纸质、布质壁纸，当直接粘贴在A级基材上时，可作为B_1级装修材料使用。 3.0.6 施涂于A级基材上的无机装修涂料，可作为A级装修材料使用；施涂于A级基材上，湿涂覆比小于1.5kg/m²，且涂层干膜厚度不大于1.0mm的有机装修涂料，可作为B_1级装修材料使用，常用建筑内部装修材料燃烧性能等级划分举例见表13-11

表13-11　　　　　常用建筑内部装修材料燃烧性能等级划分举例

材料类别	级别	材料举例
各部位材料	A	花岗石、大理石、水磨石、水泥制品、混凝土制品、石膏板、石灰制品、粘土制品、玻璃、瓷砖、马赛克、钢铁、铝、铜合金、天然石材、金属复合板、纤维石膏板、玻镁板、硅酸钙板等

续表

续表

	材料类别	级别	材料举例
分级	顶棚材料	B_1	纸面石膏板、纤维石膏板、水泥刨花板、矿棉板、玻璃棉装饰吸声板、珍珠岩装饰吸声板、难燃胶合板、难燃中密度纤维板、岩棉装饰板、难燃木材、铝箔复合材料、难燃酚醛胶合板、铝箔玻璃钢复合材料、复合铝箔玻璃棉板等
	墙面材料	B_1	纸面石膏板、纤维石膏板、水泥刨花板、矿棉板、玻璃棉板、珍珠岩板、难燃胶合板、难燃中密度纤维板、防火塑料装饰板、难燃双面刨花板、多彩涂料、难燃墙纸、难燃墙布、难燃仿花岗岩装饰板、氯氧镁水泥装配式墙板、难燃玻璃钢平板、难燃PVC塑料护墙板、阻燃模压木质复合板材、彩色难燃人造板、难燃玻璃钢、复合铝箔玻璃棉板等
		B_2	各类天然木材、木制人造板、竹材、纸制装饰板、装饰微薄木贴面板、印刷木纹人造板、塑料贴面装饰板、聚酯装饰板、复塑装饰板、塑纤板、胶合板、塑料壁纸、无纺贴墙布、墙布、复合壁纸、天然材料壁纸、人造革、实木饰面装饰板、胶合竹夹板等
	地面材料	B_1	硬PVC塑料地板、水泥刨花板、水泥木丝板、氯丁橡胶地板、难燃羊毛地毯等
		B_2	半硬质PVC塑料地板、PVC卷材地板等
	装饰织物	B_1	经阻燃处理的各类难燃织物等
		B_2	纯毛装饰布、经阻燃处理的其他织物等
	其他装修装饰材料	B_1	难燃聚氯乙烯塑料、难燃酚醛塑料、聚四氟乙烯塑料、难燃脲醛塑料、硅树脂塑料装饰型材、经难燃处理的各类织物等
		B_2	经阻燃处理的聚乙烯、聚丙烯、聚氨酯、聚苯乙烯、玻璃钢、化纤织物、木制品等
规律			备注记忆方法：两复合材料，如果两个都是A级，那么A+A=A；如果一个A，一个B_1，那么大概率A+B_1=A；如果一个A，一个B_2，那么大概率A+B_2=B_1

考点18：特别场所的防火要求【★★★★】

分类	4.0.7 建筑内部变形缝（包括沉降缝、伸缩缝、抗震缝等）两侧基层的表面装修应采用不低于B1级的装修材料。 4.0.15 住宅建筑装修设计尚应符合下列规定： 1 不应改动住宅内部烟道、风道； 2 厨房内的固定橱柜宜采用不低于B_1级的装修材料； 3 **卫生间顶棚宜采用A级装修材料**。 4 阳台装修宜采用不低于B_1级的装修材料。 4.0.16 照明灯具及电气设备、线路的高温部位，当靠近非A级装修材料或构件时，应采取隔热、散热等防火保护措施，与窗帘、帷幕、幕布、软包等装修材料的距离不应小于500mm；灯饰应采用不低于B_1级的材料。 4.0.17 建筑内部的配电箱、控制面板、接线盒、开关、插座等不应直接安装在低于B_1级的装修材料上；用于顶棚和墙面装修的木质类板材，当内部含有电器、电线等物体时，应采用不低于B_1级的材料。 4.0.18 当室内顶棚、墙面、地面和隔断装修材料内部安装电加热供暖系统时，室内采用的装修材料和绝热材料的燃烧性能等级应为A级。当室内顶棚、墙面、地面和隔断装修材料内部安装水暖（或蒸汽）供暖系统时，其顶棚采用的装修材料和绝热材料的燃烧性能应为A级，其他部位的装修材料和绝热材料的燃烧性能不应低于B_1级，且尚应符合本规范有关公共场所的规定。 4.0.19 建筑内部不宜设置采用B_3级装饰材料制成的壁挂、布艺等，当需要设置时，不应靠近电气线路、火源或热源，或采取隔离措施

考点19：民用建筑防火要求【★★★★】

5.1.1 单层、多层民用建筑内部各部位装修材料的燃烧性能等级，不应低于表5.1.1（表13-12）的规定。【2022（12），2020，2019】

表13-12 单层、多层民用建筑内部各部位装修材料的燃烧性能等级

	序号	建筑物及场所	建筑规模、性质	顶棚	墙面	地面	隔断	固定家具	窗帘	帷幕	其他装修装饰材料
单、多层民用建筑	1	候机楼的候机大厅、贵宾候机室、售票厅、商店、餐饮场所等	—	A	A	B_1	B_1	B_1	B_1	—	B_1
	2	汽车站、火车站、轮船客运站的候车（船）室、商店、餐饮场所等	建筑面积>10 000m²	A	A	B_1	B_1	B_1	B_1		B_2
			建筑面积≤10 000m²	A	B_1	B_1	B_1	B_1	B_1		B_2
	3	观众厅、会议厅、多功能厅、等候厅等	每个厅建筑面积>400m²	A	A	B_1	B_1	B_1	B_1	B_1	B_2
			每个厅建筑面积≤400m²	A	B_1	B_1	B_1	B_1	B_1	B_1	B_2
	4	体育馆	>3000座位	A	A	B_1	B_1	B_1	B_1	B_1	B_2
			≤3000座位	A	B_1	B_1	B_1	B_1	B_1	B_2	B_2
	5	商店的营业厅	每层建筑面积>1500m²或总建筑面积>3000m²	A	B_1	B_1	B_1	B_1	B_1		B_2
			每层建筑面积≤1500m²或总建筑面积≤3000m²	A	B_1	B_1	B_1	B_2	B_1		—
	6	宾馆、饭店的客房及公共活动用房等	设置送回风道（管）的集中空气调节系统	A	B_1	B_1	B_1	B_2	B_1		B_2
			其他	B_1	B_1	B_2	B_2	B_2	B_1		—
	7	养老院、托儿所、幼儿园的居住及活动场所	—	A	A	B_1	B_1	B_2	B_1		B_2
	8	医院的病房区、诊疗区、手术区	—	A	A	B_1	B_1	B_2	B_1		B_2
	9	教学场所、教学实验场所	—	A	B_1	B_2	B_2	B_2	B_2	B_2	B_2
	10	纪念馆、展览馆、博物馆、图书馆、档案馆、资料馆等的公众活动场所	—	A	B_1	B_1	B_1	B_2	B_1		B_2
	11	存放文物、纪念展览物品、重要图书、档案、资料的场所	—	A	A	B_1	B_1	B_2	B_1		B_2
	12	歌舞娱乐游艺场所	—	A	B_1	B_1	B_1	B_1	B_1	B_1	B_1
	13	A、B级电子信息系统机房及装有重要机器、仪器的房间	—	A	A	B_1	B_1	B_1	B_1	B_1	B_1

续表

	序号	建筑物及场所	建筑规模、性质	装修材料燃烧性能等级						
				顶棚	墙面	地面	隔断	固定家具	装饰织物		其他装修装饰材料
									窗帘	帷幕	
单、多层民用建筑	14	餐饮场所	营业面积＞100m²	A	B_1	B_1	B_1	B_2	B_1	—	B_2
			营业面积≤100m²	B_1	B_1	B_1	B_2	B_2	B_2	—	B_2
	15	办公场所	设置送回风道（管）的集中空气调节系统	A	B_1	B_1	B_1	B_2	—	—	B_2
			其他	B_1	B_1	B_1	B_2	B_2	—	—	—
	16	其他公共场所	—	B_1	B_1	B_1	B_2	B_2	—	—	—
	17	住宅	—	B_1	B_1	B_1	B_1	B_2	B_2	—	B_2

5.2.1 高层民用建筑内部各部位装修材料的燃烧性能等级，不应低于表5.2.1（表13-13）的规定。

表13-13　高层民用建筑内部各部位装修材料的燃烧性能等级

	序号	建筑物及场所	建筑规模、性质	装修材料燃烧性能等级								
				顶棚	墙面	地面	隔断	固定家具	装饰织物			其他装修装饰材料
									窗帘	帷幕	床罩	家具包布	
高层民用建筑	1	候机楼的候机大厅、贵宾候机室、售票厅、商店、餐饮场所等	—	A	A	B_1	B_1	B_1	B_1	—	—	—	B_1
	2	汽车站、火车站、轮船客运站的候车（船）室、商店、餐饮场所等	建筑面积＞10 000m²	A	A	B_1	B_1	B_1	B_1	—	—	—	B_2
			建筑面积≤10 000m²	A	B_1	B_1	B_1	B_1	B_2	—	—	—	B_2
	3	观众厅、会议厅、多功能厅、等候厅等	每个厅建筑面积＞400m²	A	A	B_1	B_1	B_1	B_1	—	B_1	—	B_1
			每个厅建筑面积≤400m²	A	B_1	B_1	B_1	B_1	B_1	—	B_1	—	B_1
	4	商店的营业厅	每层建筑面积＞1500m²或总建筑面积＞3000m²	A	B_1	B_1	B_1	B_1	B_1	—	—	—	B_1
			每层建筑面积≤1500m²或总建筑面积≤3000m²	A	B_1	B_1	B_1	B_1	B_1	—	—	—	B_2
	5	宾馆、饭店的客房及公共活动用房等	一类建筑	A	B_1	B_1	B_1	B_2	—	B_1	B_1	—	B_1
			二类建筑	B_1	B_1	B_1	B_2	B_2	B_2	B_2	B_2	—	B_2
	6	养老院、托儿所、幼儿园的居住及活动场所	—	A	A	B_1	B_1	B_2	B_1	—	B_1	—	B_2
	7	医院的病房区、诊疗区、手术区	—	A	A	B_1	B_1	B_2	B_1	—	B_1	—	B_1

续表

	序号	建筑物及场所	建筑规模、性质	装修材料燃烧性能等级								
				顶棚	墙面	地面	隔断	固定家具	装饰织物			其他装修装饰材料
									窗帘	帷幕	床罩	家具包布	
高层民用建筑	8	教学场所、教学实验场所	—	A	B_1	B_2	B_2	B_2	B_1	B_1	—	B_1	B_2
	9	纪念馆、展览馆、博物馆、图书馆、档案馆、资料馆等的公众活动场所	一类建筑	A	B_1	B_1	B_1	B_2	B_1	B_1		B_1	B_1
			二类建筑	A	B_1	B_1	B_1	B_2	B_1	B_1		B_1	B_2
	10	存放文物、纪念展览物品、重要图书、档案、资料的场所	—	A	A	B_1	B_1	B_2	B_1	—		B_1	B_2
	11	歌舞娱乐游艺场所	—	A	B_1	B_1	B_1	B_1	B_1	B_1	B_1	B_1	B_1
	12	A、B级电子信息系统机房及装有重要机器、仪器的房间	—	A	A	B_1	B_1	B_1	B_1	B_1		B_1	B_1
	13	餐饮场所	—	A	B_1	B_1	B_2	B_2	—	—		B_1	B_2
	14	办公场所	一类建筑	A	B_1	B_1	B_1	B_2	B_1	B_1		B_1	B_1
			二类建筑	A	B_1	B_1	B_2	B_2	B_2	B_2		B_2	B_2
	15	电信楼、财贸金融楼、邮政楼、广播电视楼、电力调度楼、防灾指挥调度楼	一类建筑	A	A	B_1	B_1	B_1	B_1	B_1		B_2	B_1
			二类建筑	A	B_1	B_1	B_2	B_2	B_1	B_1		B_2	B_2
	16	其他公共场所	—	A	B_1	B_1	B_2	B_2	B_1	B_1		B_2	B_2
	17	住宅	—	A	B_1	B_1	B_1	B_1	B_1		B_1	B_1	B_1

5.2.4 电视塔等特殊高层建筑的内部装修，装饰织物应采用不低于B_1级的材料，其他均应采用A级装修材料。

5.3.1 地下民用建筑内部各部位装修材料的燃烧性能等级，不应低于本规范表5.3.1（表13-14）的规定。

表13-14 地下民用建筑内部各部位装修材料的燃烧性能等级

	序号	建筑物及场所	装修材料燃烧性能等级						
			顶棚	墙面	地面	隔断	固定家具	装饰织物	其他装修装饰材料
地下民用建筑	1	观众厅、会议厅、多功能厅、等候厅等，商店的营业厅	A	A	A	B_1	B_1	B_1	B_2
	2	宾馆、饭店的客房及公共活动用房等	A	B_1	B_1	B_1	B_1	B_1	B_2

续表

		装修材料燃烧性能等级						
序号	建筑物及场所	顶棚	墙面	地面	隔断	固定家具	装饰织物	其他装修装饰材料
地下民用建筑								
3	医院的诊疗区、手术区	A	A	B_1	B_1	B_1	B_1	B_2
4	教学场所、教学实验场所	A	A	B_1	B_2	B_2	B_1	B_2
5	纪念馆、展览馆、博物馆、图书馆、档案馆、资料馆等的公众活动场所	A	A	B_1	B_1	B_1	B_1	B_1
6	存放文物、纪念展览物品、重要图书、档案、资料的场所	A	A	A	A	A	B_1	B_1
7	歌舞娱乐游艺场所	A	B_1	B_1	B_1	B_1	B_1	B_1
8	A、B级电子信息系统机房及装有重要机器、仪器的房间	A	A	B_1	B_1	B_1	B_1	B_1
9	餐饮场所	A	A	A	B_1	B_1	B_1	B_2
10	办公场所	A	B_1	B_1	B_1	B_1	B_2	B_2
11	其他公共场所	A	B_1	B_1	B_2	B_2	B_2	B_2
12	汽车库、修车库	A	A	B_1	A	A	—	—
复习提示	记忆方法1：重点记忆A级的部位。 记忆方法2：大概率顶棚的级别要求≥墙面的级别要求≥地面的要求≥内部隔断、家具的级别							

典型习题

13-15 [2022（12）-67] 下列90m² 房间要求顶棚防火等级最低的是（　　）。

A. 停机楼内商店
B. 汽车站内候车室
C. 多层食堂餐馆
D. 高层住宅卧室

答案：C

解析：根据表13-12～表13-14，选项A、B、D的要求是A级，选项C的要求是B_1级。

13-16 [2020-67] 下列多层建筑及场所的顶棚部位，应用燃烧性能为A级的装修材料是（　　）。

A. 营业建筑面积100m² 的餐厅
B. 套内建筑面积150m² 的住宅
C. 建筑面积200m² 的多功能厅
D. 建筑面积100m² 的餐厅

答案：C

解析：根据表13-12～表13-14，选项C的要求是A级，选项A、B、D的要求是B_1级。此类考题用比较法选出危险系数最高的一个选项，面积中200m² 是最大的，多功能厅的危险性比餐厅和住宅高。

第十四章 基础与地下室

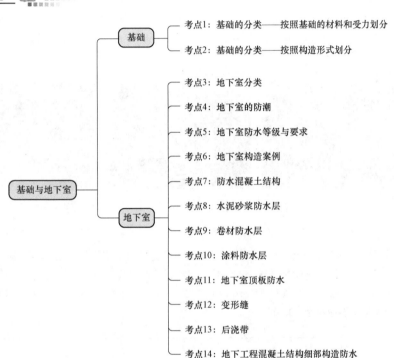

考情分析

章节	近五年考试分数统计					
	2023年	2022年12月	2022年5月	2021年	2020年	2019年
第一节 基础	0	0	0	0	0	0
第二节 地下室	3	2	3	4	1	6
总计	3	2	3	4	1	6

注：1. 注意《建筑与市政工程防水通用规范》(GB 55030—2022)与《地下工程防水技术规范》(GB 50108—2008)等的衔接，涉及有规范冲突的部分以 GB 55030—2022 为准，但因为没有配套图集，例如，三级防水的具体做法没有相关参考，因此对考生复习加大难度，故需密切注意备考当年出台的相关防水文件。
2. 本章节涉及相关图集《地下建筑防水构造》(10J301)，考生可复习时扩展配套学习。

第一节 基 础

考点1：基础的分类——按照基础的材料和受力划分

概述	从**基础的材料及受力**划分，可分为**刚性基础**和**柔性基础**。刚性基础受到刚性角的影响，超过刚性角范围会遭到破坏，而柔性基础不受刚性角影响
刚性基础	刚性基础，也称无筋扩展基础，指用受压强度大而受拉强度小的刚性材料做成的基础。例如，灰土基础（图14-1）、实心砖基础（图14-2）、毛石基础、三合土基础和混凝土基础（图14-3）。相对来说，刚性基础用在相对等级较低的建筑中
刚性基础	   图14-1 毛石基础　　图14-2 实心砖基础　　图14-3 混凝土基础
扩展基础	扩展基础也称柔性基础，指用钢筋混凝土制成的受压和受拉均较强的基础（需要与刚性基础中的混凝土基础区分，刚性基础中的混凝土基础没有配筋）。在构造上，混凝土垫层的厚度不宜小于70mm，垫层混凝土强度等级不宜小于C10。有垫层时钢筋保护层**不应小于40mm**，无垫层时钢筋保护层**不应小于70mm**

考点2：基础的分类——按照构造形式划分【★】

分类	从**基础的构造形式**可分为条形基础、独立基础、筏形基础、箱形基础、桩基础等
条形基础	是指基础长度远远大于宽度的一种基础形式。按上部结构分为墙下条形基础（图14-4）和柱下条形基础（图14-5）。多用于承重墙和自承重墙下部，做法采用刚性基础
独立基础	也称独立式基础或柱式基础（图14-6）。当建筑物上部结构采用框架结构或单层排架结构承重时，基础常采用方形或矩形的单独基础，其形式有阶梯形、锥形等，其构造做法多为柔性基础
筏形基础	筏形基础有梁板式筏形基础（图14-7）和平板式筏形基础两种类型。这是连片的钢筋混凝土基础，一般用于荷载集中、地基承载力差的情况下
箱型基础	当箱型基础埋深较深，且有地下室时，一般采用箱形基础（图14-8）。箱形基础由底板、顶板和侧墙组成。这种基础的整体性强，能承受很大的弯矩。**（备注：地下室可以理解为箱型基础）**

图库	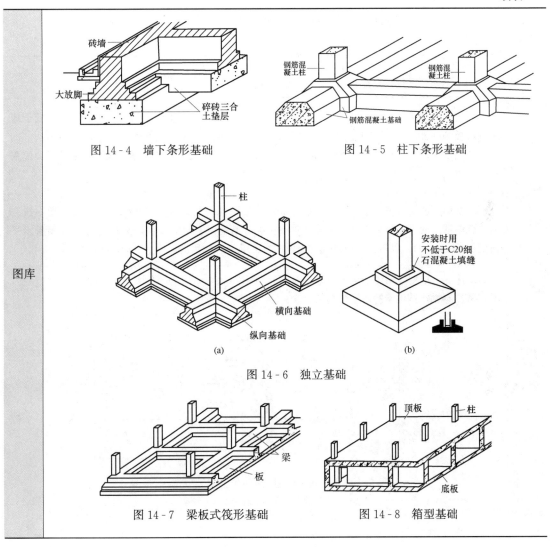

图 14-4 墙下条形基础　　图 14-5 柱下条形基础

图 14-6 独立基础

图 14-7 梁板式筏形基础　　图 14-8 箱型基础

第二节 地 下 室

考点 3：地下室的分类

按使用性质分	分为**普通地下室**与**防空地下室**，防空地下室应妥善解决紧急状态下的人员隐蔽与疏散，应有保证人身安全的技术措施
按埋入地下深度分	分为**地下室**与**半地下室**，一般来说地下室是指地下室地平面低于室外地坪的高度超过该房间净高 1/2。半地下室是指地下室地面低于室外地坪面高度超过该房间净高 1/3 且不超过 1/2。需要特别提到，地下室和半地下室的界定，在各城市的技术导则略有不同，具体以当地条文为准

续表

| 按建造方式分 | 分为**单建式和附建式**。单建式地下室指单独建造的地下空间，构造组成包括顶板、侧墙和底板三部分。附建式地下室指在建筑物下部的地下空间，构造组成只有侧墙和底板两部分 |

考点 4：地下室的防潮【★★★】

设置位置	地下室的防潮、防水做法取决于地下室地坪与地下水位的关系。当设计最高地下水位**低于地下室底板 500mm**，且基地范围内的土壤及回填土无形成上层滞水的可能时，采用防潮做法（砌体必须用水泥砂浆砌筑）。当设计最高地下水位高于地下室底板标高且地面水可能下渗时，应采用防水做法
防潮做法	砌体必须用水泥砂浆砌筑，墙外侧在做好水泥砂浆抹面后，涂冷底子油及热沥青两道，然后回填低渗透性的土，如粘土、灰土等。此外在墙身与地下室地坪及室内外地坪之间设**墙身水平防潮层**(图 14-9)，以防止土中潮气和地面雨水因毛细管作用沿墙体上升而影响结构 需要注意，根据《砌体结构工程施工规范》（GB 50924—2014）规定，抗震设防地区建筑物，**不宜采用卷材作基础墙的水平防潮层。** 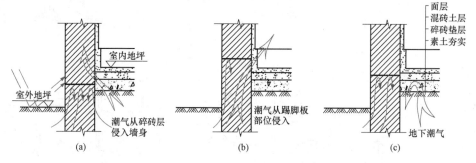 图 14-9 水平防潮层位置的设置选择 (a) 错误；(b) 不理想；(c) 正确 防潮层施工如图 14-10 所示。   图 14-10 防潮层施工 (a) 防潮层铺设；(b) 防潮层施工现场

防潮层	防潮层位置:（图14-11） 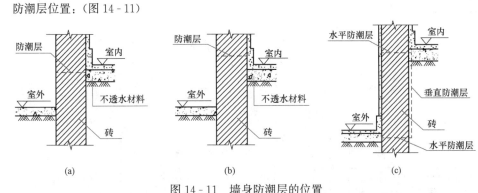 图14-11 墙身防潮层的位置 （a）地面垫层为密实材料;（b）地面垫层为透水材料;（c）室内地面有高差 ①地面垫层为不透水材料时，**水平防潮层在-0.060m标高处，并高于室外地坪150mm**; ②地面垫层为透水材料时，**水平防潮层与室内地面平齐或高出一皮砖**; ③室内地面两侧出现高差时，**设两道水平防潮层和一道垂直防潮层**（图14-12）。垂直防潮层构造做法：1:3水泥砂浆找平后，做防水涂料或贴防水卷材，并用防水砂浆抹面。  图14-12 垂直防潮层施工现场
不需要设置防潮层	当墙基为混凝土、钢筋混凝土或石砌体时，可不做墙体防潮层，如图14-13所示。 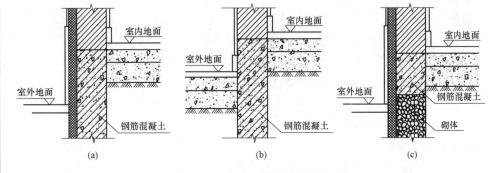 图14-13 可不做防潮层情况 （a）混凝土墙基;（b）钢筋混凝土墙基;（c）石砌体墙基
防潮层和防水层区别	1. 防潮层主要是阻隔空间中的气态水，也就是水汽。防水层阻隔的是流动中的**液态水，明水**等；防水层可以防潮，但防潮层不能防水。防潮层主要是为了防止地下水渗透、地面或者墙面的阻隔层，是墙地面避**免受潮**，保持干燥的状态。 2. 防潮层主要是用防水卷材、防水涂料、防水剂等材料来阻隔水分。防水卷材一般采用全面铺贴的方式，来增加基面的阻隔层，简单易行，可以采用热熔粘贴的方式，使地下室内部整体防水，应用较为广泛

典型习题

14-1 [2022（12）-46] 下列室内有高差的墙体防潮层做法，最合理的是（　　）。

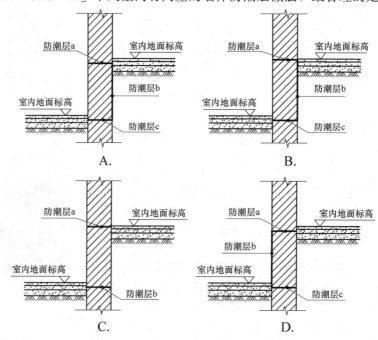

答案：A

解析：左右两处都是室内地面，都要设置水平防潮层，垂直防潮层要设置在迎水面上，所以选项 C、D 都不合理。根据《全国民用建筑工程设计技术措施 规划·建筑·景观》P91，防潮层一般设置在室内地坪下 0.06m 处。选项 B 的防潮层高度与面层平齐不合理。

14-2 [2022（12）-47] 地震区建筑防潮层不宜采用下列哪种构造措施？（　　）
A. 20mm 厚水泥砂浆加 3%～5% 防水剂　　　B. 三皮砖砌筑砂浆饱满
C. 60mm 厚细石混凝土内配圆 6 钢筋　　　D. 20mm 厚水泥砂浆上铺一毡二油

答案：D

解析：一毡二油破坏了墙体到基础的结构连续性，抗震地区不宜使用。

考点 5：地下室防水等级与要求

总则	《地下工程防水技术规范》（GB 50108—2008）1.0.3　地下工程防水的设计和施工应遵循 "**防、排、截、堵相结合，刚柔相济，因地制宜，综合治理**" 的原则
一般规定	《地下工程防水技术规范》（GB 50108—2008）相关规定。 3.1.3　单建式宜全封闭、部分封闭的排水设计，**附建式设防高度应高出地坪 500mm 以上**； 3.1.5　**地下工程的变形缝（诱导缝）、施工缝、后浇带、穿墙管（盒）、预埋件、预留通道接头、桩头等细部构造，应加强防水措施**。 3.1.6　地下工程的排水管沟、地漏、出入口、窗井、风井等，应采取**防倒灌**措施；寒冷及严寒地区的排水沟应采取防冻措施

防水设防要求	《地下工程防水技术规范》（GB 50108—2008）相关规定。 3.3.2 处于侵蚀性介质中的工程，应采用**耐侵蚀**的防水混凝土、防水砂浆、防水卷材或防水涂料等防水材料。 3.3.4 结构刚度较差或受振动作用的工程，宜采用**延伸率较大的卷材、涂料等柔性防水材料**。【2022】 《建筑与市政工程防水通用规范》（GB 55030—2022）4.2.4 明挖法地下工程结构接缝的防水设防措施应符合表 4.2.4（表 14-1）的规定。 **表 14-1　明挖法地下工程结构接缝的防水设防措施** 	施工缝					变形缝					后浇带					诱导缝		
---	---	---	---	---	---	---	---	---	---	---	---	---	---	---	---	---	---
混凝土界面处理剂或外涂型水泥基渗透结晶型防水材料	预埋注浆管	遇水膨胀止水条（图14-14）或止水胶	中埋式止水带	外贴式止水带（图14-16）	**中埋式中孔型橡胶止水带**	外贴式止水带	可卸式止水带	密封嵌缝材料	外贴防水卷材或外涂防水涂料	**补偿收缩混凝土**	预埋注浆管	中埋式止水带	遇水膨胀止水条或止水胶	外贴式止水带	**中埋式中孔型橡胶止水带**	密封嵌缝材料	外贴防水卷材或外涂防水涂料
不应少于 2 种					**应选**	不应少于 2 种				**应选**	不应少于 1 种				**应选**	不应少于 1 种		
实例	遇水膨胀止水条、中埋止水带和外贴止水带如图 14-14～图 14-16 所示    图 14-14　遇水膨胀止水条　　图 14-15　中埋止水带　　图 14-16　外贴止水带 防水涂料与防水涂料施工现场图片如图 14-17 和图 14-18 所示   图 14-17　防水涂料施工现场　　图 14-18　防水卷材施工现场

续表

实例	遇水膨胀止水条一般不单独放在有缝宽的场所，比如变形缝，因为尺寸太小了，有缝宽的地方容易掉，遇水膨胀止水条一般可放在施工缝、后浇带等位置
施工要求	《地下防水工程质量验收规范》（GB 50208—2011）相关规定。 3.0.10 地下防水工程施工期间，必须保持地下水位稳定在工程底部最低高程500mm以下，必要时应采取降水措施。对采用沟排水的基坑，应保持基坑干燥。 3.0.11 地下防水工程不得在雨天、雪天和五级风及其以上时施工；防水材料施工环境气温条件宜符合表3.0.11（表14-2）的规定。 表14-2　　防水材料施工环境气温条件【2023】 | 防水材料	施工环境气温条件
高聚物改性沥青防水卷材	冷粘法、自粘法不低于5℃，热熔法不低于－10℃
合成高分子防水卷材	冷粘法、自粘法不低于5℃，焊接法不低于－10℃
有机防水涂料	溶剂型－5℃～35℃，反应型、水乳型5℃～35℃
无机防水涂料	5℃～35℃
防水混凝土、防水砂浆	5℃～35℃
膨润土防水材料	不低于－20℃	

典型习题

14-3［2023-39］地下工程施工环境温度低于－10℃且不低于－20℃，防水层可使用（　　）。

A. 防水砂浆　　　B. 无机防水涂料　　　C. 膨润土防水材料　　　D. 有机防水涂料

答案： C

解析： 参见《地下防水工程质量验收规范》（GB 50208—2011）3.0.11。

14-4［2022（5）-45］受振动的地下工程不宜用以下哪一种防水层？（　　）

A. 防水砂浆　　　B. 有机防水涂料　　　C. 防水卷材　　　D. 无机防水涂料

答案： A

解析： 根据《地下工程防水技术规范》（GB 50108—2008）3.3.4，结构刚度较差或受振动作用的工程，宜采用延伸率较大的卷材、涂料等柔性防水材料，防水砂浆容易产生裂缝。

考点6：地下室构造案例【★★★★】

图14-19～图14-26所示为地下室构造案例（选自图集《地下建筑防水构造》10J301）

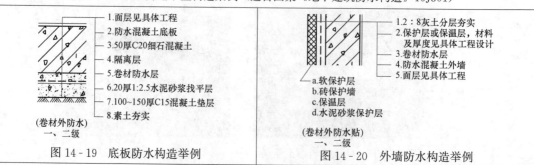

图14-19　底板防水构造举例　　　　图14-20　外墙防水构造举例

续表

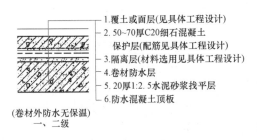

图 14-21 顶板卷材外防水无保温举例

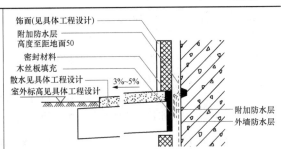

图 14-22 防水材料收头在散水处构造

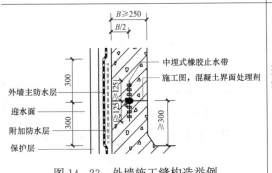

图 14-23 外墙施工缝构造举例

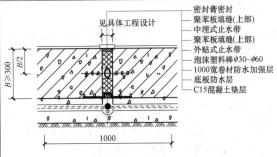

图 14-24 底板变形缝防水构造举例

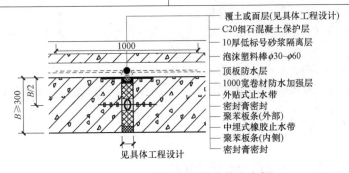

图 14-25 顶板变形缝防水构造实例

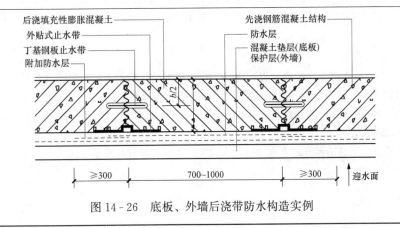

图 14-26 底板、外墙后浇带防水构造实例

考点7：防水混凝土结构【★★★】

本考点均摘自《地下工程防水技术规范》(GB 50108—2008)

抗渗等级	4.1.1 防水混凝土可通过调整配合比，或掺加外加剂、掺合料等措施配制而成，其抗渗等级不得小于**P6**；(注：P6=0.6MPa) 4.1.2 试配混凝土抗渗等级**应比设计要求高0.2MPa**； 4.1.4 防水混凝土的设计抗渗等级，应符合表4.1.4（表14-3）的规定。【2019】 表14-3　　　　　　　　防水混凝土设计抗渗等级 | 工程埋置深度 H/m	设计抗渗等级
$H<10$	P6
$10 \leq H<20$	P8
$20 \leq H<30$	P10
$H \geq 30$	P12	
垫层要求	4.1.6 防水混凝土结构底板的混凝土垫层，**强度等级不应小于C15**，**厚度不应小于100mm**，**在软弱土层中不应小于150mm**
结构主体	4.1.7 防水混凝土结构，应符合规定： 1 结构厚度不应小于250mm（附建式地下室为侧墙和底板；单建式地下室为侧墙、底板和顶板）； 2 裂缝宽度不得大于0.2mm，并不得贯通； 3 钢筋保护层厚度应根据结构的耐久性和工程环境选用，**迎水面钢筋保护层厚度不应小于50mm**
水泥规定	4.1.8 用于防水混凝土的水泥应符合规定： 1 **水泥宜采用硅酸盐水泥、普通硅酸盐水泥**，采用其他品种水泥时应经试验确定； 3 不得使用刚过期或受潮结块的水泥，并不得将不同品种或强度等级的水泥混合使用
施工缝	4.1.24 防水混凝土应连续浇筑，宜少留施工缝。施工缝应符合规定：【2022 (12)】 1 墙体水平施工缝应留在高出底板表面不小于300mm的墙体上；拱（板）墙结合的水平施工缝，宜留在拱（板）墙接缝线以下150～300mm处；墙体有预留孔洞时，施工缝距孔洞边缘不应小于300mm。 2 垂直施工缝应避开地下水和裂隙水较多的地段，并宜与变形缝相结合

构造图示	施工缝防水构造图示如图 14-27～图 14-30。 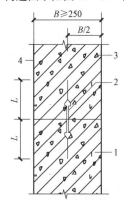 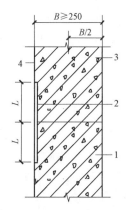 图 14-27 施工缝防水构造（一）　　图 14-28 施工缝防水构造（二） 钢板止水带 L≥150；橡胶止水带≥200；　外贴止水带 L≥150；外涂防水涂料 L=200； 钢边橡胶止水带 L≥120；　　　　　　　外抹防水砂浆 L=200； 1—先浇混凝土；2—中埋止水带；　　　1—先浇混凝土；2—外贴止水带； 3—后浇混凝土；4—结构迎水面　　　　3—后浇混凝土；4—结构迎水面 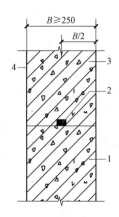 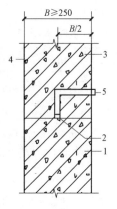 图 14-29 施工缝防水构造（三）　　图 14-30 施工缝防水构造（四） 1—先浇混凝土；2—遇水膨胀止水条（胶）；　1—先浇混凝土；2—预埋注浆管 3—后浇混凝土； 3—后浇混凝土；4—结构迎水面　　　　　　4—结构迎水面；5—注浆导管
大体积防水混凝土	4.1.27　大体积防水混凝土的施工，应符合下列规定： 1　在设计许可的情况下，掺粉煤灰混凝土设计强度等级的龄期宜为 60d 或 90d。 2　宜选用**水化热低**和凝结时间长的水泥。 3　宜掺入**减水剂、缓凝剂**等外加剂和粉煤灰、磨细矿渣粉等掺合料。 4　炎热季节施工时，应采取**降低原材料温度**、减少混凝土运输时吸收外界热量等降温措施，入模温度不应大于 30℃。 5　混凝土内部预埋管道，宜进行水冷散热。 6　应采取**保温保湿养护**。混凝土中心温度与表面温度的差值不应大于 25℃，表面温度与大气温度的差值不应大于 20℃，温降梯度不得大于 3℃/d，养护时间不应少于 14d【2023】

| 模板 | 4.1.28 防水混凝土结构内部设置的各种钢筋或绑扎铁丝，不得接触模板。用于固定模板的螺栓必须穿过混凝土结构时，可采用工具式螺栓或螺栓加堵头，螺栓上应**加焊方形止水环**。拆模后应将留下的凹槽用密封材料封堵密实，并应用聚合物水泥砂浆抹平【2019】|

14-5[2023-38] 关于地下工程大体积防水混凝土的说法，正确的是（　　）。
A. 选用水化热高的水泥　　　　　　　B. 应采取保温保湿养护
C. 炎热季节提高原料温度　　　　　　D. 宜渗入增水剂、速凝剂
答案：B
解析：参见《地下工程防水技术规范》(GB 50108—2008) 4.1.27。

14-6[2022(12)-45] 下列关于地下室混凝土外墙防水的说法，错误的是（　　）。
A. 防水混凝土应连续浇筑　　　　　　B. 可预留孔洞
C. 墙体宜少设施工缝　　　　　　　　D. 水平施工缝可设置在最大剪力处
答案：D
解析：参见《地下工程防水技术规范》(GB 50108—2008)，4.1.24。

考点8：水泥砂浆防水层【★★】

本考点均摘自《地下工程防水技术规范》(GB 50108—2008)	
材料	4.2.1 水泥砂浆应包括聚合物水泥防水砂浆、掺外加剂或掺合料的防水砂浆，宜采用**多层抹压法施工**
位置	4.2.2 水泥砂浆防水层可用于地下工程主体结构的**迎水面或背水面**，不应用于受**持续振动**或温度高于80℃的地下工程防水
厚度	4.2.5 聚合物水泥防水砂浆厚度：**单层宜为6～8mm，双层宜为10～12mm**；掺外加剂或掺合料的水泥防水砂浆厚度宜为**18～20mm**
施工要求	4.2.15 水泥砂浆防水层各层应紧密粘合，每层宜连续施工；必须留施工缝时，应采用阶梯坡形槎，但离阴阳角处的距离不得小于200mm。 4.2.16 水泥砂浆防水层不得在雨天、五级及以上大风中施工。冬期施工时，气温不应低于5℃，夏季不宜在30℃以上或烈日照射下施工。 4.2.17 水泥砂浆防水层终凝后，应及时进行养护，养护温度不宜低于5℃，并应保持砂浆表面湿润，养护时间不得少于**14d**

14-7[2018-45] 下列关于地下室水泥砂浆防水层的说法，错误的是（　　）。
A. 属刚性防水，宜采用多层抹压法施工
B. 可用于地下室结构主体的迎水面或背水面

C. 适用于受持续振动的地下室
D. 适用于面积较小且防水要求不高的工程

答案：C

解析：参见《地下工程防水技术规范》(GB 50108—2008) 4.2.1 和 4.2.2。

考点9：卷材防水层【★★★】

	本考点均摘自《地下工程防水技术规范》(GB 50108—2008)
位置	4.3.1 卷材防水层宜用于经常处在地下水环境，且受侵蚀性介质作用或受振动作用地下工程。【2019】 4.3.2 卷材防水层应铺设在混凝土结构的迎水面。 4.3.3 卷材防水层用于建筑物地下室时，应铺设在结构底板垫层至墙体防水设防高度的结构基面上；用于单建式的地下工程时，应从结构底板垫层铺设至顶板基面，并应在外围形成封闭的防水层。
品种选择	4.3.4 防水卷材的品种规格和层数，应根据地下工程防水等级、地下水位高低及水压力作用状况、结构构造形式和施工工艺等因素确定。【2019】 4.3.5 卷材防水层的卷材品种可按表4.3.5（表14-4）选用，并应符合下列规定：【2022，2022（12）】

表 14-4　　卷材防水层的卷材品种

类别	品种名称
高聚物改性沥青类防水卷材	弹性体改性沥青防水卷材
	改性沥青聚乙烯胎防水卷材
	自粘聚合物改性沥青防水卷材
合成高分子类防水卷材	三元乙丙橡胶防水卷材
	聚氯乙烯防水卷材
	聚乙烯丙纶复合防水卷材
	高分子自粘胶膜防水卷材

	4.3.6 卷材防水层的厚度应符合表4.3.6（表14-5）的规定。

表 14-5　　不同品种卷材的厚度

	高聚物改性沥青类防水卷材			合成高分子类防水卷材			
卷材品种	弹性体改性沥青防水卷材、改性沥青聚乙烯胎防水卷材	自粘聚合物改性沥青防水卷材		三元乙丙橡胶防水卷材	聚氯乙烯防水卷材	聚乙烯丙纶复合防水卷材	高分子自粘胶膜防水卷材
		聚酯毡胎体	无胎体				
单层厚度/mm	≥4	≥3	≥1.5	≥1.5	≥1.5	卷材：≥0.9 粘结料：≥1.3 芯材厚度：≥0.6	≥1.2
双层总厚度/mm	≥(4+3)	≥(3+3)	≥(1.5+1.5)	≥(1.2+1.2)	≥(1.2+1.2)	卷材：≥(0.7+0.7) 粘结料：≥(1.3+1.3) 芯材厚度：≥0.5	—

（厚度与搭接宽度）

续表

厚度与搭接宽度	4.3.14 不同品种防水卷材的搭接宽度，应符合表4.3.14（表14-6）的要求 表14-6　　　　　　　　防水卷材搭接宽度 {{TABLE1}}
施工要求	4.3.7　**阴阳角处应做成圆弧或45°坡角**。应增做卷材加强层，宽度宜为300~500mm 4.3.13　铺贴卷材严禁在雨天、雪天、五级及以上大风中施工：**冷粘法、自粘法施工的环境气温不宜低于5℃，热熔法、焊接法施工的环境气温不宜低于-10℃**。施工过程中下雨或下雪时，应做好已铺卷材的防护工作。 4.3.15　防水卷材施工前，基面应**干净、干燥**，并应涂刷**基层处理剂**；当基面潮湿时，应涂刷湿固化型胶粘剂或潮湿界面隔离剂。基层处理剂的配制与施工应符合下列要求： 　1　基层处理剂应与卷材及其粘结材料的材性相容； 　2　基层处理剂喷涂或刷涂应均匀一致，不应露底，表面干燥后方可铺贴卷材
铺贴要求	4.3.16　铺贴各类防水卷材应符合下列规定： 　1　应铺设卷材加强层。 　2　结构底板垫层混凝土部位的卷材可用空铺法或点粘法施工，其粘结位置、点粘面积应按设计要求确定；侧墙采用外防外贴法的卷材及顶板部位的卷材应采用**满粘法施工，应先铺平面，后铺立面，交接处应交叉搭接**； 　3　卷材与基面、卷材与卷材间的粘结应紧密、牢固；铺贴完成的卷材应平整顺直，搭接尺寸应准确，不得产生扭曲和褶皱； 　4　卷材搭接处和接头部位应粘贴牢固，接缝口应封严或采用材性相容的密封材料封缝； 　5　铺贴立面卷材防水层时，应采取防止卷材下滑的措施； 　6　铺贴双层卷材时，上下两层和相邻两幅卷材的接缝应错开1/3~1/2**幅宽**，且两层卷材不得相互垂直铺贴
外防外贴	4.3.23　采用外防外贴法铺贴卷材防水层时，符合下列规定： 　1　**应先铺平面，后铺立面，交接处应交叉搭接**

其中表14-6为：

卷材品种	搭接宽度/mm
弹性体改性沥青防水卷材	100
改性沥青聚乙烯胎防水卷材	100
自粘聚合物改性沥青防水卷材	80
三元乙丙橡胶防水卷材	100/60（胶粘剂/胶粘带）
聚氯乙烯防水卷材	60/80（单焊缝/双焊缝）
	100（胶粘剂）
聚乙烯丙纶复合防水卷材	100（粘结料）
高分子自粘胶膜防水卷材	70/80（自粘胶/胶粘带）

续表

保护层要求	4.3.25 卷材防水层经检查合格后，应及时做保护层，保护层应符合下列规定：【2022】 1 顶板卷材防水层上的细石混凝土保护层，应符合下列规定： 　1）采用机械碾压回填土时，不宜小于70mm； 　2）采用人工回填土时，不宜小于50mm； 　3）防水层与保护层之间**宜设置隔离层**。 2 底板卷材防水层上的细石混凝土保护层厚度不应小于50mm。 3 侧墙卷材防水层宜采用软质保护材料或铺抹20mm厚1：2.5水泥砂浆层。 4.3.25条文说明：与原规范相比，本条分别规定了工程顶板采用机械或人工回填土时的混凝土保护层厚度，便于施工时操作。在防水层和保护层之间宜设置隔离层，如采用干铺油毡，以防止保护层伸缩破坏防水层。侧墙采用软质材料保护层是为避免回填土时损伤防水层。软质保护材料可采用**沥青基防水保护板、塑料排水板或聚苯乙烯泡沫板**等材料。卷材防水层采用预铺反粘法施工时，可不作保护层。【2023】

典型习题

14-8 [2023-40] 下列保护措施中，地下工程侧墙卷材防水层的保护层不宜选用（　　）。

A. 沥青基防水保护板　　　　　　　　B. 塑料排水板

C. 聚苯乙烯泡沫排水板　　　　　　　D. 混凝土保护墙

答案： D

解析： 参见《地下工程防水技术规范》（GB 50108—2008）4.3.25的条文说明。

14-9 [2022（12）-44] 下列关于地下工程，外防外贴法铺贴卷材防水层的说法，错误的是（　　）。

A. 应在迎水面　　　　　　　　　　　B. 阴阳角处做45°坡角

C. 应先立面，后平面　　　　　　　　D. 阴阳角处应增加强层

答案： C

解析： 参见《地下工程防水技术规范》（GB 50108—2008）4.3.23和4.3.7。

14-10 [2022（5）-44] 下列关于地下卷材防水层构造层次，错误的是（　　）。

A. 顶板细石混凝土保护层与防水层应设隔离层

B. 当采用人工回填土时可不设防水保护层

C. 底板细石混凝土保护层厚度不小于50mm

D. 侧墙宜用软质保护材料

答案： B

解析： 根据《地下工程防水技术规范》（GB 50108—2008）4.3.25，卷材防水层经检查合格后，应及时做保护层，保护层应符合下列规定：1 顶板卷材防水层上的细石混凝土保护层，应符合下列规定：2）采用人工回填土时，保护层厚度不宜小于50mm；（B选项错误）3）防水层与保护层之间宜设置隔离层。(A选项正确) 2 底板卷材防水层，上的细石混凝土保护层厚度不应小于50mm。（C选项正确) 3 侧墙卷材防水层宜采用软质保护材料或铺抹20mm厚1：2.5水泥砂浆层。（D选项正确）

考点 10：涂料防水层【★★】

本考点均摘自《地下工程防水技术规范》（GB 50108—2008）

材料	4.4.1　包括无机防水涂料和有机防水涂料。【2019】 无机防水涂料可选用**掺外加剂**、**掺合料**的水泥基防水涂料、水泥基渗透结晶型防水涂料。 有机防水涂料可选用**反应型**、**水乳型**、**聚合物水泥**等涂料
位置	4.4.2　无机防水涂料宜用于**结构主体背水面**，有机防水涂料宜用于**地下工程主体结构迎水面**，用于背水面的有机防水涂料应具有较高的**抗渗性**，且与基层有较好的粘结性
品种选择	4.4.3　防水涂料品种的选择应符合下列规定： 　1　潮湿基层宜选用与**粘结力大**的无机或有机防水涂料，也可采用先涂无机防水涂料而后再涂有机防水涂料构成复合防水涂层； 　2　冬期施工宜选用**反应型**涂料； 　3　埋置深度较深重要工程，有**振动**或较大变形的工程，宜**高弹性防水涂料**； 　4　有腐蚀性地下宜选用耐腐蚀性较好的有机防水涂料，并应做刚性保护层； 　5　聚合物水泥防水涂料应选用Ⅱ型产品
有机涂料	4.4.4　采用有机防水涂料时，基层阴阳角应做成**圆弧形**，阴角直径宜大于 50mm，阳角直径宜大于 10mm，在底板转交部位应增加胎体增强材料，并应增涂防水涂料
外防外涂或外防内涂	4.4.5　防水涂料宜采用**外防外涂**或**外防内涂**。构造示意图如图 4.4.5－1（图 14－31）、图 4.4.5－2（图 14－32）所示。 图 14－31　防水涂料外防外涂构造 1—保护墙；2—砂浆保护层；3—涂料防水层； 4—砂浆找平层；5—结构墙体； 6、7—涂料防水加强层； 8—涂料防水层搭接部位保护层； 9—涂料防水层搭接部位；10—混凝土垫层 图 14－32　防水涂料外防内涂构造 1—保护墙；2—砂浆保护层；3—涂料防水层； 4—找平层；5—结构墙体；6、7—涂料防水加强层；8—混凝土垫层

续表

施工要求	4.4.6 掺外加剂、掺合料的水泥基防水涂料不得小于 3.0mm；水泥基渗透结晶型防水涂料不应小于 1.5kg/m²，且厚度不应小于 1.0mm；有机防水涂料不得小于 1.2mm。【2021】
	4.4.10 有机防水涂料基层表面应基本干燥，不应有气孔、凹凸不平、蜂窝麻面等缺陷。涂料施工前，基层阴阳角应做成**圆弧形**
	4.4.11 涂料防水层严禁在雨天、雾天、五级及以上大风时施工，不得在施工环境温度低于 5℃及高于 35℃或烈日暴晒时施工。涂膜固化前如有降雨可能时，应及时做好已完涂层的保护工作
	4.4.13 防水涂料应分层刷涂或喷涂，涂层应均匀，不得漏刷漏涂；接槎宽度不应小于 100mm
保护层	4.4.15 有机防水涂料施工完后应及时做保护层，保护层应符合下列规定： 1 底板、顶板应采用 20mm 厚 1：2.5 水泥砂浆层和 40～50mm 厚的细石混凝土保护层，**防水层与保护层之间宜设置隔离层**； 2 侧墙背水面保护层应采用 20mm 厚 1：2.5 水泥砂浆； 3 侧墙迎水面保护层宜选用软质保护材料或 20mm 厚 1：2.5 水泥砂浆

典型习题

14-11 [2021-43] 地下工程水泥基结晶防水涂料，正确用法是（ ）。
A. 用量：1.0kg/m³，厚度：1.0mm
B. 用量：1.5kg/m³，厚度：1.5mm
C. 用量：1.5kg/m³，厚度：1.0mm
D. 用量：0.5kg/m³，厚度：1.5mm
答案：B
解析：参见《地下工程防水技术规范》(GB 50108—2008) 4.4.6。

考点 11：地下室顶板防水【★★★】

本考点均摘自《地下工程防水技术规范》(GB 50108—2008)	
等级	4.8.1 地下工程种植顶板防水等级应为**一级**【2022，2021】
基本要求	4.8.3 地下工程种植顶板结构应符合下列规定： 1 种植顶板应为**现浇防水混凝土**，结构找坡，坡度宜为1%～2%； 2 种植顶板厚度不应小于 250mm，最大裂缝宽度不应大于 0.2mm，并不得贯通
防排水构造	4.8.9 地下工程种植顶板的防排水构造应符合下列要求：【2021】 1 **耐根穿刺防水层应铺设在普通防水层上面**； 2 耐根穿刺防水层表面应设置保护层，保护层与防水层之间应设置隔离层； 3 排（蓄）水层应根据渗水性、储水量、稳定性、抗生物性和碳酸盐含量等因素进行设计；排（蓄）水层应设置在**保护层**上面，并应结合排水沟分区设置； 4 排（蓄）水层上应设置过滤层，过滤层材料的搭接宽度不应小于 200mm

续表

顶板防水	4.8.10 地下工程种植顶板防水材料应符合下列要求： 1 绝热（保温）层应选用**密度小、压缩强度大、吸水率低**的绝热材料，不得选用**散状**绝热材料； 3 排（蓄）水层应选用**抗压强度大且耐久性好的塑料排水板、网状交织排水板**或**陶粒**等轻质材料
套管	4.8.14 防水层下不得埋设水平管线。垂直穿越的管线应预埋套管，**套管超过种植土的高度应大于150mm**
泛水	4.8.16 种植顶板的泛水部位应采用现浇钢筋混凝土，**泛水处防水层高出种植土应大于250mm**
	4.8.17 泛水部位、水落口及穿顶板管道四周宜设置200～300mm宽的**卵石隔离带**
构造图	种植防水顶板构造做法如图14-33所示，种植防水与女儿墙交界处做法（图14-34） 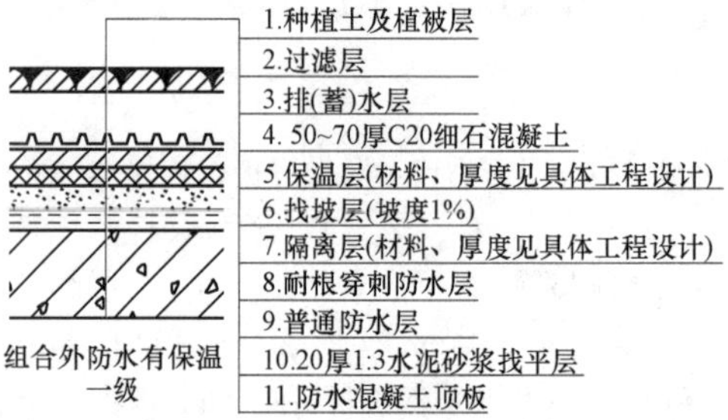 1. 种植土及植被层 2. 过滤层 3. 排(蓄)水层 4. 50~70厚C20细石混凝土 5. 保温层(材料、厚度见具体工程设计) 6. 找坡层(坡度1%) 7. 隔离层(材料、厚度见具体工程设计) 8. 耐根穿刺防水层 9. 普通防水层 10. 20厚1:3水泥砂浆找平层 11. 防水混凝土顶板 组合外防水有保温一级 图14-33 种植防水顶板构造 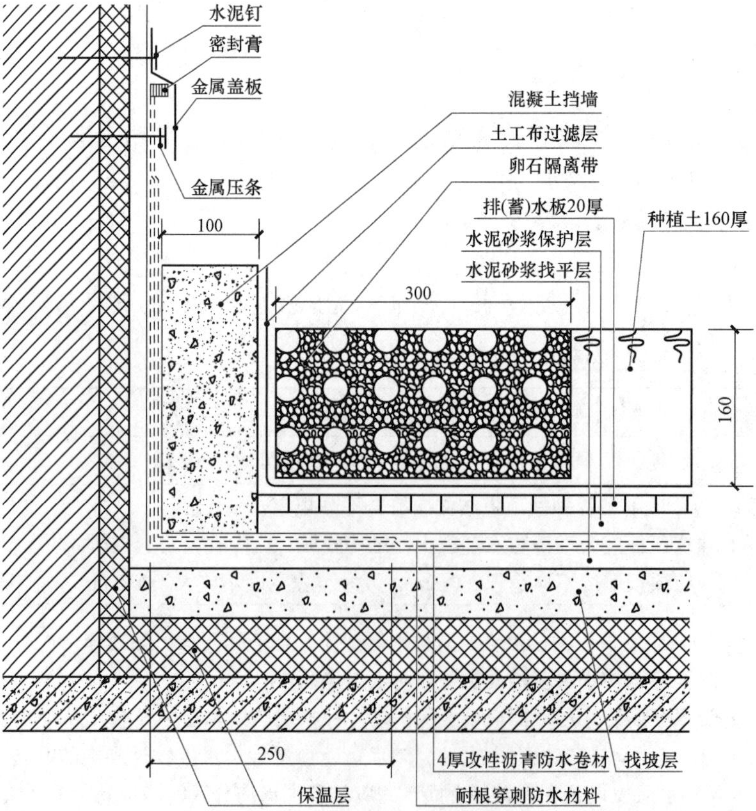 图14-34 种植防水与女儿墙的交界处构造

典型习题

14-12 [2022 (5)-43] 下列关于地下工程种植顶板构造说法，有误的是（　　）。
A. 防水等级为一级　　　　　　　　　　B. 保温层可选用散状保温材料
C. 顶板结构厚度不小于250mm　　　　　D. 顶板面积较大时应设蓄水装置

答案：B

解析：参见《种植屋面工程技术规程》（JGJ 155—2013）4.2.1、4.8.1、4.8.3和4.8.4。

14-13 [2021-45] 下列不符合地下工程防水混凝土种植顶板设计要求的是（　　）。
A. 种植顶板防水等级应为一级　　　　　B. 种植顶板厚度应大于等于200mm
C. 种植顶板排水应结构找坡　　　　　　D. 种植顶板应设耐根穿刺防水层

答案：B

解析：参见《地下工程防水技术规范》（GB 50108—2008）4.8.1、4.8.3和4.8.9。

14-14 [2021-55] 下列种植顶板防水构造正确的是（　　）。
A. 自上而下：排（蓄）水层-普通防水层-耐根穿刺防水层-找平层
B. 自上而下：排（蓄）水层-普通防水层-找平层
C. 自上而下：排（蓄）水层-耐根穿刺防水层-普通防水层-找平层
D. 自上而下：排（蓄）水层-普通防水层-找平层-耐根穿刺防水层

答案：C

解析：参见《地下工程防水技术规范》（GB 50108—2008）4.8.9。

考点12：变形缝【★★★】

本考点均摘自《地下工程防水技术规范》（GB 50108—2008）	
基本要求	5.1.2　用于伸缩的变形缝宜少设，可根据不同的工程结构类别、工程地质情况采用后浇带、加强带、诱导缝等替代措施。 5.1.4　用于沉降的变形缝最大允许沉降差值不应大于30mm。 5.1.5　变形缝的宽度宜为20～30mm。
构造形式	5.1.6　变形缝的几种复合防水构造形式，见图5.1.6-1～图5.1.6-3（图14-35～图14-37）。 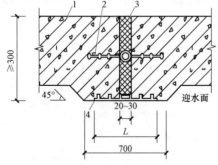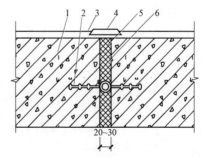 图14-35　中埋止水带与外贴　　　　图14-36　中埋式止水带与 　　　　　防水层复合使用　　　　　　　　　　嵌缝材料复合使用 外贴式止水带$L \geq 300$，外贴防水卷材$L \geq 400$，　　1—混凝土结构；2—中埋式止水带；3—防水层； 外贴防水涂层$L \geq 400$　　　　　　　　　　　　　　4—隔离层；5—密封材料；6—填缝材料 1—混凝土结构；2—中埋止水带； 3—填缝材料；4—外贴止水带

构造形式	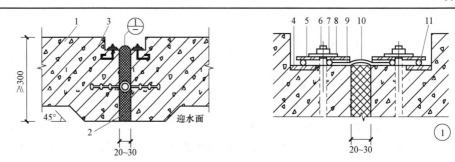
图 14-37 中埋止水带与可拆卸止水带复合使用
1—混凝土结构；2—填缝材料；3—中埋止水带；4—预埋钢板；5—紧固件压板；6—预埋螺栓；7—螺母；8—垫圈；9—紧固件压块；10—Ω型止水带；11—紧固件圆钢

考点 13：后浇带【★★】

基本要求	《地下工程防水技术规范》（GB 50108—2008）相关规定。 5.2.1 后浇带宜用于**不允许留设变形缝的工程部位**。 5.2.2 后浇带应在其两侧混凝土龄期达到 **42d** 后再施工；高层建筑的后浇带施工应按规定时间进行。 5.2.3 后浇带应采用**补偿收缩混凝土**浇筑，其抗渗和抗压强度等级**不应低于两侧混凝土**。【2021】 5.2.4 后浇带应设在受力和变形较小的部位，其间距和位置应按结构设计要求确定，**宽度宜为 700~1000mm**。 5.2.5 后浇带两侧可做成平直缝或阶梯缝，其防水构造形式宜采用图 5.2.5-1～图 5.2.5-3（图 14-38～图 14-40）。 5.2.13 后浇带混凝土应**一次浇筑，不得留设施工缝**；混凝土浇筑后应及时养护，养护时间不得少于 28d。 5.2.14 后浇带需超前止水时，后浇带部位的混凝土应**局部加厚**，并应增设**外贴式或中埋式止水带**
构造形式	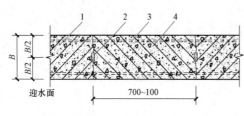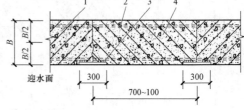
图 14-38 后浇带防水构造（一）　　图 14-39 后浇带防水构造（二）
1—先浇混凝土；2—遇水膨胀止水条（胶）；　1—先浇混凝土；2—结构主筋；
3—结构主筋；4—后浇补偿收缩混凝土　　　3—外贴式止水带；4—后浇补偿收缩混凝土

构造形式	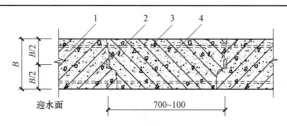 图 14-40 后浇带防水构造（三） 1—先浇混凝土；2—遇水膨胀止水条（胶）；3—结构主筋；4—后浇补偿收缩混凝土

 典型习题

14-15 [2021-44] 地下工程后浇带应采用以下选项中何种混凝土浇筑？（ ）
A. 补偿收缩混凝土　　B. 预制混凝土　　C. 普通混凝土　　D. 防水混凝土
答案：A
解析：参见《地下工程防水技术规范》（GB 50108—2008）5.2.3。

考点14：地下工程混凝土结构细部构造防水【★★★★】

穿墙管	《地下工程防水技术规范》（GB 50108—2008）相关规定。 5.3.1 穿墙管（盒）应在浇筑混凝土前预埋。 5.3.2 与内墙角、凹凸部位的距离应大于250mm。 5.3.3 结构变形或管道伸缩量较小时，穿墙管可采用主管直接埋入混凝土内的固定式防水法，主管应加焊止水环或环绕遇水膨胀止水圈，并应在迎水面预留凹槽。槽内应采用密封材料嵌填密实。其防水构造形式如图5.3.3-1（图14-41）、图5.3.3-2（图14-42）。 5.3.5 穿墙管防水施工时应符合下列要求： 1 金属止水环应与主管或套管满焊密实，采用套管式穿墙防水构造时，翼环与套管应满焊密实，并应在施工前将套管内表面清理干净； 2 相邻穿墙管间的间距应大于300mm； 3 采用遇水膨胀止水圆的穿墙管，管径宜小于50mm，止水圈应采用胶粘剂满粘固定于管上，并应涂缓胀剂或采用缓胀型遇水膨胀止水圈 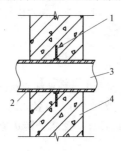 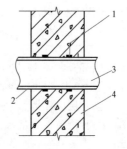 图 14-41 固定式穿墙管防水构造（一）　　图 14-42 固定式穿墙管防水构造（二） 1—止水环；2—密封材料；3—主管；　　1—遇水膨胀止水圈；2—密封材料；3—主管； 4—混凝土结构　　　　　　　　　　　　4—混凝土结构

续表

孔口	窗井又称为采光井。它是考虑地下室的平时利用,在外墙的外侧设置的采光竖井。窗井可以在每个窗户的外侧单独设置,也可以将若干个窗井连在一起,中间用墙体分开。**窗井宽度应不小于1000mm**,**它由底板和侧墙构成**,侧墙可以用砖墙或钢筋混凝土板墙制作,底板一般为钢筋混凝土浇筑,并应有1‰~3‰的坡度坡向外侧。窗井的上部应有铸铁箅子或用**聚碳酸酯板（阳光板）**覆盖,以防物体掉入或人员坠入
孔口	《地下工程防水技术规范》(GB 50108—2008) 相关规定。【2020,2019】 5.7.1 地下工程通向地面的各种孔口应采取防地面水倒灌的措施。人员出入口高地面宜500mm,汽车出入口明沟排水时,其高度宜150mm,并应采取防雨措施。 5.7.2 窗井的底部在最高地下水位以上时,窗井的底板和墙应作**防水处理**,并宜与主体结构**断开**。(图14-43) 5.7.3 窗井或窗井的一部分在最高地下水位以下时,窗井应与**主体结构**连成整体,其防水层也应连成整体,并应在窗井内侧设置集水井。(图14-44) 5.7.4 论地下水位高低,**窗台下部的墙体和底板均应做防水层**。 5.7.5 窗井内的底板,应低于窗下缘300mm,窗井墙应高出地面不得小于500mm。窗井外地面应做散水,**散水与墙面间应采用密封材料嵌填**。 5.7.6 通风口应与窗井同样处理,**竖井窗下缘离室外地面高度不得小于500mm**。 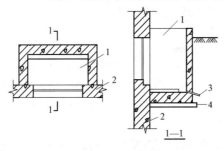 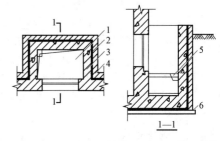 图14-43 窗井防水构造—地下水位较低时　　图14-44 窗井防水构造——地下水位较高时 1—窗井；2—主体结构；3—排水管；4—垫层　　　1—窗井；2—防水层；3—主体结构； 　　　　　　　　　　　　　　　　　　　　　　　4—防水保护层；5—集水井；6—垫层
坑、池	《地下工程防水技术规范》(GB 50108—2008) 5.8.1 坑、池、储水库宜采用防水混凝土整体浇筑,内部应设防水层。**受振动作用时应设柔性防水层**
设防高度	《地下工程防水技术规范》(GB 50108—2008) 相关规定。 3.1.3 附建式地下室、半地下室的防水设防高度应高出**室外地坪**500mm以上。单建式地下室的卷材防水层应铺设至顶板的表面,在外围形成封闭的防水层。【2021】 4.8.16 种植顶板的泛水部位应采用现浇钢筋混凝土,**泛水处防水层高出种植土应大于250mm**

窗井底部构造做法如图 14-45 和图 14-46 所示：

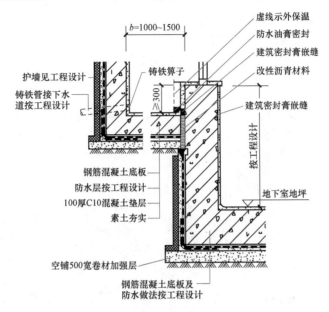

图 14-45 窗井底部详图（一）

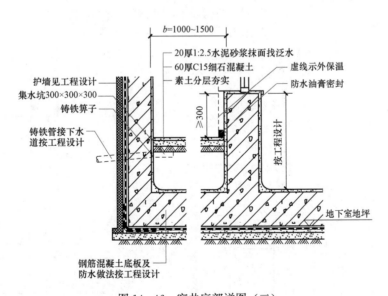

图 14-46 窗井底部详图（二）

面向下沉空间的地下室和周边室外地坪标高不同的地下室	《全国民用建筑工程设计技术措施规划·建筑·景观》(2009年版) 3.2.12 面向下沉空间的地下室和周边室外地坪标高不同的地下室防水设计。【2021】 1 设防原则：凡与土壤接触的墙身，底板均需做防水处理。墙身部位的防水设防应做到露出地坪**至少500mm高**的位置，常见的防水做法有： 1) 地下室墙身防水做法延伸至高**出室外地坪**500mm处； 2) 考虑到卷材防水与外墙装饰材料交接处不好处理的情况，也可采用将地下室墙身防水做到散水处，收头处应用嵌缝膏填实，露出室外地坪以上500mm高的部位采用抹20mm厚防水砂浆的做法。 2 当建筑局部面向下沉广场时，建筑物地下室的防水设防如图3.2.12-1（图14-47）所示。 3 当下沉空间较小（如采光井、内天井、内庭院）时，**地下室防水宜连同室外底板**，与建筑物形成封闭防水设防，如图3.2.12-2（图14-48）所示。 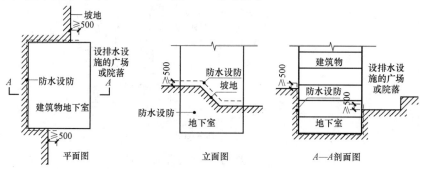 图14-47 建筑物地下室防水设防示意（一） 注：凡与土壤接触的墙身均需防水处理。 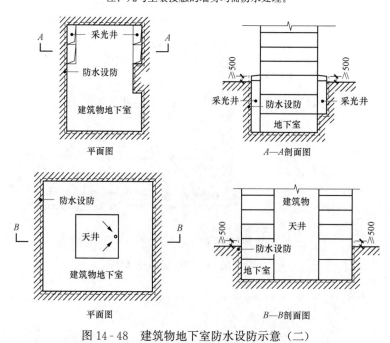 图14-48 建筑物地下室防水设防示意（二）

	4 当下沉空间下部有地下室时，地下室整体形成封闭防排水设防，下沉空间地面按屋面防水设防，如图 3.2.12-3（图 14-49）所示。 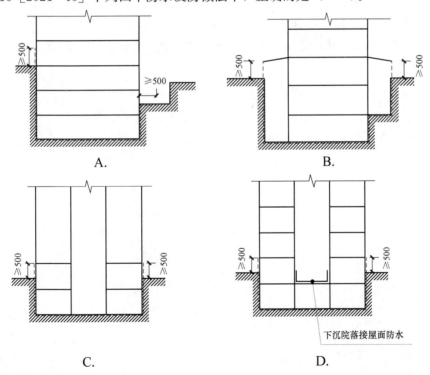 图 14-49 建筑物地下室防水设防示意（三）
面向下沉空间的地下室和周边室外地坪标高不同的地下室	

典型习题

14-16 ［2021-46］下列四个防水设防做法中，正确的是（　　）。

答案：B

解析：参见《地下工程防水技术规范》（GB 50108—2008）3.1.3。选项 A 右侧设防位置错误，选项 C 设防高度不足错误，选项 D 两侧设防位置错误，只有选项 B 正确。

14-17 [2020-44] 下列四个窗井节点大样做法中，正确的是（　　）。

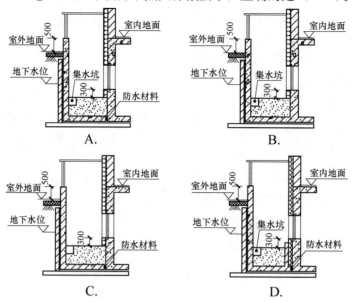

答案：B

解析：参见《地下工程防水技术规范》（GB 50108—2008）5.7.1、5.7.2、5.7.4、5.7.5 和 5.7.6。另见《07J306 窗井、设备吊装口、排水沟、集水坑图集》。

选项 A 底部混凝土断开，错误。选项 C 没有集水坑，错误。选项 D 窗前设置坎墙且断开混凝土，错误。

第十五章 楼地面与路面构造

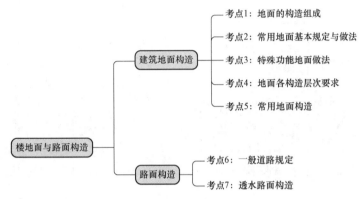

章 节	近五年考试分数统计					
	2023年	2022年12月	2022年5月	2021年	2020年	2019年
第一节 建筑地面构造	3	6	4	6	6	1
第二节 路面构造	2	1	4	0	1	3
总 计	5	7	8	6	7	4

注：1. 本章节最重要的规范是《建筑地面设计规范》（GB 50037—2013）和《全国民用建筑工程设计技术措施规划·建筑·景观》中关于地面的部分，题目比较综合，偏实际运用，另外，随着近几年海绵城市政策的推广，《城镇道路路面设计规范》（CJJ 169—2012）和相关透水路面的做法也需要考生掌握。
2. 复习本章，可结合图集《楼地面建筑构造》（12J304）扩展学习。

第一节 建筑地面构造

考点1：地面的构造组成【★★】

层次概念	《建筑地面设计规范》（GB 50037—2013）相关规定。 2.0.1 **面层**：建筑地面直接承受各种物理和化学作用的表面层。 2.0.3 **结合层**：面层与下面构造层之间的连接层。【2017】 2.0.4 **找平层**：在垫层、楼板或填充层上起抹平作用的构造层。 2.0.5 **隔离层**：防止建筑地面上各种液体或水、潮气透过地面的构造层。 2.0.6 **防潮层**：防止地下潮气透过地面的构造层。 2.0.7 **填充层**：建筑地面中设置起**隔声、保温、找坡**或**暗敷管线**等作用的构造层。【2012】【2022（12）】 2.0.8 **垫层**：在建筑地基上设置承受并传递上部荷载的构造层

构造图集举例	构造中的保温层：一般为聚苯乙烯泡沫板（B级），保温层上敷设一层真空镀铝聚醋薄膜或玻璃布铝箔，也可用微孔聚乙烯复合板（B_1级），表面带铝箔也可用岩棉（A级），但需注意防潮。几种常见地面做法如图15-1～图15-5。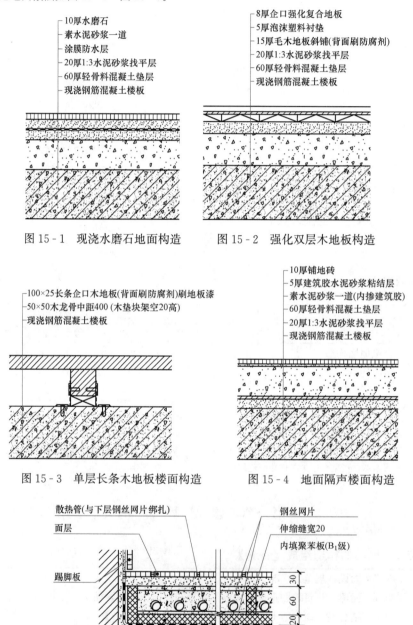图15-1 现浇水磨石地面构造　　图15-2 强化双层木地板构造 图15-3 单层长条木地板楼面构造　　图15-4 地面隔声楼面构造 图15-5 低温热水地板辐射采暖楼地面构造【2022（12）】 注：保温层与填充层之间敷设真空镀铝聚酯膜

15-1 [2022（12）-74] 在混凝土楼板起隔声，暗敷管线等作用的构造层是（　　）。

A. 基层　　　　　B. 找平层　　　　　C. 填充层　　　　　D. 结合层

答案： C

解析： 参见《建筑地面设计规范》（GB 50037—2013）2.0.7。

15-2 [2022（12）-76] 图 15-6 为低温热水地板辐射采暖楼地面，真空镀铝聚酯膜应敷设在哪个部位？（　　）

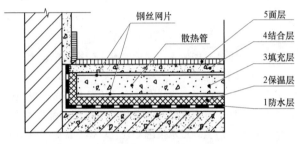

图 15-6 题图

A. 1 和 2 之间　　　　B. 2 和 3 之间　　　　C. 3 和 4 之间　　　　D. 4 和 5 之间

答案： B

解析： 见上文考点 1 "构造图"。

考点 2：常用地面基本规定与做法【★★★】

建筑地面设计规范	《建筑地面设计规范》（GB 50037—2013）相关规定。 3.1.5　建筑物的底层地面标高，宜高出室外地面150mm。当使用有特殊要求或建筑物预期有较大沉降量等其他原因时，应增大室内外高差。 3.1.6　木板、竹板楼地面，应根据使用要求及材质特性，采取**防火、防腐、防潮、防蛀、通风**等相应措施。【2012】 3.1.7　有水或非腐蚀性液体经常浸湿、流淌的地面，应设置隔离层并采用不吸水、易冲洗、**防滑**类的面层材料；**隔离层应采用防水材料**。楼层结构必须采用现浇混凝土制作，当采用装配式钢筋混凝土楼板时，还应设置配筋混凝土整浇层。 3.2.1　公共建筑中，经常有大量人员走动或残疾人、老年人、儿童活动及轮椅、小型推车行驶的地面，应采用**防滑、耐磨、不易起尘**的块材面层或水泥类整体面层。【2021】 3.2.2　公共场所的门厅、走道、室外坡道及经常用水冲洗或潮湿、结露等容易受影响的地面，应采用**防滑面层**。 3.2.3　室内环境具有安静要求的地面，其面层宜采用**地毯、塑料或橡胶等柔性材料**。 3.2.4　供儿童及老年人公共活动的场所地面，其面层宜采用**木地板、强化复合木地板、塑胶地板等暖性材料**。 3.2.6　舞厅、娱乐场所地面宜采用表面光滑、耐磨的水磨石、花岗石、玻璃板、混凝土密封固化剂等面层材料，也可以选用表面光滑、耐磨和略有弹性的木地板。

续表

建筑地面设计规范	3.2.7 要求不起尘、易清洗和抗油腻沾污要求的餐厅、酒吧、咖啡厅等地面，宜采用**水磨石**、**防滑地砖**、**陶瓷锦砖**、**木地板**或**耐沾污地毯**等面层。 3.2.9 存放书刊、文件或档案等纸质库房的地面，珍藏各种文物或艺术品和装有贵重物品的库房地面，宜采用**木地板**、**橡胶地板**、**水磨石**、**防滑地砖**等不起尘、易清洁的面层；底层地面应采取防潮和防结露措施；有贵重物品的库房，当采用水磨石、防滑地砖面层时，宜在适当范围内增铺柔性面层。 3.2.10 有采暖要求的地面，可选用低温热水地面辐射供暖，面层宜采用**地砖**、**水泥砂浆**、**木地板**、**强化复合木地板**等。
民用建筑设计统一标准	《民用建筑设计统一标准》(GB 50352—2019) 相关规定。 6.13.2 除有特殊使用要求外，楼地面应满足**平整**、**耐磨**、**不起尘**、**环保**、**防污染**、**隔声**、**易于清洁**等要求，且应具有**防滑**性能。 6.13.3 厕所、浴室、盥洗室等受水或非腐蚀性液体经常浸湿的楼地面应采取防水、防滑的构造措施，并设排水坡坡向地漏。**有防水要求的楼地面应低于相邻楼地面 150mm**。经常有水流淌的楼地面应设置防水层，宜设门槛等**挡水设施**，且应有排水措施，其楼地面应采用**不吸水**、**易冲洗**、**防滑**的面层材料，并应设置**防水隔离层**。 6.13.6 受较大荷载或有冲击力作用的楼地面，应根据使用性质及场所选用由板、块材料、混凝土等组成的**易于修复的刚性构造**，或由粒料、灰土等组成的柔性构造
建筑地面工程施工质量验收规范	《建筑地面工程施工质量验收规范》(GB 50209—2010) 相关规定。 6.0.12 地面排泄水面的坡度，整体面层或表面比较光滑的块材面层，宜为0.5%～1.5%；粗糙面层为1%～2%。 6.0.13 排水沟的纵向坡度**不宜小于0.5%**，排水沟宜设盖板。 6.0.14 地漏四周、排水地沟及地面与墙、柱连接处的隔离层，应增加层数或局部采取加强措施。地面与墙、柱连接处隔离层应翻边，其高度**不宜小于150mm**。 6.0.15 有水或其他液体流淌的地段与相邻地段之间，**应设置挡水或调整相邻地面的高差**。 6.0.16 有水或其他液体流淌的楼层地面孔洞四周翻边高度，不宜小于150mm；平台临空边缘应设置翻边或贴地遮挡，高度不宜小于100mm。 6.0.17 厕浴间和有防水要求的建筑地面应设置防水隔离层。楼层地面应采用现浇混凝土。楼板四周除门洞外，**应做强度等级不小于C20的混凝土翻边，其高度不小于200mm**

典型习题

15-3 [2017-89] 以下哪项是设计木地面时不必采取的措施？（　　）

A. 防滑、抗压　　B. 防腐、通风　　C. 防蛀、防虫　　D. 防霉、阻燃

答案：A

解析：参见《建筑地面设计规范》(GB 50037—2013) 3.1.6。

考点3：特殊功能地面做法【★★★★】

工业建筑防腐	根据《工业建筑防腐蚀设计标准》(GB/T 50046—2018) 5.1.1，可知：【2022（5），2020】 1 整体面层材料、块材及灰缝材料，应对介质具有耐腐蚀性能。 2 有大型设备且检修频繁和有冲击磨损作用的地面，应采用厚度不小于60mm的块材面层或**树脂细石混凝土、密实混凝土、水玻璃混凝土、树脂砂浆**等整体面层。 3 设备较小和使用小型运输工具的地面，可采用厚度不小于20mm的块材面层或树脂砂浆、**聚合物水泥砂浆**等整体面层；无运输工具的地面可采用树脂自流平涂料或防腐蚀耐磨涂料等整体面层。 4 树脂砂浆、树脂细石混凝土、水玻璃混凝土和涂料等整体面层不宜用于室外。 5 面层材料应满足使用环境的温度要求；树脂砂浆、树脂细石混凝土和涂料等整体面层，不得用于有明火作用的部位
医院要求	《医院洁净手术部建筑技术规范》(GB 50333—2013)相关规定。 7.3.1 洁净手术部的建筑装饰应遵循**不产尘、不易积尘、耐腐蚀、耐碰撞、不开裂、防潮防霉、容易清洁、环保节能和符合防火要求**的总原则。 7.3.2 洁净手术部内地面可选用实用经济的材料，以浅色为宜。 7.3.5 **洁净手术部内墙面下部的踢脚不得突出墙面**；踢脚与地面交界处的阴角应做成$R \geqslant 30mm$的圆角。其他墙体交界处的阴角宜做成小圆角【2021】
汽车类建筑	汽车库的楼地面应选用强度高、具有耐磨防滑性能的**非燃烧材料**，并应设不小于1%的排水坡度。当汽车库面积较大，设置坡度导致做法过厚时，可局部设置坡度。 加油、加气站内场地和周边道路不应采用**沥青路面**，宜采用可行驶重型汽车的水泥混凝土路面或不产生静电火花的路面
食品建筑	《全国民用建筑工程设计技术措施建筑产品选用技术（建筑·装修）》6.2.3 楼地面面层 3 存放食品、饮料或药物的房间，其存放物有可能与地面接触者，**严禁采用有毒性的或有气味的塑料、涂料或沥青地面**
辐射要求建筑	3.8.11 有防辐射要求的房间地面，应按工艺要求进行防辐射设计。地面应平整、不起尘、易冲洗，并应有排水措施。底层地面垫层宜设防水层。楼层地面应采用**铅板**或其他防辐射材料，其厚度、方式、防辐射参数等应符合现行国家标准的规定，并确保防辐射材料的整体性、密闭性；与墙面防辐射材料应形成整体。地面穿管应有防护
有防腐要求	《建筑地面设计规范》(GB 50037—2013)相关规定。【2023】 3.6.2 防腐蚀地面宜采用**整体面层**。 3.6.4 防腐蚀地面应少设地面接缝，并宜采用整体垫层。 3.6.5 防腐蚀地面的**排水坡度**：底层地面不宜小于2%，楼层地面不宜小于1%。 3.6.6 防腐蚀地面与墙、柱交接处应设置踢脚板，高度不宜小于250mm

续表

有防腐要求	3.6.7 防腐蚀地面采用块材面层时，其结合层和灰缝应符合下列要求： 1 当灰缝选用刚性材料时，结合层宜采用与灰缝材料相同的刚性材料； 2 当耐酸瓷砖、耐酸瓷板面层的灰缝采用树脂胶泥时，结合层宜采用呋喃胶泥、环氧树脂胶泥、水玻璃砂浆、聚酯砂浆或聚合物水泥砂浆； 3 当花岗石面层的灰缝采用树脂胶泥时，结合层可采用沥青砂浆、树脂砂浆；当灰缝采用沥青胶泥时，结合层宜采用沥青砂浆。 3.6.8 需经常冲洗的防腐蚀地面，应设隔离层。隔离层材料可以选用沥青玻璃布油毡、再生胶油毡、石油沥青油毡、树脂玻璃钢等柔性材料。当面层厚度小于30mm且结合层为刚性材料时，不应采用柔性材料做隔离层。 3.6.13 防腐蚀地面的标高应低于非防腐蚀地面且不宜少于20mm；也可采用挡水设施（如设置挡水门槛等）
不发火花的地面	《建筑地面设计规范》（GB 50037—2013）相关规定。 3.8.5 不发火花的地面，必须采用不发火花材料铺设，地面铺设材料必须经不发火花检验合格后方可使用。 3.8.6 不发火花地面的面层材料，应符合下列要求： 1 面层材料，应选用不发火花细石混凝土、不发火花水泥砂浆、不发火花沥青砂浆、木材、橡胶和塑料等； 2 面层采用的碎石，应选用大理石、白云石或其他石灰石加工而成，并以金属或石料撞击时不发生火花为合格； 3 砂应质地坚硬、表面粗糙，其粒径宜为0.15～5mm，含泥量不应大于3%，有机物含量不应大于0.5%； 4 水泥应采用强度等级不小于42.5级的普通硅酸盐水泥； 5 面层分格的嵌条应采用不发生火花的材料配制。配制时应随时检查，不得混入金属或其他易发生火花的杂质
耐磨和耐撞击地面	《建筑地面设计规范》（GB 50037—2013）相关规定。 3.5.1 通行电瓶车、载重汽车、叉车及从车辆上倾倒物件或地面上翻转小型物件的地段，宜采用现浇混凝土垫层兼面层、细石混凝土面层、钢纤维混凝土面层或非金属骨料耐磨面层、混凝土密封固化剂面层或聚氨酯耐磨地面涂料。 3.5.2 通行金属轮车、滚动坚硬的圆形重物、拖运尖锐金属物件等易损坏地面，交通频繁或承受严重冲击的地面，宜采用金属骨料耐磨面层、钢纤维混凝土面层或垫层兼面层，其混凝土强度等级不应低于C30；或采用混凝土垫层兼面层、非金属骨料耐磨面层，其垫层的混凝土强度等级不应低于C25
架空活动地面	《建筑地面设计规范》（GB 50037—2013）3.3.4 采用架空活动地板的地面，架空活动地板材料应根据燃烧性能和防静电要求进行选择。架空活动地板有送风、回风要求时，活动地板下应采用现制水磨石、涂刷树脂类涂料的水泥砂浆或地砖等不起尘的面层，还应根据使用要求采取保温、防水措施

架空活动地面	单层架空木地板和双层架空木地板构造示意如图15-7、图15-8所示。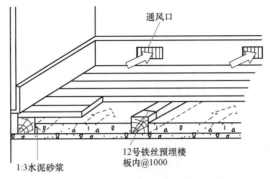图 15-7 单层架空木地板示意图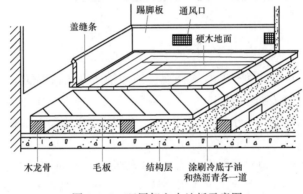图 15-8 双层架空木地板示意图
有洁净度指标和防尘要求的地面	《建筑地面设计规范》（GB 50037—2013）相关规定。 3.3.1 有清洁和弹性要求的地面，应符合下列要求： 1 有清洁使用要求时，宜选用**经处理后不起尘的水泥类面层、水磨石面层或板块材面层**； 2 有清洁和弹性使用要求时，宜采用**树脂类自流平材料面层、橡胶板、聚氯乙烯板**等面层； 3 有清洁要求的底层地面，宜设置**防潮层**。当采用树脂类自流平材料面层时，应设置防潮层。 3.3.2 有空气洁净度等级要求的地面，应采用**平整、耐磨、不起尘、不易积聚静电**的不燃、**难燃且宜有弹性与较低的导热系数**的材料的面层。此外，面层还应满足**不应产生眩光**，光反射系数直为0.15～0.35，容易除尘、容易清洗的要求。在地面与墙、柱的相交处宜做小圆角。底层地面应设防潮层
运动地板	《建筑地面设计规范》（GB 50037—2013）3.2.8 室内体育运动场地、排练厅和表演厅的地面宜采用**具有弹性的木地板、聚氨酯橡胶复合面层、运动橡胶面层**；室内旱冰场地面，应采用具**有坚硬耐磨、平整的现制水磨石面层和耐磨混凝土面层** 《全国民用建筑工程设计技术措施建筑产品选用技术（建筑·装修）》10.6.1-4 按地板面层种类分为： **面凹性弹性运动地板**：属于弯曲刚度强的弹性地板，由三层构成，弹性垫层或弹性结构层、弯曲刚性强的荷载分布层（龙骨或毛地板）、上表面层（木地板）。当地板表面上的一个点受到冲击力时，会在冲击点周围形成一个较大面积的聚焦状变形凹陷，其范围大大超过了直接承载冲击力的面积，这种场地上可进行自行车及由滚动装置的体育运动。

续表	
运动地板	**点凹性弹性运动地板**：属于弯曲刚度弱的柔性地板，由弹性层和表面层构成。当地板表面上的一个点受到冲击力时，只形成一个与受力范围相当的小面积变形凹陷，其范围只很小超出直接承受冲击力的接触面积。这种地板不适合进行自行车和滚动体育运动【2022（12）】
防结露地面	《全国民用建筑工程设计技术措施规划·建筑·景观》（2009 年版）6.2.15 夏热冬冷和夏热冬暖地区的建筑，其底层地面为减少梅雨季节的结露，宜采用下列措施： 1 地面构造层热阻不小于外墙热阻的 1/2； 2 地面面层材料的导热系数要小，使其温度易于适应室温变化； 3 外墙勒脚部位设置可开启的小窗加强通风降低空气温度； 4 在底层增设500～600mm 高地垄墙架空层，架空层彼此连通，并在勒脚处设通风孔及箅子。加强通风降低空气温度；燃气管道不得穿越此空间

典型习题

15-4 [2023-60] 下列选项中，防腐蚀地面构造做法错误的是（　　）。
A. 标高比非防腐蚀地面低 10mm　　　B. 采用整体垫层
C. 踢脚高度不小于 250mm　　　D. 采用防腐蚀踢脚

答案：A

解析：根据《建筑地面设计规范》（GB 50037—2013）3.6.4、3.6.6 和 3.6.13，防腐蚀地面应少设地面接缝，并宜采用整体垫层，选项 B 正确；防腐蚀地面与墙、柱交接处应设置与地面面层材料相同的踢脚板，高度不宜小于 250mm，选项 C 正确；防腐蚀地面应低于非防腐蚀地面，且不宜低于 20mm；也可设置挡水设施，选项 A 错误。

15-5 [2022（12）-78] 下列地板构造中，哪种适合体育馆自行车竞速运动？（　　）
A. 面凹性弹性运动地板　　　B. 点凹性弹性运动地板
C. 无垫层实木地板　　　D. 组合型运动地板

答案：A

解析：参见《全国民用建筑工程设计技术措施建筑产品选用技术（建筑·装修）》10.6.1。

15-6 [2022（5）-38] 下列关于工业建筑防腐蚀地面面层材料的选用，正确的是（　　）。
A. 室内抗冲击磨损的地面，采用树脂细石混凝土
B. 室内运输工具的地面，采用树脂自流平涂料
C. 室外地面用水玻璃混凝土
D. 室外防火地面用树脂砂浆

答案：A

解析：根据《工业建筑防腐蚀设计标准》（GB/T 50046—2018）5.1.1，有大型设备且检修频繁和有冲击磨损作用的地面，应采用厚度不小于 60mm 的块材面层或树脂细石混凝土、密实混凝土、水玻璃混凝土、树脂砂浆等整体面层，选项 A 正确；设备较小和使用小型运输工具的地面，可采用厚度不小于 20mm 的块材面层或树脂砂浆、聚合物水泥砂浆等

整体面层；无运输工具的地面可采用树脂自流平涂料或防腐蚀耐磨涂料等整体面层。选项B错误；树脂砂浆、树脂细石混凝土、水玻璃混凝土和涂料等整体面层不宜用于室外，选项D错误；面层材料应满足使用环境的温度要求；树脂砂浆、树脂细石混凝土和涂料等整体面层，不得用于有明火作用的部位，选项C错误。

15-7 [2021-77] 下列关于医院洁净手术部地面的设计要求，错误的是（　　）。
A. 地面整体应平整、洁净、易清洗　　B. 地面材料应耐磨、防火、耐腐蚀
C. 地面颜色应以深底色为宜　　　　　D. 地面与踢脚做成 $R \geqslant 40mm$ 阴圆角
答案：C
解析：根据《医院洁净手术部建筑技术规范》（GB 50333—2013）7.3.2，洁净手术部地面可选用实用经济的材料，以浅色为主。

考点4：地面各构造层次要求【★★★】

本考点若无特殊说明均摘自《建筑地面设计规范》(GB 50037—2013)

3.6.7 采用块材面层，其结合层和灰缝材料的选择应符合下列要求：
1 当灰缝选用刚性材料时，结合层**宜采用与灰缝材料相同的刚性**材料；
2 当耐酸瓷砖、耐酸瓷板面层的灰缝采用树脂胶泥时，结合层宜采用**呋喃胶泥、环氧树脂胶泥、水玻璃砂浆、聚酯砂浆或聚合物水泥砂浆**；
3 当花岗石面层的灰缝采用树脂胶泥时，结合层可采用**沥青砂浆、树脂砂浆**；当灰缝采用沥青胶泥时，结合层宜采用**沥青砂浆**。

A.0.1 结合层的厚度应符合表A.0.1（表15-1）的规定。【2022（12），2019】

表15-1　　　　　　　　　结合层的厚度（节选）

	面层名称	结合层材料	厚度/mm
结合层	陶瓷锦砖（马赛克）	1:1水泥砂浆	5
	水泥花砖	1:2水泥砂浆或1:3干硬性水泥砂浆	20~30
	块石	砂、炉渣	60
	花岗岩条（块）石	1:2水泥砂浆	15~20
		砂	60
	大理石、花岗石板	1:2水泥砂浆或1:3干硬性水泥砂浆	20~30
	陶瓷地砖（防滑地砖、釉面地砖）	1:2水泥砂浆或1:3干硬性水泥砂浆	10~30
	玻璃板（用不锈钢压边收口）	专用胶粘剂粘结	—
		C30细石混凝土表面找平	40
	木地板（实贴）	木板表面刷防腐剂及木龙骨	20
		粘结剂、木板小钉	—
	强化复合木地板	泡沫塑料衬垫	3~5
		毛板、细木工板、中密度板	15~18
	聚氨酯涂层	1:2水泥砂浆	20
		C20~C30细石混凝土	40
	环氧树脂自流平涂料	环氧稀胶泥一道 C20~C30细石混凝土	40~50

续表

续表

	面层名称	结合层材料	厚度/mm
结合层	环氧树脂自流平砂浆 聚酯砂浆	环氧稀胶泥一道 C20~C30 细石混凝土	40~50
	聚氯乙烯板（含石英塑料板、塑胶板）、橡胶板	专用粘结剂粘贴	—
		1:2 水泥砂浆	20
		C20 细石混凝土	30
	聚氨酯橡胶复合面层、运动橡胶面层	树脂胶泥自流平层	3
		C25~C30 细石混凝土	40~50
	地面辐射供暖面层	1:3 水泥砂浆	20
		C20 细石混凝土内配钢丝网 （中间配加热管）	60
	网络地板面层	1:2~1:3 水泥砂浆	20

找平层	3.1.16 当找平层铺设在混凝土垫层上时，其强度等级不应小于混凝土垫层的强度等级。**混凝土找平层兼面层时，其强度等级不应小于 C20**。 A.0.4 找平层材料的强度等级、配合比及厚度应符合表 A.0.4（表 15-2）的规定。 表 15-2　　　　找平层材料的强度等级、配合比及厚度 | 找平层材料	强度等级或配合比	厚度/mm
水泥砂浆	1:3	≥15
水泥混凝土	C15~C20	≥30	

隔离层	A.0.5 建筑地面隔离层的层数应符合表 A.0.5（表 15-3）的规定： 表 15-3　　　　找平层材料的强度等级、配合比及厚度 | 隔离层材料	层数（或道数）
水泥砂浆	1 层或 2 层
水泥混凝土	1 层
有机防水涂料	1 布 3 胶
防油渗胶泥玻璃纤维布	1 布 2 胶
防水涂膜（聚氨酯类涂料）	2 道或 3 道	

填充层	A.0.3 建筑地面填充层密度宜小于 900kg/m³。填充层材料的强度等级、配合比及厚度应符合表 A.0.3（表 15-4）的规定。 表 15-4　　　　建筑地面设计规范 | 填充层材料	强度等级或配合比	厚度/mm
水泥炉渣	1:6	30~80
水泥石灰炉渣	1:1:8	30~80	

续表

	填充层材料	强度等级或配合比	厚度/mm
填充层	陶粒混凝土	C10	30~80
	轻骨料混凝土	C10	30~80
	加气混凝土块	M5.0	≥50
	水泥膨胀珍珠岩块	1:6	≥50
垫层	4.1 地面垫层类型的选择【2012】 4.1.1 现浇整体面层、以粘结剂结合的整体面层和以粘结剂或砂浆结合的块材面层，宜采用**混凝土垫层**； 4.1.2 以砂或炉渣结合的块材面层，宜采用碎（卵）石、灰土、炉（矿）渣、三合土等垫层； 4.1.3 通行车辆的面层，应采用**混凝土垫层**； 4.1.4 有防油渗要求的地面，应采用**钢纤维混凝土或配筋混凝土**垫层。 4.1.5 有水及侵蚀介质作用的地面，应采用**刚性垫层**		
	《机械工业厂房建筑设计规范》（GB 50681—2011）6.2.3，混凝土垫层的**最小厚度应为80mm**，混凝土材料强度等级不低于C15，当垫层兼作面层时，最小厚度不宜小于100mm，强度等级不应低于C20【2021】		
绝热层	《建筑地面工程施工质量验收规范》（GB 50209—2010）4.12.5 绝热层与地面面层之间应设有混凝土结合层，结合层的厚度不应小于30mm。结合层内应配置双向间距不大于200mm的Φ6钢筋网片。建筑物勒脚处绝热层应符合下列规定：冻土深度不大于500mm时，应采用外保温做法；冻土深度在500~1000mm时，**宜采用内保温做法**；冻土深度大于1000mm时，**应采用内保温做法**；建筑物的基础有防水要求时，**应采用内保温做法**		

典型习题

15-8 [2021-75] 工业厂房地面垫层最小厚度宜为（　　）。
A. 100mm　　B. 80mm　　C. 60mm　　D. 40mm
答案：B
解析：参见《机械工业厂房建筑设计规范》（GB 50681—2011）6.2.3。

15-9 [2020-72] 下列楼地面构造中，面层厚度最薄的是（　　）。
A. 陶瓷锦砖　　　　　　　　　　B. 树脂自流平
C. 玻璃面砖　　　　　　　　　　D. 现制水磨石面层
答案：B
解析：各厚度应分别为：陶瓷锦砖，5~8mm；环氧树脂自流平，1~2mm；玻璃板，12~24mm；现制水磨石，25~30mm。

15-10 [2020-43] 设计地下室底板的混凝土垫层的厚度时，应考虑的因素不包括( )。

A. 使用要求　　　　B. 面层类型　　　　C. 地下水位　　　　D. 地基土质

答案： C

解析： 根据《建筑地面设计规范》（GB 50037—2013）4.2.1，底层地面垫层材料的厚度和要求，应根据地基土质特性、地下水特征、使用要求、面层类型、施工条件以及技术经济等综合因素确定。

考点5：常用地面构造【★★★】

1. 整体地面：《建筑地面工程施工质量验收规范》（GB 50209—2010）相关规定

混凝土或细石混凝土地面	3.1.8 混凝土或细石混凝土地面，应符合下列要求： 1 混凝土地面的粗骨料，最大颗粒粒径不应大于面层厚度的2/3，细石混凝土面层采用的石子粒径**不应大于15mm**。 2 混凝土和细石混凝土的强度等级**不应低于C20**；耐磨混凝土和耐磨细石混凝土面层的强度等级**不应低于C30**；底层地面的混凝土垫层兼面层的强度等级**不应低于C20**，混凝土面层厚度**不应小于80mm**；细石混凝土面层厚度**不应小于40mm**。 3 垫层及面层，宜分仓浇筑或留缝【2021】
水泥砂浆地面	3.1.9 水泥砂浆地面。【2023】 1 水泥砂浆的体积比应为1:2，强度等级不应低于M15，面层厚度不应小于20mm。 2 水泥应采用硅酸盐水泥或普通硅酸盐水泥，其强度等级不应小于42.5级；**不同品种、不同强度等级的水泥不得混用**，砂应采用中粗砂。当采用石屑时，其粒径宜为3~5mm，且含泥量不应大于3%
水磨石地面	3.1.10 水磨石地面。【2022（5）】 1 水磨石面层应采用**水泥**与**石粒**的拌和料铺设，面层的厚度宜为12~18mm，结合层的水泥砂浆体积比宜为1:3，强度等级不应小于M10。 2 水磨石面层的石粒，应采用坚硬可磨的白云石、大理石等加工而成，石粒的粒径宜为6~15mm。 3 水磨石面层分格尺寸不宜大于1m×1m，分格条宜采用**铜条、铝合金条**等平直、坚挺的材料。当金属嵌条对某些生产工艺有害时，可采用玻璃条分格。 4 白色或浅色的水磨石，应采用白水泥；深色的水磨石，宜采用**强度等级不小于42.5级**的硅酸盐水泥、普通硅酸盐水泥或矿渣硅酸盐水泥；同颜色的面层应使用同一批号的水泥。 5 彩色水磨石面层使用的颜料，应采用**耐光、耐碱**的无机矿物质颜料，其掺入量宜为水泥重量的3%~6% 有防静电要求的水磨石时，拌和料内应掺入导电材料。防静电面层采用导电金属分格条时，分格条应作绝缘处理，十字交叉处不得碰接【2022（5）】

续表

防静电水磨石地面	《洁净室施工及验收规范》（GB 50591—2010）相关规定。 14.3　防静电水磨石地面 14.3.2　在导电地网上施工找平层，宜使用1：3干性水泥砂浆（按水泥重量的配比）掺入复合导电粉，复合导电粉由1份水泥砂浆与0.2%份导电粉组成，并搅拌均匀，覆盖于导电地网上，然后镶嵌分格条。 14.3.3　金属嵌条截面宜为工字形，表面应作绝缘处理，敷设时不得交叉和连接，相邻处有3mm间距，分格条与导电网之间距离不应小于10mm。 14.3.4　水磨石施工前应清理基层地面并涂以绝缘漆，对于露出表面的金属应涂两遍，然后敷设钢筋导电地网，钢筋直径为4～6mm，地网与接地端子应焊接牢固 **防静电水磨石地面构造金属网设置在找平层【2022（12）】**
自流平地面	《自流平地面工程技术标准》（JGJ/T 175—2018）相关规定。【2020】 2.0.1　自流平地面：在基层上，采用具有自动流平或稍加辅助流平功能的材料，经现场搅拌后摊铺形成的面层。 2.0.2　类型：水泥基自流平地面、树脂自流平地面和树脂水泥复合砂浆自流平地面。 　5　自流平地面构造设计：【2020】 5.1.1　基层有坡度设计时，水泥基自流平砂浆可用于坡度小于或等于1.5%的地面；对于坡度大于1.5%但不超过5%的地面，基层应采用环氧底涂撒砂处理，并应调整自流平砂浆流动度；**坡度大于5%的基层不得使用自流平砂浆**。 5.1.2　面层分格缝的设置应与基层的伸缩缝一致。 5.2.1　面层水泥基自流平地面系统应由基层、自流平界面剂、面层水泥基自流平砂浆、罩面涂层或基层、自流平界面剂、面层水泥基自流平砂浆、底涂层、环氧树脂/聚氨酯薄涂层构成。 5.2.2　垫层水泥基自流平地面系统应由基层、自流平界面剂、垫层水泥基自流平砂浆、装饰层构成。 5.2.3　树脂自流平地面系统应由基层、底涂层、树脂自流平面层或基层、底涂层、中涂层、树脂自流平面层构成。 5.2.4　树脂水泥复合砂浆自流平地面系统应由基层、底涂层、树脂水泥复合砂浆构成。 　6　基层要求与处理 6.1.1　基层表面不得有起砂、空鼓、起壳、脱皮、疏松、麻面、油脂、灰尘、裂纹等缺陷。 6.1.3　基层应为坚固、密实的混凝土层或水泥砂浆层，其抗压强度和表面抗拉强度应符合规范规定。当基层抗压强度和表面抗拉强度未达到规范规定时，应采取补强处理或重新施工。 6.1.4　**基层含水率不应大于8%**。 6.1.5　有防水防潮要求的地面，基层应包含防水防潮层。 6.1.6　楼地面与墙面交接部位、穿楼（地）面的套管等细部构造处，应采用防护处理并验收合格后进行地面施工。
2. 块料地面：《建筑地面工程施工质量验收规范》（GB 50209—2010）相关规定	
一般规定	6.1.3　铺设板块面层的结合层和板块间的填缝采用水泥砂浆时，应符合下列规定： 　1　配制水泥砂浆应采用**硅酸盐水泥、普通硅酸盐水泥或矿渣硅酸盐水泥**； 6.1.7　板块类踢脚线施工时，**不得采用混合砂浆打底**

续表

砖面层	6.2.1　砖面层可采用陶瓷锦砖、缸砖、陶瓷地砖和水泥花砖，应在**结合层**上铺设。 6.2.2　在水泥砂浆结合层上铺贴缸砖、陶瓷地砖和水泥花砖面层时，应符合下列规定： 　1　在铺贴前，应对砖的规格尺寸、外观质量、色泽等进行预选；需要时，浸水湿润晾干待用； 　2　勾缝和压缝应采用**同品种、同强度等级、同颜色**的水泥，并做养护和保护。 6.2.3　在水泥砂浆结合层上铺贴陶瓷锦砖面层时，砖底面应洁净，每联陶瓷锦砖之间、与结合层之间以及在墙角、镶边和靠柱、墙处应紧密贴合。在靠柱、墙处**不得采用砂浆填补**。 6.2.4　在胶结料结合层上铺贴缸砖面层时，缸砖应干净，铺贴应在胶结料凝结前完成
大理石花岗岩面层	6.3.1　大理石、花岗石面层采用天然大理石、花岗石（或碎拼大理石、碎拼花岗石）板材，应在**结合层**上铺设。 6.3.3　铺设大理石、花岗石面层前，板材应浸湿、晾干；结合层与板材应分段**同时铺设**
预制板块面层	6.4.1　预制板块面层采用水泥混凝土板块、水磨石板块、人造石板块，应在**结合层**上铺设。 6.4.3　水泥混凝土板块面层的缝隙中，应采用**水泥浆（或砂浆）填缝**；彩色混凝土板块、水磨石板块、人造石板块应用**同色水泥浆（或砂浆）擦缝**。 6.4.4　强度和品种不同的预制板块**不宜混杂使用**。 6.4.5　板块间的缝隙宽度应符合设计要求。当设计无要求时，混凝土板块面层缝宽不宜大于6mm，水磨石板块、人造石板块间的缝宽**不应大于2mm**。预制板块面层铺完24h后，应用水泥砂浆灌缝至2/3**高度**，再用同色水泥浆擦（勾）缝
料石面层	6.5.1　料石面层采用天然条石和块石，应在**结合层**上铺设。 6.5.2　条石和块石面层所用的石材的规格、技术等级和厚度应符合设计要求。条石的质量应均匀，形状为矩形六面体，厚度为80～120mm；块石形状为直棱柱体，顶面粗琢平整，底面面积不宜小于顶面面积的60%，厚度为100～150mm。 6.5.3　不导电的料石面层的石料应采用**辉绿岩石**加工制成。填缝材料亦采用辉绿岩石加工的砂嵌实。耐高温的料石面层的石料，**应按设计要求选用**。 6.5.4　条石面层的结合层宜采用水泥砂浆，其厚度应符合设计要求；块石面层的结合层宜用砂垫层，其厚度不应小于60mm；基土层应为均匀密实的基土或夯实的基土
塑料板面层	6.6.1　塑料板面层应采用塑料板块材、塑料板焊接、塑料卷材以胶粘剂在水泥类基层上采用满粘或点粘法铺设。 6.6.2　水泥类基层表面应平整、坚硬、干燥、密实、洁净、无油脂及其他杂质，不应有麻面、起砂、裂缝等缺陷
活动地板面层	6.7.1　活动地板面层宜用于**有防尘和防静电要求**的专业用房的建筑地面。应采用特制的平压刨花板为基材，表面可饰以装饰板，底层应用镀锌板经粘结胶合形成活动地板块，配以横梁、橡胶垫条和可供调节高度的金属支架组装成架空板，应在水泥类面层（或基层）上铺设。 6.7.2　活动地板**所有的支座柱和横梁应构成框架一体**，并与基层连接牢固；支架抄平后高度应符合设计要求。 6.7.4　活动地板面层的金属支架应支承在**现浇水泥混凝土基层（或面层）**上，基层表面应平整、光洁、不起灰

续表

3. 木、竹面层铺设：《建筑地面工程施工质量验收规范》（GB 50209—2010）相关规定

一般规定	7.1.3　用于固定和加固用的金属零部件应采用**不锈蚀或经过防锈处理的金属件**。 7.1.4　与厕浴间、厨房等潮湿场所相邻的木、竹面层的连接处应做**防水（防潮）**处理。 7.1.5　木、竹面层铺设在水泥类基层上，其基层表面应坚硬、平整、洁净、不起砂，**表面含水率不应大于8%**
实木地板、实木集成地板、竹地板面层	7.2.1　实木地板、实木集成地板、竹地板面层应**采用条材或块材或拼花**，以空铺或实铺方式在基层上铺设。 7.2.3　铺设实木地板、实木集成地板、竹地板面层时，其木搁栅的截面尺寸、间距和稳固方法等均应符合设计要求。木搁栅固定时，**不得损坏基层和预埋管线**。木搁栅应垫实钉牢，与柱、墙之间留出20mm的缝隙，表面应平直，其间距不宜大于300mm。 7.2.4　当面层下铺设垫层地板时，垫层地板的髓心应向上，板间缝隙**不应大于3mm**，与柱、墙之间应留8～12mm的空隙，表面应刨平。 7.2.5　实木地板、实木集成地板、竹地板面层铺设时，相邻板材接头位置应错开不小于300mm的距离；与柱、墙之间应留8～12mm的空隙。 7.2.6　采用实木制作的踢脚线，背面应抽槽并做防腐处理
软木类地板面层	7.5.1　软木类地板面层应采用软木地板或软木复合地板的条材或块材，在水泥类基层或垫层地板上铺设。软木地板面层应采用**粘贴方式**铺设，软木复合地板面层应采用**空铺方式**铺设。 7.5.3　软木类地板面层的垫层地板在铺设时，与柱、墙之间**应留不大于20mm的空隙**，表面应刨平。 7.5.4　软木类地板面层铺设时，相邻板材接头位置应错开不小于1/3板长且不小于200mm的距离；面层与柱、墙之间应留出8～12mm的空隙；软木复合地板面层铺设时，应在面层与柱、墙之间的空隙内加设金属弹簧卡或木楔子，其间距宜为200～300mm【2022（12）】

典型习题

15-11 [2023-59] 下列面层厚度说法中，错误的是（　　）。
A. 水泥砂浆面层20mm　　　　　　B. 水磨石地面面层12mm
C. 细石混凝土面层25mm　　　　　D. 混凝土面层兼垫层80mm

答案： C

解析： 根据《建筑地面设计规范》（GB 50037—2013）3.1.8、3.1.9和3.1.10，底层地面的混凝土垫层兼面层的强度等级不应小于C20，其厚度不应小于80mm，选项D正确；细石混凝土面层厚度不应小于40mm，选项C错误；水泥砂浆地面，面层厚度不应小于20mm，选项A正确；水磨石地面面层的厚度宜为12～18mm，选项B正确。

15-12 [2022（5）-69] 关于细石混凝土地面面层的说法，错误的是（　　）。
A. 混凝土面层的强度等级不应小于C20
B. 耐磨混凝土面层强度等级不应小于C30
C. 细石混凝土采用的石子粒径大于15mm

D. 细石混凝土面层厚度最小厚度不应小于30mm

答案：D

解析：根据《建筑地面设计规范》（GB 50037—2013）3.1.8，细石混凝土面层厚度不应小于40mm。

15-13 ［2022（12）-75］有防水层的地砖楼地面做法中，下列哪层表面宜撒粘适量细砂？（　　）

A. 地砖干水泥擦缝　　　　　　　　B. 干硬水泥砂浆结合层
C. 聚氨酯防水层　　　　　　　　　D. 水泥砂浆或细石混凝土找坡层

答案：C

解析：聚氨酯防水层表面光滑，会影响抹灰或者贴砖的粘接效果。洒上少了的砂，为了加大膜物质表面的粗糙程度，提高后期的粘接效果。

15-14 ［2022（12）-88］用天然树皮制成的地板是（　　）。

A. 实木地板　　B. 实木复合地板　　C. 软木地板　　D. 强化木地板

答案：C

解析：软木地板为栓皮栎或类似树种的树皮经加工并施加胶粘剂制成的地板块，然后用胶粘剂粘贴在水泥地面或木地板等地板基材表面的地板。

第二节　路　面　构　造

考点6：一般道路规定【★★★】

分类	《城镇道路路面设计规范》（CJJ 169—2012）3.1.3　道路路面可分为沥青路面、水泥混凝土路面和砌块路面三大类。**沥青路面**面层类型包括沥青混合料、沥青贯入式和沥青表面处治。 1 **沥青混合料**适用于各交通等级道路；沥青贯入式与沥青表面处治路面适用于中、轻交通道路。 （备注：沥青表面处治，是用沥青和细粒料按层铺或拌和方法施工，厚度一般为1.5～3cm的薄层路面面层。） 2 **水泥混凝土路面**面层类型包括普通混凝土、钢筋混凝土、连续配筋混凝土与钢纤维混凝土，适用于各交通等级道路。 3 **砌块路面**适用于支路、广场、停车场、人行道与步行街【2019】
水泥混凝土路面	《城市道路工程设计规范》（CJJ 37—2012，2016年版）12.3.2　路面面层类型的选用应符合表12.3.2（表15-5）的规定，并应符合下列规定：【2019】 表15-5　　　　　路面面层类型及使用范围 | 面层类型 | 适用范围 | |---|---| | 沥青混凝土 | 快速路、主干路、次干路、支路、城市广场、停车场 | | 水泥混凝土 | 快速路、主干路、次干路、支路、城市广场、停车场 | | 贯入式沥青碎石、上拌下贯式沥青碎石、沥青表面处治和稀浆封层 | 支路、停车场 | | 砌体路面 | 支路、城市广场、停车场 |

水泥混凝土路面	1 道路经过景观要求较高的区域或突出显示道路线形的路段，面层**宜采用彩色**。 2 综合考虑雨水收集利用的道路，路面结构设计应满足**透水性**的要求。 3 道路经过噪声敏感区域时，宜采用**降噪路面**。 4 对环保要求较高的路段或隧道内的沥青混凝土路面，宜采用**温拌沥青混凝土**。 12.3.4　水泥混凝土路面设计应符合下列规定：【2019】 3 水泥混凝土面层应满足强度和耐久性的要求，表面应抗滑、耐磨、平整。面层宜选用**设接缝的普通水泥混凝土**。 5 水泥混凝土路面应设置纵、横向接缝。纵向接缝与路线中线平行，并应设置**拉杆**。横向接缝可分为横向缩缝、胀缝和横向施工缝，快速路、主干路的横向缩缝应加设传力杆；在邻近桥梁或其他固定构筑物处、板厚改变处、小半径平曲线等处，应设置胀缝
垫层	《城市道路工程设计规范》（CJJ 37—2012，2016年版）4.2.1　在下述情况下，**应在基层下设置垫层**： 1 季节性冰冻地区的中湿或潮湿路段； 2 地下水位高、排水不良，路基处于潮湿或过湿状态； 3 水文地质条件不良的土质路堑，路床土处于潮湿或过湿状态； 4.2.2　垫层宜采用**砂、砂砾等颗粒材料**，小于0.075mm的颗粒含量**不宜大于5%**
路肩	《城市道路工程设计规范》（CJJ 37—2012）相关规定。 5.3.7　路肩设置应符合下列规定：1 采用边沟排水的道路应在路面外侧设置**保护性路肩**，中间设置排水沟的道路应设置**左侧保护性路肩**。 5.4.4　保护性路肩应向道路**外侧倾斜**，横坡度可比路面横坡度加大1.0%，宜为3.0%。【2022（12）】
原材料	《城镇道路工程施工与质量验收规范》（CJJ 1—2008）相关规定。 10.1.1　水泥应符合下列规定：【2023】 1 重交通以上等级道路、城市快速路、主干路应采用42.5级以上的道路硅酸盐水泥或硅酸盐水泥、普通硅酸盐水泥；中轻交通等级的道路可采用矿渣水泥，其强度等级宜不低于32.5级。水泥应有出厂合格证（含化学成分、物理指标），并经复验合格，方可使用。 2 **不同等级、厂牌、品种、出厂日期的水泥不得混存、混用**。出厂期超过三个月或受潮的水泥，必须经过试验，合格后方可使用。 10.1.2　粗集料应符合下列规定： 1 粗集料应采用质地坚硬、耐久、洁净的碎石、砾石、破碎砾石。城市快速路、主干路、次干路及有抗（盐）冻要求的次干路、支路混凝土路面使用的粗集料级别应不低于Ⅰ级。Ⅰ级集料吸水率不应大于1.0%，Ⅱ级集料吸水率不应大于2.0%。 2 粗集料宜采用**人工级配**。 10.1.3　细集料应符合下列规定： 1 宜采用质地坚硬、细度模数在2.5以上、符合级配规定的洁净粗砂、中砂。 3 使用机制砂时，不宜使用抗磨性较差的水成岩类机制砂。 4 城市快速路、主干路宜采用一级砂和二级砂。

原材料	5 海砂不得直接用于混凝土面层。淡化海砂不得用于城市快速路、主干路、次干路，可用于支路。【2023】 10.1.4 水应符合国家现行标准《混凝土用水标准》（JGJ 63）的规定。**宜使用饮用水及不含油类等杂质的清洁中性水**，pH值为6～8。 10.1.7 用于混凝土路面的钢纤维应符合下列规定： 2 钢纤维长度应与混凝土粗集料最大公称粒径相匹配，最短长度宜大于粗集料最大公称粒径的1/3；最大长度不宜大于粗集料最大公称粒径的2倍，钢纤维长度与标称值的偏差不得超过±10%。 3 宜使用经防蚀处理的钢纤维，**严禁使用带尖刺的钢纤维**

典型习题

15-15 [2023-36] 下列关于道路水泥混凝土面层的说法，正确的是（　　）。
A. 可混用不同等级水泥
B. 应采用天然级配粗集料
C. 宜使用带尖刺钢纤维
D. 不得直接使用海砂

答案：D

解析： 根据《城镇道路工程施工与质量验收规范》（CJJ 1—2008）10.1.1，不同等级、厂牌、品种、出厂日期的水泥不得混存、混用，选项A不正确；10.1.2，粗集料宜采用人工级配，选项B不对；10.1.7，用于混凝土路面的钢纤维宜使用经防蚀处理的钢纤维，严禁使用带尖刺的钢纤维，选项C不对；10.1.3，海砂不得直接用于混凝土面层。

15-16 [2022（12）-41] 下列室外工程伸缩缝的设置，正确的是（　　）。
A. 在湿陷性黄土地区，散水的伸缩缝间距为12m
B. 在膨胀土地区，散水的伸缩缝间距为10m
C. 普通混凝土路面面层的横缝间距为12m
D. 现浇混凝土明沟的伸缩缝间距为10m

答案：D

解析： 一般地区的散水伸缩缝间距为6～12m，湿陷性黄土地区气候寒冷，夜温差大，气候对散水混凝土的影响也大，并容易使其产生冻胀和开裂，成为渗水的隐患，基于上述理由，便将散水伸缩缝改为每隔6～10m设置一条，选项A错误。根据《膨胀土地区建筑技术规范》（GB 50112—2013）5.5.4-2，建筑物四周应设散水。散水面层的伸缩缝间距不应大于3m，选项B错误；普通混凝土路面面层纵向接缝的间距一般在3～4.5m范围内，横向接缝的间距一般在4～6m范围内确定，选项C错误；水泥混凝土散水、明沟，应设置伸缩缝，其延米间距不得大于10m，选项D正确。

考点7：透水路面构造【★★★★】

基本概念	透水路面一般采用透水水泥混凝土（又称为"无砂混凝土"）。透水水泥混凝土是由粗集料及水泥基胶结料经拌和形成的具有连续孔隙结构的混凝土。透水路面的饰面、垫层等材料及构造均要透水，才能达到透水的效果。**垫层不宜选用灰土，宜选用级配砂石**

续表

透水水泥混凝土路面	材料选用：水泥采用强度等级为42.5级的硅酸盐水泥或普通硅酸盐水泥。水泥不得混用。集料采用质地坚硬、耐久、洁净、密实的碎石料。 根据《建筑产品选用技术（建筑·装修）》按照胶凝材料不同分为透水性水泥混凝土和透水性沥青混凝土。 1）透水性水泥混凝土使用水泥为主要胶凝材料，主要用于轻型车辆车行道、人行道、广场、公园、停车场以及各种体育设施的地面。 2）透水性沥青混凝土采用单一级配粗集料，以沥青为胶结材料制成的透水性混凝土。与透水性水泥混凝土相比，透水性沥青混凝土强度较高，但成本也高。由于胶结材料沥青耐候性随温度变化较敏感，透水性沥青混凝土的性能和透水性不稳定，因此使用较少 透水水泥混凝土路面的分类：透水水泥混凝土路面分为全透水结构路面和半透水结构路面。 （1）全透水结构路面：路表水能够直接通过道路的面层和基层向下渗透至路基土中的道路结构体系。**主要应用于人行道、非机动车道、景观硬地、停车场、广场。【2022（5）】** （2）半透水结构路面：路表水能够透过面层，不会渗透至路基中的道路结构体系。**主要用于荷载小于 0.4t 的轻型道路** 《透水水泥混凝土路面技术规程》（CJJ/T 135—2009）4.1.5 透水水泥混凝土路面的结构类型应按表 4.1.5（表 15－6）选用。【2023】 表 15－6　　　　　　　**透水水泥混凝土路面结构** | 类别 | 适应范围 | 基层与垫层结构 | |---|---|---| | 全透水结构 | 人行道、非机动车道、景观硬地、停车场、广场 | 多孔隙水泥稳定碎石、级配沙砾、级配碎石及级配砾石基层 | | 半透水结构 | 轻型荷载道路 | 水泥混凝土基层＋稳定土基层或石灰、粉煤灰稳定沙砾基层 | 透水水泥混凝土路面的要求： （1）纵向接缝的间距应为 3.00～4.50m，横向接缝的间距应为 4.00～6.00m，**缝内应填柔性材料**。 （2）广场的平面分隔尺寸不宜大于 25m²，缝内应填柔性材料。 （3）当透水水泥混凝土路面的施工长度超过 30m，及与侧沟、建筑物、雨水口、沥青路面等交接处均应设置**胀缝**。 （4）透水水泥混凝土路面基层横坡宜为 1%～2%，面层横坡应与基层相同
透水沥青路面	《透水沥青路面技术规程》（CJJ/T 190—2012）相关规定。 4.1.2 透水基层可选用排水式沥青稳定碎石、级配碎石、大粒径透水性沥青混合料、骨架空隙型水泥稳定碎石和透水水泥混凝土。 4.2.2 透水沥青路面有三种路面结构类型：（图 15－9～图 15－11）。 1 透水沥青路面Ⅰ型：**路表水进入表面层后排入邻近排水设施。**（备注：由透水沥青上面层、封层、中下面层、基层、垫层和路基组成。适用于需要减小降雨时的路表径流量和降低道路两侧噪声的各类新建、改建道路）

2 透水沥青路面Ⅱ型：**路表水由面层进入基层（或垫层）后排入邻近排水设施。**（备注：由透水沥青面层、透水基层、封层、垫层和路基组成。适用于需要缓解暴雨时城市排水系统负担的各类新建、改建道路。）

3 透水沥青路面Ⅲ型：**路表水进入路面后渗入路基。**（备注：由透水沥青面层、透水基层、透水垫层、反滤隔离层和路基组成。适用于路基土渗透系数大于或等于 $7×10^{-5}$ cm/s 的公园、小区道路、停车场、广场和中轻型荷载道路。）

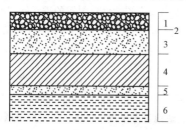 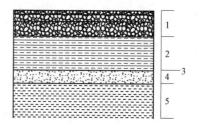

图 15-9 透水沥青路面Ⅰ型结构示意图　　　图 15-10 透水沥青路面Ⅱ型结构示意图
1—透水沥青上面层；2—封层；3—中下面层；　　1—透水沥青面层；2—透水基层；
4—基层；5—垫层；6—路基　　　　　　　　　3—封层；4—垫层；5—路基

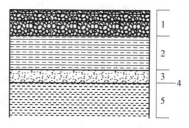

图 15-11 透水沥青路面Ⅲ型结构示意图
1—透水沥青面层；2—透水基层；
3—透水垫层；4—返滤隔离层；5—路基

4.2.4 透水沥青路面的结构层材料见表4.2.4（表15-7）。

表 15-7　　　　　　　　透水沥青路面的结构层材料

路面结构类型	面层	基层
透水沥青路面Ⅰ型	透水沥青混合料面层	各类基层
透水沥青路面Ⅱ型	透水沥青混合料面层	透水基层
透水沥青路面Ⅲ型	透水沥青混合料面层	透水基层

4.2.6 Ⅰ、Ⅱ型透水结构层下部应<u>设封层</u>，封层材料的渗透系数不应大于 80mL/min，<u>且应与上下结构层粘结良好</u>。

4.2.7 Ⅲ型透水路面的路基土渗透系数宜大于 $7×10^{-5}$ cm/s，并应具有良好的<u>水稳定性</u>。

4.2.8 Ⅲ型透水路面的路基顶面应设置反<u>滤隔离层</u>，可选用<u>粒料类材料</u>或<u>土工织物</u>。

	续表
透水砖路面	《透水砖路面技术规程》（CJJ/T 188—2012）相关规定。 1.0.2 透水砖路面适用于轻型荷载道路、停车场和广场及人行道、步行街等部位。【2020】 3.0.2 透水砖路面应满足荷载、透水、防滑等使用功能及抗冻胀等耐久性要求。 **3.0.4 透水砖路面结构层应由透水砖面层、找平层、基层和垫层组成。【2022（5）】** 3.0.6 寒冷地区透水砖路面结构层宜设置单一级配碎石垫层或砂垫层，并应验算防冻厚度 透水性混凝土铺装路面需设计膨胀缝和收缩缝。膨胀缝适宜设置在施工长度30m以上（夏季约60m）以及端部与其他构造物如侧沟、建筑物、井等相连接的场合。灌缝材料使用一般的树脂灌缝材料；收缩缝设置间隔标准为宽3～5m、长3～5m左右的正方形或长方形，深度为铺装层的50%（图15-12～图15-14） 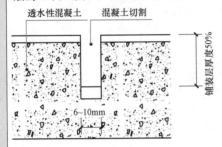　　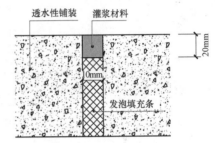 图15-12 收缩缝的设施　　图15-13 膨胀缝的设置（施工长度超过30m以上） 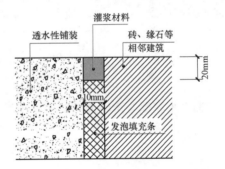 图15-14 膨胀缝的设置（与其他构造物相邻时） 透水路面砖路面，主要适用于**人行道或轻量交通车行道等的路面及地面工程**，还可以用于小区、庭院、停车场、商店、街区、广场、水边护坡、公园内道路及平地、机场和码头等路面铺设。 路基根据使用要求设计，较为繁忙人行道100～150mm，自行车、摩托车等轻型车行道厚150～200mm，轻量轿车车行道及停车场等厚为230～300mm；缓冲层起到平托透水性路面砖，分解压力和排水的作用，以25～40mm厚粗砂为好。图15-15为几种典型场所用透水路基构造示意图

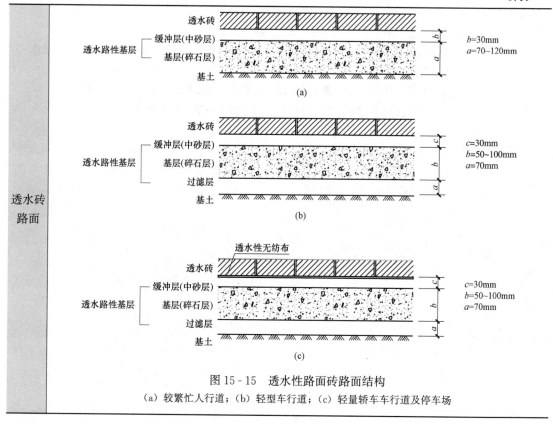

图 15-15　透水性路面砖路面结构
(a) 较繁忙人行道；(b) 轻型车行道；(c) 轻量轿车车行道及停车场

典型习题

15-17 [2023-37] 全透水水泥混凝土路面结构中，不适用于下列（　　）道路。
A. 非机动车道　　　　　　　　　　B. 轻型荷载道路
C. 景观硬质铺装　　　　　　　　　D. 人行道
答案：B
解析：参见《透水水泥混凝土路面技术规程》(CJJ/T 135—2009) 4.1.5。

第十六章 建筑交通系统

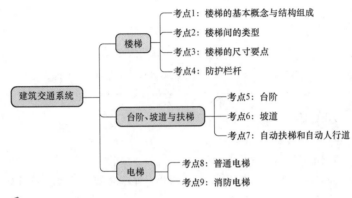

考情分析

章　节	近五年考试分数统计					
	2023 年	2022 年 12 月	2022 年 5 月	2021 年	2020 年	2019 年
第一节　楼梯	0	0	0	0	2	1
第二节　台阶、坡道与扶梯	0	0	0	0	0	0
第三节　电梯	0	0	0	2	2	1
总　计	0	0	0	2	4	2

注：1. 楼梯部分考的内容不多，更多会结合第二十三章无障碍考察，从整个科目考察来看，这章节复习性价比不是太高，考题不多。
　　2. 本章需要重点关注电梯，特别是消防电梯的构造。

第一节　楼　　梯

考点 1：楼梯的基本概念与结构组成

楼梯选择	常见的楼梯形式分为直跑楼梯、双跑楼梯、三跑楼梯、螺旋楼梯等（图 16-1），形式的选择根据功能决定。老人、小孩、行动不便的建筑中楼梯的选择应考虑无障碍设计： 1. 托儿所、幼儿园建筑中幼儿使用的楼梯**不应采用扇形、螺旋形踏步**。 2. 中小学校疏散楼梯**不得采用螺旋楼梯和扇形踏步**。 3. 老年人使用的楼梯**严禁采用弧形楼梯和螺旋楼梯**。

续表

楼梯选择	4. 自动扶梯和自动人行道**不应作为安全出口**。  　　(a)　　　　　(b)　　　　　(c)　　　　　(d) 图 16-1　楼梯的不同形式 (a) 直跑楼梯；(b) 双跑楼梯；(c) 三跑楼梯；(d) 螺旋楼梯
楼梯角度	1. 坡道：常用坡度为 1/8～1/12； 2. 楼梯：楼梯坡度为 20°～45°； 3. 爬梯：常用角度为 45°～90°； 4. 自动扶梯和自动人行道：自动扶梯的倾斜角不宜超过 30°；自动人行道有水平式和倾斜式，倾斜式自动人行道的倾斜角**不应超过 12°**
板式楼梯与梁式楼梯	1. **板式楼梯**［图 16-2 (a)］。板式楼梯是将楼梯作为一块板考虑，板的两端支承在休息平台的边梁上，休息平台支承在墙上。板式楼梯的结构简单，板底平整，施工方便。 2. **斜梁式楼梯**［图 16-2 (b)］。斜梁式楼梯是由斜梁支承踏步板，斜梁支承在平台梁上，平台梁再支承在墙上。斜梁可以在踏步板的下面、上面或侧面。 3. **无梁式楼梯**［图 16-2 (c)］。这种楼梯的特点是没有平台梁。休息平台与梯段连成一个整体，直接支承在两端的墙上（或梁上）。 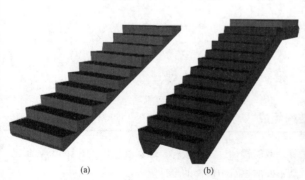 　　　(a)　　　　　　　　　(b)　　　　　　　　(c) 图 16-2　板式楼梯与梁式楼梯 (a) 板式楼梯；(b) 斜梁式楼梯；(c) 无梁式楼梯

续表

结构类型	1. **简支结构楼梯**（图 16-3） 梯段以两端的平台梁作为支座，平台梁亦可兼作平台的支座。如果平台梁设在平台口时其自身的支座的设置有可能影响建筑物其他方面的功能，则可将平台梁移位，这时梯段和平台合并为折线形的构件。 2. **悬挑结构楼梯**（图 16-4） 在楼梯的一端或一侧设支座，将楼梯作为悬挑的构件处理。   图 16-3 简支结构楼梯　　　　　图 16-4 悬挑结构楼梯

典型习题

16-1 [2018-82] 下列选项中，自动人行道的最大倾角为（　　）。
A. 12°　　　　　　　B. 15°　　　　　　　C. 18°　　　　　　　D. 20°
答案：A

考点 2：楼梯间的类型

疏散楼梯间的基本要求	《建筑设计防火规范》（GB 50016—2014，2018 年版）6.4.1　疏散楼梯间应符合下列规定： 1 疏散用的楼梯间应能天然采光和自然通风，并宜**靠外墙设置**。靠外墙设置时，楼梯间外墙上的窗口与两侧的门、窗、洞口最近边缘的水平距离**不应**小于 1.00m。 2 疏散用的楼梯间内**不应**设置烧水间、可燃材料储藏室、垃圾道。 3 疏散用的楼梯间内**不应**有影响疏散的凸出物或其他障碍物。 4 疏散用的封闭楼梯间其前室**不应**设置卷帘。 5 疏散用的楼梯间内**不应**设置甲、乙、丙类液体管道。 6 封闭楼梯间**禁止穿过**或设置可燃气体管道。敞开楼梯间内**不应**设置可燃气体管道，当住宅建筑的敞开楼梯间内确需设置可燃气体管道可燃气体的计量表时，应采用金属管和设置切断气源的阀门

续表

敞开楼梯间	敞开楼梯间是在楼梯间开口处采用敞开式（不设置疏散门）的楼梯间，如图16-5所示（备注：敞开楼梯指至少有一面不设围护结构的楼梯）  (a) （b） 图16-5 敞开楼梯间 (a) 实景图；(b) 平面图
封闭楼梯间	《建筑设计防火规范》（GB 50016—2014，2018年版）6.4.2 封闭楼梯间除应符合本规范6.4.1条的规定外，尚应符合下列规定： 1 不能自然通风和自然通风不能满足要求时，应设置**机械加压送风系统或采用防烟楼梯间**。 2 除楼梯间的出入口和外窗外，楼梯间的墙上**不应开设其他门、窗、洞口**。 3 高层建筑、人员密集的公共建筑，其封闭楼梯间的门应采用**乙级防火门**，并应向**疏散方向开启**；**其他建筑，可采用双向弹簧门**。 4 楼梯间的首层可将走道和门厅等包括在楼梯间内形成扩大的封闭楼梯间，但应采用**乙级防火门**等与其他走道和房间分隔 封闭楼梯间是在楼梯间开口处设置疏散门的楼梯间如图16-6所示。 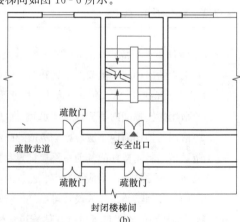 (a) (b) 图16-6 封闭楼梯间 (a) 实景图；(b) 平面图

续表

防烟楼梯间	《建筑设计防火规范》（GB 50016—2014，2018年版）6.4.3　防烟楼梯间除应符合本规范第6.4.1的规定外，尚应符合下列规定： 　　1 应设置**防烟设施**。 　　2 前室可与消防电梯间前室合用。 　　3 前室的使用面积：公共建筑不应小于6.00m²，住宅建筑不应小于4.50m²。 　　与消防电梯间合用前室时，合用前室的使用面积：公共建筑不应小于10.00m²，住宅建筑不应小于6.00m²。 　　4 疏散走道通向前室以及前室通向楼梯间的门应采用**乙级防火门**。 　　5 除住宅建筑的楼梯间前室外，防烟楼梯间和前室内的墙上不应开设除疏散门和送风口外的其他门、窗、洞口。 　　6 楼梯间的首层可将走道和门厅等包括在楼梯间前室内形成扩大的前室，但应采用**乙级防火门**与其他走道和房间分隔 防烟楼梯间是在楼梯间的开口处设置前室、阳台或凹廊的楼梯间，如图16-7所示。  (a) 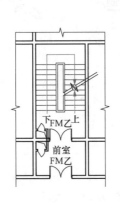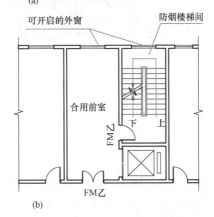 (b) 图16-7　防烟楼梯间 （a）实景图；（b）平面图
剪刀楼梯间	《建筑设计防火规范》（GB 50016—2014，2018年版）相关规定。 　　5.5.10　高层公共建筑的疏散楼梯，当分散布置确有困难且从任一疏散门或户门至最近疏散楼梯间入口的距离不大于10m时，可采用剪刀楼梯间，但应符合下列规定： 　　1 楼梯间应为**防烟楼梯间**； 　　2 梯段之间应设置耐火极限不低于1.00h的防火隔墙； 　　3 楼梯间的前室应分别设置。

续表

剪刀楼梯间	5.5.28 住宅单元的疏散楼梯，当分散布置确有困难且从任一疏散门或户门至最近疏散楼梯间入口的距离不大于10m时，可采用剪刀楼梯间，但应符合下列规定： 　1 应采用防烟楼梯间； 　2 梯段之间应设置耐火极限不低于1.00h的防火隔墙； 　3 楼梯间的前室不宜共用；共用时，前室的使用面积不应小于6.00m²； 　4 楼梯间的前室或共用前室不宜与消防电梯的前室合用；楼梯间的共用前室与消防电梯的前室合用时，合用前室的使用面积不应小于12.00m²，且短边不应小于2.40m 剪刀楼梯指的是在一个开间或一个进深内，设置两个不同方向的单跑楼梯，中间用防火隔墙分开，从楼梯的任何一侧均可到达上层（或下层）的楼梯，如图16-8所示。 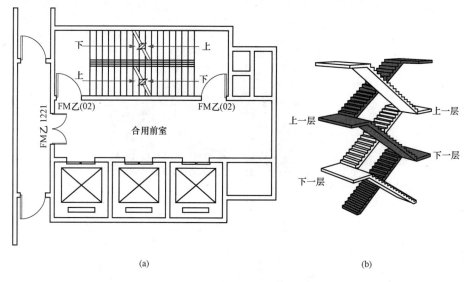 图16-8　剪刀楼梯间 （a）平面图；（b）示意图
室外疏散楼梯	《建筑设计防火规范》（GB 50016—2014，2018年版）6.4.5　室外疏散楼梯应符合下列规定： 　1 栏杆扶手的高度**不应小于1.10m**，楼梯的净宽度**不应小于0.90m**。 　2 倾斜角度**不应大于45°**。 　3 梯段和平台均应采取不燃材料制作。平台的耐火极限**不应低于1.00h**，梯段的耐火极限不应低于0.25h。 　4 通向室外楼梯的门应采用**乙级防火门**，并应向室外开启。 　5 除疏散门外，楼梯周围**2m内**的墙面上不应设置门、窗、洞口。疏散门不应正对楼梯段 室外疏散楼梯如图16-9所示。

室外疏散楼梯	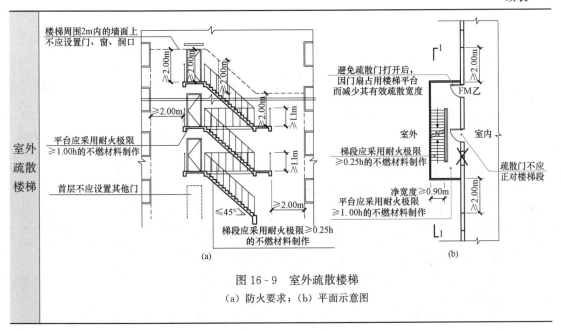 图 16-9 室外疏散楼梯 （a）防火要求；（b）平面示意图

典型习题

16-2 [2014-76] 对于高层建筑的室外疏散楼梯，其以下技术措施哪项不符合规范要求？（　　）

A. 楼梯的最小净宽不应小于 0.90m

B. 楼梯的倾斜角度不大于 45°

C. 楼梯栏杆扶手的高度不应小于 1.10m

D. 楼梯周围 1.0m 内的墙上除设疏散门外不应开设其他门、窗、洞口

答案：D

解析：根据《建筑设计防火规范》（GB 50016—2014）6.4.5，除疏散门外，楼梯周围 2m 内的墙面上不应设置门、窗、洞口。疏散门不应正对楼梯段。

考点 3：楼梯的尺寸要点

踏步		踏步是人们上下楼梯脚踏的地方。踏步的水平面叫踏面（又称为踏步宽度），垂直面叫踢面（又称为踏步高度）
	无障碍	《无障碍设计规范》（GB 50763—2012）3.6.1-2 无障碍楼梯应符合下列规定：公共建筑（无障碍）楼梯的踏步宽度不应小于280mm，踏步高度不应大于160mm
	住宅	《住宅设计规范》（GB 50096—2011）6.3.2 楼梯踏步宽度不应小于0.26m，踏步高度不应大于0.175m。扶手高度不应小于0.90m。楼梯水平段栏杆长度大于0.50m时，其扶手高度不应小于1.05m。楼梯栏杆垂直杆件间净空不应大于0.11m

续表

踏步	宿舍	《宿舍建筑设计规范》(JGJ 36—2016)相关规定。 4.5.1 宿舍安全疏散应符合现行国家标准《建筑设计防火规范》规定。 4.5.4 楼梯踏步宽度不应小于0.27m，踏步高度不应大于0.165m；楼梯扶手高度自踏步前缘线量起不应小于0.90m；楼梯水平段栏杆长度大于0.50m时，其高度不应小于1.05m
	托儿所、幼儿园	《托儿所、幼儿园建筑设计规范》(JGJ 39—2016，2019年版) 4.1.11 楼梯、扶手和踏步应符合下列规定： 3 供幼儿使用的楼梯踏步高度宜为0.13m，宽度宜为0.26m。 5 幼儿使用的楼梯不应采用扇形、螺旋形踏步。 6 楼梯踏步面应采用防滑材料
	中小学	《中小学校设计规范》(GB 50099—2011) 8.7.3 中小学校楼梯每个梯段的踏步数不应少于3级，且不应多于18级，并应符合下列规定： 1 各类小学（包括小学宿舍楼）楼梯踏步的宽度不得小于0.26m，高度不得大于0.15m。 2 各类中学（包括中学宿舍楼）楼梯踏步的宽度不得小于0.28m，高度不得大于0.16m。 3 楼梯的坡度不得大于30°
	医院	《综合医院建筑设计规范》(GB 51039—2014) 5.1.5-2 楼梯的设置应符合下列要求：综合医院主楼梯宽度不得小于1.65m。踏步宽度不应小于0.28m，高度不应大于0.16m
	图书馆	《图书馆建筑设计规范》(JGJ 38—2015) 4.2.9 书库内工作人员专用楼梯的梯段净宽不宜小于0.80m，坡度不应大于45°，并应采取防滑措施。【2014】
	疏散	《建筑设计防火规范》(GB 50016—2014，2018年版) 6.4.7 疏散用楼梯和疏散通道上的阶梯不宜采用螺旋楼梯和扇形踏步；确需采用时，踏步上、下两级所形成的平面角度不应大于10°，且每级离扶手250mm处的踏步深度不应小于220mm
栏杆	基本规定	《民用建筑设计统一标准》(GB 50352—2019) 6.7.3 阳台、外廊、室内回廊、内天井、上人屋面及室外楼梯等临空处应设置防护栏杆，并应符合下列规定： 1 栏杆应以坚固、耐久的材料制作，并应能承受现行国家标准《建筑结构荷载规范》(GB 50009)及其他国家现行相关标准规定的水平荷载。 2 当临空高度在24.0m以下时，栏杆高度不应低于1.05m；当临空高度在24.0m及以上时，栏杆高度不应低于1.1m。上人屋面和交通、商业、旅馆、医院、学校等建筑临开敞中庭的栏杆高度不应小于1.2m。 3 栏杆高度应从所在楼地面或屋面至栏杆扶手顶面垂直高度计算，当底面**有宽度大于或等于0.22m，且高度低于或等于0.45m的可踏部位**时，应从可踏部位顶面起算。 4 公共场所栏杆离地面0.1m高度范围内不宜留空
	中小学	《中小学校设计规范》(GB 50099—2011) 8.1.6 上人屋面、外廊、楼梯、平台、阳台等临空部位必须设防护栏杆，防护栏杆必须牢固、安全，高度不应低于1.10m。防护栏杆最薄弱处承受的最小水平推力应不小于1.5kN/m

续表

栏杆	玻璃应用技术规程	根据《建筑玻璃应用技术规程》(JGJ 113—2015) 7.2.5，室内栏板玻璃固定在结构上且直接承受人体荷载的护栏系统，其栏板玻璃应符合下列规定：①当栏板玻璃最低点离一侧楼地面高度不大于5m时，应使用公称厚度不小于16.76mm钢化夹层玻璃。②当栏板玻璃最低点离一侧楼地面高度大于5m时，不得采用此类护栏系统
梯井		上下两个楼梯段之间上下贯通的空间叫楼梯井
	基本规定	《民用建筑设计统一标准》(GB 50352—2019) 6.8.9 托儿所、幼儿园、中小学校及其他少年儿童专用活动场所，当楼梯净宽大于0.2m时，必须采取防止少年儿童坠落的措施
	消防	《建筑设计防火规范》(GB 50016—2014，2018年版) 6.4.8 建筑内的公共疏散楼梯，其两梯段及扶手间的水平净距不宜小于150mm
	住宅	《住宅设计规范》(GB 50096—2011) 6.3.5 楼梯井净宽大于0.11m时，必须采取防止儿童攀滑的措施
	中小学	《中小学校设计规范》(GB 50099—2011) 8.7.5 楼梯两梯段间楼梯井净宽不得大于0.11m；大于0.11m时，应采取有效的安全防护措施。两梯段扶手间的水平净距宜为0.10~0.20m
	托儿所幼儿园	《托儿所、幼儿园建筑设计规范》(JGJ 39—2016，2019年版) 4.1.12 幼儿使用的楼梯，当楼梯井净宽度大于0.11m时，必须采取防止幼儿攀滑的措施。楼梯栏杆应采取不易攀爬的构造，当采用垂直杆件做栏杆时，其杆件净距不应大于0.09m
楼梯段	消防	《建筑设计防火规范》(GB 50016—2014，2018年版) 相关规定。 5.5.18 公共建筑疏散楼梯的净宽度不应小于1.10m；高层公共建筑疏散楼梯的最小净宽度：高层医疗建筑1.30m，其他高层公共建筑1.20m； 5.5.30 住宅建筑疏散楼梯的净宽度不应小于1.10m；建筑高度不大于18m的住宅建筑中一边设置栏杆的疏散楼梯，其净宽度不应小于1.00m
	住宅	《住宅设计规范》(GB 50096—2011) 相关规定。 6.3.1 楼梯梯段净宽不应小于1.10m，不超过6层的住宅，一边设有栏杆的梯段净宽不应小于1.00m； 5.7.3 套内楼梯当一边临空时，梯段净宽不应小于0.75m；当两侧有墙时，墙面之间净宽不应小于0.90m，并应在其中一侧墙面设置扶手
	中小学	《中小学校设计规范》(GB 50099—2011) 8.7.2 中小学校教学用房的楼梯宽度应为人流股数的整数倍。梯段宽度不应小于1.20m，并应按0.60m的整数倍增加梯段宽度。每个梯段可增加不超过0.15m的摆幅宽度
	宿舍	《宿舍建筑设计规范》(JGJ 36—2016) 4.5.3 每层安全出口、疏散楼梯的净宽应按通过人数每100人不小于1.00m计算；当各层人数不等时，疏散楼梯的总宽度可分层计算；下层楼梯的总宽度应按本层及以上楼层疏散人数最多一层的人数计算；梯段净宽不应小于1.20m
	老年人	《老年人照料设施建筑设计标准》(JGJ 450—2018) 5.6.7 老年人使用的楼梯梯段通行净宽不应小于1.20m

续表

楼梯段	医院	《综合医院建筑设计规范》（GB 51039—2014）5.1.5-2 楼梯的设置应符合下列要求：主楼梯宽度不得小于1.65m
	疗养院	《疗养院建筑设计标准》（JGJ/T 40—2019）5.7.3-3 安全出口应符合下列规定：在疗养、理疗、医技门诊用房的建筑物内人流使用集中的楼梯，至少有一部其净宽不宜小于1.65m
扶手	基本规定	《民用建筑设计统一标准》（GB 50352—2019）相关规定。 6.8.7 楼梯应至少于一侧设扶手；梯段净宽达3股人流时应两侧设扶手，达4股人流时宜加设中间扶手。 6.8.8 室内楼梯扶手高度自踏步前缘线量起不宜小于0.9m；楼梯水平栏杆或栏板长度大于0.5m时，其高度不应小于1.05m
	中小学	《中小学校设计规范》（GB 50099—2011）8.7.6 中小学校的楼梯扶手应符合下列规定： 1 梯段宽度为2股人流时，应至少在一侧设置扶手； 2 梯段宽度为3股人流时，两侧均应设置扶手； 3 梯段宽度达到4股人流时，应加设中间扶手，中间扶手两侧梯段净宽应满足相关要求； 4 中小学校室内楼梯扶手高度不应低于0.90m；室外楼梯扶手高度不应低于1.10m；水平扶手高度不应低于1.10m； 5 中小学校的楼梯扶手上应加设防止学生溜滑的设施； 6 中小学校的楼梯栏杆不得采用易于攀登的构造和花饰；栏杆和花饰的镂空处净距不得大于0.11m
	托儿所幼儿园	《托儿所、幼儿园建筑设计规范》（JGJ 39—2016，2019年版）4.1.11-2 托儿所、幼儿园建筑楼梯除设成人扶手外，还应在靠墙一侧设幼儿扶手，其高度宜为0.60m
	无障碍	《无障碍设计规范》（GB 50763—2012）相关规定。 3.8.1 无障碍单层扶手的高度应为850~900mm，无障碍双层扶手的上层扶手高度应为850~900mm，下层扶手高度应为650~700mm。 3.8.2 扶手应保持连贯，靠墙面的扶手的起点和终点处应水平延伸不小于300mm的长度。 3.8.3 扶手末端应向内拐到墙面或向下延伸不小于100mm，栏杆式扶手应向下成弧形或延伸到地面上固定。 3.8.4 扶手内侧与墙面的距离不应小于40mm。 3.8.5 扶手应安装坚固，形状易于抓握。圆形扶手的直径应为35~50mm。 3.8.6 扶手的材质直选用防滑、热惰性指标好的材料
平台	基本要求	《民用建筑设计统一标准》（GB 50352—2019）6.8.4 梯段改变方向时，扶手转向端处的平台最小宽度不应小于梯段净宽，并不得小于1.20m；当有搬运大型物件需要时，应适量加宽。直跑楼梯的中间平台宽度不应小于0.9m

		续表
净空高度	基本要求	《民用建筑设计统一标准》(GB 50352—2019) 6.8.6 楼梯平台上部及下部过道处的净高不应小于2.0m，梯段净高不应小于2.2m
	图示	梯段净高为自踏步前缘（包括每个梯段最低和最高一级踏步前缘线以外0.3m范围内）量至上方突出物下缘间的垂直高度，如图16-10所示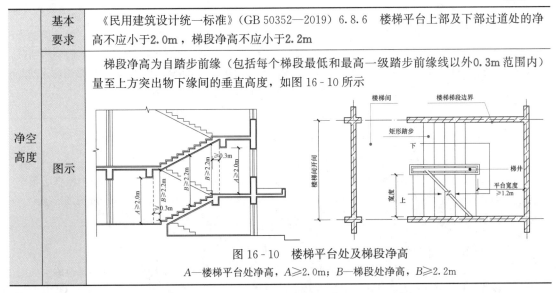图16-10 楼梯平台处及梯段净高 A—楼梯平台处净高，A≥2.0m；B—梯段处净高，B≥2.2m

典型习题

16-3［2017-94］ 室内护栏的栏板玻璃固定在结构上且直接承受人体荷载时，栏板玻璃最低侧地面的最大高度是（　　）。

A．5.0m　　　　B．4.5m　　　　C．4.0m　　　　D．3.5m

答案： A

解析： 参见《建筑玻璃应用技术规程》7.2.5。

16-4［2014-75］ 楼梯靠墙扶手与墙面之间的净距应大于（　　）。

A．30mm　　　　B．40mm　　　　C．50mm　　　　D．60mm

答案： B

解析： 根据《无障碍设计规范》(GB 50763—2012) 3.8.4，扶手内侧与墙面的距离不应小于40mm。

考点4：防护栏杆【★★】

基本规定	《民用建筑设计统一标准》(GB 50352—2019) 相关规定。 6.7.3 阳台、外廊、室内回廊、内天井、上人屋面及室外楼梯等临空处应设置防护栏杆，并应符合下列规定： 2 当临空高度在24.0m以下时，栏杆高度不应低于1.05m；当临空高度在24.0m及以上时，栏杆高度不应低于1.1m。**上人屋面和交通、商业、旅馆、医院、学校等建筑临开敞中庭的栏杆高度不应小于1.2m。** 3 栏杆高度应从所在楼地面或屋面至栏杆扶手顶面垂直高度计算；当底面有宽度**大于或等于0.22m**，且高度**低于或等于0.45m**的可踏部位时，应从可踏部位顶面起算。公共场所栏杆离地面0.1m高度范围内不宜留空。 6.7.4 住宅、托儿所、幼儿园、中小学及其他少年儿童专用活动场所的栏杆必须采取防止攀爬的构造。当采用垂直杆件做栏杆时，其杆件净间距不应大于0.11m

续表

托儿所幼儿园	《托儿所、幼儿园建筑设计规范》(JGJ 39—2016，2019年版) 4.1.9 托儿所、幼儿园的外廊、室内回廊、内天井、阳台、上人屋面、平台、看台及室外楼梯等临空处，应设置防护栏杆。防护栏杆的高度应从可踏部位顶面起算，**且净高不应小于1.30m**。防护栏杆必须采用防止幼儿攀登和穿过的构造；当采用垂直杆件做栏杆时，其杆件净距离不应大于0.09m
中小学	《中小学校设计规范》(GB 50099—2011) 相关规定。 8.1.5 临空窗台的高度不应低于0.90m。 8.1.6 上人屋面、外廊、楼梯、平台、阳台等临空部位必须设防护栏杆，防护栏杆必须牢固、安全，高度不应低于1.10m。防护栏杆最薄弱处承受的最小水平推力应不小于1.5kN/m
宿舍、旅馆	《宿舍、旅馆建筑项目规范》(GB 55025—2022) 2.0.17 开敞阳台、外廊、室内回廊、中庭、内天井、上人屋面及室外楼梯等部位临空处应设置防护栏杆或栏板，并应符合下列规定： 1 防护栏杆或栏板的材料应坚固、耐久； 2 宿舍类建筑的防护栏杆或栏板垂直净高不应低于1.10m；学校宿舍的防护栏杆或栏板垂直净高不应低于1.20m； 3 旅馆类建筑的防护栏杆或栏板垂直净高不应低于1.20m

典型习题

16-5 [2019-80] 图16-11为多层公共建筑室外阳台栏杆示意图，h_1、h_2分别为何值时正确？（　　）

A. $h_1 \geqslant 650mm$，$h_2 \geqslant 550mm$
B. $h_1 \geqslant 1050mm$，$h_2 \geqslant 450mm$
C. $h_1 \geqslant 1050mm$，$h_2 \geqslant 550mm$
D. $h_1 \geqslant 650mm$，$h_2 \geqslant 1050mm$

答案：C

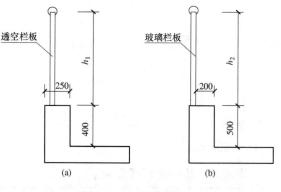

图16-11 防护栏杆
(a) 透空栏杆；(b) 玻璃栏杆

解析：参见《民用建筑设计统一标准》(GB 50352—2019) 6.7.3。

16-6 [2017-76] 按照《中小学校设计规范》(GB 50099—2011) 的要求，中小学校建筑中，防护栏杆的高度不应低于（　　）。

A. 0.9m　　　　B. 1.05m　　　　C. 1.1m　　　　D. 1.2m

答案：C

解析：参见《中小学校设计规范》(GB 50099—2011) 8.1.6。

第二节 台阶、坡道与扶梯

考点 5：台阶

基本要求	《民用建筑设计统一标准》（GB 50352—2019）6.7.1 台阶设置应符合下列规定： 1 公共建筑室内外台阶踏步宽度不宜小于0.3m，踏步高度不宜大于0.15m，且不宜小于0.1m。 2 踏步应采取防滑措施。 3 室内台阶踏步数**不宜少于2级**，当高差不足2级时，宜按坡道设置。 4 台阶总高度超过0.7m时，应在临空面采取防护设施

考点 6：坡道

基本要求	《民用建筑设计统一标准》（GB 50352—2019）6.7.2 坡道设置应符合下列规定： 1 室内坡道坡度不宜大于1∶8，室外坡道坡度不宜大于1∶10。 2 当室内坡道水平投影长度超过15.0m时，宜设休息平台，平台宽度应根据使用功能或设备尺寸所需缓冲空间而定。 3 坡道应采取防滑措施。 4 当坡道总高度超过0.7m时，应在临空面采取防护设施
托儿所幼儿园	《托儿所、幼儿园建筑设计规范》（JGJ 39—2016，2019 年版）4.1.13 幼儿经常通行和安全疏散的走道不应设有台阶；当有高差时，应设置防滑坡道，其坡度不应大于1∶12

考点 7：自动扶梯和自动人行道

基本要求	《民用建筑设计统一标准》（GB 50352—2019）6.9.2 自动扶梯、自动人行道应符合下列规定：【2019】 2 出入口畅通区的宽度从扶手带端部算起不应小于2.5m，人员密集的公共场所其畅通区宽度不宜小于3.5m。 3 扶梯与楼层地板开口部位之间应设防护栏杆或栏板。 4 栏板应平整、光滑和无突出物；扶手带顶面距自动扶梯前缘、自动人行道踏板面或胶带面的垂直高度**不应小于0.9m**。 5 扶手带中心线与平行墙面或楼板开口边缘间的距离；当相邻平行交叉设置时，两梯（道）之间扶手带中心线的水平距离**不宜小于0.5m**，否则应采取措施防止障碍物引起人员伤害。 6 自动扶梯的梯级、自动人行道的踏板或胶带上空，垂直净高**不应小于2.3m**。 7 自动扶梯的倾斜角**不宜超过30°**，额定速度不宜大于0.75m/s；当提升高度不超过6.0m，倾斜角小于或等于35°时，额定速度不宜大于0.5m/s；当自动扶梯速度大于0.65m/s时，在其端部应有不小于1.6m的水平移动距离作为导向行程段。 8 倾斜式自动人行道的倾斜角**不应超过12°**，额定速度不应大于0.75m/s。当踏板的宽度不大于1.1m，并且在两端出入口踏板或胶带进入梳齿板之前的水平距离不小于1.6m时，自动人行道的最大额定速度可达到0.9m/s。 9 当自动扶梯或倾斜式自动人行道呈剪刀状相对布置时，以及与楼板、梁开口部位侧边交错部位，应在产生的锐角口前部1.0m范围内设置防夹、防剪的预警阻挡设施

典型习题

16-7 [2019-81] 下列关于自动扶梯、自动人行道的说法，错误的是（　　）。

A. 自动扶梯扶手带外边距任何障碍物的不小于800mm

B. 栏板应平整、光滑和无突出物

C. 自动扶梯倾角不应超过30°

D. 倾斜式自动人行道倾斜角不应超过12°

答案：A

解析：根据《民用建筑设计统一标准》第6.9.2条，当相邻平行交叉设置时，两梯（道）之间扶手带中心线的水平距离不宜小于0.5m。

第三节 电　梯

考点8：普通电梯【★★★】

组成	电梯的设备组成包括轿厢、平衡重和机房设备。电梯的土建组成包括底坑（地坑）、井道和机房
布置规定	《民用建筑设计统一标准》（GB 50352—2019）6.9.1　电梯设置应符合下列规定： 9 电梯井道和机房**不宜与有安静要求的用房贴邻布置**，否则应采取隔振、隔声措施。 10 电梯机房应有隔热、迎风、防尘等措施，宜有自然采光，**不得将机房顶板作水箱底板及在机房内直接穿越水管或蒸汽管** 《建筑设计防火规范》（GB 50016—2014，2018年版）6.2.9-1　建筑内部的电梯井等竖井应符合下列规定：【2019】电梯井应独立设置，**井内严禁敷设可燃气体和甲、乙、丙类液体管道**，不应敷设与电梯无关的电缆、电线等。电梯井的井壁除设置电梯门、安全逃生门和通气孔洞外，**不应开设其他洞口**
技术要求	《全国民用建筑工程设计技术措施规划·建筑·景观》（2009年版）相关规定。 9.6.3　电梯井道不宜设置在能够到达的空间上部，如确有人们能到达的空间存在，底坑地面最小应支承5000Pa荷载设计，或将对重缓冲器安装在一直延伸到坚固地面上的实心柱墩上或由厂家附加对重安全钳，**上述做法应得到电梯供货厂的书面文件确认其安全**。 9.6.5　电梯井道泄气孔：1单台梯井道，中速梯（2.50～5.00m/s）在井道顶端宜按最小井道面积的1/100留泄气孔。2高速梯（≥5.00m/s）应在井道上下端各留不小于1m²的**泄气孔**。3双台及以上合用井道的泄气孔，低速和中速梯原则上不留，高速梯可比单井道的小或依据电梯生产厂的要求设置。4井道泄气孔应依据电梯生产厂的要求设置。 9.6.7　高速直流乘客电梯的井道上部应做**隔音层**，隔音层应做800mm×800mm的进出口。 9.6.6　当相邻两层门地坎间距离**超过11m**时，其间应设安全门。 9.6.17　相邻两层站间的距离，当层门入口高度为2000mm时，应不小于2450mm；层门入口高度为2100mm时，应不小于2550mm。 9.6.18　层门尺寸指门套装修后的净尺寸。土建层门的洞口尺寸应大于层门尺寸，留出装修的余量，一般宽度为层门两边各加100mm，高度为层门加70～100mm。 9.6.19　电梯井道底坑地面应光滑平整、不渗水、不漏水。消防电梯井道并设**排水装置**，集水坑设在电梯井道外。

技术要求	9.6.20 底坑深度超过900mm时，需根据要求设置固定金属梯或金属爬梯。金属梯或金属爬梯不得凸入电梯运行空间，且不应影响电梯运行部件的运行。当生产厂自带该梯时，设计不必考虑。【2020】 9.6.21 底坑深度超过2500mm时，应设带锁的检修门，检修门高度大于1400mm，宽度大于600mm。**检修门不得向井道内开启。**【2012】
实例	电梯构造示意图与电梯井道内部示意图如图16-12所示。 图16-12 电梯实例 (a) 电梯构造示意图；(b) 电梯井道内部示意图

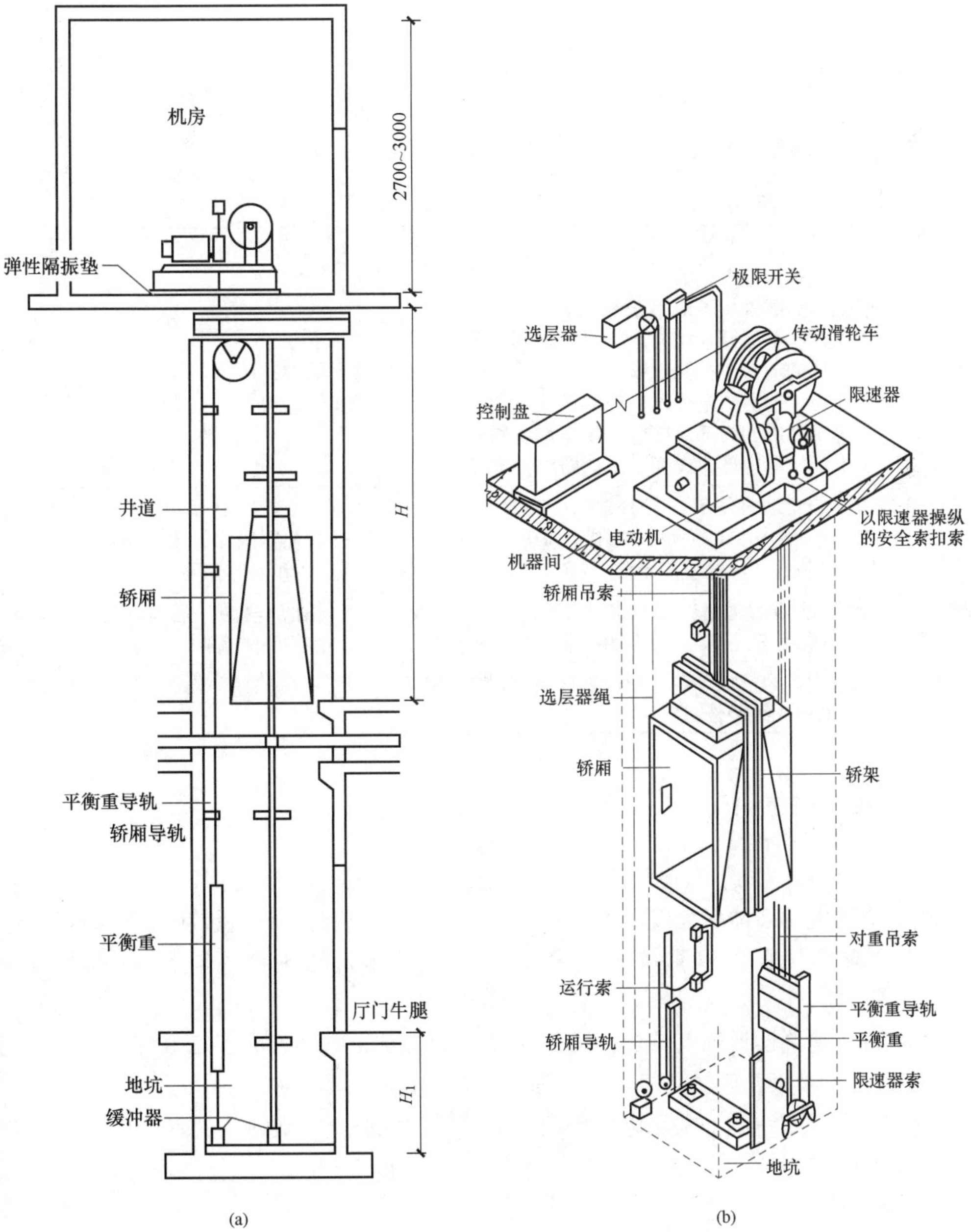

典型习题

16-8 [2017-79] 关于电梯井道设计的说法,错误的是（   ）。

A. 未设置特殊技术措施的电梯井道可设置在人能达到的空间上部

B. 应根据电梯台数、速度等设置泄气孔

C. 高速直流乘客电梯井道上部应做隔音层

D. 相邻两层门地坎间距离大于 11m 时,其间应设安全门

答案：A

解析：根据《全国民用建筑工程设计技术措施规划·建筑·景观》(2009 年版) 9.6.3、9.6.5、9.6.7、9.6.6,电梯井道不宜设置在能够到达的空间上部,如确有人们能到达的空间存在,底坑地面最小应按支承 5000Pa 荷载设计。

考点 9：消防电梯

基本要求	《建筑设计防火规范》(GB 50016—2014,2018 年版) 7.3.8　消防电梯应符合下列规定：【2021】 1 应能**每层停靠**； 2 电梯的载重量不应小于 800kg； 3 电梯从首层至顶层的运行时间不宜大于 60s； 4 电梯的动力与控制电缆、电线、控制面板应采取防水措施； 5 在首层的消防电梯入口处应设置供消防队员专用的操作按钮； 6 电梯轿厢的内部装修应采用**不燃材料**； 7 电梯轿厢内部应设置专用消防对讲电话
电梯层门	《建筑设计防火规范》(GB 50016—2014,2018 年版) 6.2.9-5　建筑内的电梯井等竖井应符合下列规定：电梯层门的耐火极限**不应低于 1.00h**,并应符合现行国家标准《电梯层门耐火试验完整性、隔热性和热通量测定法》(GB/T 27903) 规定的完整性和隔热性要求
排水设施	《建筑设计防火规范》(GB 50016—2014,2018 年版) 7.3.7　消防电梯的井底应设置排水设施,排水井的容量不应小于 2m³,排水泵的排水量不应小于 10L/s。消防电梯间前室的门口宜设置**挡水设施**
装修材料	《建筑内部装修设计防火规范》(GB 50222—2017) 4.0.5　疏散楼梯间和前室的顶棚、墙面和地面均应采用**A 级装修材料**

典型习题

16-9 [2021-78] 电梯设计的下述表述,哪一条是不恰当的?（   ）

A. 消防电梯墙体耐火极限不低于 2h　　　B. 消防电梯基坑应设置排水设施

C. 消防电梯前室的门为防火卷帘　　　　D. 消防电梯前室内部装修应采用不燃材料

答案：C

解析：《建筑设计防火规范》(GB 5006—2014,2018 年版) 第 7.3.5 条规定,前室或合用前室的门应采用乙级防火门,不应设置卷帘,选项 C 错误。

16-10 [2020-51] 关于电梯层门耐火极限的说法,正确的是（   ）。

A. 和轿厢一样　　　B. 和梯井一样　　　C. 1.0h　　　D. 0.5h

答案：C

解析：《建筑设计防火规范》(GB 5006—2014,2018 年版) 第 6.2.9 条规定,电梯层门的耐火极限不应低于 1.00h。

第十七章 墙体构造

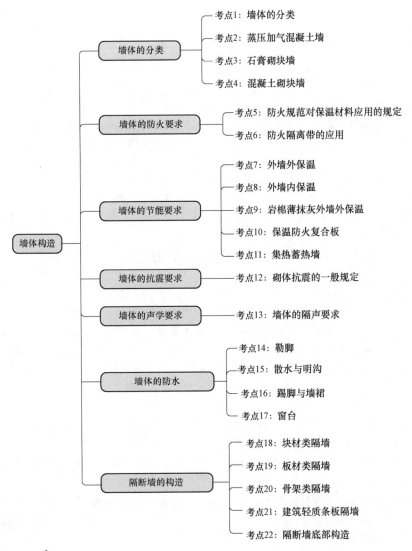

章　节	近五年考试分数统计					
	2023年	2022年12月	2022年5月	2021年	2020年	2019年
第一节　墙体的分类	1	0	0	0	0	1

续表

章节	近五年考试分数统计					
	2023年	2022年12月	2022年5月	2021年	2020年	2019年
第二节 墙体的防火要求	0	3	2	3	7	2
第三节 墙体的节能要求	2	0	0	1	0	0
第四节 墙体的抗震要求	0	0	0	0	0	2
第五节 墙体的声学要求	0	2	0	2	2	1
第六节 墙体的防水	0	4	7	6	2	2
第七节 隔断墙的构造	3	0	0	0	0	0
总 计	6	9	9	12	11	8

注：1. 本章属于考试重点，内容非常多，复习时切勿囫囵吞枣。
2. 关注新墙体材料的运用，如蒸压加气混凝土墙、石膏砌块墙、轻集料混凝土空心砌块、自保温混凝土复合砌块等，出题者常从最新的材料规范或者《全国民用建筑工程设计技术措施规划·建筑·景观》（2009年版）中抽取考点。
3. 保温材料的防火要求与防火隔离带的应用，每年会考1～2题。
4. 墙体保温主要围绕《外墙外保温工程技术标准》（JGJ 144—2019）来考查，内保温考查得较少。
5. 近几年对于《建筑轻质条板隔墙技术规程》（JGJ/T 157—2014）的考查较多，需要重点复习。

第一节 墙体的分类

考点1：墙体的分类

按位置分类	《全国民用建筑工程设计技术措施规划·建筑·景观》（2009年版）4.1.1 墙体的类型。墙体按所处部位和性能分为： 1 外墙：包括承重墙、非承重墙（如框架结构填充墙）及幕墙。 2 内墙：包括承重墙、非承重墙（包括固定式和灵活隔断式） 当楼板支承在横向墙上时，叫**横墙承重**，多用于横墙较多的建筑中，如住宅、宿舍、办公楼等；当楼板支承在纵向墙上时，叫**纵墙承重**。多用于纵墙较多的建筑中，如中小学等；当一部分楼板支承在纵向墙上，另一部分楼板支承在横向墙上时，叫**横纵墙承重（混合承重）**
按受力特点分类	《全国民用建筑工程设计技术措施规划·建筑·景观》（2009年版）4.1.2 墙体的常用材料 1 常用于承重墙的材料有： 　1）**钢筋混凝土**。 　2）**蒸压类**：主要有蒸压加气混凝土砌块、蒸压灰砂砖、蒸压粉煤灰砖等。 　3）**混凝土空心砌块类**：主要有普通混凝土小型空心砌块。 　4）**多孔砖类**：主要有烧结多孔砖（孔洞率应不小于25%）、混凝土多孔砖（孔洞率应不小于30%）；烧结多孔砖主要有：粘土、页岩、粉煤灰及煤矸石等品种。 　5）**实心砖类**：主要有粘土、页岩、粉煤灰及煤矸石等品种（孔洞率不大于25%）。

续表

	2 常用于非承重墙的砌块材料有：蒸压加气混凝土砌块（包括砂加气混凝土和粉煤灰加气混凝土）、复合保温砌块、装饰混凝土小型空心砌块、轻集料混凝土小型空心砌块（轻集料主要包括：粘土陶粒、页岩陶粒、粉煤灰陶粒、浮石、火山渣、煤渣、煤矸石、膨胀矿渣珠、膨胀珍珠岩等材料，轻集料的粒径不宜大于10mm）、石膏砌块（包括实心、空心）、多孔砖（包括烧结多孔砖和混凝土多孔砖）、实心砖（包括烧结实心砖和蒸压实心砖）等。 3 常用于非承重墙的板材有：预制钢筋混凝土或 GRC 墙板、钢丝网抹水泥砂浆墙板、彩色钢板或铝板墙板、轻集料混凝土墙板、加气混凝土墙板、石膏圆孔墙板、轻钢龙骨石膏板或硅钙板等板材类、玻璃隔断等
按受力特点分类	（1）**承重墙**：承重墙承受屋顶和楼板等构件传下来的垂直荷载和风力、地震力等水平荷载；因此，墙下应有基础，一般为条形基础。由于所处的位置不同，可分为承重内墙和承重外墙。 （2）**非承重墙**：又可分为自承重墙、隔墙、框架填充墙和幕墙这4种常见形式，如图17-1所示。 1）**自承重墙**：除承受自身重量，还同时承受风力、地震力等荷载。承自重墙一般都直接落地并有基础。 2）**隔墙**：不承托楼板、屋顶等，仅起分隔空间的作用；隔墙一般支承在楼板或梁上。 3）**框架填充墙**：框架结构建筑物内填充在柱子之间、只起分隔和围护空间的墙体。 4）**幕墙**：悬挂在建筑主体结构上、不承担结构荷载与作用的建筑物外围护墙体。 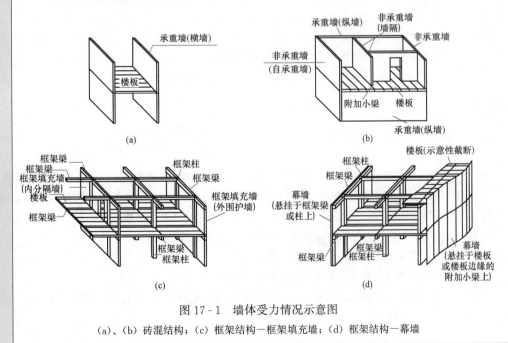 图 17-1 墙体受力情况示意图 (a)、(b) 砖混结构；(c) 框架结构—框架填充墙；(d) 框架结构—幕墙

考点2：蒸压加气混凝土墙【★★】

材料选用	在下列情况下**不得采用加气混凝土制品**：①建筑物防潮层以下的外墙；②长期处于浸水和化学侵蚀环境；③承重制品表面温度经常处于80℃以上的部位。 《蒸压加气混凝土墙板应用技术规程》（T/CECS 553—2018）相关规定。【2023】 3.1.1 蒸压加气混凝土墙板的强度等级**不应低于A3.5**。 3.1.2 蒸压加气混凝土墙板安装时，其含水率**不应大于25%**。 3.1.3 蒸压加气混凝土墙板的抹灰宜采用**专用砂浆薄层抹灰**。 3.1.4 蒸压加气混凝土墙板**不应有未切割面，切割面不得残留切割渣屑**
建筑设计	《蒸压加气混凝土墙板应用技术规程》（T/CECS 553—2018）相关规定。【2023】 4.1.1 采用蒸压加气混凝土墙板的建筑设计应符合下列规定： 1 建筑平面宜简洁、规整，立面不宜突变； 2 可采用横向或竖向布置方式； 3 建筑变形缝**应做盖缝处理**； 4 预留孔洞、管线槽口以及门窗洞口、设备固定点及后锚固位置应作标注； 5 下水道管道应明管安装，不得嵌入墙体表面。 4.1.3 宽度小于600mm的墙板**不应设置于门窗洞口边**。 4.1.4 蒸压加气混凝土墙板墙体的防水设计应符合下列规定： 1 建筑高度50m以上的建筑应采用两道防水和构造防水相结合的处理措施。一体化装饰板采用开缝设计时，墙板内侧应设置防水层。 2 卫生间、厨房墙面应做防水处理。**内墙根部应做配筋混凝土坎墙**，坎墙高度不应小于150mm，坎墙混凝土强度等级不应低于C20。 4.1.5 外门、窗框与墙体之间，伸出墙外的雨篷，开敞式阳台，室外空调机搁板，遮阳板，外楼梯根部及水平装饰线脚等**应采取防水处理措施**。 4.1.6 建筑外墙墙面有凹凸线脚和挑出部分时，**应做泛水和滴水**
砌筑要点	《全国民用建筑工程设计技术措施规划·建筑·景观》（2009年版）4.1.6 蒸压加气混凝土砌块墙的设计要点。 2 蒸压加气混凝土砌块墙，主要用于建筑物的**框架填充墙和非承重内隔墙以及多层横墙承重**的建筑。用于外墙时，厚度不应小于200mm；用于内隔墙时，厚度不应小于75mm。【2018】 3 建筑物防潮层以下的外墙、长期处于浸水和化学侵蚀及于湿或冻融交替环境、作为承重墙表面温度经常处于80℃以上的部位**不得采用加气混凝土砌块**。 4 加气混凝土砌块应采用**专用砂浆砌筑**。 5 加气混凝土砌块用作外墙时应作**饰面防护层**。 7 强度低于A3.5的加气混凝土砌块非承重墙与楼地面交接处应在墙底部做导墙。导墙可采用烧结砖或多孔砖砌筑，高度**应不小于200mm**。

典型习题

17-1 [2023-42] 关于蒸压加气混凝土制品墙体防水的做法，下列说法正确的是（　　）。
A. 有防水要求的房间，墙面可不设防水层
B. 水平装饰线脚可不采取防水措施
C. 防潮层以下的外墙不得采用加气混凝土制品
D. 密封胶的厚度宜为板拼缝宽度的1/3
答案：C
解析：有防水要求的房间，墙面要设防水层，选项A不正确；建筑物防潮层以下的外墙、长期处于浸水和化学侵蚀及干湿或冻融交替环境、作为承重墙表面温度经常处于80℃以上的部位不得采用加气混凝土砌块，选项B不正确，选项C正确；由密封胶的厚度应为缝宽的1/2且不应小于8mm，选项D错误。

17-2 [2018-51] 用于非承重墙体的加气混凝土砌块，下列说法错误的是（　　）。
A. 用于外墙时厚度不应小于250mm　　B. 应用专用砂浆砌筑
C. 强度低于A3.5时应在墙底部做导墙　　D. 用作外墙时应做饰面防护层
答案：A
解析：蒸压加气混凝土砌块墙主要用于建筑物的框架填充墙和非承重内隔墙，以及多层横墙承重的建筑。用于外墙时，厚度不应小于200mm，故选项A说法错误。

考点3：石膏砌块墙【★★】

石膏砌块	《石膏砌块砌体技术规程》（JGJ/T 201—2010）相关规定。 4.0.2 **石膏砌块砌体底部应设置高度不小于200mm的C20现浇混凝土**或预制混凝土、砖砌墙垫，墙垫厚度应为砌体厚度减10mm。厨房、卫生间等有防水要求的房间应采用现浇混凝土墙垫。【2023】 4.0.3 厨房、卫生间砌体应采用**防潮实心石膏砌块**，砌体内侧应采取防水砂浆抹灰或防水涂料涂刷等有效的防水措施。 4.0.4 窗洞口四周200mm范围内的石膏砌块砌体的孔洞部分应采用粘结石膏填实，门洞口和宽度大于1500mm的窗洞口应加设钢筋混凝土边框，边框宽度不应小于120mm、厚度应同砌体厚度，边框混凝土强度等级不应小于C20

考点4：混凝土砌块墙【★★】

轻集料混凝土空心砌块	《全国民用建筑工程设计技术措施规划·建筑·景观》（2009年版）4.1.7 轻集料混凝土空心砌块墙的设计要点： 1 **主要用于建筑物的框架填充外墙和内隔墙。** 2 用于外墙或较潮湿房间隔墙时，强度等级不应小于MU5.0，用于一般内墙时强度等级不应小于MU3.5。 3 抹面材料应与砌块基材特性相适应，**以减少抹面层龟裂的可能。宜根据砌块强度等级选用与之相对应的专用抹面砂浆或聚丙烯纤维抗裂砂浆，忌用水泥砂浆抹面。**【2019】 4 **砌块墙体上不应直接挂贴石材、金属幕墙**

续表

| 自保温混凝土复合砌块 | 《全国民用建筑工程设计技术措施规划·建筑·景观》（2009年版）5.3.13 自保温砌块墙体系统的防水设计应符合下列规定：
　　1 对伸出墙外的雨篷、开敞式阳台、室外空调机搁板、遮阳板、窗套、外楼梯根部，均应采取防水构造措施；
　　2 外墙面上水平方向的线脚、雨罩、山檐、窗台等凹凸部分，应采取泛水和滴水构造措施；
　　3 门窗洞口、女儿墙以及密封阳台、飘窗等结构性热桥部位，应采取密封和防水构造措施；
　　4 在保温系统上安装设备及管道，应采取预埋、预留及密封、防水构造措施，不应在保温系统施工完成后凿孔；
　　5 自保温砌块墙体抹面层宜设置分格缝，间距不宜大于6m，且不宜超过2个层高；
　　6 对有防水要求的房间自保温砌块墙体底部，**宜设置同砌体厚度相同的细石混凝土垫层**，高度不应小于200mm，**混凝土强度等级不应小于C20【2023】** |

17-3 [2019-70] 关于轻集料混凝土空心砌筑墙设计要点的说法，错误的是（　　）。

A. 主要用于建筑物的框架填充外墙和内隔墙

B. 用于内隔墙时强度等级不应小于MU3.5

C. 抹面材料应采用水泥砂浆

D. 砌块墙体上不应直接挂贴石材、金属幕墙

答案：C

解析：抹面材料应与砌块基材特性相适应，以减少抹面层龟裂的可能。宜根据砌块强度等级选用与之相对应的专用抹面砂浆或聚丙烯纤维抗裂砂浆，忌用水泥砂浆，故选项C说法错误。

第二节　墙体的防火要求

考点5：防火规范对保温材料应用的规定【★★★】

| 保温要求 | 《建筑设计防火规范》（GB 50016—2014，2018年版）相关规定。
　　6.7.1 建筑的内、外保温系统，宜采用燃烧性能为**A级**的保温材料，不宜采用B_2级保温材料，**严禁采用B_3级保温材料**；
　　6.7.2 建筑外墙采用**内保温**系统时，应符合下列规定：
　　1 对于**人员密集场所**，用火、燃油、燃气等具有火灾危险性的场所以及各类建筑内的**疏散楼梯间、避难走道、避难间、避难层**等场所或部位，应采用燃烧性能为**A级**的保温材料；
　　2 对于其他场所，应采用低烟、低毒且燃烧性能不低于B_1级的保温材料；
　　3 保温系统应采用**不燃材料做防护层**。采用燃烧性能为B_1级的保温材料时，防护层的厚度不应小于10mm。【2020】 |

续表

保温要求	6.7.3 建筑外墙采用保温材料与两侧墙体构成**无空腔复合保温结构体系**时，该结构体的耐火极限应符合本规范的有关规定。当保温材料的燃烧性能为B_1、B_2级时，保温材料两侧的墙体应采用**不燃材料且厚度均不应小于50mm**。
	6.7.4 设置人员密集场所的建筑，其外墙外保温材料的燃烧性能应为**A级**。
	6.7.5 与基层墙体、装饰层之间无空腔的建筑外墙外保温系统，其保温材料应符合下列规定：
	 1 住宅建筑：
	  1）建筑高度大于100m时，保温材料的燃烧性能应为**A级**；
	  2）建筑高度大于27m，但不大于100m时，保温材料的燃烧性能不应低于B_1级；
	  3）建筑高度不大于27m时，保温材料的燃烧性能不应低于B_2级。
	 2 除住宅建筑和设置人员密集场所的建筑外的其他建筑：
	  1）建筑高度大于50m时，保温材料的燃烧性能应为**A级**；
	  2）建筑高度大于24m，但不大于50m时，保温材料的燃烧性能不应低于B_1级；
	  3）建筑高度不大于24m时，保温材料的燃烧性能不应低于B_2级。
	6.7.6 **除设置人员密集场所的建筑外，与基层墙体、装饰层之间有空腔的建筑外墙外保温系统**，其保温材料应符合下列规定：
	 1 **建筑高度大于24m时，保温材料的燃烧性能应为 A 级；**【2020】
	 2 建筑高度不大于24m时，保温材料的燃烧性能不应低于B_1级。
	6.7.7 除上述第（3）条规定的情况外，当建筑的外墙外保温系统按本节规定采用燃烧性能为B_1、B_2级的保温材料时，应符合下列规定：
	 1 除采用B_1级保温材料且建筑高度不大于24m的公共建筑或采用B_1级保温材料且建筑高度不大于27m的住宅建筑外，建筑外墙上的门、窗的耐火完整性不应低于0.50h；
	 2 应在保温系统中每层设置水平防火隔离带。防火隔离带应采用A级的材料，防火隔离带的高度不应小于300mm。
	6.7.8 建筑的外墙外保温系统应采用不燃材料在其表面设置防护层，防护层应将保温材料完全包覆。除上述第（3）条规定的情况外，当按本节规定采用B_1、B_2级的保温材料时，**防护层厚度首层不应小于15mm，其他层不应小于5mm**。【2021】
	6.7.9 建筑外墙外保温系统与基层墙体、装饰层之间的空腔，应在每层楼板处采用**防火封堵材料封堵**。
	6.7.10 建筑的屋面外保温系统，当屋面板的耐火极限不低于1.00h时，保温材料的燃烧性能不应低于B_2级。【2020，2019】
	采用B_1、B_2级保温材料的外保温系统应采用不燃材料作保护层。保护层的厚度不应小于10mm。【2020】
	当建筑的屋面和外墙系统均采用B_1、B_2级保温材料时，屋面与外墙之间应采用宽度不小于**500mm的不燃材料设置防火隔离带进行分隔**。【2020】
	6.7.11 电气线路不应穿越或敷设在燃烧性能为B_1或B_2级的保温材料中；确需穿越或敷设时应采取穿金属管并在金属管周围采用不燃隔热材料进行防火隔离等防火保护措施。设置开关、插座等电器配件的部位周围应采取**不燃隔热材料**进行防火隔离等防火保护措施。
	6.7.12 建筑外墙的装饰层应采用燃烧性能为A级的材料，但建筑高度不大于50m时，可采用B_1级材料

| 中小学教室 | 《中小学教室宿舍消防要求标准》3.2.2 当建筑采用外墙保温系统时,外墙保温系统应附设在耐火等级和燃烧性能符合消防技术规范规定的基层墙体和屋顶上。外墙保温材料的燃烧性能**宜为 A 级**,不应低于 B_2 级;当采用 B_2 级材料时,建筑高度超过 24m 的校舍应采取在窗口等开口周围和每层设置防火隔离带等防火构造措施。防火隔离带材料的燃烧性能应为 **A 级**,宽度不小于 **300mm**。外墙保温系统的外保护层应为**不燃烧材料**【2022(12)】|

典型习题

17-4 [2022 (12)-52] 学生宿舍外墙保温材料燃烧性能宜为（　　）级。

A. A　　　　B. B_1　　　　C. B_2　　　　D. B_3

答案：A

解析：根据《中小学教室宿舍消防要求标准》3.2.2,当建筑采用外墙保温系统时,外墙保温系统应附设在耐火等级和燃烧性能符合消防技术规范规定的基层墙体和屋顶上。外墙保温材料的燃烧性能宜为 A 级。

17-5 [2021-54] 下列 45m 高办公楼的外墙外保温构造正确的是（　　）。

A. B_1 级保温,无防火隔离带,首层与二层防护厚度均为 5mm

B. B_1 级保温,有 300mm 高防火隔离带,首层与二层防护厚度均为 5mm

C. B_1 级保温,无防火隔离带,首层防护厚度为 15mm,二层防护厚度为 5mm

D. B_1 级保温,有 300mm 高防火隔离带,首层防护厚度为 15mm,二层防护厚度 5mm

答案：D

解析：应在保温系统中每层设置水平防火隔离带,选项 A、C 错误。防火隔离带应采用燃烧性能为 A 级的材料,防火隔离带的高度不应小于 300m。建筑的外墙外保温系统应采用不燃材料在其表面设置防护层,防护层应将保温材料完全包覆。除特殊情况外,采用 B_1、B_2 级保温材料时,防护层厚度首层不应小于 15mm,选项 B 错误,其他层不应小于 5mm,因此只有选项 D 正确。

17-6 [2020-48] 30m 高办公楼,干挂石材外墙外保温,燃烧性能最低应为（　　）。

A. A 级　　　　　　　　　　B. B_1＋A 级防火隔离带

C. B_1　　　　　　　　　　D. B_2

答案：A

解析：根据《建筑设计防火规范》(GB 50016—2014,2018 年) 6.7.6,建筑高度大于 24m 时,保温材料的燃烧性能应为 A 级。

17-7 [2020-54] 外墙保温材料为 B_1,且屋顶保温材料耐火极限为 0.5h 的有机材料,下列正确的是（　　）。

A. 屋面保温材料的燃烧性能为 B_2　　　　B. 屋面保温材料的燃烧性能不限

C. 屋面保温材料的燃烧性能为 B_1　　　　D. 屋面和外墙之间不用设防火隔离带

答案：C

解析：根据《建筑设计防火规范》(GB 50016—2014,2018 年) 6.7.10,为建筑

的屋面外保温系统，当屋面板的耐火极限不低于1.00h时，保温材料的燃烧性能不应低于B_2级；当屋面板的耐火极限低于1.00h时，不应低于B_1级，故选项A、B错误，选项C正确。采用B_1、B_2级保温材料的外保温系统应采用不燃材料作防护层，防护层的厚度不应小于10mm。当建筑的屋面和外墙外保温系统均采用B_1、B_2级保温材料时，屋面与外墙之间应采用宽度不小于500mm的不燃材料设置防火隔离带进行分隔，选项D不正确。

考点6：防火隔离带的应用【★★★】

常用的外墙保温材料	《全国民用建筑工程设计技术措施规划·建筑·景观》（2009年版）4.3.6 保温材料的燃烧性能举例：由于材料的燃烧性能与材料组成、生产工艺等自身很多因素有关，有些材料可能经过特殊处理后其燃烧性能会有变化，为了便于选用时有个大致概念，本措施给出部分材料在通常情况下的燃烧性能（并非绝对、一成不变的），但在具体工程选用时应遵照相关规范、标准对其材性的要求选用，其燃烧性能应以国家认可检测机构检测的报告结果为准。 1 燃烧性能为**A级**的保温材料：岩棉、玻璃棉、泡沫玻璃、泡沫陶瓷、发泡水泥等。 2 燃烧性能为B_1级的保温材料：特殊处理后的挤塑聚苯板（XPS）、特殊处理后的聚氨酯（PU）、酚醛、胶粉聚苯颗粒等。 3 燃烧性能为B_2级的保温材料：模塑聚苯板（EPS）、挤塑聚苯板（XPS）、聚氨酯（PU）、聚乙烯（PE）等
基本规定	《建筑外墙外保温防火隔离带技术规程》（JGJ 289—2012）2.0.1 防火隔离带：设置在可燃、难燃保温材料外墙外保温工程中，**按水平方向分布，采用不燃保温材料制成**，以阻止火灾沿外墙面或在外墙外保温系统内蔓延的防火构造
	《建筑外墙外保温防火隔离带技术规程》（JGJ 289—2012）相关规定。 3.0.4 防火隔离带应与基层墙体可靠连接。应能适应外保温的正常变形而不产生渗透、裂缝和空鼓；应能承受自重、风荷载和室外气候的反复作用而不产生破坏； 3.0.6 建筑外墙外保温防火隔离带保温材料的燃烧性能等级应为A级； 3.0.7 设置在薄抹灰外墙外保温系统中的粘贴保温板防火隔离带做法宜按表3.0.7执行，并宜选用**岩棉带防火隔离带**。当防火隔离带做法与表3.0.7（表17-1）不一致时应按国家现行有关标准进行系统防火性能试验外，还应符合国家现行建筑防火设计标准的规定。 **表17-1 粘贴保温板防火隔离带做法** | 序号	防火隔离带保温板及宽度	外墙保温系统保温材料及厚度	系统抹面平均厚度
---	---	---	---
1	岩棉带，宽度≥300mm	EPS板，厚度≤120mm	≥4.0mm
2	岩棉带，宽度≥300mm	XPS板，厚度≤90mm	≥4.0mm
3	发泡水泥板，宽度≥300mm	EPS板，厚度≤120mm	≥4.0mm
4	泡沫玻璃板，宽度≥300mm	EPS板，厚度≤120mm	≥4.0mm	

续表

基本规定	5.0.1 防火隔离带的基本构造应与外墙外保温系统相同，并宜包括胶粘剂、防火隔离带保温板、锚栓、抹面胶浆、玻璃纤维网布、饰面层等（图5.0.1，即图17-2）。 5.0.2 防火隔离带的宽度不应小于300mm。 5.0.3 防火隔离带的厚度宜与外墙外保温系统厚度相同。 5.0.4 防火隔离带保温板应与基层墙体全面积粘贴。 5.0.5 防火隔离带保温板应使用锚栓辅助连接，锚栓应压住底层玻璃纤维网布。锚栓间距不应大于600mm，锚栓距离保温板端部不应小于100mm，每块保温板上的锚栓数量不应少于1个。当采用岩棉带时，锚栓的扩压盘直径不应小于100mm。 5.0.6 防火隔离带和外墙外保温系统应使用相同的抹面胶浆，且抹面胶浆应将保温材料和锚栓完全覆盖。 5.0.7 防火隔离带部位的抹面层应加底层玻璃纤维网布，底层玻璃纤维网布垂直方向超出防火隔离带边缘不应小于100mm（图5.0.7-1，即图17-3），水平方向可对接，对接位置离防火隔离带保温板端部接缝位置不应小于100mm（图5.0.7-2，即图17-4）。当面层玻璃纤维网布上下有搭接时，搭接位置距离隔离带边缘不应小于200mm。 5.0.8 防火隔离带应设置在门窗洞口上部，且防火隔离带下边缘距洞口上沿不应超过500mm。【2019】 5.0.9 当防火隔离带在门窗洞口上沿时，门窗洞口上部防火隔离带在粘贴时应做玻璃纤维网布翻包处理，翻包的玻璃纤维网布应超出防火隔离带保温板上沿100mm（图5.0.9，即图17-5）。翻包、底层及面层的玻璃纤维网布不得在门窗洞口顶部搭接或对接，抹面层平均厚度不宜小于6mm。 5.0.10 当防火隔离带在门窗洞口上沿，且门窗框外表面缩进基层墙体外表面时，门窗洞口顶部外露部分应设置防火隔离带，且防火隔离带保温板宽度不应小于300mm（图5.0.10，即图17-6）【2020】
相关构造图	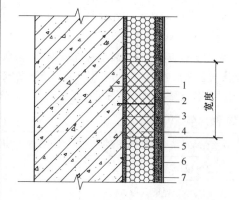 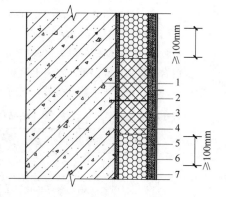 图17-2 防火隔离带基本构造　　　　图17-3 防火隔离带网格布垂直方向搭接 1—基层墙体；2—锚栓；3—胶粘剂；4—防火　　1—基层墙体；2—锚栓；3—胶粘剂；4—防火 　隔离带保温板；5—外保温系统的保温材料；　　　隔离带保温板；5—外保温系统的保温材料； 　6—抹面胶浆+玻璃纤维网布；7—饰面材料　　　6—抹面胶浆+玻璃纤维网布；7—饰面材料

续表

相关构造图	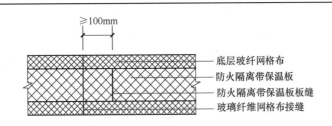 图17-4 防火隔离带网格布水平方向对接 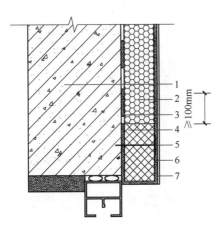 图17-5 门窗洞口上部 防火隔离带做法（一） 1—基层墙体；2—外保温系统的保温材料；3—胶粘剂；4—防火隔离带保温板；5—锚栓；6—抹面胶浆+玻璃纤维网布；7—饰面材料 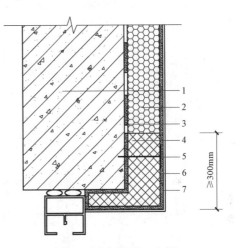 图17-6 门窗洞口上部 防火隔离带做法（二） 1—基层墙体；2—外保温系统的保温材料；3—胶粘剂；4—防火隔离带保温板；5—锚栓；6—抹面胶浆+玻璃纤维网布；7—饰面材料

17-8 [2021-52] 下列关于防火隔离带构造说法，不符合外墙外保温防火隔离带要求的是（　　）。

A. 应不小于300mm　　　　　　　　　B. 应采用A级材料
C. 防火隔离带厚度应与保温厚度相同　　D. 可采用辅助锚栓的点粘法粘贴

答案：D

解析：根据《建筑外墙外保温防火隔离带技术规程》（JGJ 289—2012）5.0.2、3.0.6、5.0.3和5.0.4防火隔离带的宽度不应小于300m，故选项A正确。建筑外墙外保温防火隔离带保温材料的燃烧性能等级应为A级，选项B正确。防火隔离带的厚度宜与外墙外保温系统厚度相同，选项C正确。防火隔离带保温板应与基层墙体全面积粘贴，选项D错误。

17-9 [2020-50] 当防火隔离带保温板在门窗洞口上沿时，构造节点正确的是（　　）。

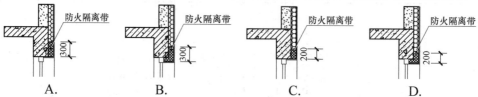

A.　　　　　B.　　　　　C.　　　　　D.

答案：B

解析：根据《建筑外墙外保温防火隔离带技术规程》(JGJ 289—2012) 5.0.10，当防火隔离带在门窗洞口上沿，且门窗框外表面缩进基层墙体外表面时，门窗洞口顶部外露部分应设置防火隔离带，且防火隔离带保温板宽度不应小于300mm。

17-10 [2019-55] 关于保温防火隔离带的设置，下列图示错误的是（　　）。

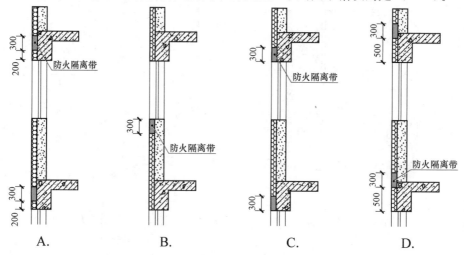

A.　　　　　B.　　　　　C.　　　　　D.

答案：B

解析：根据《建筑外墙外保温防火隔离带技术规程》(JGJ 289—2012) 5.0.8，防火隔离带应设置在门窗洞口上部，且防火隔离带下边缘距洞口上沿不应超过500mm，故选项A、C、D说法正确。选项B中防火隔离带设置在了窗洞口下部，说法错误。

第三节　墙体的节能要求

考点7：外墙外保温【★★】

概述	《外墙外保温工程技术标准》(JGJ 144—2019) 相关规定。 2.0.3　**基层墙体**：建筑物中起承重或围护作用的外墙墙体，可以是混凝土墙体或各种砌体墙体。 3.0.8　在正确使用和正常维护的条件下，外保温工程的使用年限**不应少于25年**。 5.1.3　外保温工程水平或倾斜的出挑部位以及延伸至地面以下的部位应做**防水处理**。门窗洞口与门窗交接处、首层与其他层交接处、外墙与屋顶交接处**应进行密封和防水构造设计**，水不应渗入保温层及基层墙体，重要节点部位应有详图。穿过外保温系统安装的设备、穿墙管线或支架等应固定在基层墙体上，**并应做密封和防水设计**。基层墙体变形缝处应**采取防水和保温构造处理**。

概述	5.1.4 外保温工程应进行系统的起端、终端以及檐口、勒脚处的翻包或包边处理。装饰缝、门窗四角和阴阳角等部位应设置**增强玻纤网**。 5.1.5 外保温工程的饰面层**宜采用浅色涂料、饰面砂浆**等轻质材料。当需采用饰面砖时，应依据国家现行相关标准制定专项技术方案和验收方法，并应组织专题论证。【2023】 5.1.7 当薄抹灰外保温系统采用**燃烧性能等级为 B_1、B_2 级的保温材料**时，首层防护层厚度不应小于 15mm，其他层防护层厚度**不应小于 5mm 且不宜大于 6mm**，并应在外保温系统中**每层设置水平防火隔离带**。【2020】 5.2.1 外保温系统的各种组成材料应配套供应。采用的所有配件应与外保温系统性能相容，并应符合国家现行相关标准的规定。 5.2.8 外保温工程施工应符合下列规定： 1 可燃、难燃保温材料的施工应分区段进行，各区段应保持足够的防火间距； 2 粘贴保温板薄抹灰外保温系统中的保温材料施工**上墙后应及时做抹面层**； 3 防火隔离带的施工应与保温材料的施工同步进行【2023】
粘贴保温板薄抹灰外保温系统	《外墙外保温工程技术标准》（JGJ 144—2019）相关规定。 6.1.1 粘贴保温板薄抹灰外保温系统应由粘结层、保温层、抹面层和饰面层构成（图6.1.1，即图 17-7）。粘结层材料应为胶粘剂；保温层材料可为 EPS 板、XPS 板和 PUR 板或 PIR 板；抹面层材料应为抹面胶浆，抹面胶浆中满铺玻纤网；饰面层可为涂料或饰面砂浆。 6.1.2 当粘贴保温板薄抹灰外保温系统做找平层时，找平层应与基层墙体粘结牢固，不得有**脱层、空鼓、裂缝**，面层不得有粉化、起皮、爆灰等现象。 6.1.3 保温板应采用**点框粘法或条粘法**固定在基层墙体上，EPS 板与基层墙体的有效粘贴面积**不得小于保温板面积的 40%**，并宜使用锚栓辅助固定。XPS 板和 PUR 板或 PIR 板与基层墙体的有效粘贴面积**不得小于保温板面积的 50%**，并应使用锚栓辅助固定。 6.1.4 受负风压作用较大的部位宜增加锚栓辅助固定。 6.1.5 保温板宽度不宜大于1200mm，高度不宜大于600mm。【2022（12）】 6.1.6 保温板应按**顺砌方式**粘贴，竖缝应**逐行错缝**。保温板应粘贴牢固，不得有松动。 6.1.7 XPS 板内外表面应做**界面处理**。 6.1.8 墙角处保温板应**交错互锁**。门窗洞口四角处保温板不得拼接，应采用整块保温板切割成形
胶粉聚苯颗粒保温浆料外保温系统	《外墙外保温工程技术标准》（JGJ 144—2019）相关规定。 6.2.1 胶粉聚苯颗粒保温浆料外保温系统应由**界面层、保温层、抹面层和饰面层**构成（图6.2.1，即图 17-8）。界面层材料应为界面砂浆；保温层材料应为**胶粉聚苯颗粒保温浆料**，经现场拌和均匀后抹在基层墙体上；抹面层材料应为**抹面胶浆**，抹面胶浆中**满铺玻纤网**；饰面层可为涂料或饰面砂浆。 6.2.2 胶粉聚苯颗粒保温浆料保温层设计厚度**不宜超过 100mm**。【2022（12）】 6.2.3 胶粉聚苯颗粒保温浆料宜分遍抹灰，每遍间应在前一遍保温浆料终凝后进行，每遍抹灰厚度不宜超过 20mm。第一遍抹灰应压实，最后一遍应找平，并应搓平

续表

EPS板现浇混凝土外保温系统	《外墙外保温工程技术标准》(JGJ 144—2019) 相关规定。 6.3.1　EPS板现浇混凝土外保温系统应以**现浇混凝土外墙**作为基层墙体，EPS板为保温层，EPS板内表面（与现浇混凝土接触的表面）并有凹槽，内外表面均应**满涂界面砂浆**（图6.3.1，即图17-9）。施工时应将EPS板置于外模板内侧，并安装辅助固定件。EPS板表面应做抹面胶浆抹面层，抹面层中满铺玻纤网；饰面层可为涂料或饰面砂浆。 6.3.2　进场前EPS板内外表面应**预喷刷界面砂浆**。 6.3.3　EPS板宽度宜为1200mm，高度**宜为建筑物层高**。 6.3.4　辅助固定件每平方米宜设2～3个。 6.3.5　水平分隔缝宜按楼层设置。垂直分隔缝宜按墙面面积设置。在板式建筑中不宜大于30m²，在塔式建筑中宜留在阴角部位。 6.3.8　混凝土一次浇注高度**不宜大于1m**。混凝土应振捣密实均匀，墙面及接槎处应光滑、平整
EPS钢丝网架板现浇混凝土外保温系统	《外墙外保温工程技术标准》(JGJ 144—2019) 相关规定。 6.4.1　EPS钢丝网架板现浇混凝土外保温系统应以现浇混凝土外墙作为基层墙体，EPS钢丝网架板为保温层，钢丝网架板中的EPS板外侧**开有凹槽**（图6.4.1，即图17-10）。施工时应将钢丝网架板置于外墙外模板内侧，并在EPS板上安装辅助固定件。钢丝网架板表面应涂抹掺外加剂的水泥砂浆抹面层，外表可做饰面层。 6.4.2　EPS钢丝网架板每平方米应斜插腹丝100根，钢丝均应采用低碳热镀锌钢丝，**板两面应预喷刷界面砂浆**。EPS钢丝网架板质量除应符合表6.4.2（表17-2）的规定外，尚应符合现行国家标准《外墙外保温系统用钢丝网架模塑聚苯乙烯板》(GB 26540) 的规定。 表17-2　　　　　　　　EPS钢丝网架板质量要求 | 项目	质量要求
外观	界面砂浆涂敷均匀，与钢丝和EPS板附着牢固
焊点质量	斜丝脱焊点不超过3%
钢丝挑头	穿透EPS板挑头≥30mm
EPS板对接	板长3000mm范围内EPS板对接不得多于两处，且对接处需用胶粘剂粘牢 | 6.4.4　EPS钢丝网架板厚度、每平方米腹丝数量和表面荷载值应符合设计要求。EPS钢丝网架板构造设计和施工安装应注意现浇混凝土侧压力影响，抹面层应均匀平整且厚度不宜大于25mm，钢丝网应完全包覆于抹面层中。 6.4.5　进场前EPS钢丝网架板内外表面及钢丝网架上均应预喷刷界面砂浆。 6.4.7　辅助固定件每平方米不应少于4个，锚固深度不得小于50mm。 6.4.8　EPS钢丝网架板竖缝处应连接牢固。阳角及门窗洞口等处应附加钢丝角网，附加的钢丝角网应与原钢丝网架绑扎牢固。 6.4.9　在每层层间宜留水平分隔缝，分隔缝宽度为15～20mm。分隔缝处的钢丝网和EPS板应断开，抹灰前应嵌入塑料分隔条或泡沫塑料棒，外表应用建筑密封膏嵌缝。垂直分隔宜按墙面面积设置，在板式建筑中不宜大于30m²，在塔式建筑中宜留在阴角部位。 6.4.10　混凝土一次浇筑高度不宜大于1m，混凝土应振捣密实均匀，墙面及接槎处应光滑、平整。 6.4.11　混凝土结构验收后，保温层中的穿墙螺栓孔洞应使用保温材料填塞，EPS钢丝网架板缺损或表面不平整处宜使用胶粉聚苯颗粒保温浆料修补和找平

续表

胶粉聚苯颗粒浆料贴砌EPS板外保温系统	《外墙外保温工程技术标准》（JGJ 144—2019）相关规定。 6.5.1 胶粉聚苯颗粒浆料贴砌EPS板外保温系统应由界面砂浆层、胶粉聚苯颗粒贴砌浆料层、EPS板保温层、胶粉聚苯颗粒贴砌浆料层、抹面层和饰面层构成（图6.5.1，即图17-11）。抹面层中应满铺玻纤网，饰面层可为涂料或饰面砂浆。【2022（12）】 6.5.2 进场前EPS板内外表面应预喷刷界面砂浆。 6.5.3 单块EPS板面积不宜大于0.3m²。EPS板与基层墙体的粘贴面上宜开设凹槽。 6.5.6 胶粉聚苯颗粒浆料贴砌EPS板外保温系统的施工应符合下列规定： 1 基层墙体表面应喷刷**界面砂浆**； 2 EPS板应使用贴砌浆料砌筑在基层墙体上，EPS板之间的灰缝宽度宜为10mm，灰缝中的贴砌浆料应饱满； 3 按顺砌方式贴砌EPS板，竖缝应逐行错缝，墙角处排板应**交错互锁**，门窗洞口四角处EPS板不得拼接，应采用整块EPS板切割成形，EPS板接缝应离开洞部至少200m； 4 EPS板贴砌完成24h之后，应采用胶粉聚苯颗粒贴砌浆料进行找平，找平层厚度不宜小于15mm； 5 找平层施工完成24h之后，应进行抹面层施工
现场喷涂硬泡聚氨酯外保温系统	《外墙外保温工程技术标准》（JGJ 144—2019）相关规定。 6.6.1 现场喷涂硬泡聚氨酯外保温系统应由界面层、现场喷涂硬泡聚氨酯保温层、界面砂浆层、找平层、抹面层和饰面层组成（图6.6.1，即图17-12）。抹面层中应满铺玻纤网，饰面层可为涂料或饰面砂浆。 6.6.2 喷涂硬泡聚氨酯时，施工环境温度不宜低于10℃，风力不宜大于三级，空气相对湿度宜小于85%，不应在雨天、雪天施工。当喷涂硬泡聚氨酯施工中途下雨、下雪时，作业面应采取遮盖措施。 6.6.4 阴阳角及不同材料的基层墙体交接处应采取适当方式喷涂硬泡聚氨酯，保温层应连续不留缝。 6.6.5 硬泡聚氨酯的喷涂厚度每遍不宜大于15mm。当需进行多层喷涂作业时，应在已喷涂完毕的硬泡聚氨酯保温层表面不粘手后进行下一层喷涂。当日的施工作业面应当日连续喷涂完毕
现场检验	《外墙外保温工程技术标准》（JGJ 144—2019）相关规定。 7.2.6 粘贴保温板薄抹灰外保温系统现场检验保温板与基层墙体拉伸粘结强度不应小于0.10MPa，且应为**保温板破坏**。【2021】 7.2.8 EPS板现浇混凝土外保温系统现场检验EPS板与基层墙体的拉伸粘结强度不应小于0.10MPa，且应为EPS板破坏
岩棉板外保温工程	《岩棉薄抹灰外墙外保温工程技术标准》（JGJ/T 480—2019）相关规定。 5.1.1 岩棉板外保温工程的基层墙体宜为**混凝土墙体、实心砌体墙体和强度等级不小于A5.0的蒸压加气混凝土砌块墙体**【2022】

续表

相关构造图	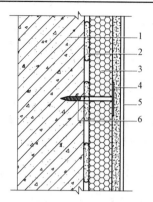 图17-7 粘贴保温板薄抹灰外保温系统 1—基层墙体；2—胶粘剂；3—保温板； 4—抹面胶浆复合玻纤网；5—饰面层；6—锚栓 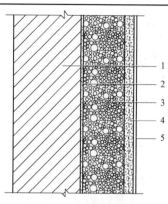 图17-8 胶粉聚苯颗粒保温浆料外保温系统 1—基层墙体；2—界面砂浆；3—保温浆料； 4—抹面胶浆复合玻璃网；5—饰面层 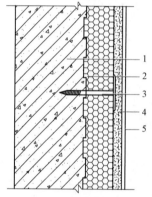 图17-9 EPS板现浇混凝土外保温系统 1—现浇混凝土外墙；2—EPS板； 3—辅助固定件；4—抹面胶浆复合玻纤网； 5—饰面层 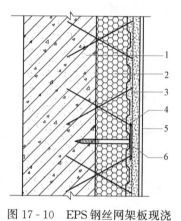 图17-10 EPS钢丝网架板现浇混凝土外保温系统 1—现浇混凝土外墙；2—EPS钢丝网架板； 3—掺外加剂的水泥砂浆抹面层；4—钢丝网架； 5—饰面层；6—辅助固定件 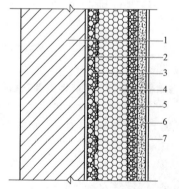 图17-11 胶粉聚苯颗粒浆料贴砌EPS板外保温系统 1—基层墙体；2—界面砂浆；3—胶粉聚苯颗粒贴砌浆料；4—EPS板；5—胶粉聚苯颗粒贴砌浆料；6—抹面胶浆复合玻纤网；7—饰面层 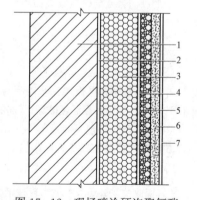 图17-12 现场喷涂硬泡聚氨酯外保温系统 1—基层墙体；2—界面砂浆；3—喷涂PUR； 4—界面砂浆；5—找平层；6—抹面胶浆复合玻纤网；7—饰面层

典型习题

17-11 [2023-45] 下列关于外墙外保温系统的说法，正确的是（ ）。
A. 各种组合材料可分别采购
B. 基层墙面处理宜使用混合砂浆
C. 防火隔离带施工后再施工保温材料
D. 饰面层宜采用浅色涂料、饰面砂浆

答案：D

解析：《外墙外保温工程技术标准》（JGJ 144—2019）5.2.1、5.2.8、5.1.5 和 6.2.1，外保温系统的各种组成材料应配套供应，不可以分别采购，选项 A 错误；防火隔离带的施工应与保温材料的施工同步进行，选项 C 错误；外保温工程的饰面层宜采用浅色涂料、饰面砂浆等轻质材料，选项 D 正确；界面层材料应为界面砂浆，选项 B 错误。

17-12 [2022（12）-50] 下列关于粘贴式保温薄抹灰外保温系统的说法，错误的是（ ）。
A. 找平层与基层粘贴牢固
B. 保温板高 900mm 至 1200mm
C. 负压大的地方增加锚栓
D. 面层不得粉化起皮

答案：B

解析： 根据《外墙外保温工程技术规程》（JGJ 144—2019）6.1.1、6.1.2 和 6.1.3，其中，EPS 板宽度不宜大于 1200mm，高度不宜大于 600mm，所以选项 B 不正确。

17-13 [2022（12）-51] 如图 17-13 所示，胶粉聚苯颗粒浆料砂 EPS 板外保温系统中，玻纤网应位于（ ）。
A. 界面砂浆层
B. 胶粒聚苯颗粒浆料层
C. 抹面层
D. 饰面层

答案：C

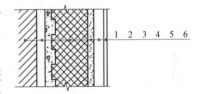

图 17-13 题图
1—基层结构墙；2—界面砂浆；
3—EPS 板保温层；4—胶粉聚苯颗粒浆料；5—抹面层；6—饰面层

解析： 参见《外墙外保温工程技术规程》（JGJ 144—2019）6.2.1。

考点 8：外墙内保温

材料选择	《外墙内保温工程技术规程》（JGJ/T 261—2011）5.1.5 内保温系统各构造层组成材料的选择，应符合下列规定：**[2018]** 1 保温板及复合板与基层墙体的粘结，可采用**胶粘剂或粘结石膏**。当用于厨房、卫生间等**潮湿环境**或饰面层为面砖时，应采用**胶粘剂**。 2 厨房、卫生间等潮湿环境或饰面层为面砖时不得使用粉刷石膏抹面。 3 无机保温板或保温砂浆的抹面层的**增强材料**宜采用**耐碱玻璃纤维网布**。有机保温材料的抹面层为抹面胶浆时，其增强材料可选用涂塑中碱玻璃纤维网布；当抹面层为粉刷石膏时，其增强材料可选用中碱玻璃纤维网布。 4 当内保温工程用于厨房、卫生间等**潮湿环境**采用腻子时，应选用**耐水型腻子**；在低收缩性面板上刮涂腻子时，可选普通型腻子；保温层尺寸稳定性差或面层材料收缩值大时，宜选用**弹性腻子**，不得选用普通型腻子

续表

设计要点	《全国民用建筑工程设计技术措施规划·建筑·景观》（2009年版）4.6.5 外墙内保温设计要点如下： 1 外墙内保温节能系统由于难以消除外墙结构性热桥的影响，会使外墙整体保温性能减弱，外墙平均传热系数与主体外墙典型断面传热系散差距较大，因此需要进行平均传热系数的计算。 2 **严寒和寒冷地区一般情况下不应采用外墙内保温系统。夏热冬冷和夏热冬暖地区可选用。** 3 公共建筑中采用外墙内保温时宜选用保温层为**A 级**不燃材料的内保温系统

17-14 ［2018-54］ 关于外墙内保温系统各构造层的做法，错误的是（　　）。
A. 卫生间贴面砖的保温板与基层墙体应采用胶粘剂
B. 保温层尺寸稳定性差或面层材料收缩值较大时，宜选用耐水腻子
C. 无机保温板面层增强材料宜采用耐碱玻璃纤维网布
D. 厨房保温面板上采用耐水腻子

答案：B

解析：根据《外墙内保温工程技术规程》（JGJ/T 261—2011）5.1.5，在低收缩性面板上刮涂腻子时，可选普通型腻子；保温层尺寸稳定性差或面层材料收缩值大时，宜选用弹性腻子，不得选用普通型腻子。

考点9：岩棉薄抹灰外墙外保温【★★】

基本构造	《岩棉薄抹灰外墙外保温工程技术标准》（JGJ/T 480—2019）相关规定。 3.2.1 岩棉条或岩棉板外保温系统的基本构造应分为岩棉条或岩棉板锚盘压网双网构造、岩棉条或岩棉板锚盘压网单网构造和岩棉条锚盘压条单网构造，且应符合下列规定： 1 岩棉条或岩棉板锚盘压网双网构造的抹面层内应设置双层玻纤网，锚盘应压在底层玻纤网上，锚盘外应铺设面层玻纤网(图3.2.1-1，即图17-14)；【2023】 2 岩棉条或岩棉板锚盘压网单网构造的抹面层内应设置单层玻纤网，锚盘应压住玻纤网(图3.2.1-2，即图17-15)； 3 岩棉条锚盘压条单网构造的抹面层内应设置单层玻纤网，锚盘应压住岩棉条(图3.2.1-3，即图17-16)； 4 当基层墙体表面平整度满足要求时，可取消找平层。 3.2.2 岩棉外保温系统与基层墙体的连接固定方式应符合下列规定： 1 岩棉条外保温系统与基层墙体的连接固定应采用粘结为主、机械锚固为辅的方式； 2 岩棉板外保温系统与基层墙体的连接固定应采用机械锚固为主、粘结为辅的方式。 3.2.3 锚栓的有效锚固深度和锚盘直径应符合下列规定： 1 用于混凝土基层墙体的锚栓的有效锚固深度不应小于25mm；用于其他基层墙体的锚栓的有效锚固深度不应小于45mm。

续表

基本构造	2 锚盘直径不应小于60mm。当采用岩棉条锚盘压条单网构造时宜使用扩压盘，扩压盘直径不应小于140mm。 3.2.4 岩棉外保温系统与基层墙体的有效粘结面积率应符合下列规定： 　　1 岩棉条有效粘结面积率不应小于70%； 　　2 岩棉板有效粘结面积率不应小于50%。 3.2.5 岩棉外保温系统的抹面层厚度宜符合下列规定： 　　1 当设置双层玻纤网时，抹面层厚度宜为5～7mm； 　　2 当设置单层玻纤网时，抹面层厚度宜为3～5mm
相关构造图	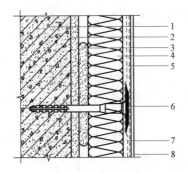 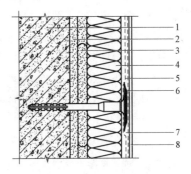 图17-14 岩棉条或岩棉板锚盘压　　　图17-15 岩棉条或岩棉板锚盘 网双网构造示意　　　　　　　　　　压网单网构造示意 1—基层墙体；2—找平层；3—胶粘剂；　1—基层墙体；2—找平层；3—胶粘剂； 4—岩棉条或岩棉板；5—玻纤网；6—锚栓；　4—岩棉条或岩棉板；5—玻纤网； 7—抹面层；8—饰面层　　　　　　　　　6—锚栓；7—抹面层；8—饰面层 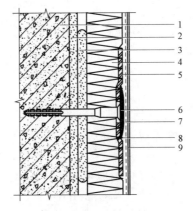 图17-16 岩棉条锚盘压条单网构造示意 1—基层墙体；2—找平层；3—胶粘剂；4—岩棉条；5—扩压盘； 6—锚栓；7—玻纤网；8—抹面层；9—饰面层

设计规定	《岩棉薄抹灰外墙外保温工程技术标准》(JGJ/T 480—2019) 相关规定。 5.1.1 岩棉板外保温工程的基层墙体宜为混凝土墙体、实心砌体墙体和强度等级不小于 A5.0 的蒸压加气混凝土砌块墙体。【2022 (5)】 5.1.2 岩棉条或岩棉板的设计厚度不应小于 30mm。 5.1.4 岩棉外保温工程防热桥设计应符合下列规定： 　1 岩棉条或岩棉板应包覆所有外墙外露构件的热桥部分； 　2 固定于墙体的金属构件或支架、锚栓、穿墙管道等处宜有防热桥措施。 5.1.5 岩棉外保温工程防水防裂设计应符合下列规定： 　1 外保温与其他构件接缝处应有柔性防水密封及防裂措施； 　2 女儿墙顶、窗台等水平部位宜采用金属板、混凝土板或石材板等压顶处理，并应设置排水构造，排水坡度不应小于 5%； 　3 窗檐、阳台等檐口部位应设置滴水构造； 　4 阳台、雨篷、空调板等水平突出构件，女儿墙与屋面交界区等部位，以及勒脚等其他雨水积水区，或受地下水影响区域的岩棉外保温工程应采取防水措施，相应的基层墙体表面及各水平面表面应进行防水处理； 　5 当工程所在地的年均降水量超过 1600mm 时，岩棉外保温工程外侧宜采取防水措施。 5.1.6 岩棉外保温工程中首层墙面、阳台和门窗角部等易受碰撞的部位，应采取附加**防撞保护措施**。 5.1.7 岩棉外保温工程饰面层**不宜采用面砖**

典型习题

17-15 [2023-41] 下列关于岩棉薄膜灰外墙保温系统锚盘压双层玻纤网的说法是(　　)。
　A. 钢纤网应在岩棉的两侧　　　　B. 钢纤网不能在抹面层的内侧
　C. 锚盘外侧有面层钢纤网　　　　D. 锚盘应压在面层玻纤网上
答案：C
解析：岩棉条或岩棉板锚盘压网双网构造的抹面层内应设置双层玻纤网，选项 A 和选项 B 错误，锚盘应压在底层玻纤网上，选项 D 错误，锚盘外应铺设面层玻纤网，选项 C 正确。

17-16 [2022 (5)-46] 岩棉板外保温工程墙体基层，不能采用以下哪一项？(　　)
　A. 钢筋混凝土墙　　　　　　　　B. 空心砖墙
　C. 实心砖墙　　　　　　　　　　D. 强度等级 A5.0 蒸压加气混凝土砌块墙
答案：B
解析：参见《岩棉薄抹灰外墙外保温工程技术标准》(JGJ/T 480—2019) 5.1.1。

考点10：保温防火复合板【★】

概念与分类	《保温防火复合板应用技术规程》（JGJ/T 350—2015）相关规定。 2.0.1 保温防火复合板是通过在不燃保温材料表面复合不燃保护面层或在难燃保温材料表面包覆不燃防护面层而制成的具有保温隔热及阻燃功能的预制板材，简称复合板。【2022】 2.0.2 **无机型**保温防火复合板 以岩棉板、发泡陶硅保温板、泡沫玻璃保温板、泡沫混凝土保温板等不燃无机板材为保温材料的复合板； 2.0.3 **有机型**保温防火复合板 以聚苯乙烯泡沫板、聚氨酯硬泡板、酚醛泡沫板等难燃有机高分子板材为保温材料的复合板
材料要求	《保温防火复合板应用技术规程》（JGJ/T 350—2015）相关规定。 4.1.2 无机复合板所采用的保温材料的燃烧性能等级应为**A 级**； 4.1.3 有机复合板所采用的保温材料的燃烧性能等级不应低于B_1级，且垂直于板面方向的抗拉强度不应小于 0.10MPa
构造做法	《保温防火复合板应用技术规程》（JGJ/T 350—2015）相关规定。 5.1.2 复合板外墙外保温工程的热工和节能设计应符合下列规定： 1 保温层内表面温度应高于 0℃，并且不应低于室内空气在设计温度、湿度条件下的露点温度； 2 门窗框外侧洞口四周、女儿墙、封闭阳台以及出挑构件等热桥部位应采取**保温措施**； 3 保温系统应计算金属锚固件、承托件热桥的影响。 5.1.3 复合板外墙外保温系统应做好密封和防水构造设计。水平或倾斜的出挑部位以及延伸至地面以下的部位应**做防水处理**。在外保温系统上安装的设备或管道应固定于基层上，并应采取密封和防水措施。 5.1.4 复合板外墙外保温系统应做好檐口、勒脚处的包边处理。装饰缝、门窗四角和阴阳角等处应设置**局部增强网**。基层墙体变形缝处应做好防水和保温构造处理。 5.1.5 外墙外保温系统采用有机复合板时，**应在保温系统中每层设置水平防火隔离带。防火隔离带应采用燃烧性能为 A 级的材料，防火隔离带的高度不应小于 300mm**
	《保温防火复合板应用技术规程》（JGJ/T 350—2015）相关规定。 5.2.1 无饰面复合板可设计为复合板薄抹灰保温系统，以及作为非透明幕墙中的保温层使用。 5.2.2 无饰面复合板外墙外保温系统可应用于钢筋混凝土、混凝土多孔砖、混凝土空心砌块、烧结多孔砖、加气混凝土砌块等材料为基层的外墙。 5.2.3 复合板薄抹灰保温系统（图 5.2.3，即图 17-17）应由依附于基层墙体的界面层、找平层、粘结层、无饰面复合板、抹面层和饰面层构成。当基层墙体的表面状况满足外墙保温设计要求时，可不做界面层和找平层；抹面层中应内置玻纤网增强，饰面层材料宜为涂料或饰面砂浆。 5.2.4 无饰面复合板用于非透明幕墙的保温层（图 5.2.4，即图 17-18）时，其构造由依附于基层墙体的界面层、找平层、粘结层、无饰面复合板、抹面层和幕墙板饰面层构成。当基层墙体的表面状况满足外墙保温设计要求时，可不做界面层和找平层；抹面层中宜内置玻纤网增强，饰面层可为各类幕墙装饰板

相关构造图	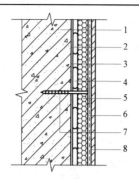 图17-17 复合板薄抹灰保温系统基本构造 1—基层墙体；2—界面层；3—找平层；4—粘结层；5—无饰面复合板；6—抹面层；7—锚栓；8—饰面层	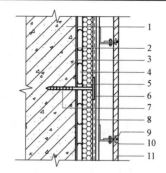 图17-18 无饰面复合板用于非透明幕墙保温层时的构造 1—基层墙体；2—界面层；3—找平层；4—粘结层；5—无饰面复合板；6—抹面层；7—锚栓；8—龙骨；9—嵌缝胶；10—机械固定件；11—幕墙装饰板
无饰面复合板保温系统	《保温防火复合板应用技术规程》(JGJ/T 350—2015)相关规定。 5.2.6 无饰面复合板保温系统的构造应符合下列规定： **1 复合板与基层墙体的连接应采用粘锚结合的固定方式，并以粘贴为主。** 2 固定有机复合板的锚栓宜设置在玻纤网内侧，固定无机复合板的锚栓宜设置在玻纤网外侧。对于首层及加强部位，固定复合板的锚栓均应设置在两层玻纤网之间。 3 采用无机复合板时，楼板或门窗洞口上表面应设置支撑。高度小于54m时，应每两层设置；高度大于54m时，应每层设置，支托件可为构造挑板或后锚支撑托架。 5.2.8 外墙阳角和门窗外侧洞口周边及四角部位，应采用玻纤网增强，并应符合下列规定： **1 薄抹灰保温系统中，建筑物的首层、外墙阳角部位的抹面层中应设置专用护角线条增强，护角线条应位于两层玻纤网之间；** 2 薄抹灰保温系统中，二层以上外墙阳角以及门窗外侧周边部位的抹面层中应附加玻纤网，附加玻纤网搭接宽度不应小于200mm； 3 门窗洞口周边的玻纤网应翻出墙面100mm，并应在四角沿45°方向加铺一层200mm×300mm的玻纤网增强。 5.2.10 复合板用于檐口、女儿墙部位的外保温构造，应采用复合板对檐口的上下侧面、女儿墙部位的内外侧面整体包覆。 5.2.11 复合板用于变形缝部位时的外保温构造，应符合下列规定： 1 变形缝处应填充**泡沫塑料**，填塞深度应大于缝宽的3倍； 2 应采用金属盖缝板，宜采用铝板或不锈钢板，对变形缝进行封盖； 3 应在变形缝两侧的基层墙体处胶粘玻纤网，再翻包到复合板上，玻纤网的先置长度与翻包搭接长度不得小于100mm。 5.2.12 复合板用于非透明幕墙保温层时，保温构造应按照外墙外保温做法，并应将复合板粘锚在基层墙体的外表面上。 5.2.13 复合板用于具有空腔构造的非透明幕墙时，幕墙与基层墙体、窗间墙、窗槛墙及裙墙之间的空间，应在**每层楼板处采用防火封堵材料封堵**

有饰面复合板外墙外保温工程	《保温防火复合板应用技术规程》（JGJ/T 350—2015）相关规定。 5.3.1 有饰面复合板保温系统可用于钢筋混凝土、混凝土多孔砖、混凝土空心砌块、烧结多孔砖等材料为基层的外墙。 5.3.2 有饰面复合板保温系统应由依附于基层墙体的**界面层、找平层、粘结层、有饰面复合板、嵌缝材料、密封材料和锚固件构成**（图5.3.2，即图17-19）。**复合板应采用以粘为主、粘锚结合方式固定在基层墙体上，并应采用嵌缝材料封填板缝。** 5.3.3 有饰面复合板保温系统可应用于高度不超过100m的建筑，并应符合下列规定： 　1 采用Ⅰ型复合板的保温系统，使用高度**不宜高于54m**。使用高度高于54m时，应以实测抗风压值进行计算，并应满足设计要求。 　2 采用Ⅱ型复合板的保温系统，使用高度**不宜高于27m**。使用高度高于27m时，应以实测抗风压值进行计算，并应满足设计要求。 5.3.4 有饰面复合板保温系统的构造应符合下列规定： 　1 复合板与基层墙体的连接应采用粘锚结合的固定方式，并且以粘贴为主； 　2 对于有机复合板，锚固件应固定在复合板的装饰面板或者装饰面板的副框上； 　3 复合板的单板面积不宜大于1m²，有机复合板的装饰面板厚度不宜小于5mm，石材面板厚度不宜大于10mm； 　4 复合板的板缝不宜超过15mm，且板缝应使用弹性背衬材料进行填充，并宜采用硅酮密封胶或柔性勾缝腻子嵌缝。 5.3.6 门窗洞口部位的外保温构造应符合下列规定： 　1 门窗外侧洞口四周墙体，复合板的保温层厚度不应小于20mm； 　2 复合板与门窗框之间宜留6～10mm的缝，并应使用弹性背衬材料进行填充和采用硅酮密封胶或柔性勾缝腻子嵌缝。 5.3.7 复合板用于变形缝部位时的外保温构造应符合下列规定： 　1 变形缝处应填充泡沫塑料，填塞深度应大于缝宽的3倍； 　**2 应采用金属盖缝板，宜采用铝板或不锈钢板，对变形缝进行封盖。** 5.3.8 复合板用于外墙外保温系统，当需设置防火隔离带时，应符合下列规定： 　1 防火隔离带应采用燃烧性能等级为A级的有饰面复合板，防火隔离带厚度应与复合板保温系统的厚度相同； 　2 防火隔离带采用的有饰面复合板应与基层墙体**全面积粘贴**，并辅以锚固件连接； 　3 防火隔离带采用的有饰面复合板的竖向板缝宜采用燃烧性能等级为A级的材料填缝
相关构造图	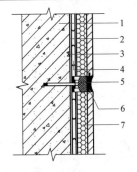 图17-19 有饰面复合板保温系统基本构造 1—基层墙体；2—界面层；3—找平层；4—粘结层；5—锚固件； 6—嵌缝材料；7—有饰面复合板

考点 11：集热蓄热墙

概念	《被动式太阳能建筑技术规范》（JGJ/T 267—2012）相关规定。 2.0.3 **集热蓄热墙式**：利用**建筑南向垂直的集热蓄热墙**面吸收穿过玻璃或其他透光材料的太阳辐射热，然后通过**传导、辐射**及**对流**的方式将热量送到室内的采暖方式。 2.0.3 条文说明：集热蓄热墙又称特朗勃墙，在南向外墙除窗户以外的墙面上覆盖玻璃，墙表面涂成黑色，在墙的上下部位留有通风口，使热风自然对流循环，把热量交换到室内。一部分热量通过热传导传送到墙的内表面，然后以辐射和对流的形式向室内供热；另一部分热量加热玻璃与墙体间夹层内的空气．热空气由墙体上部的风口向室内供热。室内冷空气由墙体下部风口进入墙外的夹层，再由太阳加热进入室内，如此反复循环，向室内供热，集热蓄热墙参见图 2（图 17-20）。 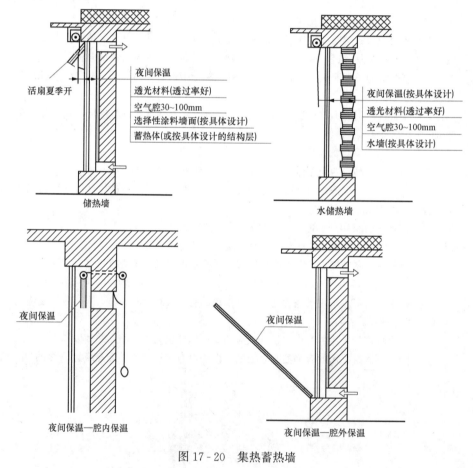 图 17-20 集热蓄热墙
构造要求	《被动式太阳能建筑技术规范》（JGJ/T 267—2012）5.2.4 集热蓄热墙设计应符合下列规定： 1 集热蓄热墙的组成材料应有**较大的热容量和导热系数**，并应确定其合理厚度；

续表

构造要求	2 集热蓄热墙向阳面外侧应**安装玻璃**或**透明材料**，并应与集热蓄热墙向阳面保持 100mm 以上的距离； 3 集热蓄热墙向阳面应选择太阳辐射吸收系数大、耐久性能强的表面涂层进行涂覆； 4 透光和保温装置的外露边框构造应**坚固耐用**、**密封性好**； 5 应根据建筑热工计算或南墙条件确定集热蓄热墙的形式和面积； 6 集热蓄热墙应设置对流风口，对流风口上应设置可自动或者便于关闭的保温风门，并宜设置风门逆止阀； 7 **宜利用建筑结构构件作为集热蓄热体**； 8 应设置**防止夏季室内过热**的排气口

第四节 墙体的抗震要求

考点 12：砌体抗震的一般规定

一般规定	《建筑抗震设计规范》（GB 50011—2010，2016 年版）和《建筑与市政工程抗震通用规范》（GB 55002—2021）规范中通过条文限制房屋**总高度**、**建造层数和层高**，**限制建筑体形高宽比**，这对于砌体抗震是很重要的。对于砌体结构来说，应优先采用**横墙承重或纵横墙共同承重的结构体系，不应采用砌体墙和混凝土混合承重的结构体系**
	《建筑与市政工程抗震通用规范》（GB 55002—2021）相关规定。 5.5.8 砌体房屋应设置**现浇钢筋混凝土圈梁**、**构造柱或芯柱**。 5.5.9 多层砌体房屋的楼、屋面应符合下列规定： 1 楼板在墙上或梁上应有足够的支承长度，罕遇地震下楼板不应跌落或拉脱。 2 装配式钢筋混凝土楼板或屋面板，应采取有效的拉结措施，保证楼、屋面的整体性。 3 楼、屋面的钢筋混凝土梁或屋架应与墙、柱（包括构造柱）或圈梁可靠连接；**不得采用独立砖柱**。跨度不小于 6m 的大梁，其支承构件应采用组合砌体等加强措施，并应满足承载力要求。 5.5.11 砌体结构房屋尚应符合下列规定： 1 砌体结构房屋中的构造柱、芯柱、圈梁及其他各类构件的混凝土强度等级不应低于 C25。 2 对于砌体抗震墙，其施工应**先砌墙后浇构造柱、框架梁柱**

续表

楼梯间	《建筑与市政工程抗震通用规范》(GB 55002—2021) 5.5.10 砌体结构楼梯间应符合下列规定： 1 不应采用悬挑式踏步或踏步竖肋插入墙体的楼梯，8度、9度时不应采用装配式楼梯段。 2 装配式楼梯段应与平台板的梁可靠连接。 3 楼梯栏板不应采用无筋砖砌体。 4 楼梯间及门厅内墙阳角处的大梁支承长度不应小于500mm，并应与梁连接。 5 顶层及出屋面的楼梯间，构造柱应伸到顶部，**并与顶部圈梁连接**，墙体应设置通长拉结钢筋网片。 6 顶层以下楼梯间墙体应在休息平台或楼层半高处设置钢筋混凝土带或配筋砖带，并与构造柱连接
圈梁	圈梁的作用可以增强楼层平面的整体刚度，防止地基的不均匀下沉，与构造柱一起形成骨架，提高砌体结构的抗震能力
构造柱	构造柱的作用是与圈梁一起形成封闭骨架，提高砌体结构的抗震能力。构造柱应是现浇钢筋混凝土柱 《建筑抗震设计规范》(GB 50011—2010，2016年版) 7.3.2 多层砖砌体房屋的构造柱应符合下列构造要求： 1 构造柱最小截面可采用180mm×240mm（墙厚190mm时为180mm×190mm）……房屋四角的构造柱应适当加大截面及配筋。 2 构造柱与墙连接处应**砌成马牙槎**。 3 构造柱与圈梁连接处，构造柱的纵筋应在圈梁纵筋内侧穿过，保证构造柱纵筋上下贯通。 4 **构造柱可不单独设置基础**，但应伸入室外地面下500mm，或与埋深小于500mm的基础圈梁相连
过梁	为承受门窗洞口上部的荷载，并把它传到门窗两侧的墙上，以免压坏门窗框，所以在其上部要加设过梁。抗震设防地区不应采用不加钢筋的过梁
抗震系统	砌体结构的抗震层次分为两个级别，第一个级别通过**圈梁、构造柱及拉结筋**实现整体抗震的稳定性，第二个级别通过砌体中垂直方向的芯柱和水平方向的钢筋网片连接达到局部抗震稳定性。具体构造示意如图17-21～图17-23所示

续表

| 抗震示意图(图17-21~图17-23) | 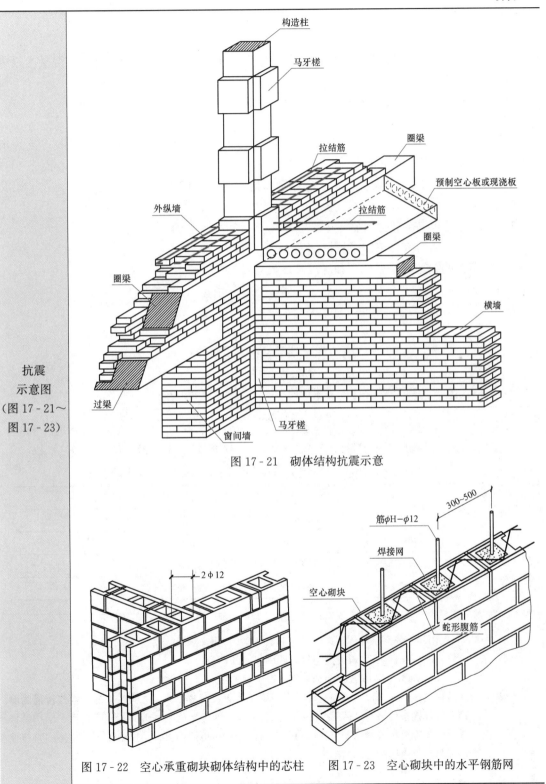 |

图 17-21 砌体结构抗震示意

图 17-22 空心承重砌块砌体结构中的芯柱　　图 17-23 空心砌块中的水平钢筋网

典型习题

17-17 [2021-50] 抗震设防烈度6～8度的多层砖砌房屋,门窗洞口处钢筋混凝土过梁的支承长度不应小于( )。

A. 120mm　　　B. 150mm　　　C. 180mm　　　D. 240mm

答案：D

解析：门窗洞处不应采用砖过梁；过梁支承长度,6～8度时不应小于240mm,故选项D正确,9度时不应小于360mm。

17-18 [2021-89] 下列关于多层砌体房屋抗震缝的设置要求,错误的是( )。

A. 房屋高差6m时,可以不设置
B. 错层且楼板高度较大时宜设
C. 防震缝的两层宜在单侧设置墙体
D. 防震缝的缝宽应根据烈度和房屋高度确定

答案：C

解析：缝两侧均应设置墙体。

第五节　墙体的声学要求

考点13：墙体的隔声要求【★★】

隔声标准	《民用建筑隔声设计规范》(GB 50118—2010) 4.2.6 外墙、户(套)门和户内分室墙的空气声隔声性能,应符合表4.2.6(表17-3)的规定。【2019】 **表17-3　外墙、户(套)门和户内分室墙的空气声隔声标准** | 构件名称	空气声隔声单值评价量+频谱修正量/dB	
---	---	---
外墙	计权隔声量+交通噪声频谱修正量 R_w+C_{tr}	≥45
户(套)门	计权隔声量+粉红噪声频谱修正量 R_w+C	≥25
户内卧室墙	计权隔声量+粉红噪声频谱修正量 R_w+C	≥35
户内其他分室墙	计权隔声量+粉红噪声频谱修正量 R_w+C	≥30	
有关规定	《民用建筑隔声设计规范》(GB 50118—2010)相关规定。 　　2.1.3　空气声：声源经过空气向四周传播的声音。 　　2.1.4　撞击声：在建筑结构上撞击而引起的噪声。 　　墙体的隔声要求包括隔除室外噪声和相邻房间噪声两个方面。噪声来源于**空气传播的噪声和固体撞击传播**的噪声两个方面。空气传播的噪声指的是露天中的声音传播、围护结构缝隙中的噪声传播和由于声波振动引起结构振动而传播的声音。撞击传声是物体的直接撞击或敲打物体所引起的撞击声

有关规定	《民用建筑设计统一标准》（GB 50352—2019）相关规定。 7.4.2 民用建筑的隔声减噪设计应符合下列规定： 　1 民用建筑隔声减噪设计，应根据建筑室外环境噪声状况、建筑物内部噪声源分布状况及室内允许噪声级的需求，确定其防噪措施和设计其相应隔声性能的建筑围护结构。 　**2 不宜将有噪声和振动的设备用房设在噪声敏感房间的直接上、下层或贴邻布置**；当其设在同一楼层时，应分区布置。 　3 当安静要求较高的房间内设置吊顶时，**应将隔墙砌至梁、板底面**。 　**5 电梯井道和机房不宜与有安静要求的用房贴邻布置，否则应采取隔振、隔声措施**。 7.4.3 民用建筑内的建筑设备隔振降噪设计应符合下列规定： 　**1 民用建筑内产生噪声与振动的建筑设备宜选用低噪声产品，且应设置在对噪声敏感房间干扰较小的位置**。当产生噪声与振动的建筑设备可能对噪声敏感房间产生噪声干扰时，应采取有效的隔振、隔声措施。 　2 与产生噪声与振动的建筑设备相连接的各类管道应采取软管连接、设置弹性支吊架等措施，控制振动和固体噪声沿管道传播。并应采取控制流速、设置消声器等综合措施，降低随管道传播的机械辐射噪声和气流再生噪声
隔除噪声的方法	隔除噪声的方法，包括采用**实体结构、增设吸声材料和加做空气层**等几个方面。 （1）**实体结构隔声**：墙或其他建筑板材的隔声量与其面密度（即单位面积的质量）的对数成正比；**即构件材料的面密度越大，越密实，其隔声效果也就越好**。 （2）**吸声材料及吸声结构**：吸声材料指的是**玻璃棉毡、轻质纤维**等材料，其主要作用：①缩短或调整室内混响时间、控制反射声、消除回声。②降低室内噪声级。③作为隔声结构的内衬材料，用以提高构件隔声量。 （3）**采用空气层隔声**：夹层墙可以提高隔声效果
其他隔声措施	《全国民用建筑工程设计技术措施规划·建筑·景观》（2009年版）相关规定。 　4.5.3 电梯不应与卧室、起居室紧邻布置。受条件限制需要紧邻布置时，必须采取有效的隔声和减振措施；**如在电梯井道墙体居室一侧加设隔声墙体**。 　4.5.5 住宅水、暖、电、气管线穿过墙体时，孔洞周边应采取**密封隔声措施**。 　4.5.7 空调机房、通风机房、柴油发动机房、泵房及制冷机房应采取吸声降噪措施。 　**1 中高频噪声的吸收降噪设计**一般采用 20~50mm 的成品吸声板； 　2 吸声要求较高的部位可采用 50~80mm 厚吸声玻璃棉等**多孔吸声材料**并加适当的防护面层； 　**3 宽频带噪声的吸声设计**可在多孔材料后留 50~100mm 厚的空腔或 80~150mm 厚的吸声层； 　**4 低频噪声的吸声降噪设计**可采用穿孔板共振吸声结构。【2019】其板厚通常为 2~5mm、孔径为 3~6mm，穿孔率宜小于 5%； 　**5 室内湿度较高或有清洁要求的吸声降噪设计**，可采用薄膜覆面的多孔材料或单双层微穿孔板吸声结构。微穿孔板的厚度及孔径均应小于 1mm，穿孔率可采用 0.5%~3%，空腔深度可取 50~200mm

| 相关构造图（图17-24～图17-26） | 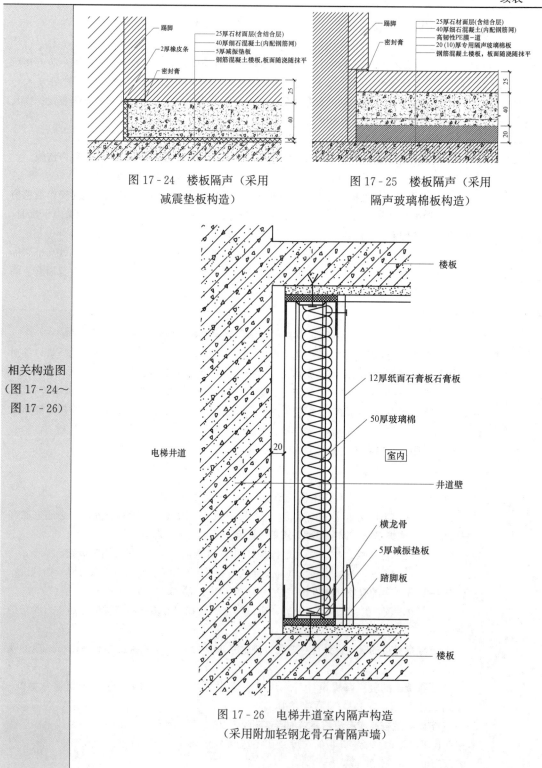
图17-24 楼板隔声（采用减震垫板构造）　　图17-25 楼板隔声（采用隔声玻璃棉板构造）

图17-26 电梯井道室内隔声构造（采用附加轻钢龙骨石膏隔声墙） |

提高隔声能力	如要求墙体具有较高的隔声能力，可以使用一些特别构造。在这种情况下，应特别注意墙体与周围结构之间的结合必须紧密而且密封。 1）**插入矿棉**：在隔墙内插入矿棉可大大提高隔墙的隔声效果。 2）**双层板**：在采用双层板的构造时应使用螺钉将表面的一张板紧固。 3）**不对称构造**：当龙骨的两边使用两种不同厚度（如 8mm 和 10mm）或两种不同密度的板材时，就可提高其隔声效果。 4）**独立龙骨**：使用两排独立的龙骨取代单层龙骨，可使两面板相互间的影响减少，以达到提高隔声效果的目的
隔声量举例	部分石膏板墙体的隔声性能详见表 17-4。[摘自《建筑隔声与吸声构造》(08J93)]。 表 17-4　　　　　　　　石膏板墙的隔声性能 | 构造	简图	墙厚/mm	计权隔声量 R_w/dB
---	---	---	---
75 系列轻钢龙骨 **双面单层**12 厚标准纸面石膏板 墙内填 50 厚玻璃棉		99	45
75 系列轻钢龙骨 **双层＋单层**12 厚标准纸面石膏板 墙内填 50 厚玻璃棉		111	50
75 系列轻钢龙骨 **双面双层**12 厚标准纸面石膏板 墙内填 50 厚玻璃棉		123	51
75 系列轻钢龙骨 **双面三层**12 厚标准纸面石膏板 墙内填 50 厚玻璃棉		147	56
75 系列轻钢龙骨 （100 天地龙骨） 双面双层 12 厚标准纸面石膏板 墙内填 50 厚玻璃棉		148	56
双排 50 系列轻钢龙骨 （错列布置） 双面双层 12 厚标准纸面石膏板 墙内填 50 厚玻璃棉		148	60	

17-19 [2022 (5)-58] 轻钢龙骨石膏板隔墙中，吸声性能最好的是（　　）。

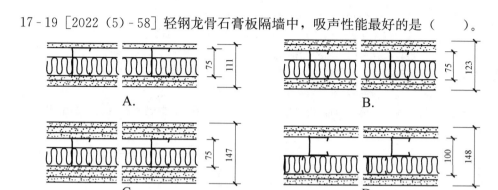

答案：D

解析：选项 A 为 75 系列轻钢龙骨、双层＋单层 12mm 厚标准纸面石膏板，隔声量为 50dB；选项 B 为 75 系列轻钢龙骨、双层双面 12mm 厚标准纸面石膏板，隔声量为 51dB；选项 C 为 75 系列轻钢龙骨、双层三面 12mm 厚标准纸面石膏板，隔声量为 56dB；选项 D 为双排 50 系列轻钢龙骨（错列布置）、双面双层 12mm 厚标准纸面石膏板，隔声量为 60dB。

17-20 [2019-69] 关于住宅空气隔声性能要求，最高的是（　　）。
A. 户内卧室墙　　B. 卧室外墙　　C. 户（套）门　　D. 户内厨房分室墙

答案：B

解析：各选项的空气声隔声要求分别是不小于：35、45、25、30（dB），B 项最高。

第六节　墙体的防水

考点 14：勒脚

做法	外墙墙身下部靠近室外地坪的部分叫勒脚。勒脚的作用是防止地面水、屋檐滴下的雨水的侵蚀，从而保护墙面，保证室内干燥，提高建筑物的耐久性；同时，还有美化建筑外观的作用。勒脚经常采用**抹水泥砂浆、水刷石或加大墙厚**的办法做成。勒脚的高度一般为室内地坪与室外地坪之高差，也可以根据立面的需要而提高勒脚的高度尺寸。构造做法如图 17-27 所示
构造	图 17-27 勒脚的构造做法 (a) 抹灰面勒脚；(b) 饰面砖勒脚；(c) 石材面勒脚

考点15：散水与明沟

位置	《建筑地面设计规范》（GB 50037—2013）相关规定。 6.0.20 建筑物四周应设置散水、排水明沟或散水带明沟。 5.0.5条文说明：调查表明，直接受大气影响的地面，如室外地面、散水、明沟、散水带明沟和台阶、入口坡道等，尤其是填土地基极易引起沉降、开裂。为了保证工程质量，本规范规定宜在混凝土垫层下铺设砂、矿渣、炉渣、灰土等水稳性较好的材料予以加强
宽度	《建筑地面设计规范》（GB 50037—2013）6.0.20 散水的设置应符合下列要求： 1 散水的宽度，宜为600~1000mm；当采用无组织排水时，散水的宽度可按檐口线放出200~300mm； 3 当散水不外露须采用隐式散水时，散水上面覆土厚度不应大于300mm，且应对墙身下部作防水处理，其高度不宜小于覆土层以上300mm，并应防止草根对墙体的伤害； 4 湿陷性黄土地区散水应采用现浇混凝土，并应设置厚150mm的3:7灰土或300mm厚的夯实素土垫层；垫层的外缘应超出散水和建筑外墙基底外缘500mm。散水坡度不应小于5%，宜每隔6~10m设置伸缩缝。散水与外墙交接处应设缝，其缝宽和散水的伸缩缝缝宽均宜为20mm，缝内应填柔性密封材料。散水的宽度应符合现行国家标准《湿陷性黄土地区建筑规范》（GB 50025）的有关规定。沿散水外缘不宜设置雨水明沟。【2021】
坡度	根据《建筑地面设计规范》（GB 50037—2013）6.0.20-2，散水的坡度宜为3%~5%。当散水采用混凝土时，宜按20~30m间距设置伸缝。散水与外墙交接处宜设缝，缝宽为20~30mm，缝内应填**柔性密封材料**
面层材料	散水面层材料：常用的有细石混凝土、混凝土、水泥砂浆、卵石、块石、花岗石等，垫层则多用3:7灰土或卵石灌强度等级为M2.5的混合砂浆
种植散水	当建筑物外墙周围有绿化要求时，散水不外露，需采用**隐式散水**，也称为暗散水或种植散水。其做法是散水在草皮及种植土的底部，散水上面**覆土厚度不应**大于300mm。散水可采用80mm厚C15**混凝土**或60mm厚C20**混凝土**，外墙饰面应做至混凝土的下部，且应对墙身下部作防水处理（如刷1.5mm厚聚合物水泥防水涂料等），其高度不宜小于覆土层以上300mm，并应防止草根对墙体的伤害
保温	散水处外墙保温构造：外墙如果设置了保温层，散水或明沟处的外墙也应设置保温层。【2019】
地下室	《地下工程防水技术规范》（GB 50108—2008）10.0.7 地下工程上的地面建筑物周围应做散水，宽度不宜小于800mm，散水坡度宜为5% 《全国民用建筑工程设计技术措施规划·建筑·景观》3.2.14 其他 4 当地下室侧墙采用卷材防水、涂料防水时，一般防水层收头设在散水处，露明散水以上墙面再做500mm高的防水砂浆。若因景观或其他需要而采用暗藏散水时，地下室防水层和混凝土暗散水应沿外墙上翻做至高出室外地坪60mm，再做防水砂浆保护至室外地坪以上500mm处，并应在上翻的混凝散水顶部与外墙面间用密封材料嵌填，见图3.2.14（图17-28）示意 图17-28 暗散水示意图

续表

明沟	明沟是将积水通过明沟引向下水道，一般在年降雨量为 900mm 以上的地区才选用。沟宽一般在 200mm 左右，沟底应有 0.5% 左右的纵坡。明沟的材料可以用砖、混凝土等
相关构造图 （图 17-29～ 图 17-31）	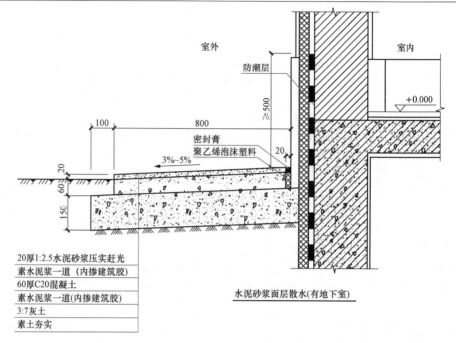 图 17-29 水泥砂浆面层散水（有地下室） 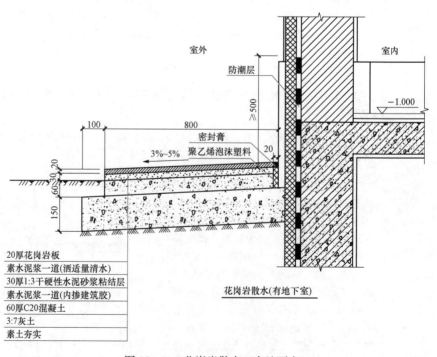 图 17-30 花岗岩散水（有地下室）

| 相关构造图
(图 17-29～
图 17-31) | 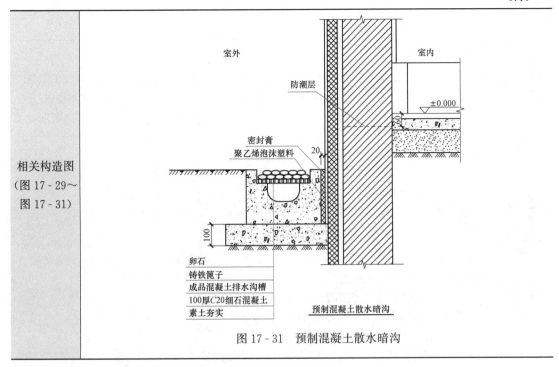
图 17-31 预制混凝土散水暗沟 |

典型习题

17-21 [2021-41] 位于湿陷性黄土地基的建筑,当屋面为无组织排水时,檐口高度 8.0m 以内,则散水宽度为( )。

A. 0.9m B. 1.0m C. 1.2m D. 1.5m

答案: D

解析: 根据《湿陷性黄土地区建筑标准》(GB 50025—2018) 5.3.3,建筑物的周围应设置散水,其坡度不得小于5%;散水外缘应略高于平整后的场地,1 当屋面为无组织排水时,檐口高度在8m以内宜为1.50m,选项D正确;檐口高度超过8m,每增高4m宜增宽0.25m,但最宽不宜大于2.50m。

17-22 [2019-51] 下列寒冷地区散水构造做法中,正确的是( )。

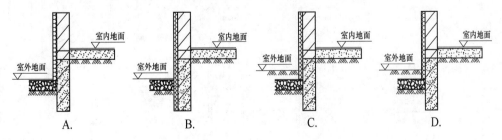

答案: B

解析: 寒冷地区外墙应设置保温层,散水或明沟处的外墙也应设置保温层;选项A、

C、D散水处的外墙没有设置保温层。

考点16：踢脚与墙裙

踢脚	《全国民用建筑工程设计技术措施规划·建筑·景观》（2009年版）6.3.3 踢脚 1 踢脚一般采用强度较高、不易污染、耐撞击、易清洗的材料制作，如水泥砂浆、陶瓷板、石板、木材、树脂板、PVC板、金属板、水磨石等，踢脚的选材要与室内装修要求相适应。 2 踢脚的高度一般在80～150mm。有墙裙或墙身饰面可以代替踢脚的，应不再做踢脚
墙裙	《全国民用建筑工程设计技术措施规划·建筑·景观》（2009年版）6.3.4 墙裙 1 墙裙的选材要求与踢脚类似。 2 墙裙的高度一般不宜低于1.2m。 3 淋浴间的墙裙高度不宜低于1.8m，且增加防水层。 4 墙裙宜不凸出墙面
	《中小学校设计规范》（GB 50099—2011）5.1.14 教学用房及学生公共活动区的墙面宜设置墙裙，墙裙高度应符合下列规定： 1 各类小学的墙裙高度**不宜低于**1.20m； 2 各类中学的墙裙高度**不宜低于**1.40m； 3 舞蹈教室、风雨操场墙裙高度**不应低于**2.10m

考点17：窗台

要求	窗台根据窗子的安装位置可形成内窗台和外窗台。外窗台是为了防止在窗洞底部积水，并流向室内（图17-32）；外窗台应采取防水、排水构造措施。窗台的受水示意图如图17-33所示。内窗台则是为了排除窗上的凝结水，以保护室内墙面，或存放东西、摆放花盆等。窗台的底面檐口处宜做成锐角形或半圆凹槽（俗称叫"滴水"），便于排水以免污染墙面
构造示意图	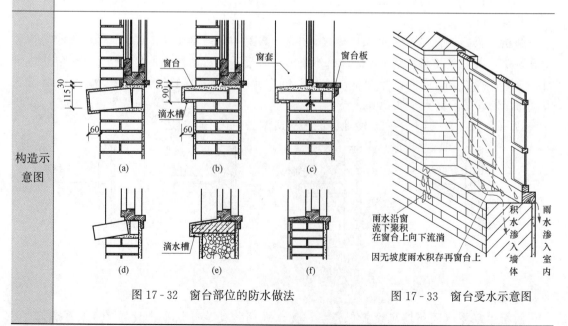

图17-32 窗台部位的防水做法　　图17-33 窗台受水示意图

第七节 隔断墙的构造

考点18：块材类隔墙【★★★】

概念	建筑中不承重，只起分隔室内空间作用的墙体叫隔断墙。通常人们把到顶板下皮的隔断墙叫隔墙，不到顶只有半截的叫隔断。隔墙按其构造方式可分为**块材隔墙、轻骨架隔墙、板材隔墙**三大类
加气混凝土砌块隔墙	加气混凝土是一种轻质多孔的建筑材料。它具有**密度小、保温效能高、吸声好、尺寸准确和可加工、可切割**的特点。在建筑工程中采用加气混凝土制品可降低房屋自重，提高建筑物的功能，节约建筑材料，减少运输量，降低造价等优点，如图17-34所示。【2022（12）】 加气混凝土砌块的尺寸为75mm、100mm、125mm、150mm、200mm厚，长度为500mm。砌筑加气混凝土砌块时，应采用1:3水泥砂浆，并考虑错缝搭接。为保证加气混凝土砌块隔墙的稳定性，应预先在其连接的墙上留出拉结筋，并伸入隔墙中  图17-34 加气混凝土砌块隔墙
	《蒸压加气混凝土制品应用技术标准》（JGJ/T 17—2020）相关规定。【2022（5），2021】 4.3.6 门窗洞口宜采用**蒸压加气混凝土配筋过梁**。 4.1.4 蒸压加气混凝土制品墙体的防水设计应符合下列规定： 1 有防水要求的房间，墙面应做**防水处理**；内墙根部应配筋**混凝土坎梁**，坎梁高度不应小于200mm，坎梁混凝土强度等级不应小于C20； 2 外门、窗框与墙体之间以及伸出墙外的雨篷、开敞式阳台、室外空调机搁板、遮阳板、外楼梯根部及水平装饰线脚等处，均应采取防水措施； 3 防潮层宜设置在室外散水坡与室内地坪间的砌体内； 4 密封胶的厚度宜为板拼缝宽度的1/2，且不应小于8mm。 5.5.15 承重墙体门、窗洞口的过梁宜采用**蒸压加气混凝土预制过梁**，过梁每侧支承长度不应小于240mm。（图17-35） 7.0.10 当采用预制窗台板时，预制窗台板**不得嵌入墙内** 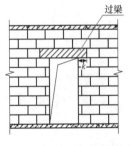 图17-35 蒸压加气混凝土配筋过梁
水泥焦渣空心砖隔墙	水泥焦渣空心砖采用水泥、炉渣经成型、蒸养而成。这种砖的密度小，保温隔热效果好。北京地区目前主要生产的空心砖强度等级为MU2.5，**一般适合于砌筑隔墙。砌筑焦渣空心砖隔墙时，应注意墙体的稳定性**。在靠近外墙的地方和窗洞口两侧，常采用普通砖砌筑。如图17-36所示  图17-36 水泥焦渣空心砖隔墙

典型习题

17-23　[2022 (12)-61] 隔墙按构成方式分类不包括（　　）。
A. 块材隔墙　　　　　　　　B. 轻骨架隔墙
C. 框架填充墙　　　　　　　D. 板材隔墙

答案：C

解析：隔墙按其构造方式可分为**块材隔墙**、**轻骨架隔墙**、**板材隔墙**三大类。

17-24　[2021-49] 下列示意图中，蒸压加气混凝土砌块墙体窗洞口构造，正确的是（　　）。

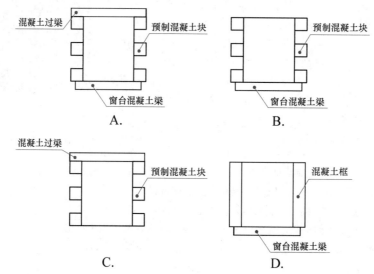

答案：A

解析：根据《蒸压加气混凝土标准》4.3.6 和 7.0.10，门窗洞口宜采用蒸压加气混凝土配筋过梁，选项 C、D 错误；当采用预制窗台板时，预制窗台板不得嵌入墙内，选项 B 错误。

考点 19：板材类隔墙【★★★】

加气混凝土板隔墙	加气混凝土条板具有**质轻、多孔、易于加工**等优点，如图 17-37 所示。加气混凝土条板之间可以用**水玻璃矿渣胶粘剂粘结**，也可以用聚乙烯醇缩丁醛（108 胶）粘结。在隔墙上固定门窗框的方法有以下几种：①膨胀螺栓法。②胶粘圆木安装。③胶粘连接
泰柏板	是以焊接钢丝网笼为构架，填充泡沫塑料芯层，面层经喷涂或抹水泥砂浆而成的轻质板材，如图 17-38 所示；特点是**质量轻、强度高、防火、隔声、不腐烂、不易碎裂、易于剪裁和拼接、便于运往工地组装**；适用于墙身、地板及屋顶，不能用于楼板

续表

实例	 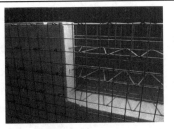 图 17-37 加气混凝土板隔墙　　图 17-38 泰柏板
施工检查	《建筑装饰装修工程质量验收标准》(GB 50210—2018) 8.2.8 板材隔墙安装的允许偏差和检验方法应符合表 8.2.8（表 17-5）的规定【2022（12）】 表 17-5　　板材隔墙安装的允许偏差和检验方法 | 项次	项目	允许偏差/mm				检验方法
		复合轻质墙板		石膏空心板	增强水泥板、混凝土轻质板	
		金属夹芯板	其他复合板			
---	---	---	---	---	---	---
1	立面垂直度	2	3	3	3	用2m垂直检测尺检查
2	表面平整度	2	3	3	3	用2m靠尺和塞尺检查
3	阴阳角方正	3	3	3	4	用200mm直角检测尺检查
4	接缝高低差	1	2	2	3	用钢直尺和塞尺检查	

典型习题

17-25 [2022（12）-62] 轻钢龙骨板材检查时，采用靠尺与塞尺的目的是（　　）。
A. 立面垂直度　　B. 表面平整度　　C. 阴阳角方正　　D. 接缝直线度
答案：B
解析：轻钢龙骨板材检查时，采用靠尺与塞尺的目的是表面平整度。

考点 20：骨架类隔墙

一般规定	根据《住宅装饰装修工程施工规范》(GB 50327—2001)、《建筑装饰装修工程质量验收标准》(GB 50210—2018) 及相关施工手册，骨架隔墙包括以轻钢龙骨、木龙骨等为骨架，以纸面石膏板、人造木板、水泥纤维板等为墙面板的隔墙
轻钢龙骨的安装	(1) 应按弹线位置固定沿地、沿顶龙骨及边框龙骨。龙骨的端部应安装牢固，龙骨与基体的固定点间距应不大于1m；（图17-39） (2) 安装竖向龙骨应垂直，竖向龙骨间距与面材宽度有关，一般为300mm、400mm或600mm（应保证每块面板由3根竖向龙骨支撑），最大间距为600mm；潮湿房间和钢板网抹灰墙，龙骨间距不宜大于400mm；【2019】

续表

轻钢龙骨的安装	（3）安装支撑龙骨时，应先将支撑卡安装在竖向龙骨的开口方向； （4）**安装贯通系列龙骨**时，低于3m的隔墙安装一道，3～5m隔墙安装两道；3m以下用1根贯通龙骨，超过3m，每1.2m做1根贯通龙骨【2022（5）】 （5）饰面板横向接缝处不在沿地、沿顶龙骨上时，应加横撑龙骨固定【2022】 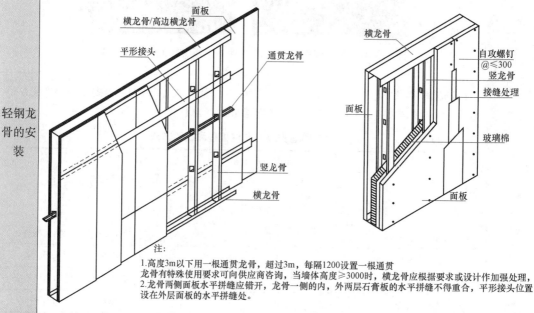 注： 1.高度3m以下用一根通贯龙骨，超过3m，每隔1200设置一根通贯龙骨有特殊使用要求可向供应商咨询，当墙体高度≥3000时，横龙骨应根据要求或设计作加强处理。 2.龙骨两侧面板水平拼缝应错开，龙骨一侧的内，外两层石膏板的水平拼缝不得重合，平形接头位置设在外层面板的水平拼缝处。 图17-39 龙骨布置图
纸面石膏板的安装	（1）**石膏板宜竖向铺设，长边接缝应安装在竖龙骨上。** （2）龙骨两侧的石膏板及龙骨一侧的双层板的**接缝应错开**，不得在同一根龙骨上接缝。 （3）轻钢龙骨应用**自攻螺钉**固定，木龙骨应用木螺钉固定。【2022】 （4）安装石膏板时应从板的中部向板的四边固定。 （5）石膏板隔断以丁字或十字形相接时，阴角处应用腻子嵌满，贴上接缝带；阳角处应**做护角**。 （6）安装防火墙石膏板时，**石膏板不得固定在沿顶、沿地龙骨上；应另设横撑龙骨加以固定**
装饰石材墙面	需要安装钢骨架的墙面按照所弹的分割线合理布置钢骨架的竖龙骨，间距一般控制在1000mm左右。竖龙骨一般采用**槽钢**，竖龙骨与埋板四边满焊连接。横龙骨采用**镀锌角钢**，间距视石材规格而定，与竖龙骨满焊连接，安装前根据石材规格在角钢一面预先打孔以备挂件固定用。横龙骨水平偏差不宜超过3mm。钢骨架经验收合格后将所有焊接部位防锈处理。构造如图17-40所示

续表

装饰石材墙面	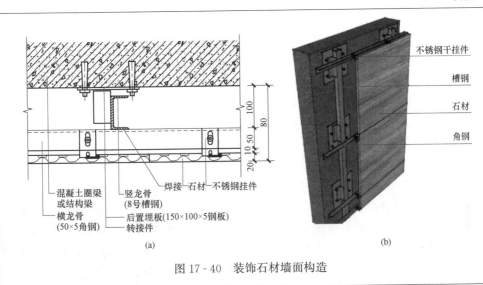 图 17-40 装饰石材墙面构造
胶合板的安装	(1) 胶合板安装前应对板背面进行**防火**处理。 (2) 轻钢龙骨应采用**自攻螺钉**固定。几种螺钉的对比，如图 14-41 所示。 (3) 阳角处宜做护角。  图 17-41 几种螺钉的对比 （a）自攻螺钉；（b）平头自攻螺钉；（c）平头自钻螺钉；（d）自钻螺钉
防火要求	《建筑设计防火规范》（GB 50016—2014，2018 年版）11.0.2-1 建筑采用木骨架组合墙体时，应符合下列规定：建筑高度不大于18m的住宅建筑、建筑高度不大于24m的办公建筑和丁、戊类厂房（库房）的房间隔墙和非承重外墙可采用木骨架组合墙体，其他建筑的非承重外墙不得采用木骨架组合墙体【2020】
实例	施工现场如图 17-42 所示。  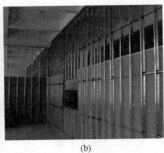  图 17-42 施工现场 （a）轻钢龙骨的安装；（b）纸面石膏板的安装；（c）背面进行防火处理

17-26 [2022(5)-62] 关于轻钢龙骨内隔墙的说法错误的是（   ）。
A. 龙骨壁厚0.5～1.5mm
B. 龙骨应根据门窗洞口位置调整排列间距
C. 7度地区，与主体结构的连接需要设抗震卡
D. 安装电器插座安装在石膏板隔离框与龙骨固定
答案： B
解析： 根据《轻钢龙骨内隔墙图集》（03J111-1）4.1、5.6、5.7和5.1。内隔墙用轻钢龙骨：用于内隔墙面板的支撑（俗称轻钢龙骨），是以镀锌钢板为原料，采用冷弯工艺生产的薄壁型钢型钢（带）的厚度为0.5～1.5mm，选项A说法正确；面板安装要求：洞口两侧应增设附加横、竖龙骨，不得改变墙体龙骨排列间距，选项B说法错误；电气设计：在墙体内设电气插座或接线盒时，应按设计要求，安装石膏板隔离框并与龙骨固定接线盒的四周用密封膏封严，选项D说法正确；抗震措施：用于非地震区各类内隔墙与主体结构可采用非抗震的连接构造；用于抗震设防烈度8度和8度以下地区，内隔墙与主体连接应采用设抗震卡的刚柔性结合的方法连接固定，选项C说法正确。

17-27 [2020-61] 下列哪类能够采用木骨架隔墙？（   ）
A. 20m住宅　　　B. 26m办公　　　C. 20m丁类库房　　　D. 10m丙类厂房
答案： C
解析： 建筑采用木骨架组合墙体时，建筑高度不大于18m的住宅建筑、建筑高度不大于24m的办公建筑和丁、戊类厂房（库房）的房间隔墙和非承重外墙可采用木骨架组合墙体，其他建筑的非承重外墙不得采用木骨架组合墙体。

考点21：建筑轻质条板隔墙【★★★★★】

一般规定	《建筑轻质条板隔墙技术规程》（JGJ/T 157—2014）相关规定。 1.0.2 本规程适用于抗震设防烈度为8度和8度以下地区及非抗震设防地区，以轻质条板作为民用建筑和一般工业建筑的非承重隔墙工程的设计、施工及验收。 2.0.1 面密度不大于190kg/m²、长宽比不小于2.5；采用轻质材料或大孔洞轻型构造制作的，用于非承重内隔墙的预制条板。 2.0.2 按构造做法分为空心条板、实心条板和复合夹芯条板三种类型
主要规格尺寸	《建筑轻质条板隔墙技术规程》（JGJ/T 157—2014）3.2.3 条板的主要规格尺寸应符合下列规定： 1 长度的标志尺寸（L）：应为层高减去梁高或楼板厚度及安装预留空间，宜为2200～3500mm； 2 宽度的标志尺寸（B）：宜按100mm递增； 3 厚度的标志尺寸（T）：宜按100mm或25mm递增

复合夹芯条板的面板与芯材	《建筑轻质条板隔墙技术规程》（JGJ/T 157—2014）3.2.6 复合夹芯条板的面板与芯材应符合下列规定： 1 **面板应采用燃烧性能为 A 级的无机类板材**； 2 **芯材的燃烧性能应为 B_1 级及以上**； 4 纸蜂窝夹芯条板的芯材应为面密度不小于 $6kg/m^2$ 的连续蜂窝状芯材；单层蜂窝厚度不宜大于 50mm；大于 50mm 时，应设置多层的结构。（图 17-43） 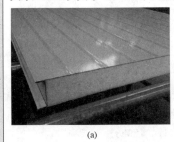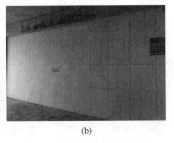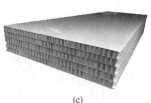 (a) (b) (c) 图 17-43 夹芯条板 (a) 复合夹芯条板；(b) 施工完成；(c) 纸蜂窝夹芯条板
轻质条板隔墙设计	《建筑轻质条板隔墙技术规程》（JGJ/T 157—2014）相关规定。 4.2.3 条板隔墙厚度应满足建筑物抗震、防火、隔声、保温等功能要求。单层条板隔墙用作分户墙时，**其厚度不应小于 120mm**；用作户内分室隔墙时，**其厚度不宜小于 90mm**。 4.2.4 双层条板隔墙的条板厚度**不宜**小于 60mm，两板间距宜为 10mm～50mm，可作为空气层或填入吸声、保温等功能材料。【2022（12）】 4.2.5 双层条板隔墙，两侧墙面的竖向接缝错开距离不应小于200mm。【2023】 4.2.6 接板安装的单层条板隔墙，其安装高度应符合下列规定：【2021】 1 90mm、100mm 厚条板隔墙的接板安装高度**不应大于 3.60m**； 2 120mm、125mm 厚条板隔墙的接板安装高度**不应大于 4.50m**； 3 150mm 厚条板隔墙的接板安装高度不应大于 4.80m； 4 180mm 厚条板隔墙的接板安装高度不应大于 5.40m。 4.2.8 在抗震设防地区，条板隔墙与顶板、结构梁、主体墙和柱之间的连接应采用**钢卡**，并应使用胀管螺丝、射钉固定。钢卡的固定应符合下列规定：【2021】 1 条板隔墙与顶板、结构梁的连接处，钢卡间距不应大于 600mm； 2 条板隔墙与主体墙、柱的连接处，钢卡可间断布置，且间距不应大于 1.00m； 3 接板安装的条板隔墙，条板上端与顶板、结构梁的连接处应加设钢卡进行固定，且每块条板不应少于**2 个固定点**。 4.2.9 当条板隔墙需吊挂重物和设备时，**不得单点固定**。固定点的间距应大于 300mm。 4.2.10 当条板隔墙用于厨房、卫生间及有防潮、防水要求的环境时，应采取**防潮、防水处理构造措施**。对于附设水池、水箱、洗手盆等设施的条板隔墙，**墙面应作防水处理，且防水高度不宜低于 1.80m**。 4.2.11 当防水型石背条板隔墙及其他有防水、防潮要求的条板隔墙用于潮湿环境时，下端应做 **C20 细石混凝土条形墙垫**，且墙垫高度**不应小于 100mm**，并应做泛水处理。防潮墙垫宜采用细石混凝土现浇，不宜采用预制墙垫。【2020】

轻质条板隔墙设计	4.2.12 普通型石膏条板和防水性能较差的条板不宜用于**潮湿环境及有防潮、防水要求的环境**。当用于无地下室的首层时，**宜在隔墙下部采取防潮措施**。 4.2.14 对于**有保温要求**的分户隔墙、走廊隔墙和楼梯间隔墙，应采取相应的保温措施，并**可选用复合夹芯条板隔墙或双层条板隔墙**。 4.2.15 顶端为自由端的条板隔墙，**应做压顶**。压顶宜采用通长角钢圈梁，并用水泥砂浆覆盖抹平，也可设置混凝土圈梁，且空心条板顶端孔洞均应局部灌实，每块板应埋设不少于1根钢筋与上部角钢圈梁或混凝土圈梁钢筋连接。隔墙上端应间断设置拉杆与主体结构固定；所有外露铁件均应做防锈处理。【2021】
抗震加固	《建筑轻质条板隔墙技术规程》（JGJ/T 157—2014）相关规定。 4.3.1 当单层条板隔墙采取接板安装且在限高以内时，竖向接板不宜超过一次，且相邻条板接头位置应至少错开300mm。条板对接部位应设置连接件或定位钢卡，做好定位、加固和防裂处理。双层条板隔墙宜按单层条板隔墙的施工工法进行设计。【2023】 4.3.2 当抗震设防地区的条板隔墙安装长度超过6m时，应设置构造柱，并应采取加固措施。 4.3.4 条板隔墙下端与楼地面结合处宜预留安装空隙，且预留空隙在40mm及以下的宜填入**1∶3水泥砂浆**，40mm以上的宜填入**干硬性细石混凝土**，撤除木楔后的遗留空隙应采用相同强度等级的砂浆或细石混凝土填塞、捣实。【2019】 4.3.5 当在条板隔墙上横向开槽、开洞敷设电气暗线、暗管、开关盒时，隔墙的厚度**不宜小于90mm**。【2021】 4.3.6 单层条板隔墙内不宜设置暗埋的配电箱、控制柜，可采取明装的方式或局部设置双层条板的方式。配电箱、控制柜不得穿透隔墙。配电箱、控制柜宜选用薄型箱体。 4.3.11 当门、窗框板上部墙体高度大于600mm或门窗洞口宽度超过**1.5m**时，应采用配有钢筋的过梁板或采取其他加固措施，过梁板两端搭接处不应小于100mm

17-28 [2023-51] 下列关于轻质墙板隔墙的说法，正确的是（ ）。
A. 双层条板隔墙两侧墙面的竖向接缝应对齐
B. 条板隔墙上吊挂重物和设备，采用单点固定
C. 单层隔墙宜暗敷配电箱
D. 单层条板隔墙竖向接板时，相邻条板接头位置宜错开
答案：D
解析：根据《建筑轻质条板隔墙技术规程》（JGJ/T 157—2014）4.2.5、4.2.9、4.3.6和4.3.1，对于双层条板隔墙，两侧墙面的竖向接缝错开距离不应小于200mm，选项A错误；当条板隔墙需吊挂重物和设备时，不得单点固定，并应采取加固措施，固定点间距应大于300mm，选项B错误；单层条板隔墙内不宜设置暗埋的配电箱、控制柜，选项C错误；当单层条板隔墙采取接板安装且在限高以内时，竖向接板不宜超过一次，且相邻条板接头位置应至少错开300mm，选项D正确。

17-29 [2023-52] 下列选项不属于轻质条板隔墙加强防裂措施的是（ ）。

A. 长度方向设置伸缩缝   B. 加设拉结筋加固措施
C. 设置 C20 细石混凝土条形墙垫   D. 全墙面设置无纺布

答案：C

解析：参见《建筑轻质条板隔墙技术规程》(JGJ/T 157—2014) 4.3.2。

17-30 [2022 (5)-61] 下列关于轻质条板隔墙的说法错误的是（   ）。

A. 单层隔墙厚度应大于 60mm
B. 吊挂件固定不得单点固定
C. 隔墙安装应在地面找平之前进行的
D. 水电敷设在隔墙时，一安装完即可进行

答案：D

解析：根据《建筑轻质条板隔墙技术规程》(JGJ/T 157—2014) 4.2.4、4.2.9、5.1.2 和 5.5.1，双层条板隔墙的条板厚度不宜小于 60mm，选项 A 说法正确；当条板隔墙需吊挂重物和设备时，不得单点固定，选项 B 说法正确；条板隔墙安装工程应在做地面找平层之前进行，选项 C 说法正确；水电管线的安装、敷设应与条板隔墙安装配合进行，并应在条板隔墙安装完成 7d 后进行，选项 D 说法错误。

考点 22：隔断墙底部构造【★】

加气混凝土砌块墙体	强度低于 A3.5 的加气混凝土砌块非承重墙与楼地面交接处应在墙底部做导墙。导墙可采用烧结砖或多孔砖砌筑，高度应不小于 200mm
石膏板隔墙	《全国民用建筑工程设计技术措施规划·建筑·景观》(2009 年版) 4.2.2 墙体防水 1 石膏板隔墙用于卫浴间、厨房时，应作墙面防水处理，根部应做 C20 混凝土条基，条基高度距完成面**不低于 100mm**。 (2) 当防水型石膏条板隔墙及防潮要求的条板隔墙用于潮湿环境时，下端应做 C20 细石混凝土条形墙垫，且墙垫高度不应小于 100mm，并应作泛水处理【2021】
实心块材隔墙	**实心块材隔墙可直接在楼地面上砌筑**
蒸压加气混凝土制品墙体	《蒸压加气混凝土制品应用技术标准》(JGJ/T 17—2020) 4.1.4 蒸压加气混凝土制品墙体的防水设计应符合下列规定： 1 有防水要求的房间，墙面应做防水处理，内墙根部应做配筋混凝土坎梁，坎梁高度不应小于 200mm，**坎梁混凝土强度等级不应小于 C20**； 2 外门、窗框与墙体之间以及伸出墙外的雨篷、开敞式阳台、室外空调机搁板、遮阳板、外楼梯根部及水平装饰线脚等处，均应采取防水措施； 3 防潮层宜设置在室外散水坡与室内地坪间的砌体内

典型习题

17-31 [2023-43] 防水有要求的房间，墙体底部可不设置混凝土坎墙的是（   ）。

A. 石膏砌块   B. 加气混凝土砌块
C. 自保温混凝土复合砌块   D. 混凝土小型空心砌块

答案： D

解析： 混凝土小型空心砌块墙体底部可不设置混凝土坎墙。

17-32 ［2022（5）-63］ 某洗衣房内加气混凝土内隔墙做法正确的是（　　）。
A. 墙面可不做防水处理　　　　　　B. 伸出墙外的雨篷可不采取防水措施
C. 防潮层设置在地坪上的砌体内　　D. 内墙根做 200mm 高混凝土坎梁

答案： D

解析： 根据《蒸压加气混凝土制品应用技术标准》（JGJ/T 17—2020）4.1.4，有防水要求的房间，墙面应做防水处理，选项 A 错误；内墙根部应做配筋混凝土坎梁，坎梁高度不应小于 200mm，选项 D 正确；外门、窗框与墙体之间以及伸出墙外的雨篷、开敞式阳台、室外空调机搁板、遮阳板、外楼梯根部及水平装饰线脚等处，均应采取防水措施，选项 B 错误；防潮层宜设置在室外散水坡与室内地坪间的砌体内，选项 C 错误。

17-33 ［2020-47］ 位于卫生间浴室的石膏隔板墙根部应做什么处理？（　　）
A. 防水砂浆密封嵌实　　　　　　B. 密封膏密封嵌实
C. C20 混凝土条基　　　　　　　D. 不做任何处理

答案： C

解析： 石膏板隔墙用于卫浴间、厨房时，应作墙面防水处理，根部应做 C20 混凝土条基，条基高度距完成面不低于 100mm。

第十八章 屋 顶

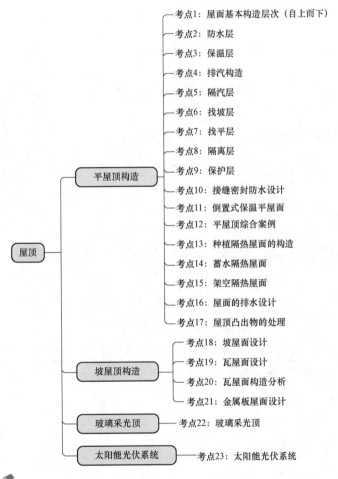

- 屋顶
  - 平屋顶构造
    - 考点1：屋面基本构造层次（自上而下）
    - 考点2：防水层
    - 考点3：保温层
    - 考点4：排汽构造
    - 考点5：隔汽层
    - 考点6：找坡层
    - 考点7：找平层
    - 考点8：隔离层
    - 考点9：保护层
    - 考点10：接缝密封防水设计
    - 考点11：倒置式保温平屋面
    - 考点12：平屋顶综合案例
    - 考点13：种植隔热屋面的构造
    - 考点14：蓄水隔热屋面
    - 考点15：架空隔热屋面
    - 考点16：屋面的排水设计
    - 考点17：屋顶凸出物的处理
  - 坡屋顶构造
    - 考点18：坡屋面设计
    - 考点19：瓦屋面设计
    - 考点20：瓦屋面构造分析
    - 考点21：金属板屋面设计
  - 玻璃采光顶——考点22：玻璃采光顶
  - 太阳能光伏系统——考点23：太阳能光伏系统

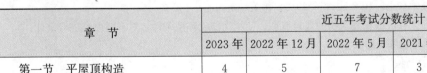

章　节	近五年考试分数统计					
	2023年	2022年12月	2022年5月	2021年	2020年	2019年
第一节　平屋顶构造	4	5	7	3	4	6
第二节　坡屋顶构造	1	2	0	2	2	2
第三节　玻璃采光顶	0	0	0	1	0	1
第四节　太阳能光伏系统	0	0	0	0	0	1

续表

章 节	近五年考试分数统计					
	2023年	2022年12月	2022年5月	2021年	2020年	2019年
总 计	5	7	7	6	6	10

注：1. 注意《建筑与市政工程防水通用规范》（GB 55030—2022）与原《屋面工程技术规范》（GB 50345—2012）的衔接，涉及有规范冲突的部分以《建筑与市政工程防水通用规范》为准，但因为没有配套图集，比如三级防水的具体做法没有相关参考，因此对考生复习加大难度，考生需要密切注意2024年出台的相关防水文件。
2. 屋顶相关图集，如《平屋面建筑构造》(12J201)、《坡屋面建筑构造（一）》(09J202-1)，考生在备考中可扩展复习。
3. 种植屋面和太阳能光伏屋面是近几年的热门考点，考生需要注意。

第一节 平屋顶构造

考点1：屋面基本构造层次（自上而下）【★★】

卷材、涂膜屋顶	保护层、隔离层、防水层、找平层、保温层、找平层、找坡层、结构层
	保护层、保温层、防水层、找平层、找坡层、结构层
	种植隔热层、保护层、耐根穿刺防水层、防水层、找平层、保温层、找平层、找坡层、结构层
	架空隔热层、防水层、找平层、保温层、找平层、找坡层、结构层
	蓄水隔热层、隔离层、防水层、找平层、保温层、找平层、找坡层、结构层
瓦屋面	块瓦、挂瓦条、顺水条、持钉层、防水层或防水垫层、保温层、结构层
	沥青瓦、持钉层、防水层或防水垫层、保温层、结构层
金属板屋面	压型金属板、防水垫层、保温层、承托网、支承结构
	上层压型金属板、防水垫层、保温层、底层压型金属板、支承结构
	金属面绝热夹芯板、支承结构
玻璃采光顶	玻璃面板、金属框架、支承结构
	玻璃面板、点支承装置、支承结构

考点2：防水层【★★】

基本设计要求	《屋面工程技术规范》（GB 50345—2012）相关规定。 4.1.1 屋面工程应根据建筑物的建筑造型、使用功能、环境条件，对下列内容进行设计： 　1 屋面**防水等级和设防要求**； 　2 屋面构造设计； 　3 屋面排水设计； 　4 找坡方式和选用的找坡材料； 　5 防水层选用的材料、厚度、规格及其主要性能； 　6 保温层选用的材料、厚度、燃烧性能及其主要性能； 　7 接缝密封防水选用的材料及其主要性能。

基本设计要求	4.1.2 屋面防水层设计应采取下列技术措施：【2022（12）】 1 卷材防水层易拉裂部位，宜选用空铺、点粘、条粘或机械固定等施工方法。（图18-1） 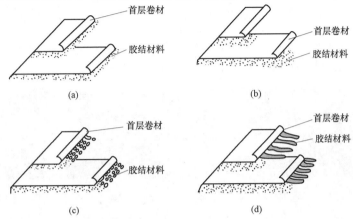 图18-1 施工方法 (a) 满粘；(b) 空铺；(c) 点粘；(d) 条粘 2 结构易发生较大变形、易渗漏和损坏的部位，应设置卷材或涂膜附加层； 3 在坡度较大和垂直面上粘贴防水卷材时，宜采用机械固定和对固定点进行密封的方法； 4 卷材或涂膜防水层上应设置保护层； 5 在刚性保护层与卷材、涂膜防水层之间应设置隔离层。 4.1.4 防水材料的选择应符合下列规定：【2023】 1 外露使用的防水层，应选用耐紫外线、耐老化、耐候性好的防水材料； 2 上人屋面，应选用耐霉变、拉伸强度高的防水材料； 3 长期处于潮湿环境的屋面，应选用耐腐蚀、耐霉变、耐穿刺、耐长期水浸等性能的防水材料； 4 薄壳、装配式结构、钢结构及大跨度建筑屋面，应选用耐候性好、适应变形能力强的防水材料； 5 倒置式屋面应选用适应变形能力强、接缝密封保证率高的防水材料； 6 坡屋面应选用与基层粘结力强、感温性小的防水材料； 7 屋面接缝密封防水，应选用与基层粘结力强和耐候性好、适应位移能力强的密封材料
材料选择	《屋面工程技术规范》（GB 50345—2012）相关规定。 4.5.2 防水卷材的选择应符合下列规定：（图18-2） 1 防水卷材可按合成高分子防水卷材和高聚物改性沥青防水卷材选用，其外观质量和品种、规格应符合国家现行有关材料标准的规定； 2 应根据当地历年最高气温、最低气温、屋面坡度和使用条件等因素，选择耐热度、低温柔性相适应的卷材； 3 应根据地基变形程度、结构形式、当地年温差、日温差和振动等因素，选择拉伸性能相适应的卷材； 4 应根据屋面卷材的暴露程度，选择耐紫外线、耐老化、耐霉烂相适应的卷材； 5 种植隔热屋面的防水层应选择耐根穿刺防水卷材。（图18-3） 4.5.3 防水涂料的选择应符合下列规定：（图18-4） 1 防水涂料可按合成高分子防水涂料、聚合物水泥防水涂料和高聚物改性沥青防水涂料选用，其外观质量和品种、型号应符合国家现行有关材料标准的规定；

材料选择	2 应根据当地历年最高气温、最低气温、屋面坡度和使用条件等因素，选择耐热性、低温柔性相适应的涂料； 3 应根据地基变形程度、结构形式、当地年温差、日温差和振动等因素，选择拉伸性能相适应的涂料； 4 应根据屋面涂膜的暴露程度，选择耐紫外线、耐老化相适应的涂料； 5 屋面坡度大于25%时，应选择成膜时间较短的涂料。    图18-2 防水卷材　　图18-3 耐根穿刺防水层　　图18-4 防水涂料
复合防水层	《屋面工程技术规范》(GB 50345—2012) 4.5.4　复合防水层设计应符合下列规定：【2023】 1 选用的防水卷材与防水涂料应相容； 2 **防水涂膜宜设置在防水卷材的下面；** 3 挥发固化型防水涂料**不得**作为防水卷材粘结材料使用； 4 水乳型或合成高分子类防水涂膜上面，**不得采用热熔型防水卷材**； 5 水乳型或水泥基类防水涂料，应待涂膜实干后再采用冷粘铺贴卷材
一道防水	《屋面工程技术规范》(GB 50345—2012) 4.5.8　**下列情况不得作为屋面的一道防水设防**： 1 **混凝土结构层**； 2 Ⅰ型喷涂硬泡聚氨酯保温层； 3 装饰瓦及不搭接瓦； 4 隔汽层； 5 **细石混凝土层**； 6 卷材或涂膜厚度不符合本规范规定的防水层
附加层	《屋面工程技术规范》(GB 50345—2012) 4.5.9　附加层设计应符合下列规定： 1 **檐沟、天沟与屋面交接处、屋面平面与立面交接处，以及水落口、伸出屋面管道根部**等部位，应设置卷材或涂膜附加层；【2022】 2 屋面找平层分格缝等部位，宜设置卷材空铺附加层，其空铺宽度不宜小于100mm； 3 附加层最小厚度应符合表4.5.9 (表18-1) 的规定。【2021】 表18-1　　　　　　附加层最小厚度　　　　　　(mm) | 附加层材料	最小厚度
合成高分子防水卷材	1.2
高聚物改性沥青防水卷材（聚酯胎）	3.0
合成高分子防水涂料、聚合物水泥防水涂料	1.5
高聚物改性沥青防水涂料	2.0	

续表

卷材接缝	《屋面工程技术规范》（GB 50345—2012）4.5.10　防水卷材接缝应采用搭接缝，卷材搭接宽度应符合表 4.5.10（表 18-2）的规定。【2018】 表 18-2　　　　　　　卷　材　搭　接　宽　度　　　　　　　（mm） | 卷材类别		搭接宽度
---	---	---
合成高分子防水卷材	胶粘剂	80
	胶粘带	50
	单缝焊	60，有效焊接宽度不小于 25
	双缝焊	80，有效焊接宽度 10×2+空腔宽
高聚物改性沥青防水卷材	胶粘剂	100
	自粘	80	
施工	《屋面工程质量验收规范》（GB 50207—2012）相关规定。【2022（5）】 6.2.1　屋面坡度大于 25%时，卷材应采取**满粘和钉压固定措施**。 6.2.2　卷材铺贴方向应符合下列规定： 1 **卷材宜平行屋脊铺贴**； 2 **上下层卷材不得相互垂直铺贴**。（图 18-5） 6.3.2　铺设胎体增强材料应符合下列规定： 1 胎体增强材料宜采用聚酯无纺布或化纤无纺布； 2 胎体增强材料长边搭接宽度不应小于 50mm，短边搭接宽度不应小于 70mm； 3 上下层胎体增强材料的**长边搭接缝应错开**，且不得小于幅宽的 1/3； 4 上下层胎体增强材料**不得相互垂直铺设**。 5.4.2　卷材防水层铺贴顺序和方向应符合下列规定：【2022（5）】 3 卷材宜**平行屋脊铺贴**，上下层卷材**不得相互垂直铺贴**。 5.4.5　卷材搭接缝应符合下列规定。 3 上下层卷材长边搭**接缝应错开**，且**不应小于幅宽的 1/3**； 4 叠层铺贴的各层卷材，在天沟与屋面的交接处，应采用叉接法搭接，搭接缝应错开；搭接缝宜留在屋面与天沟侧面，不宜留在沟底 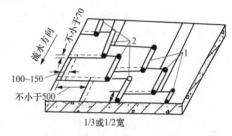 图 18-5　卷材平行屋脊铺贴搭接要求 1—第一层卷材；2—第二层卷材铺贴要求

18-1 [2023-46] 下列关于屋面防水层的选择，说法错误的是（　　）。

A. 外露防水层应选用耐老化性的材料

B. 长期处于潮湿环境的防水层，应选用耐腐蚀材料

C. 装配式防水材料应具有强变形性能

D. 倒置式屋面的防水层应采用耐紫外线

289

答案：D

解析：根据《屋面工程技术规范》（GB 50345—2012）4.1.4，外露使用的防水层应选用耐紫外线、耐老化、耐候性好的防水材料，选项A说法正确；长期处于潮湿环境的屋面，应选用耐腐蚀、耐霉变、耐穿刺、耐长期水浸等性能的防水材料，选项B说法正确；薄壳、装配式结构、钢结构及大跨度建筑屋面，应选用耐候性好、适应变形能力强的防水材料，选项C说法正确；倒置式屋面应选用适应变形能力强、接缝密封保证率高的防水材料，选项D说法错误。

18-2 [2023-48] 下列关于屋面复合防水层的说法，正确的是（　　）。
A. 防水卷材与防水涂料应相容
B. 防水涂膜宜设置在防水卷材的上面
C. 合成高分子类防水涂膜上面可采用热熔型防水卷材
D. 水乳型防水涂膜完成后再热铺卷材

答案：A

解析：根据《屋面工程技术规范》（GB 50345—2012）4.5.4，用的防水卷材与防水涂料应相容，选项A正确；防水涂膜宜设置在防水卷材的下面，选项B错误；水乳型或合成高分子类防水涂膜上面，不得采用热熔型防水卷材，选项C错误；水乳型或水泥基类防水涂料，应待涂膜实干后再采用冷粘铺贴卷材，选项D错误。

18-3 [2022（5）-53] 下列关于屋面防水卷材铺贴，正确的是（　　）。
A. 卷材不宜平行屋脊铺贴　　　　B. 上下层卷材不应相互垂直铺贴
C. 上下层卷材长边搭接接缝不宜错开　　D. 相邻两幅短边不得错开

答案：B

解析：根据《屋面工程技术规范》（GB 50345—2012）5.4.2，卷材宜平行屋脊铺贴，选项A错误，上下层卷材不得相互垂直铺贴，选项B正确；5.4.5上下层卷材长边搭接缝应错开，选项D错误。4叠层铺贴的各层卷材，在天沟与屋面的交接处，应采用叉接法搭接，搭接缝应错开，选项C错误。

考点3：保温层【★★★】

定义	《屋面工程技术规范》（GB 50345—2012）2.0.2　保温层：减少屋面热交换作用的构造层【2022（5）】
材料选择	《屋面工程技术规范》（GB 50345—2012）4.4.1　保温层应根据屋面所需传热系数或热阻选择**轻质、高效**的保温材料，保温层及其保温材料应符合表4.4.1（表18-3）的规定。 表18-3　　　　　　　　　保温层及其保温材料 | 保温层	保温材料
块状材料保温层	聚苯乙烯泡沫塑料（XPS板、EPS板，图18-6）、硬质聚氨酯泡沫塑料、膨胀珍珠岩制品、泡沫玻璃制品、加气混凝土砌块、泡沫混凝土砌块
纤维材料保温层	玻璃棉制品、岩棉制品（图18-7）、矿渣棉制品
整体材料保温层	喷涂硬泡聚氨酯（图18-8）、现浇泡沫混凝土	

续表

案例	 图18-6 屋面铺设XPS板	 图18-7 屋面保温中的岩棉制品	 图18-8 屋面喷涂硬泡聚氨酯
设计要点	《屋面工程技术规范》（GB 50345—2012）相关规定。 4.4.2 保温层设计应符合下列规定： 1 保温层宜选用**吸水率低、密度和导热系数小**，并有一定强度的保温材料； 3 保温层的含水率，应相当于该材料在当地自然风干状态下的平衡含水率； 5 纤维材料做保温层时，应采取防止压缩的措施； 6 屋面坡度较大时，保温层应采取**防滑**措施； 7 封闭式保温层或保温层干燥有困难的卷材屋面，宜采取**排汽**构造措施。 4.4.3 屋面**热桥**部位，当内表面温度低于**室内空气的露点温度**时，均应作保温处理		
	《屋面工程质量验收规范》（GB 50207—2012）5.1.3 保温材料在施工过程中应采取防潮、防水和防火等措施		
位置	倒置式做法：**保温层设置在防水层上部**的做法。此时保温层的上面应做保护层； 正置式做法：**保温层设置在防水层下部**的做法。此时保温层的上面应做找平层		
防火	外墙保温材料应在女儿墙压顶处断开，压顶上部抹面及保温材料应为**A级材料**；无女儿墙但有挑檐板的屋面，**外墙保温材料应在挑檐板下部断开**		

考点4：排汽构造

规定	《屋面工程质量验收规范》（GB 50207—2012）4.4.5 屋面排汽构造设计应符合下列规定：**【2022（12）】** 1 找平层设置的**分格缝可兼作排汽道**，排汽道的宽度宜为40mm； 2 排汽道应**纵横贯通**，并应与大气连通的排汽孔相通，排汽孔可设在檐口下或纵横排汽道的交叉处；（图18-9） 3 排汽道纵横间距宜为6m，**屋面面积每36m² 宜设置一个排汽孔**，排汽孔应作防水处理； 4 在保温层下也可铺设带支点的塑料板
	《倒置式屋面工程技术规程》（JGJ 230—2010）5.1.6，**倒置式屋面可不设置透汽孔或排汽槽**

实例	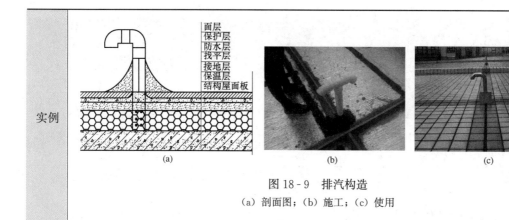

图 18-9 排汽构造
(a) 剖面图；(b) 施工；(c) 使用

典型习题

18-4 [2022 (12)-58] 下列关于屋面排汽道说法，错误的是（　　）。
A. 找平层分隔缝可兼排汽道
B. 排汽道纵横贯通，并与大气相平
C. 排汽道纵横间隔为 12m
D. 保温层下也可以铺设带支点的塑料板

答案：C

解析：根据《屋面工程技术规范》(GB 50345—2012) 4.4.5，排汽道纵横间距宜为 6m，屋面面积每 36m² 宜设置一个排气孔，排气孔应作防水处理，选项 C 不正确。

考点 5：隔汽层【★★】

相关规定	《屋面工程技术规范》(GB 50345—2012) 相关规定。 4.4.4 当严寒及寒冷地区屋面结构冷凝界面内侧实际具有的蒸汽渗透阻小于所需值，或其他地区室内湿气有可能透过屋面结构层进入保温层时，应设置隔汽层。(图 18-10) 隔汽层设计应符合下列规定： 　1 隔汽层应设置在**结构层上、保温层下**；【2021】 　2 隔汽层应选用**气密性、水密性**好的材料； 　3 隔汽层应沿周边墙面向上连续铺设，高出保温层上表面不得小于**150mm**。 4.4.6 倒置式屋面保温层设计应符合下列规定： 　1 倒置式屋面的**坡度宜为3%**； 　2 保温层应采用吸水率低，且长期浸水不变质的**保温材料**； 　3 板状保温材料的下部纵向边缘应设排水凹缝； 　4 保温层与防水层所用材料应相容匹配； 　5 保温层上面宜**采用块体材料或细石混凝土做保护层**； 　6 檐沟、水落口部位应采用现浇混凝土堵头或砖砌堵头，并应作好保温层排水处理。

相关规定	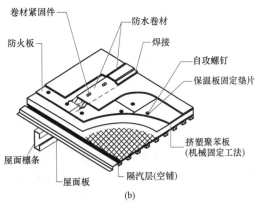 图 18-10 隔汽层 （a）铺设；（b）构造
施工	5.3.3 隔汽层施工应符合下列规定： 1 隔汽层施工前，基层应进行清理，宜进行找平处理； 2 屋面周边隔汽层应沿墙面向上连续铺设，高出保温层上表面不得小于150mm； 3 采用卷材做隔汽层时，卷材**宜空铺**，卷材搭接缝**应满粘**，其搭接宽度**不应小于80mm**；采用涂膜做隔汽层时，涂料涂刷应均匀，涂层不得有堆积、起泡和露底现象； 4 穿过隔汽层的管道周围应进行密封处理

18-5 [2021-56] 下列保温、隔汽屋面构造层次正确的是（　　）。

A. 自上而下：防水层-隔汽层-保温层-结构层

B. 自上而下：隔汽层-保温层-防水层-结构层

C. 自上而下：防水层-保温层-隔汽层-结构层

D. 自上而下：防水层-保温层-结构层-隔汽层

答案：C

解析：根据《屋面工程技术规范》（GB 50345—2012）4.4.4，当严寒及寒冷地区屋面结构冷凝界面内侧实际具有的蒸汽渗透阻小于所需值，或其他地区室内湿气有可能透过屋面结构层进入保温层时，应设置隔汽层；隔汽层应设置在结构层上、保温层下（选项A、D错误）。根据《倒置式屋面规程》5.1.2条文说明：倒置式屋面基本构造是大量实际工程的常规做法，隔离层的设置应根据选择的防水材料和保温层的材料相容性和保护层材料的种类来决定的，倒置式屋面一般不需设隔汽层（选项B错误）。

18-6 [2020-55] 公共浴池屋面隔汽层设置在以下哪个部位？（　　）

A. 保温层下　　　　B. 保温层上　　　　C. 防水层下　　　　D. 屋面最上层

答案：A

解析：根据《屋面工程技术规范》（GB 50345—2012）4.4.4 当严寒及寒冷地区屋面结构冷凝界面内侧实际具有的蒸汽渗透阻小于所需值，或其他地区室内湿气有可能透过屋面结构层进入保温层时，应设置隔汽层。隔汽层应设置在结构层上、保温层下。

考点6：找坡层

规定	《屋面工程技术规范》（GB 50345—2012）相关规定。
	
	4.3.1 混凝土结构层宜采用结构找坡，**坡度不应小于3%**；当采用材料找坡时，宜采用质量轻、吸水率低和有一定强度的材料，**坡度宜为2%**。
	5.2.2 找坡层和找平层的基层的施工应符合下列规定：
	  1 应清理结构层、保温层上面的松散杂物，凸出基层表面的硬物应剔平扫净；
	  2 抹找坡层前，宜对基层洒水湿润；
	  3 突出屋面的管道、支架等根部，应用细石混凝土堵实和固定；
	  4 对不易与找平层结合的基层应做界面处理。
	5.2.4 找坡应按屋面排水方向和设计坡度要求进行，找坡层最薄处厚度**不宜小于20mm**。
	5.2.8 找坡层和找平层的施工环境温度不宜低于5℃
	
	《屋面工程质量验收规范》（GB 50207—2012）4.2.2 找坡层宜采用**轻骨料混凝土**；找坡材料应分层铺设和适当压实，表面应平整

考点7：找平层

《屋面工程技术规范》（GB 50345—2012）相关规定。（图18-11）

4.3.2 卷材、涂膜的基层宜设找平层。找平层厚度和技术要求应符合表4.3.2（表18-4）的规定。

表18-4　　　　　　　　　找平层厚度与技术要求

找平层分类	适用的基层	厚度/mm	技术要求
水泥砂浆	整体现浇混凝土板	15~20	1:2.5水泥砂浆
	整体材料保温层	20~25	
细石混凝土	装配式混凝土板	30~35	C20混凝土，宜加钢筋网片
	板状材料保温层		C20混凝土

4.3.3 保温层上的找平层应留设**分格缝**，缝宽宜为5mm~20mm，纵横缝的间距**不宜大于6m**。

图18-11 屋顶找平的施工现场

考点8：隔离层【★★】

隔离层	《屋面工程技术规范》(GB 50345—2012) 相关规定。
	2.0.5 隔离层：消除相邻两种材料之间粘结力、机械咬合力、化学反应等不利影响的构造层。
	4.1.2 屋面防水层设计应采取下列技术措施：
	5 在**刚性保护层与卷材、涂膜防水层之间**应设置隔离层。【2022（12）】
	4.7.8 **块体材料、水泥砂浆、细石混凝土保护层与卷材、涂膜防水层之间**，应设置隔离层。隔离层材料的适用范围和技术要求宜符合表4.7.8（表18-5）的规定。【2022（5）】

表18-5 隔离层材料的适用范围和技术要求

隔离层材料	适用范围	技术要求
塑料膜	块状材料、水泥砂浆保护层	0.4mm厚聚乙烯膜或3mm厚发泡聚乙烯膜
土工布	块状材料、水泥砂浆保护层	200g/m³聚酯无纺布
卷材	块状材料、水泥砂浆保护层	石油沥青卷材一层
低强度等级砂浆	细石混凝土保护层	10mm粘土砂浆，石灰膏：砂：粘土=1：2.4：3.6
		10mm厚石灰砂浆，石灰膏：砂=1：4
		5mm厚掺有纤维的石灰砂浆

典型习题

18-7 [2022（5）-51] 以下关于屋面构造说法，错误的是（ ）。
A. 保护层为水泥砂浆，隔离层可采用石油沥青防水
B. 卷材防水层上铺设块体材料保护层，可不设置隔离层
C. 隔汽层设置在结构层之上，保温层之下
D. 隔汽层需沿边墙壁连续上翻铺贴
答案： B
解析： 根据《屋面工程技术规范》（GB 50345—2012）4.7.8和4.4.4，块体材料。水泥砂浆、细石混凝土保护层与卷材、涂膜防水层之间，应设置隔离层，选项B错误。当严寒及寒冷地区屋面结构冷凝界面内侧实际具有的蒸汽渗透阻小于所需值，或其他地区室内湿气有可能透过屋面结构层进入保温层时，应设置隔汽层。隔汽层应设置在结构层上、保温层下，选项C正确。隔汽层应选用气密性、水密性好的材料；隔汽层应沿周边墙面向上连续铺设，选项D正确。

18-8 [2022（5）-52] 防水层采用低强度等级低砂浆做隔离层时，其保护层是（ ）。
A. 细石混凝土　　B. 三毡四油防水层　　C. 防水卷材　　D. 浅色涂料
答案： A
解析： 参见《屋面工程技术规范》（GB 50345—2012）4.7.8。

18-9 [2022（12）-54] 下列屋面防水层选项中，哪个需要做隔离层？（ ）
A. 挤塑聚苯保温层　　　　　　B. 细石混凝土保护层
C. 挤塑聚苯板保温层　　　　　D. 聚氨酯保护层
答案： B

解析：隔离层需要做在细石混凝土保护层下面，防止因外界温度较高，传递到下层的卷材，造成粘连，再因日夜温度使得细石混凝土热胀冷缩对卷材造成拉扯破坏。

考点 9：保护层

保护层	《屋面工程技术规范》（GB 50345—2012）相关规定。【2022（5）】 2.0.6 保护层：对防水层或保温层起防护作用的构造层。（图 18-12） 4.1.2-4 屋面防水层设计应采取下列技术措施：卷材或涂膜防水层上应设置**保护层**； 4.7.1 上人屋面保护层可采用**块体材料、细石混凝土**等材料，不上人屋面保护层可采用**浅色涂料、铝箔、矿物粒料、水泥砂浆**等材料。保护层材料的适用范围和技术要求应符合表 4.7.1（表 18-6）的规定。 表 18-6　　保护层材料的适用范围和技术要求 | 保护层材料 | 适用范围 | 技术要求 | |---|---|---| | 浅色涂料 | 不上人屋面 | 丙烯酸系反射涂料 | | 铝箔 | 不上人屋面 | 0.05mm 厚铝箔反射膜 | | 矿物粒料 | 不上人屋面 | 不透明的矿物粒料 | | 水泥砂浆 | 不上人屋面 | 20mm 厚 1:2.5 或 M15 水泥砂浆 | | 块体材料 | 上人屋面 | 地砖或 30mmC20 细石混凝土预制块 | | 细石混凝土 | 上人屋面 | 40mm 厚 C20 细石混凝土或 50mm 厚 C20 细石混凝土内配 $\phi 4@100$ 双向钢筋网片 | 4.7.2 采用块体材料做保护层时，宜设分格缝，其纵横间距不宜大于 10m，分格缝宽度宜为 20mm，并应用密封材料嵌填。 4.7.3 采用水泥砂浆做保护层时，表面应抹平压光，并应设表面分格缝，分格面积宜为 1m²。 4.7.4 采用细石混凝土做保护层时，表面应抹平压光，并应设分格缝，其纵横间距不应大于 6m，分格缝宽度宜为 10～20mm，并应用密封材料嵌填。【2022（5）】 4.7.5 采用淡色涂料做保护层时，应与**防水层**粘结牢固，厚薄应均匀，不得漏涂。 4.7.6 块体材料、水泥砂浆、细石混凝土保护层与女儿墙或山墙之间，应预留宽度为 30mm 的缝隙，缝内宜填塞**聚苯乙烯泡沫塑料**，并应用**密封材料**嵌填。 4.7.7 需经常维护的设施周围和屋面出入口至设施之间的人行道，应铺设块体材料或**细石混凝土保护层**。 屋顶保护层如图 18-12 所示。

(a)　　　　　　　(b)

图 18-12　屋顶保护层
(a) 细石混凝土保护层的铺设；(b) 水泥砂浆保护层的铺设

典型习题

18-10 [2022（5）-54] 下列屋面工程防水层上的保护层施工顺序错误的是（　　）。

A. 保护层应待卷材铺贴完成，并经验收后施工
B. 块体材料保护层的分格缝宽度宜 20mm
C. 水泥砂浆保护层分格面积宜 10m²
D. 细石混凝土保护层分格缝纵横间距不应大于 6m

答案：C

解析： 根据《屋面工程技术规范》（GB 50345—2012）4.7.3 和 4.7.4，采用水泥砂浆做保护层时，分格面积宜为 1m²，选项 C 说法错误；采用细石混凝土做保护层时，表面应抹平压光，并应设分格缝，其纵横间距不应大于 6m，选项 D 说法正确；分格缝宽度宜为 10～20mm，选项 B 说法正确。

考点 10：接缝密封防水设计

接缝密封防水设计	4.6.1 屋面接缝应按密封材料的使用方式，分为位移接缝和非位移接缝。屋面接缝密封防水技术要求应符合表 4.6.1（表 18-7）的规定。	

表 18-7　屋面接缝密封防水技术要求

接缝种类	密封部位	密封材料
位移接缝	混凝土面层分格接缝	改性石油沥青密封材料、合成高分子密封材料
	块体面层分隔缝	改性石油沥青密封材料、合成高分子密封材料
	采光顶玻璃接缝	硅酮耐候密封胶
	采光顶周边接缝	合成高分子密封材料
	采光顶隐框玻璃与金属框接缝	硅酮结构密封胶
	采光顶明框单元板块间接缝	硅酮耐候密封胶
非位移接缝	高聚物改性沥青卷材收头	改性石油沥青密封材料
	合成高分子卷材收头及接缝封边	合成高分子密封材料
	混凝土基层固定件周边接缝	改性石油沥青密封材料、合成高分子密封材料
	混凝土构件间接缝	改性石油沥青密封材料、合成高分子密封材料

材料的选择	4.6.2 接缝密封防水设计应保证密封部位不渗水，并应做到接缝密封防水与主体防水层相匹配。 4.6.3 密封材料的选择应符合下列规定： 1 应根据当地历年最高气温、最低气温、屋面构造特点和使用条件等因素，选择耐热度、低温柔性相适应的密封材料；

材料的选择	2 应根据屋面接缝变形的大小以及接缝的宽度，选择位移能力相适应的密封材料；
	3 应根据屋面接缝粘结性要求，选择与基层材料相容的密封材料；
	4 应根据屋面接缝的暴露程度，选择耐高低温、耐紫外线、耐老化和耐潮湿等性能相适应的密封材料。
	4.6.3 密封材料的选择应符合下列规定：
	  1 应根据当地历年最高气温、最低气温、屋面构造特点和使用条件等因素，选择耐热度、低温柔性相适应的密封材料；
	  2 应根据屋面接缝变形的大小以及接缝的宽度，选择位移能力相适应的密封材料；
	  3 应根据屋面接缝粘结性要求，选择与基层材料相容的密封材料；
	  4 应根据屋面接缝的暴露程度，选择耐高低温、耐紫外线、耐老化和耐潮湿等性能相适应的密封材料。
	4.6.4 位移接缝密封防水设计应符合下列规定：【2018】
	  1 接缝宽度应按屋面接缝位移量计算确定；
	  2 接缝的相对位移量不应大于可供选择密封材料的位移能力；
	  3 密封材料的嵌填深度宜为接缝宽度的50%～70%；
	  4 接缝处的密封材料底部应设置背衬材料，背衬材料应**大于接缝宽度**20%，嵌入深度应为密封材料的设计厚度；
	  5 背衬材料应选择与**密封材料不粘结或粘结力弱的材料**，并应能适应基层的伸缩变形，同时应具有施工时不变形、复原率高和耐久性好等性能

典型习题

18-11［2018-65］关于屋面位移接缝密封材料防水设计，以下说法正确的是（　　）。
A. 采光顶隐框玻璃和幕墙接缝应采用硅酮耐候密封胶
B. 高聚合物改性沥青卷材接头应采用高分子密封材料
C. 接缝处的背衬材料应大于接缝宽度的10%
D. 背衬材料应选择与密封材料不粘结的材料
答案：D
解析：由表18-6可知，选项A、B错误；位移接缝密封防水设计，接缝处的密封材料底部设置背衬材料，背衬材料应大于接缝宽度20%，选项C错误；背衬材料应选择与密封材料不粘结或粘结力弱的材料，选项D正确。

考点11：倒置式保温平屋面

基本构造层次	《倒置式屋面工程技术规程》（JGJ 230—2010）相关规定。【2022（5），2021】 2.0.1 倒置式屋面：将保温层设置在防水层之上的屋面。 5.1.2 倒置式屋面基本构造宜由结构层、找坡层、找平层、防水层、保温层及保护层组成

续表

构造要求	《屋面工程技术规范》（GB 50345—2012）4.4.6 倒置式屋面保温层设计应符合下列规定： 1 倒置式屋面的坡度宜为3%； 2 保温层应采用**吸水率低**，且长期浸水不变质的保温材料； 3 板状保温材料的下部纵向边缘应设排水凹缝； 4 保温层与防水层所用材料应相容匹配； 5 保温层上面宜采用**块体材料或细石混凝土**做保护层； 6 檐沟、水落口部位应采用**现浇混凝土堵头或砖砌堵头**，并应作好保温层排水处理
材料选择	《倒置式屋面工程技术规程》（JGJ 230—2010）相关规定。 3.0.7 倒置式屋面防水层完成后，平屋面**应进行24h蓄水检验**，坡屋面应进行持续2h淋水检验，并应在检验合格后再进行保温层施工。【2022（12）】 5.2.1 倒置式屋面找坡层设计应符合下列规定： 1 屋面宜**结构找坡**； 2 当屋面单向坡长**大于9m**时，应采用结构找坡； 3 当屋面采用材料找坡时，坡度宜为3%，**最薄处找坡层厚度不得小于30mm**。找坡宜采用轻质材料或保温材料。 5.2.2 倒置式屋面找平层设计应符合下列规定： 1 **防水层下应设找平层**； 2 结构找坡的屋面可采用原浆表面抹平、压光； 3 找平层可采用**水泥砂浆或细石混凝土**，厚度宜为15～40mm； 4 找平层应设**分格缝**，缝宽宜为10～20mm，纵横缝的间距**不宜大于6m**；纵横缝应用**密封材料嵌填**； 5 在突出屋面结构的交接处以及基层的转角处**均应做成圆弧形**，圆弧半径不宜小于130mm。 5.2.3 防水材料的选用应符合下列规定： 2 应选用**耐腐蚀、耐霉烂、适应基层变形能力**的防水材料。 5.2.6 倒置式屋面保护层设计应符合下列规定： 1 保护层可选用卵石、混凝土板块、地砖、瓦材、水泥砂浆、细石混凝土、金属板材、人造草皮、种植植物等材料； 2 保护层的质量应保证当地**30年一遇**最大风力时保温板不被刮起和保温层在积水状态下不浮起； 3 当采用**板块材料、卵石作保护层**时，在保温层与保护层之间应设置**隔离层**； 4 当采用卵石保护层时，其粒径宜为40～80mm； 5 当采用**板块材料**作上人屋面保护层时，板块材料应采用**水泥砂浆坐浆平铺**，板缝应采用砂浆勾缝处理；当屋面为非功能性上人屋面时，板块材料可干铺，厚度不应小于30mm； 6 当采用水泥砂浆保护层时，应设表面分格缝，分格面积宜为1m²； 7 当采用板块材料、细石混凝土作保护层时，应设分格缝，板块材料分格面积不宜大于100mm²；细石混凝土分格面积不宜大于**36m²**；分格缝宽度不宜小于20mm；分格缝应用密封材料嵌填。 8 细石混凝土保护层与山墙、凸出屋面墙体、女儿墙之间应预留宽度为30mm的缝隙

18-12〔2022（5）-56〕下列关于倒置屋面构造说法错误的是（ ）。

A. 防水等级为Ⅱ级
B. 防水层合理使用年限不得少于 20 年
C. 平屋顶应进行 24h 蓄水检验
D. 坡屋顶应进行持续 2h 淋水检验

答案：A

解析：根据《倒置式屋面工程技术规程》（JGJ 230—2010）3.0.1 和 3.0.7 倒置式屋面工程的防水等级应为Ⅰ级，选项 A 说法错误；防水层合理使用年限不得少于 20 年，选项 B 说法正确；倒置式屋面防水层完成后，平屋面应进行 24h 蓄水检验，选项 C 说法正确；坡屋面应进行持续 2h 淋水检验，选项 D 说法正确。

考点 12：平屋顶综合案例【★★★】

综合案例如图 18-13～图 18-20 所示

1. 40厚C20细石混凝土保护层，配 φ6或冷拔φ4的Ⅰ级钢，双向@150，钢筋网片绑扎或点焊(设分格缝)
2. 10厚低强度等级砂浆隔离层
3. 防水卷材或涂膜层
4. 20厚1:3水泥砂浆找平层
5. 最薄30厚LC5.0轻集料混凝土2%找坡层
6. 钢筋混凝土屋面板

图 18-13 无保温上人屋面

1. 40厚C20细石混凝土保护层，配 φ6或冷拔φ4的Ⅰ级钢，双向@150，钢筋网片绑扎或点焊(设分格缝)
2. 10厚低强度等级砂浆隔离层
3. 防水卷材或涂膜层
4. 20厚1:3水泥砂浆找平层
5. 最薄30厚LC5.0轻集料混凝土2%找坡层
6. 保温层
7. 钢筋混凝土屋面板

图 18-14 有保温上人屋面

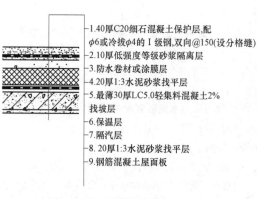

1. 40厚C20细石混凝土保护层，配 φ6或冷拔φ4的Ⅰ级钢，双向@150(设分格缝)
2. 10厚低强度等级砂浆隔离层
3. 防水卷材或涂膜层
4. 20厚1:3水泥砂浆找平层
5. 最薄30厚LC5.0轻集料混凝土2%找坡层
6. 保温层
7. 隔汽层
8. 20厚1:3水泥砂浆找平层
9. 钢筋混凝土屋面板

图 18-15 有保温隔汽上人屋面

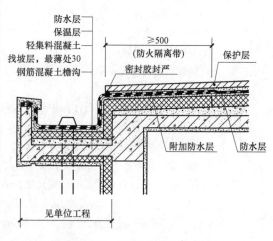

图 18-16 屋面檐沟排水构造

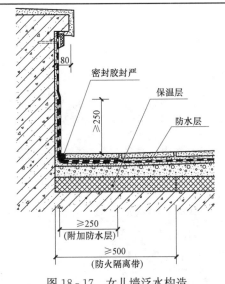

图 18-17 女儿墙泛水构造

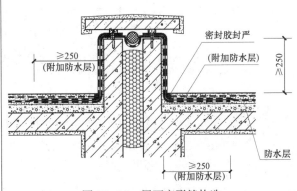

图 18-18 屋面变形缝构造

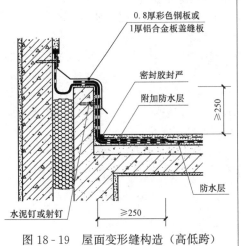

图 18-19 屋面变形缝构造（高低跨）

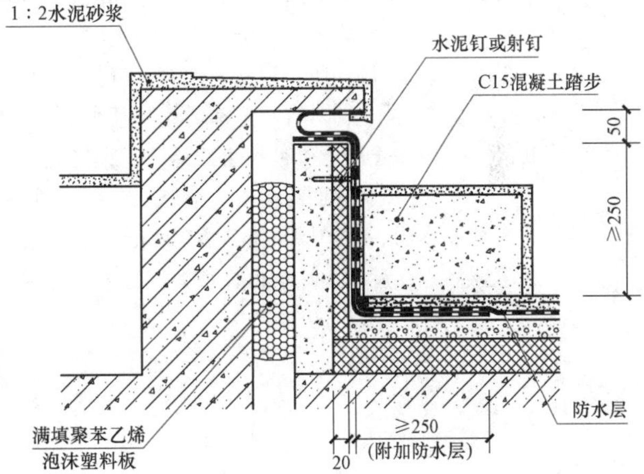

图 18-20 出屋面台阶构造

典型习题

18-13 [2020-56] 图 18-21 中哪个是金属盖板？（ ）
A. 1　　　　　　B. 4
C. 6　　　　　　D. 7

答案： B

解析： 参见考点12。

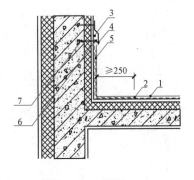

图 18-21 题图

考点13：种植隔热屋面的构造【★★★★★】

定义	隔热屋面是设置隔热层的屋面。隔热层的作用是减少太阳辐射热对室内作用的构造层次。隔热屋面的具体做法有三种：种植隔热、架空隔热与蓄水隔热。由于绿色环保及美化环境的要求，**采用种植隔热方式将胜于架空隔热和蓄水隔热**。（图18-22）    　　　(a)　　　　　　　　　(b)　　　　　　　　　(c) 图18-22　隔热屋面 (a) 种植隔热屋面；(b) 架空隔热屋面；(c) 蓄水隔热屋面
原则	《种植屋面工程技术规程》（JGJ 155—2013）3.2.1 种植屋面工程设计应遵循："防、排、蓄、植"并重和"安全、环保、节能、经济，因地制宜"的原则【2022（5）】
基本层次	《种植屋面工程技术规程》（JGJ 155—2013）相关规定【2022（12），2020】 2.0.6 耐根穿刺防水层：具有防水和阻止植物根系穿刺功能的构造层。 2.0.7 排（蓄）水层：能排出种植土中多余水分（或具有一定蓄水功能）的构造层。 2.0.8 过滤层：防止种植土流失，且便于水渗透的构造层。 2.0.9 种植土：具有一定渗透性、蓄水能力和空间稳定性，可提供屋面植物生长所需养分的田园土、改良土和无机种植土的总称。【2019】 5.2.1 种植平屋面的基本构造层次包括：基层、绝热层、找坡（找平）层、普通防水层、耐根穿刺防水层、保护层、排（蓄）水层、过滤层、种植土层和植被层等（图18-23）。根据各地区气候特点、屋面形式、植物种类等情况，可增减屋面构造层次 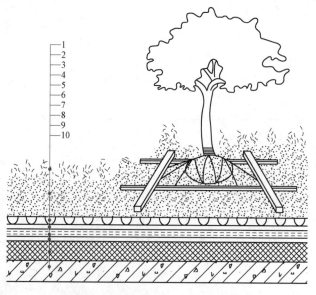 图18-23　种植平屋面基本构造层次 1—植被层；2—种植土层；3—过滤层；4—排（蓄）水层；5—保护层；6—耐根穿刺防水层；7—普通防水层；8—找坡（找平）层；9—绝热层；10—基层

续表

基本层次	（1）种植隔热屋面（有保温层）的基本构造层次为：植被层-种植土层-过滤层-排（蓄）水层-保护层-**耐根穿刺防水层**-普通防水层-找平层-保温层-找平层-找坡层-结构层； （2）种植隔热屋面（无保温层）的基本构造层次为：植被层-种植土层-过滤层-排（蓄）水层-保护层-**耐根穿刺防水层**-普通防水层-找平层-找坡层-结构层
坡度	《种植屋面工程技术规程》（JGJ 155—2013）相关规定。 3.2.2 **不宜设计为倒置式屋面**。 5.1.4 种植屋面的设计荷载除应满足屋面结构荷载外，尚应符合下列规定： 2 种植土的荷重应按饱和水密度计算；【2023】 3 植物荷载应包括初栽植物荷重和植物生长期增加的可变荷载。 5.2.2 种植平屋面的排水坡度**不宜小于2%**；天沟、檐沟的排水坡度**不宜小于1%**； 5.3.2 当屋面坡度小于10%时，可按种植平屋面的规定执行； 5.3.3 当屋面坡度大于或等于20%时，种植坡屋面**应设置挡墙或挡板防滑构造**；亦可采用阶梯式或台地式种植； 5.3.4 当屋面坡度**大于50%时，不宜作种植屋面**； 5.3.5 种植坡屋面满覆盖种植宜采用草坪地被植物； 5.3.6 种植坡屋面**不宜采用土工布等软质保护层**；屋面坡度大于20%时，保护层应采用**细石混凝土**； 5.3.7 种植坡屋面在沿山墙和檐沟部位应设置安全防护栏杆； 6.4.8 耐根穿刺防水层与普通防水层上下相邻
层次构造	《种植屋面工程技术规程》（JGJ 155—2013）相关规定。 5.8.1 种植屋面的女儿墙、周边泛水部位和屋面檐口部位，**应设置不小于300mm缓冲带**，缓冲带可结合卵石带、园路或排水沟等设置； 5.8.2 防水层的泛水高度应符合下列规定： 1 屋面防水层应高出种植土**不应小于250mm**； 2 地下建筑顶板防水层的泛水高度高出种植土**不应小于500mm**。 5.8.3 竖向穿过屋面的管道，应在结构层内预埋套管，套管高出种植土不应小于250mm； 5.8.4 坡屋面的种植檐口应设置种植土挡墙，挡墙的防水层应与檐沟防水层连成一体；挡土墙上应埋设排水管（孔）； 5.8.6 种植屋面宜采用**外排水方式**，水落口宜结合缓冲带设置； 5.8.8 屋面排水沟上可铺设盖板作为园路，侧墙应设置排水孔； 5.8.9 硬质铺装应向水落口处找坡。当种植挡墙高于铺装时，挡墙应设置排水孔。 5.9.1 种植屋面设施的设计除应符合园林设计要求外，尚应符合下列规定： **1 水电管线等宜铺设在防水层之上；【2023】** 2 大面积种植宜采用固定式自动微喷或滴灌、渗灌等节水技术，并应设计雨水回收利用系统；小面积种植可设取水点进行人工灌溉； 3 小型设施宜选用体量小、质量轻的小型设施和园林小品
	《种植屋面工程技术规程》（JGJ 155—2013）相关规定。 4.1.2 找坡材料应符合下列规定： 2 当坡长小于4m时，宜采用**水泥砂浆找坡**；

续表

| 层次构造 | 3 当坡长为4～9m时，可采用加气混凝土、轻质陶粒混凝土、水泥膨胀珍珠岩和水泥蛭石等材料找坡，也可以采用结构找坡；
4 当坡长大于9m时，应采用**结构找坡**。
4.2.1 种植屋面绝热材料可采用喷涂硬泡聚氨酯、硬泡聚氨酯板、挤塑聚苯乙烯泡沫塑料、保温板、硬质聚异氰脲酸酯泡沫保温板、酚醛硬泡保温板等轻质极状绝热材料。**不得采用散状绝热材料**。
4.4.1 排（蓄）水材料应符合下列规定：
3 级配碎石的粒径直为10～25mm，卵石的粒径宜为25～40mm，铺设厚度均不宜小于100mm；
4 陶粒的粒径直为10～25mm，堆积密度不宜大于500kg/m³，铺设厚度不直小于100mm。
4.4.2 过滤材料宜选用**聚酯无纺布**，单位面积质量不宜小于200g/m²。
5.1.10 耐根穿刺防水层设计应符合下列规定：
2 **排（蓄）水材料不得作为耐根穿刺防水材料使用**；
3 聚乙烯丙纶防水卷材和聚合物水泥胶结材料复合耐根穿刺防水材料，**应采用双层卷材复合，作为一道耐根穿刺防水层**；
5.1.11 防水卷材搭接缝采用与卷材相容的密封材料封严。内增强高分子耐根穿刺防水搭接缝应用密封胶封闭；
5.1.12 耐根穿刺防水层上应设保护层，**保护层**应符合下列规定：
1 简单式种植屋面和容器种植宜采用**体积比为1：3，厚度为15～20mm的水泥砂浆**作保护层；
2 花园式种植屋面宜采用厚度不小于**40mm的细石混凝土**作保护层；【2019】
3 地下建筑顶板种植应采用厚度不小于**70mm的细石混凝土**作保护层；
4 **采用水泥砂浆和细石混凝土作保护层时，保护层下面应铺设隔离层**；
5 采用土工布或聚酯无纺布作保护层时，单位面积质量不应小于**300g/m²**；
6 采用聚乙烯丙纶复合防水卷材作保护层时，芯材厚度不应小于0.4mm；
7 采用高密度聚乙烯土工膜作保护层时，厚度不应小于0.4mm。
典型无保温种植屋面与有保温种植屋面层次，如图18-24所示。
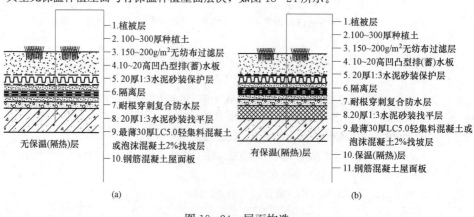
图18-24 屋面构造
（a）无保温种植屋面构造；（b）有保温种植屋面构造 |

典型习题

18-14 [2023-50] 下列关于种植屋面的做法，正确的是（　　）。
A. 种植荷载只考虑初栽植物荷载
B. 宜采用倒置式屋面
C. 采用饱和水容重
D. 水电管线放在防水层下面

答案：C

解析：根据《种植屋面工程技术规程》（JGJ 155—2013）3.2.2、5.1.4 和 5.9.1，种植屋面不宜设计为倒置式屋面，选项 B 错误；种植土的荷重应按饱和水密度计算，选项 C 正确；植物荷载应包括初栽植物荷重和植物生长期增加的可变荷载，选项 A 错误；水电管线等宜铺设在防水层之上，选项 D 错误。

18-15 [2022（12）-57] 如图 18-25 所示，种植屋面构造简图中，2、3、5 层是（　　）。

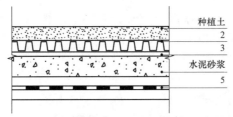

图 18-25　题图

A. 无纺布过滤层、排（蓄）水层、隔离层+耐根穿刺复合防水层
B. 排蓄水层、隔离层+耐根穿刺复合防水层、无纺布过滤层
C. 隔离层+耐根穿刺复合防水层、无纺布过滤层、排蓄水层
D. 隔离层、排蓄水层+耐根穿刺复合防水层、无纺布过滤层

答案：A

解析：参见考点 13 相关内容。

18-16 [2022（5）-57] 下列关于种植屋面构造说法，错误的是（　　）。
A. 适合用倒置式屋面
B. 屋面坡度不宜＜2%
C. 泛水高度高处种植土 250mm
D. 花园种植屋面覆土厚度 300～600mm

答案：A

解析：根据《屋面工程技术规范》（GB 50345—2012）4.3.1，混凝土结构层宜采用结构找坡，坡度不应小于 3%；当采用材料找坡时，宜采用质量轻、吸水率低和有一定强度的材料，坡度宜为 2%，选项 B 正确；根据《种植屋面工程技术规程》（JGJ 155—2013）3.2.2 和 5.8.2，种植屋面不宜设计为倒置式屋面，选项 A 错误；屋面防水层的泛水高度高出种植土不应小于 250mm，选项 C 正确；种植屋面可分为简单式种植屋面和花园式种植屋面，简单式屋顶绿化土壤层不大于 150mm 厚，花园式屋顶绿化土壤层可以大于 600mm 厚，常见 300～600mm，选项 D 正确。

考点 14：蓄水隔热屋面

构造层次	1) 有保温层的蓄水屋面：**蓄水隔热层-隔离层-防水层-找平层-保温层-找平层-找坡层-结构层**； 2) 无保温层的蓄水屋面：蓄水隔热层-隔离层-防水层-找平层-找坡层-结构层。【2022（5）】
设计要点	《屋面工程技术规范》（GB 50345—2012）4.4.10 蓄水隔热层的设计应符合下列规定：【2022（5）】 1 蓄水隔热屋面不宜在严寒地区和寒冷地区、地震设防地区和振动较大的建筑物上采用。 2 蓄水池应采用强度等级不低于C25，抗渗等级不低于P6的防水混凝土制作；蓄水池内宜采用20mm厚防水砂浆抹面； 3 蓄水隔热屋面的坡度不宜大于0.5%； 4 蓄水隔热屋面应划分为若干蓄水区，每区的边长不宜大于10m，在变形缝的两侧应分成两个互不连通的蓄水区；长度超过40m的蓄水隔热屋面应分仓设置，分仓隔墙可采用现浇混凝土或砌体； 5 蓄水池应设溢水口、排水管和给水管，排水管应与排水出口连通； 6 蓄水池的蓄水深度宜为150～200mm； 7 蓄水池溢水口距分仓墙顶面的高度不得小于100mm
施工	《屋面工程质量验收规范》（GB 50207—2012）相关规定。 5.8.1 蓄水隔热屋面**隔热层与防水层之间应设置隔离层**； 5.8.2 蓄水池的所有孔洞均应预留，给水管、排水管和溢水管等，均应在蓄水池混凝土施工前安装完毕； 5.8.3 蓄水池的防水混凝土应一次浇筑完毕，不得留施工缝； 5.8.4 防水混凝土应用机械振捣密实，表面应抹平和压光；初凝后应覆盖养护，终凝后浇水养护不得少于14d；蓄水后不得断水

典型习题

18-17 ［2022（5）-55］下列关于屋面蓄水隔热层说法，正确的是（　　）。
A. 排水坡度应大于1%　　　　　　　　B. 蓄水池的深度300～400mm
C. 蓄水池应采用现浇混凝土　　　　　D. 可设置在寒冷地区
答案：C
解析：根据《屋面工程技术规范》（GB 50345—2012）4.4.10，蓄水隔热层不宜在寒冷地区、地震设防地区和振动较大的建筑物上采用，选项D不正确；蓄水隔热层的蓄水池应采用强度等级不低于C25、抗渗等级不低于P6的现浇混凝土，选项C正确；蓄水隔热层的排水坡度不宜大于0.5，选项A错误；蓄水池的蓄水深度宜为150～200mm，选项B错误。

考点 15：架空隔热屋面

基本层次	（1）有保温层的架空屋面：**架空隔热层-防水层-找平层-保温层-找平层-找坡层-结构层**； （2）无保温层的架空屋面：**架空隔热层-防水层-找平层-找坡层-结构层**

构造要点	《屋面工程技术规范》(GB 50345—2012) 4.4.9 架空隔热层的设计应符合下列规定： 1 架空隔热层宜在屋顶有良好通风的建筑物上采用，**不宜在寒冷地区采用**；(图 18-26) 2 当采用混凝土板架空隔热层时，**屋面坡度不宜大于 5%**； 4 架空隔热层的高度宜为 180～300mm，架空板与女儿墙的距离不应小于 250mm； 5 当屋面宽度大于 10m 时，架空隔热层中部应设置通风屋脊； 6 架空隔热层的进风口，宜设置在当地炎热季节最大频率风向的正压区，出风口宜设置在负压区。 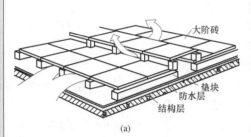 图 18-26 架空屋顶 (a) 示意图；(b) 中通风间层
施工要求	《屋面工程质量验收规范》(GB 50207—2012) 相关规定。 5.7.1 架空隔热层的高度应按照屋面的宽度或坡度的大小变化确定；架空隔热层不得堵塞，架空隔热层的高度宜为 180～300mm。 **5.7.3 屋面宽度**大于 10m 时，架空隔热层中部应设置**通风屋脊**，通风口处应设置通风箅子。 5.7.7 架空板与女儿墙的距离不应小于 250mm
	通风屋面的风道长度**不宜**大于 10m，通风间层高度**应**大于 0.3m，屋面基层应做保温隔热层，檐口处宜采用导风构造，迎风平屋面风道口与女儿墙的距离不应小于 0.6m

考点 16：屋面的排水设计

《屋面工程技术规范》(GB 50345—2012) 相关规定	4.2.1 屋面排水方式的选择应根据建筑物的屋顶形式、**气候条件**、**使用功能**等因素确定。【2022(12), 2020】 4.2.2 屋面排水方式可分为有组织排水和无组织排水。有组织排水时，宜采用雨水收集系统。 4.2.3 高层建筑屋面宜采用**内排水**；多层建筑屋面宜采用**有组织外排水**；低层建筑及檐高小于 10m 的屋面，可采用**无组织排水**。多跨及汇水面积较大的屋面宜采用天沟排水。天沟找坡较长时，宜采用中间内排水和两端外排水。【2023】 4.2.4 屋面排水系统设计采用的**雨水流量、暴雨强度、降雨历时、屋面汇水面积**等参数，应符合现行国家标准《建筑给水排水设计标准》(GB 50015) 的有关规定。 4.2.6 采用重力式排水时，屋面每个汇水面积内，**雨水排水立管不宜少于 2 根**；水落口和水落管的位置，应根据建筑物的造型要求和屋面汇水情况等因素确定。 4.2.7 高跨屋面为**无组织排水**时，其低跨屋面受水冲刷的部位**应加铺一层卷材**，并应设 40～50mm 厚，300～500mm 宽的 C20 细石混凝土保护层；高跨屋面为有组织排水时，水落管下应加设**水簸箕**。

续表

《屋面工程技术规范》(GB 50345—2012)相关规定	4.2.8 暴雨强度较大地区的大型屋面，**宜采用虹吸式屋面雨水排水系统**。 4.2.9 严寒地区<u>应采用内排水</u>，寒冷地区<u>宜采用内排水</u>。【2023】 4.2.10 湿陷性黄土地区宜采用有组织排水，并应将雨雪水直接排至排水管网。 4.2.11 檐沟、天沟的过水断面，应根据屋面汇水面积的雨水流量经计算确定。**钢筋混凝土檐沟、天沟净宽不应小于 300mm；分水线处最小深度不应小于 100mm；沟内纵向坡度应不小于 1%，沟底水落差不得超过 200mm。天沟、檐沟排水不得流经变形缝和防火墙**。【2019】【2018】 4.2.12 金属檐沟、天沟的纵向坡度宜为 0.5%。 4.2.13 坡屋面檐口宜采用有组织排水，檐沟和水落斗可采用金属或塑料成品
《民用建筑设计统一标准》(GB 50352—2019)相关规定	6.14.5 屋面排水应符合下列规定： (1) 屋面排水宜结合气候环境优先采用外排水，严寒地区、高层建筑、多跨及集水面积较大的屋面宜采用内排水，屋面雨水管的数量、管径应通过计算确定。 (2) 当上层屋面雨水管的雨水排至下层屋面时，应有防止水流冲刷屋面的设施。 (3) 屋面雨水排水系统宜设置溢流系统，溢流排水口的位置不得设在建筑出入口的上方。 (4) 当屋面采用虹吸式雨水排水系统时，应设溢流设施；集水沟的平面尺寸应满足汇水要求和雨水斗的安装要求，集水沟宽度不宜小于 300mm，有效深度不宜小于 250mm，集水沟分水线处最小深度不应小于 100mm。 (5) **屋面雨水天沟、檐沟不得跨越变形缝和防火墙**。 (6) 屋面雨水系统不得和阳台雨水系统共用管道；屋面雨水管应设在公共部位，不得在住宅套内穿越
其他技术资料相关的数据	(1) 每个水落口的汇水面积宜为 150~200m²；有外檐天沟时，雨水管间距可按小于等于 24m 设置；无外檐天沟时，雨水管间距可按小于等于 15m 设置。屋面雨水管的内径应不小于 100mm；面积小于 25m² 的阳台雨水管的内径应不小于 50mm。雨水管、雨水斗，应首选 UPVC 材料（增强塑料）。雨水管距离墙面不应小于 20mm，其排水口下端距散水坡的高度不应大于 200mm。 (2) 积灰多的屋面应采用无组织排水。如采用有组织排水应有防堵措施。 (3) 年降雨>900mm 的地区，相邻屋面高差≥3m 的高处檐口应采用有组织排水。 (4) **进深超过 12m 的平屋面不宜采用单坡排水**
	《全国民用建筑工程设计技术措施规划·建筑·景观》(2009 年版) 第二部分相关规定。 7.3.3 每一汇水面积内的屋面或天沟一般不应少于两个水落口。当屋面面积不大且小于当地一个水落口的**最大汇水面积**，而采用两个水落口确有困难时，也可采用一个水落口加溢流口的方式。溢流口宜靠近水落口，溢流口底的高度一般高出该处屋面完成面150~250mm 左右，并应挑出墙面不少于 50mm。溢水口的位置应不致影响其下部的使用，如影响行人等。 7.3.5 两个水落口的间距，一般不宜大于下列数值：**有外檐天沟 24m；无外檐天沟、内排水 15m**

典型习题

18-18 [2023-47] 下列关于屋面排水的说法，错误的是（　　）。
A. 高层宜采用内排水　　　　　　　　B. 多层宜采用有组织外排水
C. 檐口低于10m可采用无组织排水　　D. 严寒地区宜采用外排水

答案：D

解析：参见《屋面工程技术规范》（GB 50345—2012）4.2.3和4.2.9。

18-19 [2022（12）-59] 下列平屋面排水防水说法，错误的是（　　）。
A. 高层屋面宜做内排水
B. 多层有组织外排水
C. 多跨级汇水面积较大的建筑，宜采用天沟排水
D. 暴雨地区，汇水面大的用重力流排水

答案：D

解析：根据《屋面工程技术规范》（GB 50345—2012）4.2.8，暴雨强度较大地区的大型屋面，宜采用虹吸式屋面雨水排水系统。

考点17：屋顶凸出物的处理

烟道、通风道	《民用建筑设计统一标准》（GB 50352—2019）6.16.4　自然排放的烟道和排风道宜伸出屋面，同时应避开门窗和进风口。伸出高度应有利于烟气扩散，并应根据屋面形式、排出口周围遮挡物的高度、距离和积雪深度确定，**伸出平屋面的高度不得小于0.6m**
出入孔	《民用建筑设计统一标准》（GB 50352—2019）6.14.6-5　屋面构造应符合下列规定：屋面应设上人检修口；当屋面无楼梯通达，并低于10m时，可设外墙爬梯，并应有安全防护和防止儿童攀爬的措施；大型屋面及异形屋面的上屋面检修口宜多于2个
室外消防梯	《建筑设计防火规范》（GB 50016—2014，2018年版）6.4.9　建筑高度大于10m的三级耐火等级建筑应设置通至屋顶的室外消防梯。室外消防梯不应面对老虎窗，宽度不应小于0.6m，且宜从离地面3m高度处设置
女儿墙	《非结构构件抗震设计规范》（JGJ 339—2015）4.4.2　女儿墙的布置和构造，应符合下列规定：【2018】 1 **不应采用无锚固的砖砌漏空女儿墙**； 2 非出入口无锚固砌体女儿墙的最大高度：6～8度时不宜超过0.5m；超过0.5m时、人流出入口、通道处或9度时，出屋面砌体女儿墙应设置**构造柱**与主体结锚固，构造柱间距宜取2.0～2.5m； 5 **砌体女儿墙顶部应采用现浇的通长钢筋混凝土压顶**； 6 女儿墙在变形缝处应留有足够的宽度，缝两侧的女儿墙自由端应予以加强； 7 高层建筑的女儿墙，**不得采用砌体女儿墙**

女儿墙	《屋面工程技术规范》（GB 50345—2012）4.11.14 女儿墙的防水构造应符合下列规定：【2019】 1 女儿墙压顶可采用混凝土或金属制品；压顶向内排水，坡度不应小于5%，压顶内侧下端应作滴水处理； 2 女儿墙泛水处的防水层下应增设附加层，附加层在平面和立面的宽度均不应小于250mm； 3 低女儿墙泛水处的防水层可直接铺贴或涂刷至压顶下，卷材收头应用金属压条钉压固定，并应用密封材料封严；涂膜收头应用防水涂料多遍涂刷； 4 女儿墙泛水处的防水层泛水高度不应小于250mm，防水层收头应符合本条第3款的规定；泛水上部的墙体应作防水处理【2020】

典型习题

18-20 [2019-53] 下列加气混凝土砌体女儿墙构造做法，错误的是（ ）。

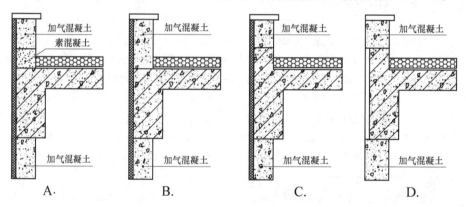

答案：B

解析：加气混凝土（泡沫混凝土）女儿墙底部一般应做200mm高混凝土墙坎。只有B项做法没有设置混凝土墙坎，错误。

第二节 坡屋顶构造

考点18：坡屋面设计

设计坡度	《建筑与市政工程防水通用规范》（GB 55030—2022）4.4.3-1 屋面排水坡度应根据**屋顶结构形式、屋面基层类别、防水构造形式、材料性能及使用环境**等条件确定，并应符合下列规定：屋面排水坡度应符合表4.4.3（表18-8）的规定。【2022（12）】

续表

设计坡度	表18-8	屋面排水坡度	
	屋面类型		屋面排水坡度/（％）
	平屋面		≥2
	瓦屋面	块瓦	≥30
		波形瓦	≥20
		沥青瓦	≥20
		金属瓦	≥20
	金属屋面	压型金属板、金属夹芯板	≥5
		单层防水卷材金属屋面	≥2
	种植屋面		≥2
	玻璃采光顶		≥5

2 当屋面采用结构找坡时，其坡度不应小于3％。
3 混凝土屋面檐沟、天沟的纵向坡度不应小于1％

《民用建筑设计统一标准》（GB 50352—2019）6.14.2　屋面排水坡度应根据屋顶结构形式、屋面基层类别、防水构造形式、材料性能及当地气候等条件确定，并应符合下列规定：
　1 屋面采用结构找坡时不应小于3％，采用建筑找坡时不应小于2％；
　2 **瓦屋面坡度大于100％以及大风和抗震设防烈度大于7度的地区，应取采固定和防止瓦材滑落的措施**；
　3 卷材防水屋面檐沟、天沟纵向坡度不应小于1％，金属屋面集水沟可无坡度；
　4 当种植屋面的坡度大于20％时，应采取固定和防止滑落的措施

设计要求

《坡屋面工程技术规范》（GB 50693—2011）相关规定。
3.2.5　坡屋面采用沥青瓦、块瓦、波形瓦和一级设防的压型金属板时，应设置**防水垫层**。
3.2.8　保温隔热层铺设在装配式屋面板上时，宜设置**隔汽层**。
3.2.11　持钉层的厚度应符合下列规定：
　1 持钉层为木板时，厚度不应小于20mm；
　2 持钉层为胶合板或定向刨花板时，厚度不应小于11mm；
　3 持钉层为结构用胶合板时，厚度不应小于9.5mm；
　4 持钉层为细石混凝土时，厚度不应小于35mm。
3.2.13　夏热冬冷地区、夏热冬暖地区和温和地区坡屋面的节能措施宜采用**通风屋面、热反射屋面、带铝箔的封闭空间间层或屋面种植**等。
3.2.14　屋面坡度大于100％时，宜采用**内保温隔热**措施。
3.2.18　钢筋混凝土檐沟的纵向坡度**不宜小于1％**。檐沟内应做防水。
3.2.19　坡屋面的排水设计应符合下列规定：
　1 **多雨地区的坡屋面应采用有组织排水**；
　2 **少雨地区可采用无组织排水**；
　3 高低跨屋面的水落管出水口处应采取防冲刷措施。

续表

设计要求	3.2.22 屋面设有太阳能热水器、太阳能光伏电池板、避雷装置和电视天线等附属设施时，应符合下列规定： 　　4 **附属设施的支撑预埋件与屋面防水层的连接处应采取防水密封措施**。 3.2.24 采光天窗的设计应符合下列规定： 　　1 采用排水板时，应有**防雨**措施； 　　2 采光天窗与屋面连接处应作**两道防水**设防； 　　3 应有**结露水泻流**措施； 　　4 天窗采用的玻璃应**符合相关安全**的要求； 　　5 采光天窗的**抗风压性能、水密性、气密性**等应符合相关标准的规定
材料选择	《坡屋面工程技术规范》（GB 50693—2011）相关规定。 4.1.2 防水垫层应采用以下材料： 　　1 沥青类防水垫层（自粘聚合物沥青防水垫层、聚合物改性沥青防水垫层、波形沥青通风防水垫层等）； 　　2 高分子类防水垫层（铝箔复合隔热防水垫层、塑料防水垫层、透汽防水垫层和聚乙烯丙纶防水垫层等）； 　　3 防水卷材和防水涂料。 4.2.1 坡屋面保温隔热材料可采用硬质聚苯乙烯泡沫塑料保温板、硬质聚氨酯泡沫保温板、喷涂硬泡聚氨酯、岩棉、矿渣棉或玻璃棉等。**不宜采用散状保温隔热材料**。 4.2.3 保温隔热材料的表观密度不应大于 250kg/m³。装配式轻型坡屋面宜采用轻质保温隔热材料，表观密度不宜大于 70kg/m³
构造做法	《坡屋面工程技术规范》（GB 50693—2011）相关规定。 6.1.1 沥青瓦分为平面沥青瓦（平瓦）和叠合沥青瓦（叠瓦）。 6.1.2 平面沥青瓦适用于防水等级为二级的坡屋面；叠合沥青瓦适用于防水等级为一级和二级的坡屋面。 6.1.3 沥青瓦屋面坡度不应小于20%。 6.1.5 沥青瓦屋面的屋面板宜为钢筋混凝土屋面板或木屋面板，板面应坚实、平整、干燥、牢固。 6.1.6 铺设沥青瓦应采用固定钉固定，在屋面周边及泛水部位应满粘。 6.1.7 沥青瓦的施工环境温度宜为 5～35℃。环境温度低于5℃时，应采取加强粘结措施。 ［构造层次：（由上至下）**沥青瓦—持钉层—防水层或防水垫层—保温隔热层—屋面板**。沥青瓦屋面的构造如图 18-27 所示。］ 7.1.1 块瓦包括烧结瓦、混凝土瓦等，适用于**防水等级为一级和二级的坡屋面**。（图 18-28） 7.1.2 块瓦屋面坡度不应小于30%。 7.1.3 块瓦屋面的屋面板可为钢筋混凝土板、木板或增强纤维板。 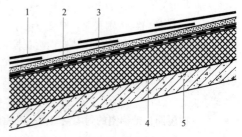 图 18-27 沥青瓦屋面构造 1—瓦材；2—持钉层；3—防水垫层； 4—保温隔热层；5—屋面层

构造做法	7.1.4 块瓦屋面应采用干法挂瓦，固定牢固，檐口部位应采取防风揭措施。 5.3.1 屋脊部位构造（图18-29）应符合下列规定： 　1 屋脊部位应增设防水垫层附加层，宽度不应小于500mm； 　2 防水垫层应顺流水方向铺设和搭接。 4.8.3 瓦屋面与山墙及突出屋面结构的交接处，均应做不小于250mm高的泛水处理。【2022（12）】 ［块瓦屋面保温隔热层上铺设细石混凝土保护层作为持钉层时，防水垫层应铺设在持钉层上；构造层（由上至下）依次为：**块瓦-挂瓦条-顺水条-防水垫层-持钉层-保温隔热层-屋面板**。］ 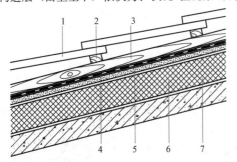 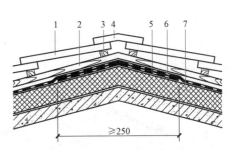 　图18-28　块瓦屋面的构造　　　　图18-29　屋脊 　1—瓦材；2—挂瓦条；3—顺水条；　1—瓦；2—顺水条；3—挂瓦条； 　4—防水垫层；5—持钉层；6—保温隔热层；　4—脊瓦；5—防水垫层附加层； 　7—屋面层　　　　　　　　　　　6—防水垫层；7—保温隔热层 8.1.1 波形瓦包括沥青波形瓦、树脂波形瓦等，适用于防水等级为二级的坡屋面。 8.1.2 波形瓦屋面坡度不应小于20％。 8.1.3 波形瓦屋面承重层为混凝土屋面板和木屋面板时，宜设置外保温隔热层；不设屋面板的屋面，可设置内保温隔热层。 波形瓦屋面的构造如图18-30所示。 9.1.1 金属板屋面的板材主要包括压型金属板和金属面绝热夹芯板。 9.1.2 金属板屋面坡度不宜小于5％。 9.1.3 压型金属板屋面适用于防水等级为一级和二级的坡屋面。金属面绝热夹芯板屋面适用于防水等级为二级的坡屋面。 9.1.4 防水等级为一级的压型金属板屋面不应采用明钉固定方式，应采用大于180°咬边连接的固定方式；防水等级为二级的压型金属板屋面采用明钉或金属螺钉固定方式时，钉帽应有防水密封措施。 9.1.5 金属面绝热夹芯板的四周接缝均应采用**耐候丁基橡胶防水密封胶带**密封。 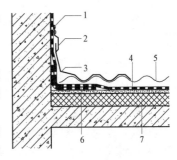 图18-30　波形瓦屋面的构造 1—密封胶；2—金属压条；3—泛水； 4—防水垫层；5—波形瓦；6—防水垫层附加层；7—保温隔热层 金属板屋面的构造如图18-31所示。 10.1.1 防水卷材屋面适用于防水等级为一级和二级的单层防水卷材设防的坡屋面。 10.1.2 防水卷材屋面的坡度不应小于3％。

	续表
构造做法	10.1.3 屋面板可采用压型钢板或现浇钢筋混凝土板等。 10.1.4 防水卷材屋面采用的防水卷材主要包括：聚氯乙烯（PVC）防水卷材、三元乙丙橡胶（EPDM）防水卷材、热塑性聚烯烃（TPO）防水卷材、弹性体（SBS）改性沥青防水卷材、塑性体（APP）改性沥青防水卷材等。 10.1.5 保温隔热材料可采用硬质岩棉板、硬质矿渣棉板、硬质玻璃棉板、硬质泡沫聚氨酯保温板及硬质泡沫聚苯乙烯保温板等板材，并应符合防火设计规范的相关要求。 10.1.6 **保温隔热层应设置在屋面板上。** 10.1.7 单层防水卷材和保温隔热材料构成的屋面系统，可采用机械固定法、满粘法或空铺压顶法铺设。 防水卷材屋顶构造如图18-32所示 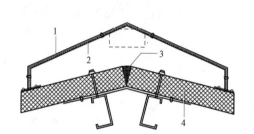 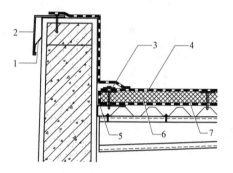 图18-31 金属板屋面的构造　　　　图18-32 防水卷材坡屋顶的构造 1—屋脊盖板；2—屋脊盖板支架；　　　1—钢板连接件；2—复合钢板； 3—聚苯乙烯泡沫条；4—夹芯屋面板　　3—固定件；4—防水卷材； 　　　　　　　　　　　　　　　　　5—收边加强钢板； 　　　　　　　　　　　　　　　　　6—保温隔热层；7—隔汽层

18-21 [2022（12）-55] 钢筋混凝土屋面结构找坡最小坡度为（　　）。
A. 2%　　　　B. 3%　　　　C. 4%　　　　D. 5%
答案：B
解析：根据《屋面工程技术规范》（GB 50345—2012）4.3.1，混凝土结构层宜采用结构找坡，坡度不应小于3%；当采用材料找坡宜采用质量轻、吸水率低和有一定强度的材料，坡度宜为2%。

18-22 [2022（12）-56] 下列烧结瓦屋面构造图中，如图18-33所示，屋脊处增设的防水基材附加层宽度不应小于（　　）。
A. 100mm　　　　B. 150mm
C. 200mm　　　　D. 250mm
答案：D

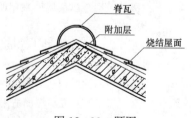

图18-33 题图

解析：参见考点18。

考点19：瓦屋面设计

防水等级和设防要求	《建筑与市政工程防水通用规范》(GB 55030—2022) 4.4.1-2 瓦屋面工程的防水做法应符合表4.4.1-2（表18-9）的规定。 表18-9　瓦屋面工程的防水做法 | 防水等级	防水做法	防水层 屋面瓦	防水层 防水卷材	防水层 防水涂料
---	---	---	---	---
一级	不应少于3道	为1道，应选	卷材防水层不应少于1道	
二级	不应少于2道	为1道，应选	不应少于1道；任选	
三级	不应少于1道	为1道，应选	—		
瓦屋面的基本构造层次	3.0.2 屋面的基本构造层次宜符合表3.0.2（表18-10）的要求。设计人员可根据建筑物的性质、使用功能、气候条件等因素进行组合。 表18-10　瓦屋面的基本构造层次 	屋面类型	基本构造层次（由上到下）
块瓦	块瓦-挂瓦条-顺水条-持钉层-防水层或防水垫层-保温层-结构层
沥青瓦	沥青瓦-持钉层-防水层或者防水垫层-保温层-结构层 | 注：1 表中的结构层包括混凝土基层和木基层，防水层包括卷材和涂膜防水层。 2 有隔汽层要求的屋面，应在保温层和结构层之间设置隔汽层
拱瓦与平瓦（图18-34）	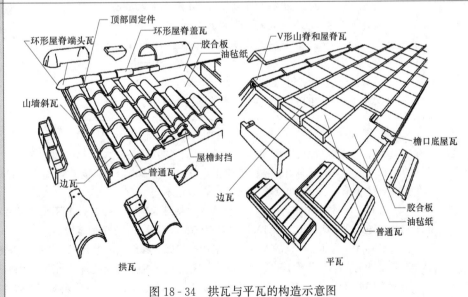 图18-34　拱瓦与平瓦的构造示意图

续表

瓦屋面的设计	4.8.3 瓦屋面与山墙及突出屋面结构的交接处，均应做不小于250mm高的泛水处理。 4.8.4 在大风及地震设防地区或屋面坡度大于100%时，瓦片应采取固定加强措施。 4.8.6 防水垫层宜采用自粘聚合物沥青防水垫层、聚合物改性沥青防水垫层，其最小厚度和搭接宽度应符合表4.8.6（表18-11）的规定。 表 18-11　　　　防水垫层的最小厚度和搭接宽度　　　　（mm） | 防水垫层品种	最小厚度	搭接宽度
---	---	---
自粘聚合物沥青防水垫层	1.0	80
聚合物改性沥青防水垫层	2.0	100	 4.8.7 在满足屋面荷载的前提下，瓦屋面持钉层厚度应符合下列规定： 　1 持钉层为木板时，厚度不应小于20mm； 　2 持钉层为人造板时，厚度不应小于16mm； 　3 持钉层为细石混凝土时，厚度不应小于35mm。 4.8.8 瓦屋面檐沟、天沟的防水层，可采用防水卷材或防水涂膜，也可采用金属板材
烧结瓦、混凝土瓦屋面的构造要点	《屋面工程技术规范》（GB 50345—2012）相关规定。 4.8.9 烧结瓦、混凝土瓦屋面的坡度**不应小于30%**。 4.8.10 采用的木质基层、顺水条、挂瓦条，均应作**防腐、防火和防蛀**处理；采用的金属顺水条、挂瓦条，均应作**防锈蚀**处理。 4.8.11 烧结瓦、混凝土瓦应采用干法挂瓦，瓦与屋面基层应固定牢靠。 4.8.12 烧结瓦和混凝土瓦铺装的有关尺寸应符合下列规定：【2020】 　1 瓦屋面檐口挑出墙面的长度**不宜小于300mm**； 　2 脊瓦在两坡面瓦上的搭盖宽度，每边**不应小于40mm**； 　3 脊瓦下端距坡面瓦的高度**不宜大于80mm**； 　4 瓦头伸入檐沟、天沟内的长度**宜为50mm～70mm**； 　5 金属檐沟、天沟伸入瓦内的宽度**不应小于150mm**； 　6 瓦头挑出檐口的长度**宜为50mm～70mm**； 　7 突出屋面结构的侧面瓦伸入泛水的宽度**不应小于50mm**
沥青瓦屋面的构造要点	《屋面工程技术规范》（GB 50345—2012）相关规定。 4.8.13 沥青瓦屋面的坡度不应小于20%。【2018】 4.8.14 沥青瓦应具有自粘胶带或相互搭接的连锁构造。矿物粒料或片料覆面沥青瓦的厚度不应小于2.6mm，金属箔面沥青瓦的厚度不应小于2mm。 4.8.15 沥青瓦的固定方式应以**钉为主、粘结为辅**。每张瓦片上**不得少于4个固定钉**；在大风地区或屋面坡度**大于100%**时，每张瓦片**不得少于6个固定钉**。 4.8.16 天沟部位铺设的沥青瓦可采用**搭接式、编织式、敞开式**。搭接式、编织式铺设时，沥青瓦下应增设不小于1000mm宽的附加层；敞开式铺设时，在防水层或防水垫层上应铺设厚度不小于0.45mm的防锈金属板材，沥青瓦与金属板材应用沥青基胶结材料粘结，其搭接宽度不应小于100mm。 4.8.17 沥青瓦铺装的有关尺寸应符合下列规定： 　1 脊瓦在两坡面瓦上的搭盖宽度，每边不应小于150mm；

沥青瓦屋面的构造要点	2 脊瓦与脊瓦的压盖面不应小于脊瓦面积的 1/2； 3 沥青瓦挑出檐口的长度宜为 10mm～20mm； 4 金属泛水板与沥青瓦的搭盖宽度不应小于 100mm； 5 金属泛水板与突出屋面墙体的搭接高度不应小于 250mm； 6 金属滴水板伸入沥青瓦下的宽度不应小于 80mm

典型习题

18-23 [2020-57] 下列关于坡屋面烧结瓦的铺设方式正确的是（　　）。
A. 应采用水泥砂浆卧瓦铺设
B. 应采用干式卧瓦铺设
C. 坡度为 30 度时，应采用水泥砂浆卧瓦铺设
D. 6 度抗震设防时，应采用水泥砂浆卧瓦铺设

答案：B

解析：根据《屋面工程技术规范》（GB 50345—2012）4.8.11 烧结瓦、混凝土瓦应采用干法挂瓦。

考点 20：瓦屋面构造分析

瓦屋面构造分析如图 18-35～图 18-40 所示

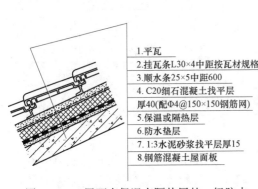

图 18-35　屋面有保温有隔热层的一级防水

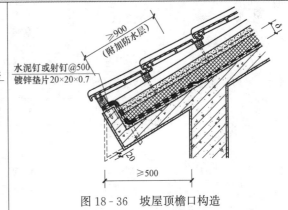

图 18-36　坡屋顶檐口构造

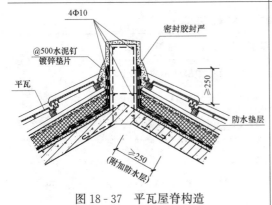

图 18-37　平瓦屋脊构造

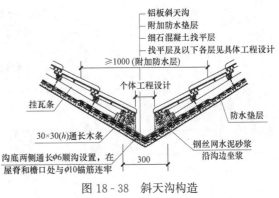

图 18-38　斜天沟构造

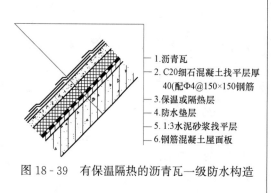

图 18-39　有保温隔热的沥青瓦一级防水构造

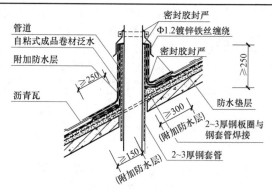

图 18-40　沥青瓦屋面出屋面管道构造

考点 21：金属板屋面设计【★★★】

防水等级和防水做法	《建筑与市政工程防水通用规范》（GB 55030—2022）4.4.1　金属屋面工程的防水做法应符合表 4.4.1-3（表 18-12）的规定。全焊接金属板屋面应视为一级防水等级的防水做法。	

表 18-12　金属屋面工程防水做法

防水等级	防水做法	防水层	
		金属板	防水卷材
一级	不应少于 2 道	为 1 道，应选	不应少于 1 道；厚度不应小于 1.5mm
二级	不应少于 2 道	为 1 道，应选	不应少于 1 道
三级	不应少于 1 道	为 1 道，应选	—

基本构造层次

《屋面工程技术规范》（GB 50345—2012）3.0.2　屋面的基本构造层次宜符合表 3.0.2（表 18-13）的要求。设计人员可根据建筑物的性质、使用功能、气候条件等因素进行组合。

表 18-13　金属板屋面的基本构造层次

屋面类型	基本构造层次（自上而下）
金属板屋面	压型金属板-防水垫层-保温层-承托网-支承结构
	上层压型金属板-防水垫层-保温层-底层压型金属板-支承结构
	金属面绝热夹芯板-支承结构

| 构造示意图（图18-41） | 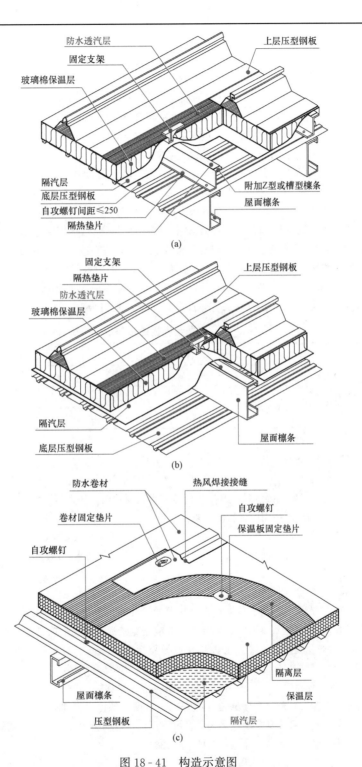 |

图 18-41 构造示意图
(a) 檩条露明式金属板屋面构造；(b) 檩条暗藏式金属板屋面构造；(c) 卷材防水金属板屋面构造

构造要点	《屋面工程技术规范》(GB 50345—2012) 相关规定。 4.9.7 压型金属板采用咬口锁边连接时，屋面的排水坡度不宜小于5%；压型金属板采用紧固件连接时，屋面的排水坡度不宜小于10%。 4.2.12 金属檐沟、天沟的纵向坡度宜为0.5%。 4.9.15 金属板屋面铺装的有关尺寸应符合下列规定： 1 金属板檐口挑出墙面的长度**不应小于200mm**； 2 金属板伸入檐沟、天沟内的长度**不应小于100mm**； 3 金属泛水板与突出屋面墙体的搭接高度**不应小于250mm**； 4 金属泛水板、变形缝盖板与金属板的搭盖宽度不应小于200mm； 5 金属屋脊盖板在两坡面金属板上的搭盖宽度不应小于250mm。 4.9.13 压型金属板采用紧固件连接的构造应符合下列规定：【2021，2019】 2 铺设低波压型金属板时，可不设固定支架，应在波峰处采用带防水密封胶垫的自攻螺钉与檩条连接，连接件可每波或隔波设置一个，但每块板不得少于3个； 3 压型金属板的纵向搭接应位于檩条处，搭接端应与檩条有可靠的连接，搭接部位应设置防水密封胶带。压型金属板的纵向最小搭接长度应符合表4.9.13（表18-14）的规定； 表18-14　　压型金属板的纵向最小搭接长度　　（mm） | 压型金属板		纵向最小搭接长度
---	---	---
高波压型金属板		350
低波压型金属板	屋面坡度≤10%	250
	屋面坡度≥10%	200	 《坡屋面工程技术规范》(GB 50693—2011) 相关规定。 9.2.7 金属天沟、檐沟应设置伸缩缝，伸缩缝间隔不宜大于30m。 9.2.10 当室内湿度较大或采用纤维状保温材料时，压型金属板屋面设计应符合下列规定： 1 保温隔热层下面应设置**隔汽层**； 2 防水等级为一级时，保温隔热层上面应设置**透汽防水垫层**； 3 防水等级为二级时，保温隔热层上面宜设置**透汽防水垫层**【2020，2019】
防雷防火	《采光顶与金属屋面技术规程》(JGJ 255—2012) 相关规定。 4.1.4 光伏组件面板坡度宜按光伏系统全年日照最多的倾角设计，宜满足光伏组件冬至日全天有3h以上建筑日照时数的要求，**并应避免景观环境或建筑自身对光伏组件的遮挡**。 4.1.9 金属屋面应设置上人爬梯或设置屋面上人孔，对于屋面四周没有女儿墙或女儿墙（或屋面上翻檐口）**低于500mm**的屋面，宜设置防坠落装置 4.4.2 金属框架与主体结构的防雷系统应可靠连接。当采光顶未处于主体结构防雷保护范围时，应在采光顶的**尖顶部位**、**屋脊部位**、**檐口部位**设避雷带，并与其金属框架形成可靠连接；金属屋面可按要求设置接闪器，可采用面板作为接闪器，并与金属框架、主体结构可靠连接。连接部位应清除非导电保护层。【2023】 4.4.4 采光顶或金属屋面与外墙交界处、屋顶开口部位四周的保温层，应采用宽度不小于500mm的燃烧性能为**A级保温材料设置水平防火隔离带**。采光顶或金属屋面与防火分隔构件间的缝隙，应进行**防火封堵**。

压型金属板	《采光顶与金属屋面技术规程》(JGJ 255—2012)相关规定。 7.4.4 压型金属屋面胶缝的连接应采用中性硅酮密封胶。 7.4.5 金属屋面与立墙及突出屋面结构等交接处，应作泛水处理。屋面板与突出构件间预留伸缩缝隙或具备伸缩能力。 7.4.6 压型金属屋面板采用带防水垫圈的镀锌螺栓固定时，固定点应设在波峰上。外露螺栓均应密封。 7.4.7 梯形板、正弦波纹板连接应符合下列要求： 1 横向搭接不应小于一个波，纵向搭接不应小于200mm。【2019】 2 挑出墙面的长度不应小于200mm。 3 压型板伸入檐沟内的长度不应小于150mm。 4 压型板与泛水的搭接宽度不应小于200mm。
防腐蚀措施	《屋面工程技术规范》(GB 50345—2012) 4.9.17 固定支座应选用与支承构件相同材质的金属材料，当选用不同材质金属材料并**易产生电化学腐蚀**时，固定支座与支承构件之间应采用**绝缘垫片**或采取其他防腐蚀措施。【2021】
水平向金属波纹板（图18-42）	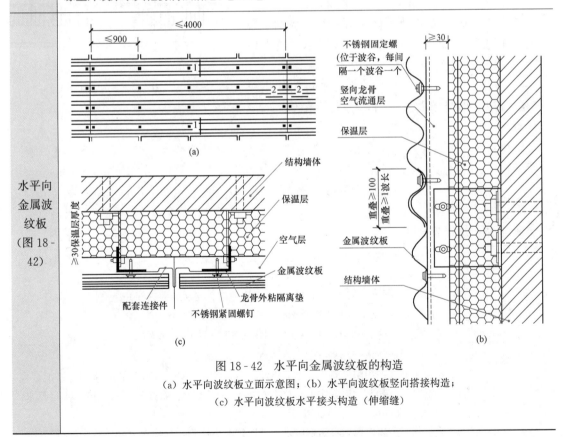 图18-42 水平向金属波纹板的构造 (a) 水平向波纹板立面示意图；(b) 水平向波纹板竖向搭接构造； (c) 水平向波纹板水平接头构造（伸缩缝）

18-24 [2023-49] 关于采光顶和金属屋面构造错误的是（　　）。

A. 光伏组件应避免遮蔽 B. 女儿墙低于500mm应设置防跌落措施
C. 采光顶的面板应做接闪器 D. 屋顶洞口周边设置防火隔离带

答案：C

解析：根据《采光顶与金属屋面技术规程》（JGJ 255—2012）4.1.4、4.1.9、4.4.2 和 4.4.4，金属框架与主体结构的防雷系统应可靠连接。当采光顶未处于主体结构防雷保护范围时，应在采光顶的尖顶部位、屋脊部位、檐口部位设避雷带，并与其金属框架形成可靠连接；金属屋面可按要求设置接闪器，可采用面板作为接闪器。

18-25 [2020-58] 下列金属屋面构造中，既能防水又能排除保温层潮气的构造层是（　　）。

A. 聚酯膜 B. 高分子聚乙烯膜
C. 底层压型钢板 D. 上层压型钢板

答案：B

解析：根据《屋面工程技术规范》（GB 50345—2012）4.9.5，金属板屋面在保温层的下面宜设置隔汽层，在保温层的上面宜设置防水透汽膜。

18-26 [2019-60] 下列防水等级为一级的压型金属板屋面构造示意图中，如图18-43所示，防水垫层应选用哪种材料？（　　）

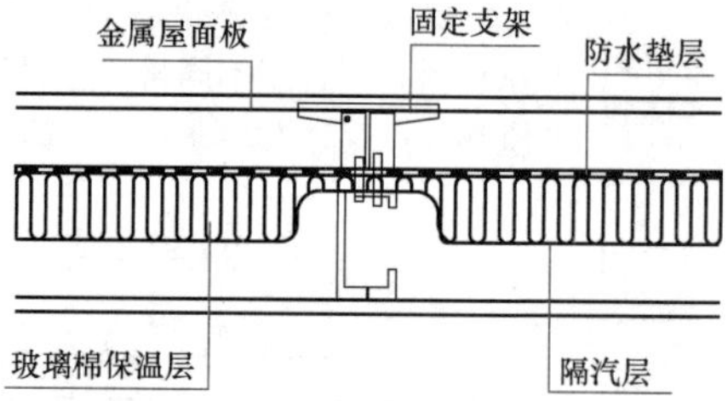

A. 土工布 B. 高分子防水卷材
C. 高聚物防水卷材 D. 防水透汽膜

图18-43 题图

答案：D

解析：金属板屋面在保温层的下面宜设置隔汽层，在保温层的上面宜设置防水透汽膜。

第三节　玻 璃 采 光 顶

考点22：玻璃采光顶

支承结构	《采光顶与金属屋面技术规程》（JGJ 255—2012）相关规定。　玻璃采光顶：由玻璃透光面板与支承体系组成的屋顶。 （1）框支承结构：框支承结构由玻璃面板、金属框架、支承结构三部分组成。 （2）点支承结构：点支承结构由玻璃面板、点支承装置、支承结构三部分组成。 （3）玻璃支承结构：玻璃支承结构宜采用钢化或半钢化夹层玻璃支承。
	《采光顶与金属屋面技术规程》（JGJ 255—2012）相关规定。 3.2.2　铝合金型材采用阳极氧化、电泳涂漆、粉末喷涂、氟碳漆喷涂进行表面处理时，应符合现行国家标准《铝合金建筑型材》（GB 5237）的规定，表面处理层的厚度应满足要求。铝合金型材有效截面部位的厚度不应小于2.5mm 3.3.6　**采光顶与金属屋面用不锈钢应采用奥氏体型不锈钢**，其化学成分应符合现行国家标准《不锈钢和耐热钢牌号及化学成分》（GB/T 20878）等的规定。【2021】
	玻璃采光顶使用的钢索应采用**钢绞线**，且钢索的公称直径不宜小于12mm
	采光顶内用钢结构支承时，钢结构表面应作**防火处理**

点支承装置	《采光顶与金属屋面技术规程》(JGJ 255—2012) 相关规定。 6.2.1 矩形玻璃面板宜采用四点支承,三角形玻璃面板宜采用三点支承。相邻支承点间的板边距离,不宜大于1.5m。点支承玻璃可采用钢爪支承装置或夹板支承装置。采用钢爪支承时,孔边到板边的距离不宜小于70mm。 6.2.2 点支承玻璃面板采用浮头式连接件支承时,其厚度不应小于6mm;采用沉头式连接件支承时,其厚度不应小于8mm。夹层玻璃和中空玻璃中,安装连接件的单片玻璃厚度也应符合本条规定。钢板夹持的点支承玻璃,单片厚度不应小于6mm。 6.2.3 点支承中空玻璃孔洞周边应采取多道密封
安全设计	3.4.5 当采光顶玻璃最高点到地面或楼面距离大于3m时,应采用**夹层玻璃或夹层中空玻璃,且夹胶层位于下侧** 《采光顶与金属屋面技术规程》(JGJ 255—2012) 相关规定。 5.1.2 玻璃采光顶的结构设计使用年限**不应小于25年**。当设计使用年限低于15年时,可采用聚碳酸酯板(又称为阳光板、PC板)采光顶。 6.7.1 玻璃采光顶的玻璃组装采用胶粘方式时,玻璃与金属框之间应采用与接触材料相容的硅酮结构密封胶粘结。粘结宽度不应小于7mm;粘结厚度不应小于6mm。 4 玻璃采光顶的玻璃采用点支承体系时,连接件的钢爪与玻璃之间应设置衬垫材料,衬垫材料的厚度不宜小于1mm,面积不应小于支承装置与玻璃的结合面。 5 玻璃间的接缝宽度应满足玻璃和密封胶的变形要求,且不应小于10mm;密封胶的嵌填深度宜为接缝宽度的50%~70%,较深的密封槽口底部应采用聚乙烯发泡材料填塞。
节能设计	《采光顶与金属屋面技术规程》(JGJ 255—2012) 相关规定。 4.5.2 玻璃采光顶宜采用**夹层中空玻璃或夹层低辐射镀膜中空玻璃**。明框支承采光顶宜采用隔热铝合金型材或隔热性钢材。 4.5.3 采光顶的热桥部位应进行隔热处理,**在严寒和寒冷地区的采光顶应进行防结露设计,保证热桥部位不应出现结露现象。** 4.5.6 采光顶宜进行**遮阳**设计。有遮阳要求的采光顶,可采用**遮阳型低辐射镀膜夹层中空玻璃**,必要时也可设置遮阳系统 为实现节能,**玻璃(聚碳酸酯板)采光顶的面积不应大于屋顶总面积的20%**
防火设计	《采光顶与金属屋面技术规程》(JGJ 255—2012) 相关规定。 4.4.4 采光顶与外墙交界处、屋顶开口部位四周的**保温层,应采用宽度不小于500mm**的燃烧性能为**A级**保温材料设置水平防火隔离带。采光顶与防火分隔构件的缝隙,应进行防火封堵。 4.4.6 采光顶的同一玻璃面般不宜跨越两个防火分区。防火分区间设置通透隔断时,应采用防火玻璃或防火玻璃制品,其耐火极限应符合设计要求。 4.4.7 通风设计可采用自然通风或机械通风,自然通风可采用气动、电动和手动的可开启窗形式,机械通风应于建筑主体通风一并考虑

续表

排水设计	《采光顶与金属屋面技术规程》（JGJ 255—2012）相关规定。 4.3.8 天沟底板排水坡度**宜大于**1%。天沟设计尚应符合下列规定： 3 较长天沟应考虑设置变形缝：顺直天沟连续长度不宜大于 30m，非顺直天沟应根据计算确定，但连续长度不宜大于 20m。 4.3.9 采光顶采取无组织排水时，应在屋檐设置滴水构造
	《屋面工程技术规范》（GB 50345—2012）4.10.4 玻璃采光顶应采用支承结构找坡，排水坡度不宜小于 5%
构造要求	《采光顶与金属屋面技术规程》（JGJ 255—2012）相关规定。 7.1.3 当连接件与所接触材料可能产生双金属接触腐蚀时，应采用绝缘垫片分隔或采取其他有效措施防止腐蚀。 7.2.11 玻璃采光顶板缝构造应符合下列规定： 1 注胶式板缝应采用中性硅酮建筑密封胶密封，且应满足接缝处位移变化的要求。板缝宽度不宜小于 10mm。在接缝变形较大时，应采用位移能力较高的中性硅酮密封胶。 2 嵌条式板缝可采用密封条密封，且密封条交叉处应可靠封接。连接构造上宜进行多腔设计，并宜设置导水、排水系统。 3 开放式板缝宜在面板的背部空间设置防水层，并应设置可靠的导水、排水系统和有效的通风除湿构造措施。内部支承金属结构应采取防腐措施

典型习题

18-27〔2021-60〕关于玻璃采光顶所用夹层玻璃的要求，错误的是（ ）。
A．夹层玻璃的玻璃原片厚度不宜小于 5mm
B．夹层玻璃宜采用干法加工合成
C．夹层玻璃两片玻璃厚度相差不宜大于 2mm
D．夹层玻璃的胶片厚度不应小于 0.38
答案：D
解析：根据《屋面工程技术规范》（GB 50345—2012）4.10.8 和 4.10.9，夹层玻璃的玻璃原片厚度不宜小于 5mm，选项 A 说法正确；夹层玻璃宜为干法加工合成，选项 B 说法正确；夹层玻璃的两片玻璃厚度相差不宜大于 2mm，选项 C 说法正确；夹层玻璃的胶片宜采用聚乙烯醇缩丁醛胶片，聚乙烯醇缩丁醛胶片的厚度不应小于 0.76mm，选项 D 说法错误。

第四节 太阳能光伏系统

考点 23：太阳能光伏系统【★★★】

基本概念	《民用建筑太阳能光伏系统应用技术规范》（JGJ 203—2010）2.0.1 太阳能光伏系统：利用太阳电池的光伏效应将太阳辐射能直接转换成电能的发电系统，简称光伏系统
	《全国民用建筑工程设计技术措施规划•建筑•景观》（2009 年版）5.10.7 光电幕墙、光电采光顶

续表

基本概念	2 幕墙和采光顶面层的上层一般为4mm白色玻璃，中层为光伏电池组成的光伏电池系列，下层为4mm的玻璃，其颜色可任意选择。上下两层和中间一层一般用铸膜树脂（EVA）热固而成，背面是接线盒和导线。 3 模板尺寸一般为500mm×500mm～2100mm×3500mm
	《建筑玻璃应用技术规程》（JGJ 113—2015）4.1.13 光伏构件所选用的玻璃应符合下列规定： 1 面板玻璃应选用**超白玻璃**，超白玻璃的透光率**不宜小于90%**。 2 背板玻璃应选用**均质钢化玻璃**。 3 面板玻璃应计算确定其厚度，**宜在3～6mm选取**【2019】
	框支承的光伏组件宜采用**半钢化玻璃**；全钢化玻璃存在自爆的可能，为避免损坏过多，更换困难，故宜采用半钢化玻璃。点支承的光伏组件宜采用**钢化玻璃**，点支承处应力很大，钢化玻璃具有较高的强度；当然，在组件板块较小、荷载不大时，经过计算，可以采用半钢化玻璃。 光伏组件通常位于中空玻璃的上侧和外侧，以提高光电转换效率。在采光顶上应用时，下侧（内侧）玻璃宜采用夹层玻璃，以防止玻璃破碎后下坠伤人
具体规定	《民用建筑太阳能光伏系统应用技术规范》（JGJ 203—2010）相关规定。 4.3.2 建筑体形及空间组合应为光伏组件接收更多的太阳能创造条件。宜满足光伏组件冬至日全天有**3h**以上建筑日照时数的要求。 4.3.3 建筑设计应为光伏系统提供安全的安装条件，并应在安装光伏组件的部位采取安全防护措施。 4.3.4 光伏组件**不应跨越建筑变形缝设置**。 4.3.5 光伏组件的安装不应影响所在建筑部位的雨水排放。 4.3.7 在多雪地区建筑屋面上安装光伏组件时，宜设置人工融雪、清雪的安全通道
平屋顶上安装	《民用建筑太阳能光伏系统应用技术规范》（JGJ 203—2010）4.3.8 在平屋面上安装光伏组件应符合下列规定： 1 光伏组件安装宜按最佳倾角进行设计；当光伏组件安装倾角小于10°时，应设置维修、人工清洗的设施与通道； 2 光伏组件安装支架宜采用自动跟踪型或手动调节型的可调节支架； 3 采用支架安装的光伏方阵中光伏组件的间距应满足冬至日投射到光伏组件上的阳光不受遮挡的要求； 4 在建筑平屋面上安装光伏组件，应选择不影响屋面排水功能的基座形式和安装方式； 5 光伏组件基座与结构层相连时，防水层应铺设到支座和金属埋件的上部，并应在地脚螺栓周围做密封处理； 6 在平屋面防水层上安装光伏组件时，其支架基座下部应增设附加防水层； 7 对直接构成建筑屋面面层的建材型光伏构件，除应保障屋面排水通畅外，安装基层还应具有一定的刚度；在空气质量较差的地区，还应设置清洗光伏组件表面的设施； 8 光伏组件周围屋面、检修通道、屋面出入口和光伏方阵之间的人行通道上部应铺设保护层； 9 光伏组件的引线穿过平屋面处应预埋防水套管，并应做**防水密封处理**；防水套管应在平屋面防水层施工前埋设完毕
屋面上安装	《民用建筑太阳能光伏系统应用技术规范》（JGJ 203—2010）4.3.9 在坡屋面上安装光伏组件应符合下列规定： 1 坡屋面坡度宜按光伏组件**全年获得电能最多的倾角设计**； 2 光伏组件宜采用顺坡镶嵌或顺坡架空安装方式； 3 建材型光伏构件与周围屋面材料连接部位应做好建筑构造处理，并应满足屋面整体的保温、防水等功能要求； 4 顺坡支架安装的光伏组件与屋面之间的垂直距离应满足安装和通风散热间隙的要求

续表

安装位置	规范条文
阳台或平台上安装	《民用建筑太阳能光伏系统应用技术规范》（JGJ 203—2010）4.3.10　在阳台或平台上安装光伏组件应符合下列规定： 1 低纬度地区安装在阳台或平台栏板上的晶体硅光伏组件应有适当的倾角； 2 安装在阳台或平台栏板上的光伏组件支架应与栏板主体结构上的预埋件牢固连接； 3 构成阳台或平台栏板的光伏构件，应满足刚度、强度、防护功能和电气安全要求； 4 应采取保护人身安全的防护措施
墙面上安装	《民用建筑太阳能光伏系统应用技术规范》（JGJ 203—2010）4.3.11　在墙面上安装光伏组件应符合下列规定： 1 低纬度地区安装在墙面上的晶体硅光伏组件宜有适当的倾角； 2 安装在墙面的光伏组件支架应与墙面结构主体上的预埋件牢固锚固； 3 光伏组件与墙面的连接不应影响墙体的保温构造和节能效果； 4 对设置在墙面上的光伏组件，引线穿过墙面处应预埋防水套管；穿墙管线不宜设在结构柱处； 5 光伏组件镶嵌在墙面时，宜与墙面装饰材料、色彩、分格等协调处理； 6 对安装在墙面上提供遮阳功能的光伏构件，应满足室内采光和日照的要求； 7 当光伏组件安装在窗面上时，应满足窗面采光、通风等使用功能要求； 8 应采取保护人身安全的防护措施
幕墙上安装	《民用建筑太阳能光伏系统应用技术规范》（JGJ 203—2010）4.3.12　在建筑幕墙上安装光伏组件应符合下列规定： 1 安装在建筑幕墙上的光伏组件宜**采用建材型光伏构件**； 2 光伏组件尺寸应符合幕墙设计模数，光伏组件表面颜色、质感应与幕墙协调统一； 3 光伏幕墙的性能应满足所安装幕墙整体物理性能的要求，并应满足建筑节能的要求； 4 对有采光和安全双重性能要求的部位，应使用**双玻光伏幕墙**，其使用的夹胶层材料应为聚乙烯醇缩丁醛（PVB），并应满足建筑室内对视线和透光性能的要求； 5 玻璃光伏幕墙的结构性能和防火性能应满足现行行业标准《玻璃幕墙工程技术规范》（JGJ 102）的要求； 6 由玻璃光伏幕墙构成的雨篷、檐口和采光顶，应满足建筑相应部位的刚度、强度、排水功能及防止空中坠物的安全性能要求
通风	《民用建筑太阳能光伏系统应用技术规范》（JGJ 203—2010）4.3.13　光伏系统的控制机房宜采用**自然通风**，当不具备条件时应采取机械通风措施

典型习题

18-28 [2019-87] 关于光伏构件所选用的玻璃，以下哪个说法错误？（　　）

A. 光伏面板一定要用超白玻璃　　　B. 光伏面板透光率大于等于 90%
C. 面板厚不宜大于 6mm　　　　　　D. 背板可以采用半钢化玻璃

答案：D

解析：根据《建筑玻璃应用技术规程》（JGJ 113—2015）4.1.13，面板玻璃应选用超白玻璃，超白玻璃的透光率不宜小于 90%，选项 A、B 说法正确；背板玻璃应选用均质钢化玻璃，选项 D 说法错误；面板玻璃应计算确定其厚度，宜在 3~6mm 选取，选项 C 说法正确。

第十九章　门　　　窗

思维导图

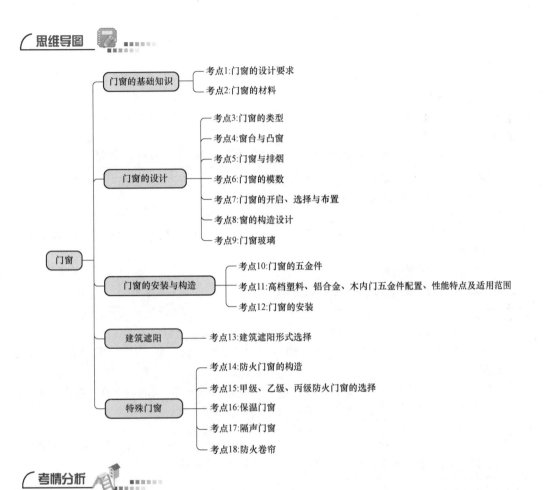

考情分析

章　节	近五年考试分数统计					
	2023年	2022年12月	2022年5月	2021年	2020年	2019年
第一节　门窗的基础知识	0	0	0	0	0	0
第二节　门窗的设计	0	0	1	2	2	3
第三节　门窗的安装与构造	0	1	2	2	1	2
第四节　建筑遮阳	0	0	0	0	0	0
第五节　特殊门窗	2	1	3	1	5	2
总　计	2	2	6	5	8	7

注：1. 本章节难度最大的是不同门窗的五金件构造，考生需注意。
　　2. 近几年对特殊门窗知识点考查较多，如防火门、防火卷帘、隔声门窗等。

第一节 门窗的基础知识

考点1:门窗的设计要求

作用	门和窗是房屋建筑中不承重的围护和分隔构件,应具有保温、隔热、隔声、防水、防火、装饰等功能
一般要求	《民用建筑设计统一标准》(GB 50352—2019)相关规定。 6.11.3 门窗应满足抗风压、水密性、气密性等要求,且应综合考虑安全、采光、节能、迎风、防火、隔声等要求。 6.11.4 门窗与墙体应连接牢固,不同材料的门窗与墙体连接处应采用相应的密封材料及构造做法。 6.11.5 有卫生要求或经常有人员居住、活动房间的外门窗宜设置纱门、纱窗 《建筑幕墙、门窗通用技术条件》(GB/T 31433—2015)5.1.2 建筑幕墙、门窗面板、型材等主要构配件的设计使用年限不应低于25年
性能分类	《建筑装饰装修工程质量验收标准》(GB 50210—2018)6.1.3 门窗工程应对下列材料及其性能指标进行复验: 1 人造木板的甲醛含量; 2 建筑外窗的气密性能、水密性能和抗风压性能
耐久性	《建筑幕墙、门窗通用技术条件》(GB/T 31433—2015)相关规定。 5.2.4.1 反复启闭性能:门的反复启闭次数不应小于10万次,窗、幕墙的开启部位启闭次数不应小于1万次。 5.2.4.2 热循环性能:试验中试件不应出现幕墙设计不允许的功能障碍或损坏;试验前后气密、水密性能应满足设计要求,无设计要求时不可出现级别下降
门窗的保温设计	在其他条件(玻璃品种、窗框面积比等)相同的情况下,单层铝合金窗的传热系数比钢窗、塑钢窗、木窗都大,也就是其绝热性能比钢窗、塑钢窗、木窗都差 《民用建筑热工设计规范》(GB 50176—2016)相关规定。 5.3.3 严寒、寒冷地区建筑应采用木窗、塑料窗、铝木复合门窗、铝塑复合门窗、钢塑复合门窗和断热铝合金门窗等保温性能好的门窗。严寒地区建筑采用断热金属门窗时,宜采用双层窗。夏热冬冷地区、温和A区建筑宜采用保温性能好的门窗。 5.3.6 严寒地区、寒冷地区、夏热冬冷地区、温和A区的门窗、透光幕墙、采光顶周边与墙体、屋面板或其他围护结构连接处,应采取保温、密封构造;当采用非防潮型保温材料填塞时,缝隙应采用密封材料或密封胶密封。其他地区应采取密封构造

典型习题

19-1 [2014-89] 下列哪项性能不属于建筑外墙门窗安装工程质量复验的内容?( )

A. 空气渗透性能　　　B. 抗风压性能　　　C. 雨水渗透性能　　　D. 平面变形性能

答案：D

解析：参见《建筑装饰装修工程质量验收标准》（GB 50210—2018）6.1.3。

考点 2：门窗的材料

概述	按门窗框料材质分，常见的有木、钢、铝合金、塑料（含钢衬或铝衬）、不锈钢、玻璃钢，以及复合材料（如铝木、塑木）等多种材质的门窗。有节能要求的门窗宜选用塑料、断热金属型材（铝、钢）或复合型材（铝塑、铝木、钢木）等框料的门窗，如图 19-1 所示。 抗风压强度：在其他条件相同的情况下，**铝合金窗＞塑钢窗；推拉窗＞外开平开窗** 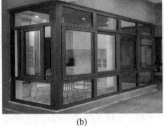 (a)　　　　　　　　(b)　　　　　　　　(c) 图 19-1　门窗 (a) 钢门窗；(b) 铝合金门窗；(c) 塑料门窗
木门窗	1. **潮湿房间不宜用木门窗**。 2. 镶板门适用于内门或外门，**胶合板门**适用于内门，玻璃门适用于入口处的大门或大房间的内门，拼板门适用于外门。 3. 镶板门的门芯板宜采用双层纤维板或胶合板。室外夹板门宜采用企口实心木板。 4. 根据《工业建筑防腐蚀设计标准》（GB/T 50046—2018）5.3.3，**当生产过程中有碱性粉尘作用时，不应采用木门窗**
铝合金门窗	《全国民用建筑工程设计技术措施规划·建筑·景观》（2009 年版）10.1.1　铝合金门窗具有**质轻、高强、密封性较好、使用中变形小、美观**等特点，是目前常用的门窗之一，但不适用于**强腐蚀环境** 《铝合金门窗工程技术规范》（JGJ 214—2010）相关规定。 3.1.2　用于门的铝型材壁厚不应小于2.0mm，用于窗的铝型材壁厚不应小于1.4mm。 3.1.3　铝型型材表面处理应符合下列规定： 　1 阳极氧化型材：采用阳极氧化镀膜时，氧化脱平均厚度不应小于15μm； 　2 采用**电泳喷漆镀膜**时，透明漆的膜厚不应小于16μm，有色漆的膜厚不应小于21μm； 　3 采用**粉末喷涂**时，厚度不应小于40μm； 　4 采用氟碳喷涂时，两层漆膜的平均厚度为30μm，三层漆膜的平均厚度不应小于40μm。 4.7.3　为保温和节能，铝合金门窗应采用**断桥型材和中空玻璃**等措施
塑料门窗	《全国民用建筑工程设计技术措施规划·建筑·景观》（2009 年版）10.1.1　塑料门窗具有美观、密闭性强、绝热性好、耐盐碱腐蚀、隔声、价格合理等优点，也是目前常用的门窗之一；尤其适用于沿海地区、潮湿房间、寒冷和严寒地区。但其线性膨胀系数较大，在大洞口外窗中使用时，应采用分樘组合等措施，以防止变形

续表

复合材料门窗	复合材料门窗有铝木、铝塑、钢木复合门窗等类型。 铝塑复合门窗，又称为断桥铝门窗。采用断桥铝型材和中空玻璃制作。这种门窗具有**隔热、节能、隔声、防爆、防尘、防水**等功能。

典型习题

19-2［2017-30］位于海边的度假村设计时应优先选用（　　）。
A. 粉末喷涂铝合金门窗　　　　　　　B. 塑料门窗
C. 普通钢门窗　　　　　　　　　　　D. 玻璃钢门窗
答案：B
解析：本题目主要考察常用窗体材料的耐腐蚀性。

第二节　门窗的设计

考点3：门窗的类型

	《全国民用建筑工程设计技术措施规划·建筑·景观》（2009年版）相关规定。 6.7.6　质量评价：自动门质量的优劣：自动门质量应从**外观、静音、安全和寿命**四个方面进行综合评定。【2020】 10.3.1　门的开启方式常见的有：平开门、推拉门、折叠门、转门、卷帘门、弹簧门、自动门、折叠平开门、折叠推拉门、提升推拉门、推拉下悬门、内平开下悬门等多种形式【2020】
门	推拉门一般上下都有轨道，可承载荷载大，而其他门得依靠铰链等承受荷载，没有推拉门这样容易做超大尺寸。**推拉自动门用量最大**，约占4种类型自动门总量的90%以上。几种常见的门见图19-2。  图19-2　门 (a) 金属平移门；(b) 塑钢平开门；(c) 推拉门轨道
窗	窗的开启方式常见的有：固定窗、平开窗、推拉窗、推拉窗、内平开下悬窗、折叠平开窗、折叠推拉窗、外开上悬窗、立转窗、水平旋转窗等多种形式（图19-3），窗扇的开启形式应方便使用、安全和易于维修、清洗

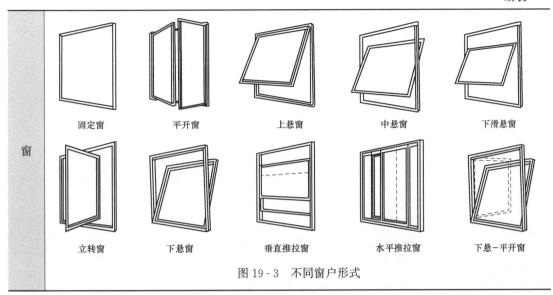

图 19-3 不同窗户形式

典型习题

19-3 [2022（5）-80] 以下门扇可以做最大的是（　　）。

A. 旋转门　　　　B. 平开门　　　　C. 推拉门　　　　D. 消防门

答案：C

解析：推拉门一般上下都有轨道，可承载荷载大，而其他门得依靠铰链等承受荷载，没有推拉门这样容易做超大尺寸。推拉自动门用量最大，约占4种类型自动门总量的90%以上。

19-4 [2020-81] 自动门的质量评价内容包括（　　）。

A. 外观、材质、安全、驱动　　　　B. 外观、静音、安全、寿命
C. 外观、安全、密闭、寿命　　　　D. 外观、变形、静音、驱动

答案：B

解析：自动门质量应从外观、静音、安全和寿命四个方面进行综合评定。

考点 4：窗台与凸窗

窗台	《全国民用建筑工程设计技术措施规划·建筑·景观》（2009年版）相关规定。 10.5.1　临空的窗台高度 h 应不低于 **0.8m**（住宅为0.9m）。 10.5.2　低于规定窗台高度 h 的窗台（以下简称低窗台），应采取防护措施（如：采用护栏或在窗下部设置相当于栏杆高度的防护固定窗，且在防护高度设置横档窗框），见图10.5.2（图19-4），不包括设有宽窗台的窗等。 1 当窗台高度低于或等于0.45m时，护栏或固定窗扇的高度从窗台算起。 2 当窗台高度高于0.45m时，护栏或固定窗扇的高度自地面算起。护栏下部0.45m高度范围内如有可踏部位则其高度应从可踏面算起。不得设置水平栏杆或任何其他可踏部位。 （注：窗台可踏面指高度小于或等于0.45m，同时宽度大于或等于0.22m的凸出部位。）

窗台	3 当室内外高差小于或等于 0.6m 时，首层的低窗台可不加防护措施。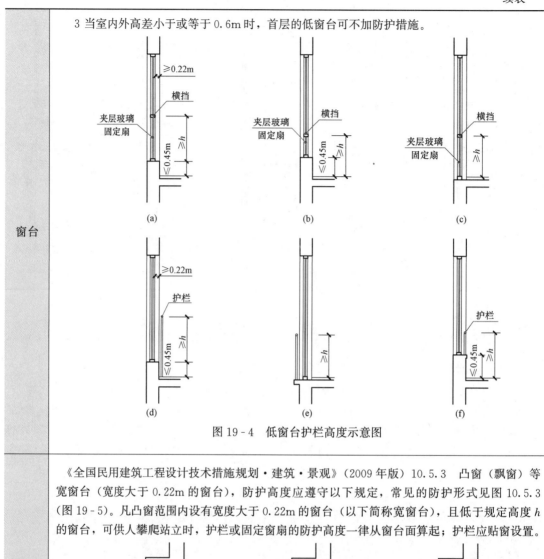图 19-4 低窗台护栏高度示意图
凸窗	《全国民用建筑工程设计技术措施规划·建筑·景观》（2009 年版）10.5.3 凸窗（飘窗）等宽窗台（宽度大于 0.22m 的窗台），防护高度应遵守以下规定，常见的防护形式见图 10.5.3（图 19-5）。凡凸窗范围内设有宽度大于 0.22m 的窗台（以下简称宽窗台），且低于规定高度 h 的窗台，可供人攀爬站立时，护栏或固定窗扇的防护高度一律从窗台面算起；护栏应贴窗设置。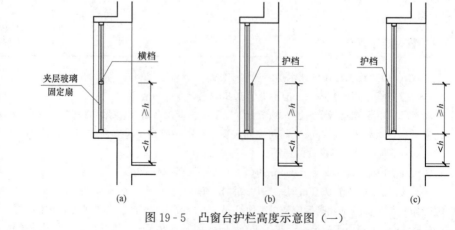图 19-5 凸窗台护栏高度示意图（一）

凸窗	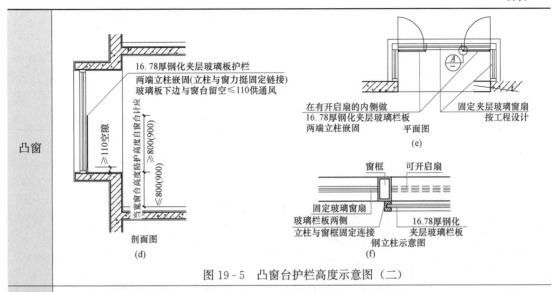 图 19-5 凸窗台护栏高度示意图（二）
民用建筑设计统一标准	《民用建筑设计统一标准》（GB 50352—2019）相关规定。【2019】 6.11.6 窗的设置应符合下列规定： 3 公共建筑临空外窗的窗台距楼地面净高不得低于 0.8m，否则应设置防护设施，防护设施的高度由地面起算不应低于 0.8m； 4 居住建筑临空外窗的窗台距楼地面净高不得低于 0.9m，否则应设置防护设施，防护设施的高度由地面起算不应低于 0.9m； 6.11.7 当凸窗窗台高度低于或等于 0.45m 时，其防护高度从窗台面起算不应低于 0.9m；当凸窗窗台高度高于 0.45m 时，其防护高度从窗台面起算不应低于 0.6m

考点 5：门窗与排烟

排烟	根据《全国民用建筑工程设计技术措施规划·建筑·景观》（2009 年版），针对房间的自然排烟设计，其外窗有效开启面积计算如下：平开窗、推拉窗按实际打开后的开启面积计算；上悬窗、中悬窗、下悬窗按其开启投影面积计算，见图 19-6。 $$F_p = F_c \sin\alpha$$ 式中 F_p——自然排烟的有效开启面积，m^2； F_c——窗的面积，m^2； α——窗的开启角度。 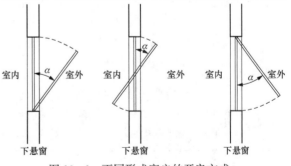 图 19-6 不同形式窗户的开启方式 注：1. 当窗的开启角度大于 70°时，可认为已经基本开直，有效面积可认为与窗的面积相等。 2. 当采用百叶窗时，窗的有效面积为窗的净面积乘以系数，根据工程实际经验，当采用防雨百叶时系数取 0.6，当采用一般百叶时系数取 0.8。 3. 从公式看出，上悬窗不宜作为排烟使用【2019】

	续表
排烟	《全国民用建筑工程设计技术措施规划·建筑·景观》（2009年版）10.4.9　开启窗作为排烟窗，设计时应注意下列问题： 1 设置高度不应低于储烟仓的下沿或室内净高的1/2，并应沿火灾气流的方向开启。上悬窗不宜作为排烟使用。 2 宜分散布置。 3 自动排烟窗附近应同时设置便于操作的手动开启装置【2019】

典型习题

19-5　[2019-88]　下列哪种类型的窗对排烟最不利？（　　）

A. 平开窗　　　　　　B. 推拉窗　　　　　　C. 上悬窗　　　　　　D. 中悬窗

答案：C

解析：上悬窗不宜作为排烟使用。

19-6　[2017-91]　下列四种开窗的立面形式，排烟有效面积最大的是（　　）。

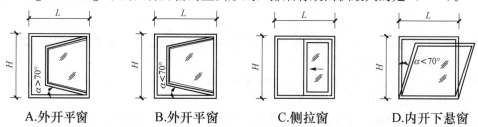

A.外开平窗　　　　B.外开平窗　　　　C.侧拉窗　　　　D.内开下悬窗

答案：A

解析：可根据 $F_p = F_c \sin\alpha$ 计算得出，外开平窗的排烟有效面积最大。

考点6：门窗的模数

模数	《全国民用建筑工程设计技术措施规划·建筑·景观》（2009年版）10.1.4　门窗设计宜采用以**3M**为基本模数的标准洞口系列。在混凝土砌块建筑中，门窗洞口尺寸可以**1M**为基本模数，并与砌块组合的尺寸相协调
	根据《建筑模数协调标准》（GB/T 50002—2013）3.2.3　建筑物的高度、层高和门窗洞口高度等宜采用竖向基本模数和竖向扩大模数数列，且竖向扩大模数数列宜采用 nM。 另外，规范明确表示，修订时"强调基本模数，取消了模数数列表，淡化3M概念"

典型习题

19-7　[2017-86]　门窗洞口高度的竖向扩大模数 nM 数列宜采用（　　）。（注：n 为自然数；M 为基本模数 100mm）

A. nM　　　　　　B. $2n$M　　　　　　C. $3n$M　　　　　　D. nM/2

答案：A

解析：参见《建筑模数协调标准》(GB/T 50002—2013) 3.2.3。

考点7：门窗的开启、选择与布置【★★★】

门的选用	《民用建筑设计统一标准》(GB 50352—2019) 6.11.9 门的设置应符合下列规定： 3 双面弹簧门应在可视高度部分装**透明安全玻璃**；双面弹簧门应在可视高度部分装**透明玻璃**； 4 推拉门、旋转门、电动门、卷帘门、吊门、折叠门**不应作为疏散门**； 5 开向疏散走道及楼梯间的门扇开足后，不应影响走道及楼梯平台的疏散宽度； 6 全玻璃门应选用安全玻璃或采取防护措施，并应设防撞提示标志； 7 门的开启不应跨越变形缝； 8 当设有门斗时，门扇同时开启时两道门的间距不应小于0.8m【2022（5）】
	《全国民用建筑工程设计技术措施规划·建筑·景观》(2009年版) 相关规定。 10.3.5 弹簧门有单向、双向开启。宜采用**地弹簧或油压闭门器**等五金件，以使关闭平缓。双向弹簧门门扇应在可视高度部分装透明安全玻璃，以免进出时相互碰撞。 10.3.6 开向疏散走道及楼梯间的门扇开足时，不应影响走道及楼梯休息平台的疏散宽度。**门的开启不应跨越变形缝。** 10.3.9 在寒冷及严寒地区的平开外门，门上应安装**自动闭门器**。 10.3.10 双扇开启的门洞宽度不应小于1.2m，当为1.2m时，宜采用大小扇的形式。 10.3.13 建筑中的封闭楼梯间、防烟楼梯间、消防电梯前室及合用前室，**不应设置卷帘门**。 10.3.14 用于公共场所需控制人员进入的疏散门（如只能出不能进），应安装**无需使用任何工具即能易于把门打开的逃生装置**（如逃生推杠装置、逃生压杆装置）、显著标识及使用提示
窗的选用	《全国民用建筑工程设计技术措施规划·建筑·景观》(2009年版) 相关规定。 10.4.2 **平开窗比推拉窗的气密性好**。多层居住建筑（小于或等于6层）常采用外平开或推拉窗；**高层建筑不应采用外平开窗**。当采用推拉窗或外开窗时，应有加强牢固窗扇、防脱落的措施。 10.4.3 中、小学校等需儿童擦窗的外窗应采用**内平开下悬式或内平开窗**。（注：此内平开窗宜采用长脚铰链等五金配件，使开启扇能180°开启，并使之紧贴窗面或与未开启窗重叠，不占据室内空间） 10.4.4 内、外走廊墙上的间接采光窗，均应考虑窗扇开启时不致碰人及不影响疏散宽度。 10.4.5 住宅等建筑首层窗外不宜设置凸出墙面的护栏，宜在窗洞内设置方便从内开启的护栏或防盗卷帘（此时的首层窗不能采用外开窗，而应采用推拉或内开窗）。 10.4.7 平开窗的开启扇，其净宽不宜大于0.6m，净高不宜大于1.4m。推拉窗的开启扇，其净宽不宜大于0.9m，净高不宜大于1.5m

续表

住宅门	《住宅设计规范》(GB 50096—2011) 5.8.7 各部位（房间）门洞的最小尺寸应符合表5.8.7（表19-1）的规定。 表19-1　　　　　　门洞最小尺寸 | 类别	洞口宽度/m	洞口高度/m
---	---	---
公用外门	1.20	2.00
户（套）门	1.00	2.00
起居室（厅）门	0.90	2.00
卧室门	0.90	2.00
厨房门	0.80	2.00
卫生间门	0.70	2.00
阳台门（单扇）	0.70	2.00	
中小学校用房门	《中小学校设计规范》(GB 50099—2011) 相关规定。 5.1.11 教学用房的门应符合下列规定： 1 **除音乐教室外，各类教室的门均宜设置上亮窗**； 2 **除心理咨询室外，教学用房的门扇均宜附设观察窗**； 8.1.8 教学用房的门窗设置应符合下列规定： 1 疏散通道上的门不得使用**弹簧门、旋转门、推拉门、大玻璃门**等不利于疏散通畅、安全的门； 2 各教学用房的门均应向疏散方向开启，开启的门扇不得挤占走道的疏散通道； 4 二层及二层以上的临空外窗的开启扇不得外开【2021】 备注：条文说明 8.1.8-4 规定：学校应训练学生自己擦窗，这是生存的基本技能之一；为保障学生擦窗时的安全，规定为开启扇不应外开；为防止撞头，平开窗开启扇的下缘低于2m时，开启后应平贴在固定扇上或平贴在墙上；装有擦窗安全设施的学校可不受此限制
托儿所幼儿园用房门	《托儿所、幼儿园建筑设计规范》(JGJ 39—2016，2019年版) 相关规定。【2010】 4.1.6 **活动室、寝室、多功能活动室**等幼儿使用的房间应设双扇平开门，门净宽不应小于1.20m。 4.1.8 幼儿出入的门应符合下列规定： 1 距离地面1.2m以下部分，当使用玻璃材料时，应采用**安全玻璃**； 2 **距离地面0.60m处宜加设幼儿专用拉手**； 3 门的双面均应平滑、无棱角； 4 **门下不应设门槛**；平开门距离楼地面1.20m以下部分应设防止夹手设施； 5 **不应设置旋转门、弹簧门、推拉门，不宜设金属门**； 6 活动室、寝室、多功能活动室的门均应向人员疏散方向开启，开启的门扇不应妨碍走道疏散通行

续表

类别	内容
老年人用房门	《老年人照料设施建筑设计标准》（JGJ 450—2018）相关规定： 5.7.3 老年人使用的门，开启净宽应符合下列规定： 1 老年人用房的门不应小于0.80m，有条件时，不宜小于0.90m； 2 护理型床位居室的门不应小于1.1m； 3 建筑主要出入口的门不应小于1.1m； 4 含有2个或多个门扇的门，至少应有1个门扇的开启净宽不小于0.80m； 6.3.7 老年人的居室门、居室卫生间门、公用卫生间厕位门、盥洗室门、浴室门等，均应选用内外均可开启的锁具及方便老年人使用的把手，且宜设应急观察装置 《老年人居住建筑设计规范》（GB 50340—2016）6.8.6 卫生间门应能从外部开启，应采用可外开的门或推拉门
无障碍门	《无障碍设计规范》（GB 50763—2012）3.5.3 门的无障碍设计应符合下列规定：【2010】 1 不应采用力度大的弹簧门并不宜采用弹簧门、玻璃门；当采用玻璃门时，应有醒目的提示标志； 2 自动门开启后通行净宽度不应小于1.00m； 3 平开门、推拉门、折叠门开启后的通行净宽度不应小于800mm，有条件时，不宜小于900mm； 4 在门扇内外应留有直径不小于1.50m的轮椅回转空间； 5 在单扇平开门、推拉门、折叠门的门把手一侧的墙面，应设宽度不小于400mm的墙面； 6 平开门、推拉门、折叠门的门扇应设距地900mm的把手，宜设视线观察玻璃，并宜在距地350mm范围内安装护门板
设备用房门	《民用建筑设计统一标准》（GB 50352—2019）8.3.5 电气竖井的设置应符合下列规定： 1 电气竖井的面积、位置和数量应根据建筑物规模、使用性质、供电半径和防火分区等因素确定，每层设置的检修门应开向公共走道。电气竖井不宜与卫生间等潮湿场所相贴邻。 3 电气竖井井壁、楼板及封堵材料的耐火极限应根据建筑本体耐火极限设置，检修门应采用不低于丙级的防火门
防盗门	《防盗安全门通用技术条件》（GB 17565—2007）按照不同的安全防护级别，将防盗安全门分为甲级、乙级、丙级和丁级四类 监室门可以说是更高级的防盗门，监室门有专门《监室门》（GA 526—2006）标准。监室门的防护能力要求达到《防盗安全门通用技术条件》（GB 17565—1998）中的C级水平，C级的防破坏净工作时间是45min。监室门多采用双门扇结构，而且以推拉式结构和旋转式结构配合使用更具有特点。长轴平开门是监室门中的一种专用设计品种，其开启锁具在长轴上端，而门扇高度低于长轴的高度，从而使得锁具开启端与门扇在不同的两个楼层中。不但改善了管理工作，也增加了安全性

续表

防盗门	防盗门适用范围见表19-2		
	表 19-2　　　　　防盗门适用范围		
	防盗级别	产品结构	产品适用范围
	甲级	全钢结构、一框双门、四防门	高档公寓、重要办公室、枪弹库、档案室、危险品室
	乙级	全钢结构、钢木结构、三七开门、四防门	城市普通住宅、办公楼、旅（宾）馆
	丙级	全钢结构、钢木结构、三七开门	乡镇普通住宅、旅馆
	丁级	三七开门、全钢结构、钢木结构	对安全要求极低的场所
	C级	监室门	监狱、看守所

典型习题

19-8（2021-82）小学二层教室的临空外墙应该选择（　　）。
A. 外平开窗　　　　　　　　　　B. 内平开窗
C. 上悬内开窗　　　　　　　　　D. 下悬外开窗
答案： B
解析： 参见《中小学校设计规范》（GB 50099—2011）8.1.8。

考点8：窗的构造设计【★★★★】

窗的选用	《全国民用建筑工程设计技术措施规划·建筑·景观》（2009年版）相关规定。 　　10.4.1　高层建筑**不应采用平开窗**，可以采用推拉、内侧内平开窗或外翻窗。 　　10.4.2　**高层建筑不应采用外平开窗**。当采用推拉窗或外开窗时，应有加强牢固窗扇、防脱落的措施。【2014】 　　10.4.3　**中、小学校等需儿童擦窗的外窗应采用内平开下悬式或内平开窗**。【2021，2018】 　　10.4.4　内、外走廊墙上的**间接采光窗**，均应考虑窗扇开启时不致碰人及不影响疏散宽度。 　　10.4.5　住宅底层外窗和屋顶的窗，其窗台高度低于2.00m的应采取防护措施。住宅等建筑首层窗外不宜设置凸出墙面的护栏，宜在窗洞内设置方便从内开启的护栏或防盗卷帘（此时的首层窗不能采用外开窗，而应采用推拉或内开窗）
	《民用建筑设计统一标准》（GB 50352—2019）6.11.6　窗的设置应符合下列规定： 　　1 窗扇的开启形式应方便使用、安全和易于维修、清洗； 　　2 **公共走道的窗扇开启时不影响人员通行**，其底面距走道地面高度不应低于2.0m； 　　3 公共建筑临空外窗的窗台距楼地面净高**不得低于0.8m**，否则应设置防护设施，防护设施的高度由地面起算不应低于0.8m； 　　4 居住建筑临空外窗的窗台距楼地面净高**不得低于0.9m**，否则应设置防护设施，防护设施的高度由地面起算不应低于0.9m

续表

窗的选用	《托儿所、幼儿园建筑设计规范》(JGJ39—2016，2019年版) 4.1.5 托儿所、幼儿园建筑窗的设计应符合下列规定： 1 活动室、多功能活动室的窗台面距地面高度不宜大于 0.60m； 2 当窗台面距楼地面高度低于 0.90m 时，应采取防护措施，防护高度应从可踏部位顶面起算，不应低于 0.90m； 3 窗距离楼地面的高度小于或等于 1.80m 的部分，**不应设内悬窗和内平开窗扇**； 4 外窗开启扇均应设纱窗
窗的布置	《中小学校设计规范》(GB 50099—2011) 相关规定。 **5.1.8 各教室前端侧窗窗端墙的长度不应小于 1.00m。窗间墙宽度不应大于 1.20m。**【2019】 条文说明第 5.1.8 条，前端侧窗窗端墙长度达到 1.00m 时可避免黑板眩光，过宽的窗间墙会形成从相邻窗进入的光线都无法照射的暗角，暗角处的课桌面亮度过低，学生视读困难。 5.1.9-2 教学用房的窗应符合下列规定：教学用房及教学辅助用房的窗玻璃应满足教学要求，不得采用彩色玻璃

19-9 [2019-52] 中小学教室侧窗窗间墙宽度不应大于 1.2m，主要原因是（　　）。
A. 墙体构造要求　　　　　　　　B. 立面设计考虑
C. 防止形成暗角　　　　　　　　D. 建筑模数因素
答案：C
解析：参见《中小学校设计规范》(GB 50099—2011) 5.1.8。

19-10 [2017-22] 七层及超过七层的建筑物外墙上不应采用（　　）。
A. 推拉窗　　　B. 上悬窗　　　C. 内平开窗　　　D. 外平开窗
答案：D
解析：高层建筑应采用内开式窗或具有可靠防脱落限位装置的推拉式窗，7 层及 7 层以上不允许采用外平开窗。

考点 9：门窗玻璃

安全玻璃	门窗常用的玻璃种类有平板玻璃、中空玻璃、真空玻璃、钢化玻璃、夹层玻璃、夹丝玻璃、着色玻璃、镀膜玻璃、压花玻璃等
	《全国民用建筑工程设计技术措施规划·建筑·景观》(2009 年版) 相关规定。 10.6.3-1 安全玻璃是指符合现行国家标准的钢化玻璃、夹层玻璃及由钢化玻璃或夹层玻璃组合加工而成的其他玻璃制品，如安全中空玻璃等。**单片半钢化玻璃（热增强玻璃）、单片夹丝玻璃不属于安全玻璃**

	续表
安全玻璃	10.6.2 门窗工程有下列情况之一时，必须使用**安全玻璃**： 1 面积大于1.5m²的窗玻璃（塑料门窗和铝合金门窗）或玻璃底边离最终装修面小于500mm的落地窗（铝合金门窗）；距离可踏面高度900mm以下的窗玻璃（塑料门窗）。 2 7层及7层以上建筑物外开窗（塑料门窗和铝合金门窗）。 3 倾斜装配窗、天窗。 4 水族馆和游泳池的观察窗。 5 公共建筑物的出入口、门厅等部位
热工玻璃	《民用建筑热工设计规范》（GB 50176—2016）5.3.5 有保温要求的门窗、玻璃幕墙、采光顶采用的玻璃系统应为**中空玻璃**、**Low-E中空玻璃**、**充惰性气体Low-E中空玻璃**等保温性能良好的玻璃，保温要求高时还可采用三玻两腔、真空玻璃等。传热系数较低的中空玻璃宜采用"暖边"中空玻璃间隔条
	双层玻璃窗采用不同厚度的玻璃，是为了改善**隔声性能**

典型习题

19-11 [2017-88] 门窗在下列哪种情况下可不使用安全玻璃？（ ）

A. 7层及7层以上的建筑物外开窗

B. 面积小于1.5m²的窗玻璃

C. 公共建筑物的出入口、门厅等部位

D. 倾斜装配窗、天窗

答案：B

解析：参见《全国民用建筑工程设计技术措施规划·建筑·景观》（2009年版）10.6.2。

第三节 门窗的安装与构造

考点10：门窗的五金件

组成	门窗一般由门窗框、门窗扇、五金零件和各种附件组成。门窗框是门窗扇与墙的联系构件。五金零件一般有铰链（合页）、插销、门窗锁、拉手等，如图19-7所示，起了**联结**、**控制**、**固定门窗扇的作用**

组成	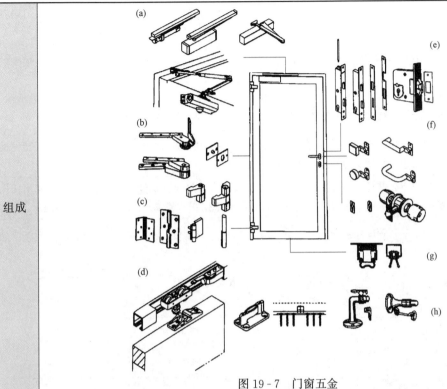 图 19-7 门窗五金 （a）闭门器；（b）铰链；（c）合页；（d）滑轨；（e）门锁；（f）把手；（g）密封条；（h）定位器
合页	门的合页形式由其开启方式决定，如自关门用自动回位弹簧合页（图 19-8）、双向开启弹簧门用双向弹簧合页。【2014】 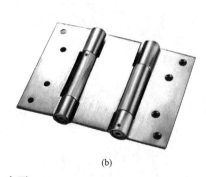 图 19-8 合页 （a）自动关门合页；（b）双向弹簧合页
地弹簧	安装在平开门扇下部，可单、双向开门，通常使用温度在 -15～40℃，由金属弹簧、液压阻尼组合作用的装置。选用时应根据门扇宽度和重量，使用频率等要求进行选择 《全国民用建筑工程设计技术措施规划·建筑·景观》（2009 年版）10.3.5 弹簧门有单向、双向开启。宜采用**地弹簧**或油压闭门器等五金件，以使其关闭平缓。【2020】双向弹簧门门扇应在可视高度部分装透明安全玻璃，以免进出时相互碰撞

续表

闭门器	闭门器是指安装在平开门扇上部，单向开门，门顶弹簧属油压式自动闭门器，装于门扇顶上，不适用于双向开启门。门顶弹簧开启时需要较大的力气，不宜用于儿童使用的场所
传动锁闭器	传动锁闭器是控制门扇锁闭和开启的杆形，带缩点的传动装置，能实现平开门多点锁闭的功能。 外开上悬窗五金件基本配置应包括：滑撑、撑挡、传动锁闭器、传动机构用执手；或滑撑、撑挡、旋压执手。【2022（12）】
紧急开门装置	紧急开门（逃生）装置是一种门上用的带扶手的通天插销，通过对扶手一推或一压就能使插销缩回，供紧急疏散用的专用五金装置 逃生推杠用于公共场所需控制人员进入的疏散门（如只能出不能进），应安装无需使用任何工具即能把门打开的逃生装置（如逃生推杠装置、逃生用杆装置）、显著标识及使用提示
执手	区别四种执手：直柄插入式执手、直柄旋压式执手、弯柄插入式执手、弯柄旋压式执手，如图19-9所示。 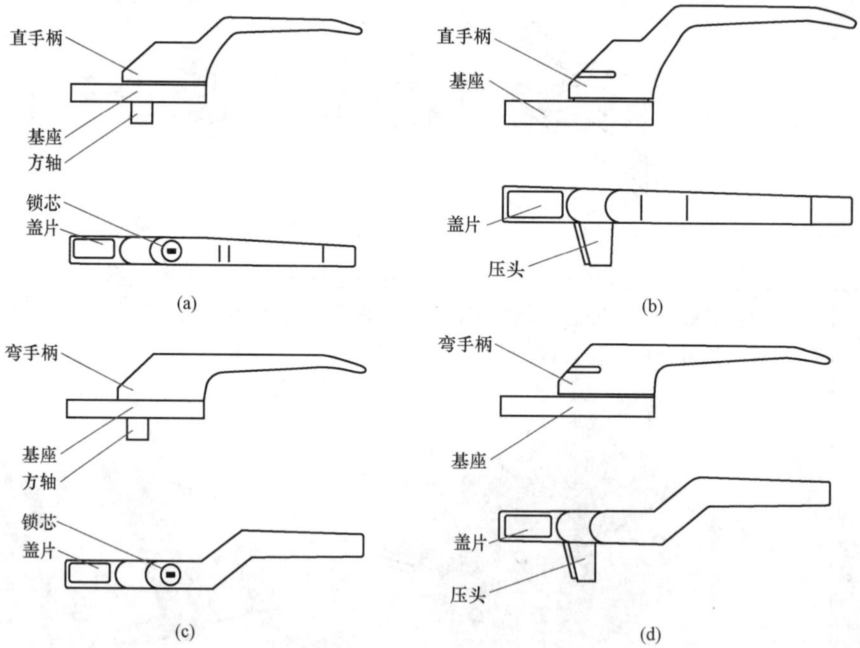 图 19-9 执手结构示意图 (a) 直柄插入式；(b) 直柄旋压式；(c) 弯柄插入式；(d) 弯柄旋压式
实例 （图19-10）	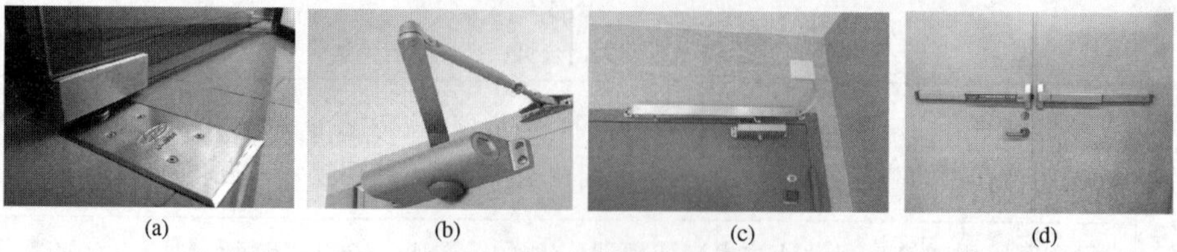 图 19-10 几种重要门五金 (a) 地弹簧；(b) 油压闭门器；(c) 传动锁闭器；(d) 逃生推杠

典型习题

19-12 [2022 (5)-78] 如图 19-11 所示,门窗执手为（ ）。

A. 直柄插入式
B. 弯柄插入式
C. 直柄旋压式
D. 弯柄旋压式

答案：C

解析：图 19-11 为直柄旋压式执手,特点是基座处是平的。

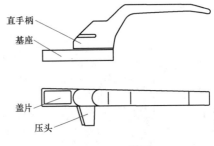

图 19-11 题图

19-13 [2022 (12)-83] 外开上悬窗应配置的五金件是（ ）。

A. 单点锁闭器　　　B. 安全压杆　　　C. 双面执手　　　D. 传动锁闭器

答案：D

解析：外开上悬窗五金件基本配置应包括：滑撑,撑挡,传动锁闭器,传动机构用执手；或滑撑、撑挡、旋压执手。这道题定位在《全国民用建筑工程设计技术措施建筑产品选用技术（建筑·装修）》P97,传动锁闭器是控制门扇锁闭和开启的杆形,带缩点的传动装置,能实现平开门多点锁闭的功能。

19-14 [2020-74] 门顶弹簧（缓冲器）不适用于以下哪种？（ ）

A. 右内开门　　　B. 右外开门　　　C. 双向开启门　　　D. 左内开门

答案：C

解析：闭门器是指安装在平开门扇上部,单向开门,通常使用温度在－15～40℃,由金属弹簧、液压阻尼组合作用的装置。门顶弹簧属油压式自动闭门器,装于门扇顶上,不适用于双向开启门。门顶弹簧开启时需要较大的力气,不宜用于儿童使用的场所。

考点 11：高档塑料、铝合金、木内门五金件配置、性能特点及适用范围

分类	示意图	配置	性能特点及设计要点	适用范围
提升推拉门	（上滑轨、执手及传动机构、下滑轨及滑轮）	由传动系统,提升滑轮组件,操作、锁座系统组成的提升推拉门五金系统	可实现推拉开启,占据室内空间小,门槛低,操作轻便,可满足门窗开启扇尺寸、重量较大（扇最大可达到高2800mm、宽 2600mm 以上,可满足重量400kg）的要求	适用于阳台、隔断的推拉大门等大尺寸、采光要求好的场所

续表

分类	示意图	配置	性能特点及设计要点	适用范围
内平开下悬门	(锁点、下悬部件、上合页、执手及传动系统、下合页、摩擦式撑挡)	由传动系统、下悬部件、铰链、传动机构用执手等组成的内平开下悬五金系统	有平开、下悬（门扇最大可向内倾斜11°）两种开启方式，具有特殊的防盗锁点结构，便于通风、换气和清洗。使用寿命能实现平开（下悬）-锁紧-下悬（平开）-锁紧1.5万个循环（共6万次）以上的要求。碳素钢镀锌层表面300h以上不出现红锈蚀点（保护等级≥8级）	适用于对密封性能要求较高，对防盗性能、耐腐蚀性能等有较高要求，且既有平开、又有下悬功能要求的阳台门
推拉下悬门	(上导轨及拉杆、执手及传动机构、下滑轨及滑轮)	由滑轮组件、下悬部件、传动系统、导轨、操作系统等部件组成的提升推拉下悬五金系统	有推拉、下悬两种开启方式，开启扇尺寸、重量较大，密封效果好。碳素钢镀锌层表面300h以上不出现红锈蚀点（保护等级≥8级）	适用于对密封效果、采光要求较高的房间，如阳台落地推拉门，洞口较大的室内隔断门
折叠门	(合页、执手及传动锁闭器、滑轮、限位装置)	由合页、滑轮、滑轨、传动机构、限位装置、传动机构用执手等部件组成的折叠门五金系统	密封效果较好，开启扇面积大，不占据室内空间，通风、采光效果好。碳素钢镀锌层表面300h以上不出现红锈蚀点（保护等级≥8级）	适用于对密封效果、采光要求较高的房间，如阳台落地推拉门，洞口较大的室内隔断门
内平开下悬窗	(锁点、下悬部件、上合页、执手及传动系统、下合页、摩擦式撑挡)	由传动系统、下悬部件、铰链、传动机构用执手等组成的内平开下悬五金系统	有平开、下悬（窗扇最大可向内倾斜30°）两种开启方式，具有特殊的防盗锁点结构，便于通风、换气和清洗。使用寿命能实现平开（下悬）-锁紧-下悬（平开）-锁紧1.5万个循环（共6万次）以上的要求。碳素钢镀锌层表面300h以上不出现红锈蚀点（保护等级≥8级）	适用于对密封性能要求较高，对防盗性能、耐腐蚀性能等有较高要求，且既有平开、又有下悬功能要求的外窗。可做较大开启尺寸的窗扇

续表

分类	示意图	配置	性能特点及设计要点	适用范围
中悬窗	多点锁系统、水平中悬铰链、执手	由中悬（立悬）铰链，传动机构用执手或启闭操作系统，多点锁闭系统、限位撑等组成的中悬窗（立悬窗）五金系统	能实现多点锁闭，具有狭缝通风功能。对安装在较高位置，有启闭要求时可采用导杆与窗扇和执手连接进行控制，或用遥控装置控制。碳素钢镀锌层表面300h以上不出现红锈蚀点（保护等级≥8级）	适用于对窗的物理性能要求较高的中悬窗。适用于公共建筑需要有良好采光和合理的空气流通性的场所，可做很大开启尺寸的窗扇
立悬窗	竖直中悬铰链、多点锁系统、执手			
五金件	常见的塑料、铝合金、木内门用五金件包括提升推拉门五金系统、内平开下悬五金系统、推拉下悬五金系统、折叠门五金系统、传动机构用执手、传动锁闭器、合页（铰链）、多点锁闭器、单点锁闭器、滑轮、门锁等。 **内平开下悬五金系统**：通过操作执手，可以使门具有内平开、下悬、锁闭等功能的五金系统。 **传动机构用执手**：驱动传动锁闭器、多点锁闭器，实现门扇启闭的操纵装置。 **传动锁闭器**：控制门扇锁闭和开启的杆形、带锁点的传动装置，能实现平开门多点锁闭功能。 **多点锁闭器**：对推拉门窗实现多点锁闭功能的装置。 **单点锁闭器**：通过操作，实现推拉门窗单一位置锁闭的装置。 **滑轮**：承受门窗扇重量，将重力传递到框材上；并能在外力的作用下，通过自身的滚动使门窗扇沿框材轨道往复运动的装置			

考点12：门窗的安装

基本要求	《建筑装饰装修工程质量验收标准》(GB 50210—2018) 相关规定 6.1.8 金属门窗和塑料门窗安装应采用**预留洞口**的方法施工。（备注：**不得采用边安装边砌口或先安装后砌口的施工方法**）。 6.1.9 木门窗与砖石砌体、混凝土或抹灰层接触处应进行**防腐**处理，埋入砌体或混凝土中的木砖应进行防腐处理。 6.1.11 建筑外门窗安装必须牢固。在砌体上安装门窗严禁采用**射钉**固定。 6.1.12 推拉门窗扇必须牢固，必须安装防脱落装置
	《全国民用建筑工程设计技术措施规划·建筑·景观》(2009年版) 10.1.8 门窗框安装要点 1 轻质砌块墙上的门垛或大洞口的窗垛应采取加强措施，如做钢筋混凝土附框。（备注：**不得将门窗框直接固定在轻质砌体上**）

基本要求	2 有外保温或外饰面材料较厚时，外窗宜采用增加钢附框的安装方式。钢附框应采用壁厚不小于1.5mm的碳素结构钢和低合金结构钢制成，附框内、外表面均应进行防锈处理。 3 门窗框上固定片的固定方法：【2022（5）】 ①混凝土墙洞口应采用射钉或膨胀螺钉固定； ②实心砖墙洞口应采用膨胀螺钉固定，不得固定在砖缝处，**严禁采用射钉固定**； ③轻质砌块、空心砖或加气混凝土材料洞口可**在预埋混凝土块**上用射钉或膨胀螺钉固定； ④设有预埋件的洞口应采用焊接的方法固定，也可先在预埋件上按紧固件规格打基孔，然后用紧固件固定。 4 外门窗框与洞口之间的缝隙，应采用**泡沫塑料棒衬缝**后，用弹性高效保温材料填充，如现场发泡聚氨酯等；并采用**耐候防水密封胶嵌缝**，不得采用普通水泥砂浆填缝
间隙	《塑料门窗工程技术规程》（JGJ 103—2008）5.1.5 门、窗的构造尺寸应考虑预留洞口与待安装门、窗框的伸缩缝间隙及墙体饰面材料的厚度。伸缩缝间隙应符合表5.1.5（表19-3）的规定。 **表19-3　　　　洞口与门、窗框伸缩缝间隙　　　（mm）** | 墙体饰面层材料 | 门窗洞口、窗框的伸缩缝间隙 | |---|---| | 清水墙及附框 | 10 | | 墙体外饰面抹水泥砂浆或贴陶瓷锦砖 | 15～20 | | 墙体外饰面贴釉面瓷砖 | 20～25 | | 墙体外饰面贴大理石或花岗石板 | 20～50 | | 外保温墙体 | 保温层厚度+10 |
铝合金门窗（图19-12）	《铝合金门窗工程技术规范》（JGJ 214—2010）相关规定。 7.3.1 铝合金门窗采用干法施工安装时，应符合下列规定： 1 金属附框安装应在洞口及墙面抹灰湿作业前完成，铝合金门窗安装应在洞口及墙体抹灰湿作业后进行。 2 金属附框宽度应大于30mm。 3 金属附框的内、外两侧宜采用**固定片与洞口墙体连接固定**。 4 金属附框固定片安装位置应满足：距角部的距离不应大于150mm，其余部位中心距不应大于500mm。固定片的固定点距墙体边缘不应小于50mm。 7.3.2 铝合金门窗采用湿法安装时，应符合下列规定： 1 铝合金门窗框安装应**在洞口及墙体抹灰前**完成。 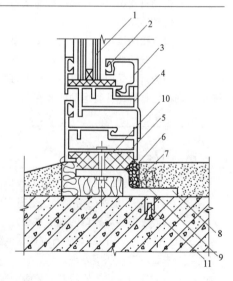 图19-12　铝合金门窗安装节点 1—玻璃；2—橡胶条；3—压条；4—内扇；5—外框；6—密封条；7—砂浆；8—地脚；9—软填料；10—塑料垫；11—膨胀螺栓

续表

铝合金门窗（图19-12）	6 铝合金门窗框与洞口缝隙，应采用**保温、防潮**且无腐蚀性的软质材料填塞密实；亦可使用防水砂浆填塞，但不宜使用海砂成分的砂浆。使用聚氨酯泡沫填缝胶，施工前应清楚粘接面的灰尘，墙体粘接面应进行淋水处理，固化后的聚氨酯泡沫胶缝表面应做密封处理。 7 与水泥砂浆接触的铝合金框应进行**防腐**处理。湿法抹灰施工前，应对外露铝型材表面进行可靠保护。 7.3.3 砌体墙不得使用射钉直接固定门窗。【2022（5）】 《住宅装饰装修工程施工规范》（GB 50327—2001）10.3.5 铝合金、塑料门窗玻璃的安装应符合下列规定： 3 玻璃不得与玻璃槽直接接触，并应在玻璃四边垫上**不同厚度的垫块**，边框上的垫块应用胶粘剂固定。 4 镀膜玻璃应安装在**玻璃的最外层**，单面镀膜玻璃应**朝向室内**
钢门窗	钢门窗安装采用连接件焊接或插入洞口连接，插入洞口后应用**水泥砂浆或豆石混凝土填实**。安装缝隙15mm左右
塑料门窗	《塑料门窗工程技术规程》（JGJ 103—2008）相关规定。 6.2.7-3 门窗在安装时应确保门窗框上下边位置及内外朝向准确，安装应符合下列要求：固定片的位置应距墙角、中竖框、中横框150～200mm；固定片之间的间距应小于等于600mm；【2021】不得将固定片直接装在中竖框、中横框的挡头上。（备注：可采用在墙上留预埋件方式安装，窗的连接件用尼龙胀管螺栓连接，安装缝隙15mm左右。**门窗框与洞口的间隙用泡沫塑料条或油毡卷条填塞，然后用密封膏封严**。） 6.2.9 附框或门窗与墙体固定时，应先固定上框，后固定边框。固定片形状应预先弯曲至贴近洞口固定面，不得直接锤打固定片使其弯曲。固定片固定方法应符合下列要求： 1 混凝土墙洞口应采用**射钉或膨胀螺钉**固定；【2018】 2 砖墙洞口或空心砖洞口应用**膨胀螺钉**固定，**并不得固定在砖缝处**； 3 轻质砌块或加气混凝土洞口可在预埋混凝土块上用射钉或膨胀螺钉固定； 4 设有预埋铁件的洞口应采用焊接方法固定，也可先在预埋件上按紧固件规格打基孔，然后用紧固件固定
木门窗	《住宅装饰装修工程施工规范》（GB 50327—2001）10.3.1 木门窗的安装应符合下列规定： 1 门窗框与砖石砌体、混凝土或抹灰层接触部位以及固定用木砖等均应进行**防腐**处理。 2 门窗框安装前应校正方正，加钉必要拉条避免变形。安装门窗框时，**每边固定点不得少于两处，其间距不得大于1.2m**。【2021】 3 门窗框需镶贴脸时，门窗框应凸出墙面，凸出的厚度应等于抹灰层或装饰面层的厚度 《建筑装饰装修工程质量验收标准》（GB 50210—2018）6.4.2 塑料门窗框、附框和扇的安装应牢固。固定片或膨胀螺栓的数量与位置应正确，连接方式应符合设计要求。固定点应距窗角、中横框、中竖框150～200mm，固定点间距不应大于600mm

19-15 [2022 (5)-79] 以下哪种墙体可以直接采用射钉固定门窗？（　　）
A. 混凝土墙　　　　　　　　　　　B. 实心砖墙
C. 加气混凝土砌体墙　　　　　　　D. 空心砖墙
答案：A
解析：参见《铝合金门窗工程技术规范》(JGJ 214—2010) 7.3.3。

19-16 [2021-81] 塑料门窗安装固定点间距不应大于（　　）。
A. 600mm　　　B. 700mm　　　C. 800mm　　　D. 900mm
答案：A
解析：参见《塑料门窗工程技术规程》(JGJ 103—2008) 6.2.7。

19-17 [2019-89] 下列哪种类型的门需要在安装门锁处增加框料？（　　）
A. 镶板木门　　　B. 夹板木门　　　C. 铝合金门　　　D. 彩钢板门
答案：B
解析：夹板门在安装门锁处，须在门扇局部附加实木框料，并应避开边挺与中挺结合处安装。门锁安装处也不应有边挺的指接接头。

第四节　建　筑　遮　阳

考点 13：建筑遮阳形式选择

表 19-4　　　　　　　　　外遮阳方式特点

基本形式		特点	设置
基本形式（表19-4）	水平式 [图 19-13 (a)]	水平式遮阳能有效遮挡太阳高度角较大，从窗口前上方投射下来的直射阳光。设计时应考虑遮阳板挑出长度或百页旋转角度、高度、间距等，以减少对寒冷季节直射阳光的遮挡	宜布置在北回归线以北地区南向、接近南向的窗口和北回归线以南地区的**南向、北向窗口**
	垂直式 [图 19-13 (b)]	垂直式遮阳能有效遮挡太阳高度角较小，从窗侧面斜射过来的直射阳光。当垂直式遮阳布置于东、西向窗口时，板面应向南适当倾斜	宜布置在北向、东北向、西北向附近的窗口
	综合式 [图 19-13 (c)]	综合式遮阳能有效遮挡中等太阳高度角，从窗前侧向斜射下来的直射阳光。遮阳效果比较均匀	宜布置在从**东南向到西南向**范围内的窗口
	挡板式 [图 19-13 (d)]	挡板式遮阳能有效地遮挡高度角较小，从窗口正前方射来的直射阳光。挡板式遮阳使用时应减小对视线、通风的干扰	宜布置在**东、西向**及其附近方向的窗口
	自遮阳玻璃	通过镀膜、染色、印花或贴膜的方式可以降低玻璃的遮阳系数，从而降低进入室内的太阳辐射量	有关参数的选择与建筑物所在地区、外门窗朝向、使用方式、周边环境等多种因素相关

续表

基本形式（表19-5）	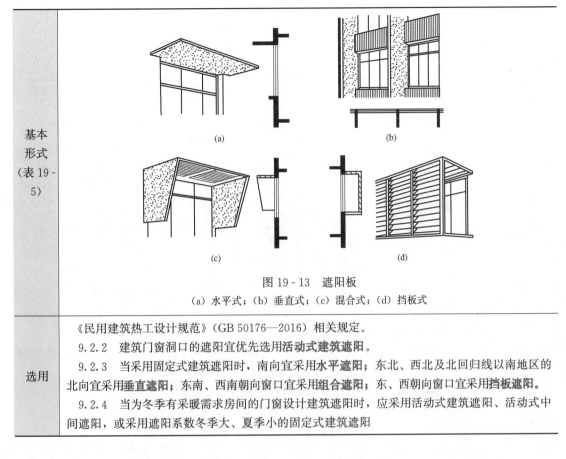 图 19-13 遮阳板 (a) 水平式；(b) 垂直式；(c) 混合式；(d) 挡板式
选用	《民用建筑热工设计规范》（GB 50176—2016）相关规定。 9.2.2 建筑门窗洞口的遮阳宜优先选用**活动式建筑遮阳**。 9.2.3 当采用固定式建筑遮阳时，南向宜采用**水平遮阳**；东北、西北及北回归线以南地区的北向宜采用**垂直遮阳**；东南、西南朝向窗口宜采用**组合遮阳**；东、西朝向窗口宜采用**挡板遮阳**。 9.2.4 当为冬季有采暖需求房间的门窗设计建筑遮阳时，应采用活动式建筑遮阳、活动式中间遮阳，或采用遮阳系数冬季大、夏季小的固定式建筑遮阳

第五节 特 殊 门 窗

考点14：防火门窗的构造

基本要求	门窗耐火完整性：在标准耐火试验条件下，建筑门窗某一面受火时，在一定时间内阻止火焰和热气穿透或在背火面出现火焰的能力。外门窗的耐火完整性不应低于**30min**
	《门和卷帘的耐火试验方法》（GB/T 7633—2008）：11.2.3.1 试件背火面（除门框外或导轨）最高温升超过试件表面初始平均温度180℃，则判定试件失去耐火隔热性
	《全国民用建筑工程设计技术措施规划·建筑·景观》（2009年版）10.7.2 防火门的开启要求： 1 防火门应为向疏散方向开启的平开门，且具自闭功能，并在关闭后应能从任何一侧手动开启。如单扇门应安装闭门器；双扇或多扇门应安装**闭门器、顺序器**；双扇门之间应**有盖缝板**。 2 供人员经常通行的防火门宜采用**常开防火门**。常开防火门应具有**自动关闭、信号反馈**的功能，以确保火灾发生时，由消防控制中心控制，门能自动关闭。 3 **防火门内外两侧应能手可以开启**（除人员密集场所平时需要控制人员随意出入的疏散用门或设有门禁系统的居住建筑外门外）。**住宅户门兼具防火功能者，应具自闭装置，开启方向不限**

续表

耐火性分类	《防火门》（GB 12955—2008）4.4　按耐火性能分类及代号，防火门按耐火性能的分类及代号见表19-5。 表19-5　　　　　　　　按耐火性能分类 	名称	耐火性能	代号
---	---	---
隔热防火门（A类）	耐火隔热性≥0.50h 耐火完整性≥0.50h	A0.50（丙级）
	耐火隔热性≥1.00h 耐火完整性≥1.00h	A1.00（乙级）
	耐火隔热性≥1.50h 耐火完整性≥1.50h	A1.50（甲级）
	耐火隔热性≥2.00h 耐火完整性≥2.00h	A2.00
	耐火隔热性≥3.00h 耐火完整性≥3.00h	A3.00 | 《防火窗》（GB 16809—2008）相关规定。 3.3　隔热防火窗（A类）：在规定时间内，能同时满足耐火隔热性和耐火完整性要求的防火窗。 3.4　非隔热防火窗（C类）：在规定时间内，能满足耐火完整性要求的防火窗。 4.2.2　防火窗按其耐火性能的分类与耐火等级代号见表19-6。 表19-6　　　　防火窗的耐火性能分类与耐火等级代号 | 耐火性能分类	耐火等级代号	耐火性能
---	---	---
隔热防火窗 （A类）	A0.50（丙级）	耐火隔热性≥0.50h，且耐火完整性≥0.50h
	A1.00（乙级）	耐火隔热性≥1.00h，且耐火完整性≥1.00h
	A1.50（甲级）	耐火隔热性≥1.50h，且耐火完整性≥1.50h
	A2.00	耐火隔热性≥2.00h，且耐火完整性≥2.00h
	A3.00	耐火隔热性≥3.00h，且耐火完整性≥3.00h
非隔热防火窗 （C类）	C0.50	耐火完整性≥0.50h
	C1.00	耐火完整性≥1.00h
	C1.50	耐火完整性≥1.50h
	C2.00	耐火完整性≥2.00h
	C3.00	耐火完整性≥3.00h	
防火门窗的关闭	《建筑设计防火规范》（GB 50016—2014，2018年版）【2020】 6.5.1　防火门的设置应符合下列规定： 　　1　设置在建筑内经常有人通行处的防火门宜采用**常开防火门**。常开防火门应能在火灾时自行关闭，并应具有信号反馈的功能。

防火门窗的关闭	2 除允许设置常开防火门的位置外，其他位置的防火门均应采用常闭防火门。常闭防火门应在其明显位置设置"保持防火门关闭"等提示标识。 3 除管井检修门和住宅的户门外，防火门应具有自行关闭功能。双扇防火门应具有按顺序自行关闭的功能。 4 除本规范第6.4.11条第4款的规定外，**防火门应能在其内外两侧手动开启**。 5 设置在建筑变形缝附近时，防火门应设置在**楼层较多的一侧**，并应保证防火门开启时门扇**不跨越变形缝**。 6 防火门关闭后应具有防烟性能。 6.5.2 设置在防火墙、防火隔墙上的防火窗，应采用不可开启的**窗扇**或具有火灾时能自行关闭的功能
防火门配件的实验次数（表19-7）	表19-7　　　　　　　　　防火门配件的实验测试次数 | 配件	测试次数（分等级）			来源
---	---	---	---	---
	高	中	低	
门锁	最大30万次 最小10万次	最大20万次 最小7.5万次	最大10万次 最小5万次	《插芯门锁》 (QB/T 2474—2017)
闭门器	≥100万次	≥50万次	≥20万次	《闭门器》 (QB/T 2698—2013)
地弹簧	单向100万次 双向50万次	单向50万次 双向25万次	单向20万次 双向10万次	《地弹簧》 (QB/T 2697—2013)
逃生装置	美标、欧标各等级中，测试次数较其他配件低			《技术措施：产品》，P94~95	
防火门五金件	主要的门控五金包括地弹簧、闭门器、门锁组件、紧急开门（逃生）装置等
	地弹簧：**地弹簧**安装在平开门扇下，可单、双向开门，通常使用温度在−15~40℃，由金属弹簧、液压阻尼组合作用的装置
	闭门器：**闭门器**安装在**平开门扇上部**，单向开门，通常使用温度在−15~40℃，由金属弹簧、液压阻尼组合作用的装置。【2020】定位闭门器，门扇开启到90°可以停门，一般均为常开门用；不定位闭门器，可以开到120°~180°，一般均为常闭门用。【2022（12）】 5.3.3　防火闭门装置 5.3.3.1　防火门应安装**防火门闭门器**，或设置让常开防火门在火灾发生时能自动关闭门扇的闭门装置（特殊部位使用除外，如管道井门等）。 5.3.4　防火顺序器：双扇、多扇防火门设置**盖缝板或止口**的应安装顺序器（特殊部位使用除外） 5.3.5　防火插销：采用钢质防火插销，应安装在**双扇防火门**或多扇防火门的相对固定一侧的门扇上（若有要求时）【2022（5）】
	紧急开门装置：**紧急开门（逃生）装置**是一种门上用的带扶手的插销，通过对扶手一推或一压就能使插销缩回，供紧急疏散用的专用五金装置。紧急开门（逃生）装置的开启测试次数较地弹簧、闭门器、门锁等其他配件少【2019】

续表

防火门五金件	防火锁	防火门安装的门锁应是**防火锁**。在门扇的有锁芯机构处，防火锁均应有执手或推杠机构，**不允许以圆形或球形旋钮代替执手**（特殊部位使用除外，如管道井门等）【2022(5)】
	防火合页	防火门用合页（铰链）板厚应不少于3mm

典型习题

19-18 [2022(5)-81] 关于防火门的说法，错误的是（　　）。
A. 防火插销应安装在双扇防火门相对活动的门扇上
B. 疏散防火门不允许以圆形旋钮代替执手
C. 双扇防火门设置盖缝板或止口的应安装顺序器
D. 住宅户门可不安闭门器

答案：A

解析：防火插销采用钢质防火插销，应安装在双扇防火门或多扇防火门的相对固定一侧的门扇上（若有要求时），所以选项A说法错误；在门扇的有锁芯机构处，防火锁均应有执手或推杠机构，不允许以圆形或球形旋钮代替执手，选项B说法正确；防火顺序器双扇、多扇防火门设置盖缝板或止口的应安装顺序器，选项C说法正确；另外，住宅户门不是防火门，不需要闭门器。

19-19 [2022(12)-84] 楼梯间防火闭门器选用错误的是（　　）。
A. 明装的闭门器　　　　　　　　B. 有定位功能的闭门器
C. 无定位功能的闭门器　　　　　D. 暗装的闭门器

答案：B

解析：定位闭门器，门扇开启到90°可以停门，需要手拉一下才能关回来，一般均为常开门用，不用于楼梯间。不定位闭门器，门扇无论开启到什么角度，门都会自动关回来。不定位闭门器可以开到120°~180°，一般均为常闭门用，可用于楼梯间。

19-20 [2020-75] 液压闭门器安装在以下哪种门上？（　　）
A. 平开门　　　　B. 旋转门　　　　C. 折叠门　　　　D. 推拉门

答案：A

解析：闭门器安装在平开门扇上部，单向开门，通常使用温度在—15~40℃，由金属弹簧、液压阻尼组合作用的装置。

考点15：甲级、乙级、丙级防火门窗的选择

	根据《建筑设计防火规范》(GB 50016—2014，2018年版)，需要设置甲级防火门的部位为	
甲级	设置丙类液体中间储罐的房间门（条款：3.3.7、5.4.14，下同）	防火墙上的门（3.7.3、3.8.3、5.5.9、6.1.5）

352

续表

甲级	与中庭相连通的门（5.3.2）	地下、半地下商店防火分区间联通的防烟楼梯间的门（5.3.5）
	设置在其他建筑内，与剧场、电影院、礼堂分隔的门（5.4.7）	锅炉房、变压器室等与其他部位之间，以及锅炉房与其储油间之间防火隔墙上的门（5.4.12）
	柴油发电机及其储油间的防火隔墙上的门（5.4.13）	超高层建筑中避难层开向避难区的管道井和设备间门（5.5.23）
	高层病房楼避难间的门（5.5.24）	通风、空气调节机房和变配电室开向建筑内的门（6.2.7）
	疏散走道在防火分区处的门（6.4.10）	防火隔间的门（6.4.13）
	防火分区至避难走道的防烟前室的门（6.4.14）	消防电梯井、机房与相邻电梯井、机房之间防火隔墙上的门（7.3.6）
	根据《民用建筑设计统一标准》（GB 50352—2019）3.3.2，需要设置甲级防火门的部位为：变电所直接通向疏散走道（安全出口）的疏散门，以及变电所直接通向非变电所区域的门	
	根据《人民防空工程设计防火规范》（GB 50098—2009）4.2.4，需要设置甲级防火门的部位为：消防控制室、箱防水泵房、排烟机房、灭火剂储瓶室、变配电室、通信机房、通风和空调机房、可燃物存放量平均值超过 30kg/m² 火灾荷载密度的房间隔墙上的门	
乙级	根据《建筑设计防火规范》（GB 50016—2014，2018 年版），需要设置乙级防火门的部位为：	
	紧靠防火墙两侧的门、窗、洞口之间最近边缘的水平距离不应小于 2.0m，采取设置乙级防火窗等防止火灾水平蔓延的措施时，该距离不限（6.1.3）	建筑内的防火墙不宜设置在转角处，确需设置时，内转角两侧墙上的门、窗、洞口之间最近边缘的水平距离不应小于 4.0m，采取设置乙级防火窗等防止火灾水平蔓延的措施时，该距离不限（6.1.4）
	高层建筑、人员密集的公共建筑、人员密集的多层丙类厂房、甲、乙类厂房，封闭楼梯间的门（6.4.2）	楼梯间的首层扩大的封闭楼梯间与其他走道和房间分隔的门（6.4.2）
	建筑内的下列部位与其他部位分隔的防火隔墙上的门、窗：（1）民用建筑内的附属库房，剧场后台的辅助用房（2）除居住建筑中套内的厨房外，宿舍、公寓建筑中的公共厨房和其他建筑内的厨房（3）附设在住宅建筑内的机动车库（6.2.3）	建筑的地下或半地下部分与地上部分共用楼梯间时，在首层将地下或半地下部分与地上部分的连通部位完全分隔，设置防火隔墙上的门（6.4.4）
	地下或半地下建筑（室）的疏散楼梯间，在首层与其他部位分隔的防火隔墙上的门（6.4.4）	疏散走道通向前室以及前室通向楼梯间的门（6.4.3）

353

续表

乙级	楼梯间的首层扩大的前室，与其他走道和房间分隔的门（6.4.3）	通向室外楼梯的门（6.4.5）
	消防电梯前室或合用前室的门（7.3.5）	前室开向避难走道的门（6.4.14）
	消防控制室和其他设备房开向建筑内的门（6.2.7）	舞台上部与观众厅闷顶之间的防火隔墙上的门（6.2.1）
	歌舞厅、录像厅、夜总会、卡拉OK厅（含具有卡拉OK功能的餐厅）、游艺厅（含电子游艺厅）、桑拿浴室（不包括洗浴部分），网吧等歌舞娱乐放映游艺场所在厅、室之间及与建筑的其他部位之间，防火隔墙上的门（5.4.9）	医疗建筑内的手术室或于术部、产房、重症监护室、贵重精密医疗装备用房、储藏间、实验室、胶片室等，附设在建筑内的托儿所、幼儿园的儿童用房和儿童游乐厅等儿童活动场所、老年人活动场所，与其他场所或部位分隔的防火隔墙上的门、窗（6.2.2）
	医院和疗养院的病房楼内相邻护理单元之间的防火隔墙上的门（5.4.5）	
	根据《建筑防烟排烟系统技术标准》（GB 51251—2017），需要设置乙级防火门的部位为：	
	机械加压送风系统的管道井墙上的检修门（3.3.9）	设置排烟管道的管道井墙上的检修门（4.4.11）
丙级	根据《建筑设计防火规范》（GB 50016—2014，2018年版）6.2.9，需要设置丙级防火门的部位为：电缆井、管道井、排烟道、排气道、垃圾道等竖向井道井壁上的检查门	
	根据《民用建筑设计统一标准》（GB 50352—2019）3.3.2，需要设置丙级防火门的部位为：变电所直接通向室外的疏散门	
复习提示	甲级、乙级、丙级防火门窗的选择涉及的规范条文较多，考试时可参考以下原则判断： 甲级：一般涉及防火分区、重要危险性设备房间。 乙级：一般涉及交通空间。 丙级：一般涉及设备井或直通室外的设备门	

典型习题

19-21 ［2020-52］下列房间通向建筑室内应设置甲级防火门的是（　　）。
A. 通风、空调机房门　　　　　　B. 灭火设备机房门
C. 消防控制室门　　　　　　　　D. 生活水泵房门
答案：A
解析：参见考点15相关内容。

19-22 ［2020-60］下列部位应设置甲级防火门的是（　　）。
A. 防烟楼梯的首层扩大的防烟前室与其他走道和房间之间的门
B. 消防电梯机房与相邻机房之间的门

C. 高层厂房通向其封闭楼梯间的门

D. 首层扩大的封闭楼梯间走道和房间之间的门

答案：B

解析：参见考点 15 相关内容。

考点 16：保温门窗

门扇材料	1 保温门常用的保温材料有**聚氨酯和聚苯乙烯泡沫塑料**等。 2 密封条宜采用三元乙丙或橡塑制品。
零能耗断桥外窗	《近零能耗建筑技术标准》（GB/T 51350—2019）7.1.15　外门窗及其遮阳设施热桥处理应符合下列规定： 1 外门窗安装方式应根据墙体的构造方式进行优化设计。当墙体采用外保温系统时，外门窗可采用整体外挂式安装，门窗框内表面宜与基层墙体外**表面齐平**，门窗位于外墙外保温层内。装配式夹心保温外墙，外门窗宜采用**内嵌式安装**方式。外门窗与基层墙体的连接件应采用阻断热桥的处理措施。 2 外门窗外表面与基层墙体的连接处宜采用**防水透气材料密封**，门窗内表面与基层墙体的连接处应采用**气密性材料密封**。

19-23　[2022（5）-48] 下列近零能耗断桥外窗部位做法不正确的是（　　）。

A. 采用外保温系统时，门窗框内表面宜与基层墙体外表面墙体外表面齐平。

B. 装配式夹心保温外墙，门窗宜采用整体外挂式安装

C. 门窗外表面与基层连接，用防水材料密封

D. 门窗内表面与墙体内表面应设置气密性设施密封

答案：B

解析：参见《近零能耗建筑技术标准》（GB/T 51350—2019）7.1.15。

考点 17：隔声门窗

选用要点	钢质隔声门分为一般隔声门窗和防火隔声门窗两种。**钢质防火隔声门窗适用于既有隔声要求又有防火要求的场所**【2022（5）】 2 密封条采用三元乙丙橡胶制品。 3 **双层玻璃窗采用不同厚度的玻璃，是为了改善隔声性能。**【2013】【2017】双层窗设计要注意空气层的厚度，以大于 100mm 为宜，一般可取 80～200mm 为宜，双层窗的两层玻璃厚度最好设计的不一样，宜尽量有一层倾斜【2023，2022（5）】

19-24　[2023-67] 下列关于隔声窗设计，正确的是（　　）。

A. 各层玻璃间距应小于 50mm　　　　B. 各层玻璃应相互平行

C. 各层玻璃采用不同厚度　　　　　　D. 较厚玻璃安装在传入一侧

答案：C

解析：参见考点17。

19-25 [2022 (5)-82] 关于隔声窗构造的说法，错误的是（　　）。

A. 各层玻璃间距应大于50mm
B. 各层玻璃至少一层应倾斜安装
C. 隔声窗各层玻璃厚度应相同
D. 各层玻璃之间沿周边的窗框上设置吸声构造

答案：C

解析：双层窗空气层的厚度以大于100mm为宜，一般可取80~200mm，A选项正确；双层窗的两层玻璃厚度最好设计的不一样，宜尽量有一层倾斜，C选项错误。

考点18：防火卷帘【★★】

本考点均摘自《防火卷帘》（GB 14102—2005）	
概念	3.1 钢质防火卷帘：指用钢质材料做帘板、导轨、座板、门楣、箱体等，并配以卷门机和控制箱所组成的能符合耐火完整性要求的卷帘。 3.2 无机纤维复合防火卷帘：指用无机纤维材料做帘面（内配不锈钢丝或不锈钢丝绳），用钢质材料做夹板、导轨、座板、门楣、箱体等，并配以卷门机和控制箱所组成的能符合耐火完整性要求的卷帘。 3.3 特级防火卷帘：指用钢质材料或无机纤维材料做帘面，用钢质材料做导轨、座板、夹板、门楣、箱体等，并配以卷门机和控制箱所组成的能符合耐火完整性、隔热性和防烟性能要求的卷帘
无机纤维复合帘面	6.3.3 无机纤维复合帘面 6.3.3.1 无机纤维复合帘面拼接缝的个数每米内各层累计不应超过3条，且接缝应避免重叠。帘面上的受力缝采用双线缝制，拼接缝的搭接量不应小于20mm。非受力缝可采用单线缝制，拼接缝处的搭接量不应小于10mm。 6.3.3.2 无机纤维复合帘面应沿帘布纬向每隔一定的间距设置耐高温不锈钢丝（绳），以承载帘面的自重；**沿帘布经向设置夹板**，以保证帘面的整体强度，夹板间距应为300~500mm。[2023] 6.3.3.3 无机纤维复合帘面上除应装夹板外，两端还应设防风钩。 6.3.3.4 无机纤维复合帘面不应直接连接于卷轴上，应通过固定件与卷轴相连。 6.3.4.2 **导轨顶部应成圆弧形**，以便于卷帘运行。 6.3.4.3 导轨的滑动面、侧向卷帘供滚轮滚动的导轨表面应光滑、平直。帘面、滚轮在导轨内运行时应平稳顺畅，不应有碰撞和冲击现象。 6.3.4.4 单帘面卷帘的两根导轨应互相平行，其平行度误差不应大于5mm；双帘面卷帘不同帘面的导轨也应相互平行，其平行度误差不应大于5mm。 6.3.4.5 **防火防烟卷帘的导轨内应设置防烟装置**，防烟装置所用材料应为不燃或难燃材料，防烟装置与帘面应均匀紧密贴合，其贴合面长度不应小于导轨长度的80%。 6.3.5 门楣 6.3.5.1 **防火防烟卷帘的门楣内应设置防烟装置**，防烟装置所用的材料应为不燃或难燃材料。防烟装置与帘面应均匀紧密贴合，其贴合面长度不应小于门楣长度的80%，非贴合部位的缝隙不应大于2mm。 6.3.5.2 门楣现场安装应牢固，预埋钢件的间距为600~1000mm

实例 (图19-14、 图19-15)	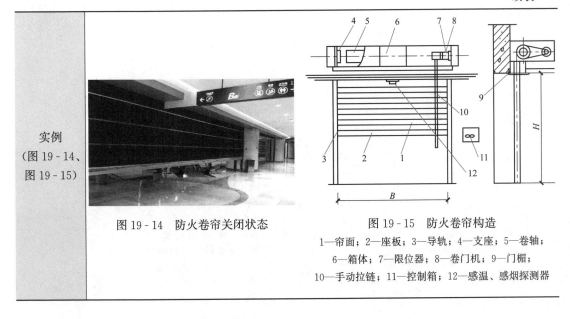 图19-14 防火卷帘关闭状态　　图19-15 防火卷帘构造 1—帘面；2—座板；3—导轨；4—支座；5—卷轴； 6—箱体；7—限位器；8—卷门机；9—门楣； 10—手动拉链；11—控制箱；12—感温、感烟探测器

典型习题

19-26 [2023-68] 以下关于防火卷帘措施说法，错误的是（　　）。

A. 防火防烟卷帘导轨内应设置防烟装置

B. 防火防烟卷帘门楣处应设置防烟装置

C. 无机纤维复合卷帘面应沿着布纬向设施夹板

D. 导轨顶部圆弧状

答案：C

解析：沿帘布经向设置夹板。

第二十章 建筑幕墙

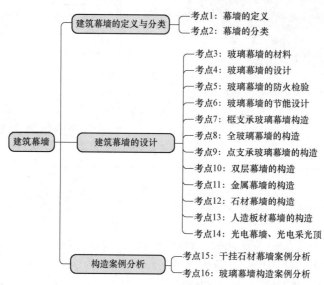

考情分析

章　节	近五年考试分数统计					
	2023年	2022年12月	2022年5月	2021年	2020年	2019年
第一节　建筑幕墙的定义与分类	5	0	5	5	4	7
第二节　建筑幕墙的设计	0	0	0	0	0	0
第三节　构造案例分析	0	0	0	0	0	0
总　计	5	0	5	5	4	7

注：1. 幕墙构造难度大，自学幕墙图集难度大，备考需要掌握第三节构造案例分析中的基本原理，学有余力再扩展。

2. 需要认真复习《玻璃幕墙工程技术规范》（JGJ 102—2003）、《玻璃幕墙工程质量检验标准》（JGJ/T 139—2020）、《建筑幕墙》（GB/T 21086—2007）、《金属与石材幕墙工程技术规范》（JGJ 133—2001）、《人造板材幕墙工程技术规范》（JGJ 336—2016）等规范。

第一节　建筑幕墙的定义与分类

考点1：幕墙的定义

定义	《建筑幕墙》（GB/T 21086—2007）3.1　由支承结构体系与面板组成的、可相对主体结构有一定位移能力、不分担主体结构所受外力作用的建筑外围护结构或装饰性结构

续表

基本规定	《民用建筑设计统一标准》(GB 50352—2019) 相关规定。 6.12.1 建筑幕墙应综合考虑建筑物所在地的地理、气候、环境及使用功能、高度等因素，合理选择幕墙的形式 6.12.3 建筑幕墙应满足**抗风压、水密性、气密性、保温、隔热、隔声、防火、防雷、耐撞击、光学**等性能要求，且应符合国家现行有关标准的规定。 6.12.5 建筑幕墙工程**宜有安装清洗装置**的条件
安全要求	《玻璃幕墙工程技术规范》(JGJ 102—2003) 相关规定。 4.4.4 人员流动密度大、青少年或幼儿活动的公共场所以及使用中容易受到撞击的部位，其玻璃幕墙应采用安全玻璃；对使用中容易受到撞击的部位，尚应设置明显的警示标志。 4.4.5 当与玻璃幕墙相邻的楼面外缘无实体墙时，应设置防撞设施

考点2：幕墙的分类【★★★】

按施工方式分类	框架式幕墙［构件式幕墙，见图20-1 (a)］：所有面板、支承框架、连接件及其他附件均在现场按顺序逐个安装到主体结构上的建筑幕墙系统。 单元式幕墙［图20-1 (b)］：将面板和金属框架（横梁、立柱）在工厂组装为幕墙单元，以幕墙单元形式在现场完成安装施工的框支承幕墙，装配式建筑中的玻璃幕墙宜采用单元式幕墙。【2018】 半单元式幕墙：是指面板材料与支撑副框在工厂内预先组装成形，在工地与现场安装的主龙骨框架采用挂钩和插接方式连接的幕墙系统。 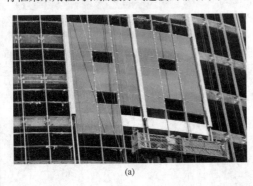 图20-1 幕墙按施工方式分类 (a) 框架式幕墙；(b) 单元式幕墙
按面材支撑形式分类	点支承式幕墙［图20-2 (a)］由玻璃面板、驳接系统和支承结构体系构成的幕墙，称之为点支承幕墙。 框支承玻璃幕墙［图20-2 (b)］是指玻璃由结构胶、压板等连接件连续固定于框架构件的幕墙形式，又可细分为明框幕墙、隐框幕墙、半隐框幕墙等。 全玻式幕墙［图20-2 (c)］是由大面积全透明的玻璃面板和竖向玻璃肋组成的玻璃幕墙。与框架式体系幕墙不同，玻璃肋起结构支承作用，代替了金属立框，故又称为"结构玻璃幕墙"

续表

分类	内容
按面材支撑形式分类	 图 20-2　幕墙按面材支撑形式分类 （a）点支承式幕墙；（b）框支承玻璃幕墙；（c）全玻式幕墙
按效果分类	全明框幕墙 [图 20-3（a）]：金属框架的构件显露于面板外表面的框支承玻璃幕墙。（面板采用**槽口**夹持） 半隐框幕墙：金属框架的竖向或横向构件显露于面板外表面的框支承玻璃幕墙，形式上分为横明竖隐玻璃幕墙 [图 20-3（b）] 和横隐竖明式玻璃幕墙 [图 20-3（c）] 全隐框幕墙 [图 20-3（d）]：金属框架的构件完全不显露于面板外表面的框支承玻璃幕墙。（面板采用**结构胶**粘接） 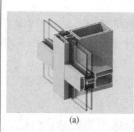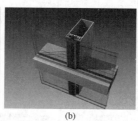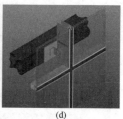 图 20-3　幕墙按效果分类 （a）全明框玻璃幕墙；（b）半隐框玻璃幕墙（横明竖隐）；（c）半隐框玻璃幕墙（横隐竖明）；（d）全隐框玻璃幕墙
按面层材料分类	根据面层材料分为玻璃幕墙、石材幕墙 [图 20-4（a）]、金属板幕墙 [图 20-4（b）]、人造板幕墙 [图 20-4（c）]、光电幕墙 [图 20-4（d）] 等。  图 20-4　幕墙按面层材料分类 （a）石材幕墙；（b）金属板幕墙；（c）人造板幕墙；（d）光电幕墙
按面材接缝形式分	封闭式幕墙：指完全封闭、与外部环境隔离的高层建筑外立面结构系统。与开放式幕墙相比，封闭式幕墙有**更高的密闭性和隔热性能**，在防水、防尘、防风、隔音等方面也有更好的表现。 开放式幕墙：幕墙系统与外部环境不完全隔离，面板之间采用**开缝设计、不要求阻挡雨水渗透和空气泄漏的幕墙系统**

20-1 [2019-85,2017-85] 以下幕墙中,不属于框支承构件式玻璃幕墙的是(　　)。
A. 明框玻璃幕墙　　　　　　　　　B. 单元式玻璃幕墙
C. 隐框玻璃幕墙　　　　　　　　　D. 半隐框玻璃幕墙
答案:B
解析:根据《玻璃幕墙工程技术规范》(JGJ 102—2003) 2.1.5,将框支承玻璃幕墙按幕墙形式分为明框、隐框、半隐框玻璃幕墙;按幕墙安装施工方法分为单元式、构件式玻璃幕墙。

第二节　建筑幕墙的设计

考点3:玻璃幕墙的材料

玻璃	《玻璃幕墙工程技术规范》(JGJ 102—2003) 相关规定。 　3.4.2　玻璃幕墙采用阳光控制镀膜玻璃时,离线法生产的镀膜玻璃应采用真空磁控溅射法生产工艺;在线法生产的镀膜玻璃应采用热喷涂法生产工艺。 　4.2.9　玻璃幕墙应采用**反射比不大于0.30**的幕墙玻璃。【2022(5)】 　4.4.1　框支承玻璃幕墙宜采用**安全玻璃**。 　4.4.2　点支承玻璃幕墙的面板玻璃应采用**钢化玻璃**。 　4.4.3　采用玻璃肋支承的**点支承玻璃幕墙**,其玻璃肋应采用**钢化夹层玻璃**。【2022(5)】 　6.1.1　框支承玻璃幕墙单片玻璃的厚度不应小于6mm,夹层玻璃的单片厚度不宜小于5mm。夹层玻璃和中空玻璃的单片玻璃厚度相差不宜大于3mm。【2021】
防火玻璃	《建筑用安全玻璃　第1部分:防火玻璃》(GB 15763.1—2009) 　3.4　复合防火玻璃:由两层或两层以上玻璃复合而成或由一层玻璃和有机材料复合而成,并满足相应耐火性能要求的特种玻璃。 　3.5　单片防火玻璃:由单层玻璃构成,并满足相应耐火性能要求的特种玻璃。 　3.6　隔热型防火玻璃(A类):耐火性能同时满足耐火完整性、耐火隔热性要求的防火玻璃。 　3.7　非隔热型防火玻璃(C类):耐火性能仅满足耐火完整性要求的防火玻璃。 　4.1.1　防火玻璃按结构可分为:a)复合防火玻璃(以FFB表示);b)单片防火玻璃(以DFB表示)。 　4.1.2　防火玻璃按耐火性能可分为:a)**隔热型防火玻璃(A类)**;b)**非隔热型防火玻璃(C类)**。 　4.1.3　防火玻璃按耐火极限可分为五个等级:0.50h、1.00h、1.50h、2.00h、3.00h
框材	《玻璃幕墙工程技术规范》(JGJ 102—2003) 3.1.2　玻璃幕墙应选用耐气候性的材料。金属材料和金属零配件除不锈钢及耐候钢外,钢材应进行表面热浸镀锌处理、无机富锌涂料处理或采取其他有效的防腐措施,铝合金材料应进行表面**阳极氧化**、**电泳涂漆**、**粉末喷涂或氟碳漆喷涂**处理。

续表

密封材料	《玻璃幕墙工程技术规范》（JGJ 102—2003）相关规定。 2.1.11 硅酮结构密封胶：幕墙中用于板材与金属构架、板材与板材、板材与玻璃肋之间的结构用硅酮粘接材料，简称硅酮结构胶。【2014】 2.1.12 硅酮建筑密封胶：幕墙嵌缝用的**硅酮密封材料**，又称耐候胶。 2.1.13 双面胶带：幕墙中用于控制结构胶位置和截面尺寸的双面涂胶的聚氨基甲酸乙酯或聚乙烯低泡材料。【2022（5）】 3.1.3 玻璃幕墙材料宜采用**不燃性材料或难燃性材料**；防火密封构造应采用**防火密封材料**。 3.1.4 隐框和半隐框玻璃幕墙，其玻璃与铝型材的粘结必须采用**中性硅酮结构密封胶**；全玻幕墙和点支承幕墙采用镀膜玻璃时，**不应采用酸性硅酮结构密封胶粘结**。【2021】 3.4.3 玻璃幕墙采用中空玻璃时，除应符合现行国家标准《中空玻璃》（GB/T 11944）的有关规定外，尚应符合下列规定： 1 中空玻璃气体层厚度不应小于 9mm。【2017】 2 中空玻璃应采用双道密封。一道密封应采用丁基热熔密封胶。隐框、半隐框及点支承玻璃幕墙用中空玻璃的二道密封应采用**硅酮结构密封胶**；明框玻璃幕墙用中空玻璃的二道密封宜采用**聚硫类中空玻璃密封胶**，也可采用**硅酮密封胶**。二道密封应采用专用打胶机进行混合、打胶。【2014】 3.5.1 玻璃幕墙的橡胶制品，宜采用三元乙丙橡胶、氯丁橡胶及硅橡胶。 3.5.4 玻璃幕墙的耐候密封应采用**硅酮建筑密封胶**；点支承幕墙和全玻幕墙使用非镀膜玻璃时，其耐候密封可采用**酸性硅酮建筑密封胶**，其性能应符合国家现行标准《幕墙玻璃接缝用密封胶》（JC/T 882）的规定。夹层玻璃板缝间的密封，宜采用**中性硅酮建筑密封胶**。 4.3.3 玻璃幕墙的非承重胶缝应采用硅酮建筑密封胶。开启扇的周边缝隙宜采用**氯丁橡胶、三元乙丙橡胶或硅橡胶**密封条制品密封。 4.3.9 幕墙玻璃之间的拼接胶缝宽度应能满足玻璃和胶的变形要求，并不宜小于 10mm。 7.4.1 采用胶缝传力的全玻幕墙，胶缝应采用**硅酮结构密封胶**。 9.1.4 除全玻幕墙外，不应在现场打注硅酮结构密封胶【2021】【2014】
其他材料	《玻璃幕墙工程技术规范》（JGJ 102—2003）相关规定。 3.7.1 与单组分硅酮结构密封胶配合使用的低发泡间隔双面胶带，应具有透气性。 3.7.2 玻璃幕墙宜采用聚乙烯泡沫棒作填充材料，其密度不应大于 37kg/m³。 3.7.3 玻璃幕墙的隔热保温材料，宜采用岩棉、矿棉、玻璃棉、防火板等**不燃或难燃**材料

典型习题

20-2 ［2022-77，2018-83，2017-84］下列玻璃幕墙采用的玻璃品种中哪项有错误？（　　）

A. 点支承玻璃幕墙面板玻璃应采用钢化玻璃
B. 采用玻璃肋支承的点支承玻璃幕墙，其玻璃肋应采用钢化夹层玻璃
C. 应采用反射比大于 0.30 的幕墙玻璃
D. 有防火要求的幕墙玻璃，应根据防火等级要求，采用单片防火玻璃

答案：C

解析：根据《玻璃幕墙工程技术规范》（JGJ 102—2003）4.2.9，玻璃幕墙应采用反射比不大于0.30的幕墙玻璃，选项C错误。

20-3 [2021-26] 关于建筑幕墙玻璃的选用要求，以下说法错误的是（　　）。
A. 中空玻璃单片玻璃厚度不宜小于5mm
B. 夹层玻璃两片厚度差值不宜大于3mm
C. 中空玻璃的气体层厚度不应小于9mm
D. 夹层玻璃的胶片厚度不应小于0.76mm

答案：A

解析：《玻璃幕墙工程技术规范》（JGJ 102—2003）6.1.1，框支承玻璃幕墙单片玻璃的厚度不应小于6mm，夹层玻璃的单片厚度不宜小于5mm。夹层玻璃和中空玻璃的单片玻璃厚度相差不宜大于3mm。

20-4 [2021-80] 下列玻璃幕墙的密封材料使用及胶缝设计，哪一项是错误的？（　　）
A. 采用胶缝传力的全玻幕墙，胶缝应采用硅酮建筑密封胶
B. 玻璃幕墙的开启扇的周边缝隙宜采用氯丁橡胶、三元乙丙橡胶或硅橡胶材料的密封
C. 幕墙玻璃之间的拼接胶缝宽度应能满足玻璃和胶的变形要求，并不宜小于10mm
D. 除全玻幕墙外，不应在现场打注硅酮结构密封胶

答案：A

解析：参见《玻璃幕墙工程技术规范》（JGJ 102—2003）4.3.3、4.3.9、7.4.1和9.1.4。选项A中，胶缝应选用硅酮结构密封胶。

考点4：玻璃幕墙的设计

一般规定	《玻璃幕墙工程技术规范》（JGJ 102—2003）相关规定。 4.1.5　幕墙开启窗的设置，应满足使用功能和立面效果要求，并应启闭方便，避免设置在梁、柱、隔墙等位置。开启扇的开启角度**不宜大于30°**，开启距离**不宜大于300mm**，开启方式以上悬式为主。【2021】 4.1.6　玻璃幕墙应便于维护和清洁。高度**超过40m**的幕墙工程宜设置清洗设备
性能和检测要求	《玻璃幕墙工程技术规范》（JGJ 102—2003）相关规定。 4.2.2　玻璃幕墙的**抗风压、气密、水密、保温、隔声**等性能分级，应符合现行国家标准《建筑幕墙物理性能分级》（GB/T 15225）的规定。 4.2.4　有采暖、通风、空气调节要求时，玻璃幕墙的**气密性能不应低于3级**。 4.2.9　玻璃幕墙应采用**反射比不大于0.30**的幕墙玻璃，对有采光功能要求的玻璃幕墙，其采光折减系数**不宜低于0.20**。 4.2.10　玻璃幕墙性能检测项目，应包括**抗风压性能、气密性能和水密性能**，必要时可增加平面内**变形性能**及其他性能检测
	《建筑幕墙》（GB/T 21086—2007）3.13　开放式建筑幕墙的抗风压性能、热工性能、空气声隔声性能应符合设计要求，**而水密性能、气密性能可不作要求**

	续表
构造设计	《玻璃幕墙工程技术规范》(JGJ 102—2003)相关规定。 4.3.2 明框玻璃幕墙的**接缝部位**、**单元式**玻璃幕墙的组件对插部位以及幕墙开启部位,宜按**雨幕原理**进行构造设计。对可能渗入雨水和形成冷凝水的部位,应采取**导排**构造措施。【2022(5)】 4.3.3 玻璃幕墙的非承重胶缝应采用**硅酮建筑密封胶**。开启扇的周边缝隙宜采用**氯丁橡胶、三元乙丙橡胶或硅橡胶**密封条制品密封。 4.3.7 幕墙的连接部位,应采取措施防止产生摩擦噪声。构件式幕墙的立柱与横梁连接处应避免刚性接触,可设置**柔性垫片或预留1~2mm**的间隙,间隙内填胶;隐框幕墙采用挂钩式连接固定玻璃组件时,挂钩接触面宜设置**柔性垫片**(条文说明:为了适应热胀冷缩和防止产生噪声,构件式玻璃幕墙的立柱与横梁连接处应避免刚性接触;隐框幕墙采用挂钩式连接固定玻璃组件时,在挂钩接触面宜设置柔性垫片,以避免刚性接触产生噪声,并可利用垫片起弹性缓冲作用)。【2019】 4.3.8 除不锈钢外,玻璃幕墙中不同金属材料接触处,应合理设置**绝缘垫片**或采取其他防腐蚀措施。此处主要指为了避免双金属腐蚀。另外,**铝合金门、窗框不得与混凝土、水泥砂浆直接接触**,以免产生碱腐蚀。【2020】 4.3.9 幕墙玻璃之间的拼接胶缝宽度应能满足玻璃和胶的变形要求,并**不宜小于10mm**。 4.3.10 幕墙玻璃表面周边与建筑内、外装饰物之间的缝隙**不宜小于5mm**,可采用柔性材料嵌缝。全玻璃幕墙玻璃尚应符合本规范的有关规定。 4.3.11 明框幕墙玻璃下边缘与下边框槽底之间应采用硬橡胶垫块衬托,垫块数量应为2个,**厚度不应小于5mm**,每块长度不应小于100mm 《工业建筑防腐蚀设计标准》(GB/T 50046—2018)7.4.5 铝和铝合金与水泥类材料或钢材接触时,**应采取隔离措施**【2020】

20-5 [2022-74] 玻璃幕墙中,无需按雨幕原理进行构造设计的部位是( )。
A. 幕墙开启部位　　　　　　　　　　B. 明框玻璃幕墙的接缝部位
C. 构件式幕墙的立柱与横梁连接部位　　D. 单元式玻璃幕墙的组件对插部位
答案:C

解析:根据《玻璃幕墙工程技术规范》(JGJ 102—2003)4.3.2,明框玻璃幕墙的接缝部位、单元式玻璃幕墙的组件对插部位以及幕墙开启部位,宜按雨幕原理进行构造设计。对可能渗入雨水和形成冷凝水的部位,应采取导排构造措施。

20-6 [2021-79] 关于玻璃幕墙开启门窗的安装,下列哪条是正确的?( )

A. 窗、门框固定螺钉的间距应≤500mm

B. 窗、门框固定螺钉与端部距离应≤300mm

C. 开启窗的开启角度宜≤30°

D. 开启窗开启距离宜≤750mm

答案:C

解析：根据《玻璃幕墙工程技术规范》（JGJ 102—2003）4.1.5，幕墙开启窗的设置，开启扇的开启角度不宜大于30°，开启距离不宜大于300mm。

20-7 [2020-77] 幕墙中的铝合金材料与以下哪种材料接触时，可以不设置绝缘垫片或隔离材料？（ ）

A. 水泥砂浆　　　　　　　　　　B. 玻璃、胶条
C. 混凝土构件　　　　　　　　　D. 铝合金以外的金属

答案：B

解析：参见《工业建筑防腐蚀设计标准》（GB/T 50046—2018）7.4.5 和《玻璃幕墙工程技术规范》（JGJ 102—2003）4.3.8。

考点5：玻璃幕墙的防火检验【★★★★】

| 防火检验 | 《玻璃幕墙工程质量检验标准》（JGJ/T 139—2020）相关规定。
3.2.1 幕墙防火构造的检验指标应符合下列规定：【2020】
　1 幕墙与楼板、墙、柱之间应按设计要求设置横向、竖向连续的防火隔断。
　2 对高层建筑无窗间墙和窗槛墙的玻璃幕墙，应在每层楼板外沿设置耐火极限不低于1.00h 高度不低于0.80m 的不燃烧实体裙墙。
　3 同一块玻璃不宜跨两个分火区域。
3.2.3 幕墙防火节点的检验指标，应符合下列规定：
　4 镀锌钢衬板**不得与铝合金型材直接接触**，衬板就位后，应进行密封处理。
　5 防火层与幕墙和主体结构间的缝隙必须用**防火密封胶**严密封闭。
4.4.7 玻璃幕墙与其周边防火分隔构件间的缝隙、与楼板或隔墙外沿间的缝隙、与实体墙面洞口边缘间的缝隙等，应进行**防火封堵**设计。（图20-5所示，注意：建筑幕墙在**建筑缝隙的上下沿**分别设置封堵）【2023】
4.4.8 玻璃幕墙的防火封堵构造系统，在正常使用条件下，应具有伸缩变形能力、密封性和耐久性；在遇火状态下，应在规定的耐火时限内，不发生开裂或脱落，保持相对稳定性。
4.4.9 玻璃幕墙防火封堵构造系统的填充料及其保护性面层材料，应采用耐火极限符合设计要求的**不燃烧材料或难燃烧材料**。【2020】
4.4.10 无窗槛墙的玻璃幕墙，应在每层楼板外沿设置耐火极限不低于1.0h、高度不低于0.8m 的不燃烧实体裙墙或防火玻璃裙墙。
4.4.11 玻璃幕墙与各层楼板、隔墙外沿间的缝隙，当采用岩棉或矿棉封堵时，其厚度不应小于100mm，并填充密实；楼层间水平防烟带的岩棉或矿棉宜采用厚度不小于1.5mm 的镀锌钢板承托；承托板与主体结构、幕墙结构及承托板之间的缝隙宜填充防火密封材料（如防火胶等）。当建筑要求防火分区间设置通透隔断时，可采用防火玻璃，其耐火极限应符合设计要求 | 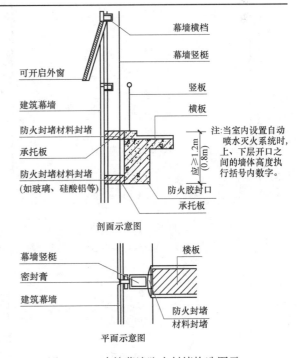
图20-5 建筑幕墙防火封堵构造图示 |

续表

| 防火检验 | 根据《全国民用建筑工程设计技术措施规划·建筑·景观》(2009年版)5.4.2，保温材料应采用不燃材料作防护层（注：当保温材料的燃烧性能为A级不燃烧材料时，保温材料外可不做该防护层）。
　　防护层应将保温材料完全覆盖。防护层厚度不应小于3mm。非透明封闭式幕墙系统中，保温材料与幕墙构造关系举例，如图20-6～图20-9所示。
　　建筑外墙的装饰层，除采用涂料外，应采用不燃烧材料。当建筑外墙采用可燃保温材料时，不宜采用着火后易脱落的瓷砖等材料
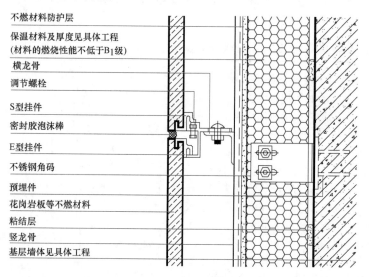
图20-6　非透明封闭式幕墙系统中保温材料与幕墙构造关系示意图一
注：当保温材料为 B_1，外保温材料应采用不燃材料做防护层，防护层厚度≥3mm。
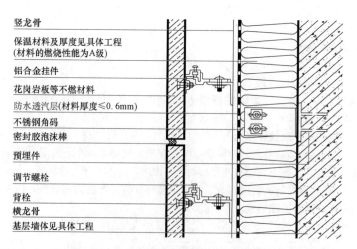
图20-7　非透明封闭式幕墙系统中保温材料与幕墙构造关系示意图二
注：当保温材料的燃烧性能为A级不燃材料时的构造。 |

防火检验	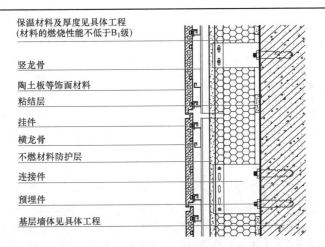 图 20-8 非透明开放式幕墙系统中保温材料与幕墙构造示意图一 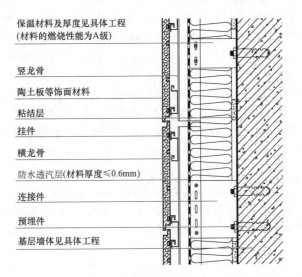 图 20-9 非透明开放式幕墙系统中保温材料与幕墙构造示意图二 注：当保温材料的燃烧性能为 A 级不燃材料时的构造

典型习题

20-8 [2023-66] 下列关于玻璃幕墙防火封堵做法，正确的是（　　）。

A. 装在上侧　　　　B. 装在下侧　　　　C. 装在上下侧　　　　D. 装在缝两侧

答案：C

解析：参见考点 5。

20-9 [2020-33] 玻璃幕墙设计的以下表述，哪一条是错误的？（　　）

A. 玻璃幕墙与每层楼板及隔墙处的缝隙应采用难燃烧材料填充

B. 玻璃幕墙上不同金属材料接触处应设置绝缘垫片

C. 玻璃幕墙立柱与混凝土主体结构宜通过预埋件连接，混凝土强度宜不低于 C30

D. 玻璃幕墙应形成自身的防雷体系，并应与主体结构的防雷体系可靠的连接

答案：A

解析：根据《玻璃幕墙工程技术规范》(JGJ 102—2003) 4.4.9，玻璃幕墙防火封堵构造系统的填充料及其保护性面层材料，应采用耐火极限符合设计要求的不燃烧材料或难燃烧材料。

考点6：玻璃幕墙的节能设计

节能要求	《玻璃幕墙工程技术规范》(JGJ 102—2003) 4.2.7　有保温要求的玻璃幕墙应采用中空玻璃，必要时采用**隔热铝合金型材**；有隔热要求的玻璃幕墙宜设计适宜的**遮阳装置**或采用**遮阳型玻璃**
	《民用建筑热工设计规范》(GB 50176—2016) 相关规定。 5.3.4　严寒地区、寒冷地区、夏热冬冷地区、温和A区的玻璃幕墙应采用有断热构造的玻璃幕墙系统，非透光的玻璃幕墙部分、金属幕墙、石材幕墙和其他人造板材幕墙等幕墙面板背后应采用高效保温材料保温。幕墙与围护结构平壁间（除结构连接部位外）**不应形成热桥**，并宜对跨越室内外的金属构件或连接部位采取隔断热桥措施。 5.3.5　有保温要求的门窗、玻璃幕墙、采光顶采用的玻璃系统应为中空玻璃、Low-E中空玻璃、充惰性气体Low-E中空玻璃等保温性能良好的玻璃，保温要求高时还可采用**三玻两腔**、**真空玻璃**等。传热系数较低的中空玻璃宜采用"暖边"中空玻璃间隔条。【2014】 5.3.6　严寒地区、寒冷地区、夏热冬冷地区、温和A区的门窗、透光幕墙、采光顶周边与墙体、屋面板或其他围护结构连接处应采取**保温**、**密封构造**；当采用非防潮型保温材料填塞时，缝隙应采用密封材料或密封胶密封。其他地区应采取密封构造。 5.3.7　严寒地区、寒冷地区可采用空气内循环的双层幕墙，夏热冬冷地区**不宜采用双层幕墙**

考点7：框支承玻璃幕墙构造【★★★★】

玻璃	《玻璃幕墙工程技术规范》(JGJ 102—2003) 6.1.1　框支承玻璃幕墙单片玻璃的厚度**不应小于6mm**，夹层玻璃的单片厚度**不宜小于5mm**。夹层玻璃和中空玻璃的单片玻璃厚度相差不宜大于3mm
横梁	《玻璃幕墙工程技术规范》(JGJ 102—2003) 相关规定。 6.2.1　横梁截面主要受力部位的厚度，应符合下列要求： 　2 当横梁跨度不大于1.2m时，铝合金型材截面主要受力部位的厚度**不应小于2.0mm**；当横梁跨度大于1.2m时，其截面主要受力部位的厚度**不应小于2.5mm**。 　3 钢型材截面主要受力部位的厚度**不应小于2.5mm**。 6.2.2　横梁可采用铝合金型材或钢型材，铝合金型材的表面处理可采用阳极氧化、电泳喷涂、粉末喷涂、氟碳喷涂。钢型材宜采用高耐候钢，碳素钢型材应热浸镀锌或采取其他有效防腐措施，焊缝应涂防锈涂料；处于严重腐蚀条件下的钢型材，应预留腐蚀厚度
立柱	《玻璃幕墙工程技术规范》(JGJ 102—2003) 相关规定。 6.3.1　立柱截面主要受力部位的厚度，应符合下列要求： 　1 铝型材截面开口部位的厚度**不应小于3.0mm**，闭口部位的厚度**不应小于2.5mm**； 　2 钢型材截面主要受力部位的厚度**不应小于3.0mm**；

续表

立柱	6.3.2 立柱可采用铝合金型材或钢型材。铝合金型材的表面处理与横梁相同；钢型材宜采用高耐候钢，碳素钢型材应采用热浸锌或采取其他有效防腐措施。 6.3.3 上、下立柱之间应留有不小于15mm的缝隙，闭口型材可采用长度不小于250mm的芯柱连接，芯柱与立柱应紧密配合。 6.3.13 角码和立柱采用不同金属材料时，应采用绝缘垫片分隔或采取其他有效措施防止双金属腐蚀
预埋件	《玻璃幕墙工程技术规范》（JGJ 102—2003）5.5.4 玻璃幕墙立柱与主体混凝土结构应通过预埋件连接，预埋件应在主体结构混凝土施工时埋入，预埋件的位置应准确；当没有条件采用预埋件连接时，应采用其他可靠的连接措施，并通过试验确定其承载力。（图20-10）
构造示意	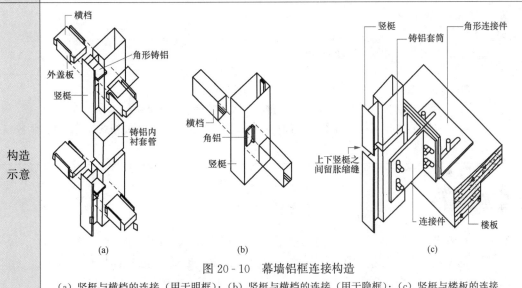 图 20-10 幕墙铝框连接构造 （a）竖梃与横档的连接（用于明框）；（b）竖梃与横档的连接（用于隐框）；（c）竖梃与楼板的连接

考点8：全玻璃幕墙的构造

一般规定	《玻璃幕墙工程技术规范》（JGJ 102—2003）相关规定。 7.1.1 玻璃高度大于表7.1.1（表20-1）限值的全玻幕墙应**悬挂在主体结构上**。【2013】 表20-1　　　　　　　下端支承全玻幕墙的最大高度 | 玻璃厚度/mm | 10, 12 | 15 | 19 | |---|---|---|---| | 最大高度/m | 4 | 5 | 6 | 7.1.2 全玻幕墙的周边收口槽壁与玻璃面板或玻璃肋的空隙均不宜小于8mm，吊挂玻璃下端与下槽底的空隙尚应满足玻璃伸长变形的要求；玻璃与下槽底应采用弹性垫块支承或填塞，垫块长度不宜小于100mm，厚度不宜小于10mm；槽壁与玻璃间应采用**硅酮建筑密封胶**密封。 7.1.5 玻璃自重**不宜由结构胶缝**单独承受。 7.1.6 全玻幕墙的板面不得与其他刚性材料直接接触。板面与装修面或结构面之间的空隙不应小于8mm，且应采用密封胶密封

面板	《玻璃幕墙工程技术规范》（JGJ 102—2003）7.2.1　面板玻璃的厚度**不宜**少于10mm；夹层玻璃单片厚度**不应小于**8mm【2018】
	《建筑幕墙》（GB/T 21086—2007）12.2.1.2　全玻幕墙的面板玻璃的厚度**不宜小于**10mm；夹层玻璃单片厚度不宜小于8mm；玻璃肋的厚度**不应小于**12mm，断面宽度**不应小于**100mm
玻璃肋	《玻璃幕墙工程技术规范》（JGJ 102—2003）相关规定。 7.3.1　全玻幕墙玻璃肋的截面厚度**不应小于**12mm，截面高度**不应小于**100mm。【2012】 7.3.5　采用金属件连接的玻璃肋，其连接金属件的厚度不应小于6mm。连接螺栓宜采用不锈钢螺栓，其直径**不应小于**8mm。 7.3.7　高度大于8m的玻璃肋宜考虑平面外的稳定验算；高度大于12m的玻璃肋，应进行平面外稳定验算，必要时应采取防止侧向失稳的构造措施
胶缝	《玻璃幕墙工程技术规范》（JGJ 102—2003）相关规定。 7.4.1　采用胶缝传力的全玻幕墙，其胶缝必须采用**硅酮结构密封胶**。 7.4.3　当胶缝宽度不满足结构的要求时，可采取附加玻璃板条或不锈钢条等措施，加大胶缝宽度

典型习题

20-10　[2018-85] 关于全玻幕墙的技术要求，以下说法错误的是（　　）。
A. 玻璃板面和结构面的空隙应做封堵　　B. 面板玻璃厚度应不小于10mm
C. 夹层玻璃单面厚度不小于6mm　　　　D. 玻璃肋厚度不小于12mm

答案： C

解析： 根据《建筑幕墙》（GB/T 21086—2007）12.2.1.2，全玻幕墙的面板玻璃的厚度不宜小于10mm；夹层玻璃单片厚度不宜小于8mm；玻璃肋的厚度不应小于12mm，断面宽度不应小于100mm。

考点9：点支承玻璃幕墙的构造

玻璃面板	《玻璃幕墙工程技术规范》（JGJ 102—2003）相关规定。 8.1.2　采用浮头式连接件的幕墙玻璃厚度**不应小于**6mm；采用沉头式连接件的幕墙玻璃厚度**不应小于**8mm。 8.1.3　玻璃之间的空隙宽度**不应小于**10mm，且应采用硅酮建筑密封胶嵌缝。【2010】 8.1.4　点支承玻璃支承孔周边应进行可靠的密封。当点支承玻璃为中空玻璃时，其支承孔周边应采取多道密封措施。 4.4.2　点支承玻璃幕墙应采用**钢化玻璃**； 4.4.3　玻璃肋支承的点支承玻璃幕墙，其玻璃肋应采用**钢化夹层玻璃**。【2017】 7.3.1　全玻幕墙玻璃肋的截面厚度**不应小于**12mm，截面高度**不应小于**100mm

典型习题

20-11 [2017-94] 全玻幕墙中玻璃肋板的材料与其截面最小厚度应为（　　）。
A. 钢化玻璃，厚 10mm
B. 夹层玻璃，厚 12mm
C. 夹丝玻璃，厚 15mm
D. 中空玻璃，厚 24mm

答案：B

解析：参见《玻璃幕墙工程技术规范》（JGJ 102—2003）4.4.3 和 7.3.1。

考点 10：双层幕墙的构造【★★★★】

组成类型	《建筑幕墙》（GB/T 21086—2007）3.10　双层幕墙：由外层幕墙、热通道和内层幕墙（或门、窗）组成，且在热通道内能够形成空气有序流动的建筑幕墙
	《全国民用建筑工程设计技术措施/规划·建筑·景观》（2009 年版）5.10.5　双层幕墙 1 按空气循环方式分：**内循环、外循环（整体式、廊道式、通道式和箱体式）和开放式双层幕墙**。【2017】 2 外层幕墙通常采用点支承玻璃幕墙、明框玻璃幕墙或隐框玻璃幕墙；内层幕墙通常采用明摆玻璃幕墙、隐框玻璃幕墙或铝合金门窗。具有通风换气等功能，保温、隔热和隔声效果非常明显。双层幕墙有利于建筑围护结构的隔声、保温隔热，但应根据建筑的防火要求选择双层幕墙的形式
分类构造及特点	内循环双层幕墙： （1）构造：外层幕墙封闭，内层幕墙与室内有进气口和出气口连接，使得双层幕墙通道内的空气与室内空气进行循环。外层幕墙采用隔热型材，玻璃通常采用中空玻璃或 Low-E 中空玻璃；内层幕墙玻璃可采用单片玻璃。 （2）特点：①**热工性能优越**。②**隔声效果好**。③**防结露效果明显**。④**便于清洁**。⑤**防火达标**
	外循环双层幕墙： 构造：内层幕墙封闭，外层幕墙与室外有进气口和出气口连接，使得双层幕墙通道内的空气可与室外空气进行循环。内层幕墙应采用隔热型材，可设开启扇，玻璃通常采用中空玻璃或 Low-E 中空玻璃； 特点：外循环双层幕墙同样具有防结露、通风换气好、隔声优越、便于清洁的优点
	开放式双层幕墙： （1）构造：外层幕墙仅具有装饰功能，通常采用单片幕墙玻璃且与室外永久连通，不封闭。 （2）特点：①其主要功能是建筑立面的装饰性，建筑立面的防火、保温和隔声等性能都由内层围护结构完成，往往用于旧建筑的改造。②有遮阳作用。③改善通风效果

20-12 [2019-83] 开放式外通风幕墙的双层玻璃构造，正确的是（　　）。
A. 外侧单层玻璃与非断热型材组成，内侧为中空玻璃与断热型材组成
B. 外侧为中空玻璃与断热型材组成，内侧为单层玻璃与非断热型材组成
C. 内外两侧均为单层玻璃与非断热型材组成
D. 内外两侧均为中空玻璃与断热型材组成

答案：A

解析：根据国标图集《双层幕墙》（07J103-8），双层幕墙分类及特征作为一种新型的建筑幕墙系统，双层幕墙与其他传统幕墙体系相比，最大的特点在于其独特的双层幕墙结构，具有环境舒适、通风换气的功能，保温隔热和隔声效果非常明显。

开放式：外层幕墙仅具有装饰功能，通常采用单片幕墙玻璃，且与室外永久连通，不封闭，选项 B、D 错误；开放式双层幕墙的特点：①其主要功能是建筑立面的装饰性，建筑立面的防火、保温和隔声等性能都由内层围护结构完成，往往用于旧建筑的改造；②有遮阳作用，其效果依设计选材而定；③改善、通风效果，恶劣天气不影响开窗换气，选项 C 错误，选项 A 正确。

考点 11：金属幕墙的构造【★★★】

| 材料 | 《金属与石材幕墙工程技术规范》（JGJ 133—2001）相关规定。
3.3.1　幕墙采用的不锈钢宜采用**奥氏体不锈钢材**。
3.3.4　钢结构幕墙**高度超过** 40m 时，钢构件宜采用高耐候结构钢，并应在其表面涂刷防腐涂料。
3.3.5　钢构件采用冷弯薄壁型钢时，其壁厚不得小于 3.5mm。
3.3.8　铝合金幕墙应根据幕墙面积、使用年限及性能要求，分别选用铝合金单板（简称单层**铝板**）、**铝塑复合板**、**铝合金蜂窝板（简称蜂窝板）**；铝合金板材应达到国家相关标准及设计的要求。表面的处理方式有阳极氧化镀膜、电泳喷涂、静电粉末喷涂、氟碳树脂喷涂等方法。
3.3.9　根据防腐、装饰及建筑物的耐久年限的要求，对铝合金板材（单层铝板、铝塑复合板、蜂窝铝板）表面进行氟碳树脂处理时，应符合下列规定：
　1 氟碳树脂（PVDF）含量不应低于 75%。海边及严重酸雨地区，可采用三道或四道氟碳树脂涂层，其厚度应**大于** 40μm；其他地区，可采用两道氟碳树脂涂层，其厚度应大于 25μm。
　2 氟碳树脂涂层应**无起泡、裂纹、剥落**等现象。
3.3.10　单层铝板应符合现行国家标准的规定，幕墙和屋顶用单层铝板，**厚度不应小于 2.5mm**。铝合金单板最大分格尺寸（宽×高）为 2990mm×600mm。
3.3.11　铝塑复合板应符合下列规定：
　1 铝塑复合板的上、下两层铝合金板的厚度均应为 0.5mm，中间夹以 3~6mm 低密度的聚乙烯：（PE）材料，其性能应符合现行国家标准《建筑幕墙用铝塑复合板》（GB/T 17748—2016）规定的外墙板的技术要求；铝合金板与夹心层的剥离强度标准值应大于 7N/mm；**用于幕墙和屋顶的铝塑复合板不应小于 4mm**。
3.3.12　蜂窝铝板应符合下列规定： |

续表

材料	1 应根据幕墙的使用功能和耐久年限的要求,分别选用厚度为10mm、12mm、15mm、20mm和25mm的蜂窝铝板。 2 厚度为10mm的蜂窝铝板应由1mm厚的正面铝合金板、0.5~0.8mm厚的背面铝合金板及铝蜂窝粘结而成。厚度在10mm以上的蜂窝铝板,其正、背面铝合金板厚度均应为1mm。以上关于蜂窝铝板规格的说明也同样适合于牛皮纸蜂窝或玻璃钢蜂窝。 5.5.1 用于石材幕墙的石板,**厚度不应小于25mm**。【2022】
建筑密封材料	《金属与石材幕墙工程技术规范》(JGJ 133—2001)相关规定。 3.4.1 幕墙采用的橡胶制品宜采用**三元乙丙橡胶**、**氯丁橡胶**。**密封胶条**应为挤出成型,橡胶块应为压模成型。 3.4.3 幕墙应采用**中性硅酮耐候密封胶**
硅酮结构密封胶	《金属与石材幕墙工程技术规范》(JGJ 133—2001)相关规定。 3.5.1 幕墙应采用**中性硅酮结构密封胶**。 3.5.2 同一幕墙工程应采用**同一品牌**的单组分或双组分的硅酮结构密封胶,并应有保质年限的质量证书。用于石材幕墙的硅酮结构密封胶还应有证明无污染的试验报告。 3.5.3 同一幕墙工程应采用**同一品牌**的硅酮结构密封胶和硅酮耐候密封胶配套使用
一般构造规定	《金属与石材幕墙工程技术规范》(JGJ 133—2001)相关规定。 4.1.3 石材幕墙中的单块石材板面**面积不宜大于1.5m²**。 4.2.1 幕墙的性能应包括:风压变形性能、雨水渗漏性能、空气渗透性能、平面内变形性能、保温性能、隔声性能和耐撞击性能。 4.3.1 幕墙的防雨水渗漏设计应符合下列规定: 1 幕墙构架的立柱与横梁的截面形式**宜按等压原理设计**。【2013】【2018】 2 单元幕墙或明框幕墙应有**泄水孔**。有霜冻的地区,应采用室内排水装置;无霜冻地区,排水装置可设在室外,但应有防风装置。石材幕墙的外表面不宜有排水管。【2023】 3 采用无硅酮耐候密封胶设计时,必须有可靠的防风雨措施
幕墙防火设计	《金属与石材幕墙工程技术规范》(JGJ 133—2001)4.4.1 金属与石材幕墙的防火除应符合国家现行建筑设计防火规范的有关规定外,还应符合下列规定: 1 防火层应采取隔离措施,并应根据防火材料的耐火极限,决定防火层的厚度和宽度,且应在楼板处形成**防火带**。 2 幕墙的防火层**必须采用经防腐处理**,且厚度不小于1.5mm的耐热钢板,**不得采用铝板**。 3 防火层的密封材料应采用**防火密封胶**;防火密封胶应有法定检测机构的防火检验报告

20-13 [2023-65] 不需要设置泄水孔的是(　　)。

A. 单元式明框玻璃幕墙　　　　　　　　B. 构件式隐框玻璃幕墙

373

C. 单元式隐框玻璃幕墙　　　　　　　D. 构件式明框玻璃幕墙

答案：B

解析：单元幕墙或明框幕墙应有泄水孔。

20-14［2022-76］幕墙的外围护材料采用石材和铝合金单板时，下列哪个尺寸是正确的？（　　）

A. 石材最大单块面积应≤1.8m² 　　　B. 石材常用厚度应为18mm

C. 铝合金单板最大单块面积宜≤1.8m² 　D. 铝合金单板最小厚度为1.8mm

答案：C

解析：参见《金属与石材幕墙工程技术规范》（JGJ 133—2001）3.3.10、4.1.3和5.5.1以及图集《铝合金单板（框架）幕墙》（03J103-4），其中，选项A应为≤1.5m²，选项B应为25mm，选项D应为2.5mm。

考点12：石材幕墙的构造【★★★】

材料	《金属与石材幕墙工程技术规范》（JGJ 133—2001）相关规定。 3.2.1　幕墙石材宜选用火成岩，石材吸水率应小于0.8%。【2021】 3.2.4　为满足等强度计算的要求，火烧石板的厚度应**比抛光石板厚3mm**。【2021】 3.2.6　石材表面应采用机械进行加工，加工后的表面应用高压水冲洗或用水和刷子清理，严禁用溶剂型的化学清洁剂清洗石材
构造	《金属与石材幕墙工程技术规范》（JGJ 133—2001）相关规定。 4.1.3　石材幕墙中的单块石材板面面积不宜大于1.5m²。【2019】 5.5.1　用于石材幕墙的石板，花岗石的厚度**不应小于25mm**（大理石和其他石材均不应小于35mm）。 5.5.2　钢销式石材幕墙可在非抗震设计或6度、7度抗震设计幕墙中应用，幕墙高度不宜大于20m，石板面积不宜大于1.0m²。钢销和连接板应采用不锈钢。连接板截面尺寸不宜小于40mm×4mm。 6.3.1-1　加工石板应符合下列规定：石板连接部位应无崩坏、暗裂等缺陷；其他部位崩边不大于5mm×20mm，或缺角不大于20mm时可修补后使用，但每层修补的石板块数不应大于2%，且宜用于立面不明显部位

典型习题

20-15［2021-86］石材幕墙不应采用的连接方式是（　　）。

A. 钢销式连接　　　　　　　　　　B. 云石胶粘接

C. 插槽式连接　　　　　　　　　　D. 背栓式连接

答案：B

解析：幕墙石材不能采用胶粘连接。图集《石材（框架）幕墙》（03J103-7）所选幕墙为背栓式、元件式、短槽式结构。《金属与石材幕墙工程技术规范》（JGJ 133—2001）中有关于钢销式、短槽和通槽支撑及隐框式石板构件的要求（5.5石板设计）。

20-16 [2021-87] 用于幕墙中的石材,下列规定哪一条是错误的?(　　)
A. 石材宜选用火成岩,石材吸水率应小于0.8%
B. 石材中的含放射性物质应符合行业标准的规定
C. 石板的弯曲强度不应小于8.0MPa
D. 石板火烧面板的厚度不应小于25mm

答案:D

解析:根据《金属与石材幕墙工程技术规范》(JGJ 133—2001) 3.2.4及其条文说明、3.2.25的条文说明,为满足等强度计算的要求,火烧石板的厚度应比抛光石板厚3mm。石板火烧后,在板材的表面出现了细小的不均匀麻坑,因而影响了厚度,也影响强度,在一般情况下按减薄3mm计算强度。因此火烧石板的厚度不应小于28mm。

考点13:人造板材幕墙的构造【★★★★】

传热系数	《人造板材幕墙工程技术规范》(JGJ 336—2016)相关规定。 2.1.12 开放式幕墙板缝幕墙板块之间缝隙不采取密封措施的幕墙面板接缝,包括开缝式、遮挡式。 2.1.13 开缝式幕墙板缝幕墙板块之间对接缝隙完全敞开,不采取任何密封措施,水平方向的气流可直接通过的幕墙面板接缝。 2.1.14 遮挡式幕墙板缝幕墙板块之间对接缝隙采取非气密性遮蔽构造的开放式幕墙面板接缝,其中包括搭接遮挡式和嵌条遮挡式。 4.2.6 人造板材幕墙的传热系数,应符合下列规定: 1 人造板材幕墙背后无其他墙体时,幕墙本身的保温隔热构造系统应符合建筑物建筑节能设计对外墙的传热系数要求【2023】 2 人造板材幕墙背后有其他墙体时,幕墙与该墙体共同组成的外围护结构,应符合建筑物建筑节能设计对外墙的传热系数要求
耐火极限	4.5.2 人造板材幕墙的耐火极限应符合下列规定:【2023】 1 背后有其他围护墙体时,该围护墙体应为不燃烧体,耐火极限不应低于现行国家标准《建筑设计防火规范》(GB 50016)关于外墙耐火极限的有关规定; 2 背后无其他围护墙体时,人造板材幕墙的耐火极限不应低于现行国家标准《建筑设计防火规范》(GB 50016)关于外墙耐火极限的有关规定。 4.5.2条文说明:人造板材幕墙背后有其他围护墙体,如承重或非承重基层墙体等,则该围护墙体应为采用不燃材料做成的不燃烧体,其耐火极限应符合现行国家标准《建筑设计防火规范》(GB 50016)规定的承重或非承重外墙的耐火极限规定。 人造板材幕墙背后无其他围护墙体时,幕墙本身要承担建筑外墙的防火功能,则必须采取一定的防火构造措施进行专门的防火设计,使幕墙系统达到现行国家标准《建筑设计防火规范》(GB 50016)规定的建筑非承重外墙的防火设计要求

20-17 [2023-63] 关于人造板材幕墙传热系数，正确的是（　　）。
A. 无基层墙开缝幕墙，由幕墙决定
B. 有基层墙封闭幕墙，由幕墙决定
C. 有基层墙开缝幕墙，由内衬墙决定
D. 有基层墙封闭幕墙，由内衬墙决定

答案：C

解析：参见《人造板材幕墙工程技术规范》4.2.6、2.1.12、2.1.13 和 2.1.14。

20-18 [2023-64] 关于高层人造板板材幕墙的防火，错误的是（　　）。
A. 有基层墙时，其耐火极限不应低于 1.0h
B. 无基层墙时，幕墙不燃性体
C. 有基层墙时，幕墙耐火极限无要求
D. 无基层墙时，幕墙耐火极限 1.0h

答案：A

解析：参见《人造板材幕墙工程技术规范》4.5.2。

考点 14：光电幕墙、光电采光顶【★★】

材料

根据《全国民用建筑工程设计技术措施规划·建筑·景观》（2009 年版）5.10.7，可知：

1 将光电模板安装在建筑幕墙、屋顶的结构上，组成的能够利用太阳能获得电能的暴墙、采光顶。

2 幕墙和采光顶面层的上层一般为 4mm 白色玻璃，中层为光伏电池组成光伏电池阵列，下层为 4mm 的玻璃，其颜色可任意选择。上下两层和中层之间一般用铸膜树脂（EVA）热固而成，光电电池阵列被夹在高度透明，经加固处理的玻璃中，在背面是接线盒和导线。（图 20-11、图 20-12）

3 模板尺寸一般为：500mm×500mm 至 2100mm×3500mm。

4 从接线盒中穿出导线一般有两种构造：

1）从接线盒穿出的导线在施工现场直接与电源插头相连，这种结构比较适合于表面不通透的建筑物，因为仅外片玻璃是透明的。

2）导线从装置的边缘穿出，那样导线就隐藏在框架之间，这种结构比较适合于透明的外立面，从室内可以看见此装置。

5 光电模板的设置应易于更换、拆装。

图 20-11　光电幕墙

图 20-12　光电采光顶

第三节 构造案例分析

考点 15：干挂石材幕墙案例分析【★★】

图 20-13 和图 20-14 为某多层公共建筑的局部立面图和剖面示意图，其外饰面为干挂 30mm 厚花岗岩石板。其中：

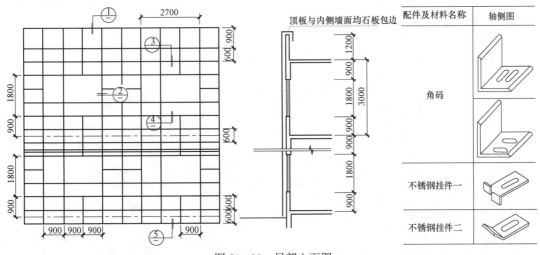

图 20-13 局部立面图

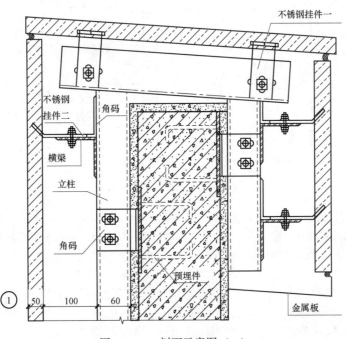

图 20-14 剖面示意图（一）

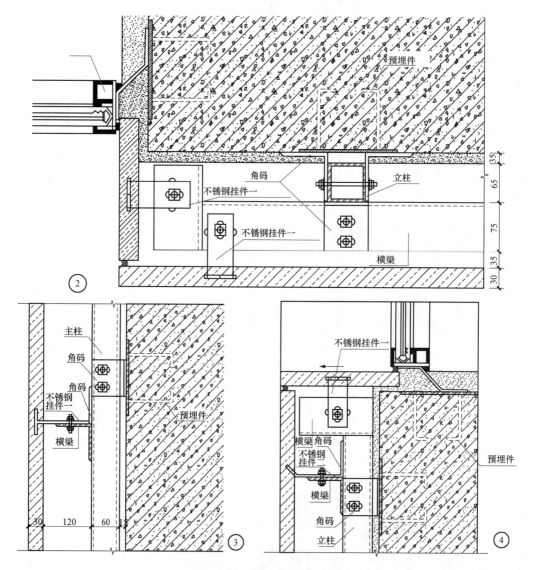

图 20-14 剖面示意图（二）

1. 立柱应采用螺栓与角码连接，再通过角码与预埋件焊接；横梁应采用螺栓与角码连接，再通过角码与立柱焊接；每处连接螺栓不少于2个。采用不锈钢挂件一时在石板上下端开短平槽，采用不锈钢挂件二时在石板内侧开短斜槽，短斜槽距离石板两端部的距离应不小于85mm，也应不大于180mm。

2. 干挂石材幕墙的构造关系（从内到外）：墙体内预埋件→立柱→横梁→不锈钢挂件→花岗岩板。

3. 各个构造层之间的连接顺序的确定：立柱采用螺栓与角码连接，再通过角码与预埋件焊接。横梁应采用螺栓与角码连接，再通过角码与立柱焊接。每处连接螺栓应不少于2个

20-19 [2022-84] 无外保温 L 形缝挂式石材幕墙的施工顺序，正确的是（   ）。

A．预埋件—钢角码—横龙骨—竖龙骨—L 形挂件—石材面板
B．预埋件—竖龙骨—钢角码—横龙骨—L 形挂件—石材面板
C．预埋件—横龙骨—钢角码—竖龙骨—L 形挂件—石材面板
D．预埋件—钢角码—竖龙骨—横龙骨—L 形挂件—石材面板

答案：D

解析：参见上文考点 15 的案例。

考点 16：玻璃幕墙构造案例分析【★★】

某多层公共建筑玻璃幕墙的局部立面图如图 20-15 所示，图例见表 20-3，剖面图如图 20-16 所示，幕墙形式采用竖明横隐框架式。

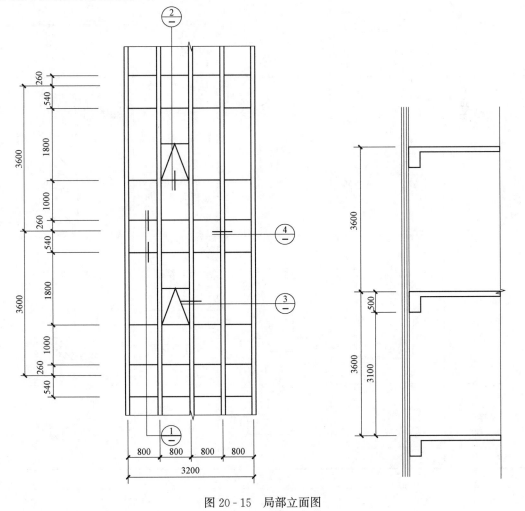

图 20-15　局部立面图

续表

表20-2 图例

配件名称	图例	简图	材料名称	图例
型材1	60 × 120		不锈钢自攻螺钉	
			中空玻璃	
型材2	50 × 80		硅酮建筑密封胶	
			硅酮结构密封胶	
型材3	40 × 40 螺钉		防火材料	
			砌体（耐火极限大于1.0h）	
型材4（套芯）	50 × 100		镀锌钢板	
			氯丁橡胶条	
型材5（外盖板）	60 × 20		双面胶带	

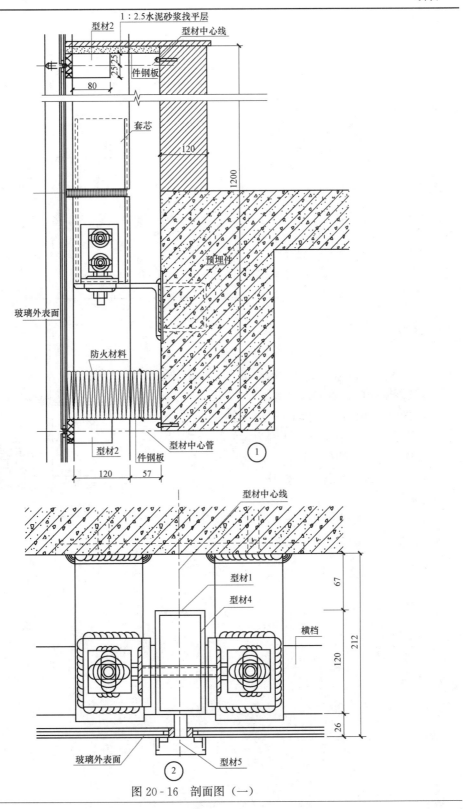

图20-16 剖面图（一）

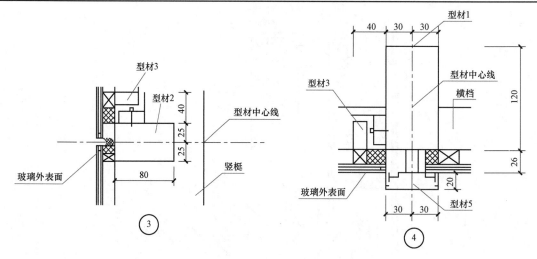

图 20-16 剖面图（二）

典型习题

20-20 [2022-75，2019-82] 如图 20-17 所示，隐框玻璃幕墙用胶正确的是（　　）。

A. 内侧为耐候胶，外侧为硅酮结构胶
B. 内侧为硅酮结构胶，外侧为耐候胶
C. 内、外侧均为耐候胶
D. 内、外侧均为硅酮结构胶

答案：B

解析：内侧需要受力，所以使用硅酮结构胶，外侧密封不受力，所以使用建筑耐候胶。

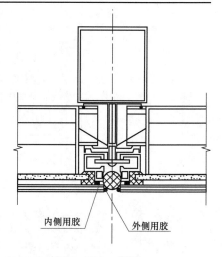

图 20-17 题图

第二十一章 建筑装饰装修构造

思维导图

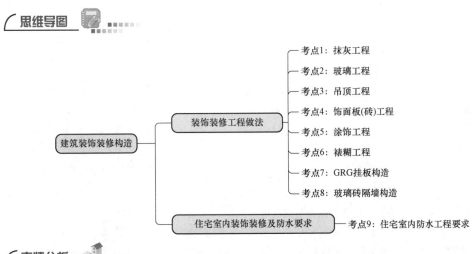

考情分析

章　节	近五年考试分数统计					
	2023年	2022年12月	2022年5月	2021年	2020年	2019年
第一节　装饰装修工程做法	9	5	5	6	6	7
第二节　住宅室内装饰装修及防水要求	0	0	2	1	0	0
总　计	9	5	7	7	6	7

注：1. 吊顶工程是重点，每年必考1～2题，考生需要结合《公共建筑吊顶工程技术规程》（JGJ 345—2014）复习。
　　2. 近几年在《全国民用建筑工程设计技术措施规划·建筑·景观》（2009年版）书中室内装饰部分有考点，考生需扩展复习。

第一节　装饰装修工程做法

考点1：抹灰工程

基本规定	《抹灰砂浆技术规程》（JGJ/T 220—2010）相关规定。 3.0.1　一般抹灰工程用砂浆宜选用**预拌砂浆**。现场搅拌的抹灰砂浆应采用**机械搅拌**。 3.0.4　抹灰砂浆强度不宜比基体材料强度**高出两个及以上强度等级**。（备注：强度高的水泥抹灰砂浆不应涂抹在强度低的水泥抹灰砂浆基层上。）

基本规定	3.0.6 用通用硅酸盐水泥拌制抹灰砂浆时，可掺入适量的石灰膏、粉煤灰、粒化高炉矿渣粉、沸石粉等，**不应掺入消石灰粉**。用砌筑水泥拌制抹灰砂浆时，**不得再掺加粉煤灰等矿物掺合料** 《建筑装饰装修工程质量验收标准》（GB 50210—2018）4.1.9 当要求抹灰层具有防水、防潮功能时，应采用**防水砂浆**
层次关系	一般墙体抹灰面层从主要工序上分为**底灰层—中灰层—面灰层**。（图21-1） 抹灰分层构造中的**底层主要起与基层粘结作用**，兼起初步找平作用；中层主要起找平作用；面层主要起装饰作用【2020】 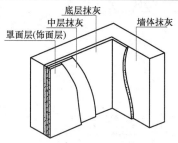 图21-1 抹灰面层的构造层次 《抹灰砂浆技术规程》（JGJ/T 220—2010）相关规定。 3.0.14 抹灰层的平均厚度宜符合下列规定： 1 内墙：内墙抹灰的平均厚度不宜大于20mm，高级抹灰的平均厚度不宜大于25mm。 2 外墙：墙面抹灰的平均厚度不宜大于20mm，勒脚抹灰的平均厚度不宜大于25mm。 3 顶棚：现浇混凝土抹灰的平均厚度不宜大于5mm，条板、预制混凝土抹灰的平均厚度不宜大于10mm。 4 蒸压加气混凝土砌块基层抹灰平均厚度宜控制在15mm以内，当采用聚合物水泥砂浆抹灰时，平均厚度宜控制在5mm以内，采用石膏砂浆抹灰时，平均厚度宜控制在10mm以内。 3.0.17 当抹灰层厚度大于35mm时，应采取与基体粘结的加强措施；不同材料的基体交接处应设加强网，加强网与各基体的搭接宽度不应小于100mm
施工要求	《建筑装饰装修工程质量验收标准》（GB 50210—2018）相关规定。 4.1.1 本章适用于一般抹灰、保温层薄抹灰、装饰抹灰和清水砌体勾缝等分项工程的质量验收。一般抹灰工程分为普通抹灰和高级抹灰，当设计无要求时，按普通抹灰验收。一般抹灰包括水泥砂浆、水泥混合砂浆、聚合物水泥砂浆和粉刷石膏等抹灰；保温层薄抹灰包括保温层外面聚合物砂浆薄抹灰；装饰抹灰包括**水刷石**、**斩假石**、**干粘石和假面砖**等装饰抹灰；清水砌体勾缝包括清水砌体砂浆勾缝和原浆勾缝。实际项目图片见图21-2～图21-5。     图21-2 水刷石　图21-3 斩假石　图21-4 清水砌体砂浆勾缝　图21-5 粉刷石膏 4.2.2 抹灰前基层表面的尘土、污垢和油渍等应清除干净，并应洒水润湿或进行界面处理。 4.2.3 抹灰工程应分层进行。当抹灰**总厚度大于或等于35mm**时，应采取加强措施。不同材料基体交接处表面的抹灰，应采取防止开裂的加强措施，当采用加强网时，加强网与各基体的搭接宽度不应小于100mm。【2021】

施工要求	4.2.4 抹灰层与基层之间及各抹灰层之间应粘结牢固,抹灰层应无脱层和空鼓,面层应无爆灰和裂缝。 4.2.7 抹灰层的总厚度应符合设计要求;**水泥砂浆不得抹在石灰砂浆层上;罩面石膏灰不得抹在水泥砂浆层上**。 4.4.2 抹灰前基层表面的尘土、污垢和油渍等应清除干净,并应**洒水润湿或进行界面处理**。
细部构造	《建筑装饰装修工程质量验收标准》(GB 50210—2018)4.1.8 室内墙面、柱面和门洞口的阳角做法应符合设计要求;设计无要求时,应采用不低于 M20 的水泥砂浆做护角,**其高度不应低于 2m,每侧宽度不应小于 50mm**。 《抹灰砂浆技术规程》(JGJ/T 220—2010)相关规定。 6.1.5-1 细部抹灰应符合下列规定:墙、柱间的阳角应在墙、柱抹灰前,用 M20 以上的水泥砂浆做护角;**自地面开始,护角高度不宜小于 1.8m,每侧宽度宜为 50mm**。 7.0.15 有排水要求的部位(如女儿墙压顶抹面的前部、窗台挑出部分抹面的前部)应做滴水线(槽);滴水线(槽)应整齐顺直,滴水线应内高外低,**滴水槽宽度和深度均不应小于 10mm**。

典型习题

21-1 [2021-85] 不同材料的基体交接处应设加强网,加强网与各基体的搭接宽度不应小于( )。

A. 40mm B. 60mm C. 80mm D. 100mm

答案:D

解析:参见《抹灰砂浆技术规程》(JGJ/T 220—2010)3.0.17。

21-2 [2020-87] 一般墙体抹灰面层主要分为( )。

A. 底灰层、中灰层、面灰层 B. 找平层、结合层、罩面层
C. 底灰层、找平层、加强层覆盖层 D. 底灰层、防潮层、加强层

答案:A

解析:参见考点1。

考点 2:玻璃工程

验收要求	《建筑装饰装修工程质量验收标准》(GB 50210—2018)6.6.7 玻璃表面应洁净,不得有腻子、密封胶和涂料等污渍。中空玻璃内外表面均应洁净,玻璃中空层内**不得有灰尘和水蒸气**。为防止门窗的框、扇型材胀缩、变形时导致玻璃破碎,门窗玻璃**不应直接接触型材**
住宅装饰装修工程中的玻璃	《住宅装饰装修工程施工规范》(GB 50327—2001)相关规定。 10.3.4 木门窗玻璃的安装应符合下列规定: 2 安装长边大于 1.5m 或短边大于 1m 的玻璃,应用橡胶垫并用压条和螺钉固定; 3 安装木框、扇玻璃,可用钉子固定,**钉距不得大于 300mm,且每边不少于两个**;用木压条固定时,应先刷底油后安装,并不得将玻璃压得过紧。

住宅装饰装修工程中的玻璃	10.3.5 铝合金、塑料门窗玻璃的安装应符合下列规定： 3）玻璃不得与玻璃槽直接接触，并应在玻璃四边垫上不同厚度的垫块，边框上的垫块应用胶粘剂固定； 4）镀膜玻璃应安装在玻璃的**最外层**，单面镀膜玻璃应朝向室内； 5）铝合金窗用橡胶压条刷胶（硅酮系列密封胶）固定玻璃
塑料门窗玻璃	《塑料门窗工程技术规程》（JGJ 103—2008）6.2.21条文说明：安装磨砂玻璃和压花玻璃时，磨砂玻璃的磨砂面**应向室内**，压花玻璃的花纹**宜向室外**。为保护镀膜玻璃上的镀膜层及发挥镀膜层的作用，单面镀膜玻璃的镀膜层应朝向室内。双层玻璃的单面镀膜玻璃应在**最外层**，镀膜层应**朝向室内**
防人体冲击	《建筑玻璃应用技术规程》（JGJ 113—2015）相关规定。 7.1.1 安全玻璃的最大面积见表7.1.1-1（表21-1）。有框平板玻璃、超白浮法玻璃、真空玻璃和夹丝玻璃的最大面积见表7.1.1-2（表21-2）。 表21-1　　　　　　　安全玻璃的最大许用面积表【2021】 	玻璃种类	公称厚度/mm	最大允许面积/m²
---	---	---
钢化玻璃	4	2.0
	5	2.0
	6	3.0
	8	4.0
	10	5.0
	12	6.0
夹层玻璃	6.38、6.76、7.52	3.0
	8.38、8.76、9.52	5.0
	10.38、10.76、11.52	7.0
	12.38、12.76、13.52	8.0 | 注：夹层玻璃中的胶片聚乙烯醇缩丁醛，代号为PVB，厚度有0.38mm、0.76mm和1.52mm三种。 表21-2　有框平板玻璃、超白浮法玻璃、真空玻璃和夹丝玻璃的最大许用面积表 | 玻璃种类	公称厚度/mm	最大允许面积/m²
---	---	---
平板玻璃 超白浮法玻璃 真空玻璃	3	0.1
	4	0.3
	5	0.5
	6	0.9
	8	1.8
	10	2.7
	12	4.5	 7.2.5 室内栏板用玻璃应符合下列规定： 2 栏板玻璃固定在结构上且直接承受人体荷载的护栏系统，其栏板玻璃应符合下列规定：

续表

防人体冲击	当栏板玻璃最低点离一侧楼地面高度不大于5m时，应使用公称厚度不小于16.76mm的钢化夹层玻璃；【2023】 当栏板玻璃最低点离一侧楼地面高度大于5m时，不得采用此类护栏系统。 7.2.7 室内饰面用玻璃应符合下列规定：【2018】 2 当室内饰面玻璃最高点离楼地面高度在3m或3m以上时，应使用夹层玻璃；【2022（12）】 3 室内饰面玻璃边部应进行精磨和倒角处理，自由边应进行抛光处理； 4 室内消防通道墙面不应采用饰面玻璃； 5 室内饰面玻璃可采用点式幕墙和隐框幕墙安装方式。龙骨应与室内墙体或结构楼板、梁牢固连接。龙骨和结构胶应通过结构计算确定
屋面玻璃	《建筑玻璃应用技术规程》（JGJ 113—2015）相关规定。 8.2.1 两边支承的屋面玻璃或雨篷玻璃，应支撑在玻璃的长边。 8.2.2 屋面玻璃或雨篷玻璃必须使用夹层玻璃或夹层中空玻璃，其胶片厚度不应小于0.76mm。【2022（12）】 8.2.3 当夹层玻璃采用PVB胶片且有裸露边时，其自由边应作封边处理。 8.2.4 上人屋面玻璃应按地板玻璃进行设计
地板玻璃	《建筑玻璃应用技术规程》（JGJ 113—2015）相关规定。 9.1.1 地板玻璃宜采用隐框支承或点支承，点支承地板玻璃的连接件宜采用沉头式或背栓式连接件。 9.1.2 地板玻璃必须采用夹层玻璃，点支承地板玻璃必须采用钢化夹层玻璃。钢化玻璃必须进行匀质处理。 9.1.3 楼梯踏板玻璃表面应做防滑处理。 9.1.4 地板玻璃的孔、板边缘应进行机械磨边和倒棱，磨边宜细磨，倒棱宽度不宜小于1mm。 9.1.5 地板夹层玻璃的单片厚度相差不宜大于3mm，且夹层胶片厚度不应小于0.76mm。 9.1.6 框支承地板玻璃单片厚度不宜小于8mm，点支承地板玻璃单片厚度不宜小于10mm。 9.1.7 地板玻璃之间的接缝不应小于6mm，采用的密封胶的位移能力应大于玻璃板缝位移量计算值
U型玻璃墙设计	《建筑玻璃应用技术规程》（JGJ 113—2015）相关规定。 11.1.1 用于建筑外围护结构的U型玻璃应进行钢化处理。 11.1.2 对U型玻璃墙体有热工或隔声性能要求时，应采用双排U型玻璃构造，可在双排U型玻璃之间设置保温材料。双排U型玻璃可以采用对缝布置，也可采用错缝布置。 11.1.3 采用U型玻璃构造曲形墙体时，对底宽260mm的U型玻璃，墙体的半径不应小于2000mm；对底宽330mm的U型玻璃，墙体的半径不应小于3200mm；对底宽500mm的U型玻璃，墙体的半径不应小于7500mm。 11.1.4 当U型玻璃墙高度超过4.50m时，应考虑其结构稳定性，并应采取相应措施
	《全国民用建筑工程设计技术措施－建筑产品选用技术（建筑·装修）2009》相关规定。【2020】 12.10 U型玻璃 12.10.7 主要性能指标 1 抗压强度：700~900N/mm²。抗拉强度：30~50N/mm²。 4 线膨胀系数（温度每升高1℃）：(75~85)×10⁻⁷。

	续表
U型玻璃墙设计	8 传热系数：6mm厚单排安装时5.0［W/（m²·K）］，双排安装时2.4［W/（m²·K）］。 9 隔声能力：6mm厚单排安装时27dB，双排安装时38dB。 10 耐火极限：6mm厚0.75h（单排）
	《建筑玻璃应用技术规程》（JGJ 113—2015）相关规定。 12.3 U型玻璃安装 12.3.1 U型玻璃墙四周结构框体可采用铝型材或钢型材，并应与主体结构可靠固定。 12.3.2 U型玻璃下端应各自**独立支撑**在均匀弹性的衬垫上。 12.3.3 U型玻璃与周边的金属件、混凝土和砌体之间**不应硬性接触**。 12.3.4 在U型玻璃的上端与建筑构件之间应留有**不小于25mm**缝隙。 12.3.5 U型玻璃之间和U型玻璃墙周边应采用**弹性密封材料**密封
安全玻璃	《全国民用建筑工程设计技术措施规划·建筑·景观》（2009年版）10.6.3　安全玻璃是指符合现行国家标准的钢化玻璃、夹层玻璃及由钢化玻璃或夹层玻璃组合加工而成的其他玻璃制品，如安全中空玻璃等。**单片半钢化玻璃（热增强玻璃）、单片夹丝玻璃不属于安全玻璃**

典型习题

21-3［2023-55］ 下列玻璃选用中，错误的是（　　）。

A. 无框落地玻璃，12mm厚钢化玻璃

B. 室内隔断单片3m²，8mm厚钢化玻璃

C. 浴室无框单片3m²，12mm厚钢化玻璃

D. 室内栏板玻璃玻璃，12mm厚钢化玻璃

答案：D

解析：根据《建筑玻璃应用技术规程》（JGJ 113—2015）7.2.5，当栏板玻璃最低点离一侧楼地面高度不大于5m时，应使用公称厚度不小于16.76mm钢化夹层玻璃。

21-4［2022（12）-69］ 下列玻璃吊顶距地3m时的构造要求，错误的是（　　）。

A. 吊杆宜选用钢筋或型钢

B. 龙骨宜选用型钢或铝合金

C. 点支撑驳接头应采用不锈钢

D. 玻璃应采用钢化玻璃

答案：D

解析：根据《全国民用建筑工程技术措施规划·建筑·景观》P143，玻璃吊顶应选用夹层玻璃，故选项D不正确。

21-5［2021-65］ 室内隔墙6mm厚的钢化玻璃使用面积不允许超过（　　）。

A. 2m²　　　　　B. 3m²　　　　　C. 4m²　　　　　D. 5m²

答案：B

解析：参见《建筑玻璃应用技术规程》（JGJ 113—2015）7.1.1。

考点 3：吊顶工程

概念	吊顶是由承力构件（吊杆、吊筋）、龙骨骨架、面板及配件等组成的系统，其构造组成包括基层和面层两大部分。吊顶基层由吊杆、吊筋等承力构件、龙骨系统和配件等组成，有木质基层（木吊杆和木龙骨）和金属基层（钢丝、钢筋、全牙吊杆和轻钢龙骨或铝合金龙骨）两大类。 吊顶按承受荷载能力的不同可分为上人吊顶和不上人吊顶两种：上人吊顶是指主龙骨能承受不小于 800N 荷载，次龙骨能承受不小于 300N 荷载的可上人检修的吊顶系统；一般采用双层龙骨构造。**不上人吊顶是指主龙骨承受小于 800N 荷载的吊顶系统**【2022（5），2019】 《民用建筑通用规范》（GB 55031—2022）相关规定。 6.4.2 吊顶与主体结构的吊挂应采取安全构造措施。重量大于 3kg 的物体，以及有振动的设备应直接吊挂在建筑承重结构上。 6.4.3 吊杆长度**大于 1.50m** 时，应设置反支撑。 6.4.4 吊杆、反支撑及钢结构转换层与主体结构的连接应安全牢固，且不应降低主体结构的安全性 6.4.5 管线较多的吊顶内应留有检修空间。当空间受限不能进入检修时，应采用便于拆卸的装配式吊顶或设置检修孔。 6.4.6 面板为脆性材料的吊顶，应采取防坠落措施。玻璃吊顶应采用安全玻璃。 6.4.7 设置永久马道的，马道应单独吊挂在建筑承重结构上。 6.4.8 吊顶系统不应吊挂在吊顶内的设备管线或设施上。 6.4.9 吊顶内**敷设水管**应采取防止产生冷凝水的措施。【2023】 6.4.10 潮湿房间的吊顶，应采用防水或防潮材料，并应采取防结露、防滴水及排放冷凝水的措施
构造示意图（图 21-6~图 21-8）	纸面石膏板上人屋面构造：**吊杆－吊件－承载龙骨－次龙骨－横撑龙骨－纸面石膏板**【2022】 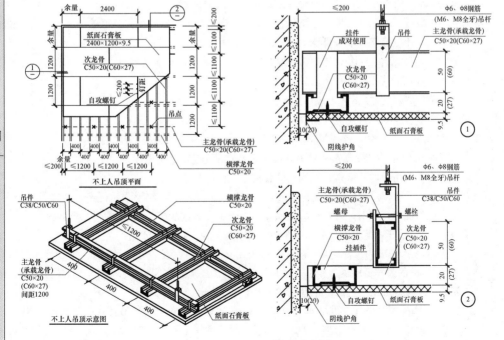 图 21-6 不上人吊顶示意图

构造示意图（图21-6～图21-8）	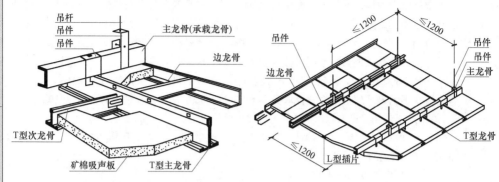 图21-7 明架矿棉板吊顶示意图　　图21-8 暗架T型龙骨吊顶示意图
防火要求	《公共建筑吊顶工程技术规程》（JGJ 345—2014）3.1.3　吊顶材料及制品的燃烧性能等级不应低于B_1级 《建筑设计防火规范》（GB 50016—2014，2018年版）5.1.8　二级耐火等级建筑内采用不燃材料的吊顶，其耐火极限不限。三级耐火等级的医疗建筑、中小学校的教学建筑、老年人照料设施及托儿所、幼儿园的儿童用房和儿童游乐厅等儿童活动场所的吊顶，应采用不燃材料；当采用难燃材料时，其耐火极限不应低于0.25h。 二、三级耐火等级建筑内门厅、走道的吊顶应采用不燃材料【2022（12）】 《全国民用建筑工程设计技术措施规划·建筑·景观》（2009年版）6.4.1　顶棚分类及一般要求 15　吊顶上安装的照明灯具的高温部位，当靠近非A级装修材料时应采取隔热、散热等防火保护措施。灯饰所用材料的燃烧性能等级不应低于B_1级。 16　吊顶内的配电线路、电气设施的安装应满足建筑电气的相关规范的要求。开关、插座和照明灯具均不应直接安装在低于B_1级的装修材料上。 17　玻璃吊顶应选用安全玻璃（如夹层玻璃）。玻璃吊顶若兼有人工采光要求时，应采用冷光源。任何空间均不得选用普通玻璃作为顶棚材料使用
设计	《公共建筑吊顶工程技术规程》（JGJ 345—2014）相关规定。 4.1.3　吊顶设计【2022（5）】 2　有防火要求的石膏板吊顶应采用大于12mm的耐火石膏板。【2019】 4　重型设备和有振动荷载的设备严禁安装在吊顶工程的龙骨上。 4.1.10　吊顶内不得敷设可燃气体管道。 4.1.11　在潮湿地区或高温度区域，宜使用硅酸钙板、纤维增强水泥板、装饰石膏板等面板。当采用纸面石膏板时，可选用单层厚度不小于12mm或双层9.5mm的耐水石膏板。 4.2.1　吊杆、龙骨的尺寸与间距应符合下列规定：【2022（5）】 1　不上人吊顶的吊杆应采用不小于直径4mm的镀锌钢丝、6mm钢筋、M6全牙吊杆或直径不小于2mm的镀锌低碳退火钢丝，吊顶系统应直接连接到房间顶部结构受力部位上；吊杆的间距不应大于1200mm，主龙骨的间距不应大于1200mm； 2　上人吊顶的吊杆应采用不小于直径8mm的钢筋或M8全牙吊杆；主龙骨应选用U形或C形、高度在50mm及以上型号的上人龙骨；吊杆的间距不应大于1200mm，主龙骨的间距不应大于1200mm，主龙骨壁厚大于1.2mm。【2019】

设计	4.2.3 当吊杆长度大于1500mm时，**应设置反支撑**。反支撑间距不宜大于3600mm，**距墙不应大于1800mm。反支撑应相邻对向设置。当吊杆长度大于2500mm时，应设置钢结构转换层**。 4.2.4 当吊杆与管道等设备相遇、吊顶造型复杂或内部空间较高时，应调整、增设吊杆或增加钢结构转换层。**吊杆不得直接吊挂在设备或设备的支架上**。 4.2.5 当需要设置永久性马道时，马道应单独吊挂在建筑承重结构上。 4.2.6 龙骨的排布宜与空调通风系统的风口、灯具、喷淋头、检修孔、监测、升降投影仪等设备设施的排布位置错开，**不宜切断主龙骨**。 4.2.8 当采用整体面层及金属板类吊顶时，**重量不大于1kg的筒灯、石英射灯、烟感器、扬声器等设施可直接安装在面板上；重量不大于3kg的灯具等设施可安装在U形或C形龙骨上，并应有可靠的固定措施**。【2023，2021】 4.2.9 **矿物棉板类吊顶，灯具、风口等设备不应直接安装在矿棉板或玻璃纤维板上**
吊顶安装施工	《公共建筑吊顶工程技术规程》（JGJ 345—2014）相关规定。 5.2 整体面层吊顶工程 5.2.1 整体面层吊顶工程的施工应符合下列规定： 2 边龙骨应安装在房间四周围护结构上，下边缘应与标准线平齐，选用膨胀螺栓等固定，间距不宜大于500mm，端头不宜大于50mm； 3 吊顶工程应根据施工图纸，在室内顶部结构下确定主龙骨吊点间距及位置；主龙骨端头吊点距主龙骨边端不应大于300mm，端排吊点距侧墙间距**不应大于200mm**；吊点横纵应在直线上，当不能避开灯具、设备及管道时，应调整吊点位置或增加吊点或采用钢结构转换层； 4 吊杆及吊件的安装应符合下列规定：吊杆与室内顶部结构的连接应牢固、安全；吊杆应与结构中的预埋件焊接或与后置紧固件连接； 5 龙骨及挂件、接长件的安装应符合下列规定： 5）次龙骨间距应准确、均衡，按石膏板模数确定，应保证石膏板两端固定于次龙骨上。石膏板长边接缝处应增加横撑龙骨，横撑龙骨应用挂插件与通长次龙骨固定。当采用3000mm×1200mm的纸面石膏板时，次龙骨间距可为300mm、400mm、500mm或600mm，横撑龙骨间距选用300mm、400mm或600mm。当采用2400mm×1200m的纸面石膏板时，次龙骨间距可选用300mm、400mm、600mm，横撑龙骨可选用300mm、400mm、600mm。穿孔石膏板的次龙骨和横撑龙骨间距应根据孔型的模数确定。安装次龙骨及横撑龙骨时应检查设备开洞、检修孔及人孔的位置。 次龙骨应紧贴主龙骨安装。固定板材的次龙骨间距**不得大于600mm，在潮湿地区和场所，间距宜为300～400mm**。【2021】 6 面板的安装应符合下列规定：【2022（12）】 5）自攻螺钉间距和自攻螺钉与板边距离应符合下列规定：纸面石膏板四周自攻螺钉间距不应大于200mm；板中沿次龙骨或横撑龙骨方向自攻螺钉间距不应大于300mm；螺钉距板面纸包封的板边宜为10～15mm；螺钉距版面切割的板边应为15～20mm；穿孔石膏板、石膏板、硅酸钙板、水泥纤维板自攻钉钉距和自攻螺钉到板边距离应按设计要求。 **纸面石膏板安装时从中间向两边钉，如遇到对不齐，可以利用配件在靠近墙体处收边**。 5.2.3 双层纸面石膏板的施工应符合下列规定： 2 面层纸面石膏板的板缝应与基层板的板缝错开，且石膏板的长短边应各错开不小于一根龙骨的间距。

续表

吊顶安装施工	5.3 板块面层及格栅吊顶工程 5.3.1 矿棉板类板块面层吊顶工程的施工应符合下列规定： 3 吊顶工程应根据施工图纸，在室内顶部结构下确定主龙骨吊点间距及位置；当选U形或C形龙骨作为主龙骨时，端吊点距主龙骨顶端不应大于300mm，端排吊点距侧墙间距不应大于150mm；当选用T形龙骨作为主龙骨时，端吊点距主龙骨顶端不应大于150mm。端排吊点距侧墙间距不应大于一块面板宽度；吊点横纵应在直线上，当不能避开灯具、设备及管道时，应调整吊点位置或增加吊点或采用钢结构转换层； 5.3.3 金属面板类及格栅吊顶工程的施工应符合下列规定：【2021】 5 当采用单层龙骨时，龙骨与龙骨间距不宜大于1200mm，龙骨至板端不应大于150mm； 6 当采用双层龙骨时，龙骨及挂件、接长件的安装应符合下列规定： 　1）吊顶工程应根据设计图纸，放样确定上层龙骨位置，龙骨与龙骨间距不应大于1200mm，边部上层龙骨与平行的墙面间距不应大于300mm
安装要求	《公共建筑吊顶工程技术规程》（JGJ 345—2014）5.1.6 吊顶施工中各专业工种应加强配合，做好专业交接，合理安排工序，保护好已完成工序的半成品及成品。不应在面板安装完毕后裁切龙骨。需要切断次龙骨时，须在设备周边用横撑龙骨加强【2021】 《建筑装饰装修工程质量验收标准》（GB 50210—2018）7.3.10 板块面层吊顶工程安装的允许偏差和检验方法应符合表7.3.10（表21-3）的规定。 表21-3　　板块面层吊顶工程安装的允许偏差和检验方法【2020】 | 项次	项目	允许偏差/mm				检验方法
---	---	---	---	---	---	---
		石膏板	金属板	矿棉板	木板、塑料板、玻璃板、复合板	
1	表面平整度	3	2	3	2	用2m靠尺和塞尺检查
2	接缝直线度	3	2	3	3	拉5m线，不足5m拉通线，用钢直尺检查
3	接缝高低差	1	1	2	1	用钢直尺和塞尺检查	

典型习题

21-6 [2023-57] 下列吊顶工程内需要设置防冷凝水措施的是（　　）。
A. 排烟　　　B. 供水　　　C. 通风　　　D. 电气
答案：B
解析：根据《民用建筑通用规范》（GB 55031—2022）6.4.9，吊顶内敷设水管应采取防止产生冷凝水的措施。

21-7 [2023-58] 下列吊顶可以直接挂不大于1kg的灯具的是（　　）。

A. 金属吊顶　　　　　　　　　　B. 矿棉板吊顶
C. 玻璃纤维板吊顶　　　　　　　D. 石膏板吊顶

答案：A

解析：参见《公共建筑吊顶工程技术规程》(JGJ 345—2014) 4.2.8。

21-8 [2022-65] 纸面石膏板上人屋面构造哪一个是正确的（　　）。
A. 吊杆—吊件—承载龙骨—次龙骨—横撑龙骨—纸面石膏板
B. 吊杆—承载龙骨—吊件—横撑龙骨—次龙骨—纸面石膏板
C. 吊杆—承载龙骨—次龙骨—吊件—横撑龙骨—纸面石膏板
D. 吊杆—吊件—横撑龙骨—次龙骨—承载龙骨—纸面石膏板

答案：A

解析：参见考点3中构造示意图相关内容，或《内装修——室内吊顶》(13J502-2) 节点 A13。

21-9 [2022(12)-68] 下列关于吊顶纸面石膏板的安装，正确的是（　　）。
A. 可以外饰面工程同步　　　　　B. 从中间开始钉，向板的两端延伸
C. 沿次龙骨平行安装　　　　　　D. 可先钻孔后装自攻螺丝

答案：B

解析：从中间向两边钉，如遇到对不齐，可以利用配件在靠近墙体处收边。一般石膏板沿着主龙骨平行安装。纸面石膏板不一定使用自攻螺钉，比如明架吊顶就直接搁置即可。

考点4：饰面板（砖）工程

天然饰面石材的放射性	（1）天然饰面石材的指标 1) **天然饰面石材的材质分为火成岩（花岗石）、沉积岩（大理石）和砂岩。按其坚硬程度和释放有害物质的多少，应用的部位也不尽相同。花岗石可用于室内和室外的部位；大理石只可用于室内，不宜用于室外；砂岩只能用于室内。** 2) 天然饰面石材的放射性应符合《建筑材料放射性核素限量》(GB/T 6566—2010) 中的规定。依据装饰装修材料中天然放射性核素镭-226、钍-232、钾-40 的放射性比活度大小，将装饰装修材料划分为**A级、B级、C级**，见表 21-4。		
	表 21-4 放射性物质比活度分级		
	级别	比活度	使用范围
	A	内照射指数 $I_{Ra} \leqslant 1.0$ 和外照射指数 $I_t \leqslant 1.3$	产销和使用范围不受限制
	B	内照射指数 $I_{Ra} \leqslant 1.3$ 和外照射指数 $I_t \leqslant 1.9$	不可用于Ⅰ类民用建筑的内饰面，可用于Ⅱ类民用建筑物，工业建筑内饰面及其他一切建筑物的外饰面
	C	外照射指数 $I_t \leqslant 2.8$	只可用与建筑物外饰面及室外其他用途
	注：1. Ⅰ类民用建筑包括：**住宅、老年公寓、托儿所、医院和学校、办公楼、宾馆**等； 2. Ⅱ类民用建筑包括：商场、文化娱乐场所、书店、图书馆、展览馆、体育馆和公共交通等候室、餐厅、理发店等。		

续表

石材选用	《全国民用建筑工程设计技术措施规划·建筑·景观》（2009年版）相关规定。 4.7.4 石材饰面 2 设计要点 选用天然石材时，材料所的放射性物质应符合《天然石产品放射性防护分类控制标准》的规定：A类产品的使用范围不受限制，B类产品不能用于居室，C类产品只能用于室外。一般颜色越深的石材含放射性物质越多，选用时应注意； 2) 大理石一般不宜用于室外以及与酸有接触的部位； 3) 干挂石材厚度当选用光面和镜面板材时应不小于25mm，选用粗面板材时应不小于28mm，单块板的面积不宜大于1.5m，选用砂岩、洞石等质地疏松的石材时应不小于30mm。 5.2.8 建筑幕墙用石材 4 石材面板的厚度：天然花岗石弯曲强度标准值不小于8.0MPa，吸水率小于等于0.6%，**厚度应不小于25mm**；天然大理石弯曲强度标准值不小于7.0MPa，吸水率小于等于0.5%，**厚度应不小于35mm**；**其他石材也不应小于35mm**。 5 当天然饰面石材的弯曲强度的标准值小于等于0.8或大于等于4.0时，**单块面积不宜大于1.0m²**；其他石材单块面积不宜大于1.5m²。【2019】 6.3.2 内墙面装修构造 内墙面装修中石材墙面常用的石材有花岗石、大理石、微晶石、预制水磨石等，其固定方法有粘贴法、湿挂法、干挂法等；10mm厚的薄型饰面石材板，可用胶粘剂粘贴；厚度不超过20mm的饰面石材板用大力胶粘贴
安装方法	(1) 湿挂法：用钢筋绑扎石材，背后填充水泥砂浆，如图21-9所示。这种做法易使石材表面出现返碱、湿渍、锈斑等变色现象，在外墙做法中不宜使用。即使在内墙采用，也应预先对石材做**防碱封闭处理**，以确保石材不被污染。石板与基体之间的灌注材料应饱满、密实。【2019】 (2) 干挂法：用金属挂件和高强度锚栓将石板材安装于建筑外侧的金属龙骨，如图21-10所示。根据挂件形式可分为**缝挂式和背挂式**。干挂法可避免湿挂法的弊病，被广泛用于外墙装饰；这种做法要求墙体预留埋件，因此比较适用于钢筋混凝土墙体。【2022（5）】（**注意**：①干法安装主要用于天然饰面石材；②**最小石材厚度应为25mm**；③干法安装分为钢销式安装、通槽式安装和短槽式安装三种做法；④干法安装与结构连接、连接板连接必须采用螺栓连接） (3) 胶粘法：采用胶粘剂将石材粘贴在墙体基层上，**这种做法适用于厚度为5~8mm的超薄天然石材**，石材尺寸不宜大于600mm×800mm 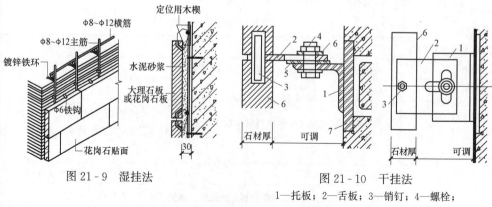 图21-9 湿挂法　　　　图21-10 干挂法 1—托板；2—舌板；3—销钉；4—螺栓； 5—垫片；6—石材；7—预埋件 《建筑装饰室内石材工程技术规程》（CECS 422：2015）相关规定。 4.3.1 石材墙柱面面板的安装方法可根据设计效果和使用部位选择干挂法、干粘法和湿贴法；

安装方法	4.3.2 高度不超过6m的石材墙面可采用湿贴法安装，高度不超过8m的石材墙面可采用干粘法安装； 4.3.3 石材墙柱面设计为采用干挂法安装方法时，石材厚度应符合下列规定： 　1 细面天然石材饰面板厚度不应小于20mm，粗糙面天然石材饰面板厚度不应小于23mm； 　2 中密度石灰石或石英砂岩板厚度不应小于25mm； 　3 人造石材饰面板厚度不应小于18mm
	《天然石材装饰工程技术规程》（JCG/T 60001—2007）5.1.5　当石材板材单件重量大于40kg，或单块板材面积、超过1m²或室内建筑高度在3.5m以上时，墙面和柱面应设计成干挂安装法（也就是不得采用湿贴法）
	《外墙饰面砖工程施工及验收规程》（JGJ 126—2015）相关规定。 5.3　饰面砖粘贴 　5.3.1 饰面砖粘贴可采用图5.3.1（图21-11）工艺流程。 基层处理 → 排砖、分格、弹线 → 粘贴饰面砖 → 填缝 → 清理表面 图21-11　饰面砖粘贴工艺流程 　5.3.2 基层上的粉尘和污染应处理干净，饰面砖粘贴前背面不得有粉状物，在找平层上宜刷结合层 　5.3.3 排砖、分格、弹线应符合下列规定： 　1 应按设计要求和施工样板进行排砖、分格，排砖宜使用整砖，对必须使用非整砖的部位，**非整砖宽度不宜小于整砖宽度的1/3**； 　2 应弹出控制线，做出标记。 　5.3.4 粘贴饰面砖应符合下列规定： 　1 在粘贴前应对饰面砖进行挑选； 　2 饰面砖宜**自上而下**粘贴，宜用齿形抹刀在找平基层上刮粘结材料并在饰面砖背面满刮粘结材料，粘结层总厚度宜为3～8mm；【2023】 　3 在粘结层允许调整时间内，可调整饰面砖的位置和接缝宽度并敲实；在超过允许调整时间后，严禁振动或移动饰面砖。 　5.3.5 填缝应符合下列规定： 　1 填缝材料和接缝深度应符合设计要求，填缝应连续、平直、光滑、无裂纹、无空鼓； 　2 填缝宜按**先水平后垂直**的顺序进行。 　5.3.6 饰面砖填缝后应及时将表面清理干净

21-10 [2023-71] 关于外墙饰面砖的说法，错误的是（　　）。

A. 应排砖、分格　　　　　　　　B. 非整砖不宜小于整砖1/3

C. 饰面砖从下到上粘接　　　　　D. 填缝先水平后垂直

答案：C

解析：根据《外墙饰面砖工程施工及验收规程》（JGJ 126—2015）5.3.4，饰面砖宜自上而下粘贴，选项C错误。

21-11 [2019-95] 石材板采用湿作业法安装时，其背面应做什么处理？（   ）
A. 防腐处理   B. 防碱处理   C. 防潮处理   D. 防酸处理
答案：B
解析：根据《装修验收标准》第9.2.7条，采用湿作业法施工的石板安装工程，石板应进行防碱封闭处理。石板与基体之间的灌注材料应饱满、密实。

21-12 [2019-97] 石材幕墙单块石材最大面积不宜大于（   ）。
A. 1.0m²   B. 1.5m²   C. 2.0m²   D. 2.5m²
答案：B
解析：根据《金属石材幕墙规范》4.1.3，石材幕墙中的单块石材板面面积不宜大于1.5m²。

考点5：涂饰工程

内墙涂料的选用	《全国民用建筑工程设计技术措施规划·建筑·景观》（2009年版）相关规定。 6.3.2　内墙面装修构造 2 抹灰涂料 （4）涂料品种繁多，常用的有：【2022（12），2018】 ①**树脂溶剂型涂料**：涂层质量高，但由于有机溶剂具有毒性且易挥发，不利于施工，不利于环保，应限制使用。 ②**树脂水性涂料**：无毒、挥发物少，涂层耐擦洗，用途很广，是室内外装修涂层的主要材料。 ③**无机水性涂料**：包括水泥类、石膏类、水玻璃类涂料；该种涂料价格低，但粘结力、耐久性、装饰性均较差
施工要求	《建筑涂饰工程施工及验收规程》（JGJ/T 29—2015）相关规定。 3.0.2　涂饰施工温度：水性产品的环境温度和基层表面温度应保证在5℃以上，溶剂型产品应按产品的使用要求进行。施工时空气相对湿度宜小于85%，当遇大雾、大风、下雨时，应停止外墙涂饰施工 4.0.1　基层质量应符合下列规定： 1 基层应牢固不开裂、不掉粉、不起砂、不空鼓、无剥离、无石灰爆裂点和无附着力不良的旧涂层等。 2 基层应表面平整而不光滑、立面垂直、阴阳角方正和无缺棱掉角，分格缝（线）应深浅一致、横平竖直。 3 基层表面无灰尘、无浮浆、无油迹、无锈斑、无霉点、无盐类析出物等。 4 混凝土或抹灰基层在用溶剂型腻子找平或直接涂刷溶剂型涂料时，**含水率不得大于8%**；在用乳液型腻子找平或直接涂刷乳液型涂料时，**含水率不得大于10%**，木材基层的含水率不得大于12%。 5 基层pH值不得大于10。 7.0.1　涂饰装修的施工应按**基层处理—底涂层—中涂层—面涂层**的顺序进行。 7.0.6　外墙涂饰应遵循**自上而下**、**先细部后大面**的方法进行，材料的涂饰施工分段应以前面分格缝（线）、墙面阴阳角或落水管为分界线。
顺序	混凝土内墙面涂料的顺序：**清理基层面层→填补缝隙→满刮腻子→底涂料→主层涂料→罩面涂料**【2023】

典型习题

21-13 [2022(12)-87] 住宅不应使用的内墙漆（　　）。

A. 溶剂型　　　B. 合成树脂乳液　　　C. 水溶性　　　D. 乳胶漆

答案：A

解析：溶剂型涂料是以高分子合成树脂为主要物质，有机溶剂为稀释剂，加入适量的颜料、填料（体质颜料）及辅助材料，经研磨而成的涂料。涂膜薄而坚硬，有一定的耐水性，其缺点是有机溶剂价格高、易燃，挥发物质对人体有害，不应用作住宅内墙漆。

考点6：裱糊工程

本考点均摘自《建筑装饰装修工程质量验收标准》GB 50210—2018	
主控项目	13.2.3　裱糊后各幅拼接应横平竖直，拼接处花纹、图案应吻合，应不离缝、不搭接、不显拼缝。 13.2.4　壁纸、墙布应粘贴牢固，不得有漏贴、补贴、脱层、空鼓和翘边
一般项目	13.2.5　裱糊后的壁纸、墙布表面应平整，不得有波纹起伏、气泡、裂缝、皱折；表面色泽应一致，不得有斑污，斜视时应无胶痕。 13.2.6　复合压花壁纸和发泡壁纸的压痕或发泡层应无损坏。 13.2.7　壁纸、墙布与装饰线、踢脚板、门窗框的交接处应吻合、严密、顺直。与墙面上电气槽、盒的交接处套割应吻合，不得有缝隙。 13.2.8　壁纸、墙布边缘应平直整齐，不得有纸毛、飞刺。 13.2.9　壁纸、墙布阴角处应顺光搭接，阳角处应无接缝

考点7：GRG挂板构造

特点	强度高、抗冲击：产品不变形、不下陷、不弯曲，不受热膨胀。 柔韧性：GRG可以制成各种尺寸、形状和设计造型。 冲击防潮性能：GRG产品吸水率在10%之内，在用于充满潮湿的地方时能够防潮。 施工便捷：GRG可根据设计师的设计，任意造型，可大块生产、分割。 材质表面光洁、细腻：可以和涂料及面饰材料良好的粘接，形成极佳的装饰效果
安装顺序	1 **图纸深化设计**。在GRG板进行施工前，建设单位通常只有方案和初步的设计思路，并不能达到施工的要求，因此施工方需要对图纸进行深化设计，以满足自身的施工要求。深化设计后的图纸要经过设计师的审核，通过后才能开始GRG板的生产。 2 **放样**。首先确定施工现场的柱心线或墙心线等基准线，之后放线布置GRG板安装参考位置。 3 **材料进场**。GRG板进场后要经过监理验收才能使用，存放过程中注意产品保护。 4 **板材安装**。严格依据放样位置和图纸设计进行GRG板的安装，安装过程通过仪器检测控制安装板材的平整度。 5 **机电预留孔位**。GRG板在安装完成后，在灯具、音响等安装位置开孔预留孔位。 6 **板面批嵌处理**。第一遍腻子进行GRG板的抹灰修边，宽度18mm；第二遍腻子进行嵌缝，宽度270mm；待腻子凝固后用砂纸打磨，清理后进行第三遍腻子满刮施工。 7 **喷漆**。使用设计指定用漆进行机器喷涂

续表

案例	GRG实际案例及构造如图21-12所示  (a) 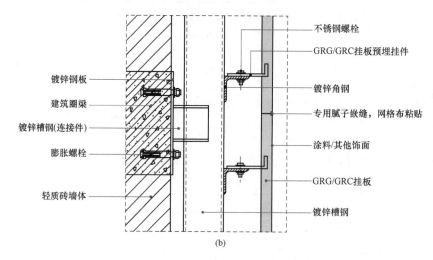 (b) 图21-12　GRG挂板实例与构造节点 (a) GRG案例；(b) GRG板材构造

21-14 [2023-72] 下列关于GRG挂板安装顺序正确的是（　　）。

A. 放样→机电预留孔洞位→板材安装→批嵌涂料饰面
B. 放样→板材安装→机电预留孔洞位→批嵌涂料饰面
C. 放样→机电预留孔洞位→批嵌涂料饰面→板材安装
D. 放样→板材安装→批嵌涂料饰面→机电预留孔洞位

答案：B
解析：参见考点7。

考点8：玻璃砖隔墙构造

材料	玻璃隔墙主要为空心玻璃砖

398

工艺流程	放线→固定周边框架→扎筋→排砖→玻璃砖砌筑→勾缝→边饰处理
施工工艺	1 两玻璃砖之间的砖缝不得小于10mm，且不得大于30mm。 2 空心玻璃砖墙体适用于建筑物的**非承重内外装饰墙体**。当用于建筑物外墙装饰时，一般采用95mm厚的玻璃砖。用于建筑物内部隔断时，95mm和80mm厚均可使用。 3 玻璃砖装饰墙体，使用于**内部隔墙**时，其房屋高度不受限制。 4 空心玻璃砖墙体不适用于有高温熔炉的工业厂房及有强烈酸碱性介质的建筑物，**不能用作防火墙**
案例	具体案例及构造如图21-13、图21-14所示  图21-13 玻璃砖外墙 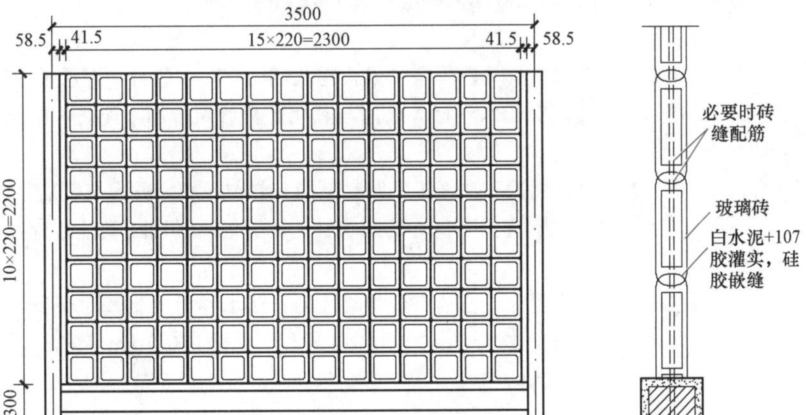 图21-14 玻璃砖隔断立面 （a）玻璃砖隔断立面；（b）剖面

典型习题

21-15 [2023-73] 下列选项中关于玻璃砖隔墙说法，正确的是（　　）。
A. 可用防火墙　　　　　　　　　　B. 可用于建筑物非承重墙

C. 80mm 厚内墙可用于 8 度抗震墙　　D. 用于酸碱介质的建筑区域

答案：B

解析：参见考点 8。

第二节　住宅室内装饰装修及防水要求

考点 9：住宅室内防水工程要求

基本规定	《住宅室内防水工程技术规范》（JGJ 298—2013）相关规定。 3.0.2　住宅室内防水工程宜根据不同的设防部位，按柔性防水涂料、防水卷材、刚性防水材料的顺序，选用适宜的防水材料，且相邻材料之间应具有相容性。 3.0.3　密封材料宜采用与主体防水层相匹配的材料。 3.0.4　住宅室内防水工程完成后，楼、地面和独立水容器的防水性能应通过蓄水试验进行检验
防水材料	《住宅室内防水工程技术规范》（JGJ 298—2013）相关规定。 4.1　防水涂料 　　4.1.1　住宅室内防水工程宜使用聚氨酯防水涂料、聚合物乳液防水涂料、聚合物水泥防水涂料和水乳型沥青防水涂料等水性或反应型防水涂料； 　　4.1.3　对于住宅室内长期浸水的部位，不宜使用遇水产生溶胀的防水涂料； 　　4.1.9　用于附加层的胎体材料宜选用 30～50g/m² 的聚酯纤维无纺布、聚丙烯纤维无纺布或耐碱玻璃纤维网格布；防水涂膜的厚度一般为 1.2～2.0mm。 4.2　防水卷材 　　4.2.1　住宅室内防水工程可选用自粘聚合物改性沥青防水卷材和聚乙烯丙纶复合防水卷材。 　　4.2.3　聚乙烯丙纶复合防水卷材应采用与其相配套的聚合物水泥防水粘结料，共同组成的复合防水层； 　　4.2.4　防水卷材宜采用冷粘法施工，胶粘剂应与卷材相容，并应与基层粘结牢靠； 　　4.2.5　防水卷材胶粘剂应具有良好的耐水性、耐腐蚀性和耐霉变性且有害物质应符合规范的规定； 　　4.2.6　卷材防水层厚度为：自粘聚合物改性沥青防水卷材无胎基时应≥1.5mm，聚酯胎基时应≥2.0mm；聚乙烯丙纶复合防水卷材的厚度为卷材≥0.7mm（芯材≥0.5mm），胶粘料≥1.3mm。 4.3　防水砂浆 　　4.3.1　防水砂浆应使用专业生产厂家生产的商品砂浆，并应符合现行行业标准《商品砂浆》（JG/T 230）的规定。 4.4　防水混凝土 　　4.4.1　用于配制防水混凝土的水泥应符合下列要求：防水混凝土中的水泥宜采用硅酸盐水泥、普通硅酸盐水泥；不得使用过期或受潮结块的水泥，不得将不同品种或不同强度等级的水泥混合使用； 4.5　密封材料 　　4.5.1　住宅室内防水工程的密封材料宜采用丙烯酸建筑密封胶、聚氨酯建筑密封胶或硅酮建筑密封胶

续表

防水设计	《住宅室内防水工程技术规范》（JGJ 298—2013）相关规定。 5.1 一般规定 5.1.1 **住宅卫生间、厨房、浴室、设有配水点的封闭阳台、独立水容器**等均应进行防水设计； 5.2 功能房间防水设计 5.2.2 厨房的楼、地面应设置防水层，墙面宜设置防潮层；厨房布置在无用水点房间的下层时，顶棚应设置**防潮层**； 5.2.6 设有配水点的封闭阳台，墙面应设**防水层**，顶棚宜防潮，楼、地面应有排水措施，并应设置防水层； 5.2.7 独立水容器应有整体的防水构造；现场浇筑的独立水容器应采用刚柔结合的防水设计； 5.2.8-6 采用地面辐射采暖的无地下室住宅、底层无配水点的房间地面，应在绝热层下部设置**防潮层**；排水立管不应穿越下层住户的居室，当厨房设有地漏时，地漏的排水支管不应穿过楼板进入下层住户的居室
技术措施	《住宅室内防水工程技术规范》（JGJ 298—2013）相关规定。【2022（5）】 5.3.2 楼、地面防水设计应符合下列规定： 1 对于无地下室的住宅，地面宜采用强度等级为 C15 的混凝土作为刚性垫层，且厚度不宜小于 60mm。楼面基层宜为现浇钢筋混凝土楼板；当为预制钢筋混凝土条板时，板缝间应采用防水砂浆堵严抹平，并应沿通缝涂刷宽度不小于 300mm 的防水涂料形成防水涂膜带。 3 **混凝土找坡层最薄处的厚度不应小于 30mm；砂浆找坡层最薄处的厚度不应小于 20mm。** 找平层兼找坡层时，应采用强度等级为 C20 的细石混凝土；需设填充层铺设管道时，宜与找坡层合并，填充材料宜选用轻骨料混凝土。 4 装饰层宜采用不透水材料和构造，主要排水坡度应为 0.5%～1.0%，粗糙面层排水坡度不应小于 1.0%。 5 防水层应符合下列规定： 　1）对于有排水的楼、地面，应低于相邻房间楼、地面 20mm 或做挡水门槛；当需进行无障碍设计时，应低于相邻房间面层 15mm，并应以斜坡过渡； 　2）当防水层需要采取保护措施时，可采用 20mm 厚 1:3 水泥砂浆做保护层。 5.3.3 墙面防水设计应符合下列规定： 1 卫生间、浴室和设有配水点的封闭阳台等墙面应设置防水层；防水层高度宜距楼、地面面层 1.2m。 2 当卫生间有非封闭式洗浴设施时，花洒所在及其邻近墙面防水层高度不应小于 1.8m。 5.3.4 有防水设防的功能房间，除应设置防水层的墙面外，其余部分墙面和顶棚均应设置防潮层
细部构造	《住宅室内防水工程技术规范》（JGJ 298—2013）相关规定。 5.4.1 楼、地面的防水层在门口处应水平延展，**且向外延展的长度不应小于 500mm，向两侧延展的宽度不应小于 200mm。** （图 21-15）【2021】 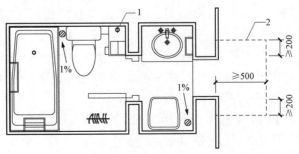 图 21-15 楼地面门口处防水层延展示意图 1—穿越楼板的管道及其防水套管；2—门口处防水层延展范围

细部构造	5.4.2 穿越楼板的管道应设置防水套管，高度应高出装饰层完成面 20mm 以上；套管与管道间应采用防水密封材料嵌填压实。 5.4.6 当墙面设置防潮层时，楼、地面防水层应沿墙面上翻，且**至少应高出饰面层 200mm**。当卫生间、厨房采用轻质隔墙时，应做全防水墙面，其四周根部除门洞外，应做 C20 细石混凝土坎台，并应至少高出相连房间的楼、地面饰面层 200mm。 6.3.3 防水涂料施工操作应符合下列规定：【2022（5）】 　1 双组分涂料应按配比要求在现场配制，并应使用机械搅拌均匀，不得有颗粒悬浮物； 　2 防水涂料应薄涂、多遍施工，前后两遍的涂刷方向应相互垂直，涂层厚度应均匀，不得有漏刷或堆积现象； 　3 **应在前一遍涂层实干后，再涂刷下一遍涂料**； 　4 施工时宜**先涂刷立面，后涂刷平面**； 　5 夹铺胎体增强材料时，应使防水涂料充分浸透胎体层，不得有折皱、翘边现象
	《建筑地面设计规范》（GB 50037—2013）6.0.14　地漏四周、排水地沟及地面与墙、柱连接处的隔离层，应增加层数或局部采取加强措施。地面与墙、柱连接处隔离层应翻边，其**高度不宜小于 150mm**。 《住宅室内装饰装修设计规范》（JGJ 367—2015）相关规定。 　4.5.8　厨房地面防水层应沿墙基**上翻 0.30m**； 　4.7.14　卫生间地面防水层应沿墙基**上翻 300mm**

典型习题

21-16 [2022-72] 关于住宅室内防水工程中的蓄水实验，正确的是（　　）。

A. 楼地面蓄水高度不应小于 10mm

B. 楼地面蓄水大于或等于 24h

C. 在完成面做完之后再次作蓄水试验

D. 需要检验每户最不利点

答案：B

解析：根据《住宅室内防水工程技术规范》（JGJ 298—2013）7.3.6，防水层不得渗漏，检验方法：在防水层完成后进行蓄水试验，选项 C 错误；楼、地面蓄水高度不应小于 20mm，选项 A 错误；蓄水时间不应少于 24h，独立水容器应满池蓄水，蓄水时间不应少于 24h，选项 B 正确；检验数量：每一自然间或每一独立水容器逐一检验，选项 D 错误。

21-17 [2022-71] 住宅内防水涂料施工正确的是（　　）。

A. 前后两遍涂刷方向应相反

B. 应在上一遍涂层未干时涂刷下一层

C. 应先涂平面后涂立面

D. 应薄涂多次

答案：D

解析：根据《住宅室内防水工程技术规范》(JGJ 298—2013) 6.3.3，防水涂料应薄涂、多遍施工，选项 D 正确；前后两遍的涂刷方向应相互垂直，选项 A 错误；应在前一遍涂层实干后，再涂刷下一遍涂料，选项 B 错误；施工时宜先涂刷立面，后涂刷平面，选项 C 错误。

21-18 [2021-76，2018-78] 如图 21-16 所示，住宅卫生间楼地面门口处防水层向外延伸的长度为（　　）。

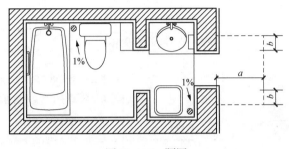

图 21-16 题图

A. 200mm　　　　B. 300mm　　　　C. 400mm　　　　D. 500mm

答案：D

解析：根据《住宅室内防水工程技术规范》(JGJ 298—2013) 5.4.1，楼、地面的防水层在门口处应水平延展，且向外延展的长度不应小于 500mm，向两侧延展的宽度不应小于 200mm。

第二十二章 变形缝构造

思维导图

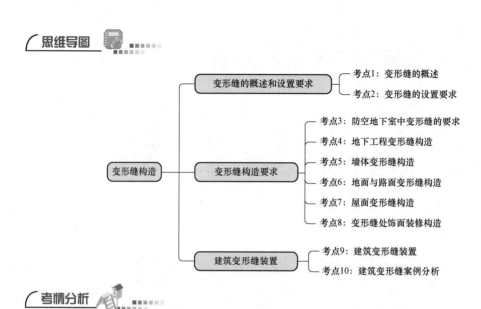

考情分析

章节	近五年考试分数统计					
	2023年	2022年12月	2022年5月	2021年	2020年	2019年
第一节 变形缝的概述和设置要求	1	0	0	1	0	0
第二节 变形缝构造要求	0	0	3	3	0	2
第三节 建筑变形缝装置	1	0	0	0	0	0
总 计	2	0	3	4	0	2

注：1. 每年试卷最后两题均为变形缝，考生需认真复习。
    2. 试题属于综合理解型，围绕变形缝构造和变形缝盖板设置考点，考生需结合图集《变形缝建筑构造》（14J936）扩展复习。

第一节 变形缝的概述和设置要求

考点1：变形缝的概述

概念	《民用建筑设计统一标准》（GB 50352—2019）相关规定。 2.0.25 **变形缝**：为防止建筑物在外界因素作用下，结构内部产生附加变形和应力，导致建筑物开裂、碰撞甚至破坏而预留的构造缝，包括伸缩缝、沉降缝和抗震缝。 6.10.5 变形缝包括**伸缩缝、沉降缝和抗震缝**，其设置应符合下列规定： 1 变形缝应按设缝的性质和条件设计，使其在产生位移或变形时不受阻，且不破坏建筑物。

续表

概念	2 根据建筑使用要求，变形缝应分别采取**防水、防火、保温、隔声、防老化、防腐蚀、防虫害**和**防脱落**等构造措施； 3 变形缝**不应穿过厕所、卫生间、盥洗室和浴室**等用水的房间，也**不应穿过配电间**等严禁有漏水的房间
伸缩缝	当建筑物长度超过一定限度、建筑平面变化较多或结构类型较多时，建筑物会因热胀冷缩变形较大而产生开裂。为预防这种情况的发生，应沿建筑物长度方向每隔一定距离设置伸缩缝。伸缩缝的特点是**建筑物地面以上部分全部断开，基础不断开**，缝宽一般为20～30mm【2023】
沉降缝	沉降缝是为防止建筑物各部分由于地基不均匀沉降引起房屋破坏所设置的垂直缝。当房屋相邻部分的高度、荷载和结构形式差别很大而地基又较弱时，房屋有可能产生不均匀沉降，致使某些薄弱部位开裂。为此，应在适当位置如复杂的平面或体形转折处、高度变化处、荷载、地基的压缩性和地基处理的方法明显不同处设置沉降缝。沉降缝的构造特点是**基础及上部结构全部断开**
防震缝	防震缝是指地震区设计房屋时，为防止地震使房屋破坏，应用防震缝将房屋分成若干形体简单、结构刚度均匀的独立部分。为减轻或防止相邻结构单元由地震作用引起的碰撞而预先设置的间隙。在地震设防地区的建筑必须充分考虑地震对建筑造成的影响。抗震缝的构造特点是**基础及上部结构全部断开**【2023】
跨越变形缝	《建筑机电工程抗震设计规范》（GB 50981—2014）相关规定。 5.1.2 **供暖、空气调节水管道**的布置与敷设应符合下列规定： 1 管道不应穿过抗震缝。当必须穿越时，应在抗震缝两边各装一个柔性管接头或在通过抗震缝处安装门形弯头或设伸缩节； 6.2.7 **燃气管道**布置应符合下列规定： 1 燃气管道不应穿过抗震缝； 2 燃气水平干管不宜跨越建筑物的沉降缝。 7.5.4 **电气管路**不宜穿越抗震缝，当必须穿越时应符合下列规定： 1 采用金属导管、刚性塑料导管敷设时宜靠近建筑物下部穿越，且在抗震缝两侧应各设置一个柔性管接头； 2 电缆梯架、电缆槽盒、母线槽在抗震缝两侧应设置伸缩节； 3 抗震缝的两端应设置抗震支撑节点并与结构可靠连接 《民用建筑设计统一标准》（GB 50352—2019）6.14.5-5 屋面排水应符合下列规定：**天沟、檐沟排水不得流经变形缝和防火墙**
防火要求	《建筑设计防火规范》（GB 50016—2014，2018年版）6.3.4 变形缝内的填充材料和变形缝的构造基层应采用**不燃材料**。 电线、电缆、可燃气体和甲、乙、丙类液体的管道不宜穿过建筑内的变形缝，确需穿过时，应在穿过处加设不燃材料制作的套管或采取其他防变形措施，并应采用防火封堵材料封堵

典型习题

22-1 [2018-99] 以下选项中,哪些管线不可穿越抗震缝?(   )
A. 电线、电缆　　B. 通风管　　　　C. 给水管　　　　D. 排水管

答案: D

解析: 根据《建筑机电工程抗震设计规范》(GB 50981—2014),排水管道、燃气管道不应穿越抗震缝(无例外条件);给水管道、供暖及空气调节水管道、通风及空气调节风道不应穿越抗震缝,但给出了必须穿越时的技术要求;电气管路为不宜穿越抗震缝。

考点 2:变形缝的设置要求

伸缩缝

《砌体结构设计规范》(GB 50003—2011) 6.5.1　在正常使用条件下,应在墙体中设置伸缩缝。伸缩缝应设在因温度和收缩变形引起应力集中、砌体产生裂缝可能性最大处。伸缩缝的间距可按表 6.5.1(表 22-1)采用。

表 22-1　　　　　砌体房屋伸缩缝的最大间距　　　　　(m)

屋盖或楼盖类别		间距
整体式或装配整体式钢筋混凝土结构	有保温层或隔热层的屋盖、楼盖	50
	无保温层或隔热层的屋盖	40
装配式无檩体系钢筋混凝土结构	有保温层或隔热层的屋盖、楼盖	60
	无保温层或隔热层的屋盖	50
装配式有檩体系钢筋混凝土结构	有保温层或隔热层的屋盖	75
	无保温层或隔热层的屋盖	60
瓦材屋盖、木屋盖或楼盖、轻钢屋盖		100

《混凝土结构设计规范》(GB 50010—2010,2015 年版) 8.1.1 钢筋混凝土结构伸缩缝的最大间距可按表 8.1.1(表 22-2)确定。

表 22-2　　　　钢筋混凝土结构伸缩缝最大间距　　　　(m)

结构类别		室内或土中	露天
排架结构	装配式	100	70
框架结构	装配式	75	50
	现浇式	55	35
剪力墙结构	装配式	65	40
	现浇式	45	30
挡土墙、地下室墙壁等结构	装配式	40	30
	现浇式	30	20

注:4 现浇挑檐、雨罩等外露结构的局部伸缩缝间距不宜大于 12m。

续表

沉降缝	《建筑地基基础设计规范》（GB 50007—2011）7.3.2　当建筑物设置沉降缝时，应符合下列规定： 1 建筑物的下列部位，宜设置沉降缝： 　1）**建筑平面的转折部位；** 　2）**高度差异或荷载差异处；** 　3）长高比过大的砌体承重结构或钢筋混凝土框架结构的适当部位； 　4）地基土的压缩性有显著差异处； 　5）建筑结构或基础类型不同处； 　6）分期建造房屋的交界处
防震缝	《建筑抗震设计规范》（GB 50011—2010，2016年版）相关规定。 3.4.5　防震缝应根据**抗震设防烈度、结构材料种类、结构类型、结构单元的高度和高差以及可能的地震扭转效应的情况**，留有足够的宽度，其两侧的上部结构应完全分开。【2017】 6.1.4　钢筋混凝土房屋需要设置防震缝时，应符合下列规定： 1 防震缝宽度应分别符合下列要求： 　1）框架结构（包括设置少量抗震墙的框架结构）房屋的防震缝宽度，当**高度不超过15m**时不应小于100mm；**高度超过15m**时，6度、7度、8度和9度分别每增加高度5m、4m、3m和2m，宜加宽20mm；【2021】 　2）框架-抗震墙结构房屋的防震缝宽度不应小于本款1）项规定数值的70%，抗震墙结构房屋的防震缝宽度不应小于本款1）项规定数值的50%；且均不宜小于100mm； 　3）防震缝两侧结构类型不同时，宜按需要**较宽防震缝**的结构类型和**较低房屋高度**确定缝宽 7.1.7　多层砌体房屋的建筑布置和结构体系，应符合下列要求： 3 房屋有下列情况之一时宜设置防震缝，缝两侧均应设置墙体，缝宽应根据烈度和房屋高度确定，可采用70～100mm： 　1）房屋立面高差在6m以上； 　2）房屋有错层，且楼板高差大于层高的1/4； 　3）各部分结构刚度、质量截然不同。

典型习题

22-2［2021-89，2018-100］下列防震缝的最小宽度，哪一条不符合抗震规范要求？（　　）

A. 8度设防的多层砖墙承重建筑，防震缝最小宽度应为70～100mm

B. 高度小于15m的钢筋混凝土框架结构、框架剪力墙结构建筑，防震缝最小宽度应为100mm

C. 高度大于15m的钢筋混凝土框架结构，对比B款的规定，7度设防，高度每增加4m，最小缝宽增加20mm；8度设防，高度每增加3m，最小缝宽增加20mm

D. 剪力墙结构建筑，防震缝最小宽度可减少到B款、C款的70%

答案：D

解析：参见考点2中"抗震缝"宽度的相关内容。

第二节 变形缝构造要求

考点3：防空地下室中变形缝的要求

设置位置	《人民防空地下室设计规范》（GB 50038—2005）4.11.4 防空地下室结构变形缝的设置应符合下列规定： 1 在防护单元内**不宜设置沉降缝、伸缩缝**； 2 上部**地面建筑**需设置伸缩缝、防震缝时，防空地下室可不设置； 3 **室外出入口与主体结构连接处，宜设置沉降缝**

考点4：地下工程变形缝构造【★★】

基本规定	《地下工程防水技术规范》（GB 50108—2008）相关规定。 5.1.2 用于伸缩的变形缝**宜少设**；可根据不同的工程结构类别、工程地质情况，采用**后浇带、加强带、诱导缝**等替代措施。 5.1.3 变形缝处混凝土结构的厚度**不应小于300mm**。 5.1.4 用于沉降的变形缝最大允许沉降差值不应大于30mm。 5.1.5 变形缝的宽度**宜为20～30mm**。 5.1.6 变形缝的防水措施可根据工程开挖方法和防水等级确定。变形缝的几种复合防水构造形式，见图22-1～图22-3。 5.1.7 环境温度高于50℃处的变形缝，**中埋式止水带可采用金属制作**(图22-4)
构造图集	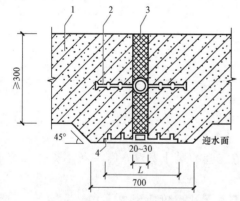 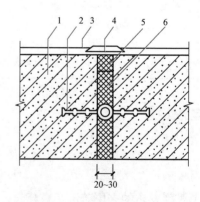 图22-1 中埋止水带与外贴防水层复合使用　　图22-2 中埋止水带与嵌缝材料复合使用 外贴式止水带 L≥300，外贴防水卷材 L≥400 外贴防水图层 L≥400， 1—混凝土结构；2—中埋式止水带； 3—填缝材料；4—外贴止水带　　1—混凝土结构；2—中埋式止水带； 3—防水层；4—隔离层；5—密封材料； 6—填缝材料

续表

构造图集	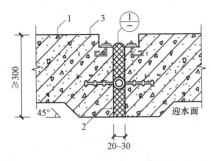 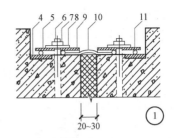 图 22-3 中埋止水带与可拆卸止水带复合使用 1—混凝土结构；2—填缝材料；3—中埋止水带；4—预埋钢板；5—紧固件压板； 6—预埋螺栓；7—螺母；8—垫圈；9—紧固件压块；10—Ω形止水带；11—紧固件圆钢 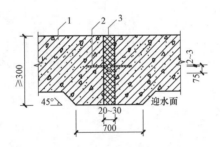 图 22-4 中埋式金属止水带 1—混凝土结构；2—金属止水带；3—填缝材料

典型习题

22-3 [2021-90] 关于地下建筑变形缝的说法，正确的是（ ）。

A. 沉降变形缝最大允许沉降差值应≤50mm

B. 变形缝的宽度宜为 40mm

C. 变形缝中埋式止水带应采用金属制作

D. 防空地下室防护单元内不宜设置变形缝

答案：D

解析：根据《地下工程防水技术规范》（GB 50108—2008）5.1.4、5.1.5 和 5.1.7，用于沉降的变形缝最大允许沉降差值不应大于 30mm，选项 A 错误。变形缝的宽度宜为 20~30mm，选项 B 错误。环境温度高于 50℃处的变形缝，中埋式止水带可采用金属制作，选项 C 错误。另据《人民防空地下室设计规范》（GB 50038—2005）4.11.4，在防护单元内不宜设置沉降缝、伸缩缝，选项 D 正确。

考点5：墙体变形缝构造【★★】

保温防火复合板	《保温防火复合板应用技术规程》（JGJ/T 350—2015）5.2.11 复合板用于变形缝部位时的外保温构造，应符合下列规定： 1 变形缝处应填充泡沫塑料，填塞深度应大于缝宽的3倍。 2 应采用金属盖缝板，**宜采用铝板或不锈钢板**，对变形缝进行封盖。 3 应在变形缝两侧的基层墙体处胶粘玻纤网，再翻包到复合板上，玻纤网的先置长度与翻包搭接长度不得小于100mm
外墙变形缝	《建筑外墙防水工程技术规程》（JGJ/T 235—2011）5.3.4 变形缝部位应增设合成高分子防水卷材附加层，卷材两端应满粘于墙体，**满粘的宽度不应小于150mm**，并应钉压固定；卷材收头应用密封材料密封。（图22-5） 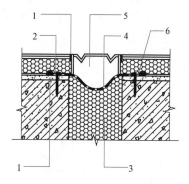 图22-5 变形缝防水构造 1—密封材料；2—锚栓；3—衬垫材料；4—合成高分子防水卷材（两端粘粘）；5—不锈钢板；6—压条
外挂墙板	《装配式混凝土建筑技术标准》（GB/T 51231—2016）5.9.9 外挂墙板**不应跨越主体结构的变形缝**。主体结构变形缝两侧外挂墙板的构造缝应能适应主体结构的变形要求，宜采用**柔性连接设计或滑动型连接**设计，并采取易于修复的构造措施

典型习题

22-4 [2017-99] 下列玻璃幕墙变形缝设计的说法，正确的是（　　）。

A. 幕墙变形缝设计与主体建筑无关
B. 幕墙变形缝构造可采用刚性连接
C. 幕墙的单位板块可跨越主体建筑的变形缝
D. 幕墙的单位板块不应跨越主体建筑的变形缝

答案：D

解析：考察变形缝的概念及一般设置要求。幕墙变形缝是建筑变形缝在幕墙部位的做法，而非为幕墙单独设置变形缝。

考点6：地面与路面变形缝构造【★★★★★】

数据中心地面	《数据中心设计规范》（GB 50174—2017）相关规定。 **6.1.4 变形缝不宜穿过主机房。** 6.1.4 条文说明：规定变形缝不宜穿过主机房的目的是为了避免因主体结构的不均匀沉降而破坏电子信息系统的运行安全。当由于主机房面积太大而无法保证变形缝不穿过主机房时，则必须控制变形缝两边主体结构的沉降差
空气洁净度地面	《建筑地面设计规范》（GB 50037—2013）3.3.3 有空气洁净度等级要求的地面**不宜设变形缝**，空气洁净度等级为N1～N5级的房间地面**不应设变形缝**。（条文说明：有空气洁净度等级要求的地面，规定不宜设变形缝，主要是从保障工作及生产环境要求考虑的。且缝隙密闭措施施工复杂，增加维修难度并影响工艺生产要求。）
混凝土垫层	6.0.3 底层地面的混凝土垫层，应设置**纵向缩缝和横向缩缝**，并应符合下列要求： 1 纵向缩缝应采用**平头缝或企口缝**[图22-6（a）、图22-6（b）]，其间距宜为3～6m； 2 纵向缩缝采用企口缝时，垫层的厚度不宜小于150mm，企口拆模时的混凝土抗压强度不宜低于3MPa； 3 横向缩缝宜采用假缝[图22-6（c）]，其间距宜为6～12m；高温季节施工的地面假缝间距宜为6m。假缝的宽度宜为5～12mm，**高度宜为垫层厚度的1/3**；缝内应填水泥砂浆或膨胀型砂浆； 4 当纵向缩缝为企口缝时，横向缩缝应做假缝。 5 在不同混凝土垫层厚度的交界处，当相邻垫层的厚度比大于1，小于或等于1.4时，可采用**连续式变截面**[图22-6（d）]；当厚度比大于1.4时，可设置间断式变截面[图22-6（e）]； 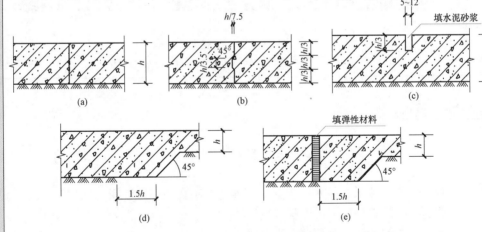 图22-6 混凝土垫层缩缝 （a）平头缝；（b）企口缝；（c）假缝；（d）连续式变截面；（e）间断式变截面 6.0.4 平头缝和企口缝的缝间应紧密相贴，不得设置隔离材料
室外垫层	6.0.5 室外地面的混凝土垫层宜设伸缝，间距宜为30m，缝宽宜为20～30mm，缝内应填耐**候弹性密封材料**，沿缝两侧的混凝土边缘应局部加强

续表

堆料地面	6.0.6 大面积密集堆料的地面，其混凝土垫层的纵向缩缝和横向缩缝，应采用**平头缝**，间距宜为6m。当混凝土垫层下存在软弱下卧层时，建筑地面与主体结构四周宜设沉降缝
防冻胀层	6.0.7 设置防冻胀层的地面采用混凝土垫层时，纵向缩缝和横向缩缝均应采用**平头缝**，其间距不宜大于3m
分格缝	6.0.8 直接铺设在混凝土垫层上的面层，除沥青类面层、块材类面层外，**应设分格缝**，并应符合下列要求： 1 细石混凝土面层的分格缝，**应与垫层的缩缝对齐**； 2 水磨石、水泥砂浆、聚合物砂浆等面层的分格缝，除应与垫层的缩缝对齐外，尚应根据具体设计要求缩小间距。主梁两侧和柱周宜分别设分格缝； 3 防油渗面层分格缝的宽度宜为15～20mm，**其深度宜等于面层厚度**；分格缝的嵌缝材料，下层宜采用防油渗胶泥，上层宜采用膨胀水泥砂浆封缝
路面变形缝	现浇混凝土路面的**纵、横向缩缝间距应不大于6m**，缝宽一般为5mm。沿长度方向每4格（24m）设伸缩缝一道，缝宽20～30mm，内填弹性材料。路面宽度达到8m时，应在路面中间设伸缩缝一道。施工场景如图22-7所示 图22-7 路面变形缝的施工 （a）纵向施工缝；（b）纵向缩缝；（c）填缝料

典型习题

22-5 [2022-89，2017-100] 关于楼地面变形缝的设置，下列哪一条表述是错误的？（ ）

A. 变形缝应在排水坡的分水线上，不得通过有液体流经或积累的部位
B. 建筑的同一防火分区不可以跨越变形缝
C. 地下人防工程的同一防护单元不可跨越变形缝
D. 设在变形缝附近的防火门，门扇开启后不可跨越变形缝

答案：B

解析：根据《建筑地面设计规范》（GB 50037—2013）6.0.2，变形缝应在排水坡的分水线上，不得通过有液体流经或积聚的部位，选项A说法正确；根据《人民防空地下室设计规范》（GB 50038—2005）3.3.5，防空地下室防护单元内不应设置伸缩缝或沉降缝，选项C说法正确；根据《建筑设计防火规范》（GB 50016—2014，2018年版）6.5.1-5，设置在建筑变形缝附近时，防火门应设置在楼层较多的一侧，并应保证防火门开启时门扇不跨越变形缝。选项D说法正确。规范中没有关于防火分区不可跨越变形缝的规定。

22-6 [2021-74] 关于铺设在混凝土垫层上的面层分格缝，下列技术措施中哪一项是错误的？（　　）

A．沥青类面层、块材面层不设缝
B．细石混凝土面层的分格缝，应与垫层的缩缝对齐
C．设隔离层的面层分格缝，可不与垫层的缩缝对齐
D．水磨石面层的分格缝，可不与垫层的缩缝对齐

答案：D

解析：参见《建筑地面设计规范》(GB 50037—2013) 6.0.8。

考点 7：屋面变形缝构造【★★★】

《屋面工程技术规范》(GB 50345—2012) 相关规定	4.9.8　金属檐沟、天沟的伸缩缝间距**不宜大于** 30m。 4.9.9　金属板的伸缩变形除应满足咬口锁边连接或紧固件连接的要求外，还应满足檩条、檐口及天沟的使用要求，且金属板最大伸缩变形量**不应超过** 100mm。 4.9.10　金属板在主体结构的变形缝处宜断开，变形缝上部应加扣带伸缩的金属盖板。 4.11.18　变形缝防水构造应符合下列规定： 　1 变形缝泛水处的防水层下应**增设附加层**，附加层在平面和立面的宽度**不应小于** 250mm；防水层应铺贴或涂刷至泛水墙的顶部； 　2 变形缝内应预填**不燃保温材料**，上部应采用**防水卷材**封盖，并放置衬垫材料，再在其上干铺一层卷材； 　3 等高变形缝顶部**宜加扣混凝土或金属盖板**； 　4 高低跨变形缝**在立墙泛水**处，应采用有足够变形能力的材料和构造作密封处理
《屋面工程质量验收规范》(GB 50207—2012)	8.6.2　变形缝处不得有渗漏和积水现象。 8.6.4　**防水层应铺贴或涂刷至泛水墙的顶部**。 8.6.5　等高变形缝顶部宜加扣混凝土或金属盖板。混凝土盖板的接缝应用密封材料封严；金属盖板应铺钉牢固，搭接缝应顺流水方向，并应做好防锈处理。 8.6.6　高低跨变形缝在高跨墙面上的防水卷材封盖和金属盖板，应用金属压条**钉压固定**，并应用密封材料封严

典型习题

22-7 [2021-88] 下图寒冷地区四层建筑屋面与顶棚变形缝节点，可用于防震缝的是（　　）。

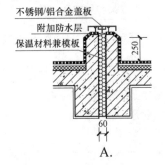
A．

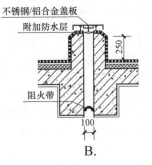
B．

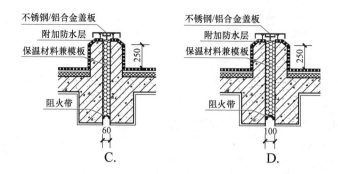

答案：D

解析：多层砌体建筑防震缝的缝宽为 70～100mm，钢筋混凝土建筑防震缝宽不小于 100mm。阻火带及保温做法，参考图集《变形缝建筑构造》14J936，P.10。

22-8 [2018-98] 关于金属板屋面变形缝的设计，以下说法错误的是（　　）。

A. 金属板在主体结构的变形缝处宜断开

B. 金属板最大伸缩变形量不应超过 150mm

C. 变形缝上部应加扣带伸缩的金属盖板

D. 变形缝间距不宜大于 30m

答案：B

解析：根据《屋面工程技术规范》（GB 50345—2012）4.9.9，金属板的伸缩变形除应满足咬口锁边连接或紧固件连接的要求外，还应满足檩条、檐口及天沟的使用要求，且金属板最大伸缩变形量不应超过100mm，选项 B 说法错误。

考点8：变形缝处饰面装修构造【★★】

燃烧性能	《建筑内部装修设计防火规范》（GB 50222—2017）4.0.7　建筑内部变形缝（包括沉降缝、伸缩缝、抗震缝等）两侧基层的表面装修应采用**不低于 B1 级**的装修材料
吊顶	《公共建筑吊顶工程技术规程》（JGJ 345—2014）相关规定。 5.2.5　吊顶的伸缩缝施工应符合下列规定： 　　1 吊顶的伸缩缝应符合设计要求；当设计未明确且**吊顶面积大于100m² 或长度方向大于 15m** 时，宜设置伸缩缝。 　　2 吊顶伸缩缝的两侧应设置**通长次龙骨**。 　　3 伸缩缝的上部应采用超细玻璃棉等不燃材料将龙骨间的间隙填满。 5.3.5　板块面层吊顶的伸缩缝应符合下列规定： 　　1 当吊顶为单层龙骨构造时，根据伸缩缝与龙骨或条板间关系，应**分别断开龙骨或条板**。 　　2 当吊顶为双层龙骨构造时，设置伸缩缝时应**完全断开变形缝两侧的吊顶** 《全国民用建筑工程设计技术措施规划·建筑·景观》（2009 年版）相关规定。 6.4.3　顶棚构造 　4 吊顶变形缝 　　1) 在建筑物变形缝处吊顶也应设缝，其宽度亦应**与变形缝一致**。 　　2) 变形缝处主次龙骨应断开，**吊顶饰面板断开，但可搭接**。 　　3) 变形缝应考虑防火、隔声、保温、防水等要求

续表

饰面砖安装	《外墙饰面砖工程施工及验收规程》（JGJ 126—2015）相关规定。 4.0.3 外墙饰面砖粘结应设置伸缩缝；伸缩缝间距**不宜大于 6m**，伸缩缝宽度**宜为 20mm**。 4.0.4 外墙饰面砖伸缩缝应采用**耐候密封胶嵌缝**。 4.0.5 墙体变形缝两侧粘贴的外墙饰面砖之间的距离**不应小于变形缝的宽度**。
门窗与变形缝	《民用建筑设计统一标准》（GB 50352—2019）6.11.9 - 7 门的设置应符合下列规定：**门的开启不应跨越变形缝**。 《建筑设计防火规范》（GB 50016—2014）6.5.1 - 5 防火门的设置应符合下列规定：设置在建筑变形缝附近时，防火门应设置在**楼层较多的一侧**，并应保证防火门开启时门扇**不跨越变形缝**。

典型习题

22-9 [2021-69] 下列双层纸面石膏板吊顶变形缝示意正确的是（ ）。

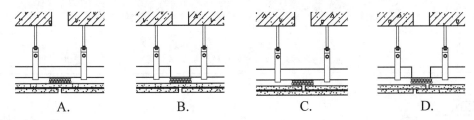

A.   B.   C.   D.

答案：D

解析：根据《民用建设计技术措施》第二部分 6.4.3 顶棚构造 4 吊顶变形缝第 2)款，平间变形缝处主次龙骨应断开，吊顶饰面板断开，但可搭接。

第三节 建筑变形缝装置

考点 9：建筑变形缝装置【★★★★★】

概念	建筑变形缝装置：在变形缝处设置的能满足建筑结构使用功能，又能起到装饰作用的各种装置的总称。分为伸缩缝装置、沉降缝装置、防震缝装置。 此部分考题需要考生可以判断出是什么类型的变形缝（是否可以上下、左右运动？是否是温度缝、抗震缝、沉降缝？）并能分析是什么样的盖板形式（盖板型、卡锁型、嵌平型）
种类和构造特征	《变形缝建筑构造》（14J936）相关规定。 4.2.1 **金属盖板型**（简称"盖板型"），由基座、不锈钢或铝合金盖板、连接基座及盖板的滑杆组成，基座固定在建筑变形缝两侧，滑杆呈 45°安装；在地震力作用下滑动变形，使盖板保持在变形缝的中心位置。 4.2.2 **金属卡锁型**（简称"卡锁型"），盖板是由两侧的一形基座卡住。在地震力作用下，盖板在卡槽内位移变形并复位。 4.2.3 **橡胶嵌平型**（简称"嵌平型"），其中窄的变形缝用单根橡胶条内嵌镶在两侧的基座上，称为"单列"；宽的变形缝用橡胶条+金属盖板+橡胶条的组合体嵌镶在两侧的基座上，称为"双列"。用于外墙时，橡胶条的形状可采用 W 形。 4.2.4 **防震型**，防震型变形缝装置的特点是连接基座和盖板的金属滑杆带有弹簧复位功能。在地震力作用下，盖板会被挤出上移，但在弹簧作用下可恢复原位；内、外墙及顶棚可采用橡胶条盖板，同样设有弹簧复位功能。 4.2.5 **承重型**，有一定荷载要求的盖板型楼面变形缝装置，其基座和盖板断面加厚，可承受 1t 叉车的通过荷载

续表

| 实例图片（图22-8） | 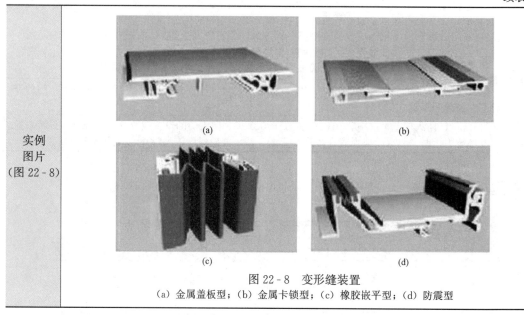 |

图22-8 变形缝装置
(a) 金属盖板型；(b) 金属卡锁型；(c) 橡胶嵌平型；(d) 防震型

典型习题

22-10 [2022-87] 金属卡锁型变形缝装置不适用于（　　）。

A. 楼面　　　B. 内墙　　　D. 屋面　　　C. 外墙

答案： D

解析： 卡锁型的盖板两侧封闭于槽内，比盖板型美观，尤其适用于内、外墙及顶棚时，比较安全。

22-11 [2019-98] 楼面与顶棚变形缝构造要求中，不包含以下哪项？（　　）

A. 盖板　　　B. 止水带　　　C. 阻火带　　　D. 保温材料

答案： D

解析： 变形缝装置（盖板）、止水带和阻火带是楼面与顶棚变形缝应设置的内容。保温材料为外围护部位（屋面及外墙）变形缝应设置的内容。《变形缝建筑构造》（14J936）P.9～10中，楼面变形缝的止水带只适应无防水构造的楼面偶尔有拖擦楼面少量用水时的使用条件。有防水要求的楼面应由建筑专业按工程进行防水设计。

22-12 [2019-99] 图示哪项为用于外墙的嵌平式防震缝？（　　）

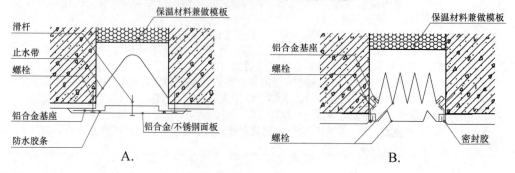

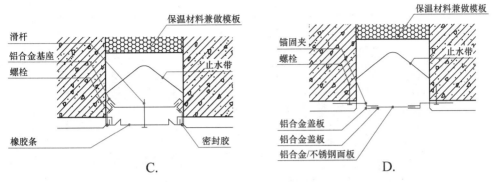

C. D.

答案：C

解析：选项各图分别为：外墙盖板型变形缝、外墙嵌平型变形缝、外墙嵌平防震型变形缝、外墙卡锁型变形缝。参见图集《变形缝建筑构造》（14J936）。

考点10：建筑变形缝案例分析

各种建筑变形缝构造如图22-9所示。

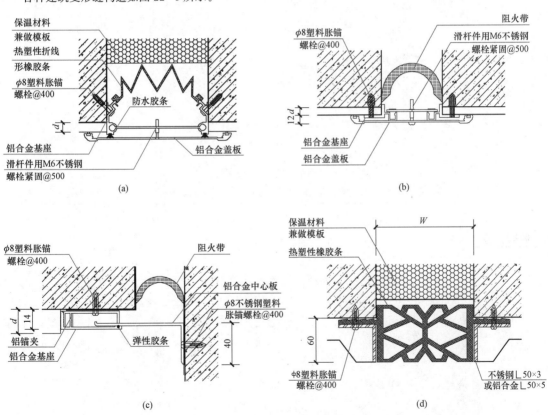

图22-9 各种建筑变形缝构造（一）

(a) 外墙盖板型变形缝；(b) 内墙盖板型变形缝；(c) 顶棚卡锁型变形缝；(d) 外墙嵌平型变形缝

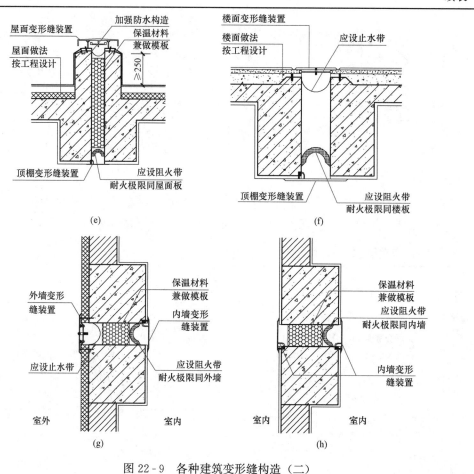

图 22-9 各种建筑变形缝构造（二）

（e）屋顶与顶棚变形缝剖面；（f）楼面与顶棚变形缝剖面；（g）外墙变形缝平面；（h）内墙变形缝平面

典型习题

22-13 [2023-75] 如图 22-10 所示，楼面变形缝构造中，哪一个是阻火带？（　　）

A. 1　　　　　　　　　　　　B. 2
C. 3　　　　　　　　　　　　D. 4

答案：C

解析：1 是楼面变形缝盖板，2 是止水带，3 是阻火带，4 是顶棚变形缝装置。

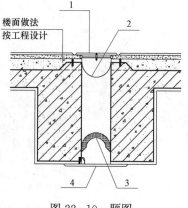

图 22-10 题图

第二十三章 老年人建筑与无障碍设计

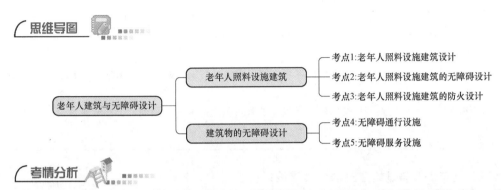

考情分析

章 节	近五年考试分数统计					
	2023年	2022年12月	2022年5月	2021年	2020年	2019年
第一节 老年人照料设施建筑	0	0	0	0	0	0
第二节 建筑物的无障碍设计	1	0	0	1	1	0
总 计	1	0	0	1	1	0

注：1. 每年必考无障碍部分试题，因《建筑与市政工程无障碍通用规范》（GB 55019—2021）与《无障碍设计规范》（GB 50763—2012）两本规范衔接问题，导致的部分规范条文之间有矛盾，以《建筑与市政工程无障碍通用规范》（GB 55019—2021）为准。
2. 《老年人照料设施建筑设计标准》（JGJ 450—2018）作为扩展规范学习即可。

第一节 老年人照料设施建筑

考点1：老年人照料设施建筑设计

本考点均摘自《老年人照料设施建筑设计标准》（JGJ 450—2018）	
交通空间	5.6.2 老年人使用的出入口和门厅应符合下列规定： 1 宜采用平坡出入口，平坡出入口的地面坡度不应大于 1/20，有条件时不宜大于 1/30； 2 出入口**严禁采用旋转门**； 3 出入口的地面、台阶、踏步、坡道等均应采用**防滑材料**铺装，应有防止积水的措施，严寒、寒冷地区宜采取防结冰措施； 5.6.7 老年人使用的楼梯应符合下列规定： 1 梯段通行净宽不应小于 **1.20m**，各级踏步应均匀一致，楼梯缓步平台内不应设置踏步； 2 踏步前缘不应突出，踏面下方不应透空； 3 应采用防滑材料饰面，所有踏步上的防滑条、警示条等附着物均不应突出踏面

续表

建筑细部	5.7.3 老年人使用的门，开启净宽应符合下列规定： 1 老年人用房的门不应小于0.80m；有条件时，不宜小于0.90m； 2 护理型床位居室的门**不应小于1.10m**； 3 建筑主要出入口的门**不应小于1.10m**； 4 含有2个或多个门扇的门，至少应有1个门扇的开启净宽不小于0.80m。 5.7.4 老年人用房的阳台、上人平台应符合下列规定： 1 相邻居室的阳台宜相连通； 2 严寒及寒冷地区、多风沙地区的老年人用房阳台宜封闭，其有效通风换气面积不应小于窗面积的30%； 4 开敞式阳台、上人平台的栏杆、栏板应采取防坠落措施，且距地面**0.35m高度**范围内不宜留空

考点2：老年人照料设施建筑的无障碍设计

本考点均摘自《老年人照料设施建筑设计标准》（JGJ 450—2018）	
交通空间	6.1.2 经过无障碍设计的场地和建筑空间均应满足轮椅进入的要求，通行净宽不应小于**0.80m**，且应留有轮椅回转空间。 6.1.3 老年人使用的室内外交通空间，当地面有高差时，应设轮椅坡道连接，且坡度不应大于1/12。当轮椅坡道的高度大于0.10m时，应同时设无障碍台阶。 6.1.4 交通空间的主要位置两侧应设**连续扶手**。
安全疏散	6.3.6 全部老年人用房与救护车辆停靠的建筑物出入口之间的通道，应满足紧急送医需求。紧急送医通道的设置应满足担架抬行和轮椅推行的要求，且应连续、便捷、畅通。 6.3.7 老年人的居室门、居室卫生间门、公用卫生间厕位门、盥洗室门、浴室等，均应选用内外均可开启的锁具及方便老年人使用的把手，宜设应急观察装置

考点3：老年人照料设施建筑的防火设计

本考点均摘自《建筑设计防火规范》（GB 50016—2014，2018年版）	
分类	5.1.1 独立建造的高层老年人照料设施属于**一类高层民用建筑**
建筑保温和外墙装饰	6.7.3 建筑外墙采用保温材料与两侧墙体构成无空腔复合保温结构体时，该结构体的耐火极限应符合本规范的有关规定；当保温材料的燃烧性能为 B_1、B_2 级时，保温材料两侧的墙体应采用不燃材料且厚度均**不应小于50mm**。 6.7.4 A除本规范第6.7.3条规定的情况外，下列老年人照料设施的内、外墙体和屋面保温材料 应采用燃烧性能为**A级**的保温材料： 1 独立建造的老年人照料设施。 2 与其他建筑组合建造且老年人照料设施部分的总建筑面积大于500m² 的老年人照料设施

第二节 建筑物的无障碍设计

考点 4：无障碍通行设施【★★】

无障碍通道	《建筑与市政工程无障碍通用规范》（GB 55019—2021）相关规定。 2.2.1　无障碍通道上有地面高差时，应设置**轮椅坡道或缘石坡道**。 2.2.3　无障碍通道上的门洞口应满足轮椅通行，各类检票口、结算口等应设轮椅通道，**通行净宽不应小于 900mm**。 2.2.5　自动扶梯、楼梯的下部和其他室内外低矮空间可以进入时，应在**净高不大于 2.00m** 处采取安全阻挡措施 《无障碍设计规范》（GB 50763—2012）相关规定。 3.5.1　无障碍通道的宽度应符合下列规定： 　1 室内走道**不应小于 1.20m**，人流较多或较集中的大型公共建筑的室内走道宽度不宜小于 1.80m； 　2 室外通道**不宜小于 1.50m**； 3.5.2　无障碍通道应符合下列规定： 　1 无障碍通道应连续，其地面应平整、防滑、反光小或无反光，并不宜设置厚地毯； 　4 固定在无障碍通道的墙、立柱上的物体或标牌距地面的高度不应小于 2.00m；如小于 2.00m 时，探出部分的宽度不应大于 100mm；如突出部分大于 100mm，则其距地面的高度应小于 600mm 以杖探测墙如图 23-1 所示，以杖探测障碍物如图 23-2 所示  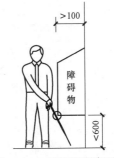 　图 23-1　以杖探测墙　　图 23-2　以杖探测障碍物
轮椅坡道	《建筑与市政工程无障碍通用规范》（GB 55019—2021）相关规定。 2.3.1　轮椅坡道的坡度和坡段提升高度应符合下列规定： 　1 横向坡度**不应大于 1∶50**，纵向坡度不应大于 1∶12，当条件受限且坡段起止点的高差不大于 150mm 时，纵向坡度不应大于 1∶10； 　2 每段坡道的提升高度**不应大于 750mm**。 2.3.2　轮椅坡道的通行净宽不应小于 1.20m。 2.3.3　轮椅坡道的起点终点和休息平台的通行净宽不应小于坡道的通行净宽，水平长度不应小于 1.50m，门扇开启和物体不应占用此范围空间。 2.3.4　轮椅坡道的**高度大于 300mm 且纵向坡度大于 1∶20** 时，应在两侧设置扶手，坡道与休息平台的扶手应保持连贯。 2.3.5　设置扶手的轮椅坡道的临空侧应采取**安全阻挡措施**

续表

轮椅坡道	《无障碍设计规范》(GB 50763—2012) 相关规定。 3.4.1 轮椅坡道宜设计成**直线形、直角形或折返形**。 3.4.4 轮椅坡道的最大高度和水平长度应符合表3.4.4（表23-1）的规定。 表 23-1　　　　轮椅坡道的最大高度和水平长度 | 坡度	1:20	1:16	1:12	1:10	1:8 | |---|---|---|---|---|---| | 最大高度/m | 1.20 | 0.90 | 0.75 | 0.60 | 0.30 | | 水平长度/m | 24.00 | 14.40 | 9.00 | 6.00 | 2.40 | 3.4.5 轮椅坡道的坡面应**平整、防滑、无反光**【2021】 轮椅坡道实际案例尺寸如图23-3所示 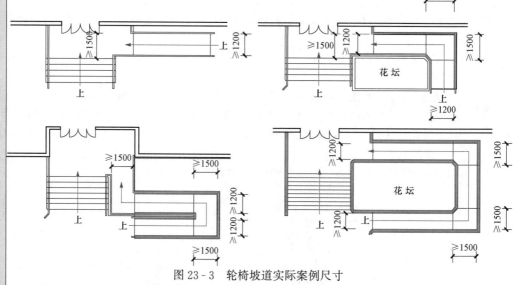 图 23-3　轮椅坡道实际案例尺寸
无障碍出入口	《建筑与市政工程无障碍通用规范》(GB 55019—2021) 相关规定。 2.4.1 无障碍出入口应为下列3种出入口之一： 　1 地面坡度不大于1:20的平坡出入口； 　2 同时设置台阶和轮椅坡道的出入口； 　3 同时设置台阶和升降平台的出入口。 2.4.2 除平坡出入口外，无障碍出入口的门前应设置平台；在门完全开启的状态下，平台的净深度不应小于1.50m；无障碍出入口的上方应设置雨篷 《无障碍设计规范》(GB 50763—2012) 相关规定。 3.3.2 无障碍出入口应符合下列规定： 　1 出入口的地面应平整、防滑； 　3 同时设置台阶和升降平台的出入口宜只应用于受场地限制无法改造坡道的工程。 　4 除平坡出入口外，在门完全开启的状态下，建筑物无障碍出入口的平台的净深度不应小于1.50m； 　5 建筑物无障碍出入口的门厅、过厅如设置两道门，门扇同时开启时两道门的间距不应小于1.50m；

续表

无障碍出入口	3.3.3-1 无障碍出入口的轮椅坡道及平坡出入口的坡度应符合下列规定：平坡出入口的地面坡度不应大于1：20，当场地条件比较好时，**不宜大于1：30**
	不同轮椅尺寸举例如图23-4所示 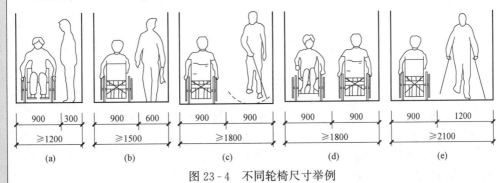 图23-4 不同轮椅尺寸举例
门	《建筑与市政工程无障碍通用规范》（GB 55019—2021）相关规定。 2.5.2 在无障碍通道上**不应使用旋转门**。 2.5.3 满足无障碍要求的门不应设挡块和门槛，门口有高差时，高度不应大于15mm，并应以斜面过渡，斜面的纵向坡度不应大于1：10。 2.5.4 满足无障碍要求的手动门应符合下列规定： 1 新建和扩建建筑的门开启后的通行净宽不应小于900mm，既有建筑改造或改建的门开启后的通行净宽不应小于800mm； 2 平开门的门扇外侧和里侧均应设置扶手，扶手应保证单手握拳操作，操作部分距地面高度应为0.85～1.00m； 2.5.5 满足无障碍要求的自动门应符合下列规定： 1 开启后的通行净宽不应小于1.00m； 2 当设置手动启闭装置时，可操作部件的中心距地面高度应为0.85～1.00m
	《无障碍设计规范》（GB 50763—2012）3.5.3 门的无障碍设计应符合下列规定： 1 不应采用力度大的弹簧门并**不宜采用弹簧门、玻璃门**；当采用玻璃门时，应有醒目的提示标志； 3 平开门、推拉门、折叠门开启后的通行净宽度不应小于800mm，有条件时，不宜小于900mm； 4 在门扇内外应留有直径**不小于1.50m**的轮椅回转空间； 5 在单扇平开门、推拉门、折叠门的门把手一侧的墙面，应设宽度**不小于400mm**的墙面； 6 平开门、推拉门、折叠门的门扇应设距地900mm的把手，宜设视线观察玻璃，并宜在距地350mm范围内安装护门板； 7 门槛高度及门内外地面高差**不应大于15mm**，并以斜面过渡； 9 宜与周围墙面有一定的色彩反差，方便识别

无障碍电梯和升降平台	《建筑与市政工程无障碍通用规范》(GB 55019—2021)相关规定。 2.6.1 无障碍电梯的候梯厅应符合下列规定： 1 电梯门前应设直径不小于1.50m的轮椅回转空间，公共建筑的候梯厅深度不应小于1.80m； 2 呼叫按钮的中心距地面高度应为0.85~1.10m，且距内转角处侧墙距离不应小于400mm，按钮应设置盲文标志；（图23-5） 3 呼叫按钮前应设置提示盲道； 2.6.2 无障碍电梯的轿厢的规格应依据建筑类型和使用要求选用。满足乘轮椅者使用的最小轿厢规格，深度不应小于1.40m，宽度不应小于1.10m。同时满足乘轮椅者使用和容纳担架的轿厢，如采用宽轿厢，深度不应小于1.50m，宽度不应小于1.60m；如采用深轿厢，深度不应小于2.10m，宽度不应小于1.10m。轿厢内部设施应满足无障碍要求。 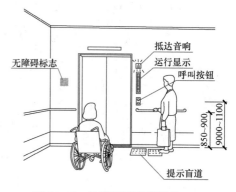 图23-5 候梯厅无障碍设施 2.6.3 无障碍电梯的电梯门应符合下列规定： 1 应为**水平滑动式门**； 2 新建和扩建建筑的电梯门开启后的通行净宽不应小于900mm，既有建筑改造或改建的电梯门开启后的通行净宽不应小于800mm； 3 完全开启时间应保持不小于3s。 2.6.4 公共建筑内设有电梯时，至少应设置1部无障碍电梯。 2.6.5 升降平台应符合下列规定： 1 深度不应小于1.20m，宽度不应小于900mm，应设扶手、安全挡板和呼叫控制按钮。 2 应采用防止误入的安全防护措施； 3 传送装置应设置可靠的安全防护装置
	《无障碍设计规范》(GB 50763—2012)相关规定。 3.7.1 无障碍电梯的候梯厅应符合下列规定： 1 候梯厅深度不宜小于1.50m，公共建筑及设置病床梯的候梯厅深度不宜小于1.80m； 3 电梯门洞的净宽度不宜小于900mm； 3.7.2 无障碍电梯的轿厢应符合下列规定： 1 轿厢门开启的净宽度不应小于800mm； 2 在轿厢的侧壁上应设高0.90~1.10m带盲文的选层按钮，盲文宜设置于按钮旁； 3 轿厢的三面壁上应设高850~900mm扶手，扶手应符合本规范第3.8节的相关规定； 4 轿厢内应设电梯运行显示装置和报层音响； 5 轿厢正面高900mm处至顶部应安装镜子或采用有镜面效果的材料； 3.7.3 升降平台应符合下列规定： 1 **升降平台只适用于场地有限的改造工程**； 4 斜向升降平台宽度不应小于900mm，深度不应小于1.00m，应设扶手和挡板

续表

楼梯和台阶	《建筑与市政工程无障碍通用规范》（GB 55019—2021）相关规定。 2.7.1 视觉障碍者主要使用的楼梯和台阶应符合下列规定： 1 距踏步**起点和终点** 250～300mm 处应设置提示盲道，提示盲道的长度应与梯段的宽度相对应； 2 上行和下行的第一阶踏步应在颜色或材质上与平台**有明显区别**； 3 不应采用无踢面和直角形突缘的踏步；【2023】 4 踏步防滑条、警示条等附着物均**不应突出踏面**。 第 4 款条文说明踏步防滑条、警示条等附着物突出踏面易造成跌绊危险。本款要求不包括带防滑、警示功能的成品踏步砖的表面凸起。 2.7.2 行动障碍者和视觉障碍者主要使用的三级及三级以上的台阶和楼梯应在两侧设置扶手
	《无障碍设计规范》（GB 50763—2012）相关规定。 3.6.1 无障碍楼梯应符合下列规定： 1 宜采用直线形楼梯； 2 公共建筑楼梯的踏步宽度不应小于 280mm，踏步高度不应大于 160mm； 3 不应采用无踢面和直角形突缘的踏步； 4 宜在两侧均做扶手； 5 如采用栏杆式楼梯，在栏杆下方宜设置安全阻挡措施； 6 踏面应平整防滑或在踏面前缘设防滑条。 3.6.2 台阶的无障碍设计应符合下列规定： 1 公共建筑的室内外台阶踏步宽度不宜小于 300mm，踏步高度不宜大于 150mm，并不应小于 100mm； 2 踏步应防滑； 4 台阶上行及下行的第一阶宜在颜色或材质上与其他阶有明显区别
	双跑楼梯与三跑楼梯的平面尺寸如图 23-6 所示 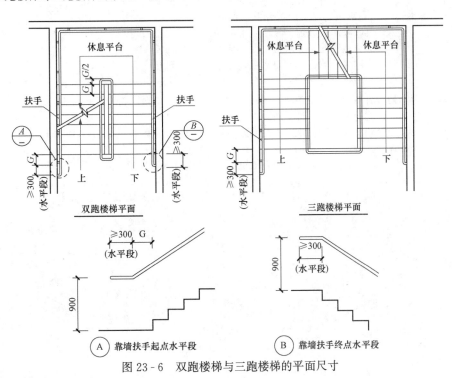 图 23-6 双跑楼梯与三跑楼梯的平面尺寸

425

续表

扶手	《建筑与市政工程无障碍通用规范》(GB 55019—2021) 相关规定。 2.8.1 满足无障碍要求的单层扶手的高度应为850~900mm；设置双层扶手时，上层扶手高度应为850~900mm，下层扶手高度应为650~700mm。 2.8.2 行动障碍者和视觉障碍者主要使用的楼梯、台阶和轮椅坡道的扶手应在**全长范围内保持连贯**。 2.8.3 行动障碍者和视觉障碍者主要使用的楼梯和台阶、轮椅坡道的扶手起点和终点处应水平延伸，延伸长度不应小于300mm；扶手末端应向墙面或向下延伸，延伸长度不应小于100mm。 2.8.4 扶手应固定且安装牢固，形状和截面尺寸应易于抓握，截面的内侧边缘与墙面的净距离不应小于40mm。 2.8.5 扶手应与背景有明显的颜色或亮度对比 《无障碍设计规范》(GB 50763—2012) 相关规定。 3.8.5 扶手应安装坚固，形状易于抓握。圆形扶手的直径应为35~50mm，矩形扶手的截面尺寸应为35~50mm。 3.8.6 扶手的材质宜选用防滑、热惰性指标好的材料
缘石坡道	《建筑与市政工程无障碍通用规范》(GB 55019—2021) 相关规定。 2.10.1 各种路口、出入口和人行横道处，有高差时应设置缘石坡道。 2.10.2 缘石坡道的坡口与车行道之间应无高差。 2.10.3 缘石坡道距坡道下口路缘石250~300mm处应设置提示盲道，提示盲道的长度应与缘石坡道的宽度相对应。 2.10.4 缘石坡道的坡度应符合下列规定： 　1 全宽式单面坡缘石坡道的坡度不应大于1:20； 　2 其他形式缘石坡道的正面和侧面的坡度不应大于1:12。 2.10.5 缘石坡道的宽度应符合下列规定： 　1 全宽式单面坡缘石坡道的坡道宽度应与人行道宽度相同； 　2 三面坡缘石坡道的正面坡道宽度不应小于1.20m； 　3 其他形式的缘石坡道的坡口宽度均不应小于1.50m 《无障碍设计规范》(GB 50763—2012) 3.1.1 缘石坡道应符合下列规定： 　1 缘石坡道的坡面应平整、防滑； 　2 缘石坡道的坡口与车行道之间宜没有高差；当有高差时，高出车行道的地面不应大于10mm； 　3 宜优先选用**全宽式单面坡缘石坡道**(区别三面坡缘石坡道) 全宽式单面坡缘石坡道如图23-7所示，三面坡缘石坡道如图23-8所示 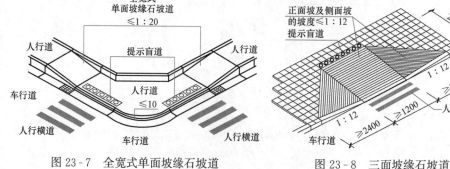 图23-7 全宽式单面坡缘石坡道　　　图23-8 三面坡缘石坡道

典型习题

23-1 [2023-62] 下列选项楼梯不适用于视觉障碍，使用者的踏步是（ ）。

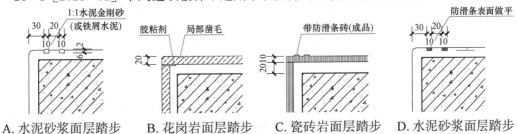

A. 水泥砂浆面层踏步　　B. 花岗岩面层踏步　　C. 瓷砖岩面层踏步　　D. 水泥砂浆面层踏步

答案： A

解析： 根据《建筑与市政工程无障碍通用规范》（GB 55019—2021）2.7.1，不应采用无踢面和直角形突缘的踏步；踏步防滑条、警示条等附着物均不应突出踏面。第4款踏步防滑条、警示条等附着物突出踏面易造成跌绊危险。本款要求不包括带防滑、警示功能的成品踏步砖的表面凸起。

23-2 [2021-42] 下列四个选项中，可用于轮椅坡道面层的是（ ）。

A. 镜面金属板　　　　　　　　　B. 设防滑条的水泥面
C. 设礓磋混凝土面　　　　　　　D. 毛面花岗石

答案： D

解析： 根据《无障碍设计规范》（GB 50763—2012）3.4.5，轮椅坡道的坡面应平整、防滑、无反光。选项A镜面易打滑且反光，故错误。选项B表面有突出的防滑条，选项C表面呈锯齿状，均不够平整，故错误。只有毛面花岗石面层平整、防滑且无反光，选项D正确。

23-3 [2020-41] 下列四个选项中，无障碍路缘石坡道优先选择的形式是（ ）。

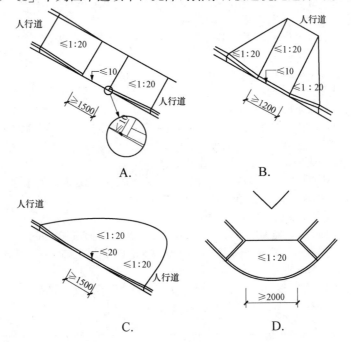

答案：A

解析：根据《无障碍设计规范》（GB 50763—2012）3.1.1，缘石坡道宜优先选用全宽式单面坡缘石坡道。

考点5：无障碍服务设施【★★★】

基本要求	《建筑与市政工程无障碍通用规范》（GB 55019—2021）相关规定。 3.1.2 具有内部使用空间的无障碍服务设施的入口和室内空间应方便乘轮椅者进入和使用，内部应设轮椅回转空间，轮椅需要通行的区域通行净宽**不应小于900mm**。 3.1.3 具有内部使用空间的无障碍服务设施的门在紧急情况下**应能从外面打开**。 3.1.4 具有内部使用空间的无障碍服务设施应设置易于识别和使用的救助呼叫装置。 3.1.5 无障碍服务设施的地面应**坚固、平整、防滑、不积水**。 3.1.6 无障碍服务设施内供使用者操控的照明、设备、设施的开关和调控面板应易于识别，距地面高度应为0.85～1.10m
厨房	《建筑与市政工程无障碍通用规范》（GB 55019—2021）相关规定。 3.1.13 无障碍厨房应符合下列规定： 1 厨房设施和电器应方便乘轮椅者靠近和使用； 2 操作台面距地面高度应为700～850mm，其下部应留出不小于宽750mm、高650mm、距地面高度250mm范围内进深不小于450mm，其他部分进深不小于250mm的容膝容脚空间； 3 水槽应与工作台底部的操作空间隔开
厕所	《建筑与市政工程无障碍通用规范》（GB 55019—2021）相关规定。 3.1.8 无障碍坐便器应符合下列规定： 1 无障碍坐便器两侧应设置安全抓杆，轮椅接近坐便器一侧应设置可垂直或水平90°旋转的水平抓杆，另一侧应设置L形抓杆； 2 轮椅接近无障碍坐便器一侧设置的可垂直或水平90°旋转的水平安全抓杆距坐便器的上沿高度应为250～350mm，长度不应小于700mm； 3 无障碍坐便器另一侧设置的L形安全抓杆，其水平部分距坐便器的上沿高度应为250～350mm，水平部分长度不应小于700mm；其竖向部分应设置在坐便器前端150～250mm，竖向部分顶部距地面高度应为1.40～1.60m； 4 坐便器水箱控制装置应位于易于触及的位置，应可自动操作或单手操作； 5 取纸器应设在坐便器的侧前方； 6 在坐便器附近应设置救助呼叫装置，并应满足坐在坐便器上和跌倒在地面的人均能够使用。 3.1.9 无障碍小便器应符合下列规定： 1 小便器下口距地面高度不应大于400mm； 2 应在小便器两侧设置长度为550mm的水平安全抓杆，距地面高度应为900mm；应在小便器上部设置支撑安全抓杆，距地面高度为1.20m。 3.1.10 无障碍洗手盆应符合下列规定： 1 台面距地面高度不应大于800mm，水嘴中心距侧墙不应小于550mm，其下部应留出不小于宽750mm、高650mm、距地面高度250mm范围内进深不小于450mm、其他部分进深不小于250mm的容膝容脚空间； 2 应在洗手盆上方安装镜子，镜子反光面的底端距地面的高度不应大于1.00m； 3 出水龙头应采用杠杆式水龙头或感应式自动出水方式

续表

厕所浴室	《建筑与市政工程无障碍通用规范》(GB 55019—2021)相关规定。 3.1.11 无障碍淋浴间应符合下列规定： 　1 内部空间应方便乘轮椅者进出和使用； 　2 淋浴间前应设**便于乘轮椅者通行和转动的净空间**； 　3 淋浴间坐台应安装牢固，高度应为400～450mm，深度应为400～500mm，宽度应为500～550mm； 　4 应设置L形安全抓杆，其水平部分距地面高度应为700～750mm，长度不应小于700mm，其垂直部分应设置在淋浴间坐台前端，顶部距地面高度应为1.40～1.60m； 　5 控制淋浴的开关距地面高度不应大于1.00m；应设置一个手持的喷头，其支架高度距地面高度不应大于1.20m，淋浴软管长度不应小于1.50m。 3.1.12 无障碍盆浴间应符合下列规定： 　1 浴盆侧面应设不小于1500mm×800mm的净空间，和浴盆平行的一边的长度不应小于1.50m； 　2 浴盆距地面高度不应大于450mm；在浴盆一端设置方便进入和使用的坐台； 　3 应沿浴盆长边和洗浴坐台旁设置安全抓杆
无障碍住房	《无障碍设计规范》(GB 50763—2012)相关规定。 3.12.2 通往卧室、起居室(厅)、厨房、卫生间、储藏室及阳台的通道应为**无障碍通道**，并按照本规范第3.8节的要求在一侧或两侧设置扶手。 3.12.4 无障碍住房及宿舍的其他规定： 　1 单人卧室面积不应小于7.00m²，双人卧室面积不应小于10.50m²，兼起居室的卧室面积不应小于16.00m²，起居室面积不应小于14.00m²，厨房面积不应小于6.00m²； 　2 设坐便器、洗浴器(浴盆或淋浴)、洗面盆三件卫生洁具的卫生间面积不应小于4.00m²；设坐便器、洗浴器二件卫生洁具的卫生间面积不应小于3.00m²；设坐便器、洗面盆二件卫生洁具的卫生间面积不应小于2.50m²；单设坐便器的卫生间面积不应小于2.00m²； 　3 供乘轮椅者使用的厨房，操作台下方净宽和高度都不应小于650mm，深度不应小于250mm； 　4 居室和卫生间内应设求助呼叫按钮； 　5 家具和电器控制开关的位置和高度应方便乘轮椅者靠近和使用； 　6 供听力障碍者使用的住宅和公寓应安装**闪光提示门铃**

第二十四章 建筑工业化与绿色建筑

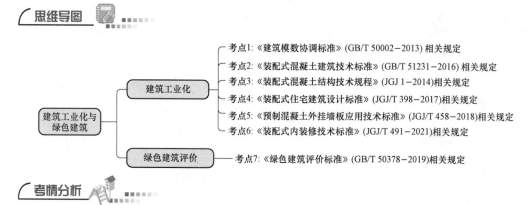

章 节	近五年考试分数统计					
	2023年	2022年12月	2022年5月	2021年	2020年	2019年
第一节 建筑工业化	1	0	0	0	0	0
第二节 绿色建筑评价	0	0	0	1	0	0
总　　计	1	0	0	1	0	0

注：1. 建筑工业化一般考1题，内容多，不易得分，备考性价比不高。
　　2. 绿色建筑构造可以结合本书第一篇建筑材料的第一章最后一个知识点"绿色建筑材料"一起复习。

第一节　建筑工业化

考点1：《建筑模数协调标准》(GB/T 50002—2013) 相关规定

基本模数	3.1.1　基本模数的数值应为100mm（1M＝100mm）。整个建筑物和建筑物的一部分以及建筑部件的模数化尺寸，应是基本模数的倍数
导出模数	3.1.2　导出模数应分为扩大模数和分模数，其基数应符合下列规定： 1 扩大模数基数应为2M、3M、6M、9M、12M等； 2 分模数基数应为M/10、M/5、M/2
模数数列	3.2.2　建筑物的开间或柱距，进深或跨度，梁、板、隔墙和门窗洞口宽度等分部件的截面尺寸宜采用水平基本模数和水平扩大模数数列，且水平扩大模数数列宜采用2nM、3nM（n为自然数）。 3.2.3　建筑物的高度、层高和门窗洞口高度等宜采用竖向基本模数和竖向扩大模数数列，且竖向扩大模数数列宜采用nM。【2017】 3.2.4　构造节点和分部件的接口尺寸等宜采用分模数数列，且分模数数列宜采用M/10、M/5、M/2

优先尺寸	**4.3.2** 部件优先尺寸的确定应符合下列规定： 1 部件的优先尺寸应由部件中通用性强的尺寸系列确定，并应指定其中若干尺寸作为优先尺寸系列； 2 部件基准面之间的尺寸应选用优先尺寸； 3 优先尺寸可分解和组合，分解或组合后的尺寸可作为优先尺寸； 4 承重墙和外围护墙厚度的优先尺寸系列宜根据1M的倍数及其与M/2的组合确定，宜为150mm、200mm、250mm、300mm； 5 内隔墙和管道井墙厚度优先尺寸系列宜根据分模数或1M与分模数的组合确定，宜为50mm、100mm、150mm； 6 层高和室内净高的优先尺寸系列宜为nM； 7 柱、梁截面的优先尺寸系列宜根据1M的倍数与M/2的组合确定； 8 门窗洞口水平、垂直方向定位的优先尺寸系列宜为nM

典型习题

24-1［2017-86］门窗洞口高度的竖向扩大模数 nM 数列宜采用（注：n 为自然数；M 为基本模数 100mm）：

A. nM B. $2n$M C. $3n$M D. nM/2

答案：A

解析：参见《建筑模数协调标准》（GB/T 50002—2013）3.2.3。

考点 2：《装配式混凝土建筑技术标准》（GB/T 51231—2016）相关规定

总则	**1.0.3** 装配式混凝土建筑应遵循**建筑全寿命期**的可持续性原则，并应标准化设计、工厂化生产、装配化施工、一体化装修、信息化管理和智能化应用。 **1.0.4** 装配式混凝土建筑应将结构系统、外围护系统、设备与管线系统、内装系统集成，实现建筑功能完整、性能优良
术语	**2.1.1** 装配式建筑：结构系统、外围护系统、设备与管线系统、内装系统的主要部分采用**预制部品部件集成**的建筑。 **2.1.3** 建筑系统集成：以**装配化建造方式**为基础，统筹策划、设计、生产和施工等，实现建筑结构系统、外围护系统、设备与管线系统、内装系统一体化的过程
基本规定	**3.0.2** 装配式混凝土建筑设计应按照通用化、模数化、标准化的要求，以**少规格**、**多组合**的原则，实现建筑及部品部件的系列化和多样化。 **3.0.5** 装配式混凝土建筑应实现**全装修**，内装系统应与结构系统、外围护系统、设备与管线系统**一体化设计建造**。 **3.0.6** 装配式混凝土建筑宜采用**建筑信息模型**（BIM）技术，实现全专业、全过程的信息化管理

续表

建筑集成设计	模数协调	4.2.2　装配式混凝土建筑的开间与柱距、进深与跨度、门窗洞口宽度等宜采用水平扩大模数数列2nM、3nM（n为自然数）。 4.2.3　装配式混凝土建筑的层高和门窗洞口高度等宜采用竖向扩大模数数列nM。【2021】 4.2.4　梁、柱、墙等部件的截面尺寸宜采用竖向扩大模数数列nM。 4.2.5　构造节点和部件的接口尺寸宜采用分模数数列nM/2、nM/5、nM/10
	标准化设计	4.3.1　装配式混凝土建筑应采用模块及模块组合的设计方法，遵循**少规格、多组合**的原则。 4.3.2　公共建筑应采用楼电梯、公共卫生间、公共管井、基本单元等**模块进行组合**设计。 4.3.3　住宅建筑应采用楼电梯、公共管井、集成式厨房、集成式卫生间等**模块进行组合设计**。 4.3.4　装配式混凝土建筑的部品部件应采用**标准化接口**。 4.3.5　装配式混凝土建筑平面设计应符合下列规定： 　1 应采用大开间大进深、**空间灵活可变**的布置方式； 　2 平面布置应规则，承重构件布置应**上下对齐贯通**，外墙洞口宜规整有序； 　3 设备与管线宜集中设置，并应进行**管线综合**设计。 4.3.6　装配式混凝土建筑立面设计应符合下列规定： 　1 外墙、阳台板、空调板、外窗、遮阳设施及装饰等部品部件宜进行**标准化设计**； 　2 装配式混凝土建筑宜通过建筑体量、材质肌理、色彩等变化，形成**丰富多样的立面效果**； 　3 预制混凝土外墙的装饰面层**宜采用清水混凝土、装饰混凝土、免抹灰涂料和反打面砖等耐久性强的建筑材料**
外挂墙板结构设计		5.9.6　外挂墙板的形式和尺寸应根据建筑立面造型、主体结构层间位移限值、楼层高度、节点连接形式、温度变化、接缝构造、运输限制条件和现场起吊能力等因素确定；板间接缝宽度应根据计算确定且不宜小于10mm；当计算缝宽大于30mm时，宜调整**外挂墙板**的形式或连接方式。 5.9.7　外挂墙板与主体结构采用点支承连接时，节点构造应符合下列规定： 　1 连接点数量和位置应根据外挂墙板形状、尺寸确定，**连接点不应少于4个，承重连接点不应多于2个**； 　2 在外力作用下，外挂墙板相对主体结构在墙板平面内应能**水平滑动或转动**； 　3 连接件的滑动孔尺寸应根据穿孔螺栓直径、变形能力需求和施工允许偏差等因素确定。 5.9.8　外挂墙板与主体结构采用线支承连接时（图5.9.8，即图24-1），节点构造应符合下列规定： 　1 外挂墙板顶部与梁连接，且固定连接区段应避开梁端1.5倍梁高长度范围； 　2 外挂墙板与梁的结合面应采用粗糙面并设置**键槽**；接缝处应设置连接钢筋，连接钢筋数量应经过计算确定且钢筋直径不宜小于10mm，间距不宜大于200mm； 　3 外挂墙板的底端应设置不少于2个仅对墙板有平面外约束的连接节点； 　4 外挂墙板的侧边**不应与主体结构连接**。 5.9.9　外挂墙板**不应跨越主体结构的变形缝**。主体结构变形缝两侧的外挂墙板的构造缝应能适应主体结构的变形要求，宜采用**柔性连接设计或滑动型连接设计**，并采取易于修复的构造措施

		续表
构造图示		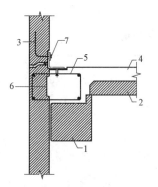 图24-1 外挂墙板线支承连接示意 1—预制梁；2—预制板；3—预制外挂墙板；4—后浇混凝土； 5—连接钢筋；6—剪力键槽；7—面外限位连接件
外围护系统设计	一般规定	6.1.6 外墙系统应根据不同的建筑类型及结构形式选择适宜的系统类型；外墙系统中外墙板可采用**内嵌式、外挂式、嵌挂结合**等形式，并宜分层悬挂或承托。外墙系统可选用**预制外墙、现场组装骨架外墙、建筑幕墙**等类型
	预制外墙	6.2.2 露明的金属支撑件及外墙板内侧与主体结构的调整间隙，应采用燃烧性能等级为**A级**的材料进行封堵，封堵构造的耐火极限不得低于墙体的耐火极限，封堵材料在耐火极限内不得开裂、脱落。 6.2.3 防火性能应按非承重外墙的要求执行，当夹芯保温材料的燃烧性能等级为B_1或B_2级时，内、外叶墙板应采用不燃材料且厚度均**不应小于50mm**。 6.2.4 块材饰面应采用**耐久性好、不易污染**的材料；当采用面砖时，应采用**反打工艺**在工厂内完成，面砖应选择背面设有粘结后防止脱落措施的材料。 6.2.5 预制外墙接缝应符合下列规定： 1 接缝位置宜与建筑立面分格相对应； 2 竖缝宜采用平口或槽口构造，水平缝宜采用**企口构造**； 3 当板缝空腔需设置导水管排水时，板缝内侧应增设**密封构造**； 4 宜避免接缝跨越防火分区；当接缝跨越防火分区时，接缝室内侧应采用**耐火材料**封堵。 6.2.6 蒸压加气混凝土外墙板的性能、连接构造、板缝构造、内外面层做法等要求应符合现行行业标准《蒸压加气混凝土建筑应用技术规程》（JGJ/T 17）的相关规定，并符合下列规定： 1 可采用**拼装大板、横条板、竖条板**的构造形式； 2 当外围护系统需同时满足保温、隔热要求时，板厚应满足保温或隔热要求的**较大值**； 3 可根据技术条件选择**钩头螺栓法、滑动螺栓法、内置锚法、摇摆型工法**等安装方式； 4 外墙室外侧板面及有防潮要求的外墙室内侧板面应用专用防水界面剂进行**封闭处理**

外围护系统设计	建筑幕墙	6.4.1 装配式混凝土建筑应根据建筑物的使用要求、建筑造型，合理选择幕墙形式，宜采用**单元式幕墙系统**
	外门窗	6.5.1 外门窗应采用在工厂生产的标准化系列部品，并应采用**带有批水板**等的外门窗配套系列部品。 6.5.2 外门窗应可靠连接，门窗洞口与外门窗框接缝处的**气密性能、水密性能和保温性能**不应低于外门窗的有关性能。 6.5.3 预制外墙中外门窗宜采用企口或预埋件等方法固定，外门窗可采用预装法或后装法设计，并满足下列要求： 　1 采用预装法时，外门窗框应在工厂与预制外墙整体成型； 　2 采用后装法时，预制外墙的门窗洞口应设置预埋件
内装系统		8.2.4 轻质隔墙系统设计应符合下列规定： 　1 宜结合室内管线的敷设进行构造设计，避免管线安装和维修更换对墙体造成破坏； 　2 应满足不同功能房间的隔声要求； 　3 应在吊挂空调、画框等部位设置加强板或采取其他可靠加固措施。 8.3.3 轻质隔墙系统的墙板接缝处应进行**密封处理**；隔墙端部与结构系统应**有可靠连接**

典型习题

24-2 [2021-51] 装配式混凝土建筑的层高和门窗洞口高度等宜采用的竖向扩大模数数列是（　　）（M＝100，n 为自然数）。

A. $3nM$ 　　　　B. $2nM$ 　　　　C. nM 　　　　D. $nM/2$

答案：C

解析：参见《装配式混凝土建筑技术标准》(GB/T 51231—2016) 4.2.3。

考点3：《装配式混凝土结构技术规程》(JGJ 1—2014) 相关规定

材料	4.3.1 外墙板接缝处的密封材料应符合下列规定： 　1 密封胶应与混凝土具有相容性，以及规定的抗剪切和伸缩变形能力；密封胶尚应具有防霉、防水、防火、耐候等性能； 　3 夹心外墙板接缝处填充用保温材料的燃烧性能应满足国家标准《建筑材料及制品燃烧性能分级》(GB 8624—2012) 中**A级**的要求。 4.3.2 夹心外墙板中的保温材料，其导热系数不宜大于 0.040W/(m·K)，体积比吸水率不宜大于 0.3%，燃烧性能不应低于国家标准《建筑材料及制品燃烧性能分级》(GB 8624—2012) 中 **B_2 级**的要求

续表

建筑设计	平面设计	5.2.1 建筑宜选用大开间、大进深的平面布置。 5.2.2 承重墙、柱等竖向构件宜上、下连续。 5.2.3 门窗洞口宜上下对齐、**成列布置**，其平面位置和尺寸应满足结构受力及预制构件设计要求；剪力墙结构中**不宜采用转角窗**。【2017】 5.2.4 厨房和卫生间的平面布置应合理，其平面尺寸宜满足标准化整体橱柜及整体卫浴的要求
	立面设计	（在5.3.1、5.3.2条文说明中，有露骨料混凝土、清水混凝土等面层处理方式。在生产预制外墙板的过程中，可将外墙饰面材料与预制外墙板同时制作成型。） 5.3.2 外墙饰面宜采用**耐久、不易污染**的材料。采用**反打一次成型**的外墙饰面材料，其规格尺寸、材质类别、连接构造等应进行工艺试验验证。【2017】 5.3.4 预制外墙板的接缝及门窗洞口等防水薄弱部位宜采用材料防水和构造防水相结合的做法，并应符合下列规定：【2021、2020】 1 墙板水平接缝宜采用**高低缝或企口缝**构造； 2 墙板竖缝可采用**平口或槽口**构造； 3 当板缝空腔需设置导水管排水时，板缝内侧应增设气密条密封构造。 5.3.5 门窗应采用标准化部件，并宜采用缺口、预留副框或预埋件等方法与墙体可靠连接。 5.3.6 空调板宜集中布置，并宜与阳台合并设置。 5.3.7 女儿墙板内侧在要求的泛水高度处应设凹槽、**挑檐或其他泛水收头**等构造
外挂墙板和连接设计		10.3.1 外挂墙板的高度不宜大于一个层高，厚度不宜小于100mm。 10.3.4 外挂墙板最外层钢筋的混凝土保护层厚度除有专门要求外，应符合下列规定：【2021、2020】 1 对石材或面砖饰面，不应小于15mm； 2 对清水混凝土，不应小于20mm； 3 对露骨料装饰面，应从最凹处混凝土表面计起，且不应小于20mm。 10.3.7 外挂墙板间接缝的构造应符合下列规定： 1 接缝构造应满足**防水、防火、隔声**等建筑功能要求； 2 接缝宽度应满足主体结构的层间位移、密封材料的变形能力、施工误差、温差引起变形等要求，且不应小于15mm

典型习题

24-3 [2021-53，2020-49，2018-49，2017-59] 下列关于装配式建筑预制混凝土外墙板的构造要求，说法错误的是（　　）。

A. 水平接缝采用高低缝
B. 水平接缝采用企口缝
C. 竖缝采用平口、槽口构造
D. 最外层钢筋的混凝土保护层厚度不应小于20mm

答案：D

解析：根据《装配式混凝土结构技术规程》（JGJ 1—2014）5.3.4 和 10.3.4，选项 D 中，对石材或面砖饰面，不应小于15mm；对清水混凝土，不应小于20mm；对露骨料装饰面，应从最凹处混凝土表面计起，且不应小于20mm。

考点 4：《装配式住宅建筑设计标准》（JGJ/T 398—2017）相关规定

模数协调	4.2.4 装配式住宅主体部件和内装部品宜采用**模数网格定位**方法。 4.2.5 装配式住宅的建筑结构体宜采用扩大模数**2nM、3nM** 模数数列。 4.2.6 装配式住宅的建筑内装体宜采用基本模数或分模数，分模数宜为M/2、M/5。 4.2.7 装配式住宅层高和门窗洞口高度宜采用**竖向基本模数和竖向扩大模数数列**，竖向扩大模数数列宜采用nM
围护结构一般规定	7.1.5 装配式住宅外墙宜合理选用**装配式预制钢筋混凝土墙、轻型板材外墙**。 7.1.7 钢结构住宅的外墙板宜采用复合结构和轻质板材，宜选用下列新型外墙系统： 1 蒸压加气混凝土类材料外墙； 2 轻质混凝土空心类材料外墙； 3 轻钢龙骨复合类材料外墙； 4 水泥基复合类材料外墙
围护结构外墙与门窗	7.2.2 供暖地区的装配式住宅外墙应采取防止形成热桥的构造措施。采用外保温的混凝土结构预制外墙与梁、板、柱、墙的连接处，应保持墙体保温材料的连续性。 7.2.3 装配式住宅当采用钢筋混凝土结构预制夹心保温外墙时，其穿透保温材料的连接件应有**防止形成热桥**的措施。【2023】 7.2.4 装配式住宅外墙板的接缝等防水薄弱部位，应采用材料防水、构造防水和结构防水相结合的做法。 7.2.5 装配式住宅外墙外饰面宜在工厂加工完成，**不宜采用现场后贴面砖或外挂石材**的做法。 7.2.7 装配式住宅门窗应与外墙可靠连接，满足抗风压、气密性及水密性要求，并宜采用带有批水板等的集成化门窗配套系列部品

典型习题

24-4 [2023-44] 下列关于装配式住宅预制外墙板的说法，正确的是（　　）。
A. 外饰面宜采用现场后贴挂
B. 接缝采用防水即可
C. 夹心保温外墙板中内外叶墙板拉结件应防止形成热桥
D. 窗洞口尺寸可灵活多样
答案：C
解析：根据《装配式住宅建筑设计标准》（JGJ/T 398—2017）7.2.5、7.2.4、7.2.3 和 4.2.7，装配式住宅外墙外饰面宜在工厂加工完成，不宜采用现场后贴面砖或外挂石材的做法，选项 A 不正确；装配式住宅外墙板的接缝等防水薄弱部位，应采用材料防水、构造防水和结构防水相结合的做法，选项 B 不正确；装配式住宅当采用钢筋混凝土结构预制夹心保温外墙时，其穿透保温材料的连接件应有防止形成热桥的措施，选项 C 正确；装配式住宅层高和门窗洞口高度宜采用竖向基本模数和竖向扩大模数数列，竖向扩大模数数列宜采用 nM，选项 D 不正确。

考点 5：《预制混凝土外挂墙板应用技术标准》(JGJ/T 458—2018) 相关规定

术语	2.1.1 预制混凝土外挂墙板：应用于外挂墙板系统中的非结构预制混凝土板构件，简称外挂墙板。 2.1.3 夹心保温外挂墙板：由内叶墙板、外叶墙板、夹心保温层和拉结件组成的预制混凝土外挂墙板，简称夹心保温墙板。内叶墙板和外叶墙板在平面外协同受力时，称为组合夹心保温墙板；内叶墙板和外叶墙板单独受力时，称为非组合夹心保温墙板；内叶墙板和外叶墙板受力介于二者之间时，称为部分组合夹心保温墙板
构造设计	5.3.2 外挂墙板的接缝应符合下列规定： 1 接缝宽度应考虑主体结构的层间位移、密封材料的变形能力及施工安装误差等因素；接缝宽度**不应小于 15mm，且不宜大于 35mm**；当计算接缝宽度大于 35mm 时，宜调整外挂墙板的板型或节点连接形式，也可采用具有更高位移能力的弹性密封胶。 2 密封胶厚度不宜小于 8mm，且不宜小于缝宽的一半。 3 密封胶内侧宜设置**背衬材料填充**。 5.3.3 外挂墙板接缝应采用**不少于一道材料防水和构造防水相结合**的防水构造；受热带风暴和台风袭击地区的外挂墙板接缝应采用不少于两道材料防水和构造防水相结合的防水构造，其他地区的高层建筑宜采用**不少于两道材料防水和构造防水相结合**的防水构造。 5.3.4 外挂墙板水平缝和垂直缝防水构造应符合下列规定： 1 水平缝和垂直缝均**应采用带空腔**的防水构造。 2 水平缝宜采用**内高外低的企口构造形式**（图 5.3.4-1，即图 24-2）。 3 受热带风暴和台风袭击地区的外挂墙板垂直缝应采用**槽口构造形式**（图 5.3.4-2，即图 24-3）。 4 其他地区的外挂墙板垂直缝宜采用**槽口构造形式**，多层建筑外挂墙板的垂直缝也可采用**平口构造形式** 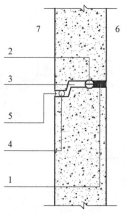 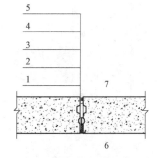 图 24-2 外挂墙板水平缝企口构造示意图　　图 24-3 外挂墙板垂直缝槽口构造示意图 1—防火封堵材料；2—气密条；3—空腔；　　1—防火封堵材料；2—气密条；3—空腔； 4—背衬材料；5—密封胶；6—室内；7—室外　　4—背衬材料；5—密封胶；6—室内；7—室外

构造设计	5.3.5 外挂墙板系统的排水构造应符合下列规定： 1 建筑**首层底部**应设置排水孔等排水措施。 2 受热带风暴和台风袭击地区的建筑以及其他地区的高层建筑宜在十字交叉缝上部的垂直缝中设置导水管等排水措施，且**导水管竖向间距不宜超过 3 层**。 3 当垂直缝下方因门窗等开口部位被隔断时，应在开口部位上部垂直缝处设置导水管等排水措施。 4 仅设置一道材料防水且接缝设置排水措施时，接缝内侧应设置**气密条**。 5.3.6 导水管应采用**专用单向排水管**，管内径不宜小于 10mm，外径不应大于接缝宽度，在密封胶表面的外露长度不应小于 5mm。 5.3.7 外挂墙板系统内侧可采用**密封胶**作为第二道材料防水，当有充足试验依据时，也可采用气密条作为第二道材料防水。 5.3.8 当外挂墙板接缝内侧采用气密条时，十字缝部位各 300mm 宽度范围内的气密条接缝内侧应采用**耐候密封胶**进行密封处理。 5.3.9 当外挂墙板内侧房间有防水要求时，宜在外挂墙板室内一侧设置内衬墙，并对内衬墙**内侧**进行防水处理。 5.3.10 当女儿墙采用外挂墙板时，应采用与下部外挂墙板构件相同的接缝密封构造。女儿墙板内侧在泛水高度处宜设置**凹槽或挑檐**等防水构造。 5.3.11 外挂墙板的防火设计应符合现行国家标准《建筑设计防火规范》(GB 50016) 的有关规定，并应符合下列规定： 1 外挂墙板与主体结构之间的接缝应采用防火封堵材料进行封堵（图 5.3.11-1、图 5.3.11-2，即图 24-4、图 24-5）， 2 外挂墙板之间的接缝应在室内侧采用**A 级**不燃材料进行封堵。（图 5.3.11-1、图 5.3.11-2，即图 24-4、图 24-5） 3 夹心保温墙板外门窗洞口周边应采取防火构造措施。 4 外挂墙板节点连接处的防火封堵措施（图 5.3.11-2，即图 24-5）不应降低节点连接件的承载力、耐久性，且不应影响节点的变形能力。 5 外挂墙板与主体结构之间的接缝防火封堵材料应满足建筑隔声设计要求。 5.3.12 外挂墙板装饰面层采用面砖时，面砖的背面**应设置燕尾槽**。 5.3.13 外挂墙板装饰面层采用石材时，石材背面应采用不锈钢锚固卡钩与混凝土进行机械锚固。石材厚度不宜小于 25mm，单块尺寸不宜大于 1200mm×1200mm 或等效面积

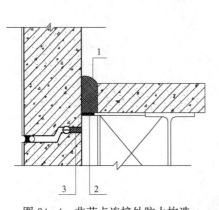

图 24-4 非节点连接处防火构造
1—墙体与主体间防火封堵材料；2—钢板或金属网；
3—墙板间防火封堵材料，采用耐火气密条时可不设

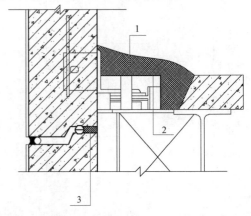

图 24-5 节点连接处防火构造
1—墙体与主体间防火封堵材料；2—钢板或金属网；
3—墙板间防火封堵材料，采用耐火气密条时可不设

考点6：《装配式内装修技术标准》（JGJ/T 491—2021）相关规定

术语	2.0.1　装配式内装修：遵循管线与结构分离的原则，运用集成化设计方法，统筹隔墙和墙面系统、吊顶系统、楼地面系统、厨房系统、卫生间系统、收纳系统、内门窗系统、设备和管线系统等，将工厂化生产的部品部件以干式工法为主进行施工安装的装修建造模式。 2.0.8　**同层排水**：在建筑排水系统中，器具排水管及排水横支管不穿越本层结构楼板到下层空间，且与卫生器具同层敷设并接入排水立管的排水方式
基本规定	3.1.2　装配式内装修系统应与**结构系统、外围护系统、设备和管线系统**进行一体化集成设计。 3.1.3　装配式内装修应遵循**设备管线与结构分离**的原则，满足室内设备和管线检修维护的要求。 3.1.4　装配式内装修设计应协调建筑设计，为室内空间**可变性**提供条件。 3.1.6　装配式内装修部品选型宜在建筑设计阶段进行，部品选型时应明确关键技术参数，并应优选**质量稳定、品质高、耐用性强、抗菌防霉**的部品。 3.1.8　装配式内装修施工图纸应采用空间**净尺寸标注**，表达深度应满足装配化施工的要求。 3.1.9　装配式内装修应与土建工程、设备和管线安装工程明确施工界面，并宜采用同步穿插施工的组织方式，提升施工效率。 3.1.10　装配式内装修应采**绿色施工模式**，减少现场切割作业和建筑垃圾。 3.1.11　装配式内装修工程宜采用建筑信息模型（BIM）技术，实现全过程的信息化管理和专业协同，保证工程信息传递的准确性与质量可追溯性
集成设计与部品选型	4.3.2　装配式内装修应按照**设备管线与结构分离**的原则进行集成设计。 4.3.4　集成设计宜**优先确定功能复杂、空间狭小、管线集中**的建筑空间的部品选型和布置。 4.3.7　装配式隔墙应选用非砌筑免抹灰的轻质墙体，可选用龙骨隔墙、条板隔墙或其他干式工法施工的隔墙。 4.3.8　隔墙与墙面系统的构造应连接稳固、便于安装，并应与开关、插座、设备管线等的设计相协调；不同设备管线安装于隔墙或墙面系统时，应采取必要的加固、隔声、减振或防火封堵措施。 4.3.9　龙骨隔墙应符合下列规定： 1 隔墙的构造组成和厚度应根据防火、隔声、空腔内设备管线安装等方面的要求确定； 2 隔墙内的防火、保温、隔声填充材料宜选用岩棉、玻璃棉等不燃材料； 3 有防水、防潮要求的房间隔墙应采取相关措施，墙面板宜采用耐水饰面一体化集成板，门与板交界处、板缝之间应做防水处理； 4 隔墙上需固定或吊挂重物时，应采用可靠的加固措施； 5 龙骨的布置应满足墙体强度的要求，必要时龙骨强度应进行验算，并采取相应的加强措施； 6 **门窗洞口、墙体转角连接处**等部位的龙骨应进行加强处理。 4.3.10　条板隔墙应符合下列规定： 1 应根据使用功能和使用部位需求，确定墙体的材料和厚度； 2 应与设备管线的安装敷设相结合，避免墙体表面的剔凿； 3 当条板隔墙需吊挂重物和设备时，应根据板材性能采取必要的加固措施。

续表

集成设计与部品选型	4.3.11 装配式墙面应符合下列规定： 　1 宜采用集成饰面层的墙面，饰面层宜在工厂内完成； 　2 应与基层墙体有可靠连接； 　3 墙面悬挂较重物体时，应采用专用连接件与基层墙体连接固定。 4.3.12 装配式吊顶系统可采用明龙骨、暗龙骨或无龙骨吊顶、软膜天花或其他干式工法施工的吊顶。 4.3.13 应根据房间的功能和装饰要求选择装饰面层材料和构造做法，宜选用带饰面的成品材料。 4.3.16 重量较大的灯具应安装在楼板或承重结构构件上，不得直接安装在吊顶上，并应满足荷载计算要求。 4.3.17 吊顶系统内敷设设备管线时，应在管线密集和接口集中的位置设置检修口。 4.3.18 吊顶系统与墙或梁交接处，应设伸缩缝隙或收口线脚。 4.3.19 吊顶系统主龙骨不应被设备管线、风口、灯具、检修口等切断。 4.3.20 装配式楼地面系统可采用架空楼地面、非架空干铺楼地面或其他干式工法施工的楼地面。 4.3.21 装配式楼地面系统应满足房间使用的承载、防水、防滑、隔声等各项基本功能需求，放置重物的部位应采取加强措施。 4.3.22 装配式楼地面系统宜与地面供暖、电气、给水排水、新风等系统的管线进行集成设计。 4.3.23 装配式楼地面系统应与主体结构有可靠连接，且施工安装时不应破坏主体结构。 4.3.24 装配式楼地面系统与地面辐射供暖、供冷系统结合设置时，宜选用模块式集成部品。 4.3.25 架空楼地面内敷设管线时，架空层高度应满足管线排布的需求，并应设置检修口或采用便于拆装的构造。 4.3.26 架空楼地面设计应符合下列规定： 　1 架空楼地面与墙体交界处应设置伸缩缝，并宜采取美化遮盖措施； 　2 宜在架空空间内分舱设置防水、防虫构造，并应采取防潮、防霉、易清扫、易维护的措施。 4.3.27 非架空干铺楼地面的基层应平整，当采用地面辐射供暖、供冷系统复合脆性面材地面时，应保证绝热层的强度。 4.3.28 非架空干铺楼地面的面层和填充构造层强度应满足设计要求，当填充层采用压缩变形的材料时，易产生局部受压凹陷，应采取加强措施。 4.3.40 集成式卫生间的设备管线应进行综合设计，给水、热水、电气管线宜敷设在吊顶内；设计时应充分考虑更新、维护的需求，并应在相应的部位设置检修口或检修门。 4.3.41 集成式卫生间的接口设计应符合下列规定： 　1 应做好设备管线接口、卫生间边界与相邻部品部件之间的收口； 　2 防水底盘与墙面板（壁板）连接处的构造应具有防渗漏的功能； 　3 卫生间墙面板（壁板）和外墙窗洞口的衔接处应进行收口处理并做好防水； 　4 卫生间的门框门套应与防水底盘、墙面板（壁板）、墙体做好收口和防水

第二节 绿色建筑评价

考点7：《绿色建筑评价标准》（GB/T 50378—2019）相关规定

术语

2.0.1 绿色建筑：在全寿命期内，节约资源、保护环境、减少污染，为人们提供健康、适用、高效的使用空间，最大限度地实现人与自然和谐共生的高质量建筑。

2.0.3 全装修：在交付前，住宅建筑内部墙面、顶面、地面全部铺贴、粉刷完成，门窗、固定家具、设备管线、开关插座及厨房、卫生间固定设施安装到位；公共建筑公共区域的固定面全部铺贴、粉刷完成，水、暖、电、通风等基本设备**全部安装到位**。

2.0.5 绿色建材：在**全寿命期内**可减少对资源的消耗、减轻对生态环境的影响，具有节能、减排、安全、健康、便利和可循环特征的建材产品

评价与等级划分

3.2.4 绿色建筑评价的分值设定应符合表3.2.4（表24-1）的规定。

表24-1　　　　　　　　　　绿色建筑评价分值

	控制项基础分值	评价指标评分项满分值					提高与创新加分项满分值
		安全耐久	健康舒适	生活便利	资源节约	环境宜居	
预评价分值	400	100	100	70	200	100	100
评价分值	400	100	100	100	200	100	100

3.2.6 绿色建筑划分应为**基本级、一星级、二星级、三星级**4个等级。

安全耐久

4.1 控制项

4.1.2 建筑结构应满足承载力和建筑使用功能要求。建筑外墙、屋面、门窗、幕墙及外保温等围护结构应满足安全、耐久和防护的要求。

4.1.5 建筑外门窗**必须安装牢固**，其抗风压性能和水密性能应符合国家现行有关标准的规定。

4.1.6 卫生间、浴室的地面应设置**防水层**，墙面、顶棚应设置**防潮层**。

4.2 评分项

4.2.2 采取保障人员安全的防护措施，评价总分值为15分，并按下列规则分别评分并累计：

1 采取措施提高阳台、外窗、窗台、防护栏杆等安全防护水平，得5分；

2 建筑物出入口均设外墙饰面、门窗玻璃意外脱落的防护措施，并与人员通行区域的遮阳、遮风或挡雨措施结合，得5分；

3 利用场地或景观形成可降低坠物风险的缓冲区、隔离带，得5分。

4.2.3 采用具有安全防护功能的产品或配件，评价总分值为10分，并按下列规则分别评分并累计：

1 采用具有**安全防护功能**的玻璃，得5分；

2 采用具备**防夹功能**的门窗，得5分。

4.2.4 室内外地面或路面设置防滑措施，评价总分值为10分，并按下列规则分别评分并累计：

1 **建筑出入口及平台、公共走廊、电梯门厅、厨房、浴室、卫生间**等设置防滑措施，防滑等级不低于现行行业标准《建筑地面工程防滑技术规程》（JGJ/T 331）规定的Bd、Bw级，得3分；

安全耐久	2 建筑室内外活动场所采用防滑地面，防滑等级达到现行行业标准《建筑地面工程防滑技术规程》（JGJ/T 331）规定的 Ad、Aw 级，得 4 分；
	3 建筑坡道、楼梯踏步防滑等级达到现行行业标准《建筑地面工程防滑技术规程》（JGJ/T 331）规定的 Ad、Aw 级或按水平地面等级提高一级，并采用**防滑条等防滑构造**技术措施，得 3 分。
	4.2.6 采取提升建筑适变性的措施，评价总分值为 18 分，并按下列规则分别评分并累计：
	1 采取通用开放、灵活可变的使用空间设计，或采用建筑使用功能可变措施，得 7 分；
	2 建筑结构与建筑设备管线分离，得 7 分；
	3 采用与建筑功能和空间变化相适应的设备设施布置方式或控制方式，得 4 分。
	4.2.7 采取提升建筑部品部件耐久性的措施，评价总分值为 10 分，并按下列规则分别评分并累计：
	1 使用耐腐蚀、抗老化、耐久性能好的管材、管线、管件，得 5 分；
	2 活动配件选用长寿命产品，并考虑部品组合的同寿命性；不同使用寿命的部品组合时，采用便于分别拆换、更新和升级的构造，得 5 分。
	4.2.8 提高建筑结构材料的耐久性，评价总分值为 10 分，并按下列规则评分：
	1 按 100 年进行耐久性设计，得 10 分。
	2 采用耐久性能好的建筑结构材料，满足下列条件之一，得 10 分：
	  1）对于混凝土构件，提高钢筋保护层厚度或采用**高耐久混凝土**；
	  2）对于钢构件，采用**耐候结构钢及耐候型防腐涂料**；
	  3）对于木构件，采用**防腐木材、耐久木材或耐久木制品**。
	4.2.9 合理采用耐久性好、易维护的装饰装修建筑材料，评价总分值为 9 分，并按下列规则分别评分并累计：
	1 采用耐久性好的外饰面材料，得 3 分；
	2 采用耐久性好的防水和密封材料，得 3 分；
	3 采用耐久性好、易维护的室内装饰装修材料，得 3 分

健康舒适	5.1 控制项 5.1.1 室内空气中的**氨、甲醛、苯、总挥发性有机物、氡**等污染物浓度应符合现行国家标准《室内空气质量标准》（GB/T 18883）的有关规定。建筑室内和建筑主出入口处应禁止吸烟，并应在醒目位置设置禁烟标志。 5.1.2 应采取措施避免厨房、餐厅、打印复印室、卫生间、地下车库等区域的空气和污染物串通到其他空间；应防止厨房、卫生间的排气倒灌。 5.2 评分项 5.2.1 控制室内主要空气污染物的浓度，评价总分值为 12 分，并按下列规则分别评分并累计： 1 氨、甲醛、苯、总挥发性有机物、氡等污染物浓度低于现行国家标准《室内空气质量标准》（GB/T 18883）规定限值的 10%，得 3 分；低于 20%，得 6 分； 2 室内 PM2.5 年均浓度不高于 $25\mu g/m^3$，且室内 PM10 年均浓度不高于 $50\mu g/m^3$，得 6 分。

续表

资源节约	7.1 控制项 7.1.1 应结合场地自然条件和建筑功能需求，对建筑的体形、平面布局、空间尺度、围护结构等进行节能设计，且应符合国家有关节能设计的要求。 7.1.9 建筑造型要素应简约，应无大量装饰性构件，并应符合下列规定： 　1 住宅建筑的装饰性构件造价占建筑总造价的比例不应大于 2%； 　2 公共建筑的装饰性构件造价占建筑总造价的比例不应大于 1%。 7.1.10 选用的建筑材料应符合下列规定： 　1 500km 以内生产的建筑材料重量占建筑材料总重量的比例应大于 60%； 　2 现浇混凝土应采用**预拌混凝土**，建筑砂浆应采用**预拌砂浆**。 7.2 评分项 7.2.14 建筑所有区域实施土建工程与装修工程一体化设计及施工，评价分值为 8 分。 7.2.15 合理选用建筑结构材料与构件，评价总分值为 10 分，并按下列规则评分： 　1 混凝土结构，按下列规则分别评分并累计： 　　1) **400MPa 级及以上强度等级钢筋**应用比例达到 85%，得 5 分； 　　2) 混凝土竖向承重结构采用强度等级不小于 **C50 混凝土**用量占竖向承重结构中混凝土总量的比例达到 50%，得 5 分。 　2 钢结构，按下列规则分别评分并累计： 　　1) **Q345 及以上高强钢材用量**占钢材总量的比例达到 50%，得 3 分；达到 70%，得 4 分； 　　2) 螺栓连接等非现场焊接节点占**现场全部连接、拼接节点的数量**比例达到 50%，得 4 分； 　　3) 采用施工时**免支撑的楼屋面板**，得 2 分。 　3 混合结构：对其混凝土结构部分、钢结构部分，分别按本条第 1 款、第 2 款进行评价，得分取各项得分的平均值。 7.2.16 建筑装修选用工业化内装部品，评价总分值为 8 分。建筑装修选用工业化内装部品占同类部品用量比例达到 50% 以上的部品种类，达到 1 种，得 3 分；达到 3 种，得 5 分；达到 3 种以上，得 8 分。 7.2.17 选用可再循环材料、可再利用材料及利废建材，评价总分值为 12 分，并按下列规则分别评分并累计： 　1 可再循环材料和可再利用材料用量比例，按下列规则评分： 　　1) 住宅建筑达到 6% 或公共建筑达到 10%，得 3 分。 　　2) 住宅建筑达到 10% 或公共建筑达到 15%，得 6 分。 　2 利废建材选用及其用量比例，按下列规则评分： 　　1) 采用一种利废建材，其占同类建材的用量比例不低于 50%，得 3 分。 　　2) 选用两种及以上的利废建材，每一种占同类建材的用量比例均不低于 30%，得 6 分。 7.2.18 选用绿色建材，评价总分值为 12 分。绿色建材应用比例不低于 30%，得 4 分；不低于 50%，得 8 分；不低于 70%，得 12 分
提高创新	9.2 加分项 9.2.5 采用符合工业化建造要求的结构体系与建筑构件，评价分值为 10 分，并按下列规则评分： 　1 主体结构采用**钢结构、木结构**，得 10 分。

续表

提高创新	2 主体结构采用**装配式混凝土结构**，地上部分预制构件应用混凝土体积占混凝土总体积的比例达到35%，得5分；达到50%，得10分
	9.2.6 应用建筑信息模型（BIM）技术，评价总分值为15分。在建筑的规划设计、施工建造和运行维护阶段中的一个阶段应用，得5分；两个阶段应用，得10分；三个阶段应用，得15分。
	9.2.7 进行建筑碳排放计算分析，采取措施**降低单位建筑面积碳排放强度**，评价分值为12分。
	9.2.8 按照绿色施工的要求进行施工和管理，评价总分值为20分，并按下列规则分别评分并累计：
	  1 获得绿色施工优良等级或绿色施工示范工程认定，得8分；
	  2 采取措施减少预拌混凝土损耗，损耗率降低至1.0%，得4分；
	  3 采取措施减少现场加工钢筋损耗，损耗率降低至1.5%，得4分；
	  4 现浇混凝土构件采用铝模等免墙面粉刷的模板体系，得4分

参考标准、规范、规程

[1]《通用硅酸盐水泥》(GB 175—2020)
[2]《烧结多孔砖和多孔砌块标准》(GB 13544—2011)
[3]《烧结空心砖和空心砌块》(GB 13545—2014)
[4]《铝酸盐水泥》(GB/T 201—2015)
[5]《蒸压加气混凝土砌块》(GB/T 11968—2020)
[6]《民用建筑工程室内环境污染控制标准》(GB 50325—2020)
[7]《混凝土外加剂应用技术规范》(GB 50119—2013)
[8]《粉煤灰混凝土应用技术规范》(GB/T 50146—2014)
[9]《普通混凝土小型砌块》(GB/T 8239—2014).
[10]《轻集料混凝土小型空心砌块》(GB/T 15229—2011)
[11]《蒸压加气混凝土砌块》(GB/T 11968—2020)
[12]《民用建筑设计统一标准》(GB 50352—2019)
[13]《建筑设计防火规范》(GB 50016—2014，2018年版)
[14]《汽车库、修车库、停车场设计防火规范》(GB 50067—2014)
[15]《民用建筑隔声设计规范》(GB 50118—2010)
[16]《建筑地面设计规范》(GB 50037—2013)
[17]《屋面工程技术规范》(GB 50345—2012)
[18]《坡屋面工程技术规范》(GB 50693—2011)
[19]《无障碍设计规范》(GB 50763—2012)
[20]《绿色建筑评价标准》(GB/T 50378—2019)
[21]《建筑抗震设计规范》(GB 50011—2010，2016年版)
[22]《民用建筑热工设计规范》(GB 50176—2016)
[23]《建筑外门窗气密、水密、抗风压性能检测方法》(GB/T 7106—2019)
[24]《建筑内部装修设计防火规范》(GB 50222—2017)
[25]《建筑幕墙》(GB/T 21086—2007)
[26]《中小学校设计规范》(GB 50099—2011)
[27]《托儿所、幼儿园建筑设计规范》(JGJ 39—2016)
[28]《车库建筑设计规范》(JGJ 100—2015)
[29]《人民防空地下室设计规范》(GB 50038—2005)
[30]《地下工程防水技术规范》(GB 50108—2008)
[31]《建筑地基基础设计规范》(GB 50007—2011)
[32]《装配式混凝土建筑技术标准》(GB/T 51231—2016)
[33]《建筑地面工程防滑技术规程》(JGJ/T 331—2014)
[34]《建筑变形缝装置》(JG/T 372—2012)
[35]《种植屋面工程技术规程》(JGJ 155—2013)
[36]《采光顶与金属屋面技术规程》(JGJ 255—2012)
[37]《城市道路工程设计规范》(CJJ 37—2012，2016年版)
[38]《城镇道路路面设计规范》(CJJ 169—2012)
[39]《透水沥青路面技术规程》(CJJ/T 190—2012)
[40]《透水水泥混凝土路面技术规程》(CJJ/T 135—2009)

［41］《透水砖路面技术规程》（CJJ/T 188—2012）
［42］《金属与石材幕墙工程技术规范》（JGJ 133—2001）
［43］《建筑玻璃应用技术规程》（JGJ 113—2015）
［44］《玻璃幕墙工程技术规范》（JGJ 102—2003）
［45］《装配式混凝土结构技术规程》（JGJ 1—2014）
［46］《被动式太阳能建筑技术规范》（JGJ/T 267—2012）
［47］《严寒和寒冷地区居住建筑节能设计标准》（JGJ 26—2018）
［48］《夏热冬暖地区居住建筑节能设计标准》（JGJ 75—2012）
［49］《塑料门窗工程技术规程》（JGJ 103—2008）
［50］《铝合金门窗工程技术规范》（JGJ 214—2010）
［51］《装配式建筑预制混凝土楼板》（JC/T 2505—2019）
［52］《砌体结构通用规范》（GB 55007—2021）
［53］《混凝土结构工程施工质量验收规范》（GB 50204—2015）
［54］《建筑模数协调标准》（GB/T 50002—2013）
［55］《装配式住宅建筑设计标准》（JGJ/T 398—2017）
［56］《预制混凝土外挂墙板应用技术标准》（JGJ/T 458—2018）
［57］《装配式内装修技术标准》（JGJ/T 491—2021）
［58］《建筑与市政工程防水通用规范》（GB 55030—2022）
［59］《建筑防火通用规范》（GB 55037—2022）
［60］《建筑与市政工程无障碍通用规范》（GB 55019—2021）

参 考 文 献

[1] 西安建筑科技大学等五校. 建筑材料［M］.4版. 北京：中国建筑工业出版社，2020.
[2] 陕西省建筑设计研究院. 建筑材料手册［M］.4版. 北京：中国建筑工业出版社，1997.
[3] 刘华江，朱小斌. 设计师的材料清单：建筑篇［M］. 上海：同济大学出版社，2017.
[4] 曹纬浚. 一级注册建筑师资格考试教材4 建筑材料与构造［M］. 北京：中国建筑工业出版社，2022.
[5] 冯鸣. 一级注册建筑师执业资格考试要点式复习教程 建筑材料与构造（知识题）［M］.2版. 北京：中国建筑工业出版社，2022.
[6] 中国建筑学会. 建筑设计资料集 第1分册 建筑总论［M］.3版. 北京：中国建筑工业出版社，2017.
[7] 住房和城乡建设部工程质量安全监管司，中国建筑标准设计研究院. 全国民用建筑工程设计技术措施 规划·建筑·景观（2009年版）［M］. 北京：中国计划出版社，2010.
[8] 覃琳，魏宏杨，李必瑜. 建筑构造［M］.6版. 北京：中国建筑工业出版社，2019.
[9] 住房和城乡建设部工程质量安全监管司，中国建筑标准设计研究院. 全国民用建筑工程设计技术措施 建筑产品选用技术（建筑·装修）［M］. 北京：中国计划出版社，2010.